智能科学与技术丛书

Third Edition

Python机器学习

（原书第3版）

[美] 塞巴斯蒂安·拉施卡（Sebastian Raschka）
瓦希德·米尔贾利利（Vahid Mirjalili） ◎ 著

陈斌 ◎ 译

图书在版编目（CIP）数据

Python 机器学习：原书第 3 版 /（美）塞巴斯蒂安·拉施卡（Sebastian Raschka），（美）瓦希德·米尔贾利利（Vahid Mirjalili）著；陈斌译．-- 北京：机械工业出版社，2021.6（2024.6 重印）

（智能科学与技术丛书）

书名原文：Python Machine Learning, Third Edition

ISBN 978-7-111-68137-3

Ⅰ．① P…　Ⅱ．①塞…　②瓦…　③陈　Ⅲ．①软件工具 - 程序设计　②机器学习　③ Python　Ⅳ．① TP311.561 ② TP181

中国版本图书馆 CIP 数据核字（2021）第 078647 号

北京市版权局著作权合同登记　图字：01-2020-1948 号。

本书自第 1 版出版以来，备受广大读者欢迎。第 3 版结合 TensorFlow 2 和 scikit-learn 的最新版本进行了更新，其范围进行了扩展，以涵盖强化学习和生成对抗网络（GAN）这两种最先进的机器学习技术。与同类书相比，本书除了介绍如何用 Python 和基于 Python 的机器学习软件库进行实践外，还讨论了机器学习概念的必要细节，同时对机器学习算法的工作原理、使用方法以及如何避免掉入常见的陷阱提供了直观且翔实的解释，是 Python 机器学习入门必读之作。书中涵盖了众多高效 Python 库，包括 scikit-learn、Keras 和 TensorFlow 等，系统性地梳理和分析了各种经典算法，并通过 Python 语言以具体代码示例的方式深入浅出地介绍了各种算法的应用，还给出了从情感分析到神经网络的一些实践技巧，可帮助读者快速解决自己和团队面临的一些重要问题。本书适用于机器学习的初学者和专业技术人员。

Python 机器学习（原书第 3 版）

出版发行：机械工业出版社（北京市西城区百万庄大街 22 号　邮政编码：100037）

责任编辑：	王春华　冯秀泳	责任校对：	殷　虹
印　　刷：	固安县铭成印刷有限公司	版　　次：	2024 年 6 月第 1 版第 8 次印刷
开　　本：	185mm×260mm　1/16	印　　张：	30
书　　号：	ISBN 978-7-111-68137-3	定　　价：	149.00 元

客服电话：（010）88361066　68326294

译者序

人工智能的研究从 20 世纪 40 年代就已经开始，在近 80 年的发展中经历了数次大起大落。自从 2016 年 AlphaGo 战胜顶尖的人类围棋选手之后，人工智能再一次进入人们的视野，成为当今的热门话题。各大互联网公司都投入了大量的资源来研究和开发自动驾驶、人脸识别、语音识别和机器翻译等技术。人们甚至已经开始担忧人工智能可能带来的各种影响。人工智能的最新发展可以说是“古树发新枝”，到底是什么原因使沉寂多年的人工智能技术焕发了青春的活力呢？

首先，移动互联网的飞速发展产生了海量的数据，使我们有机会更加深入地认识社会、探索世界、掌握规律。其次，大数据技术为我们提供了有力的技术手段，使我们可以面对瞬息万变的市场，有效地存储和处理海量数据。再次，计算技术特别是 GPU 的广泛应用使算力有了大幅度的提升，以前需要几天的运算如今只需要几分钟或几秒钟，这为人工智能和机器学习的普及与应用提供了计算基础。在这几项技术发展的基础之上，深度学习技术终于破茧而出，成为引领人工智能发展的重要力量。

本书英文版在美国出版后备受欢迎，究其原因，除了机器学习是所有技术人员关注的焦点以外，还在于本书系统性地梳理和分析了机器学习的各种经典算法，最为重要的是，作者通过 Python 语言以具体代码示例深入浅出地介绍了各种算法的应用方法。如果你想了解机器学习并掌握机器学习的具体技术，那就请翻开本书，通过一个又一个案例领略机器学习的风采。所以这本书既是一本初步了解机器学习的启蒙读物，也是一本让你从初学者变成 AI 专家的教练示范材料。

毋庸置疑，人工智能（AI）、区块链（BlockChain）、云计算（Cloud）、大数据（Big Data）、万物互联（IoE）这五项技术（简写为 ABCDE）已经成为计算机和互联网技术未来发展的五大核心动力。特别是人工智能技术，它将是继蒸汽机、电力、计算机、互联网之后的又一股重要的革命性力量。之前的几次革命解放的是我们的四肢，而人工智能解放的将是我们的头脑。

前言

Python Machine Learning, Third Edition

通过新闻和社交媒体的报道，你可能已经了解到，机器学习已成为当代最激动人心的技术之一。像谷歌、Facebook、苹果、亚马逊和IBM这样的大公司基于各自的考虑，已经在机器学习的研究和应用方面投入了巨资。机器学习似乎已经成为我们这个时代的流行词，但这绝不是昙花一现。这个激动人心的领域为我们开启了许多新的可能性，已经成为我们日常生活中不可或缺的一部分。智能手机的语音助手、为客户推荐合适的产品、防止信用卡欺诈、过滤垃圾邮件，以及检测和诊断疾病等都是明证，类似的应用层出不穷。

机器学习入门

如果有志从事机器学习方面的工作，想更好地解决问题或开展机器学习方面的研究，那么本书就是为你而备。然而，对新手而言，机器学习背后的理论、概念可能艰深晦涩，但近几年已经出版了许多机器学习方面的著作，这有助于大家通过研发强大的机器学习算法走上机器学习之路。

理论与实践相结合

通过实际的机器学习应用示例来接触实际代码是深入该领域的好方法。此外，具体的示例也有助于通过把所学的材料直接付诸行动来阐明宽泛的概念。然而请记住，更强大的力量意味着更重大的责任！

除了提供使用Python编程语言和基于Python的机器学习库进行机器学习的实践经验之外，本书还将介绍机器学习算法背后的数学概念，这些对成功地应用机器学习至关重要。因此，本书与一般纯粹的实践手册有所不同，书中不仅会对有关机器学习概念的必要细节进行讨论，而且还将对机器学习算法的工作原理、使用方法，以及如何避免最常见的陷阱(最为重要)做出直观且翔实的解释。

为什么要选择Python

在深入机器学习领域之前，请先回答一个最重要的问题：“为什么要选择Python?”答案很简单：Python功能强大且易于取得。Python已经成为数据科学最常用的编程语言，因为它不仅可以让我们忘记编程的冗长乏味，而且为我们提供了可以把想法落地、把概念直接付诸行动的环境。

探索机器学习领域

如果在谷歌专业网站以“机器学习”作为关键词进行搜索，可能会找到 325 万个出版物。当然，我们无法对过去 60 年来所出现的各种不同算法和应用逐一进行考证。然而，本书将开启一个激动人心的旅程，它将涵盖所有重要的主题和概念，让你在这些领域能够捷足先登。如果你发现本书所提供的知识还不足以解渴，那么没关系，你还可以利用本书所引用的其他有价值的许多资源来追踪该领域的重要突破。

我们认为，对机器学习的研究可以帮助我们成为更好的科学家、思想家和问题解决者。本书将与你分享这些知识。要获得知识就要学习，关键在于保持热情，实践出真知。

前面的路或许崎岖不平，有些主题可能颇具挑战性，但希望你能抓住这个机会，更多地思考本书所带来的回报。请记住，我们将共同踏上这段旅程，帮助你掌握许多强大的武器，让你以数据驱动的方式来解决最棘手的问题。

本书的目标读者

如果你已经详细研究了机器学习方面的理论，那么本书可以教你如何把知识付诸实践。如果你以前使用过机器学习技术，想要更加深入地了解其工作原理，那么本书也是为你而写的。

如果你是机器学习领域的新手，那么不必担心，你更有理由为阅读本书而感到兴奋！我保证机器学习将会改变你解决问题的思路，并让你看到如何通过释放数据的力量来解决问题。如果你想了解如何开始用 Python 来回答有关数据方面的关键问题，那么请阅读本书。无论是想从零开始，还是想扩展自己已有的数据科学知识，本书都是必不可少且不可忽视的资源。

本书内容

第 1 章介绍用于解决不同问题的主要机器学习子领域。另外，还将讨论创建典型的机器学习模型构建流水线的基本步骤，从而形成贯穿后续各章的脉络。

第 2 章追溯机器学习的起源，介绍二元感知分类器和自适应线性神经元。还会简单介绍模式分类的基本原理，同时关注算法优化和机器学习的交互。

第 3 章描述机器学习的基本分类算法，并使用最流行、最全面的开源机器学习软件库之一 scikit-learn 提供实际示例。

第 4 章讨论如何解决未处理数据集中最常见的问题，如数据缺失。也会讨论用来识别数据集中信息量最大的特征的几种方法，并教你如何处理不同类型的变量以作为机器学习算法的适当输入。

第 5 章描述在减少数据集中特征数量的同时保留大部分有用和具有可识别性信息的基本技术。讨论基于主成分分析的标准降维方法，并将其与监督学习和非线性变换技术进行比较。

第 6 章讨论在预测模型的性能评价中该做什么和不该做什么。此外，还将讨论模型评估的不同度量以及优化机器学习算法的技术。

第 7 章介绍有效结合多种学习算法的不同概念。讲解如何构建专家小组来克服个别学习者的弱点，从而产生更准确、更可靠的预测。

第 8 章讨论将文本数据转换为对机器学习算法有意义的表达方式的基本步骤，以根据文本内容预测人们的意见。

第 9 章继续使用第 8 章中的预测模型，并介绍使用嵌入式机器学习模型开发 Web 应用的基本步骤。

第 10 章讨论根据目标变量和响应变量之间的线性关系建模，从而进行连续预测的基本技术。在介绍不同的线性模型之后，还将讨论多项式回归和基于树的建模方法。

第 11 章将焦点转移到机器学习的其他子领域，即无监督学习。用来自三个基本聚类家族的算法来寻找一组拥有一定程度相似性的对象。

第 12 章扩展基于梯度的优化概念，该概念在第 2 章中介绍过。还将介绍如何基于常见的反向传播算法在 Python 中构建强大的多层**神经网络**。

第 13 章基于第 12 章的知识，为更有效地训练神经网络提供实用指南。该章的重点是 TensorFlow 2.0，这是一个开源的 Python 软件库，它允许我们充分利用现代的多核图形处理器(GPU)，通过对用户友好的 Keras API，采用相同的构件来构建深度神经网络。

第 14 章接着第 13 章的内容更详细地介绍 TensorFlow 2.0 更高级的概念和功能。TensorFlow 是一个庞大且复杂的软件库，该章将逐步探讨一些概念，例如将代码编译成静态图形以加快执行速度并定义可训练的模型参数。此外，该章还会提供用 TensorFlow 的 Keras API 以及 TensorFlow 的预制估计器训练深度神经网络的其他实践经验。

第 15 章介绍**卷积神经网络**(CNN)。CNN 代表一种特定类型的深度神经网络体系结构，特别适合用于图像数据集。由于 CNN 的性能优于传统方法，因此现在已被广泛用于计算机视觉中，在各种图像识别任务方面获得了非常优秀的结果。在该章中，你将学习如何将卷积层用作图像分类的强大的特征提取器。

第 16 章介绍深度学习的另外一种常用的神经网络体系结构，它特别适合处理文本序列数据和时间序列数据。作为热身练习，在该章中，我们应用不同的循环神经网络来预测电影评论的情感。然后将学习神经网络如何从书中提取信息，以生成全新的文本。

第 17 章介绍一种常用的神经网络对抗训练机制，可用于生成逼真的新图像。该章首先简要地介绍自动编码器，这是一种可用于数据压缩的特定类型的神经网络体系结构。然后展示如何将自动编码器的解码器部分与第二个神经网络相结合，以区分真实图像和合成图像。通过让两个神经网络在对抗性训练中相互竞争的方法，实现用于生成新的手写数字的生成对抗网络。最后，在介绍生成对抗网络的基本概念之后，介绍诸如 Wasserstein 距离指标等可以提高对抗性训练稳定性的方法。

第 18 章讨论常用于训练机器人和其他自主系统的机器学习子类别。该章首先介绍**强化学习**（RL）的基础知识，让你熟悉智能体与环境的交互、强化学习系统的奖励过程，以及从经验中学习的概念。涵盖基于模型和无模型两大类强化学习。在介绍完基本算法(如基于蒙特卡罗和基于时间距离的学习)之后，我们将动手实现并训练一个可以使用 Q 学习算法在网格世界环境里导航的智能体。最后，该章将介绍深度 Q 学习算法，这是使用深度神经网络的 Q 学习的变体。

阅读本书需要的材料

要执行本书的示例代码，需要在 macOS、Linux 或者 Microsoft Windows 操作系统上安装 Python 3.7.0 或更新的版本。本书将持续使用包括 SciPy、NumPy、scikit-learn、Matplotlib 和 pandas 在内的 Python 的科学计算软件库。

第 1 章将为设置 Python 环境及其核心库提供指令和有用的提示。我们将逐渐添加更多的软件库，另外也会在不同的章节中分别提供相应的安装指令，例如第 8 章的自然语言处理 NLTK 库、第 9 章的 Flask 网络框架库，以及从第 13 章到第 18 章用于在 GPU 上高效训练神经网络的 TensorFlow。

下载示例代码及彩色图像

本书的示例代码及彩色图像可以从 http://www.packtpub.com 通过个人账号下载，也可以访问华章图书官网 http://www.hzbook.com，通过注册并登录个人账号下载。

你也可以从 GitHub 网址 https://github.com/rasbt/python-machine-learning-book-3rd-edition 下载全部的示例代码。

本书所有代码也以 Jupyter Notebook 的格式提供，这可以在本书第 1 章的代码文件夹中找到简明的指令，其具体位置为 https://github.com/rasbt/python-machine-learning-book-3rd-edition/tree/master/ch01#pythonjupyter-notebook。想要了解更多有关 Jupyter Notebook 用户界面的信息，请参考 https://jupyter-notebook.readthedocs.io/en/stable/ 网站上的官方文档。

尽管我们推荐使用 Jupyter Notebook 来执行代码，但是所有的代码示例仍然会以 Python 脚本(例如 `ch02/ch02.py`)和 Jupyter Notebook(例如 `ch02/ch02.ipynb`)两种格式提供。另外，推荐阅读每章附带的 `README.md` 文件，以了解更多的信息和更新情况(例如 https://github.com/rasbt/python-machine-learning-book-3rd-edition/blob/master/ch01/README.md)。

我们也把本书中用到的彩色图像截屏或者图表以 PDF 文件格式提供给读者。彩色图像有助于读者更好地理解输出中的变化。可以从网站 https://static.packt-cdn.com/downloads/9781789955750_ColorImages.pdf 下载该文件。

约定

新的术语和重要的词用粗体显示。

在这样的提示后会显示警告或重要注释。

在这样的提示后会显示提示和窍门。

延伸阅读

如果你正在考虑从事机器学习工作，或者只想跟上该领域的最新进展，我们向你推荐机器学习领域以下领先专家的著作。

- Geoffrey Hinton(http://www.cs.toronto.edu/～hinton/)
- Andrew Ng(http://www.andrewng.org/)
- Yann LeCun(http://yann.lecun.com)
- Juergen Schmidhuber(http://people.idsia.ch/～juergen/)
- Yoshua Bengio(http://www.iro.umontreal.ca/～bengioy/yoshua_en/)

仅举几例！最后，你可以从下面这些网站了解作者们所擅长的内容：

https://sebastianraschka.com

http://vahidmirjalili.com.

如果对本书有任何疑问或者需要一些有关机器学习的提示，欢迎与我们联系。

塞巴斯蒂安·拉施卡(Sebastian Raschka)从密歇根州立大学获得博士学位，在此期间他主要关注计算生物学和机器学习交叉领域的方法研究。他在2018年夏季加入威斯康星-麦迪逊大学，担任统计学助理教授。他的主要研究活动包括开发新的深度学习体系结构来解决生物统计学领域的问题。

Sebastian在Python编程方面拥有多年经验，多年来针对数据科学、机器学习和深度学习的实际应用组织过多次研讨会，并在SciPy(重要的Python科学计算会议)上发布过机器学习教程。

本书是Sebastian的主要学术成就之一，也是Packt和Amazon.com的畅销书之一，曾获《ACM计算评论》2016年度最佳奖，并被翻译成包括德文、韩文、中文、日文、俄文、波兰文和意大利文在内的多种语言。

在闲暇时间里，Sebastian热衷于为开源项目做贡献，他所实现的方法现已成功用于像Kaggle这样的机器学习竞赛。

我想借此机会感谢伟大的Python社区和开源软件包的开发人员，他们为我从事科学研究和数据研究创造了完美的环境。另外，我还要感谢我的父母，他们始终鼓励和支持我在热爱的道路和事业上不断追求和努力。

特别感谢scikit-learn和TensorFlow的核心开发人员。作为这个项目的贡献者和用户，我很高兴能够与这些杰出人士合作，他们不仅在机器学习和深度学习方面非常博学，而且还是优秀的程序员。

瓦希德·米尔贾利利(Vahid Mirjalili)在密歇根州立大学获得机械工程博士学位，并在这里从事大规模分子结构计算模拟的新方法的研究。对机器学习领域的执着，促使他加入了密歇根州立大学的iPRoBe实验室，在这里他致力于把机器学习应用到计算机视觉和生物统计学领域。在经历了iPRoBe实验室硕果累累的几年和数载学术生涯之后，Vahid最近以研究科学家的身份加入了3M，他在那里利用自己的经验，把最新的机器学习和深度学习技术应用于解决各种实际问题，以使人们生活得更加美好。

在此感谢我的太太Taban Eslami，是她在我的事业发展道路上一直给予我支持和鼓励。我也特别感谢我的导师Nikolai Priezjev、Michael Feig和Arun Ross，他们在我攻读博士学位期间对我进行了指导，另外还要感谢教授Vishnu Boddeti、Leslie Kuhn和Xiaoming Liu对我的谆谆教诲，是他们的鼓励让我锲而不舍。

审校者简介

Raghav Bali 在世界上最大的医疗机构之一任高级数据科学家。他的工作包括研究和开发基于机器学习、深度学习和自然语言处理的企业级解决方案，用于医疗和保险相关的场景。在此之前他在英特尔工作，参与使用自然语言处理、深度学习和传统统计方法为主动性数据驱动的 IT 计划赋能的项目。他还曾在美国运通从事金融领域的工作，解决数字化互动和客户留存方面的问题。

Raghav 还与领先的出版商合作出版过多本专著，最近的一本是关于迁移学习研究方面的最新进展的。

Raghav 拥有班加罗尔国际信息技术学院的信息技术硕士学位(金牌)。他不但喜欢阅读，而且是一个摄影迷，经常在闲暇时刻捕捉光与影。

Motaz Saad 从洛林大学取得计算机科学博士学位。他喜欢摆弄数据，在自然语言处理、计算语言学、数据科学和机器学习方面拥有 10 多年的专业经验。目前在 IUG 信息技术学院担任助理教授。

目 录

第 14 章 深入探讨 TensorFlow 的工作原理 …………… 301

第1章

Python Machine Learning, Third Edition

赋予计算机从数据中学习的能力

机器学习是通过算法使数据具有意义的应用和科学，也是计算机科学中最令人兴奋的领域！在这个数据丰沛的时代，我们可以利用机器学习领域里的自学习算法把数据转化为知识。近年来涌现出许多强大的机器学习开源软件，现在是进入该领域的最佳时机，掌握强大的算法可以从数据中发现模式并预测未来。

本章将讨论机器学习的主要概念及不同类型，同时介绍相关的术语，为利用机器学习技术成功地解决实际问题奠定基础。

本章将主要涵盖下述几个方面：

- 机器学习的基本概念。
- 三种类型的机器学习及基本术语。
- 成功设计机器学习系统的基石。
- 为数据分析和机器学习安装和配置 Python。

1.1 构建能把数据转换为知识的智能机器

在当今的科技时代，大量结构化和非结构化数据是我们的丰富资源。机器学习在 20 世纪下半叶演变为**人工智能**(AI)的一个分支，它通过自学习算法从数据中获得知识来进行预测。机器学习并不需要事先对大量数据进行人工分析，然后提取规则并建立模型，而是提供了一种更为有效的方法来捕获数据中的知识，逐步提高预测模型的性能，以完成数据驱动的决策。

机器学习不仅在计算机科学研究中越来越重要，而且在日常生活中也发挥出越来越大的作用。归功于机器学习，我们今天才会拥有强大的垃圾邮件过滤器、方便的文本和语音识别软件、可靠的网络搜索引擎、具有挑战性的下棋程序。期待在不久的将来，我们可以享受安全且高效的自动驾驶汽车。此外，机器学习在医疗应用方面也取得了显著的进展，例如，研究人员证明，深度学习模型检测皮肤癌的准确性与人类的检测结果接近(https://www.nature.com/articles/nature21056)。最近出现的另外一个里程碑是 DeepMind 的研究人员实现用深度学习来预测三维蛋白质结构，这优于起初基于物理的方法(https://deepmind.com/blog/alphafold/)。

1.2 三种不同类型的机器学习

本节将讨论监督学习、无监督学习和强化学习这三种类型的机器学习。了解三者之间的根本差别，并通过概念性的示例，我们将形成可应用于实际问题领域的见解，如图 1-1 所示。

1.2.1 用监督学习预测未来

监督学习的主要目标是从有标签的训练数据中学习模型，以便对未知或未来的数据做出预测。在这里“监督”一词指的是已经知道训练样本(输入数据)中期待的输出信号(标签)。图 1-2 总结了一个典型的监督学习流程，先为机器学习算法提供打过标签的训练数据以拟合预测模型，然后用该模型对未打过标签的新数据进行预测。

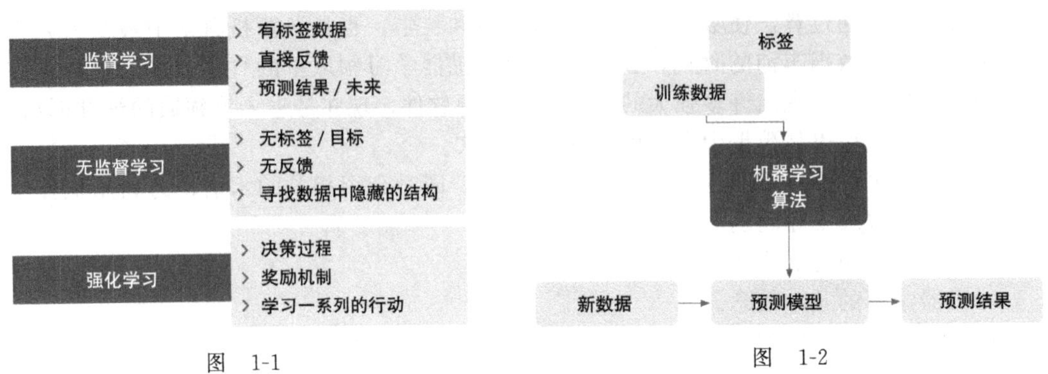

图 1-1　　图 1-2

以垃圾邮件过滤为例，可以采用监督机器学习算法在打过标签的(正确标识垃圾与非垃圾)电子邮件的语料库上训练模型，然后用该模型来预测新邮件是否属于垃圾邮件。带有离散分类标签的监督学习任务也被称为**分类任务**，例如上述的垃圾电子邮件过滤示例。监督学习的另一个子类被称为**回归**，其结果信号是连续的数值。

1.2.1.1 用于预测类标签的分类

分类是监督学习的一个分支，其目的是根据过去的观测结果来预测新样本的分类标签。这些分类标签是离散的无序值，可以理解为样本的组成员关系。前面提到的邮件垃圾检测就是典型的二元分类任务，机器学习算法学习规则以区分垃圾和非垃圾邮件。

图 1-3 将通过 30 个训练样本阐述二元分类任务的概念，其中 15 个标签为负类(−)，另外 15 个标签为正类(+)。该数据集为二维，这意味着每个样本都与 x_1 和 x_2 的值相关。现在，可以通过监督机器学习算法来学习一个规则——用一条虚线来表示决策边界——区分两类数据，并根据 x_1 和 x_2 的值为新数据分类。

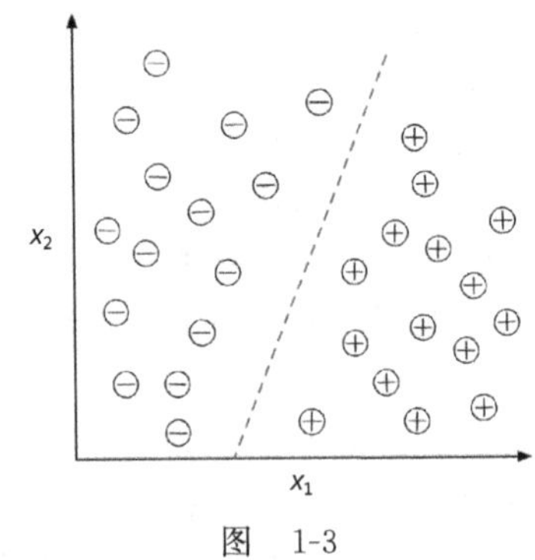

图 1-3

但是，类标签集并非都是二元的。经过监督学习算法学习所获得的预测模型可以将训练数据集中出现过的任何维度的类标签分配给尚未打标签的新样本。

多类分类任务的典型示例是手写字符识别。首先，收集包含字母表中所有字母的多个手写示例所形成的训练数据集。字母(“A”“B”“C”等)代表我们要预测的不同的无序类别或类标签。然后，当用户通过输入设备提供新的手写字符时，预测模型能够以某一准确率将其识别为字母表中的正确字母。然而，该机器学习系统却无法正确地识别 0 到 9 之间的任何数字，因为它们并不是训练数据集中的一部分。

1.2.1.2 用于预测连续结果的回归

上一节学习到分类任务是为样本分配无序的分类标签。第二类监督学习是对连续结果的预测，也称为**回归分析**。回归分析包括一些预测(**解释**)变量和一个连续的响应变量(**结果**)，试图寻找那些变量之间的关系，从而能够让我们预测结果。

注意，机器学习领域的预测变量通常被称为“特征”，而响应变量通常被称为“目标变量”。本书通篇将采用该命名规则。

以预测学生 SAT 数学成绩为例。假设学习时间与考试成绩相关，以此为训练数据通过机器学习建模，用将来打算参加该项考试学生的学习时间来预测其考试成绩。

均值回归

1886 年，Francis Galton 在其论文 *Regression towards Mediocrity in Hereditary Stature* 中首次提到回归一词。Galton 描述了一种生物学现象，即种群身高的变化不会随时间的推移而增加。

他观察到父母的身高不会遗传给自己的孩子，相反，孩子的身高会回归到总体均值。

图 1-4 说明了线性回归的概念。给定特征变量 x 和目标变量 y，对数据进行线性拟合，最小化样本点和拟合线之间的距离——最常用的平均平方距离。现在可以用从该数据中学习到的截距和斜率来预测新数据的目标变量。

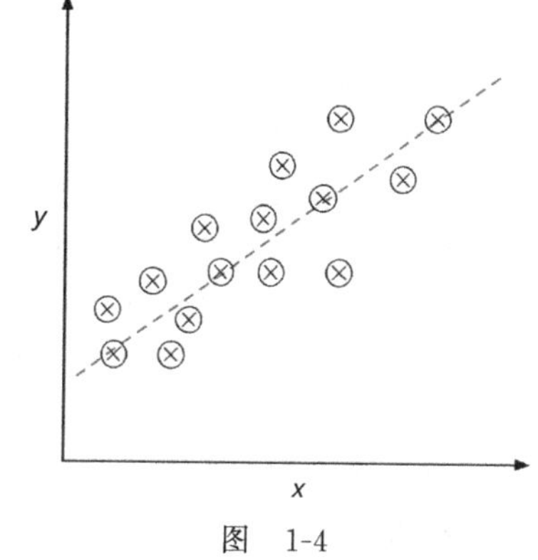

图　1-4

1.2.2　用强化学习解决交互问题

另一类机器学习是**强化学习**。强化学习的目标是开发一个系统(**智能体**)，通过与环境的交互来提高其性能。当前环境状态的信息通常包含所谓的**奖励信号**，可以把强化学习看作一个与监督学习相关的领域。然而强化学习的反馈并非标定过的正确标签或数值，而是奖励函数对行动度量的结果。智能体可以与环境交互完成强化学习，并通过探索性的试错或深思熟虑的规划来最大化这种奖励。

强化学习的常见示例是国际象棋。智能体根据棋盘的状态或环境来决定一系列的行动，奖励定义为比赛的输或赢，如图 1-5 所示。

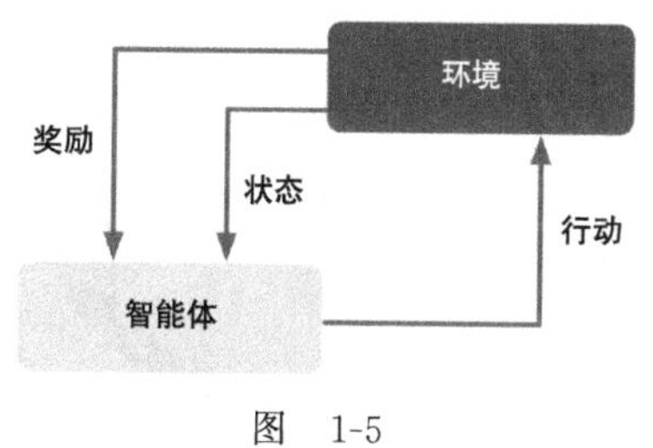

图　1-5

强化学习有许多不同的子类。然而，一般模式是强化学习智能体试图通过与环境的一系列交互来最大化奖励。每种状态都可以与正或负的奖励相关联，奖励可以被定义为完成一个总目标，如赢棋或输棋。例如国际象棋每走一步的结果都可以认为是环境的一个不同状态。

为进一步探索国际象棋的示例，观察一下棋盘上与赢棋相关联的某些状况，比如吃掉对手的棋子或威胁皇后。也注意一下棋盘上与输棋相关联的状态，例如在接下来的回合中输给对手一个棋子。下棋只有到了结束的时候才会得到奖励(无论是正面的赢棋还是负面的输棋)。另外，最终的奖励也取决于对手的表现。例如，对手可能牺牲了皇后，但最终赢棋了。

强化学习涉及根据学习一系列的行动来最大化总体奖励，这些奖励可能即时获得，也可能延后获得。

1.2.3　用无监督学习发现隐藏的结构

监督学习训练模型时，事先知道正确的答案；在强化学习的过程中，定义了智能体对特定行动的奖励。然而，无监督学习处理的是无标签或结构未知的数据。用无监督学习技术，可以在没有已知结果变量或奖励函数的指导下，探索数据结构来提取有意义的信息。

1.2.3.1　用聚类寻找子群

聚类是探索性的数据分析技术，可以在事先不了解成员关系的情况下，将信息分成有意义的子群(**集群**)。为在分析过程中出现的每个集群定义一组对象，集群的成员之间具有一定程度的相似性，但与其他集群中对象的差异性较大，这就是为什么聚类有时也被称为**无监督分类**。聚类是一种构造信息和从数据中推导出有意义关系的有用技术。例如，它允许营销人员根据自己的兴趣发现客户群，以便制定不同的市场营销计划。

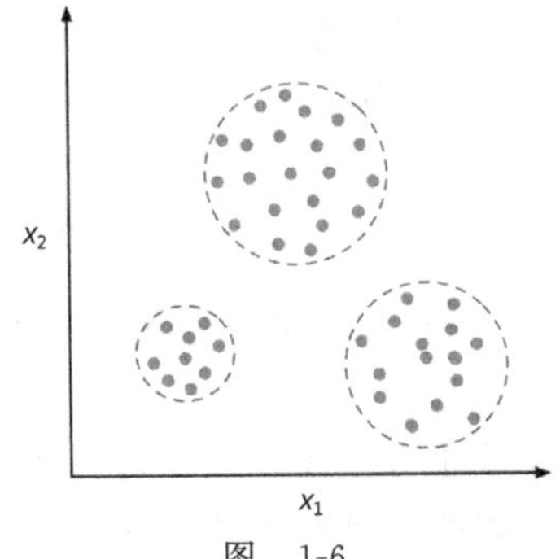

图　1-6

图1-6解释了如何应用聚类把无标签数据根据 x_1 和 x_2 的相似性分成三组。

1.2.3.2　通过降维压缩数据

无监督学习的另一个子类是**降维**。我们经常要面对高维数据。高维数据的每个观察通常都伴随着大量的测量数据，这对有限的存储空间和机器学习算法的计算性能提出了挑战。无监督降维是特征预处理中一种常用的数据去噪方法，不仅可以降低某些算法对预测性能的要求，而且可以在保留大部分相关信息的同时将数据压缩到较小维数的子空间上。

有时降维有利于数据的可视化，例如，为了通过二维散点图、三维散点图或直方图实现数据的可视化，可以把高维特征数据集映射到一维、二维或三维特征空间。图1-7展示了一个采用非线性降维将三维瑞士卷压缩成新的二维特征子空间的示例。

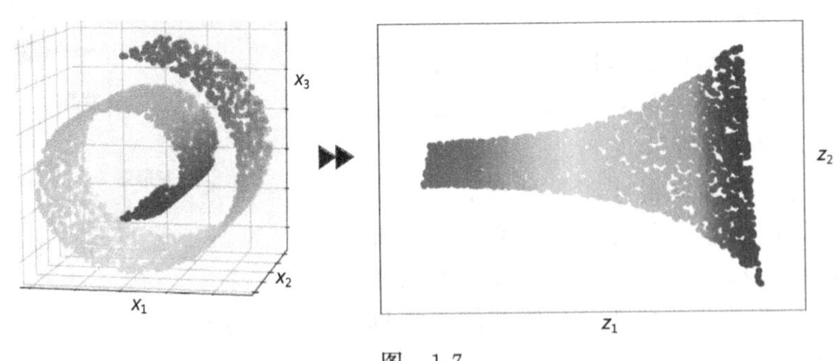

图　1-7

1.3　基本术语与符号

本章讨论了监督学习、无监督学习和强化学习这三大类机器学习，下面将介绍本书中常用的基本术语。1.3.1节将介绍我们在引用数据集时将会用到的常用术语，以及更精确和高效地进行沟通所采用的数学符号。

因为机器学习领域广阔而且跨学科，所以肯定会遇到许多指向相同概念的不同术语。1.3.2 节收集了机器学习文献中的许多常用术语，希望在你阅读更多不同的机器学习文献时能够有所帮助。

1.3.1　本书中使用的符号和约定

图 1-8 摘要描述了鸢尾属植物数据集，这是机器学习领域的典型示例。该数据集包含了山鸢尾、变色鸢尾和弗吉尼亚鸢尾三种不同鸢尾属植物的 150 多朵鸢尾花的测量结果。数据集每行存储一朵花的样本数据，每列存储每种花的度量数据(以厘米为单位)，也称之为数据集的特征。

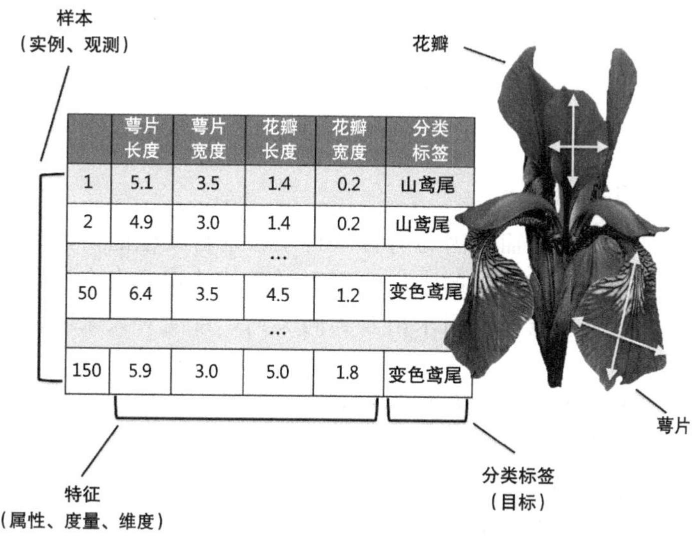

	萼片长度	萼片宽度	花瓣长度	花瓣宽度	分类标签
1	5.1	3.5	1.4	0.2	山鸢尾
2	4.9	3.0	1.4	0.2	山鸢尾
…					
50	6.4	3.5	4.5	1.2	变色鸢尾
…					
150	5.9	3.0	5.0	1.8	变色鸢尾

图　1-8

为了能简单而且高效地实现符号表示，我们将会用到线性代数的一些基础知识。下面的章节中将用矩阵和向量符号来表示数据。我们将按照约定将每个样本表示为特征矩阵 $\boldsymbol{X}$ 的一行，每个特征表示为一列。

鸢尾属植物数据集包含 150 个样本和 4 个特征，可以用 150×4 矩阵($\boldsymbol{X} \in \mathbb{R}^{150\times 4}$)表示：

$$\begin{bmatrix} x_1^{(1)} & x_2^{(1)} & x_3^{(1)} & x_4^{(1)} \\ x_1^{(2)} & x_2^{(2)} & x_3^{(2)} & x_4^{(2)} \\ \vdots & \vdots & \vdots & \vdots \\ x_1^{(150)} & x_2^{(150)} & x_3^{(150)} & x_4^{(150)} \end{bmatrix}$$

标注约定

除非特别注明，本书的其余部分将用上标 i 指第 i 个训练样本，下标 j 表示训练样本的第 j 个维度。

用小写和粗体字符表示向量($\boldsymbol{x} \in \mathbb{R}^{n\times 1}$)，用大写和粗体字符表示矩阵($\boldsymbol{X} \in \mathbb{R}^{n\times m}$)。分别采用斜体字符 $x^{(n)}$ 或者 $x_m^{(n)}$ 表示向量或者矩阵中的某个元素。

例如 $x_1^{(150)}$ 表示第150个鸢尾花样本的第一个维度，即萼片长度。因此，该矩阵的每行代表一朵花的数据，可以写成4维行向量 $\boldsymbol{x}^{(i)} \in \mathbb{R}^{1\times 4}$

$$\boldsymbol{x}^{(i)} = [x_1^{(i)} \quad x_2^{(i)} \quad x_3^{(i)} \quad x_4^{(i)}]$$

每个特征维度是150个元素的列向量 $\boldsymbol{x}^{(i)} \in \mathbb{R}^{150\times 1}$，例如：

$$\boldsymbol{x}_j = \begin{bmatrix} x_j^{(1)} \\ x_j^{(2)} \\ \vdots \\ x_j^{(150)} \end{bmatrix}$$

类似地，可以把目标变量(这里是类标签)存储为150个元素的列向量：

$$\boldsymbol{y} = \begin{bmatrix} y^{(1)} \\ \cdots \\ y^{(150)} \end{bmatrix} (y \in \{\text{山鸢尾，变色鸢尾，弗吉尼亚鸢尾}\})$$

1.3.2　机器学习的术语

机器学习领域非常广泛，而且因为有许多科学家来自其他的研究领域，因此学科的交叉现象比较严重。很多似曾相识的术语和概念被重新认识或者定义，名称可能会有所不同。为方便起见，下面精选了常用术语及其同义词，希望对大家阅读本书和其他人工智能书籍有所帮助。

- 训练样本：表中的行，代表数据集的观察、记录、个体或者样本(在多数情况下，样本指训练样本集)。
- 训练：模型拟合，对参数型模型而言，类似参数估计。
- 特征，缩写为 x：指数据表或矩阵的列。与预测因子、变量、输入、属性或协变量同义。
- 目标，缩写为 y：与结果、输出、响应变量、因变量、分类标签和真值同义。
- 损失函数：经常与代价函数同义。有时也被称为误差函数。在有些文献中，术语损失指的是对单个数据点进行测量的损失，而代价是对整个数据集进行测量(平均或者求和)的损失。

1.4　构建机器学习系统的路线图

在前面的章节中，我们讨论了机器学习的基本概念及其三种不同类型。本节将讨论机器学习系统中与算法相关的其他重要部分。图1-9展示了在预测建模过程中使用机器学习的典型工作流程，我们将在后续几个小节中详细讨论。

1.4.1　预处理——整理数据

让我们从构建机器学习系统的路线图开始讨论。原始数据很少以能满足学习算法的最佳性能所需要的理想形式出现。因此，数据的预处理是所有机器学习应用中最关键的步骤之一。

以前一节的鸢尾花数据集为例，我们可以把原始数据视为欲从中提取有意义特征的一系列花朵的图像。有意义的特征可能是颜色、色调、强度、高度、长度和宽度。

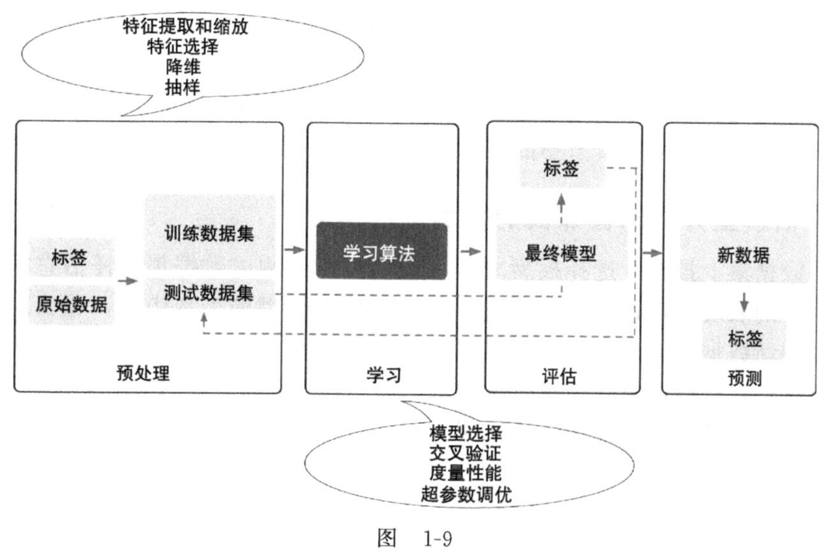

图 1-9

为了获得模型的最佳性能，许多机器学习算法要求所选特征的测量结果单位相同，通常通过把特征数据变换到[0，1]的取值范围，或者均值为 0、方差为 1 的标准正态分布来实现，后面的章节将会对此进行介绍。

某些选定的特征相互之间可能高度相关，因此在某种程度上呈现冗余的现象。在这种情况下，降维技术对于将特征压缩到低维子空间非常有价值。降低特征空间维数的好处在于减少存储空间，提高算法的运行速度。在某些情况下，如果数据集包含大量不相关的特征或噪声，换句话说，如果数据集的信噪比较低，那么降维也可以提高模型的预测性能。

为了确定机器学习算法不仅在训练数据集上表现良好，而且对新数据也有很好的适应性，我们希望将数据集随机分成单独的训练数据集和测试数据集。用训练数据集来训练和优化机器学习模型，同时把测试数据集保留到最后以评估最终的模型。

1.4.2　训练和选择预测模型

在后面的章节中可以看到，为了完成各种不同的任务，目前开发了许多不同的机器学习算法。根据 David Wolpert 著名的“天下没有免费午餐”这个定理，我们可以得出机器学习绝非“免费的”这个重要结论[⊖]。还可以把这个概念与俗语相关联，“如果你只有一把锤子，你就会把所有的东西看成钉子，这或许是种诱惑”(Abraham Maslow，1966)。例如，每个分类算法都存在着固有的偏置，如果不对分类任务做任何假设，没有哪个分类模型会占上风。因此，在实践中，至少要比较几种不同的算法，以便训练和选择性能最好的模型。但在比较不同的模型之前，我们首先要确定度量性能的指标。通常用分类准确率作为度量指标，其定义为正确分类的个体占所有个体的百分比。

有人可能会问：“如果不用测试数据集进行模型选择，而将其保留用于最终的模型评估，那么我们怎么知道哪个模型在最终测试数据集和真实数据上表现得更好呢?”为了解决嵌套在这个问题中的问题，我们可以采用不同的交叉验证技术，将数据集进一步拆分为训练数据集和验证数据集，以评估模型的泛化性能。最后，我们也不能期望软件库所

⊖ *The Lack of A Priori Distinctions Between Learning Algorithms*, D. H. Wolpert, 1996; *No free lunch theorems for optimization*, D. H. Wolpert and W. G. Macready, 1997.

提供的不同机器学习算法的默认参数值对特定问题最优。因此，后续章节将会频繁使用超参数调优技术来调优模型的性能。

我们可以把超参数看作不是从数据中学习的参数，而是模型的调节旋钮，可以来回旋转调整模型的性能。后面章节中的实际示例会对此有更加清楚的说明。

1.4.3 评估模型并对未曾谋面的数据进行预测

在训练数据集上拟合并选择模型之后，我们可以用测试数据集来评估它在从来没见过的新数据上的表现，以评估泛化误差。如果我们对模型的表现满意，那么就可以用它来预测未来的新数据。请注意，前面提到的诸如特征缩放和降维过程中的参数，仅能从训练数据集获得，相同的参数会被应用到测试数据集，以及任何其他的新数据集。否则，对测试数据集的性能评估可能会过于乐观。

1.5 将Python用于机器学习

Python是数据科学中最受欢迎的编程语言，这归功于Python语言有非常多优秀的开发人员，而且其开源社区为数据科学提供了大量有价值的软件库。

对计算密集型任务而言，尽管像Python这样的解释性编程语言的性能赶不上低级编程语言，但是在Fortran和C的基础上研发出的像NumPy和SciPy这样的扩展软件库，可以实现多维数组的快速向量化操作。

机器学习的编程主要用scikit-learn，这是目前最常用且方便使用的开源机器学习软件库。在后面的章节中，当我们关注被称为深度学习的机器学习子领域时，将使用新版本的TensorFlow软件库，利用图形卡，专门训练所谓的深度神经网络。

1.5.1 利用Python Package Index安装Python及其他软件包

Python可用于微软Windows、苹果macOS和开源Linux这三大操作系统，可以从Python官网https://www.python.org下载安装程序以及其相关的文档。

本书的内容可用于Python 3.7或更新的版本，我们建议读者使用可以获得的Python 3最新版本。尽管有些代码示例也可以与Python 2.7兼容，但是官方会停止对Python 2.7的支持，而且大多数的开源软件库已经停止对Python 2.7的支持(https://python3statement.org)，因此，我们强烈建议读者使用Python 3.7或者更新的版本。

本书所用的其他软件包可以通过`pip`程序安装，Python安装程序从Python 3.3起就一直是标准库的一部分。可以在https://docs.python.org/3/installing/index.html上发现更多关于`pip`的信息。

在成功地安装了Python后，可以在终端上执行`pip`命令来安装附加包：

```
pip install SomePackage
```

对于已经安装过的软件包可以通过`--upgrade`选项完成升级：

```
pip install SomePackage --upgrade
```

1.5.2 采用Anaconda Python发行版和软件包管理器

本书高度推荐由Continuum Analytics发行的Anaconda作为Python的科学计算软件

包。免费的 Anaconda 既可用于商业，也可供企业使用。该软件包括数据科学、数学和工程在内的所有基本 Python 软件包，并把它们组合在对用户友好的跨平台版本中。可以从 https://docs.anaconda.com/anaconda/install/网站下载 Anaconda 的安装程序，从 https://docs.anaconda.com/anaconda/user-guide/getting-started/网站下载 Anaconda 的快速启动指南。

在成功地安装了 Anaconda 之后，可以执行下述命令安装其他 Python 软件包：

```
conda install SomePackage
```

安装过的软件包可以通过执行下述命令升级：

```
conda update SomePackage
```

1.5.3　用于科学计算、数据科学和机器学习的软件包

本书将主要使用 NumPy 的多维数组来存储和操作数据。偶尔也会用 pandas 库，该库建立在 NumPy 之上，可以提供额外的更高级的数据操作工具，使表格数据的操作更加方便。为了增强学习体验和可视化定量数据，我们将使用定制化程度非常高的 Matplotlib 软件库，这往往对直观地理解解决方案极有价值。

现将本书所用的主要 Python 软件包的版本号详列如下，请读者确保所安装软件包的版本不低于下述版本号，以确保代码示例可以正确运行：

- NumPy 1.17.4
- SciPy 1.3.1
- scikit-learn 0.22.0
- Matplotlib 3.1.0
- pandas 0.25.3

1.6　本章小结

本章从宏观角度探讨了机器学习，让你对全局和主要概念有所了解，后续章节将会探讨更多的细节。在本章中，我们了解到监督学习有分类与回归两个重要分支。分类模型为对象分配已知的分类标签，回归分析模型可以预测目标变量的连续结果。无监督学习不仅为发现未标记数据中的结构提供了有用的技术，而且对特征预处理过程中的数据压缩也很有用。

本章简要讨论了应用机器学习技术解决问题的典型路线图，为后续章节深入讨论和动手实践奠定了基础。最后，我们搭建了 Python 环境，安装并更新了所需要的软件包，为执行机器学习的示例代码做好了准备。

除了机器学习本身，本书后续还将引入不同的数据集预处理技术，这将有助于从不同的机器学习算法中获得最佳性能。除了广泛讨论分类算法以外，本书还将探索回归分析和聚类的不同技术。

阅读本书是一段激动人心的旅程，书中涵盖了机器学习领域的许多强大技术。阅读各个章节，可以循序渐进地掌握相关知识，逐步深入地了解机器学习。我们将在下一章介绍早期机器学习分类算法的实现，这也将为第 3 章做好准备。第 3 章将覆盖更多使用开源 scikit-learn 机器学习软件库的高级机器学习算法。

第 2 章

Python Machine Learning，Third Edition

训练简单的机器学习分类算法

本章将介绍机器学习的两个早期分类算法：感知器和自适应线性神经元。我们从 Python 编程逐步实现感知器着手，训练模型对鸢尾属植物数据集中的不同花朵样本进行分类。这有助于理解机器学习分类算法的概念，以及如何用 Python 有效地实现这些算法。

讨论自适应线性神经元优化的基础知识，将为采用基于 scikit-learn 机器学习软件库中更强大的分类器奠定基础，见第 3 章。

本章将主要涵盖下述几个方面：

- 建立对机器学习算法的直观感觉。
- 用 pandas、NumPy 和 Matplotlib 进行数据读入、处理和可视化。
- 用 Python 实现线性分类算法。

2.1 人工神经元——机器学习的早期历史

在更详细地讨论感知器及其相关算法之前，让我们先简要地回顾机器学习的早期历史。为了设计人工智能，人们试图了解生物大脑的工作原理。Warren McCulloch 和 Walter Pitts 于 1943 年首先发表了一篇论文，提出简化脑细胞的概念，即所谓的 McCulloch-Pitts (MCP)神经元[⊖]。生物神经元是大脑中那些联结起来参与化学和电信号处理与传输的神经细胞，如图 2-1 所示。

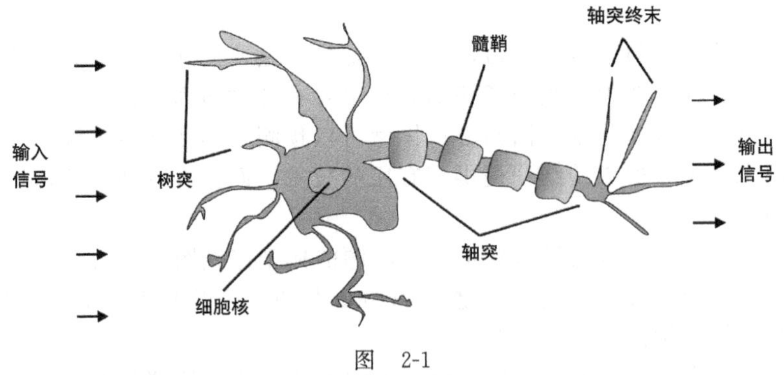

图 2-1

麦库洛和皮兹把神经细胞描述为带有二元输出的简单逻辑门。多个信号到达树突，然后整合到细胞体，并当累计信号量超过一定阈值时，输出信号将通过轴突。

在论文发表之后仅几年，Frank Rosenblatt 就基于 MCP 神经元模型首先提出了感知

⊖ *A Logical Calculus of the Ideas Immanent in Nervous Activity*, *W. S. McCulloch and W. Pitts*, *Bulletin of Mathematical Biophysics*, 5(4): 115-133, 1943.

器学习规则的概念[⊖]。根据其感知器规则，Rosenblatt 提出了一个算法，它能先自动学习最优的权重系数，再乘以输入特征，继而做出神经元是否触发的决策。在监督学习和分类的场景下，这样的算法可以用来预测新数据点的类别归属。

2.1.1　人工神经元的正式定义

更准确地说，可以把人工神经元逻辑放在二元分类的场景，为简化操作，我们将这两个类分别命名为 1(正类)和 −1(负类)。然后定义决策函数($\phi(z)$)，该函数接受特定输入值 $\boldsymbol{x}$ 的线性组合及其相应的权重向量 $\boldsymbol{w}$，两者计算的结果 z 为所谓的净输入 $z=w_1x_1+w_2x_2+\cdots+w_mx_m$：

$$\boldsymbol{w}=\begin{bmatrix}w_1\\ \vdots\\ w_m\end{bmatrix},\quad \boldsymbol{x}=\begin{bmatrix}x_1\\ \vdots\\ x_m\end{bmatrix}$$

如果某个特定样本的净输入值 $\boldsymbol{x}^{(i)}$ 大于定义的阈值 θ，则预测结果为 1，否则为 −1。在感知器算法中，决策函数 $\phi(\cdot)$是单位阶跃函数的一个变体：

$$\phi(z)=\begin{cases}1 & \text{如果 } z\geqslant\theta,\\ -1 & \text{否则}\end{cases}$$

为了简化起见，我们把阈值 θ 放在等式的左边，权重零定义为 $w_0=-\theta$，$x_0=1$，这样就可以用更紧凑的方式来表达 z：

$$z=w_0x_0+w_1x_1+\cdots+w_mx_m=\boldsymbol{w}^{\mathrm{T}}\boldsymbol{x}$$

和

$$\phi(z)=\begin{cases}1 & \text{如果 } z\geqslant 0,\\ -1 & \text{否则}\end{cases}$$

在机器学习文献中，我们通常把负的阈值或权重 $w_0=-\theta$ 称为**偏置**。

线性代数基础：向量点积与矩阵转置

本书后续部分将经常用到线性代数的基本表达方法。例如，用向量点积的方法表示 $\boldsymbol{x}$ 和 $\boldsymbol{w}$ 的值相乘后再累加的结果，上标 T 表示转置，该操作将列向量转换为行向量，反之亦然：

$$z=w_0x_0+w_1x_1+\cdots+w_mx_m=\sum_{j=0}^{m}x_jw_j=\boldsymbol{w}^{\mathrm{T}}\boldsymbol{x}$$

例如：

$$\begin{bmatrix}1 & 2 & 3\end{bmatrix}\times\begin{bmatrix}4\\5\\6\end{bmatrix}=1\times4+2\times5+3\times6=32$$

转置操作也可以从矩阵的对角线上反映出来，例如：

$$\begin{bmatrix}1 & 2\\3 & 4\\5 & 6\end{bmatrix}^{\mathrm{T}}=\begin{bmatrix}1 & 3 & 5\\2 & 4 & 6\end{bmatrix}$$

请注意，转置操作只严格定义在矩阵上。然而，在机器学习中，向量一词通常指 $n\times1$ 或者 $1\times m$ 矩阵。

⊖ *The Perceptron: A Perceiving and Recognizing Automaton*, F. Rosenblatt, *Cornell Aeronautical Laboratory*, 1957.

本书仅涉及非常基本的线性代数概念，然而，如果需要做个快速回顾，可以看下 Zico Kolter 的 *Linear Algebra Review and Reference*，该书可以从 http://www.cs.cmu.edu/~zkolter/course/linalg/linalg_notes.pdf 免费获得。

图 2-2 阐释了如何通过感知器的决策函数把净输入 $z=\boldsymbol{w}^{\mathrm{T}}\boldsymbol{x}$（左图）转换为二元输出（−1 或者 1），以及如何区分两个可分隔的线性类（右图）。

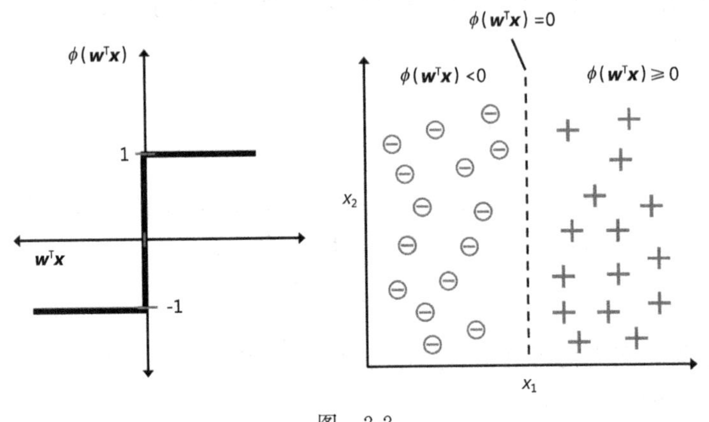

图 2-2

2.1.2 感知器学习规则

MCP 神经元和 Rosenblatt 阈值感知器模型背后的逻辑是，用还原论方法来模拟大脑神经元的工作情况：要么触发，要么不触发。因此，罗森布拉特的初始感知器规则相当简单，其感知器算法可以总结为以下几个步骤：

1）把权重初始化为 0 或者小的随机数。

2）分别对每个训练样本 $\boldsymbol{x}^{(i)}$：

a. 计算输出值 $\hat{y}$。

b. 更新权重。

输出值为预先定义好的单位阶跃函数预测的分类标签，同时更新权重向量 $\boldsymbol{w}$ 的每个值 w_j，更准确的表达式为：

$$w_j := w_j + \Delta w_j$$

其中，Δw_j 是用来更新 w_j 的值，根据感知器学习规则计算该值如下：

$$\Delta w_j = \eta\left(y^{(i)} - \hat{y}^{(i)}\right)x_j^{(i)}$$

其中 η 为学习速率（一般是 0.0～1.0 之间的常数），$y^{(i)}$ 为第 i 个训练样本的正确类标签，$\hat{y}^{(i)}$ 为预测的分类标签。需要注意的是，权重向量中的所有值将同时被更新，这意味着在所有权重通过对应更新值 Δw_j 更新之前，不会重新计算 $\hat{y}^{(i)}$。具体来说，二维数据集的更新可以表达为：

$$\Delta w_0 = \eta\left(y^{(i)} - 输出^{(i)}\right)$$
$$\Delta w_1 = \eta\left(y^{(i)} - 输出^{(i)}\right)x_1^{(i)}$$
$$\Delta w_2 = \eta\left(y^{(i)} - 输出^{(i)}\right)x_2^{(i)}$$

在用 Python 实现感知器规则之前，让我们先做个简单的思考实验来说明该学习规则到底有多么简单。在感知器正确预测两类标签的情况下，保持权重不变，因为更新值为 0：

$$(1)\quad y^{(i)}=-1,\quad \hat{y}^{(i)}=-1,\quad \Delta w_j=\eta(-1-(-1))x_j^{(i)}=0$$

$$(2)\quad y^{(i)}=1,\quad \hat{y}^{(i)}=1,\quad \Delta w_j=\eta(1-1)x_j^{(i)}=0$$

然而，如果预测有误，则权重应偏向阳或阴的目标类：

$$(3)\quad y^{(i)}=1,\quad \hat{y}^{(i)}=-1,\quad \Delta w_j=\eta(1-(-1))x_j^{(i)}=\eta(2)x_j^{(i)}$$

$$(4)\quad y^{(i)}=-1,\quad \hat{y}^{(i)}=1,\quad \Delta w_j=\eta(-1-1)x_j^{(i)}=\eta(-2)x_j^{(i)}$$

为了能更好地理解乘积因子 $x_j^{(i)}$，让我们再来看下另外一个简单的示例，其中：

$$\hat{y}^{(i)}=-1,\quad y^{(i)}=+1,\quad \eta=1$$

假设 $x_j^{(i)}=0.5$，模型错把该样本判断为-1。在这种情况下，把相应的权重增加 1，这样当下次再遇到该样本时，净输入 $x_j^{(i)}\times w_j$ 就会更偏向阳，从而更有可能超过单位阶跃函数的阈值，把该样本分类为$+1$：

$$\Delta w_j=(1-(-1))0.5=(2)0.5=1$$

权重更新与 $x_j^{(i)}$ 成正比。例如，假设有另外一个样本 $x_j^{(i)}=2$ 被错误地分类为-1，可以将决策边界推到更大，以确保下一次分类正确：

$$\Delta w_j=(1^{(i)}-(-1)^{(i)})2^{(i)}=(2)2^{(i)}=4$$

重要的是，我们要注意只有两个类线性可分且学习速率足够小时，感知器的收敛性才能得到保证(感兴趣的读者可以在我的讲义找到数学证明，地址为：https://sebastianraschka.com/pdf/lecture-notes/stat479ss19/L03_perceptron_slides.pdf.)。如果不能用线性决策边界分离两个类，可以为训练数据集设置最大通过数(迭代次数)及容忍误分类的阈值，否则分类感知器将会永不停止地更新权重，如图 2-3 所示。

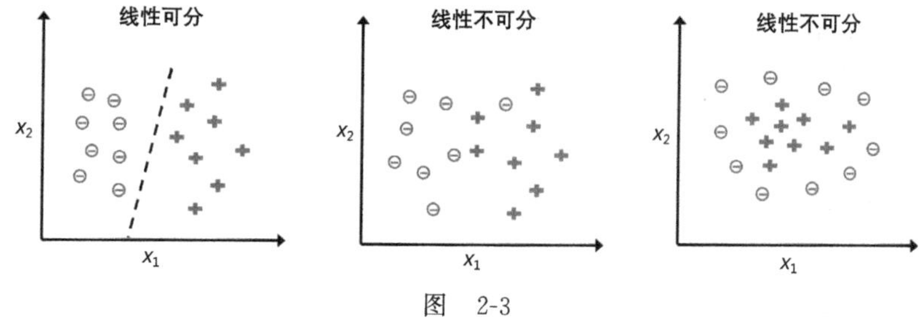

图　2-3

下载示例代码

可以直接从华章网站或下述网站下载示例代码：

https://github.com/rasbt/python-machine-learning-book-3rd-edition

在开始进入下一节进行实现之前，让我们先把刚所学到的知识用一个简单的图做个总结，以此说明感知器的一般概念，如图 2-4 所示。

图 2-4 说明了感知器如何接收输入样本 $\boldsymbol{x}$，并将其与权重 $\boldsymbol{w}$ 结合以计算净输入。然后再把净输入传递给阈值函数，产生一个二元输出-1或$+1$，即预测的样本分类标签。在学习阶段，该输出用于计算预测结果的误差并更新权重。

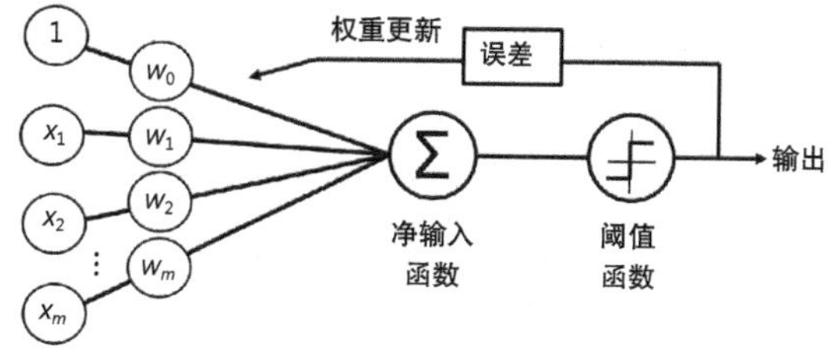

图　2-4

2.2 用 Python 实现感知器学习算法

在上一节，我们学习了 Rosenblatt 感知器规则的工作机制，现在让我们用 Python 进行实现，并将其应用于第 1 章所介绍的鸢尾花数据集。

2.2.1 面向对象的感知器 API

本章将用面向对象的方法把感知器接口定义为一个 Python 类，它允许初始化新的 `Perceptron` 对象，这些对象可以通过 `fit` 方法从数据中学习，并通过单独的 `predict` 方法进行预测。虽然在创建时未初始化对象，但可以通过调用该对象的其他方法，作为约定，我们在属性的后面添加下划线(_)来表达，例如 `self.w_`。

与 Python 相关的其他科学计算资源

如果对 Python 科学库不熟或需要回顾，请参考下面的资源：

- NumPy：https://sebastianraschka.com/pdf/books/dlb/appendix_f_numpy-intro.pdf
- pandas：https://pandas.pydata.org/pandasdocs/stable/10min.html
- Matplotlib：https://matplotlib.org/tutorials/introductory/usage.html

下面的 Python 代码实现了感知器：

```
import numpy as np

class Perceptron(object):
    """Perceptron classifier.

    Parameters
    ------------
    eta : float
      Learning rate (between 0.0 and 1.0)
    n_iter : int
      Passes over the training dataset.
    random_state : int
      Random number generator seed for random weight
      initialization.

    Attributes
    -----------
    w_ : 1d-array
      Weights after fitting.
    errors_ : list
      Number of misclassifications (updates) in each epoch.

    """
    def __init__(self, eta=0.01, n_iter=50, random_state=1):
        self.eta = eta
        self.n_iter = n_iter
        self.random_state = random_state

    def fit(self, X, y):
        """Fit training data.
```

```
        Parameters
        ----------
        X : {array-like}, shape = [n_examples, n_features]
          Training vectors, where n_examples is the number of
          examples and n_features is the number of features.
        y : array-like, shape = [n_examples]
          Target values.

        Returns
        -------
        self : object

        """
        rgen = np.random.RandomState(self.random_state)
        self.w_ = rgen.normal(loc=0.0, scale=0.01,
                              size=1 + X.shape[1])
        self.errors_ = []

        for _ in range(self.n_iter):
            errors = 0
            for xi, target in zip(X, y):
                update = self.eta * (target - self.predict(xi))
                self.w_[1:] += update * xi
                self.w_[0] += update
                errors += int(update != 0.0)
            self.errors_.append(errors)
        return self

    def net_input(self, X):
        """Calculate net input"""
        return np.dot(X, self.w_[1:]) + self.w_[0]

    def predict(self, X):
        """Return class label after unit step"""
        return np.where(self.net_input(X) >= 0.0, 1, -1)
```

依托这段感知器代码，我们可以用学习速率 eta 和学习次数 n_iter(遍历训练数据集的次数)来初始化新的 Perceptron 对象。

通过 fit 方法初始化 self.w_的权重为向量 $\mathbb{R}^{m+1}$，m 代表数据集的维数或特征数，为偏置单元向量的第一个分量+1。请记住该向量的第一个分量 self.w_[0]代表前面讨论过的偏置单元。

另外，该向量包含来源于正态分布的小随机数，通过调用 rgen.normal(loc=0.0, scale=0.01, size=1 + X.shape[1])产生标准差为 0.01 的正态分布，其中 rgen 为 NumPy 随机数生成器，随机种子由用户指定，因此可以保证在需要时可以重现以前的结果。

不把权重初始化为零的原因是，只有当权重初始化为非零的值时，学习速率 η(eta)才会影响分类的结果。如果把所有的权重都初始化为零，那么学习速率参数 η(eta)只会影响权重向量的大小，而无法影响其方向。如果你熟悉三角函数，考虑一下向量 $v1=[1\quad 2\quad 3]$，$v1$ 和向量 $v2=0.5\times v1$ 之间的角度将会是 0，参见下面的代码片段：

```
>>> v1 = np.array([1, 2, 3])
>>> v2 = 0.5 * v1
>>> np.arccos(v1.dot(v2) / (np.linalg.norm(v1) *
...           np.linalg.norm(v2)))
0.0
```

这里 np.arccos 为三角反余弦函数，np.linalg.norm 是计算向量长度的函数(随机数从随机正态分布而不是均匀分布中抽取，以及选择标准偏差为 0.01，这些决定是任意的。记住，只对小随机值感兴趣的目的是避免前面讨论过的所有向量为零的情况)。

NumPy 数组的索引

对一维数组，NumPy 索引与用 [] 表达的 Python 列表类似。对二维数组，第一个元素为行，第二个元素为列。例如用 X[2, 3] 来指二维数组 X 的第三行第四列。

初始化权重后，调用 fit 方法遍历训练数据集的所有样本，并根据我们在前一节中讨论过的感知器学习规则来更新权重。

为了获得分类标签以更新权重，fit 方法在训练时调用 predict 来预测分类标签。但是也可以在模型拟合后调用 predict 来预测新数据的标签。另外，我们也把在每次迭代中收集的分类错误记入 self.errors_ 列表，用于后期分析训练阶段感知器的性能。用 net_input 方法中的 np.dot 函数来计算向量点积 $\boldsymbol{w}^{\mathrm{T}}\boldsymbol{x}$。

对数组 a 和 b 的向量点积计算，在纯 Python 中，我们可以用 sum([i * j for i, j in zip(a, b)]) 来实现，而在 NumPy 中，用 a.dot(b) 或者 np.dot(a, b) 来完成。然而，与传统 Python 相比，NumPy 的好处是算术运算向量化。**向量化**意味着基本的算术运算自动应用在数组的所有元素上。把算术运算形成一连串的数组指令，而不是对每个元素完成一套操作，这样就能更好地使用现代 CPU 的**单指令多数据支持**(SIMD)架构。另外，NumPy 采用高度优化的以 C 或 Fortran 语言编写的线性代数库，诸如**基本线性代数子程序**(BLAS)和**线性代数包**(LAPACK)。最后，NumPy 也允许用线性代数的基本知识(像向量和矩阵点积)以更加紧凑和自然的方式编写代码。

2.2.2　在鸢尾花数据集上训练感知器模型

为了测试前面实现的感知器，本章余下部分的分析和示例将仅限于两个特征变量(维度)。虽然感知器规则并不局限于两个维度，但是为了学习方便，只考虑萼片长度和花瓣长度两个特征，将有利于我们在散点图上可视化训练模型的决策区域。

请记住，这里的感知器是二元分类器，为此我们仅考虑鸢尾花数据集中的山鸢尾和变色鸢尾两种花。然而，感知器算法可以扩展到多元分类，例如通过**一对多**(OvA)技术。

多元分类的 OvA 方法

OvA 有时也被称为**一对其余**(OvR)，是可以把分类器从二元扩展到多元的一种技术。OvA 可以为每个类训练一个分类器，所训练的类被视为正类，所有其他类的样本都被视为负类。假设要对新的数据样本进行分类，就可以用 n 个分类器，其中 n 为分类标签的数量，并以最高的置信度为特定样本分配分类标签。在感知器的场景下，将用 OvA 来选择与最大净输入值相关的分类标签。

首先，可以用 pandas 库从 UCI 机器学习库把鸢尾花数据集直接加载到 DataFrame 对象，然后用 tail 方法把最后 5 行数据列出来以确保数据加载的正确性，如图 2-5 所示。

```
>>> import os
>>> import pandas as pd
>>> s = os.path.join('https://archive.ics.uci.edu', 'ml',
...                  'machine-learning-databases',
...                  'iris','iris.data')
>>> print('URL:', s)
URL: https://archive.ics.uci.edu/ml/machine-learning-databases/iris/
iris.data
>>> df = pd.read_csv(s,
...                  header=None,
...                  encoding='utf-8')
>>> df.tail()
```

	0	1	2	3	4
145	6.7	3.0	5.2	2.3	Iris-virginica
146	6.3	2.5	5.0	1.9	Iris-virginica
147	6.5	3.0	5.2	2.0	Iris-virginica
148	6.2	3.4	5.4	2.3	Iris-virginica
149	5.9	3.0	5.1	1.8	Iris-virginica

图 2-5

加载鸢尾花数据集

如果无法上网或 UCI 的服务器(https://archive.ics.uci.edu/ml/machine-learning-databases/iris/iris.data)宕机，你可以直接从本书的代码集找到鸢尾花数据集(也包括本书所有其他的数据集)。可如下从本地文件目录加载鸢尾花数据，用

```
df = pd.read_csv(
  'https://archive.ics.uci.edu/ml/'
  'machine-learning-databases/iris/iris.data',
  header=None, encoding='utf-8')
```

替换：

```
df = pd.read_csv(
  'your/local/path/to/iris.data',
  header=None, encoding='utf-8')
```

接下来，提取与 50 朵山鸢尾花和 50 朵变色鸢尾花相对应的前 100 个分类标签，然后将其转换为整数型的分类标签 1(versicolor)和 -1(setosa)，并存入向量 y，再通过调用 pandas 的 DataFrame 的 value 方法获得相应的 NumPy 表达式。

同样，可以从 100 个训练样本中提取特征的第一列(萼片长度)和第三列(花瓣长度)，并将它们存入特征矩阵 X，然后经过可视化处理形成二维散点图：

```
>>> import matplotlib.pyplot as plt
>>> import numpy as np

>>> # select setosa and versicolor
>>> y = df.iloc[0:100, 4].values
>>> y = np.where(y == 'Iris-setosa', -1, 1)

>>> # extract sepal length and petal length
>>> X = df.iloc[0:100, [0, 2]].values

>>> # plot data
>>> plt.scatter(X[:50, 0], X[:50, 1],
...             color='red', marker='o', label='setosa')
>>> plt.scatter(X[50:100, 0], X[50:100, 1],
...             color='blue', marker='x', label='versicolor')
>>> plt.xlabel('sepal length [cm]')
>>> plt.ylabel('petal length [cm]')
>>> plt.legend(loc='upper left')
>>> plt.show()
```

执行前面的代码示例可以看到图 2-6 所示的二维散点图。

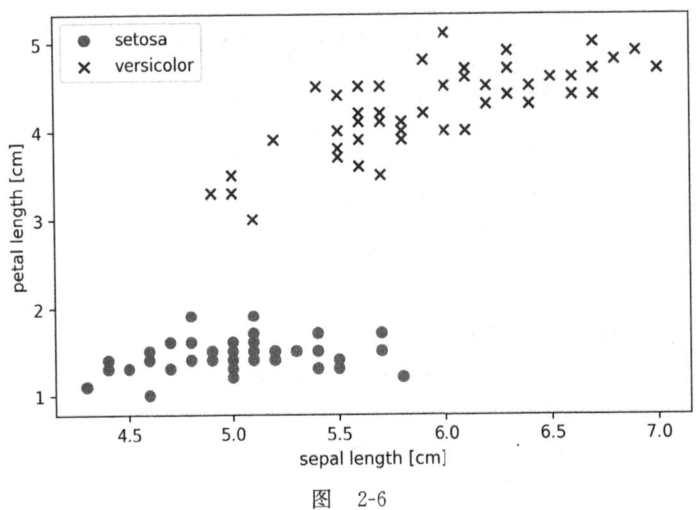

图 2-6

前面的散点图显示了鸢尾花数据集的样本在花瓣长度和萼片长度两个特征轴之间的分布情况。从这个二维特征子空间中可以看到，一个线性的决策边界足以把山鸢尾花与变色山鸢尾花区分开。

因此，像感知器这样的线性分类器应该能够完美地对数据集中的花朵进行分类。

现在是在鸢尾花数据集上训练感知器算法的时候了。此外，我们还将绘制每次迭代的分类错误，以检查算法是否收敛，并找到分隔两类鸢尾花的决策边界：

```
>>> ppn = Perceptron(eta=0.1, n_iter=10)
>>> ppn.fit(X, y)
>>> plt.plot(range(1, len(ppn.errors_) + 1),
...          ppn.errors_, marker='o')
>>> plt.xlabel('Epochs')
>>> plt.ylabel('Number of updates')
>>> plt.show()
```

执行前面的代码，我们可以看到分类错误与迭代次数之间的关系，如图 2-7 所示。

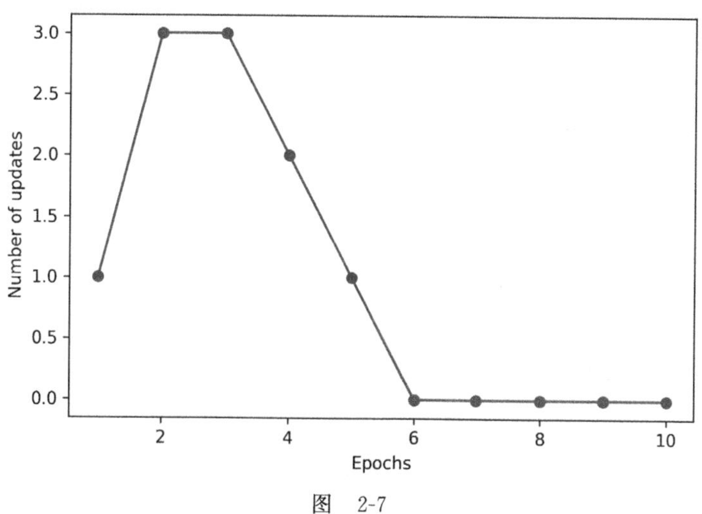

图 2-7

正如从图 2-7 中可以看到的那样，感知器在第六次迭代后开始收敛，现在我们应该能够完美地对训练样本进行分类了。下面通过实现一个短小精干的函数来完成二维数据集决策边界的可视化：

```
from matplotlib.colors import ListedColormap
def plot_decision_regions(X, y, classifier, resolution=0.02):
    # setup marker generator and color map
    markers = ('s', 'x', 'o', '^', 'v')
    colors = ('red', 'blue', 'lightgreen', 'gray', 'cyan')
    cmap = ListedColormap(colors[:len(np.unique(y))])

    # plot the decision surface
    x1_min, x1_max = X[:, 0].min() - 1, X[:, 0].max() + 1
    x2_min, x2_max = X[:, 1].min() - 1, X[:, 1].max() + 1
    xx1, xx2 = np.meshgrid(np.arange(x1_min, x1_max, resolution),
                           np.arange(x2_min, x2_max, resolution))
    Z = classifier.predict(np.array([xx1.ravel(), xx2.ravel()]).T)
    Z = Z.reshape(xx1.shape)
    plt.contourf(xx1, xx2, Z, alpha=0.3, cmap=cmap)
    plt.xlim(xx1.min(), xx1.max())
    plt.ylim(xx2.min(), xx2.max())

    # plot class examples
    for idx, cl in enumerate(np.unique(y)):
        plt.scatter(x=X[y == cl, 0],
                    y=X[y == cl, 1],
                    alpha=0.8,
                    c=colors[idx],
                    marker=markers[idx],
                    label=cl,
                    edgecolor='black')
```

首先，我们通过 `ListedColormap` 根据颜色列表来定义一些颜色和标记并创建色度图。然后，确定两个特征的最小值和最大值，通过调用 NumPy 的 `meshgrid` 函数，利用特征向量来创建网格数组对 `xx1` 和 `xx2`。因为是在两个特征维度上训练感知器分类器，所以我们需要对网格数组进行扁平化，以创建一个与鸢尾花训练数据子集相同列数的矩阵，这样就可以调用 `predict` 方法来预测相应网格点的分类标签 `z`。

在把预测获得的分类标签 z 改造成与 xx1 和 xx2 相同维数的网格后，现在可以通过调用 Matplotlib 的 contourf 函数画出轮廓图，把网格数组中的每个预测分类结果标注在不同颜色的决策区域：

```
>>> plot_decision_regions(X, y, classifier=ppn)
>>> plt.xlabel('sepal length [cm]')
>>> plt.ylabel('petal length [cm]')
>>> plt.legend(loc='upper left')
>>> plt.show()
```

执行示例代码后，我们可以看到图 2-8 所示的决策区域。

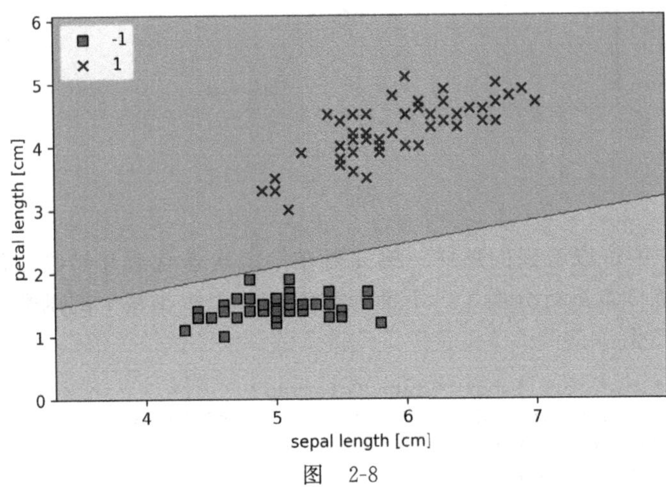

图　2-8

如图 2-8 所示，感知器通过学习掌握了决策边界，从而完美地为鸢尾花训练数据子集分类。

感知器收敛

虽然感知器可以完美地区分两类鸢尾花，但收敛是感知器的最大问题之一。Frank Rosenblatt 从数学上证明，如果两个类可以通过一个线性超平面分离，那么感知器学习规则可以收敛。然而，如果两个类不能被这样的线性决策边界完全分隔，那么除非设定最大的迭代次数，否则算法将永远都不会停止权重更新。有兴趣的读者可以从下述网站找到我的讲义中关于该问题的证明概述：https://sebastianraschka.com/pdf/lecture-notes/stat479ss19/L03_perceptron_slides.pdf。

2.3　自适应线性神经元和学习收敛

本节将讨论另外一种单层神经网络(NN)：**自适应线性神经元**(Adaline)。Adaline 是在 Frank Rosenblatt 提出感知器算法几年之后，由 Bernard Widrow 及其博士生 Tedd Hoff 联合提出的，它可以被视为对前者的优化和改进[⊖]。

⊖ *An Adaptive "Adaline" Neuron Using Chemical "Memistors", Technical Report Number* 1553-2, *B. Widrow and others*, *Stanford Electron Labs*, Stanford, CA, *October* 1960.

Adaline 算法特别有趣，因为它说明了定义和最小化连续代价函数的关键概念。这为理解诸如逻辑回归、支持向量机和回归模型等更高级的分类机器学习算法奠定了基础，我们将在以后的章节中讨论这些问题。

Adaline 算法的规则(也被称为 **Widrow-Hoff 规则**)与 Frank Rosenblatt 的感知器之间的关键差异在于，Adaline 算法规则的权重基于线性激活函数更新，而感知器则是基于单位阶跃函数。Adaline 的线性激活函数 $\phi(z)$是净输入的等同函数，即

$$\phi(\boldsymbol{w}^{\mathrm{T}}\boldsymbol{x})=\boldsymbol{w}^{\mathrm{T}}\boldsymbol{x}$$

尽管线性激活函数可用于学习权重，但是我们仍然使用阈值函数进行最终的预测，这与前面看到的单位阶跃函数类似。

感知器与 Adaline 算法的主要区别如图 2-9 所示。

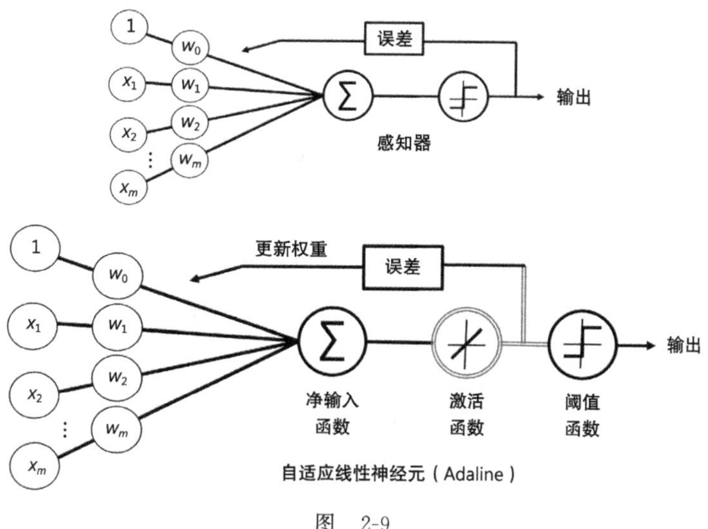

图　2-9

图 2-9 说明，在连续评估正确的分类标签与线性激活函数之后，Adaline 算法通过比较实际标签与线性激活函数的连续有效输出以计算模型误差，并更新权重。与之相反，感知器则是比较实际分类标签与预测分类标签。

2.3.1　通过梯度下降最小化代价函数

监督机器学习算法的一个关键组成部分是在学习过程中优化的**目标函数**。该目标函数通常是我们想要最小化的代价函数。对 Adaline 而言，可以把学习权重的代价函数 J 定义为计算结果与真正分类标签之间的**误差平方和**(SSE)：

$$J(\boldsymbol{w})=\frac{1}{2}\sum_{i}\left(y^{(i)}-\phi(z^{(i)})\right)^2$$

从下面的段落中可以看到，添加$\frac{1}{2}$只是为了方便，它使与权重参数相关的代价函数或者损失函数的梯度推导更容易。与单位阶跃函数相反，这种连续线性激活函数的主要优点是代价函数变得可分。代价函数的另外一个优点是凸起，因此，可以用被称为**梯度下降**的简单而强大的优化算法来寻找权重，最小化代价函数以分类鸢尾花数据集样本。

如图 2-10 所示，可以把梯度下降背后的主要逻辑描述为走下坡路直到抵达局部或全局代价最小为止。每次迭代都向梯度相反的方向上迈出一步，步幅由学习速率以及梯度

斜率来决定。

采用梯度下降方法，现在我们可以通过在代价函数 $J(\boldsymbol{w})$ 的梯度 $\nabla J(\boldsymbol{w})$ 的相反方向上迈出一步来更新权重：

$$\boldsymbol{w} := \boldsymbol{w} + \Delta \boldsymbol{w}$$

其中，把权重变化 $\Delta \boldsymbol{w}$ 定义为负的梯度乘以学习速率 η：

$$\Delta \boldsymbol{w} = -\eta \nabla J(\boldsymbol{w})$$

要计算代价函数的梯度，我们需要分别用每个权重 w_j 来计算代价函数的偏导数：

$$\frac{\partial J}{\partial w_j} = -\sum_i \left(y^{(i)} - \phi\left(z^{(i)}\right)\right) x_j^{(i)}$$

图　2-10

这样就可以把权重 w_j 的更新表达为：

$$\Delta w_j = -\eta \frac{\partial J}{\partial w_j} = \eta \sum_i \left(y^{(i)} - \phi\left(z^{(i)}\right)\right) x_j^{(i)}$$

因为同时更新所有的权重，所以 Adaline 的学习规则就成为：

$$\boldsymbol{w} := \boldsymbol{w} + \Delta \boldsymbol{w}$$

平方差的导数

如果熟悉微积分，与第 j 个权重相对应的 SSE 代价函数的偏导数可以计算如下：

$$\begin{aligned}
\frac{\partial J}{\partial w_j} &= \frac{\partial}{\partial w_j} \frac{1}{2} \sum_i \left(y^{(i)} - \phi\left(z^{(i)}\right)\right)^2 \\
&= \frac{1}{2} \frac{\partial}{\partial w_j} \sum_i \left(y^{(i)} - \phi\left(z^{(i)}\right)\right)^2 \\
&= \frac{1}{2} \sum_i 2\left(y^{(i)} - \phi\left(z^{(i)}\right)\right) \frac{\partial}{\partial w_j}\left(y^{(i)} - \phi\left(z^{(i)}\right)\right) \\
&= \sum_i \left(y^{(i)} - \phi\left(z^{(i)}\right)\right) \frac{\partial}{\partial w_j}\left(y^{(i)} - \sum_i \left(w_j^{(i)} x_j^{(i)}\right)\right) \\
&= \sum_i \left(y^{(i)} - \phi\left(z^{(i)}\right)\right)\left(-x_j^{(i)}\right) \\
&= -\sum_i \left(y^{(i)} - \phi\left(z^{(i)}\right)\right) x_j^{(i)}
\end{aligned}$$

尽管 Adaline 的学习规则看起来与感知器一样，但应该注意的是当 $z^{(i)} = \boldsymbol{w}^{\mathrm{T}} \boldsymbol{x}^{(i)}$ 时，$\phi\left(z^{(i)}\right)$ 为实数而不是整数型分类标签。此外，权重更新是基于训练数据集中所有样本进行计算的，而不是在每个样本之后逐步更新权重，这也就是为什么这种方法被称为**批量梯度下降**。

2.3.2　用 Python 实现 Adaline

因为感知器的算法规则与 Adaline 非常相近，本章将在前面的感知器实现的基础上修改 `fit` 方法，通过梯度下降最小化代价函数来更新权重。

```
class AdalineGD(object):
    """ADAptive LInear NEuron classifier.
```

```
    Parameters
    ------------
    eta : float
        Learning rate (between 0.0 and 1.0)
    n_iter : int
        Passes over the training dataset.
    random_state : int
        Random number generator seed for random weight initialization.

    Attributes
    -----------
    w_ : 1d-array
        Weights after fitting.
    cost_ : list
        Sum-of-squares cost function value in each epoch.

    """
    def __init__(self, eta=0.01, n_iter=50, random_state=1):
        self.eta = eta
        self.n_iter = n_iter
        self.random_state = random_state

    def fit(self, X, y):
        """ Fit training data.

        Parameters
        ----------
        X : {array-like}, shape = [n_examples, n_features]
            Training vectors, where n_examples
            is the number of examples and
            n_features is the number of features.
        y : array-like, shape = [n_examples]
            Target values.

        Returns
        -------
        self : object

        """
        rgen = np.random.RandomState(self.random_state)
        self.w_ = rgen.normal(loc=0.0, scale=0.01,
                              size=1 + X.shape[1])
        self.cost_ = []

        for i in range(self.n_iter):
            net_input = self.net_input(X)
            output = self.activation(net_input)
            errors = (y - output)
            self.w_[1:] += self.eta * X.T.dot(errors)
            self.w_[0] += self.eta * errors.sum()
            cost = (errors**2).sum() / 2.0
            self.cost_.append(cost)
        return self

    def net_input(self, X):
```

```
        """Calculate net input"""
        return np.dot(X, self.w_[1:]) + self.w_[0]

    def activation(self, X):
        """Compute linear activation"""
        return X

    def predict(self, X):
        """Return class label after unit step"""
        return np.where(self.activation(self.net_input(X))
                        >= 0.0, 1, -1)
```

不像感知器那样在每次训练模型后都更新权重，我们根据整个训练数据集来计算梯度，调用 `self.eta * errors.sum()` 计算偏置单元（零权重），调用 `self.eta * X.T.dot(errors)` 计算从 1 到 m 的权重，这里 `X.T.dot(errors)` 是特征矩阵与误差向量的矩阵相乘。

请注意，`activation` 方法对代码没有影响，因为它只是一个标识函数。在这里，我们添加激活函数（通过 `activation` 方法来计算）来说明信息是如何通过单层神经网络流动的：从输入数据、净输入、激活到输出。

第 3 章将学习具有非同一性、非线性激活函数的逻辑回归分类器。我们将会看到逻辑回归模型与 Adaline 关系密切，两者之间唯一的区别在于激活函数和代价函数。

与感知器类似，我们把所收集的代价存储在 `self.cost_` 列表，以检验训练后的算法是否收敛。

矩阵乘法

矩阵乘法与向量点积非常相似，把矩阵中的每行当成单一的行向量来计算。这种向量化的方法代表了更紧凑的表达方法，可以用 NumPy 做更为有效的计算。例如：

$$\begin{bmatrix}1 & 2 & 3\\4 & 5 & 6\end{bmatrix}\times\begin{bmatrix}7\\8\\8\end{bmatrix}=\begin{bmatrix}1\times7+2\times8+3\times9\\4\times7+5\times8+6\times9\end{bmatrix}=\begin{bmatrix}50\\122\end{bmatrix}$$

请注意，在前面的等式中，我们用一个向量乘以一个矩阵，数学上对此并无定义。然而，记住本书前面的约定，向量可以被表达为 3×1 的矩阵。

在实践中，我们经常需要通过实验找到可以达到最优收敛的最佳学习速率 η。所以选择 $\eta=0.1$ 和 $\eta=0.0001$ 两个不同的学习速率，把代价函数与迭代次数的关系在图中画出，以便观察 Adaline 实现从训练数据中学习的情况。

感知器超参数

学习速率 η(eta) 和迭代次数 n_tier 是感知器和 Adaline 学习算法的超参数。第 6 章会分析各种不同的技术，以自动寻找确保分类模型可以获得最佳性能所需要的不同超参数值。

下述代码将根据两种不同的学习速率，画出代价与迭代次数之间的关系图：

```
>>> fig, ax = plt.subplots(nrows=1, ncols=2, figsize=(10, 4))

>>> ada1 = AdalineGD(n_iter=10, eta=0.01).fit(X, y)
>>> ax[0].plot(range(1, len(ada1.cost_) + 1),
...            np.log10(ada1.cost_), marker='o')
>>> ax[0].set_xlabel('Epochs')
>>> ax[0].set_ylabel('log(Sum-squared-error)')
>>> ax[0].set_title('Adaline - Learning rate 0.01')

>>> ada2 = AdalineGD(n_iter=10, eta=0.0001).fit(X, y)
>>> ax[1].plot(range(1, len(ada2.cost_) + 1),
...            ada2.cost_, marker='o')
>>> ax[1].set_xlabel('Epochs')
>>> ax[1].set_ylabel('Sum-squared-error')
>>> ax[1].set_title('Adaline - Learning rate 0.0001')
>>> plt.show()
```

从图 2-11 中绘制的代价函数图可以看到，存在着两种不同类型的问题。左图显示选择学习速率太大将会出现的情况。因为所选的全局最小值太低，以至于代价函数无法最小化，结果误差经过每次迭代变得越来越大。另一方面，从右图可以看到代价在降低，但所选的学习速率 $\eta=0.0001$ 太小，以至于算法需要经过多次迭代才能收敛到全局最低代价。

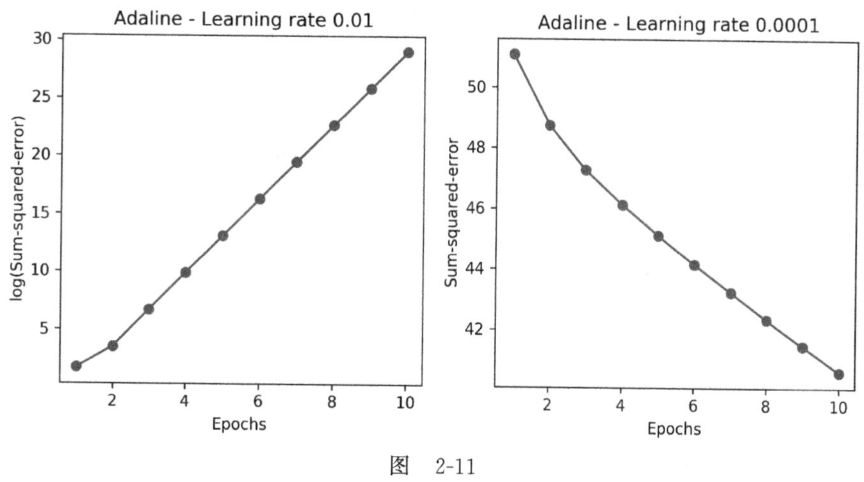

图 2-11

图 2-12 说明了如果改变某个特定权重参数的值来最小化代价函数 J 时会发生的情况。左图显示如果选择一个好的学习速率，代价会逐渐降低，向全局最小的方向发展。然而，右图显示如果选择的学习速率太大，将会错过全局最小值。

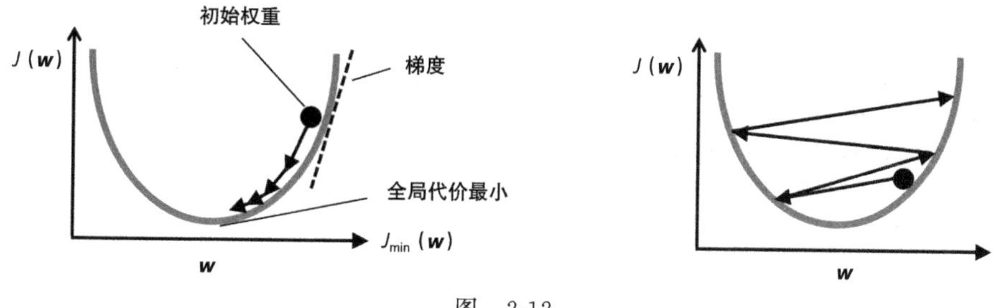

图 2-12

2.3.3　通过特征缩放改善梯度下降

本书中的许多机器学习算法，都需要通过某种形式的特征缩放来优化性能，第 3 章和第 4 章将对此做详细的讨论。

梯度下降是从特征缩放受益的众多算法之一。本节将用一种称为**标准化**的特征缩放方法，它可以使数据具有标准正态分布的特性：零均值和单位方差。此标准化过程有助于促进梯度下降学习更快地收敛。但它不会使原始数据集呈正态分布。标准化会使每个特征的均值以零为中心，并且每个特征的标准差为 1(单位方差)。例如，对第 j 个特征的标准化，我们可以简单地用每个训练样本值减去均值 μ_j，然后再除以标准差 σ_j：

$$\boldsymbol{x}_j' = \frac{\boldsymbol{x}_j - \mu_j}{\sigma_j}$$

这里 $\boldsymbol{x}_j$ 是包含所有 n 个训练样本的第 j 个特征值的向量，该标准化技术将应用于数据集的每个特征 j。

优化器必须遍历几个步骤才能发现好的或者最优解(全局代价最小)，这是标准化有助于梯度下降学习的原因之一，如图 2-13 所示，两个子图将代价平面表示为二元分类问题中两个模型权重的函数。

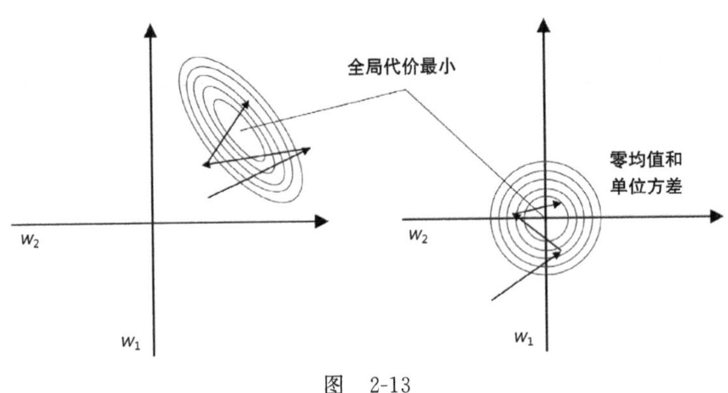

图　2-13

用 NumPy 内置的 mean 和 std 方法可以很容易地实现标准化：

```
>>> X_std = np.copy(X)
>>> X_std[:,0] = (X[:,0] - X[:,0].mean()) / X[:,0].std()
>>> X_std[:,1] = (X[:,1] - X[:,1].mean()) / X[:,1].std()
```

标准化完成之后，将再次训练 Adaline，然后在学习速率 $\eta=0.01$ 的条件下，可以看到它经过几轮迭代后完成了收敛：

```
>>> ada_gd = AdalineGD(n_iter=15, eta=0.01)
>>> ada_gd.fit(X_std, y)

>>> plot_decision_regions(X_std, y, classifier=ada_gd)
>>> plt.title('Adaline - Gradient Descent')
>>> plt.xlabel('sepal length [standardized]')
>>> plt.ylabel('petal length [standardized]')
>>> plt.legend(loc='upper left')
>>> plt.tight_layout()
>>> plt.show()
```

```
>>> plt.plot(range(1, len(ada_gd.cost_) + 1),
...          ada_gd.cost_, marker='o')
>>> plt.xlabel('Epochs')
>>> plt.ylabel('Sum-squared-error')
>>> plt.tight_layout()
>>> plt.show()
```

执行代码后应该可以看到图 2-14 所示的决策区域以及代价下降情况。

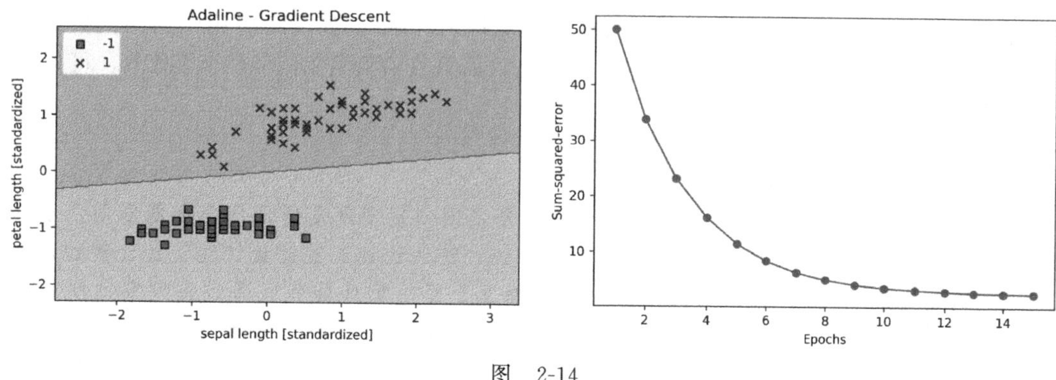

图 2-14

从图 2-14 可以看到，在学习速率 $\eta=0.01$ 的情况下，Adaline 经过训练已经开始收敛。然而，即使所有的样本都分类正确了，SSE 仍然保持非零。

2.3.4 大规模机器学习与随机梯度下降

在上一节中，我们学习了如何基于整个训练数据集来计算代价梯度，从相反方向来最小化代价函数，这就是为什么这种方法有时也称为**批量梯度下降**。假设现在有一个拥有数百万个数据点的非常大的数据集，这在许多机器学习应用中并不少见。在这种情况下，运行批量梯度下降的计算成本巨大，因为向全局最小值的方向每迈出一步，都需要重新评估整个训练数据集。

随机梯度下降(SGD)算法是批量梯度下降算法的一种常用替代方法，它有时也称为迭代或在线梯度下降法。该方法并不是基于所有样本 $\boldsymbol{x}^{(i)}$ 的累积误差之和来更新权重：

$$\Delta \boldsymbol{w}=\eta \sum_{i}\left(y^{(i)}-\phi\left(z^{(i)}\right)\right) \boldsymbol{x}^{(i)}$$

而是逐渐更新每个训练样本的权重：

$$\eta\left(y^{(i)}-\phi\left(z^{(i)}\right)\right) \boldsymbol{x}^{(i)}$$

虽然随机梯度下降可以看作梯度下降的近似，但因为需要更频繁地更新权重，所以通常收敛得更快。因为要根据单个训练实例来计算每个梯度，所以误差平面比梯度下降噪声更大，当然这也有优势，因为如果采用非线性代价函数，随机梯度下降更容易逃脱浅度局部极小值，这从本书第 12 章可以看到。要通过随机梯度下降获得满意的结果，很重要的一点是将训练数据以随机顺序呈现出来，同时要对训练数据集重新洗牌以防止迭代循环。

在训练中调整学习速率

在随机梯度下降的实现中，固定的学习速率 η 经常被随时间下降的自适应学习速率所取代，例如：

$$\frac{C_1}{[\text{迭代次数}]+C_2}$$

其中 C_1 和 C_2 为常数，要注意随机梯度下降并没有到达全局最小值，而是在一个非常靠近这个点的区域。用自适应学习速率可以把代价进一步最小化。

随机梯度下降的另外一个优点是它可以用于**在线学习**。在线学习中模型可以在数据到达时实时完成训练。这对累积大量数据的情况特别有用(例如网络应用中的用户数据)。采用在线学习的方法，系统可以立即适应变化，而且在存储空间有限的情况下，可以在更新模型后丢弃训练数据。

小批量梯度下降

批量梯度下降和随机梯度下降之间的折中就是所谓的**小批量学习**。小批量学习可以理解为对训练数据的较小子集采用批量梯度下降，例如，每次 32 个训练样本。小批量梯度下降的优点是可以通过更频繁的权重更新，实现快速收敛。此外，小批量学习允许利用线性代数概念中的向量化操作(例如，通过点积实现加权求和)取代随机梯度下降中训练样本上的 for 循环，进一步提高学习算法的计算效率。

因为我们已经采用梯度下降实现了 Adaline 学习规则，所以只需要对学习算法做一些调整以让其通过随机梯度下降更新权重。在调用 `fit` 方法的过程中，将在每个样本训练之后更新权重。此外，将在实现在线学习时调用额外的 `partial_fit` 方法，不再重新初始化权重。为了检验算法在训练后是否收敛，每次迭代都将计算训练样本的平均代价。而且还将增加一个选项，在每次迭代开始之前，对训练数据重新洗牌以避免在优化代价函数时重复循环。通过 `random_state` 参数，允许为反复训练定义随机种子：

```
class AdalineSGD(object):
    """ADAptive LInear NEuron classifier.

    Parameters
    ------------
    eta : float
        Learning rate (between 0.0 and 1.0)
    n_iter : int
        Passes over the training dataset.
    shuffle : bool (default: True)
        Shuffles training data every epoch if True to prevent
        cycles.
    random_state : int
        Random number generator seed for random weight
        initialization.


    Attributes
    -----------
    w_ : 1d-array
        Weights after fitting.
    cost_ : list
```

```
        Sum-of-squares cost function value averaged over all
        training examples in each epoch.


    """
    def __init__(self, eta=0.01, n_iter=10,
              shuffle=True, random_state=None):
        self.eta = eta
        self.n_iter = n_iter
        self.w_initialized = False
        self.shuffle = shuffle
        self.random_state = random_state

    def fit(self, X, y):
        """ Fit training data.

        Parameters
        ----------
        X : {array-like}, shape = [n_examples, n_features]
            Training vectors, where n_examples is the number of
            examples and n_features is the number of features.
        y : array-like, shape = [n_examples]
            Target values.

        Returns
        -------
        self : object

        """
        self._initialize_weights(X.shape[1])
        self.cost_ = []
        for i in range(self.n_iter):
            if self.shuffle:
                X, y = self._shuffle(X, y)
            cost = []
            for xi, target in zip(X, y):
                cost.append(self._update_weights(xi, target))
            avg_cost = sum(cost) / len(y)
            self.cost_.append(avg_cost)
        return self

    def partial_fit(self, X, y):
        """Fit training data without reinitializing the weights"""
        if not self.w_initialized:
            self._initialize_weights(X.shape[1])
        if y.ravel().shape[0] > 1:
            for xi, target in zip(X, y):
                self._update_weights(xi, target)
        else:
            self._update_weights(X, y)
        return self

    def _shuffle(self, X, y):
        """Shuffle training data"""
        r = self.rgen.permutation(len(y))
```

```
        return X[r], y[r]

    def _initialize_weights(self, m):
        """Initialize weights to small random numbers"""
        self.rgen = np.random.RandomState(self.random_state)
        self.w_ = self.rgen.normal(loc=0.0, scale=0.01,
                                   size=1 + m)
        self.w_initialized = True

    def _update_weights(self, xi, target):
        """Apply Adaline learning rule to update the weights"""
        output = self.activation(self.net_input(xi))
        error = (target - output)
        self.w_[1:] += self.eta * xi.dot(error)
        self.w_[0] += self.eta * error
        cost = 0.5 * error**2
        return cost

    def net_input(self, X):
        """Calculate net input"""
        return np.dot(X, self.w_[1:]) + self.w_[0]

    def activation(self, X):
        """Compute linear activation"""
        return X

    def predict(self, X):
        """Return class label after unit step"""
        return np.where(self.activation(self.net_input(X))
                        >= 0.0, 1, -1)
```

AdalineSGD 分类器中使用的 _shuffle 方法的工作方式如下：通过调用 np.random 中的 permutation 函数生成范围从 0～100 的唯一数组成的随机序列。然后以这些数字作为索引来对特征矩阵和分类标签向量进行洗牌。

可以调用 fit 方法来训练 AdalineSGD 分类器，用 plot_decision_regions 把训练结果以图形表示出来：

```
>>> ada_sgd = AdalineSGD(n_iter=15, eta=0.01, random_state=1)
>>> ada_sgd.fit(X_std, y)

>>> plot_decision_regions(X_std, y, classifier=ada_sgd)
>>> plt.title('Adaline - Stochastic Gradient Descent')
>>> plt.xlabel('sepal length [standardized]')
>>> plt.ylabel('petal length [standardized]')
>>> plt.legend(loc='upper left')
>>> plt.tight_layout()
>>> plt.show()
>>> plt.plot(range(1, len(ada_sgd.cost_) + 1), ada_sgd.cost_,
...          marker='o')
>>> plt.xlabel('Epochs')
>>> plt.ylabel('Average Cost')
>>> plt.tight_layout()
>>> plt.show()
```

通过执行前面的示例代码可以得到两张图，如图 2-15 所示。

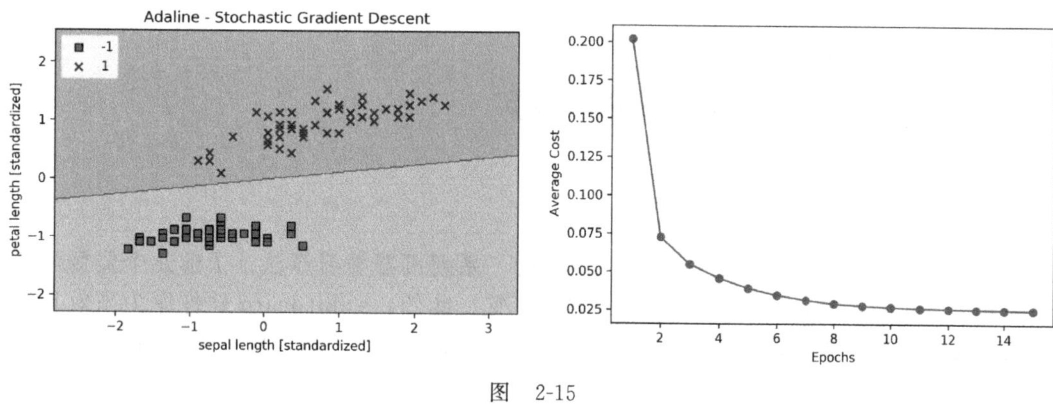

图 2-15

如图 2-15 所示，平均代价降低得非常快，在 15 次迭代后，最终的决策边界看起来与批量梯度下降的 Adaline 结果类似。如果要更新模型，例如，要实现流式数据的在线学习，可以对单个训练样本直接调用 `partial_fit` 方法，比如 `ada_sgd.partial_fit(X_std[0, :], y[0])`。

2.4 本章小结

在本章中我们对监督学习线性分类器的基本概念有了很好的理解。在实现感知器后，了解了如何通过梯度下降的向量化实现高效地训练自适应线性神经元，以及通过随机梯度下降实现在线学习。

现在已经看到了如何用 Python 实现简单的分类器，这为第 3 章的学习做好了准备，我们将用 Python 的 scikit-learn 机器学习库实现更先进和更强大的在学术界和工业界中常用的机器学习分类器。

这里实现感知器和 Adaline 算法所用的面向对象的方法可以帮助我们了解 scikit-learn API，它是基于与本章相同的核心理念，即通过调用 `fit` 和 `predict` 方法实现的。基于这些核心理念，我们将学习用于建模分类概率的逻辑回归和用于处理非线性决策边界的支持向量机。此外，我们还将介绍一种不同类型的基于树的有监督学习算法，这些算法通常被合并为更为强大的集成分类器。

scikit-learn 机器学习分类器

本章将介绍学术界和行业中常用且强大的一系列机器学习算法。了解几个监督学习分类算法之间的差异，培养鉴别算法优劣的直觉。此外，scikit-learn 软件库为高效且富有成果地使用这些算法提供了友好且统一的用户界面，本章将从该软件库开始。

本章将主要涵盖下述几个方面：

- 介绍强大且常用的分类算法，如逻辑回归、支持向量机和决策树。
- scikit-learn 机器学习库通过对用户友好的 Python API 提供各种机器学习算法，本章将通过示例对其进行解释。
- 比较线性和非线性决策边界分类器的优劣。

3.1 选择分类算法

每种算法都是基于某些假设的而且都有各自的特点，为特定问题选择合适的分类算法需要实践经验。David · H. Wolpert 提出的**天下没有免费午餐的定理**，明确说明不存在适合所有可能场景的分类算法[⊖]。在实践中，因为样本特征的数量、数据中的噪声以及是否线性可分等各种情况有所不同，所以我们建议至少要比较几种不同学习算法的性能，以选择适合特定问题的最佳模型。

分类器的计算性能以及预测能力，最终在很大程度上取决于可供学习的基础数据。可以把监督机器学习算法训练的五个主要步骤概括如下：

1）选择特征并收集训练样本。

2）选择度量性能的指标。

3）选择分类器并优化算法。

4）评估模型的性能。

5）调整算法。

本书所采用的方法是逐步构建机器学习知识，本章将主要聚焦在不同算法的主要概念上面，并回顾诸如特征选择、预处理、性能指标和超参数调优等主题，我们将在本书的后半部分对此进行更为详细的讨论。

3.2 了解 scikit-learn 的第一步——训练感知器

在第 2 章中，我们学习了**感知器**规则和 Adaline 两个机器学习分类算法，并亲手用 Python 和 NumPy 实现了代码。现在我们来看一下 scikit-learn 的 API，如前所述，它结合了对用户友好的界面和高度优化的几种分类算法。scikit-learn 软件库不仅提供了大量

⊖ *The Lack of A Priori Distinctions Between Learning Algorithms*, Wolpert, David H, *Neural Computation* 8.7(1996): 1341-1390.

的学习算法，同时也包含了预处理数据、微调和评估模型等许多方便的功能。在第 4 章和第 5 章中，我们将对此及其他基本概念进行更详细的讨论。

作为理解 scikit-learn 软件库的起点，本章将训练类似在第 2 章中实现的那种感知器。为了简单起见，本书将在以后章节中继续使用已经熟悉的**鸢尾花数据集**。这么做很方便，因为该数据集简单且常见，经常被用于测试和检验算法，况且我们已经在前面使用 scikit-learn 软件库的过程中获得了该数据集。下面将用鸢尾花数据集的两个特征来实现可视化。

我们将把 150 个鸢尾花样本的花瓣长度和宽度存入特征矩阵 X，把相应的品种分类标签存入向量 y：

```
>>> from sklearn import datasets
>>> import numpy as np

>>> iris = datasets.load_iris()
>>> X = iris.data[:, [2, 3]]
>>> y = iris.target
>>> print('Class labels:', np.unique(y))
Class labels: [0 1 2]
```

np.unique(y)函数把返回的三个独立分类标签存储在 iris.target，以整数(0、1、2)分别存储鸢尾花 Iris-setosa、Iris-versicolor 和 Iris-virginica 的标签。虽然许多 scikit-learn 函数和分类方法也能处理字符串形式的分类标签，但是推荐采用整数标签，这样不但可以避免技术故障，还能因为所占内存更小而提高模型的计算性能。此外，用整数编码分类标签在大多数机器学习库中都司空见惯。

为了评估经过训练的模型对未知数据处理的效果，我们再进一步将数据集分割成单独的训练数据集和测试数据集。在第 6 章中，我们将围绕评估模型的最佳实践进行更详细的讨论：

```
>>> from sklearn.model_selection import train_test_split
>>> X_train, X_test, y_train, y_test = train_test_split(
...     X, y, test_size=0.3, random_state=1, stratify=y)
```

利用 scikit-learn 库 model_selection 模块的 train_test_split 函数，把 X 和 y 数组随机拆分为 30%的测试数据集(45 个样本)和 70%的训练数据集(105 个样本)。

请注意，train_test_split 函数在分割数据集之前已经在内部对训练数据集进行了洗牌，否则，所有分类标签为 0 和 1 的样本都会被分到训练数据集，所有分类标签为 2 的 45 份样本数据都将被分到测试数据集。通过设置 random_state 参数，我们将为内部的伪随机数生成器提供一个固定的随机种子(random_state=1)，该生成器用于在分割数据集之前进行洗牌。采用这样固定的 random_state 可以确保结果可重现。

最后，我们通过定义 stratify=y 获得内置的分层支持。这种分层意味着调用 train_test_split 方法可以返回与输入数据集的分类标签相同比例的训练数据集和测试数据集。可以调用 NumPy 的 bincount 函数统计数组中每个值出现数，以验证数据：

```
>>> print('Labels counts in y:', np.bincount(y))
Labels counts in y: [50 50 50]
>>> print('Labels counts in y_train:', np.bincount(y_train))
Labels counts in y_train: [35 35 35]
>>> print('Labels counts in y_test:', np.bincount(y_test))
Labels counts in y_test: [15 15 15]
```

许多机器学习和优化算法也需要进行特征缩放以获得最佳性能，正如在第2章的**梯度下降**示例中所看到的那样。在这里，使用 scikit-learn 的 `preprocessing` 模块的 `StandardScaler` 类来标准化特征：

```
>>> from sklearn.preprocessing import StandardScaler
>>> sc = StandardScaler()
>>> sc.fit(X_train)
>>> X_train_std = sc.transform(X_train)
>>> X_test_std = sc.transform(X_test)
```

利用前面的代码，我们可以加载 `preprocessing` 模块中的 `StandardScaler` 类，初始化一个新的 `StandardScaler` 对象，然后将其分配给变量 `sc`。调用 `StandardScaler` 的 `fit` 方法对训练数据的每个特征维度估计参数 μ（样本均值）和 σ（标准差）进行估算。然后再调用 `transform` 方法，利用估计的参数 μ 和 σ 标准化训练数据。在标准化测试数据集时，要注意使用相同的缩放参数以确保训练数据集与测试数据集的数值具有可比性。

完成训练数据的标准化之后，我们可以动手训练感知器模型。通过调用**一对其余**（OvR）方法，scikit-learn 中的大多数算法都默认支持多类分类，允许把三类花的数据同时提交给感知器。具体的代码实现如下：

```
>>> from sklearn.linear_model import Perceptron

>>> ppn = Perceptron(eta0=0.1, random_state=1)
>>> ppn.fit(X_train_std, y_train)
```

scikit-learn 界面会让我们想起第2章中的感知器实现：从 `linear_model` 模块加载 `Perceptron` 类之后，初始化新的 `Perceptron` 对象，然后调用 `fit` 方法对模型进行训练。在这里，模型参数 `eta0` 相当于前面感知器实现中用到的学习速率 `eta`，`n_iter` 参数定义了遍历训练数据集的迭代次数。

记得在第2章中讨论过，要找到合适的学习速率需要一些试验。学习速率过大，算法会错过全局的最小代价点。学习速率过小，算法需要经过太多的迭代才会收敛，降低了学习速度，这对大型数据集的影响尤为明显。同时，我们在每次迭代后，对训练数据集用 `random_state` 参数进行洗牌，以确保初始结果可以重现。

用 scikit-learn 训练完模型后，我们可以调用 `predit` 方法做预测，就像在第2章中感知器实现那样，具体代码如下：

```
>>> y_pred = ppn.predict(X_test_std)
>>> print('Misclassified examples: %d' % (y_test != y_pred).sum())
Misclassified examples: 1
```

执行代码后，可以看到感知器在处理45个花朵样本时出现过1次错误分类。因此，测试数据集上的分类错误率大约为0.022或2.2%（1/45≈0.022）。

分类错误率与准确率

许多机器学习实践者报告模型的分类准确率，而不是分类错误率，两者之间的关系简单计算如下：

$$1-错误率=0.978 或者 97.8\%$$

采用分类错误率还是准确率纯粹属于个人喜好。

scikit-learn 也实现了许多不同的性能指标，我们可以通过 metrics 模块来调用。例如，可以计算测试数据集上感知器的分类准确率如下：

```
>>> from sklearn.metrics import accuracy_score
>>> print('Accuracy: %.3f' % accuracy_score(y_test, y_pred))
Accuracy: 0.978
```

这里 y_test 是真分类标签，而 y_pred 是先前预测的分类标签。另外，每个 scikit-learn 分类器都有一个评分方法，可以通过综合调用 predict 和 accuracy_score 计算出分类器的预测准确率：

```
>>> print('Accuracy: %.3f' % ppn.score(X_test_std, y_test))
Accuracy: 0.978
```

过拟合

注意，我们将根据本章的测试数据集来评估模型的性能。在第 6 章中，你将学到包括图分析在内的有用技术，如用来检测和防止**过拟合**的学习曲线。过拟合意味着虽然模型可以捕捉训练数据中的模式，但却不能很好地泛化未见过的新数据，我们在本章的后续部分将详细讨论。

最后，可以利用第 2 章中的 plot_decision_regions 函数绘制新训练的感知器模型的**决策区**，并以可视化的方式展示区分不同花朵样本的效果。但是，略加修改通过圆圈来突出显示来自测试数据集的样本：

```
from matplotlib.colors import ListedColormap
import matplotlib.pyplot as plt


def plot_decision_regions(X, y, classifier, test_idx=None,
                          resolution=0.02):

    # setup marker generator and color map
    markers = ('s', 'x', 'o', '^', 'v')
    colors = ('red', 'blue', 'lightgreen', 'gray', 'cyan')
    cmap = ListedColormap(colors[:len(np.unique(y))])

    # plot the decision surface
    x1_min, x1_max = X[:, 0].min() - 1, X[:, 0].max() + 1
    x2_min, x2_max = X[:, 1].min() - 1, X[:, 1].max() + 1
    xx1, xx2 = np.meshgrid(np.arange(x1_min, x1_max, resolution),
                           np.arange(x2_min, x2_max, resolution))
    Z = classifier.predict(np.array([xx1.ravel(), xx2.ravel()]).T)
    Z = Z.reshape(xx1.shape)
    plt.contourf(xx1, xx2, Z, alpha=0.3, cmap=cmap)
    plt.xlim(xx1.min(), xx1.max())
    plt.ylim(xx2.min(), xx2.max())

    for idx, cl in enumerate(np.unique(y)):
        plt.scatter(x=X[y == cl, 0], y=X[y == cl, 1],
                    alpha=0.8, c=colors[idx],
                    marker=markers[idx], label=cl,
                    edgecolor='black')

    # highlight test examples
    if test_idx:
```

```
# plot all examples
X_test, y_test = X[test_idx, :], y[test_idx]

plt.scatter(X_test[:, 0], X_test[:, 1],
            c='', edgecolor='black', alpha=1.0,
            linewidth=1, marker='o',
            s=100, label='test set')
```

通过小幅修改 plot_decision_regions 函数，我们可以在结果图上定义样本的标记索引。代码如下：

```
>>> X_combined_std = np.vstack((X_train_std, X_test_std))
>>> y_combined = np.hstack((y_train, y_test))
>>> plot_decision_regions(X=X_combined_std,
...                       y=y_combined,
...                       classifier=ppn,
...                       test_idx=range(105, 150))
>>> plt.xlabel('petal length [standardized]')
>>> plt.ylabel('petal width [standardized]')
>>> plt.legend(loc='upper left')
>>> plt.tight_layout()
>>> plt.show()
```

正如从结果图上所看到的那样，三类花不能被线性决策边界完全分离，如图 3-1 所示。

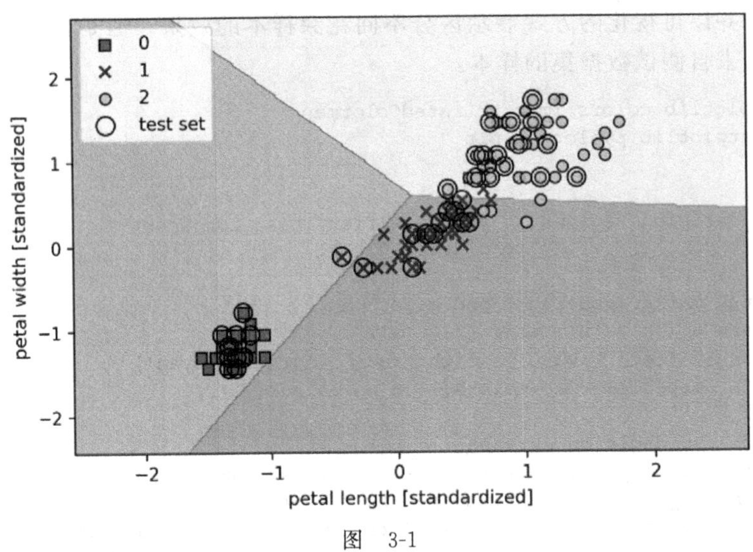

图　3-1

第 2 章曾讨论过感知器算法从不收敛于不完全线性可分离的数据集，这就是为什么在实践中通常不推荐使用感知器算法。下面的章节将研究更强大的可以收敛到代价最小值的线性分类器，即使这些类不是完全线性可分的。

其他的感知器参数设置

Perceptron 以及其他 scikit-learn 函数和类通常会有一些我们不清楚的额外参数。可以通过 Python 的 help 函数(例如 help(Perceptron))阅读更多关于这些参数的描述。或者学习杰出的 scikit-learn 在线文档(http://scikit-learn.org/stable/)。

3.3 基于逻辑回归的分类概率建模

虽然感知器规则提供了良好且易用的入门级机器学习分类算法，但其最大缺点是，如果类不是完全线性可分的，那么它将永远不收敛。前一节的分类任务就是该场景的一个示例。直观地说，原因是权重在不断更新，因为每次迭代至少会有一个错误分类样本存在。当然，我们也可以改变学习速率，增加迭代次数，但是要小心感知器永远都不会在该数据集上收敛。

为了提高效率，现在让我们来看看**逻辑回归**，这是一种简单且强大的解决线性二元分类问题的算法。不要望文生义，逻辑回归是一种分类模型，但不是回归模型。

3.3.1 逻辑回归与条件概率

逻辑回归是一种很容易实现的分类模型，但仅在线性可分类上表现不错。它是行业中应用最广泛的分类算法之一。与感知器和 Adaline 类似，本章所介绍的逻辑回归模型也是一个用于二元分类的线性模型。

用于多元分类的逻辑回归

请注意，逻辑回归可以很容易地推广到多元分类，这被称为多项式逻辑回归或 softmax 回归。关于多项式逻辑回归的更详细的讨论超出了本书的范围，但是感兴趣的读者可以在我的讲稿中找到更多的信息(https://sebastianraschka.com/pdf/lecture-notes/stat479ss19/L05_gradient-descent_slides.pdf 或 http://rasbt.github.io/mlxtend/user_guide/classifier/SoftmaxRegression/)。

在多元分类设置中使用逻辑回归的另外一种方法是利用之前讨论过的 OvR 技术。

要解释作为概率模型的逻辑回归原理，首先要介绍**让步比**(odds)，即某一特定事件发生的概率。让步比可以定义为$\frac{p}{(1-p)}$，p 代表正事件的概率。正事件并不一定意味着好，它指的是要预测的事件，例如，病人有某种疾病的可能性；可以认为正事件的分类标签 $y=1$。可以进一步定义 **logit** 函数，这仅仅是让步比的对数形式(log-odds)：

$$\text{logit}(p)=\log\frac{p}{(1-p)}$$

注意 log 是自然对数，与计算机科学中的通用惯例一致。logit 函数的输入值取值在 0 到 1 之间，并将其转换为整个实数范围的值，可以用它来表示特征值和对数概率(log-odds)之间的线性关系：

$$\text{logit}(p(y=1|\boldsymbol{x}))=w_0x_0+w_1x_1+\cdots+w_mx_m=\sum_{i=0}^{m}w_ix_i=\boldsymbol{w}^{\mathrm{T}}\boldsymbol{x}$$

这里 $p(y=1|\boldsymbol{x})$是给定特征 $\boldsymbol{x}$，某个特定样本属于类 1 的条件概率。

实际上，我们感兴趣的是预测某个样本属于某个特定类的概率，它是 logit 函数的逆函数。

这也被称为**逻辑 sigmoid 函数**，由于其特别的 S 形，有时简称为 **sigmoid 函数**或 **S 形**

函数：

$$\phi(z)=\frac{1}{1+e^{-z}}$$

其中 z 为净输入，是权重和样本特征的线性组合：

$$z=\boldsymbol{w}^{\mathrm{T}}\boldsymbol{x}=w_0x_0+w_1x_1+\cdots+w_mx_m$$

注意，与第 2 章中用过的约定类似，w_0 代表偏置单元，是为 x_0 提供的额外输入值，其值为 1。

现在用−7 到 7 之间的一些值简单地绘出 sigmoid 函数来观察具体的情况：

```
>>> import matplotlib.pyplot as plt
>>> import numpy as np
>>> def sigmoid(z):
...     return 1.0 / (1.0 + np.exp(-z))
>>> z = np.arange(-7, 7, 0.1)
>>> phi_z = sigmoid(z)
>>> plt.plot(z, phi_z)
>>> plt.axvline(0.0, color='k')
>>> plt.ylim(-0.1, 1.1)
>>> plt.xlabel('z')
>>> plt.ylabel('$\phi (z)$')
>>> # y axis ticks and gridline
>>> plt.yticks([0.0, 0.5, 1.0])
>>> ax = plt.gca()
>>> ax.yaxis.grid(True)
>>> plt.tight_layout()
>>> plt.show()
```

执行前面的示例代码，现在我们应该能看到 S 形曲线，如图 3-2 所示。

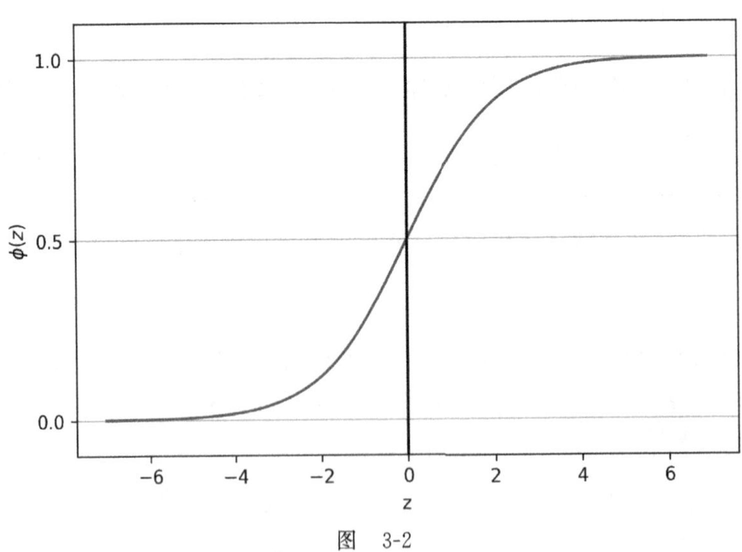

图　3-2

从图 3-2 可以看出，当 z 趋向无限大时($z\to\infty$)，$\phi(z)$的值接近于 1，因为当 z 值很大时，e^{-z}的值会变得非常小。类似地，作为越来越大的分母，当 $z\to\infty$时，$\phi(z)$的值趋于 0。因此得出这样的结论：sigmoid 函数将以实数值作为输入，并在截距为 $\phi(z)=0.5$

时转换为[0，1]范围内的值。

为了直观地理解逻辑回归模型，我们可以把它与第 2 章介绍的 Adaline 联系起来。在 Adaline 中，用恒等函数 $\phi(z)=z$ 作为激活函数。在逻辑回归中，只是简单地将前面定义的 sigmoid 函数作为激活函数。Adaline 和逻辑回归的区别如图 3-3 所示。

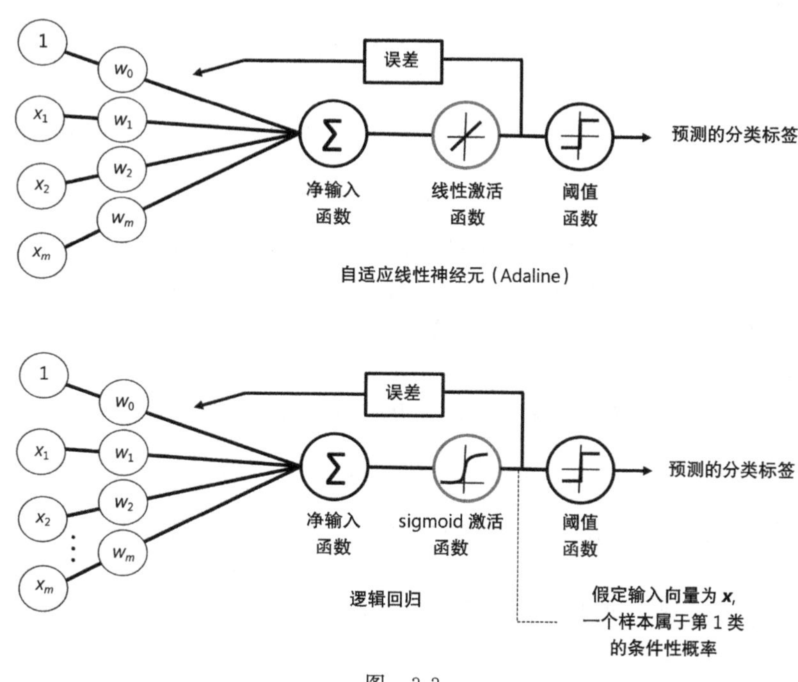

图　3-3

sigmoid 函数的输出则被解释为特定样本属于类 1 的概率，$\phi(z)=P(y=1|\boldsymbol{x};\boldsymbol{w})$，假设特征 $\boldsymbol{x}$ 被权重 $\boldsymbol{w}$ 参数化。例如，对于某种花的样本，计算出 $\phi(z)=0.8$，说明该样本属于 `Iris-versicolor` 的机会为 80%。因此，该样本属于 `Iris-setosa` 的概率可以计算为 $P(y=0|\boldsymbol{x};\boldsymbol{w})=1-P(y=1|\boldsymbol{x};\boldsymbol{w})=0.2$ 或者 20%。预测概率可以通过阈值函数简单地转换为二元输出：

$$\hat{y}=\begin{cases}1 & \text{如果 } \phi(z)\geqslant 0.5\\ 0 & \text{否则}\end{cases}$$

前面的 sigmoid 函数图等同于下述结果：

$$\hat{y}=\begin{cases}1 & \text{如果 } z\geqslant 0.0\\ 0 & \text{否则}\end{cases}$$

事实上，对于许多应用实践来说，我们不仅对预测分类标签感兴趣，而且对估计类成员概率也特别有兴趣(应用阈值函数之前 sigmoid 函数的输出)。例如，天气预报用逻辑回归不仅能预测某天是否会下雨，而且还能预报下雨的可能性。同样，可以用逻辑回归来预测病人有特定疾病某些症状的机会，这就是逻辑回归在医学领域备受欢迎的原因。

3.3.2　学习逻辑代价函数的权重

学习了如何使用逻辑回归模型来预测概率和分类标签，现在简要讨论一下如何拟合模型的参数(例如前一章的权重 $\boldsymbol{w}$)上一章代价函数定义为误差平方和：

$$J(\boldsymbol{w})=\sum_{i}\frac{1}{2}\left(\phi\left(z^{(i)}\right)-y^{(i)}\right)^{2}$$

为了在 Adaline 分类模型中学习权重 $\boldsymbol{w}$，我们简化了函数。要解释清楚如何得到逻辑回归的代价函数，在建立逻辑回归模型时，需要首先定义最大似然函数 L，假设数据集中的每个样本都是相互独立的。公式为：

$$L(\boldsymbol{w})=P(\boldsymbol{y} \mid \boldsymbol{x} ; \boldsymbol{w})=\prod_{i=1}^{n} P\left(y^{(i)} \mid x^{(i)} ; \boldsymbol{w}\right)=\prod_{i=1}^{n}\left(\phi\left(z^{(i)}\right)\right)^{y^{(i)}}\left(1-\phi\left(z^{(i)}\right)\right)^{1-y^{(i)}}$$

在实践中，很容易最大化该方程的自然对数(求其最大值)，故定义了**对数似然**函数：

$$l(\boldsymbol{w})=\log L(\boldsymbol{w})=\sum_{i=1}^{n}\left[y^{(i)} \log \left(\phi\left(z^{(i)}\right)\right)+\left(1-y^{(i)}\right) \log \left(1-\phi\left(z^{(i)}\right)\right)\right]$$

首先，应用对数函数降低数值下溢的可能性，这种情况在似然率非常小的情况下可能发生。其次，假如你还记得微积分的话，可以把因子乘积转换成因子求和，这样就可以通过加法技巧更容易地得到该函数的导数。

现在可以用梯度上升等优化算法最大化这个对数似然函数。另外一个选择是改写对数似然函数作为代价函数 J，就像在第 2 章中那样，用梯度下降方法最小化代价函数 J：

$$J(\boldsymbol{w})=\sum_{i=1}^{n}\left[-y^{(i)} \log \left(\phi\left(z^{(i)}\right)\right)-\left(1-y^{(i)}\right) \log \left(1-\phi\left(z^{(i)}\right)\right)\right]$$

为了能更好地理解这个代价函数，让我们计算一个训练样本的代价：

$$J(\phi(z), y ; \boldsymbol{w})=-y \log (\phi(z))-(1-y) \log (1-\phi(z))$$

从上面的方程可以看到，如果 $y=0$，第一项为零，如果 $y=1$，第二项为零：

$$J(\phi(z), y ; \boldsymbol{w})=\begin{cases}-\log (\phi(z)) & \text{如果 } y=1 \\ -\log (1-\phi(z)) & \text{如果 } y=0\end{cases}$$

通过下述简短的代码绘制一张图，以说明对于不同的 $\phi(z)$值，分类一个训练样本的代价：

```
>>> def cost_1(z):
...     return - np.log(sigmoid(z))
>>> def cost_0(z):
...     return - np.log(1 - sigmoid(z))
>>> z = np.arange(-10, 10, 0.1)
>>> phi_z = sigmoid(z)
>>> c1 = [cost_1(x) for x in z]
>>> plt.plot(phi_z, c1, label='J(w) if y=1')
>>> c0 = [cost_0(x) for x in z]
>>> plt.plot(phi_z, c0, linestyle='--', label='J(w) if y=0')
>>> plt.ylim(0.0, 5.1)
>>> plt.xlim([0, 1])
>>> plt.xlabel('$\phi$(z)')
>>> plt.ylabel('J(w)')
>>> plt.legend(loc='best')
>>> plt.tight_layout()
>>> plt.show()
```

图 3-4 绘制了 0 到 1 范围内(sigmoid 函数的输入值 z 的范围为 -10 到 10)，x 轴的 sigmoid 激活函数 y 轴是相关联的逻辑代价。

从图 3-4 可以看到，如果正确地预测样本属于类 1，代价就会接近 0(实线)。类似地，可以在 y 轴上看到，如果正确地预测 $y=0$(虚线)，那么代价也接近 0。然而，如果预测错误，代价就会趋于无穷大。关键就在于用越来越大的代价惩罚错误的预测。

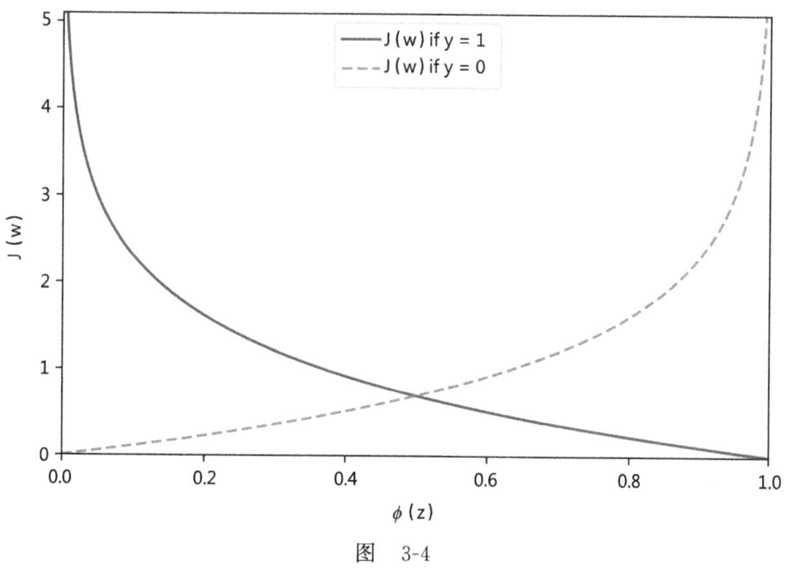

图　3-4

3.3.3　将 Adaline 实现转换为一个逻辑回归算法

如果要自己动手实现逻辑回归，可以直接用新的代价函数取代第 2 章 Adaline 实现中的代价函数 J：

$$J(\boldsymbol{w})=-\sum_i y^{(i)}\log(\phi(z^{(i)}))+(1-y^{(i)})\log(1-\phi(z^{(i)}))$$

在对训练样本进行分类的过程中，用该公式来计算每次迭代的代价。另外，需要用 sigmoid 激活函数替换线性激活函数，同时改变阈值函数，返回类标签 0 和 1，而不是返回 −1 和 1。如果能在 Adaline 编码中完成这三步，即可获得下述逻辑回归的代码实现：

```
class LogisticRegressionGD(object):
    """Logistic Regression Classifier using gradient descent.

    Parameters
    ------------
    eta : float
        Learning rate (between 0.0 and 1.0)
    n_iter : int
        Passes over the training dataset.
    random_state : int
        Random number generator seed for random weight
        initialization.


    Attributes
    -----------
    w_ : 1d-array
        Weights after fitting.
    cost_ : list
        Logistic cost function value in each epoch.

    """
    def __init__(self, eta=0.05, n_iter=100, random_state=1):
```

```
        self.eta = eta
        self.n_iter = n_iter
        self.random_state = random_state

    def fit(self, X, y):
        """ Fit training data.

        Parameters
        ----------
        X : {array-like}, shape = [n_examples, n_features]
            Training vectors, where n_examples is the number of
            examples and n_features is the number of features.
        y : array-like, shape = [n_examples]
            Target values.

        Returns
        -------
        self : object

        """
        rgen = np.random.RandomState(self.random_state)
        self.w_ = rgen.normal(loc=0.0, scale=0.01,
                              size=1 + X.shape[1])
        self.cost_ = []

        for i in range(self.n_iter):
            net_input = self.net_input(X)
            output = self.activation(net_input)
            errors = (y - output)
            self.w_[1:] += self.eta * X.T.dot(errors)
            self.w_[0] += self.eta * errors.sum()

            # note that we compute the logistic 'cost' now
            # instead of the sum of squared errors cost
            cost = (-y.dot(np.log(output)) -
                        ((1 - y).dot(np.log(1 - output))))
            self.cost_.append(cost)
        return self

    def net_input(self, X):
        """Calculate net input"""
        return np.dot(X, self.w_[1:]) + self.w_[0]

    def activation(self, z):
        """Compute logistic sigmoid activation"""
        return 1. / (1. + np.exp(-np.clip(z, -250, 250)))

    def predict(self, X):
        """Return class label after unit step"""
        return np.where(self.net_input(X) >= 0.0, 1, 0)
        # equivalent to:
        # return np.where(self.activation(self.net_input(X))
        #                 >= 0.5, 1, 0)
```

当拟合逻辑回归模型时，必须记住该模型只适用于二元分类。

所以，只考虑 Iris-setosa 和 Iris-versicolor 两种花(类 0 和类 1)，并验证逻

辑回归的有效性：

```
>>> X_train_01_subset = X_train[(y_train == 0) | (y_train == 1)]
>>> y_train_01_subset = y_train[(y_train == 0) | (y_train == 1)]
>>> lrgd = LogisticRegressionGD(eta=0.05,
...                             n_iter=1000,
...                             random_state=1)
>>> lrgd.fit(X_train_01_subset,
...          y_train_01_subset)
>>> plot_decision_regions(X=X_train_01_subset,
...                       y=y_train_01_subset,
...                       classifier=lrgd)
>>> plt.xlabel('petal length [standardized]')
>>> plt.ylabel('petal width [standardized]')
>>> plt.legend(loc='upper left')
>>> plt.tight_layout()
>>> plt.show()
```

运行上述代码可以绘制如图 3-5 所示的决策区域图。

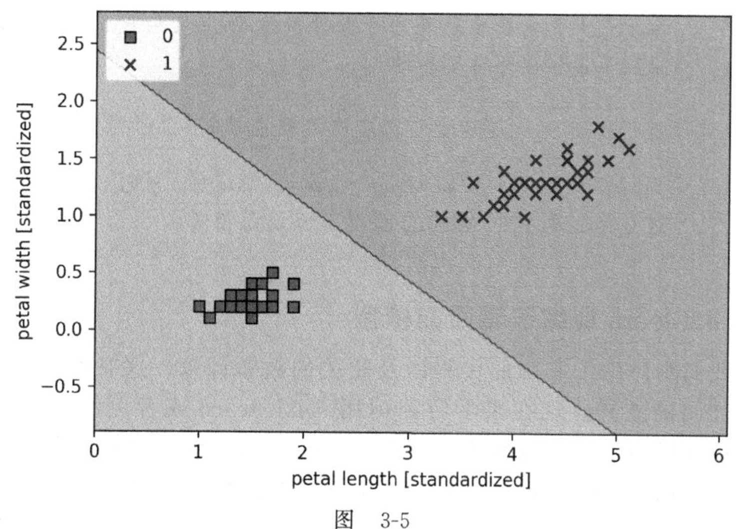

图 3-5

逻辑回归的梯度下降学习算法

应用微积分可以发现，梯度下降逻辑回归过程中的权重更新相当于第 2 章讨论 Adaline 时用过的方程。但是要注意的是，下面的梯度下降学习规则推导是为那些对逻辑回归梯度下降学习规则的原理感兴趣的读者而准备的，并非学习本章其余部分的必要条件。

首先从计算对数似然函数的偏导数开始：

$$\frac{\partial}{\partial w_j} l(\boldsymbol{w}) = \left(y \frac{1}{\phi(z)} - (1-y) \frac{1}{1-\phi(z)} \right) \frac{\partial}{\partial w_j} \phi(z)$$

在继续我们的讨论之前，先计算 sigmoid 函数的偏导数：

$$\frac{\partial}{\partial z}\phi(z) = \frac{\partial}{\partial z}\frac{1}{1+\mathrm{e}^{-z}} = \frac{1}{(1+\mathrm{e}^{-z})^2}\mathrm{e}^{-z} = \frac{1}{1+\mathrm{e}^{-z}}\left(1-\frac{1}{1+\mathrm{e}^{-z}}\right) = \phi(z)(1-\phi(z))$$

现在可以在第一个等式中替换 $\frac{\partial}{\partial z}\phi(z) = \phi(z)(1-\phi(z))$，得到下列等式：

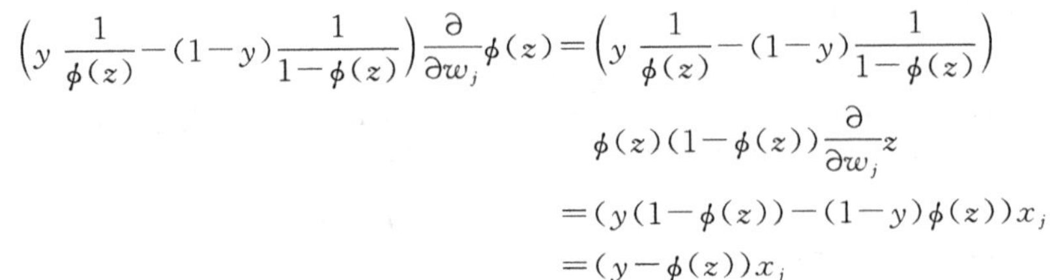

$$\left(y\frac{1}{\phi(z)}-(1-y)\frac{1}{1-\phi(z)}\right)\frac{\partial}{\partial w_j}\phi(z)=\left(y\frac{1}{\phi(z)}-(1-y)\frac{1}{1-\phi(z)}\right)\phi(z)(1-\phi(z))\frac{\partial}{\partial w_j}z$$
$$=(y(1-\phi(z))-(1-y)\phi(z))x_j$$
$$=(y-\phi(z))x_j$$

记住，目的是要找出可以最大化对数似然的权重，这样我们就可以通过下列方式更新每个权重：

$$w_j:=w_j+\eta\sum_{i=1}^{n}\left(y^{(i)}-\phi\left(z^{(i)}\right)\right)x_j^{(i)}$$

因为要更新所有的权重，所以把通用的更新规则表达如下：

$$\boldsymbol{w}:=\boldsymbol{w}+\Delta\boldsymbol{w}$$

我们把 $\Delta\boldsymbol{w}$ 定义为：

$$\Delta\boldsymbol{w}=\eta\nabla l(\boldsymbol{w})$$

由于最大化对数似然相当于最小化前面定义的代价函数 J，因此，可以得到下述梯度下降更新规则：

$$\Delta w_j=-\eta\frac{\partial J}{\partial w_j}=\eta\sum_{i=1}^{n}\left(y^{(i)}-\phi\left(z^{(i)}\right)\right)x_j^{(i)}$$

$$\boldsymbol{w}:=\boldsymbol{w}+\Delta\boldsymbol{w},\quad \Delta\boldsymbol{w}=-\eta\nabla J(\boldsymbol{w})$$

这与第 2 章中的 Adaline 梯度下降规则相同。

3.3.4 用 scikit-learn 训练逻辑回归模型

前一小节我们刚讨论了实用的代码以及相关的数学计算，这有助于解释 Adaline 与逻辑回归概念之间的差异。现在来学习如何用 scikit-learn 或者更优化的逻辑回归来实现，我们也默认支持多元分类的场景。请注意，在 scikit-learn 的新版中，将会自动选择多元分类、多项式或者 OvR 技术。我们将在下面的代码示例中用 `sklearn.linear_model.LogisticRegression` 类以及熟悉的 `fit` 方法，在三种花的标准化训练数据集上训练模型。同时，为了方便解释，我们将设置 `multi_class='ovr'`。读者可能想与把参数定义为 `multi_class='multinomial'` 的结果进行对比。请注意，`multinomial` 设置通常推荐用于排他性分类，比如鸢尾花数据集中出现的那些。在这里，“排他”意味着每个训练样本只能属于某类(多元分类的训练样本可以属于多个类)。

现在，让我们看看下面的示例代码：

```
>>> from sklearn.linear_model import LogisticRegression
>>> lr = LogisticRegression(C=100.0, random_state=1,
...                         solver='lbfgs', multi_class='ovr')
>>> lr.fit(X_train_std, y_train)
>>> plot_decision_regions(X_combined_std,
...                       y_combined,
...                       classifier=lr,
...                       test_idx=range(105, 150))
>>> plt.xlabel('petal length [standardized]')
>>> plt.ylabel('petal width [standardized]')
>>> plt.legend(loc='upper left')
```

```
>>> plt.tight_layout()
>>> plt.show()
```

在训练数据上拟合模型后，上述代码把决策区域、训练样本和测试样本绘制出来，如图 3-6 所示。

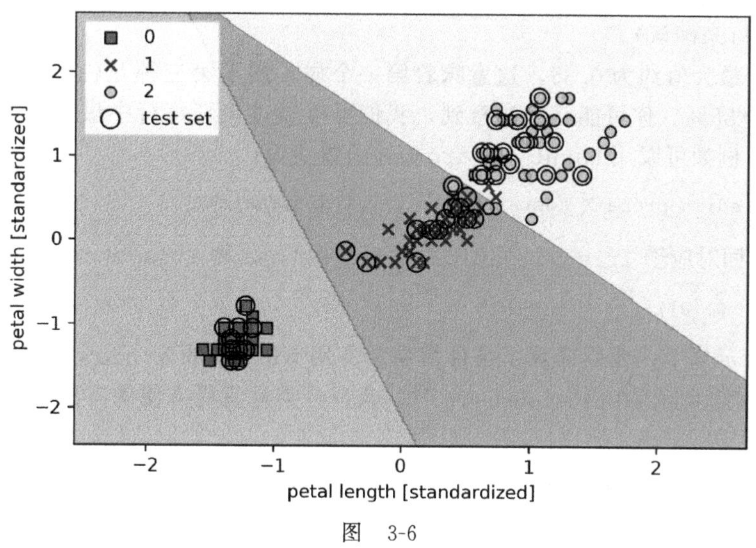

图 3-6

请注意，目前有许多不同的优化算法用于解决优化问题。为了最小化凸损失函数，如逻辑回归的损失，我们建议用比常规随机梯度下降(SGD)更先进的方法。实际上，scikit-learn 实现了一系列这样的优化算法，可以通过解算器参数'newton-cg'、'lbfgs'、'liblinear'、'sag'和'saga'来指定调用这些算法。

当逻辑回归损失呈凸点时，大多数优化算法应该很容易收敛到全局损失的最小点。但是，某些算法有一定的相对优势。例如，当前版本(v 0.21)中的 scikit-learn，以'liblinear'作为解算器的默认值，无法处理多项式损失，而且局限于多元分类的 OvR。但是，scikit-learn 的未来版本(即 v 0.22)，将默认解算器变为更灵活的'lbfgs'，代表内存受限的 BFGS(Broyden-Fletcher-Goldfarb-Shanno)算法(https://en.wikipedia.org/wiki/Limited-memory_BFGS)。为了采用这个新的默认选择，本书在使用逻辑回归时将显式地指定 solver='lbfgs'。

看到前面用来训练逻辑回归模型的示例代码，你可能会想：“这个神秘的参数 C 到底是什么呢?”下一节，我们将先介绍过拟合和正则化的概念，然后再讨论该参数。在此之前，我们先讨论一下类成员的概率问题。

可以用 predict_proba 计算训练数据集中某个样本属于某个特定类的概率。例如，可以用如下方法预测测试数据集中前三类的概率：

```
>>> lr.predict_proba(X_test_std[:3, :])
```

执行这段代码会返回如下数组：

```
array([[3.81527885e-09, 1.44792866e-01, 8.55207131e-01],
       [8.34020679e-01, 1.65979321e-01, 3.25737138e-13],
       [8.48831425e-01, 1.51168575e-01, 2.62277619e-14]])
```

第一行对应属于第一种花的概率，第二行对应属于第二种花的概率，以此类推。注意，所有列数据之和为1(可以通过执行 `lr.predict_proba(X_test_std[:3, :]).sum(axis= 1)`来确认)。

第一行的最大值约为0.85，这意味着第一个样本属于第三种花(`Iris-virginica`)的预测概率为85%。你可能已经注意到，我们可以通过识别每行中最大列的值得到预测的分类标签，例如可以用NumPy的`argmax`函数实现：

```
>>> lr.predict_proba(X_test_std[:3, :]).argmax(axis=1)
```

执行该调用返回对应于`Iris-virginica`、`Iris-setosa`和`Iris-setosa`的分类结果：

```
array([2, 0, 0])
```

在前面的代码示例中，我们计算了条件概率，并用NumPy的`argmax`函数将其手动转换为分类标签。实际上，在用scikit-learn时，获得分类标签更方便的方法是直接调用`predict`方法：

```
>>> lr.predict(X_test_std[:3, :])
array([2, 0, 0])
```

最后提醒一句，如果想单独预测花样本的分类标签：sciki-learn期望输入一个二维数组，因此，必须先把单行转换成这种格式。调用NumPy的`reshape`方法增加一个新维度可以将一行数据转换成为二维数组，代码如下：

```
>>> lr.predict(X_test_std[0, :].reshape(1, -1))
array([2])
```

3.3.5 通过正则化解决过拟合问题

过拟合是机器学习中的常见问题，虽然模型在训练数据上表现良好，但不能很好地泛化未见过的新数据或测试数据。如果某个模型出现了过拟合问题，我们会说该模型有高方差，这有可能是因为相对于给定的数据，参数太多，从而导致模型过于复杂。同样，模型也可能会出现**欠拟合**(高偏差)的情况，这意味着模型不足以捕捉训练数据中的复杂模式，因此对未知数据表现不佳。

虽然迄今我们只遇到过线性分类模型，但是比较线性决策边界和更复杂的非线性决策边界，是解释过拟合与欠拟合问题的最好方法，如图3-7所示。

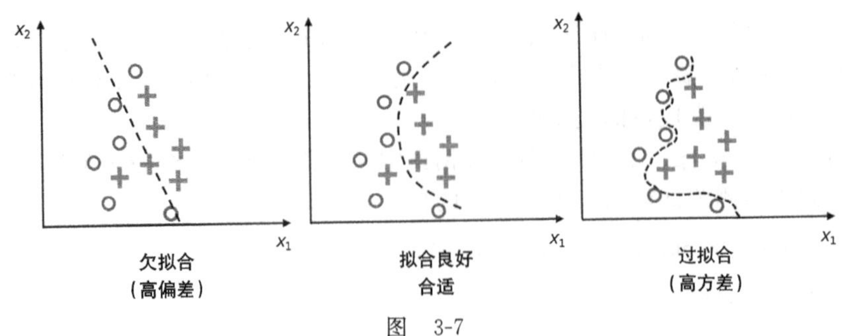

图　3-7

偏差-方差权衡

研究人员经常用术语“偏置”和“方差”或“偏置-方差权衡”来描述模型的性能，也就是说，你可能偶然会在谈话、书籍或文章中发现人们提到模型具有“高方差”或“高偏置”。那么，这是什么意思？一般来说，我们可以说“高方差”与过拟合成正比，“高偏置”与欠拟合成正比。

在机器学习模型的场景中，如果我们多次重复训练一个模型，例如在训练数据集的不同子集上，**方差**可以用于测量模型对特定样本进行分类时预测结果的一致性(或可变性)。可以说，模型对训练数据中的随机性很敏感。相比之下，**偏置**测量的是，假如在不同的训练数据集上反复建模，预测值离正确值有多远；偏置测量的是非随机性引起的系统误差。

如果你对术语“偏置”和“方差”的技术规范和推导感兴趣，可以从下面网站获取我的课堂讲义：https://sebastianraschka.com/pdf/lecture-notes/stat479fs18/08_eval-intro_notes.pdf

找到一个好的偏置-方差权衡的方法是通过正则化来调整模型的复杂性。正则化是处理共线性(特征间的高相关性)、滤除数据中的噪声并最终防止过拟合的一种非常有用的方法。

正则化背后的逻辑是引入额外的信息(偏置)来惩罚极端的参数值(权重)。最常见的正则化是所谓的**L2正则化**(有时也称为L2收缩或权重衰减)，可写作：

$$\frac{\lambda}{2}\|\boldsymbol{w}\|^2=\frac{\lambda}{2}\sum_{j=1}^{m}w_j^2$$

这里λ为所谓的**正则化参数**。

正则化与特征归一化

特征缩放(如标准化)之所以重要，其中一个原因就是正则化。为了使得正则化起作用，需要确保所有特征的衡量标准保持统一。

通过增加一个简单的正则项，就可以正则化逻辑回归的代价函数，这将在模型训练的过程中缩小权重：

$$J(\boldsymbol{w})=\sum_{i=1}^{n}\left[-y^{(i)}\log(\phi(z^{(i)}))-(1-y^{(i)})\log(1-\phi(z^{(i)}))\right]+\frac{\lambda}{2}\|\boldsymbol{w}\|^2$$

通过正则化参数λ，保持权重较小时，我们可以控制模型与训练数据的拟合程度。加大λ值可以增强正则化的强度。

scikit-learn实现`LogisticRegression`类的参数`C`来自下一节要介绍的支持向量机中的约定。`C`是正则化参数λ的倒数，与λ直接相关。因此，减小逆正则化参数`C`意味着增加正则化的强度，这可以通过绘制对两个权重系数进行L2正则化后的图像予以展示：

```
>>> weights, params = [], []
>>> for c in np.arange(-5, 5):
...     lr = LogisticRegression(C=10.**c, random_state=1,
...                             solver='lbfgs', multi_class='ovr')
...     lr.fit(X_train_std, y_train)
...     weights.append(lr.coef_[1])
...     params.append(10.**c)
>>> weights = np.array(weights)
```

```
>>> plt.plot(params, weights[:, 0],
...          label='petal length')
>>> plt.plot(params, weights[:, 1], linestyle='--',
...          label='petal width')
>>> plt.ylabel('weight coefficient')
>>> plt.xlabel('C')
>>> plt.legend(loc='upper left')
>>> plt.xscale('log')
>>> plt.show()
```

通过执行上面的代码，我们用不同的逆正则化参数 C 值拟合 10 个逻辑回归模型。为了方便讲解，我们只收集分类标签为 1 的权重系数(这里对应数据集中的第 2 类，即 Iris-versicolor)而不是所有类，记住我们使用 OvR 技术进行多元分类。

如图 3-8 所示，如果减小参数 C，即增加正则化的强度，那么权重系数会缩小。

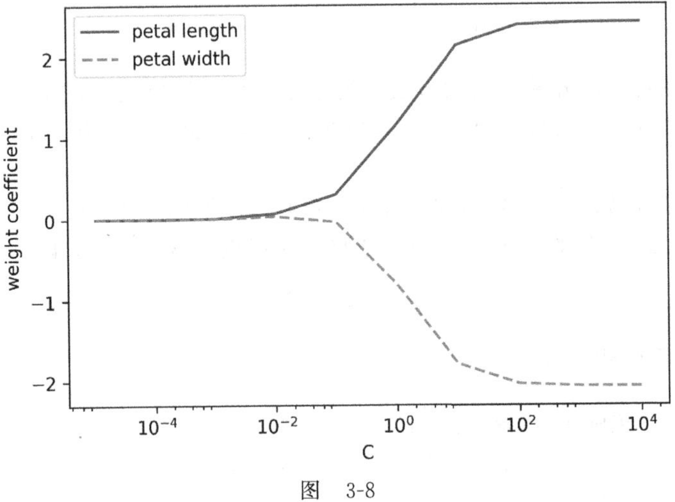

图　3-8

其他关于逻辑回归的资源

由于深入讨论各种分类算法超出了本书的范围，我强烈建议读者阅读斯科特·梅纳德博士 2009 年的书籍 *Logistic Regression: From Introductory to Advanced Concepts and Applications*，以了解更多关于逻辑回归方面的知识。

3.4　使用支持向量机最大化分类间隔

另外一种强大而且广泛应用的机器学习算法是**支持向量机**(SVM)，它可以看作感知器的扩展。感知器算法的目标是最小化分类误差。而支持向量机算法的优化目标是最大化的分类间隔。此处间隔定义为可分离的超平面(决策边界)与其最近的训练样本之间的距离，而最靠近超平面的训练样本称为**支持向量**，如图 3-9 所示。

3.4.1　对分类间隔最大化的直观认识

该模型的原理是决策边界间隔较大往往会产生较低的泛化误差，而间隔较小的模型

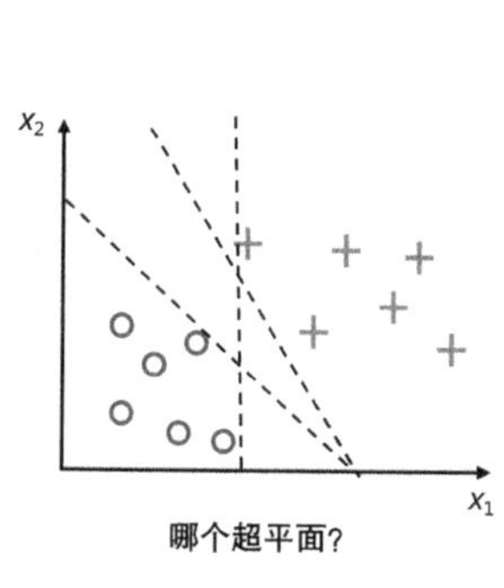

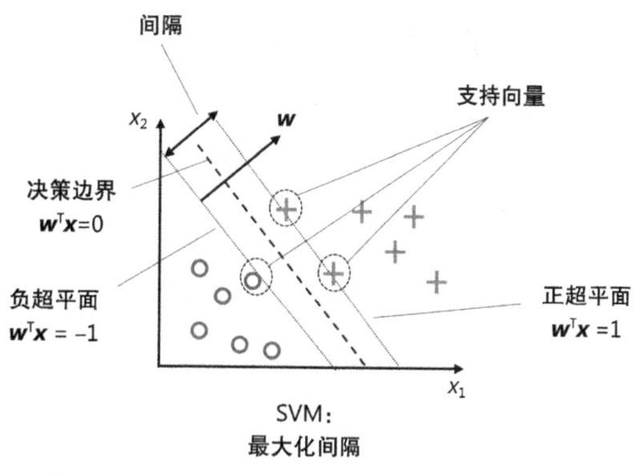

图 3-9

则更容易产生过拟合。为了更好地解释间隔最大化的概念，让我们仔细看看那些与决策边界平行的正超平面和负超平面，表示如下：

$$w_0+\boldsymbol{w}^{\mathrm{T}}\boldsymbol{x}_{\mathrm{pos}}=1 \qquad (1)$$

$$w_0+\boldsymbol{w}^{\mathrm{T}}\boldsymbol{x}_{\mathrm{neg}}=-1 \qquad (2)$$

上述两个线性等式(1)和(2)相减可以得到：

$$\Rightarrow \boldsymbol{w}^{\mathrm{T}}(\boldsymbol{x}_{\mathrm{pos}}-\boldsymbol{x}_{\mathrm{neg}})=2$$

可以通过求解向量 $\boldsymbol{w}$ 的长度来规范化该方程，具体计算如下：

$$\|\boldsymbol{w}\|=\sqrt{\sum_{j=1}^{m}w_j^2}$$

因此得到以下的结果：

$$\frac{\boldsymbol{w}^{\mathrm{T}}(\boldsymbol{x}_{\mathrm{pos}}-\boldsymbol{x}_{\mathrm{neg}})}{\|\boldsymbol{w}\|}=\frac{2}{\|\boldsymbol{w}\|}$$

可以把方程的左边解释为正、负超平面之间的距离，即想要最大化的**间隔**。

在样本分类正确的条件约束下，最大化分类间隔也就是使$\frac{2}{\|\boldsymbol{w}\|}$最大化，这也是支持向量机的目标函数可以将其表示为：

$$w_0+\boldsymbol{w}^{\mathrm{T}}\boldsymbol{x}^{(i)}\geqslant 1 \quad 如果\ y^{(i)}=1$$

$$w_0+\boldsymbol{w}^{\mathrm{T}}\boldsymbol{x}^{(i)}\leqslant -1 \quad 如果\ y^{(i)}=-1$$

$$对于\ i=1\cdots N$$

这里 N 为数据集的样本总数。

这两个方程可以解释为：所有的负类样本基本上都落在负超平面一侧，而所有的正类样本都落在正超平面一侧，我们可以用更为紧凑的方式表达如下：

$$y^{(i)}(w_0+\boldsymbol{w}^{\mathrm{T}}\boldsymbol{x}^{(i)})\geqslant 1 \quad \forall_i$$

实际上，计算最小化$\frac{1}{2}\|\boldsymbol{w}\|^2$ 的倒数更为容易，这可以通过二次规划的方法实现。然而，对二次规划细节的讨论已经超出了本书的范围。你可以阅读 *The Nature of Statistical Learning Theory* 一书学习更多关于支持向量机方面的知识。该书的作者为 Vladimir Vapnik，由 Springer 出版，也可以阅读由 Chris J. C. Burges 的 *A Tutorial on Support Vector Machines for Pattern Recognition*（*Data Mining and Knowledge Discovery*，2(2)：121-167，1998）。

3.4.2 用松弛变量解决非线性可分问题

尽管我们不想对最大间隔分类背后更复杂的数学概念进行讨论，但还是要简要地提一下由 Vladimir Vapnik 于 1995 年提出的松弛变量 ξ，它引出了所谓的**软间隔分类**。引入松弛变量 ξ 的目的是对于非线性可分数据来说，需要放松线性约束，以允许在分类错误存在的情况下通过适当代价的惩罚来确保优化可以收敛。

我们可以直接把取值为正的松弛变量加入线性约束：

$$w_0+\boldsymbol{w}^{\mathrm{T}}\boldsymbol{x}^{(i)}\geqslant 1-\xi^{(i)} \quad \text{如果 } y^{(i)}=1$$
$$w_0+\boldsymbol{w}^{\mathrm{T}}\boldsymbol{x}^{(i)}\leqslant -1+\xi^{(i)} \quad \text{如果 } y^{(i)}=-1$$
$$\text{对于 } i=1\cdots N$$

其中 N 为数据集样本总数量。因此新的最小化(有约束)目标为：

$$\frac{1}{2}\|\boldsymbol{w}\|^2+C\Big(\sum_i \xi^{(i)}\Big)$$

可以通过变量 C 来控制对分类错误的惩罚。C 值越大相应的错误惩罚就越大，如果选择的目标较小，则对分类错误的要求就不那么严格。因此，可以用参数 C 来控制间隔的宽度来权衡偏置-方差，如图 3-10 所示。

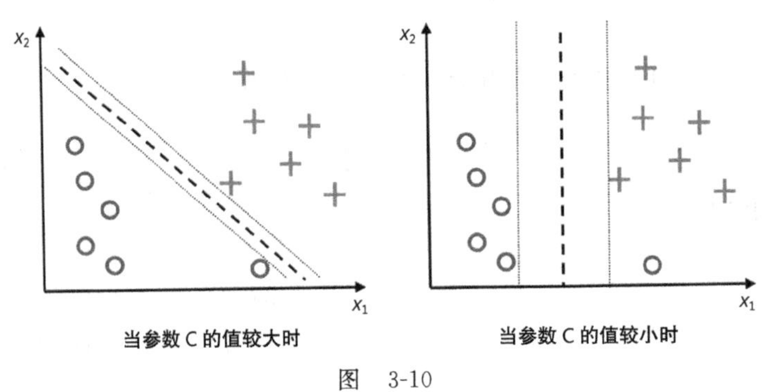

图　3-10

这个概念与上节所讨论的正则化回归相关，即减小 C 值会增加偏差并降低模型的方差。

既然已经了解了线性支持向量机背后的基本概念，我们现在可以训练一个支持向量机模型来对鸢尾花数据集中的不同种类的花进行分类：

```
>>> from sklearn.svm import SVC
>>> svm = SVC(kernel='linear', C=1.0, random_state=1)
>>> svm.fit(X_train_std, y_train)
>>> plot_decision_regions(X_combined_std,
...                       y_combined,
...                       classifier=svm,
...                       test_idx=range(105, 150))
>>> plt.xlabel('petal length [standardized]')
>>> plt.ylabel('petal width [standardized]')
>>> plt.legend(loc='upper left')
>>> plt.tight_layout()
>>> plt.show()
```

执行前面的代码示例，在鸢尾花数据集上训练分类器之后得到 SVM 的三个决策区域，如图 3-11 所示。

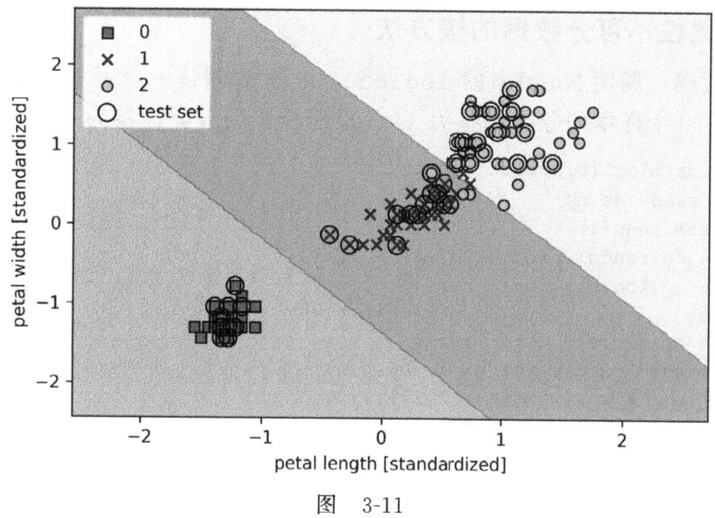

图 3-11

逻辑回归与支持向量机

在实际的分类任务中，线性逻辑回归和线性支持向量机通常会产生非常相似的结果。逻辑回归试图最大化训练数据的条件似然，使其比支持向量机更容易处理异常值点，支持向量机主要关心的是最接近决策边界(支持向量)的点。另一方面，逻辑回归也有优点，其模型更简单且更容易实现。此外，逻辑回归模型更容易更新，这在处理流式数据时很有吸引力。

3.4.3 其他的 scikit-learn 实现

在前几节中，我们用到了 scikit-learn 中的 `LogisticRegression` 类，它利用基于 C/C++开发和高度优化的 LIBLINEAR 库。类似地，用于训练 SVM 的 `SVC` 类使用了 LIBSVM，它是一个专门为 SVM 准备的 C/C++库。

与原生 Python 相比，用 LIBLINEAR 和 LIBSVM 的好处是，它允许快速训练大量线性分类器。然而，有时候数据集太大而无法加载到内存。因此，scikit-learn 也提供了 `SGDClassifier` 类供用户选择，这个类还通过 `partial_fit` 方法支持在线学习。`SGDClassifier` 类的逻辑与第 2 章为 Adaline 实现的随机梯度算法类似。初始化随机梯度下降感知器、逻辑回归感知器和带有默认参数的支持向量机的具体过程如下所示：

```
>>> from sklearn.linear_model import SGDClassifier
>>> ppn = SGDClassifier(loss='perceptron')
>>> lr = SGDClassifier(loss='log')
>>> svm = SGDClassifier(loss='hinge')
```

3.5 用核支持向量机求解非线性问题

支持向量机在机器学习领域享有较高知名度的另一个原因是，它可以很容易使用**“核技巧”**来解决非线性分类问题。在讨论**核支持向量机**的原理之前，让我们先创建一个样本数据集来认识一下所谓的非线性分类问题到底是什么。

3.5.1 处理线性不可分数据的核方法

执行下述代码，调用 NumPy 的 `logical_or` 函数创建一个经过“异或”操作的数据集，其中有 100 个样本的分类标签为 1，100 个样本的分类标签为-1：

```
>>> import matplotlib.pyplot as plt
>>> import numpy as np
>>> np.random.seed(1)
>>> X_xor = np.random.randn(200, 2)
>>> y_xor = np.logical_xor(X_xor[:, 0] > 0,
...                        X_xor[:, 1] > 0)
>>> y_xor = np.where(y_xor, 1, -1)
>>> plt.scatter(X_xor[y_xor == 1, 0],
...             X_xor[y_xor == 1, 1],
...             c='b', marker='x',
...             label='1')
>>> plt.scatter(X_xor[y_xor == -1, 0],
...             X_xor[y_xor == -1, 1],
...             c='r',
...             marker='s',
...             label='-1')
>>> plt.xlim([-3, 3])
>>> plt.ylim([-3, 3])
>>> plt.legend(loc='best')
>>> plt.tight_layout()
>>> plt.show()
```

执行上述代码后会产生具有随机噪声的“异或”数据集，如图 3-12 所示。

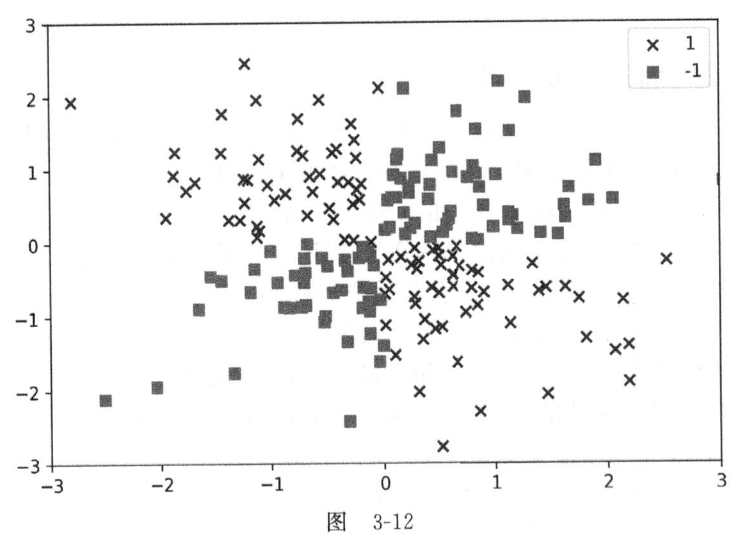

图 3-12

显然，我们使用前面章节中讨论过的线性逻辑回归或线性支持向量机模型，并将线性超平面作为决策边界，无法将样本正确地划分为正类和负类。

核方法的基本思想是针对线性不可分数据，建立非线性组合，通过映射函数 ϕ 把原始特征投影到一个高维空间，使特征在该空间变得线性可分。如图 3-13 所示，可以将一个二维数据集转换为一个新的三维特征空间，这样就可以通过下述投影使得样本可分：

$$\phi(x_1, x_2)=(z_1, z_2, z_3)=(x_1, x_2, x_1^2+x_2^2)$$

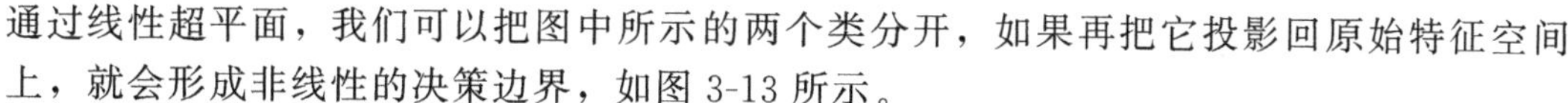

通过线性超平面，我们可以把图中所示的两个类分开，如果再把它投影回原始特征空间上，就会形成非线性的决策边界，如图 3-13 所示。

图　3-13

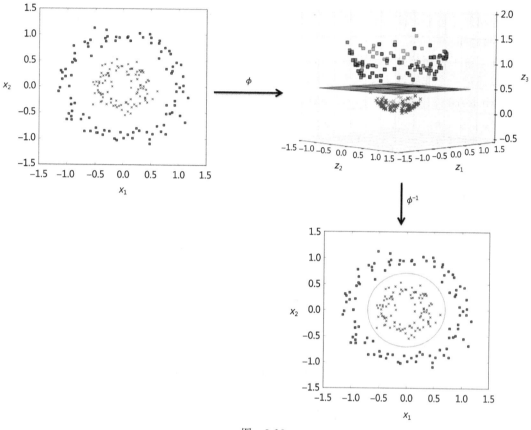

3.5.2　利用核技巧发现高维空间的分离超平面

为了使用 SVM 解决非线性问题，需要调用映射函数 ϕ 将训练数据变换到高维特征空间，然后训练线性 SVM 模型对新特征空间里的数据进行分类。可以用相同的映射函数 ϕ 对未知新数据进行变换，用线性支持向量机模型进行分类。

然而，这种映射方法的问题是构建新特征的计算成本太高，特别是在处理高维数据时。这就是所谓的**核技巧**可以发挥作用的地方。

虽然我们没有详细研究如何通过解决二次规划任务来训练支持向量机，但实际上只需要用 $\phi(\boldsymbol{x}^{(i)})^{\mathrm{T}}\phi(\boldsymbol{x}^{(j)})$ 替换点乘 $\boldsymbol{x}^{(i)\mathrm{T}}\boldsymbol{x}^{(j)}$。为显著降低计算两点间点乘的昂贵计算成本，定义所谓的**核函数**如下：

$$\kappa(\boldsymbol{x}^{(i)}\boldsymbol{x}^{(j)})=\phi(\boldsymbol{x}^{(i)})^{\mathrm{T}}\phi(\boldsymbol{x}^{(j)})$$

其中使用最为广泛的核函数是**径向基函数**(RBF)核或简称为**高斯核**：

$$\kappa(\boldsymbol{x}^{(i)},\ \boldsymbol{x}^{(j)})=\exp\left(-\frac{\|\boldsymbol{x}^{(i)}-\boldsymbol{x}^{(j)}\|^2}{2\sigma^2}\right)$$

该公式常被简化为：

$$\kappa(\boldsymbol{x}^{(i)},\ \boldsymbol{x}^{(j)})=\exp(-\gamma\|\boldsymbol{x}^{(i)}-\boldsymbol{x}^{(j)}\|^2)$$

这里，$\gamma=\frac{1}{2\sigma^2}$是要优化的自由参数。

简而言之，术语“核”可以理解为一对样本之间的**相似函数**。公式中的负号把距离转换为相似性得分，而指数运算把由此产生的相似性得分值控制在 1(完全相似)和 0(非常不同)之间。

在了解了使用核技巧的重点之后，我们现在看看是否能训练一个核支持向量机，使之可以通过一个非线性决策边界来对“异或”数据进行分类。这里只需要用到先前导入的 scikit-learn 库中的 SVC 类，以参数 kernel='rbf'替换 kernel='linear'：

```
>>> svm = SVC(kernel='rbf', random_state=1, gamma=0.10, C=10.0)
>>> svm.fit(X_xor, y_xor)
>>> plot_decision_regions(X_xor, y_xor, classifier=svm)
>>> plt.legend(loc='upper left')
>>> plt.tight_layout()
>>> plt.show()
```

从图 3-14 中，我们可以看到核 SVM 相对较好地对“异或”数据进行了区分。

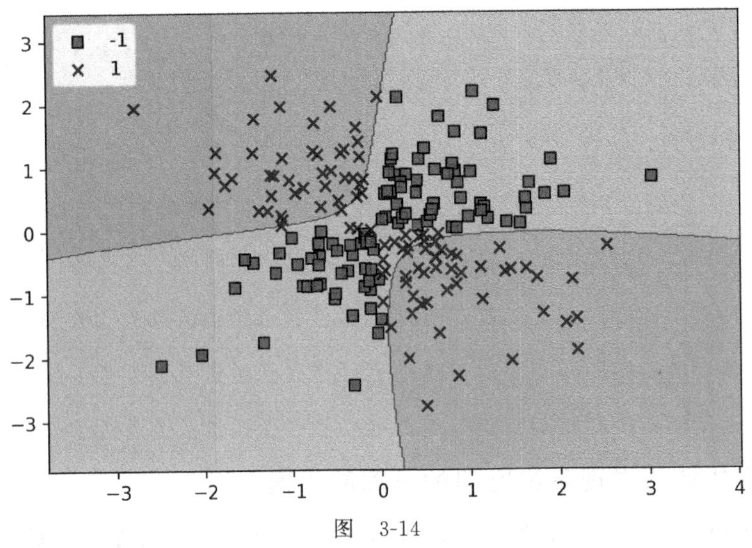

图 3-14

参数 γ 的值设置为 gamma=0.1，我们可以把这理解为高斯球的截止参数。如果增大 γ 值，将加大训练样本的影响范围，从而导致决策边界紧缩和波动。为了能够更好地理解 γ，我们把 RBF 核支持向量机应用于鸢尾花数据集：

```
>>> svm = SVC(kernel='rbf', random_state=1, gamma=0.2, C=1.0)
>>> svm.fit(X_train_std, y_train)
>>> plot_decision_regions(X_combined_std,
...                       y_combined, classifier=svm,
...                       test_idx=range(105,150))
>>> plt.xlabel('petal length [standardized]')
>>> plt.ylabel('petal width [standardized]')
>>> plt.legend(loc='upper left')
>>> plt.tight_layout()
>>> plt.show()
```

由于选择了相对较小的 γ 值，得到的 RBF 核 SVM 模型的决策边界相对偏松，如图 3-15 所示。

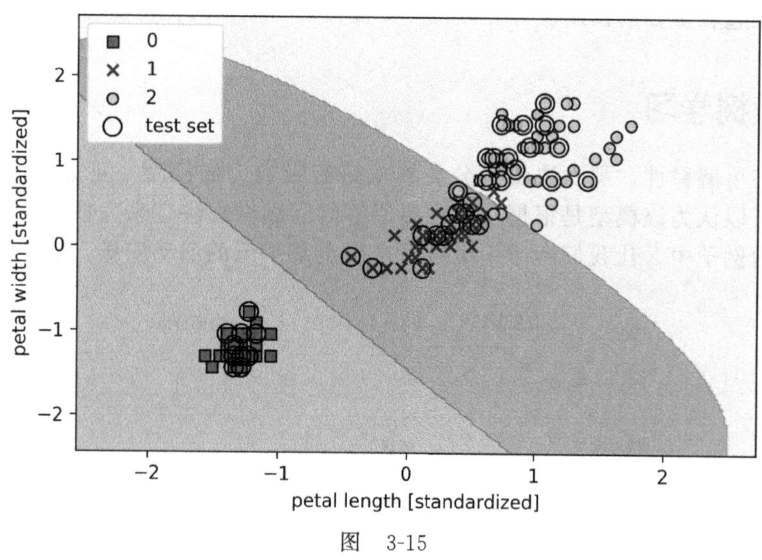

图 3-15

现在来观察加大 γ 值对决策边界的影响：

```
>>> svm = SVC(kernel='rbf', random_state=1, gamma=100.0, C=1.0)
>>> svm.fit(X_train_std, y_train)
>>> plot_decision_regions(X_combined_std,
...                       y_combined, classifier=svm,
...                       test_idx=range(105,150))
>>> plt.xlabel('petal length [standardized]')
>>> plt.ylabel('petal width [standardized]')
>>> plt.legend(loc='upper left')
>>> plt.tight_layout()
>>> plt.show()
```

从图 3-16 中，我们可以看到，采用较大的 γ 值，类 0 和 1 周围的决策边界更为紧密。

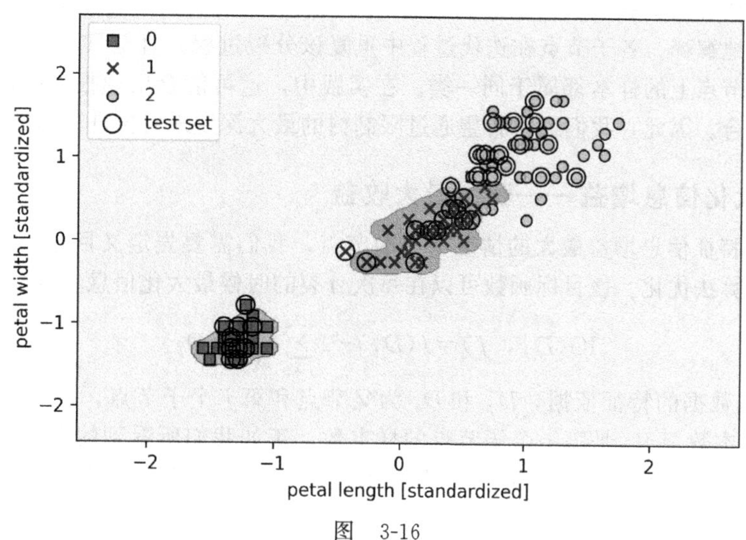

图 3-16

虽然模型对训练数据集的拟合非常好，但是这种分类器对未知数据可能会有一个很高的泛化误差。这说明当算法对训练数据集中的波动过于敏感时，参数 γ 在控制过拟合或方差方面也起着重要的作用。

3.6 决策树学习

如果关心可解释性，那么**决策树**分类器就是有吸引力的模型。正如其名称所暗示的那样，我们可以认为该模型是根据一系列要回答的问题做出决定来完成数据分类。

在下面的例子中，让我们考虑用决策树来决定某一天的活动安排，如图 3-17 所示。

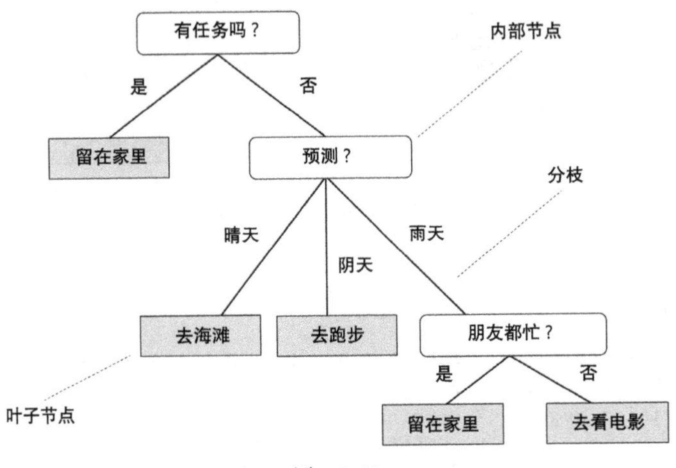

图 3-17

基于训练数据集的特征，决策树模型通过对一系列问题的学习来推断样本的分类标签。虽然图 3-17 说明了基于分类变量的决策树概念，但是如果特征是像鸢尾花数据集这样的实数，这些概念也同样适用。例如，我们可以简单地定义**萼片宽度**特征轴的临界值，并且问一个二元问题："萼片的宽度≥2.8 厘米吗?"

使用决策树算法，我们从树根开始，在**信息增益**(IG)最大的特征上分裂数据，后续章节会更加详细地解释。各子节点在迭代过程中重复该分裂过程，直至只剩下叶子节点为止。这意味着所有节点上的样本都属于同一类。在实践中，这可能会出现根深叶茂的树，这样容易导致过拟合。因此，我们通常希望通过限制树的最大深度来对树进行**修剪**(prune)。

3.6.1 最大化信息增益——获得最大收益

为保证在特征信息增益最大的情况下分裂节点，我们需要先定义目标函数，然后进行决策树学习和算法优化。该目标函数可以在每次分裂的时候最大化信息增益，定义如下：

$$\mathrm{IG}(D_p, f)=I(D_p)-\sum_{j=1}^{m}\frac{N_j}{N_p}I(D_j)$$

这里 f 是分裂数据的特征依据，D_p 和 D_j 为父节点和第 j 个子节点，I 为**杂质**含量，N_p 为父节点的样本数，N_j 是第 j 个子节点的样本数。正如我们所看到的那样，父节点和子节点之间的信息增益仅在杂质含量方面存在着差异，即子节点杂质含量越低信息增益越大。然而，为简便起见，同时考虑到减少组合搜索空间，大多数软件库(包括 scikit-learn)只实现二元决策树。这意味着每个父节点只有 D_{left} 和 D_{right} 两个子节点：

$$\mathrm{IG}(D_p, f)=I(D_p)-\frac{N_{\text{left}}}{N_p}I(D_{\text{left}})-\frac{N_{\text{right}}}{N_p}I(D_{\text{right}})$$

在二元决策树中，度量杂质含量或者分裂标准的三个常用指标分别为**基尼杂质度**(I_G)、**熵**(I_H)和**分类误差**(I_E)。我们从**非空类**($p(i|t)\neq 0$)熵的定义开始：

$$I_H(t)=-\sum_{i=1}^{c}p(i|t)\log_2 p(i|t)$$

其中 $p(i|t)\neq 0$ 为某节点 t 属于 i 类样本的概率。如果节点上的所有样本都属于同一个类，则熵为 0，如果类的分布均匀，则熵值最大。例如，对二元分类，如果 $p(i=1|t)=1$ 或 $p(i=0|t)=0$，则熵为 0。如果类分布均匀，$p(i=1|t)=0.5$，$p(i=0|t)=0.5$，则熵为 1。所以，我们可以说熵准则试图最大化决策树中的互信息。

直观地说，可以把基尼杂质理解为尽量减少错误分类概率的判断标准：

$$I_G(t)=\sum_{i=1}^{c}p(i|t)(1-p(i|t))=1-\sum_{i=1}^{c}p(i|t)^2$$

与熵类似，如果类是完全混合的，那么基尼杂质最大，例如在二元分类中($c=2$)：

$$I_G(t)=1-\sum_{i=1}^{c}0.5^2=0.5$$

然而，基尼杂质和熵在实践中经常会产生非常相似的结果，而且通常并不值得花很多时间用不同的杂质标准来评估树，更好的选择是尝试不同的修剪方法。

另外一种杂质度量的方法是分类误差：

$$I_E(t)=1-\max\{p(i|t)\}$$

这对修剪树枝是个有用的判断标准，但我们并不推荐把它用于决策树，因为它对节点的分类概率变化不太敏感。可以通过图 3-18 所示的两种可能的分裂场景来说明。

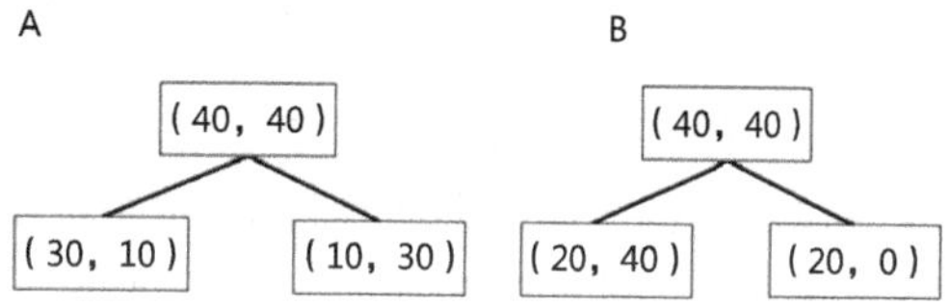

A

(40, 40)

(30, 10)　(10, 30)

B

(40, 40)

(20, 40)　(20, 0)

图　3-18

从数据集的父节点 D_p 开始，它包含 40 个分类标签为 1 的样本和 40 个分类标签为 2 的样本，要分裂成 D_{left} 和 D_{right} 两个数据集。在 A 和 B 两种场景下，用分类误差作为分裂标准得到的信息增益($IG_E=0.25$)相同：

$$I_E(D_p)=1-0.5=0.5$$

$$\text{A：}I_E(D_{\text{left}})=1-\frac{3}{4}=0.25$$

$$\text{A：}I_E(D_{\text{right}})=1-\frac{3}{4}=0.25$$

$$\text{A：}IG_E=0.5-\frac{4}{8}0.25-\frac{4}{8}0.25=0.25$$

$$\text{B：}I_E(D_{\text{left}})=1-\frac{4}{6}=\frac{1}{3}$$

$$\text{B：}I_E(D_{\text{right}})=1-1=0$$

$$\text{B：}IG_E=0.5-\frac{6}{8}\times\frac{1}{3}-0=0.25$$

然而，与场景 A($IG_G=0.125$)相比，基尼杂质有利于分裂场景 B($IG_G=0.16$)，该场景确实是纯度更高：

$$I_G(D_p)=1-(0.5^2+0.5^2)=0.5$$

$$\text{A：}I_G(D_{\text{left}})=1-\left(\left(\frac{3}{4}\right)^2+\left(\frac{1}{4}\right)^2\right)=\frac{3}{8}=0.375$$

$$A: I_G(D_{right}) = 1 - \left(\left(\frac{1}{4}\right)^2 + \left(\frac{3}{4}\right)^2\right) = \frac{3}{8} = 0.375$$

$$A: IG_G = 0.5 - \frac{4}{8}0.375 - \frac{4}{8}0.375 = 0.125$$

$$B: I_G(D_{left}) = 1 - \left(\left(\frac{2}{6}\right)^2 + \left(\frac{4}{6}\right)^2\right) = \frac{4}{9} = 0.\overline{4}$$

$$B: I_G(D_{right}) = 1 - (1^2 + 0^2) = 0$$

$$B: IG_G = 0.5 - \frac{6}{8}0.\overline{4} - 0 = 0.\overline{16}$$

同样，与场景 A($IG_H=0.19$)相比，熵准则对场景 B($IG_H=0.31$)更为有利：

$$I_H(D_p) = -(0.5\log_2(0.5) + 0.5\log_2(0.5)) = 1$$

$$A: I_H(D_{left}) = -\left(\frac{3}{4}\log_2\left(\frac{3}{4}\right) + \frac{1}{4}\log_2\left(\frac{1}{4}\right)\right) = 0.81$$

$$A: I_H(D_{right}) = -\left(\frac{1}{4}\log_2\left(\frac{1}{4}\right) + \frac{3}{4}\log_2\left(\frac{3}{4}\right)\right) = 0.81$$

$$A: IG_H = 1 - \frac{4}{8}0.81 - \frac{4}{8}0.81 = 0.19$$

$$B: I_H(D_{left}) = -\left(\frac{2}{6}\log_2\left(\frac{2}{6}\right) + \frac{4}{6}\log_2\left(\frac{4}{6}\right)\right) = 0.92$$

$$B: I_H(D_{right}) = 0$$

$$B: IG_H = 1 - \frac{6}{8}0.92 - 0 = 0.31$$

为了能更直观地比较前面讨论过的三种不同的杂质标准，我们将把分类标签为 1、概率在[0，1]之间的杂质情况画在图上。注意，我们还将添加一个小比例样本的熵(熵/2)来观察介于熵和分类误差中间的度量标准——基尼杂质，具体的示例代码如下：

```
>>> import matplotlib.pyplot as plt
>>> import numpy as np
>>> def gini(p):
...     return (p)*(1 - (p)) + (1 - p)*(1 - (1-p))
>>> def entropy(p):
...     return - p*np.log2(p) - (1 - p)*np.log2((1 - p))
>>> def error(p):
...     return 1 - np.max([p, 1 - p])
>>> x = np.arange(0.0, 1.0, 0.01)
>>> ent = [entropy(p) if p != 0 else None for p in x]
>>> sc_ent = [e*0.5 if e else None for e in ent]
>>> err = [error(i) for i in x]
>>> fig = plt.figure()
>>> ax = plt.subplot(111)
>>> for i, lab, ls, c, in zip([ent, sc_ent, gini(x), err],
...                           ['Entropy', 'Entropy (scaled)',
...                            'Gini impurity',
...                            'Misclassification error'],
...                           ['-', '-', '--', '-.'],
...                           ['black', 'lightgray',
...                            'red', 'green', 'cyan']):
...     line = ax.plot(x, i, label=lab,
...                    linestyle=ls, lw=2, color=c)
>>> ax.legend(loc='upper center', bbox_to_anchor=(0.5, 1.15),
...           ncol=5, fancybox=True, shadow=False)
>>> ax.axhline(y=0.5, linewidth=1, color='k', linestyle='--')
```

```
>>> ax.axhline(y=1.0, linewidth=1, color='k', linestyle='--')
>>> plt.ylim([0, 1.1])
>>> plt.xlabel('p(i=1)')
>>> plt.ylabel('impurity index')
```

执行前面的示例代码得到图 3-19。

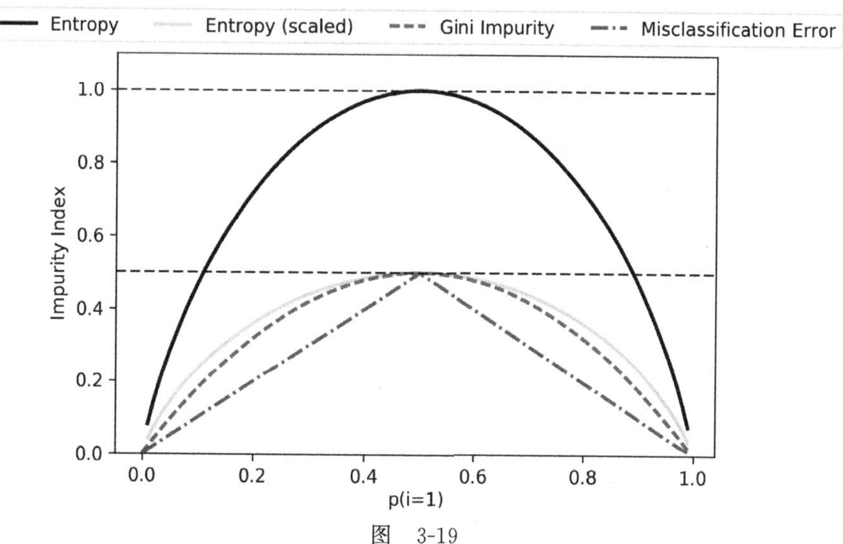

图 3-19

3.6.2 构建决策树

通过将特征空间划分成不同的矩形，决策树可以构建复杂的决策边界。然而，我们必须小心，因为决策树越深，决策边界就越复杂，越容易导致过拟合。假设最大深度为 4，以熵作为杂质度量标准，用 scikit-learn 来训练决策树模型。虽然为了可视化，我们可能需要进行特征缩放，但请注意该特征缩放并非决策树算法的要求。代码如下：

```
>>> from sklearn.tree import DecisionTreeClassifier
>>> tree_model = DecisionTreeClassifier(criterion='gini',
...                                     max_depth=4,
...                                     random_state=1)
>>> tree_model.fit(X_train, y_train)
>>> X_combined = np.vstack((X_train, X_test))
>>> y_combined = np.hstack((y_train, y_test))
>>> plot_decision_regions(X_combined,
...                       y_combined,
...                       classifier=tree_model,
...                       test_idx=range(105, 150))
>>> plt.xlabel('petal length [cm]')
>>> plt.ylabel('petal width [cm]')
>>> plt.legend(loc='upper left')
>>> plt.tight_layout()
>>> plt.show()
```

执行代码后，通常我们会得到决策树与坐标轴平行的决策边界，如图 3-20 所示。

scikit-learn 有一个不错的功能，它允许我们在训练完成后轻松地通过下述代码可视化决策树模型(如图 3-21 所示)：

```
>>> from sklearn import tree
>>> tree.plot_tree(tree_model)
>>> plt.show()
```

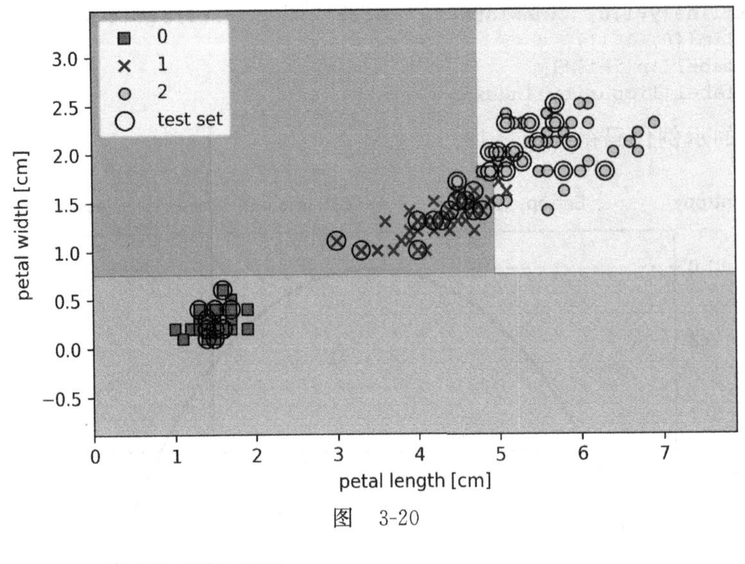

图 3-20

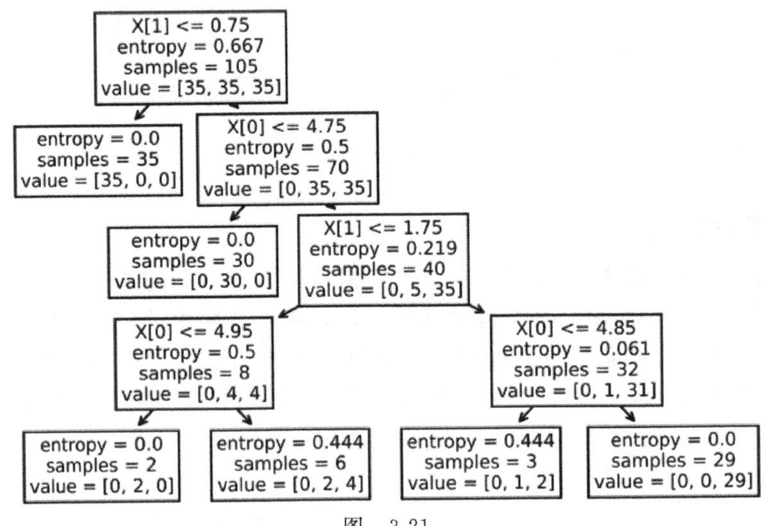

图 3-21

然而，作为绘制决策树的后端，用Graphviz程序可以更好地完成可视化。读者可以从http://www.graphviz.org免费下载该程序，它支持Linux、Window和macOS。除了Graphviz以外，我们还将采用被称为PyDotPlus的Python库，其功能与Graphviz类似，它允许把.dot数据文件转换成决策树的图像。在安装Graphviz后，我们可以直接调用pip程序安装PyDotPlus(http://www.graphviz.org/download上有详细的指令)，例如，在你自己的计算机上可以执行下面的命令：

```
> pip3 install pydotplus
```

安装PyDotPlus的先决条件

注意到在某些系统中，在安装PyDotPlus之前，你可能要先执行下述命令以安装其所依赖的软件包：

```
pip3 install graphviz
pip3 install pyparsing
```

执行下述代码将在本地目录以 PNG 格创建决策树的图像文件：

```
>>> from pydotplus import graph_from_dot_data
>>> from sklearn.tree import export_graphviz
>>> dot_data = export_graphviz(tree_model,
...                            filled=True,
...                            rounded=True,
...                            class_names=['Setosa',
...                                         'Versicolor',
...                                         'Virginica'],
...                            feature_names=['petal length',
...                                           'petal width'],
...                            out_file=None)
>>> graph = graph_from_dot_data(dot_data)
>>> graph.write_png('tree.png')
```

通过设置 out_file=None，可以直接把数据赋予 dot_data 变量，而不是在磁盘上产生中间文件 tree.dot。参数 filled、rounded、class_names 和 feature_names 为可选项，但是要使图像的视觉效果更好，就需要添加颜色、边框的边缘圆角，并在每个节点上显示大多数分类标签，以及分裂标准的特征。这些设置完成后将得到图 3-22 所示的决策树图像。

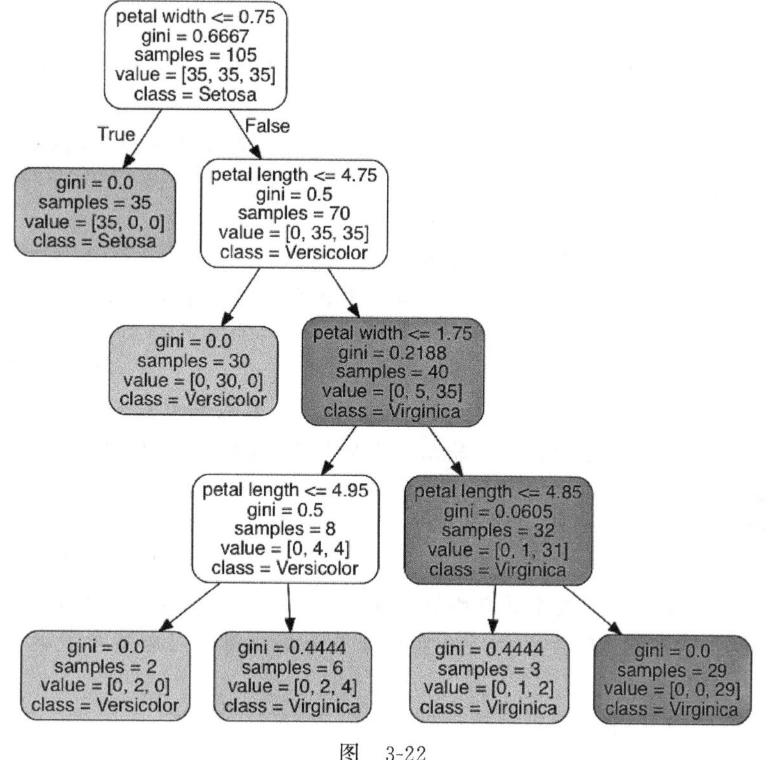

图 3-22

现在，我们可以在决策树图上很好地追溯训练数据集的分裂过程。从 105 个样本的根节点开始，以花瓣宽度 0.75 厘米作为截止条件，先把样本数据分裂成大小分别为 35 和 70 的两个子节点。我们可以看到左面子节点的纯度已经很高，它只包含 Iris-setosa 类(基尼杂质度=0)。而右面子节点则进一步分裂成 Iris-versicolor 和 Iris-virginica 两类。

在树以及决策区域图上，我们可以看到决策树在花朵分类上的表现不错。不幸的是

scikit-learn 目前还不提供手工修剪决策树的函数。然而，我们可以返回到前面的代码示例，把决策树的参数 `max_depth` 修改为 3，然后与当前的模型进行比较，但是我们将把这作为练习题留给感兴趣的读者。

3.6.3　多个决策树的随机森林组合

在过去十年里，由于集成方法具有良好的分类性能和对过拟合的鲁棒性，该算法在机器学习的应用中广受欢迎。虽然在第 7 章中，我们将讨论包括**装袋**（bagging）和 boosting 在内的不同集成方法，但是在这里我们将先讨论基于决策树的**随机森林**算法，该算法以其良好的可扩展性和易用性而闻名。可以把随机森林视为决策树的**集成**。随机森林的原理是对受较大方差影响的多个决策树分别求平均值，然后构建一个具有更好泛化性能和不易过拟合的强大模型。随机森林算法可以概括为以下四个简单的步骤：

1）随机提取一个规模为 n 的 bootstrap 样本（从训练数据集中有放回地随机选择 n 个样本）。

2）基于 bootstrap 样本生成决策树。在每个节点上完成以下的任务：

a. 不放回地随机选择 d 个特征。

b. 根据目标函数的要求，例如信息增益最大化，使用选定的最佳特征来分裂节点。

3）把步骤 1 和 2 重复 k 次。

4）聚合每棵树的预测结果，并以**多数票**机制确定标签的分类。在第 7 章中，我们将更详细地讨论多数票机制。

应该注意，在步骤 2 中训练单个决策树时，并不需要评估所有的特征来确定节点的最佳分裂方案，而是仅仅考虑其中的一个随机子集。

有放回抽样和不放回抽样

如果你对有放回抽样的概念不熟悉，那么可以通过一个简单的思考实验来说明。假设我们玩抽奖游戏，从一个罐中随机抽取数字。罐中有 0、1、2、3 和 4 五个独立的数字，每次抽一个。第一轮从罐中抽出某个数字的概率是 1/5。如果不放回抽样，每轮抽奖后抽出的数字将不再放回罐中。因此，下一轮从剩余的数字中抽到某个数字的概率就取决于前一轮。例如，如果剩下的数字是 0、1、2 和 4，那么在下一轮抽到 0 的概率将变成 1/4。

然而，有放回抽样会把每次抽到的数字放回罐中，以确保在下一轮抽奖时，抽到某个数字的概率保持不变。换句话说，在有放回抽样时，样本（数字）是独立的，并且协方差为零。例如五轮随机数的抽样结果如下所示：

- 不放回随机抽样：2、1、3、4、0
- 有放回随机抽样：1、3、3、4、1

尽管随机森林的可解释性不如决策树好，但是其显著优势在于不必担心超参数值的选择。通常不需要修剪随机森林，因为集成模型对来自单个决策树的噪声有较强的抵抗力。实际上，唯一需要关心的参数是在步骤 3 中如何选择随机森林中树的数量 k。通常，树越多，随机森林分类器的性能就越好，当然计算成本的增加也就越大。

虽然在实践中并不常见，但是随机森林分类器的其他超参数也可以被优化，我们可以用在第 6 章中将要讨论的技术进行优化。这些超参数分别包括步骤 1 bootstrap 样本的规模 n 和步骤 2. a 中每次分裂随机选择的特征数 d。通过 bootstrap 样本规模 n 来控制随机森林的偏差-方差权衡。

因为特定训练数据被包含在 bootstrap 样本中的概率较低，所以减小 bootstrap 样本的规模会增加在单个树之间的多样性。因此，缩小 bootstrap 样本的规模可能会增加随机森林的随机性，这有助于降低过拟合。然而，较小规模的 bootstrap 样本通常会导致随机森林的总体性能较差，训练样本和测试样本之间的性能差别很小，但总体测试性能较低。相反，扩大 bootstrap 样本的规模可能会增加过拟合。由于 bootstrap 样本的存在，各个决策树之间会变得更相似，它们能通过学习更加紧密地拟合原始的训练数据集。

包括 scikit-learn 中的 `RandomForestClassifier` 实现在内，在大多数的随机森林实现中，bootstrap 样本的规模一般与原始训练数据集样本的规模保持一致，这通常会有一个好的偏置-方差权衡。对于每轮分裂的特征数 d，我们希望选择的值小于训练数据集的特征总数。在 scikit-learn 以及其他实现中，合理的默认值为 $d=\sqrt{m}$，这里 m 为训练数据集的特征总数。

为了方便起见，我们并未从决策树本身开始构建随机森林分类器，因为 scikit-learn 已经实现了一个分类器可供我们使用：

```
>>> from sklearn.ensemble import RandomForestClassifier
>>> forest = RandomForestClassifier(criterion='gini',
...                                 n_estimators=25,
...                                 random_state=1,
...                                 n_jobs=2)
>>> forest.fit(X_train, y_train)
>>> plot_decision_regions(X_combined, y_combined,
...                       classifier=forest, test_idx=range(105,150))
>>> plt.xlabel('petal length [cm]')
>>> plt.ylabel('petal width [cm]')
>>> plt.legend(loc='upper left')
>>> plt.tight_layout()
>>> plt.show()
```

执行前面的代码可以看到由随机森林中树的集成产生的决策区域，如图 3-23 所示。

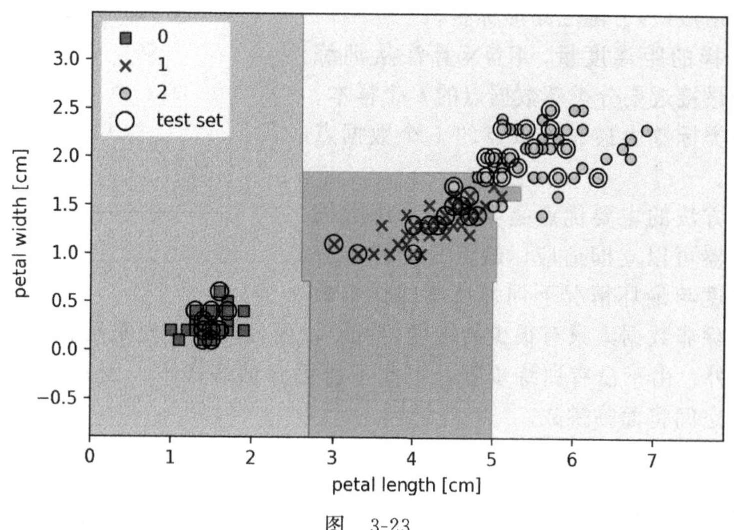

图　3-23

通过设置参数 n_estimators 并用基尼杂质度作为准则来分裂节点，我们利用前面的代码训练了由25个决策树组成的随机森林。虽然在非常小的训练数据集上生长出来小规模随机森林，但是为了演示我们设置参数 n_jobs，它使我们可以用多核计算机(这里是双核)来并行训练模型。

3.7 k-近邻——一种惰性学习算法

本章将要讨论的最后一个监督学习算法是**k-近邻**(KNN)分类器，它特别有趣，因为它与迄今为止我们所讨论过的其他学习算法有本质的不同。

KNN 是**惰性学习**的典型例子。所谓的惰性，并不是说它看上去很简单，而在于它不是从训练数据中学习判别函数，而是靠记忆训练过的数据集来完成任务。

参数模型与非参数模型

机器学习算法可以分为**参数**模型与**非参数**模型。参数模型指我们从训练数据集估计参数来学习，一个能分类新数据点的函数，而不再需要原始训练数据集。参数模型的典型例子是感知器、逻辑回归和线性支持向量机。相比之下，非参数模型不能用一组固定的参数来描述，参数的个数随着训练数据的增加而增长。前面已经看到两个非参数模型的例子，决策树分类器/随机森林和核支持向量机。

KNN 算法是**基于实例的学习**，属于非参数模型。基于实例学习的模型以记忆训练数据集为特征，惰性学习是基于实例学习的一种特殊情况，这与它在学习过程中付出零代价有关。

KNN 算法本身相当简单，可以总结为以下几个步骤：

- 选择 k 个数和一个距离度量。
- 找到要分类样本的 k-近邻。
- 以多数票机制确定分类标签。

图3-24显示了在五个近邻里，如何基于多数票机制为新数据点(?)分配三角形标签。

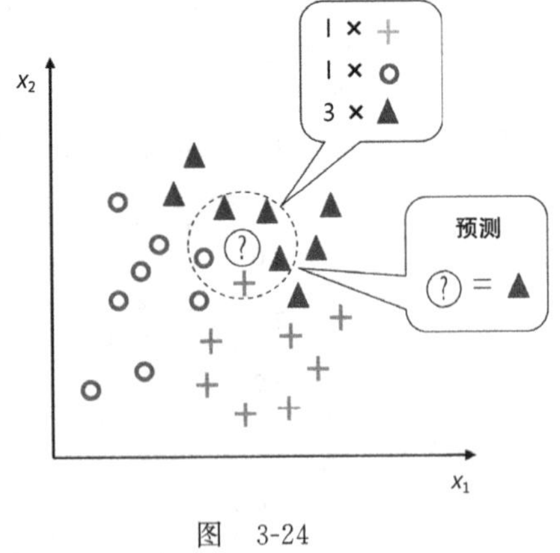

图　3-24

基于所选择的距离度量，KNN 算法从训练数据集中找到最接近要分类新数据点的 k 个样本。新数据点的分类标签由最靠近该点的 k 个数据点的多数票决定。

基于记忆方法的主要优点是当新的训练数据出现时，分类器可以立即适应。缺点是新样本分类的计算复杂度与最坏情况下训练数集的样本数呈线性关系，除非数据集只有很少的维度(特征)，而且算法实现采用有效的数据结构(如KD树)[⊖]。此外，由于没有训练步骤，因此不能丢弃训练样本。因此，如果要处理大型数据集，存储空间将面临挑战。

⊖ *An Algorithm for Finding Best Matches in Logarithmic Expected Time*, J. H. Friedman, J. L. Bentley, and R. A. Finkel, *ACM transactions on mathematical software* (TOMS), 3(3): 209-226, 1977.

执行下面的代码可以用 scikit-learn 的欧氏距离度量实现 KNN 模型：

```
>>> from sklearn.neighbors import KNeighborsClassifier
>>> knn = KNeighborsClassifier(n_neighbors=5, p=2,
...                            metric='minkowski')
>>> knn.fit(X_train_std, y_train)
>>> plot_decision_regions(X_combined_std, y_combined,
...                       classifier=knn, test_idx=range(105,150))
>>> plt.xlabel('petal length [standardized]')
>>> plt.ylabel('petal width [standardized]')
>>> plt.legend(loc='upper left')
>>> plt.tight_layout()
>>> plt.show()
```

该数据集用 KNN 模型指定五个邻居，得到图 3-25 所示的相对平滑的决策边界。

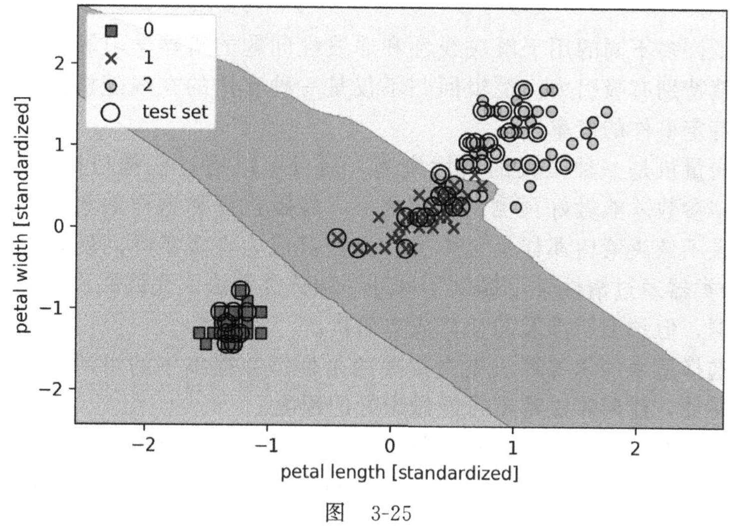

图 3-25

仲裁

在争执不下的情况下，用 scikit-learn 实现的 KNN 算法将更喜欢近距离样本的邻居。如果邻居有相似的距离，该算法将在训练数据集中选择最先出现的分类标签。

正确(right)选择 k 值对在过拟合与欠拟合之间找到恰当的平衡至关重要。我们还必须确保选择的距离度量适合数据集中的特征。通常用简单的欧氏距离来度量，例如，鸢尾花数据集中的花样本，其特征以厘米为单位度量。然而，如果用欧氏距离度量，那么对数据进行标准化也很重要，确保每个特征都能对距离起着同样的作用。在前面代码中使用的 minkowski 距离只是欧氏距离和曼哈顿(Manhattan)距离的推广，可以表达如下：

$$d(\boldsymbol{x}^{(i)}, \boldsymbol{x}^{(j)}) = \sqrt[p]{\sum_k |x_k^{(i)} \quad x_k^{(j)}|^p}$$

如果参数 p=2，就是欧氏距离，如果 p=1，就是曼哈顿距离。在 scikit-learn 中还有许多其他距离度量，可以提供给 metric 参数。可以在 http://scikit-learn.org/stable/modules/generated/sklearn.neighbors.DistanceMetric.html 找到。

维数诅咒

由于**维数诅咒**，KNN易于过拟合，了解这一点非常重要。当固定规模的训练数据集的维数越来越大时，特征空间就变得越来越稀疏，这种现象被称为维数诅咒。直观地说，可以认为即使是最近的邻居在高维空间的距离也很远，以至于无法合适地估计。

在3.3节讨论了正则化的概念，并以此作为避免过拟合的一种方法。然而，在不适用正则化的模型(如决策树和KNN)中，可以利用特征选择和降维技术避免维数诅咒。下一章将对此进行更详细的讨论。

3.8 本章小结

本章学习了许多不同的用于解决线性和非线性问题的机器学习算法。如果关心可解释性，决策树就特别有吸引力。逻辑回归不仅是一种有用的在线随机梯度下降模型，而且还可以预测特定事件的概率。

虽然支持向量机是一种强大的线性模型，而且可以通过核技巧扩展到非线性问题，但必须调整许多参数才能做好预测。相比之下，像随机森林这样的集成方法不需要调整太多参数，而且不像决策树那样易过拟合，这使其成为许多实际问题领域具有吸引力的模型。KNN分类器通过惰性学习提供了另外一种分类方法，允许在没有任何模型训练的情况下进行预测，但预测所涉及的计算成本昂贵。

然而，比选择适当的学习算法更为重要的是训练数据集中的可用数据。如果没有翔实、无歧义的特征，任何算法都不可能做出好的预测。

我们将在下一章讨论数据预处理、特征选择和降维几个重要主题，这些是建立强大的机器学习模型所必需的。在第6章中，我们将会看到如何评价和比较模型的性能以及学习有用的技巧来微调不同的算法。

第4章

Python Machine Learning, Third Edition

构建良好的训练数据集——数据预处理

数据的质量及其所包含的有价值信息是决定机器学习算法优劣的关键。因此，在将数据集提供给机器学习算法之前，确保对数据集的检查和预处理非常关键。本章将讨论必要的数据预处理技术，以帮助建立良好的机器学习模型。

本章将主要涵盖下述几个方面：

- 去除和填补数据集的缺失值。
- 将分类数据转换为适合机器学习算法的格式。
- 为构造模型选择相关的特征。

4.1 处理缺失数据

在实际应用中，出于各种原因导致样本缺少一个或多个数值的现象并不少见。可能在数据收集的过程中出现了错误、某些测量不适当，也可能是某个字段在调查时为空白。常见的缺失值是数据表中的空白或占位符，如 NaN，它表示该位置不是一个数字，或者是 NULL(在关系型数据库中常用的未知值指示符)。不幸的是，大多数计算工具都无法处理这些缺失值，忽略它们甚至可能会产生不可预知的结果。因此，在对数据进行进一步分析之前，我们必须事先处理好缺失值。本节将介绍几种处理缺失值的实用技术，包括从数据集删除这些条目或用其他训练样本和特征填充。

4.1.1 识别数据中的缺失值

在讨论处理缺失值技术之前，先从**逗号分隔值**(comma-separated values，CSV)文件创建一个简单的数据框(data frame)，以便更好地理解这一问题：

```
>>> import pandas as pd
>>> from io import StringIO

>>> csv_data = \
... '''A,B,C,D
... 1.0,2.0,3.0,4.0
... 5.0,6.0,,8.0
... 10.0,11.0,12.0,'''
>>> # If you are using Python 2.7, you need
>>> # to convert the string to unicode:
>>> # csv_data = unicode(csv_data)
>>> df = pd.read_csv(StringIO(csv_data))
>>> df
        A        B        C        D
0     1.0      2.0      3.0      4.0
1     5.0      6.0      NaN      8.0
2    10.0     11.0     12.0      NaN
```

上面的代码调用 read_csv 函数把 CSV 格式的数据读入 pandas DataFrame，结果发现有两个失踪的表单元被 NaN 所取代。前面代码示例中的 StringIO 函数只用于说明。从 csv_data 读入数据到 pandas 的 DataFrame，就像用硬盘上的普通 CSV 文件一样方便。

对比较大的 DataFrame，手工查找缺失值可能很烦琐。在这种情况下，可以调用 isnull 方法返回包含布尔值的 DataFrame，指示一个表单元是包含了数字型的数值(False)还是数据缺失(True)。调用 sum 方法，可以得到每列缺失值的数量，如下所示：

```
>>> df.isnull().sum()
A      0
B      0
C      1
D      1
dtype: int64
```

这样就可以统计表中每列缺失值的情况。下一小节将介绍处理这些缺失数据的策略。

用 panda 数据框来方便数据处理

尽管 scikit-learn 最初只是为 NumPy 数组开发的，但是有时用 pandas 的 DataFrame 预处理数据可能更方便。如今，大多数的 scikit-learn 函数都支持将 DataFrame 对象作为输入，但是，由于 scikit-learn 的 API 对 NumPy 数组的处理更加成熟，因此我们建议尽可能使用 NumPy 数组。在为 scikit-learn 估计器提供数据之前，随时可以通过 values 属性来存取 DataFrame 底层 NumPy 数组中的数据：

```
>>> df.values
array([[  1.,    2.,    3.,    4.],
       [  5.,    6.,  nan,    8.],
       [ 10.,   11.,   12.,  nan]])
```

4.1.2 删除有缺失值的训练样本或特征

处理缺失数据最简单的方法是从数据集中彻底删除相应的特征(列)或训练样本(行)，调用 dropna 方法可以很容易地删除有缺失值的数据行：

```
>>> df.dropna(axis=0)
     A    B    C    D
0  1.0  2.0  3.0  4.0
```

类似地，也可以通过设置 axis 参数为 1 来删除其中至少包含一个 NaN 的列：

```
>>> df.dropna(axis=1)
      A     B
0   1.0   2.0
1   5.0   6.0
2  10.0  11.0
```

dropna 方法还支持一些其他的参数，有时候也可以派上用场：

```
# only drop rows where all columns are NaN
# (returns the whole array here since we don't
# have a row with all values NaN)
>>> df.dropna(how='all')
```

```
      A      B      C      D
0   1.0    2.0    3.0    4.0
1   5.0    6.0    NaN    8.0
2  10.0   11.0   12.0    NaN


# drop rows that have fewer than 4 real values
>>> df.dropna(thresh=4)
      A      B      C      D
0   1.0    2.0    3.0    4.0


# only drop rows where NaN appear in specific columns (here: 'C')
>>> df.dropna(subset=['C'])
      A      B      C      D
0   1.0    2.0    3.0    4.0
2  10.0   11.0   12.0    NaN
```

虽然删除缺失数据似乎很方便，但是也有一定的缺点。例如，可能最终会因为删除太多样本而使分析变得不太可靠，也可能因为删除太多特征列使分类器无法获得有价值的信息。下一节将研究处理缺失数据的最常用方法之一，即插值技术。

4.1.3　填补缺失值

删除训练样本或整列特征通常不可行，因为这会损失太多有价值的数据。在这种情况下，可以用不同的插值技术，根据其他的训练样本来估计缺失值。最常见的插值技术是**均值插补**（mean imputation），我们只需要用整个特征列的平均值来替换缺失值。一个方便的实现方式是调用 scikit-learn 的 `SimpleImputer` 类，如下面的代码所示：

```
>>> from sklearn.impute import SimpleImputer
>>> import numpy as np
>>> imr = SimpleImputer(missing_values=np.nan, strategy='mean')
>>> imr = imr.fit(df.values)
>>> imputed_data = imr.transform(df.values)
>>> imputed_data

array([[  1.,    2.,    3.,    4.],
       [  5.,    6.,   7.5,    8.],
       [ 10.,   11.,   12.,    6.]])
```

在这里，我们用相应的均值替换每个 `NaN` 值，该均值是针对每个特征列分别计算的。`strategy` 参数的其他选项还包括 `median` 或 `most_frequent`，其中后者用最频繁值来替代缺失的数据值。这对插补分类特征值非常有用，例如存储红、绿、蓝颜色码的特征列。本章后面将会给出此类数据的示例。

填补缺失值的另一种更方便的方法是使用 pandas 的 `fillna` 方法，并提供一个插补方法作为参数。例如，使用 pandas，可以通过以下的命令直接在 `DataFrame` 对象中实现相同的均值插补（如图 4-1 所示）：

	A	B	C	D
0	1.0	2.0	3.0	4.0
1	5.0	6.0	7.5	8.0
2	10.0	11.0	12.0	6.0

图　4-1

```
>>> df.fillna(df.mean())
```

4.1.4　了解 scikit-learn 估计器 API

在上一节中，我们用 scikit-learn 库的 `SimpleImputer` 类插补数据集中的缺失值。

SimpleImputer 类属于 scikit-learn 库中用来进行数据转换的**转换器**(transformer)类。fit 方法用于从训练数据中学习参数，transform 方法利用这些参数来转换数据，这两个方法是估计器的必要方法。任何要转换的数据数组都必须要有与拟合模型的数据数组具有相同数量的特征。

图 4-2 展示了如何用在训练数据集上拟合的转换器转换训练数据集和新测试数据集。

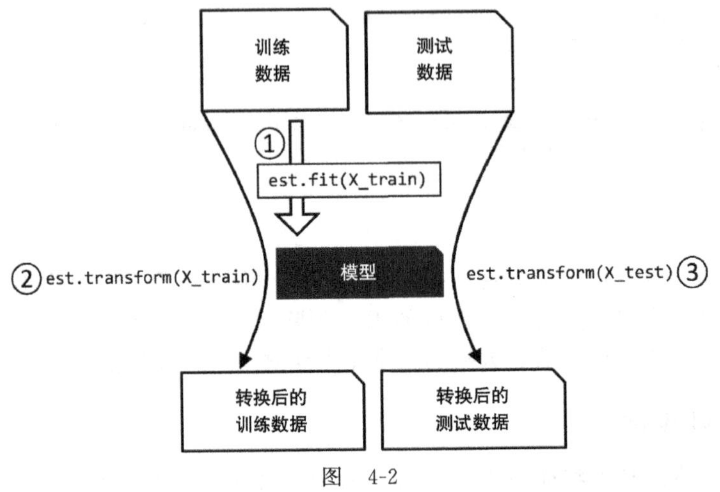

图 4-2

我们在第 3 章中所涉及的分类器就属于所谓的 scikit-learn **估计器**，该 API 在概念上与转换器类非常相似。估计器有一个 predict 方法，但也可能有一个 transform 方法，在本章稍后部分你会看到。你可能还记得，在训练估计器进行分类时，我们也曾调用 fit 方法来学习模型的参数。然而，在监督学习任务中，我们为拟合模型额外提供了分类标签，它们能用于通过 predict 方法对新数据样本进行预测，如图 4-3 所示。

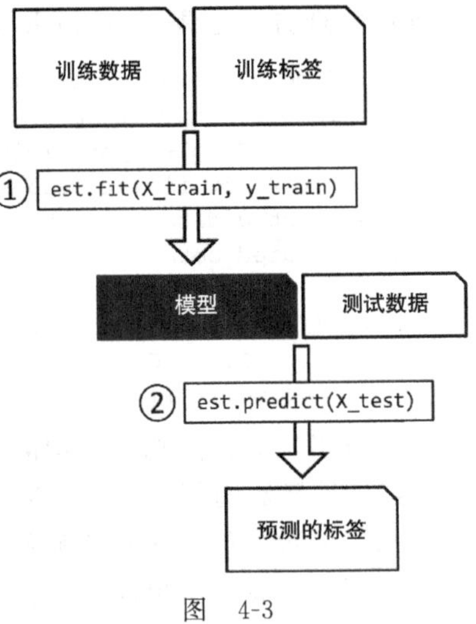

图 4-3

4.2 处理类别数据

到目前为止只研究了数值特征。然而，现实世界中含一个或多个类别特征列的数据集并不少见。我们将在本节以简单而有效的示例来讨论如何用数值计算库处理这类数据。

在讨论类别数据时，我们必须进一步区分**序数**(ordinal)特征和**标称**(nominal)特征。序数特征可以理解为可以排序的类别值。例如，T 恤尺寸是一个有序特征，因为我们可以定义 $XL>L>M$。相反，标称特征并不蕴涵任何顺序，例如 T 恤的颜色是标称特征，因为说红色比蓝色大没有什么意义。

4.2.1 用 pandas 实现类别数据的编码

在探讨处理这样的类别数据的不同技术之前，让我们创建一个新的 DataFrame 来说明这个问题：

```
>>> import pandas as pd
>>> df = pd.DataFrame([
...             ['green', 'M', 10.1, 'class2'],
...             ['red', 'L', 13.5, 'class1'],
...             ['blue', 'XL', 15.3, 'class2']])
>>> df.columns = ['color', 'size', 'price', 'classlabel']
>>> df
   color  size  price  classlabel
0  green     M   10.1      class2
1    red     L   13.5      class1
2   blue    XL   15.3      class2
```

从前面的输出可以看到，新创建的 DataFrame 包含一个标称特征(color)列、一个序数特征(size)列和一个数值特征(price)列。分类标签存储在最后一列。本书所讨论的分类学习算法并均不使用有序信息作为分类标签。

4.2.2 映射序数特征

为了确保机器学习算法能够正确地解读序数特征，我们需要将类别字符串值转换为整数。不幸的是，没有方便函数可以自动导出 size 特征标签的正确顺序，因此需要人工定义映射关系。在下面的简单例子中，假设我们知道特征之间的数值差异，例如 $XL=L+1=M+2$：

```
>>> size_mapping = {'XL': 3,
...                 'L': 2,
...                 'M': 1}
>>> df['size'] = df['size'].map(size_mapping)
>>> df
   color  size  price  classlabel
0  green     1   10.1      class2
1    red     2   13.5      class1
2   blue     3   15.3      class2
```

如果想在以后再把整数值转换回原来字符串的形式，我们可以简单地定义一个反向映射字典 inv_size_mapping={v: k for k, v in size_mapping.items()}(类似之前使用过的 size-mapping 字典)，然后可以通过 pandas 的 map 方法用在变换后的特征列上，如下所示：

```
>>> inv_size_mapping = {v: k for k, v in size_mapping.items()}
>>> df['size'].map(inv_size_mapping)
0   M
1   L
2   XL
Name: size, dtype: object
```

4.2.3 为分类标签编码

许多机器学习库都要求分类标签的编码为整数值。虽然大多数 scikit-learn 的分类估计器可以在内部实现整数分类标签的转换，但是通过将分类标签作为整数数组能够从技术角度避免某些问题的产生，在实践中这被认为是一个很好的做法。我们可以采用与之前讨论过的序数特征映射相似的方法为分类标签编码。需要记住的是，分类标签并不是有序的，具体哪个整数匹配特定的字符串标签无关紧要。因此，可以从 0 开始简单地枚举：

```
>>> import numpy as np
>>> class_mapping = {label: idx for idx, label in
...                  enumerate(np.unique(df['classlabel']))}
>>> class_mapping
{'class1': 0, 'class2': 1}
```

接下来，可以用映射字典将分类标签转换为整数：

```
>>> df['classlabel'] = df['classlabel'].map(class_mapping)
>>> df
   color  size  price  classlabel
0  green     1   10.1           1
1    red     2   13.5           0
2   blue     3   15.3           1
```

可以在字典中反向映射键值对，将转换后的分类标签匹配到原来的字符串，如下所示：

```
>>> inv_class_mapping = {v: k for k, v in class_mapping.items()}
>>> df['classlabel'] = df['classlabel'].map(inv_class_mapping)
>>> df
   color  size  price  classlabel
0  green     1   10.1      class2
1    red     2   13.5      class1
2   blue     3   15.3      class2
```

另外，也可以在 scikit-learn 中非常方便地直接调用 `LabelEncoder` 类来实现：

```
>>> from sklearn.preprocessing import LabelEncoder
>>> class_le = LabelEncoder()
>>> y = class_le.fit_transform(df['classlabel'].values)
>>> y
array([1, 0, 1])
```

请注意，`fit_transform` 方法只是分别调用 `fit` 和 `transform` 的一种快捷方式，可以使用 `inverse_transform` 方法将分类的整数型分类标签转换回原来的字符串形式：

```
>>> class_le.inverse_transform(y)
array(['class2', 'class1', 'class2'], dtype=object)
```

4.2.4 为名义特征做独热编码

4.2.2 节我们用简单的字典映射方法将序数 `size` 特征转换为整数。由于 scikit-learn 分类估计器把分类标签当成无序的标称特征数据进行分类，我们可以用方便的 `LabelEncoder` 把字符串标签编码为整数。我们可以用类似的方法转换数据集中的标称特征 `color` 列，所实现的代码如下：

```
>>> X = df[['color', 'size', 'price']].values
>>> color_le = LabelEncoder()
>>> X[:, 0] = color_le.fit_transform(X[:, 0])
>>> X
array([[1, 1, 10.1],
       [2, 2, 13.5],
       [0, 3, 15.3]], dtype=object)
```

执行上述代码之后，NumPy 数组 x 的第一列现在就有了新的 `color` 值，其编码格式为：

- `blue = 0`
- `green = 1`
- `red = 2`

如果就此打住，并把数组提供给分类器，那么我们就会犯处理类别数据中最常见的错误。你知道问题所在吗？虽然颜色值并没有任何的特定顺序，但机器学习算法会假设 green 大于 blue、red 大于 green。尽管该假设并不正确，但是算法仍然可以产生有用的结果。然而这并不是最优的结果。

解决这个问题的常见方案是采用一种被称为**独热编码**(one-hot encoding)的技巧。该方法背后的逻辑是为标称特征列的每个唯一值创建一个新的虚拟特征。于是将把 color 特征转换为 blue、green 和 red 三个新特征。然后用二进制值表示样本的特定 color；例如，一个 blue 样本可以编码为 blue=1，green=0，red=0。我们可以使用 scikit-learn 的 preprocessing 模块中的 OneHotEncoder 来实现这种转换：

```
>>> from sklearn.preprocessing import OneHotEncoder
>>> X = df[['color', 'size', 'price']].values
>>> color_ohe = OneHotEncoder()
>>> color_ohe.fit_transform(X[:, 0].reshape(-1, 1)).toarray()

    array([[0., 1., 0.],
           [0., 0., 1.],
           [1., 0., 0.]])
```

请注意，我们仅将 OneHotEncoder 应用于单列(X[:,0].reshape(- 1, 1))，以避免再修改数组中的其他两列。如果想要选择性地转换多特征数组中的列，则可以使用 ColumnTransformer，它接受(name, transformer, column(s))元组的列表，如下所示：

```
>>> from sklearn.compose import ColumnTransformer
>>> X = df[['color', 'size', 'price']].values
>>> c_transf = ColumnTransformer([
...     ('onehot', OneHotEncoder(), [0]),
...     ('nothing', 'passthrough', [1, 2])
... ])
>>> c_transf.fit_transform(X).astype(float)
    array([[0.0, 1.0, 0.0, 1, 10.1],
           [0.0, 0.0, 1.0, 2, 13.5],
           [1.0, 0.0, 0.0, 3, 15.3]])
```

在前面的代码示例中，我们通过定义'passthrough'参数指定只修改第一列，而保持其他两列不变。

通过独热编码创建虚拟特征有一个更方便的方法，即使用 pandas 中实现的 get_dummies 方法。把 get_dummies 方法应用到 DataFrame，只转换字符串列，而保持其他所有列不变：

```
>>> pd.get_dummies(df[['price', 'color', 'size']])
    price  size  color_blue  color_green  color_red
0    10.1     1           0            1          0
1    13.5     2           0            0          1
2    15.3     3           1            0          0
```

当用独热编码技术为数据集编码时，必须小心它会带来多重共线性，对某些方法来说这可能是个问题(例如那些需要矩阵求逆的方法)。如果特征高度相关那么矩阵求逆是很难计算的，这可能会导致数值估计不稳定。为了减少变量之间的相关性，可以直接从独热编码数组中删除一个特征列。请注意，尽管我们删除了一个特征列，但并没失去任何重要的信息。例如，如果删除 color_blue 列，那么特征信息仍然可以得到保留，因为如果我们观察到 color_green=0 和 color_red=0，这意味着余下的观察结果一定是 blue。

在调用 get_dummies 函数时，可以通过给 drop_first 传递 True 参数来删除第一列，如下面的代码示例所示：

```
>>> pd.get_dummies(df[['price', 'color', 'size']],
...                drop_first=True)
   price  size  color_green  color_red
0   10.1     1            1          0
1   13.5     2            0          1
2   15.3     3            0          0
```

如果要用独热编码方法删除冗余列，我们就需要定义 drop='first'，并设置 categories='auto'，如下所示：

```
>>> color_ohe = OneHotEncoder(categories='auto', drop='first')
>>> c_transf = ColumnTransformer([
...            ('onehot', color_ohe, [0]),
...            ('nothing', 'passthrough', [1, 2])
... ])
>>> c_transf.fit_transform(X).astype(float)

array([[  1. ,  0. ,  1. ,  10.1],
       [  0. ,  1. ,  2. ,  13.5],
       [  0. ,  0. ,  3. ,  15.3]])
```

可选项：序数特征编码

如果我们不确定序数特征类别之间的数值差异，或者未定义两个序数值之间的差异，我们可以使用0/1阈值对它们进行编码。例如我们可以将具有M、L和XL值的特征 size 拆分为两个新特征，即"x>M"和"x>L"。让我们考虑原始DataFrame：

```
>>> df = pd.DataFrame([['green', 'M', 10.1,
...                     'class2'],
...                    ['red', 'L', 13.5,
...                     'class1'],
...                    ['blue', 'XL', 15.3,
...                     'class2']])

>>> df.columns = ['color', 'size', 'price',
...               'classlabel']
>>> df
```

我们可以用pandas DataFrame的 apply 方法编写自定义的 lambda 表达式，以便调用value-threshold方法对这些变量进行编码：

```
>>> df['x > M'] = df['size'].apply(
...     lambda x: 1 if x in {'L', 'XL'} else 0)
>>> df['x > L'] = df['size'].apply(
...     lambda x: 1 if x == 'XL' else 0)
>>> del df['size']
>>> df
```

4.3　把数据集划分为独立的训练数据集和测试数据集

在第1章和第3章中，我们简要地介绍了把数据集划分成独立的训练数据集和测试数据集的概念。记住，比较预测值与测试数据集的真值，可以理解为对模型所做的无偏置性能评估，然后再将其放到现实世界。本节将创建一个新数据集，即葡萄酒(Wine)数据集。在对数据集进行预处理后，我们再进一步探索用于数据集降维的不同特征选择技术。

葡萄酒数据集是另一个开源数据集，读者可以从 UCI 的机器学习资源库(https://archive.ics.uci.edu/ml/datasets/Wine)获得；该数据集包含了有 13 个特征的 178 个葡萄酒样本，从不同角度对各个化学特性进行了描述。

获取葡萄酒数据集

读者可以在本书的代码包(https://archive.ics.uci.edu/ml/machine-learning-databases/wine/wine.data)中找到葡萄酒数据集(以及本书用到的其他数据集)，以备在脱机工作或者 UCI 服务器暂时不可用时使用，如果要从本地目录加载葡萄酒数据集，可以将下面这行

```
df = pd.read_csv(
    'https://archive.ics.uci.edu/ml/'
    'machine-learning-databases/wine/wine.data',
    header=None)
```

替换为：

```
df = pd.read_csv(
    'your/local/path/to/wine.data', header=None)
```

可以直接用 pandas 库从 UCI 的机器学习资源库读入开源的葡萄酒数据集：

```
>>> df_wine = pd.read_csv('https://archive.ics.uci.edu/'
...                       'ml/machine-learning-databases/'
...                       'wine/wine.data', header=None)
>>> df_wine.columns = ['Class label', 'Alcohol',
...                    'Malic acid', 'Ash',
...                    'Alcalinity of ash', 'Magnesium',
...                    'Total phenols', 'Flavanoids',
...                    'Nonflavanoid phenols',
...                    'Proanthocyanins',
...                    'Color intensity', 'Hue',
...                    'OD280/OD315 of diluted wines',
...                    'Proline']
>>> print('Class labels', np.unique(df_wine['Class label']))
Class labels [1 2 3]
>>> df_wine.head()
```

表 4-1 中列出了葡萄酒数据集的 13 个特征，描述 178 个葡萄酒样本的化学性质。

表 4-1 葡萄酒数据集的 13 个化学特征

	分类标签	酒精	苹果酸	灰分	灰的碱度	镁	总酚	黄酮类化合物	非黄烷类酚类	原花青素	色彩强度	色调	稀释酒 OD280/OD315	脯氨酸
0	1	14.23	1.71	2.43	15.6	127	2.80	3.06	0.28	2.29	5.64	1.04	3.92	1 065
1	1	13.20	1.78	2.14	11.2	100	2.65	2.76	0.26	1.28	4.38	1.05	3.40	1 050
2	1	13.16	2.36	2.67	18.6	101	2.80	3.24	0.30	2.81	5.68	1.03	3.17	1 185
3	1	14.37	1.95	2.50	16.8	113	3.85	3.49	0.24	2.18	7.60	0.86	3.45	1 480
4	1	13.24	2.59	2.87	21.0	118	2.80	2.69	0.39	1.82	4.32	1.04	2.93	735

这些样本来自 1、2 和 3 类葡萄酒，分别对应意大利同一地区种植的三种不同品种的葡萄，如数据集摘要中所描述的那样（https://archive.ics.uci.edu/ml/machine-learning-databases/wine/wine.names）。

把数据集随机划分成独立的训练数据集和测试数据集的一个便捷方法是，从 scikit-learn 的 `model_selection` 子模块调用 `train_test_split` 函数：

```
>>> from sklearn.model_selection import train_test_split
>>> X, y = df_wine.iloc[:, 1:].values, df_wine.iloc[:, 0].values
>>> X_train, X_test, y_train, y_test =\
...     train_test_split(X, y,
...                      test_size=0.3,
...                      random_state=0,
...                      stratify=y)
```

首先把 NumPy 数组的 1～13 特征列赋予变量 `X`；把第一列的分类标签赋予变量 `y`。调用 `train_test_split` 函数把 `x` 和 `y` 随机划分成独立的训练数据集和测试数据集。通过设置 `test_size = 0.3`，把 30% 的葡萄酒样本分配给 `X_test` 和 `y_test`，把余下 70% 的样本分配给 `X_train` 和 `y_train`。把分类标签数组 `y` 作为参数提供给 `stratify`，确保训练数据集和测试数据集拥有与原始数据集相同的分类比例。

选择划分训练数据集和测试数据集的合适比例

把数据集分为训练数据集和测试数据集的目的是要确保机器学习算法可以从中获得有价值的信息。因此没必要将太多信息分配给测试数据集。然而，测试数据集越小，泛化误差的估计就越不准确。将数据集分为训练数据集和测试数据集就是对两者的平衡。在实践中，根据初始数据集的规模，最常用的划分比例为 60∶40、70∶30 或 80∶20。然而，对于大规模数据集，把训练数据集和测试数据集的划分比例定为 90∶10 或 99∶1 也是常见和适当的做法。例如，如果数据集包含超过 100 000 个训练样本，则可以仅保留 10 000 个样本进行测试，以获得对泛化性能的良好估计。更多的信息和图示可以查阅我写的“*Model evaluation, model selection, and algorithm selection in machine learning*”，该文章可从 https://arxiv.org/pdf/1811.12808.pdf 免费获得。

此外，在模型训练和评估后，通常不会丢弃分配的测试数据。普遍的做法是在整个数据集上保留一个分类器，以提高模型的预测性能。虽然我们通常推荐这种方法，但是它有可能会导致较差的泛化性能，例如当数据集的规模很小而且测试数据集中包含异常值的时候。此外，在整个数据集上重新拟合模型后，我们将没有任何独立的数据来评估性能。

4.4　保持相同的特征缩放

特征缩放（feature scaling）是预处理环节中很容易被遗忘的关键步骤。**决策树**和**随机森林**是机器学习算法中为数不多的不需要进行特征缩放的算法。这两种算法不受特征缩放的影响。然而，大多数其他的机器学习和优化算法，在特征缩放相同的情况下表现更佳，正如在第 2 章中实现**梯度下降优化**算法时所见到的那样。

可以用一个简单的例子说明特征缩放的重要性。假设有两个特征，一个特征的测量范围是 1 到 10，而另一个特征则是在 1 到 100 000 的范围。

在第 2 章中，对于 Adaline 的平方误差函数，你很自然会说算法主要聚焦在优化误差较大的第二个特征的权重。另一个例子是用欧氏距离度量的 **k-近邻**(KNN)算法，样本之间的计算距离将由第二个特征轴主导。

可以用**归一化**和**标准化**两种常见的方法来统一不同的特征缩放。这些术语不严格而且还经常用在不同的领域，所以要根据场景来判断其具体含义。标准化通常指的是把特征重新缩放到区间[0，1]，这是最小-最大缩放(min-max scaling)的特例。为了使数据标准化，我们可以简单地对每个特征列的数据应用最小-最大缩放，其中样本 $x^{(i)}$ 的新值 $x_{norm}^{(i)}$ 可以计算如下：

$$x_{norm}^{(i)}=\frac{x^{(i)}-x_{min}}{x_{max}-x_{min}}$$

在这里，$x^{(i)}$ 为某个特定样本，x_{min} 为特征列的最小值，x_{max} 为特征列的最大值。

在 sciki-learn 中实现最小-最大缩放的具体代码如下：

```
>>> from sklearn.preprocessing import MinMaxScaler
>>> mms = MinMaxScaler()
>>> X_train_norm = mms.fit_transform(X_train)
>>> X_test_norm = mms.transform(X_test)
```

虽然通过最小-最大缩放实现归一化是一种常用技术，对需要有界区间值的问题很有用，但是标准化对于许多机器学习算法来说更为实用，特别是梯度下降等优化算法。原因是在第 3 章中，诸如逻辑回归和支持向量机之类的许多线性模型，把权重值初始化为 0 或接近 0 的随机值。通过标准化，我们可以把特征列的中心点设在均值为 0 且标准差为 1 的位置，这样特征列就呈标准正态分布(均值为 0，方差为 1)，可以使学习权重更加容易。此外，标准化保持了关于异常值的有用信息，使算法对异常值不敏感，这与最小-最大缩放把数据缩到有限值域不同。

我们可以把标准化的过程用下述等式来表示：

$$x_{std}^{(i)}=\frac{x^{(i)}-\mu_x}{\sigma_x}$$

在这里 μ_x 是某个特定特征列的样本均值，σ_x 为相应的标准差。

表 4-2 说明了标准化和归一化这两个常用特征缩放技术之间的区别，该表是由 0 到 5 的数字组成的简单样本数据集。

表 4-2　标准化和归一化的区别

输入	标准化	min-max 归一化
0.0	−1.463 85	0.0
1.0	−0.878 31	0.2
2.0	−0.292 77	0.4
3.0	0.292 77	0.6
4.0	0.878 31	0.8
5.0	1.463 85	1.0

执行下面的代码示例可以完成表中数据的标准化和归一化：

```
>>> ex = np.array([0, 1, 2, 3, 4, 5])
>>> print('standardized:', (ex - ex.mean()) / ex.std())
standardized: [-1.46385011  -0.87831007  -0.29277002  0.29277002
0.87831007  1.46385011]
>>> print('normalized:', (ex - ex.min()) / (ex.max() - ex.min()))
normalized: [ 0.  0.2  0.4  0.6  0.8  1. ]
```

scikit-learn 也有与 `MinMaxScaler` 函数相似的标准化类：

```
>>> from sklearn.preprocessing import StandardScaler
>>> stdsc = StandardScaler()
>>> X_train_std = stdsc.fit_transform(X_train)
>>> X_test_std = stdsc.transform(X_test)
```

再次强调，我们只在训练数据集上用`StandardScaler`类拟合过一次，然后用这些参数来转换测试数据集或任何新数据点。

scikit-learn还提供了其他诸如`RobustScaler`这样更高级的特征缩放方法。如果我们正在处理包含许多异常值的小型数据集，那么`RobustScaler`特别有用，我们建议读者使用它。类似地，如果机器学习算法应用于容易**过拟合的**数据集，那么`RobustScaler`可能是一个不错的选择。我们分别在每个特征列上运行`RobustScaler`，根据数据集的第1和第3四分位数(分别是第25和第75分位数)删除中间值并缩放数据集，使得更多的极值和异常值变得不太明显。有兴趣的读者可以从scikit-learn官方文档中找到有关`RobustScaler`的更多信息：https://scikit-learn.org/stable/modules/generated/sklearn.preprocessing.RobustScaler.html。

4.5　选择有意义的特征

如果发现模型在训练数据集上的表现远比在测试数据集要好，那么很有可能发生了过拟合现象。正如在第3章中所讨论的那样，过拟合意味着模型在拟合参数的过程中，对训练数据集中某些特征的适应性过强，但却不能很好地泛化新数据，因此模型的**方差比较大**。过拟合的原因是，与给定的训练数据相比，我们的模型太过复杂。降低泛化误差的常见解决方案如下：

- 收集更多的训练数据。
- 通过正则化引入对复杂性的惩罚。
- 选择参数较少的简单模型。
- 降低数据的维数。

收集更多的训练数据通常不太适用。在第6章中，我们将介绍一种实用技术，帮助判断提供更多的训练数据是否对我们有所帮助。在下面的章节中，我们将学习如何通过特征选择来实现正则化和降维，从而采用需要较少参数的简单模型来拟合数据，进而减少过拟合的机会。

4.5.1　L1和L2正则化对模型复杂度的惩罚

回顾第3章，**L2正则化**是通过惩罚权重大的个体来降低模型复杂度的一种方法。我们定义权重向量 $\boldsymbol{w}$ 的L2范数如下：

$$\text{L2: } \|\boldsymbol{w}\|_2^2 = \sum_{j=1}^{m} w_j^2$$

另外一种降低模型复杂度的方法是**L1正则化**：

$$\text{L1: } \|\boldsymbol{w}\|_1 = \sum_{j=1}^{m} |w_j|$$

这里，我们只是用权重绝对值之和替代了权重平方之和。与L2正则化相比，L1正则化通常会产生大部分特征权重为0的稀疏特征向量。如果高维数据集的样本包含许多不相关的特征，特别是不相关特征数量大于样本数量时，稀疏性很有实有价值。从这个意义上说，L1正则化可以理解为一种特征选择技术。

4.5.2　L2正则化的几何解释

如上节所述，L2正则化为代价函数增加了惩罚项，与未正则化的代价函数所训练的模型相比，L2 还能有效地抑制极端权重值。

为了更好地理解 L1 正则化对数据进行稀疏化，我们首先来看一下正则化的几何解释。我们绘制权重系数为 w_1 和 w_2 的凸代价函数的等高线。

这里，我们用第 2 章中 Adaline 所采用的代价函数——**误差平方和**(SSE)作为代价函数，因为它是球形的，比逻辑回归的代价函数更容易绘制。在后续内容中，我们还将再次使用此代价函数。请记住，我们的目标是寻找一个权重系数的组合，能够最小化训练数据的代价函数，如图 4-4 所示(椭圆中心点)。

现在，我们可以把正则化看作是在代价函数中加入惩罚项来促进较小的权重，换句话说，惩罚较大的权重。因此，通过正则化参数 λ 增加正则化的强度，使得权重趋于零，从而降低模型对训练数据的依赖性。图 4-5 说明了 L2 惩罚项的概念。

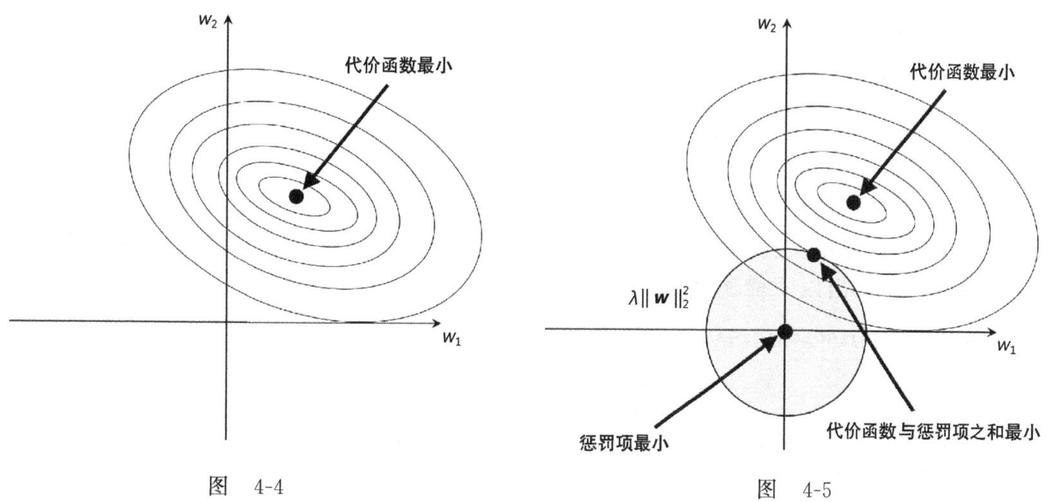

图 4-4　　图 4-5

用阴影表示的球来表示二次的 L2 正则项。在这里，我们的权重系数不能超出正则化的区域——权重系数的组合不能落在阴影区域之外。另外，我们仍然希望最小化代价函数。在惩罚的约束下，尽最大的可能确定 L2 球与无惩罚项的代价函数等高线的交叉点。正则化参数 λ 越大，含惩罚项的代价函数增速就越快，导致 L2 球变窄。如果正则化参数 λ 趋于无穷大，那么权重系数将快速变为 0，即成为 L2 球的圆心。总之，我们的目标是最小化无惩罚项的代价函数与惩罚项的总和，可以将其理解为增加偏置并采用更简单的模型来降低在训练数据不足的情况下拟合模型的方差。

4.5.3　L1 正则化的稀疏解决方案

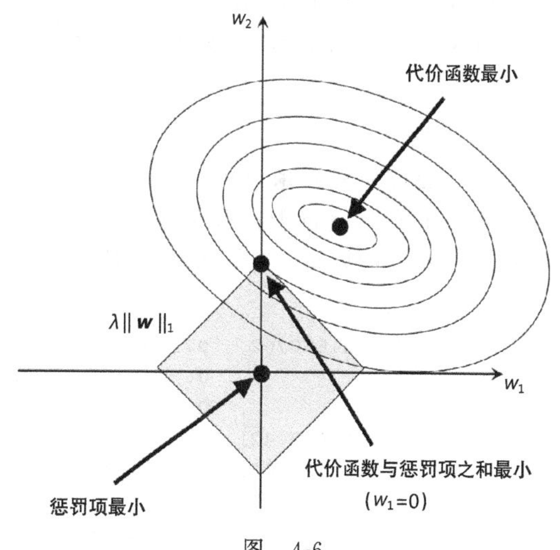

图 4-6

现在，我们来讨论 L1 正则化和稀疏性。L1 正则化的主要概念与我们前面讨论的类似。然而，由于 L1 惩罚项是权重系数绝对值的和(记住 L2 是二次项)，因此可以用菱形区域来表示，如图 4-6 所示。

从图 4-6 中我们可以看到，代价函数

等高线与 L1 菱形在 $w_1=0$ 处相交。由于 L1 正则化系统的边界是尖锐的，因此这个交点更可能是最优的代价函数的椭圆与 L1 菱形边界的交点位于坐标轴上，从而促进了稀疏性。

L1 正则化与稀疏性

关于 L1 正则化可能导致稀疏性的数学细节超出了本书的范围。如果你有兴趣，可以在 *The Elements of Statistical Learning* 的 3.4 节中发现对 L2 和 L1 正则化的极好解释，该书由 Trevor Hastie、Robert Tibshirani 和 Jerome Friedman 撰写，由 Springer 于 2009 年出版。

对于 scikit-learn 中支持 L1 正则化的正则化模型，我们可以简单地将参数 `penalty` 设置为`'l1'`来获得稀疏解：

```
>>> from sklearn.linear_model import LogisticRegression
>>> LogisticRegression(penalty='l1',
...                     solver='liblinear',
...                     multi_class='ovr')
```

请注意，我们还需要选择其他不同的优化算法(例如 `solver='liblinear'`)，因为`'lbfgs'`目前还不支持 L1 正则化的损失优化。将 L1 正则化逻辑回归应用于标准的 Wine 数据，将得出以下稀疏解：

```
>>> lr = LogisticRegression(penalty='l1',
...                         C=1.0,
...                         solver='liblinear',
...                         multi_class='ovr')
# Note that C=1.0 is the default. You can increase
# or decrease it to make the regularization effect
# stronger or weaker, respectively.
>>> lr.fit(X_train_std, y_train)
>>> print('Training accuracy:', lr.score(X_train_std, y_train))
Training accuracy: 1.0
>>> print('Test accuracy:', lr.score(X_test_std, y_test))
Test accuracy: 1.0
```

训练和测试准确率(100%)表明模型在这两个数据集上的表现都很好。当我们通过 `lr.intercept_`属性访问截距项时，可以看到数组返回三个值：

```
>>> lr.intercept_
array([-1.26346036, -1.21584018, -2.3697841 ])
```

由于通过**一对其余**(OvR)方法在多元分类数据集上拟合 `LogisticRegression` 对象，第一个截距值属于拟合类 1 而不是类 2 和 3 的模型，第二个截距值属于拟合类 2 而不是类 1 和 3 的模型，第三个截距值属于拟合类 3 而不是类 1 和 2 的模型：

```
>>> lr.coef_
array([[ 1.24590762,  0.18070219,  0.74375939, -1.16141503,
         0.        ,  0.        ,  1.16926815,  0.        ,
         0.        ,  0.        ,  0.        ,  0.54784923,
         2.51028042],
       [-1.53680415, -0.38795309, -0.99494046,  0.36508729,
        -0.05981561,  0.        ,  0.6681573 ,  0.        ,
         0.        , -1.93426485,  1.23265994,  0.        ,
        -2.23137595],
```

```
 [ 0.13547047,  0.16873019,  0.35728003,  0.        ,
   0.        ,  0.        , -2.43713947,  0.        ,
   0.        ,  1.56351492, -0.81894749, -0.49308407,
   0.        ]])
```

通过访问 lr.coef_属性，我们获得包含三行权重系数的权重数组，每一权重向量对应一个分类。每行由 13 个权重组成，我们用每个权重乘以 13 维葡萄酒数据集中的特征值来计算净输入：

$$z = w_0 x_0 + \cdots + w_m x_m = \sum_{j=0}^{m} x_j w_j = \boldsymbol{w}^{\mathrm{T}} \boldsymbol{x}$$

访问 scikit-learn 估计器的偏差和权重参数

在 scikit-learn 中，w_0 对应 intercept_，当 $j>0$ 时，w_j 值对应 coef_。

由于 L1 正则化是一种特征选择方法，我们只训练了一个对数据集中潜在不相关特征处理能力强的模型。严格地说，前面例子中的权重向量不一定稀疏，因为它们所包含的非零项更多。然而，可以通过进一步增加正则化强度来增强稀疏性(更多零项)，即选择较小的 C 参数值。

在本章的最后一个正则化示例中，我们将改变正则化强度并绘制正则化的路径，即不同特征在不同正则化强度下的权重系数：

```
>>> import matplotlib.pyplot as plt

>>> fig = plt.figure()
>>> ax = plt.subplot(111)

>>> colors = ['blue', 'green', 'red', 'cyan',
...           'magenta', 'yellow', 'black',
...           'pink', 'lightgreen', 'lightblue',
...           'gray', 'indigo', 'orange']
>>> weights, params = [], []
>>> for c in np.arange(-4., 6.):
...     lr = LogisticRegression(penalty='l1', C=10.**c,
...                             solver='liblinear',
...                             multi_class='ovr', random_state=0)
...     lr.fit(X_train_std, y_train)
...     weights.append(lr.coef_[1])
...     params.append(10**c)

>>> weights = np.array(weights)

>>> for column, color in zip(range(weights.shape[1]), colors):
...     plt.plot(params, weights[:, column],
...              label=df_wine.columns[column + 1],
...              color=color)
>>> plt.axhline(0, color='black', linestyle='--', linewidth=3)
>>> plt.xlim([10**(-5), 10**5])
>>> plt.ylabel('weight coefficient')
>>> plt.xlabel('C')
>>> plt.xscale('log')
>>> plt.legend(loc='upper left')
>>> ax.legend(loc='upper center',
...           bbox_to_anchor=(1.38, 1.03),
...           ncol=1, fancybox=True)
>>> plt.show()
```

执行上述代码产生图 4-7 所示的路径图，这为解释 L1 正则化行为提供了更进一步的认识。正如我们所看到的，在一个强大的正则化参数($C<0.01$)作用下，惩罚项使得所有的特征权重都为零，C 是正则化参数 λ 的逆。

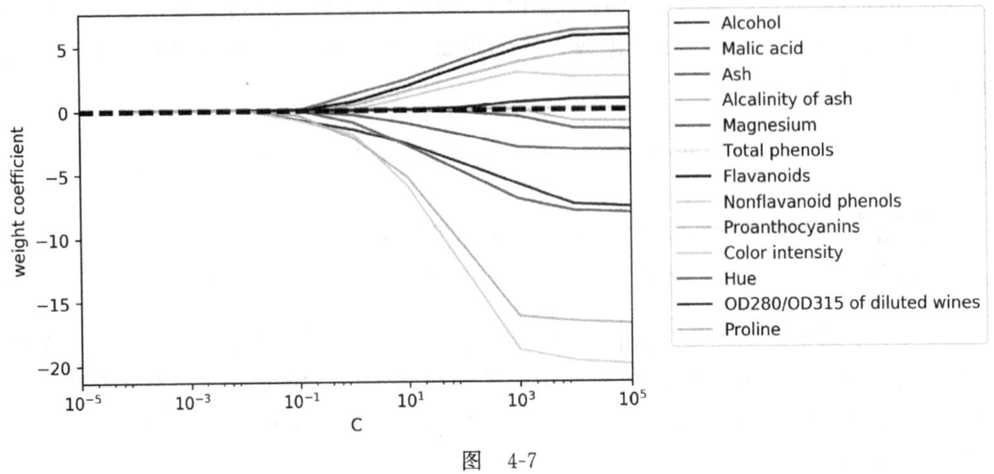

图　4-7

4.5.4　序列特征选择算法

另外一种降低模型复杂度并避免过拟合的方法是通过特征选择进行**降维**，这对未正则化的模型特别有用。主要有两类降维技术：**特征选择**和**特征提取**。通过特征选择可以从原始特征中选择子集，而特征提取则是从特征集中提取信息以构造新的特征子空间。

在本节，我们将看到一些经典的特征选择算法。第 5 章将讨论不同的特征提取技术以把数据集压缩到低维特征子空间。

序列特征选择算法属于贪婪搜索算法，用于把初始的 d 维特征空间降低到 k 维特征子空间($k<d$)。特征选择算法的动机是自动选择与问题最相关的特征子集，提高模型的计算效率，或者通过去除不相关的特征或噪声降低模型的泛化误差，这对不支持正则化的算法很有效。

经典的序列特征选择算法是**序列后向选择**(seguehtial baekward selection，SBS)，其目的是在分类器性能衰减最小的约束下，降低初始特征子空间的维数，以提高计算效率。在某些情况下，SBS 甚至可以在模型面临过拟合问题时提高模型的预测能力。

贪婪搜索算法

贪婪算法在组合搜索问题的每个阶段都做出局部最优选择，通常会得到待解决问题的次优解，而**穷举搜索算法**则评估所有可能的组合，并保证找到最优解。然而，在实践中，穷举搜索往往在计算上不可行，而贪婪算法则可以找到不太复杂且计算效率更高的解决方案。

SBS 算法背后的理念非常简单：它顺序地从完整的特征子集中移除特征，直到新特征子空间包含需要的特征数量。为了确定每个阶段要删除哪个特征，需要定义期待最小化的标准衡量函数(criterion function)J。

可以简单地把标准衡量函数计算的标准值定义为在去除特定特征前后分类器的性能差异。每个阶段要去除的特征可以定义为该标准值最大的特征；或者更直观地说，每个阶段去除性能损失最小的那个特征。基于前面 SBS 的定义，我们可以总结出四个简单的步骤来描述该算法：

1）用 $k=d$ 初始化算法，d 为特征空间 $\boldsymbol{X}_d$ 的维数。

2）确定最大化标准 $\boldsymbol{x}^{-}=\text{argmax}\ J(\boldsymbol{X}_k-\boldsymbol{x})$的特征 $\boldsymbol{x}^{-}$，其中 $\boldsymbol{x}\in\boldsymbol{X}_k$。

3）从特征集中去除特征 $\boldsymbol{x}^{-}$：$\boldsymbol{X}_{k-1}=\boldsymbol{X}_k-\boldsymbol{x}^{-}$；$k=k-1$。

4）如果 k 等于期望的特征数，则停止；否则，跳转到步骤 2。

序数列特征算法资源

读者可以在文献(*Comparative Study of Techniques for Large-Scale Feature Selection*，*F. Ferri*，*P. Pudil*，*M. Hatef*，and *J. Kittler*，pages 403-413，1994)中发现对几种序列特征算法的详细评价。

不幸的是，scikit-learn 尚未实现 SBS 算法。但是它很简单，我们可以用 Python 实现：

```
from sklearn.base import clone
from itertools import combinations
import numpy as np
from sklearn.metrics import accuracy_score
from sklearn.model_selection import train_test_split


class SBS():
    def __init__(self, estimator, k_features,
                 scoring=accuracy_score,
                 test_size=0.25, random_state=1):
        self.scoring = scoring
        self.estimator = clone(estimator)
        self.k_features = k_features
        self.test_size = test_size
        self.random_state = random_state

    def fit(self, X, y):
    X_train, X_test, y_train, y_test = \
        train_test_split(X, y, test_size=self.test_size,
                         random_state=self.random_state)

    dim = X_train.shape[1]
    self.indices_ = tuple(range(dim))
    self.subsets_ = [self.indices_]
    score = self._calc_score(X_train, y_train,
                            X_test, y_test, self.indices_)
    self.scores_ = [score]

    while dim > self.k_features:
        scores = []
        subsets = []

        for p in combinations(self.indices_, r=dim - 1):
            score = self._calc_score(X_train, y_train,
                                    X_test, y_test, p)
            scores.append(score)
            subsets.append(p)

        best = np.argmax(scores)
```

```
            self.indices_ = subsets[best]
            self.subsets_.append(self.indices_)
            dim -= 1

            self.scores_.append(scores[best])
        self.k_score_ = self.scores_[-1]

        return self

    def transform(self, X):
        return X[:, self.indices_]

    def _calc_score(self, X_train, y_train, X_test, y_test, indices):
        self.estimator.fit(X_train[:, indices], y_train)
        y_pred = self.estimator.predict(X_test[:, indices])
        score = self.scoring(y_test, y_pred)
        return score
```

前面的实现定义了参数 `k_features`，指定了想要返回的理想特征数目。在默认情况下，我们调用 scikit-learn 的 `accuracy_score` 对模型在特征子空间的性能（分类估计器）进行评估。

在 `fit` 方法的 `while` 循环中，我们对由 `itertools.combination` 函数创建的特征子集循环地进行评估删减，直至特征子集达到预期维度。在每次迭代中，我们根据内部创建的测试数据集 `X_test` 收集每个最优子集的准确率得分，并将其存储在列表 `self.scores_` 中。稍后我们将用这些分数来评估。最终特征子集的列号被赋给 `self.indices_`，我们可以用它调用 `transform` 方法，返回包括选定特征列在内的新数据数组。注意，`fit` 方法并未具体计算判断标准，而是简单地去除了没有包含在最优特征子集中的特征。

现在，让我们看看实现的 SBS 应用于 scikit-learn 的 KNN 分类器的效果：

```
>>> import matplotlib.pyplot as plt
>>> from sklearn.neighbors import KNeighborsClassifier

>>> knn = KNeighborsClassifier(n_neighbors=5)

>>> sbs = SBS(knn, k_features=1)
>>> sbs.fit(X_train_std, y_train)
```

虽然 SBS 实现已经在 `fit` 函数内将数据集划分成测试数据集和训练数据集，但是仍然将训练数据集 `X_train` 输入到算法中。SBS 的 `fit` 方法将为测试（验证）和训练创建新子集，这就是为什么该测试数据集也被称为**验证数据集**。这也是一种避免原始测试数据集成为训练数据的必要方法。

请记住，SBS 算法收集每个阶段最优特征子集的得分，下面进入代码实现中更为精彩的部分，绘制出在验证数据集上计算的 KNN 分类器的分类准确率。示例代码如下：

```
>>> k_feat = [len(k) for k in sbs.subsets_]

>>> plt.plot(k_feat, sbs.scores_, marker='o')
>>> plt.ylim([0.7, 1.02])
>>> plt.ylabel('Accuracy')
>>> plt.xlabel('Number of features')
>>> plt.grid()
>>> plt.tight_layout()
>>> plt.show()
```

从图 4-8 可以看到，可能是由于维数降低(**维数诅咒**，在第 3 章中，我们在介绍 KNN 算法时曾经讨论过)，KNN 分类器通过减少特征数提高了在验证数据集上的准确率。此外，还可以看到当 $k=\{3, 7, 8, 9, 10, 11, 12\}$ 时，分类器的准确率达到 100%。

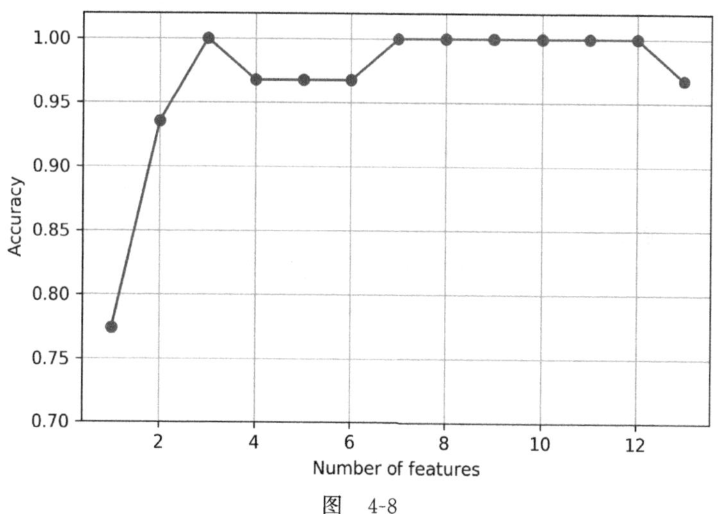

图　4-8

为了满足好奇心，让我们来看看在验证数据集上产生如此良好性能的最小特征子集($k=3$)究竟是个什么样子：

```
>>> k3 = list(sbs.subsets_[10])
>>> print(df_wine.columns[1:][k3])
Index(['Alcohol', 'Malic acid', 'OD280/OD315 of diluted wines'],
dtype='object')
```

用前面的代码可以得到存储在 sbs.subsets_属性第 11 位的三个特征子集的列号，以及从 pandas Wine DataFrame 的列索引返回的相应特征名。

我们接着评估该 KNN 分类器在原始测试数据集上的性能：

```
>>> knn.fit(X_train_std, y_train)
>>> print('Training accuracy:', knn.score(X_train_std, y_train))
Training accuracy: 0.967741935484
>>> print('Test accuracy:', knn.score(X_test_std, y_test))
Test accuracy: 0.962962962963
```

前面的代码用完整的特征集在训练数据集上取得了大约 97%的准确率，在测试数据集上获得大约 96%的准确率，这表明模型已经可以很好地泛化到新数据集。现在用选定的三个特征子集来看一下 KNN 的性能：

```
>>> knn.fit(X_train_std[:, k3], y_train)
>>> print('Training accuracy:',
...       knn.score(X_train_std[:, k3], y_train))
Training accuracy: 0.951612903226
>>> print('Test accuracy:',
...       knn.score(X_test_std[:, k3], y_test))
Test accuracy: 0.925925925926
```

如果采用葡萄酒数据集中少于四分之一的原始特征，测试数据集的预测准确率就会略有下降。这可能表明三个特征所提供的差异信息并不比原始数据集少。然而，我们必须记住葡萄酒数据集是一个小数据集，非常容易受随机性的影响，即如何将数据集划分成训练数据集和测试数据集，以及如何进一步将训练数据集划分为训练数据集和验证数据集。

虽然减少特征数量并没有提高KNN模型的性能，但是缩小了数据集的规模，在实际应用中可能会涉及昂贵的数据收集。此外，通过大量地减少特征的数量，我们可以得到更简单的模型，这些模型也更加容易解释。

用scikit-learn实现特征选择算法

scikit-learn有许多其他的特征选择算法，包括基于特征权重的**递归后向消除法**（recursive backward elimination）、基于树的根据重要性选择特征的方法以及单变量统计检验方法。对不同特征选择方法的全面讨论超出了本书的范围，但是可以从网站http://scikit-learn.org/stable/modules/feature_selection.html找到优秀的总结与例证。

此外，我实现了几种不同的序列特征选择方法，这与前面实现的简单SBS相关。可以从网站http://rasbt.github.io/mlxtend/user_guide/feature_selection/SequentialFeatureSelector/找到这些Python实现的mlxtend软件包。

4.6 用随机森林评估特征的重要性

在前面的章节中，我们学习了如何通过逻辑回归，用L1正则化来消除那些不相关的特征，用SBS算法做特征选择，并将其应用到KNN算法。另一个用来从数据集中选择相关特征的有用方法是随机森林，即在第3章中介绍过的集成技术。可以用随机森林的方法计算所有决策树的平均杂质度衰减，来测量特征的重要性，而不必考虑数据是否线性可分。更加方便的是，scikit-learn中实现的随机森林已经为我们收集好了特征的重要性值，在完成`RandomForestClassifier`拟合后，我们可以通过访问`feature_importances_`属性取得它们。下面的代码将在葡萄酒数据集上训练拥有500棵树的森林，并根据13个特征各自的重要性为其排序，还记得在第3章中讨论过的基于树的模型并不需要使用标准或归一化的特征：

```
>>> from sklearn.ensemble import RandomForestClassifier

>>> feat_labels = df_wine.columns[1:]

>>> forest = RandomForestClassifier(n_estimators=500,
...                                 random_state=1)
>>> forest.fit(X_train, y_train)
>>> importances = forest.feature_importances_

>>> indices = np.argsort(importances)[::-1]

>>> for f in range(X_train.shape[1]):
...     print("%2d) %-*s %f" % (f + 1, 30,
...                             feat_labels[indices[f]],
...                             importances[indices[f]]))
```

```
>>> plt.title('Feature Importance')
>>> plt.bar(range(X_train.shape[1]),
...         importances[indices],
...         align='center')

>>> plt.xticks(range(X_train.shape[1]),
...            feat_labels[indices] rotation=90)
>>> plt.xlim([-1, X_train.shape[1]])

>>> plt.tight_layout()
>>> plt.show()
 1) Proline                          0.185453
 2) Flavanoids                       0.174751
 3) Color intensity                  0.143920
 4) OD280/OD315 of diluted wines     0.136162
 5) Alcohol                          0.118529
 6) Hue                              0.058739
 7) Total phenols                    0.050872
 8) Magnesium                        0.031357
 9) Malic acid                       0.025648
 10) Proanthocyanins                 0.025570
 11) Alcalinity of ash               0.022366
 12) Nonflavanoid phenols            0.013354
 13) Ash                             0.013279
```

执行代码后我们可以画出一张图，把葡萄酒数据集中不同的特征按其相对重要性进行排序。请注意，特征重要性值的总和为 1，而且呈正态分布，如图 4-9 所示。

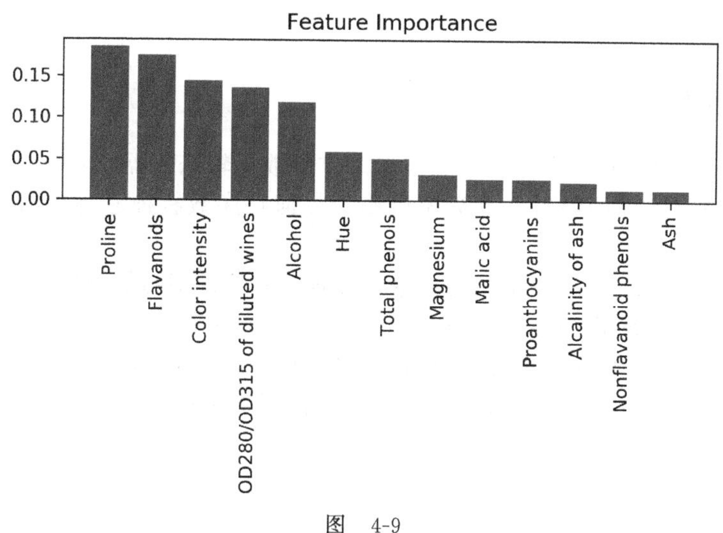

图 4-9

我们可以得出这样的结论：脯氨酸和黄酮的含量、颜色强度、OD280/OD315 衍射和酒精浓度是数据集中基于 500 棵决策树根据平均杂质度衰减而确定的最具差异性的特征。有趣的是，结果中排在前两位的特征(乙醇浓度和稀释葡萄酒的 OD280/OD315)也包括在用上节实现的 SBS 算法得出的三特征子集中。

然而，就可解释性而言，随机森林是值得一提的重要技术。如果两个或多个特征高度相关，那么一个特征就可能排得很靠前，而其他特征的信息可能根本无法完全捕获。另一方面，如果我们所关心的只是模型的预测性能，而不是对特征重要值的解释，那就不需要关心这个问题了。

总结特征的重要值和随机森林，值得一提的是，scikit-learn 也实现了 SelectFromModel 对象，我们可以在模型拟合后，根据用户指定的阈值选择特征，这对想用 RandomForestClassifier 作为特征选择器以及 scikit-learn 的 Pipeline 对象的中间步骤很有用，它允许通过一个估计器连接不同的预处理步骤，在第 6 章中，我们将对此进行详细介绍。例如，我们可以在以下的代码中，通过将 threshhod 设置为 0.1 把数据集减少到只包含五个最重要的特征：

```
>>> from sklearn.feature_selection import SelectFromModel

>>> sfm = SelectFromModel(forest, threshold=0.1, prefit=True)
>>> X_selected = sfm.transform(X_train)
>>> print('Number of features that meet this threshold',
...       'criterion:', X_selected.shape[1])

Number of features that meet this threshold criterion: 5

>>> for f in range(X_selected.shape[1]):
...     print("%2d) %-*s %f" % (f + 1, 30,
...                             feat_labels[indices[f]],
...                             importances[indices[f]]))
 1) Proline                         0.185453
 2) Flavanoids                      0.174751
 3) Color intensity                 0.143920
 4) OD280/OD315 of diluted wines    0.136162
 5) Alcohol                         0.118529
```

4.7　本章小结

本章着眼于正确处理缺失值的有用技术。在将数据输入机器学习算法之前，必须确保对类别变量进行正确的编码。本章还讨论了如何将序数特征和标称特征的值映射成整数。

此外，我们简要讨论了 L1 正则化，它可以通过降低模型的复杂性来避免过拟合。用序列特征选择算法从数据集中选择有意义的特征来去除不相关的特征。

在下一章中，我们将了解另外一种有用的降维方法：特征提取。它可以将特征压缩到较低维的子空间，而不像特征选择那样需要完全去除特征。

第5章

Python Machine Learning，Third Edition

通过降维压缩数据

在第4章中，我们介绍了利用不同的特征选择技术来降低数据集维度的各种方法。**特征提取**是特征选择之外实现降维的另一种方法。本章将学习三种基本技术，它们有助于通过将数据集变换到新的低维特征子空间来概括数据集的信息内容。数据压缩是机器学习的一个重要课题，它有助于存储和分析现代科技时代所产生和收集的大量数据。

本章将主要涵盖下述几个方面：

- 无监督数据压缩的**主成分分析**(principal component analysis，PCA)。
- 以**线性判别分析**(linear discriminant analysis，LDA)作为最大化类可分性的监督降维技术。
- 利用**核主成分分析**(kernel principal component analysis，KPCA)进行非线性降维。

5.1 用主成分分析实现无监督降维

与特征选择类似，我们可以用不同的特征提取技术来减少数据集的特征数量。特征选择和特征提取的区别在于，当我们用诸如**逆序选择**之类的特征选择算法时，数据集的原始特征保持不变，而当我们用特征提取方法时，会将数据变换或投影到新特征空间。

在降维的背景下，我们可以把特征提取理解为数据压缩的一种方法，其目的是保持大部分的相关信息。在实际应用中，特征提取不仅可以优化存储空间或机器学习算法的计算效率，而且还可以通过减少**维数诅咒**提高预测性能，尤其是当我们处理非正则化模型的时候。

5.1.1 主成分分析的主要步骤

我们将在本书讨论主成分分析(PCA)，这是一种无监督的线性变换技术，广泛应用于各种不同领域，特别是特征提取和降维。PCA的其他流行应用包括股票市场交易的探索性数据分析和去噪，以及生物信息学的基因组数据和基因表达水平分析。

PCA帮助我们根据特征之间的相关性来识别数据中的模式。简单地说，PCA旨在寻找高维数据中存在最大方差的方向，并将数据投影到维数小于或等于原始数据的新子空间。假设新特征轴彼此正交，该空间的正交轴(主成分)可以解释为方差最大的方向，如图5-1所示。其中x_1和x_2为原始特征轴，而PC1和PC2为主成分方向。

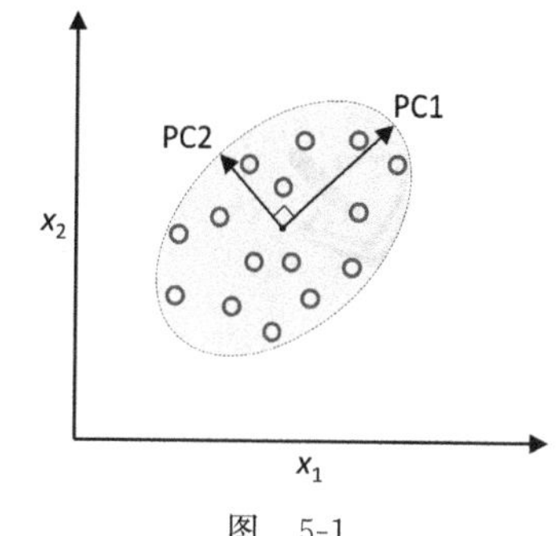

图 5-1

如果用PCA降维，我们可以构建$d \times k$维的变换矩阵$\boldsymbol{W}$，它能把训练样本的特征向量$\boldsymbol{x}$映射到新的k维特征子空间，该空间的维数比原来的d维特征空间要少。例如，假设我们有一个特征向量$\boldsymbol{x}$：

$$\boldsymbol{x}=[x_1, x_2, \cdots x_d], \quad \boldsymbol{x} \in \mathbb{R}^d$$

接着通过一个变换矩阵$\boldsymbol{W} \in \mathbb{R}^{d \times k}$进行变换：

$$\boldsymbol{xW}=\boldsymbol{z}$$

结果以向量方式表达如下：

$$\boldsymbol{z}=[z_1,\ z_2,\ \cdots,\ z_k],\quad \boldsymbol{z}\in\mathbb{R}^k$$

在原高维数据转换到 k 维新子空间(通常 $k\leqslant d$)的结果中，第一主成分的方差最大。假设这些成分与主成分之间互不相关(正交)，那么所有的后续主成分都有最大的方差，即使输入特征相关，结果主成分也都相互正交(无关)。请注意，PCA 的方向对数据尺度非常敏感，需要在进行 PCA 之前对特征进行标准化，如果以不同的尺度测量特征值，则需要确保所有特征的重要性保持均衡。

在深入讨论 PCA 降维算法之前，先用几个简单的步骤来概括该方法：

1）标准化 d 维数据集。

2）构建协方差矩阵。

3）将协方差矩阵分解为特征向量和特征值。

4）以降序对特征值排序，从而对相应的特征向量排序。

5）选择对应 k 个最大特征值的 k 个特征向量，其中 k 为新特征子空间的维数($k\leqslant d$)。

6）由前 k 个特征向量构造投影矩阵 $\boldsymbol{W}$。

7）用投影矩阵 $\boldsymbol{W}$ 变换 d 维输入数据集 $\boldsymbol{X}$ 以获得新的 k 维特征子空间。

下面我们先用 Python 逐步实现一个 PCA 的示例。然后再展示如何用 scikit-learn 更便捷地实现 PCA。

5.1.2　逐步提取主成分

我们将在本小节讨论 PCA 的前四个步骤：

1）标准化数据集。

2）构建协方差矩阵。

3）获取协方差矩阵的特征值和特征向量。

4）以降序对特征值排序，从而对特征向量排序。

第 1 步，我们从加载在第 4 章中一直使用的葡萄酒数据集开始：

```
>>> import pandas as pd
>>> df_wine = pd.read_csv('https://archive.ics.uci.edu/ml/'
...           'machine-learning-databases/wine/wine.data',
...           header=None)
```

获取葡萄酒数据集

如果你是脱机工作或者 UCI 的服务器(https://archive.ics.uci.edu/ml/machine-learning-databases/wine/wine.data)暂时宕机的话，可以从本书的代码包中找到葡萄酒数据集(以及本书用到的其他全部数据集)。

要从本地目录加载葡萄酒数据集，可以把下面的命令：

```
df = pd.read_csv(
    'https://archive.ics.uci.edu/ml/'
    'machine-learning-databases/wine/wine.data',
    header=None)
```

换成：

```
df = pd.read_csv(
    'your/local/path/to/wine.data',
    header=None)
```

然后，我们将按照 7∶3 的比例，把葡萄酒数据分割成独立的训练数据集和测试数据集，并且标准化为单位方差：

```
>>> from sklearn.model_selection import train_test_split
>>> X, y = df_wine.iloc[:, 1:].values, df_wine.iloc[:, 0].values
>>> X_train, X_test, y_train, y_test = \
...     train_test_split(X, y, test_size=0.3,
...                      stratify=y,
...                      random_state=0)
>>> # standardize the features
>>> from sklearn.preprocessing import StandardScaler
>>> sc = StandardScaler()
>>> X_train_std = sc.fit_transform(X_train)
>>> X_test_std = sc.transform(X_test)
```

在执行完前面的代码完成必要的预处理之后，我们会继续进行第 2 步，即构造协方差矩阵。$d\times d$ 维对称协方差矩阵，其中 d 为数据集的维数，该矩阵成对地存储不同特征之间的协方差。例如特征 x_j 和 x_k 之间的整体协方差可以通过以下的方程计算：

$$\sigma_{jk}=\frac{1}{n}\sum_{i=1}^{n}\left(x_j^{(i)}-\mu_j\right)\left(x_k^{(i)}-\mu_k\right)$$

其中 μ_j 和 μ_k 分别为特征 j 和 k 的样本均值。请注意，如果我们把数据集标准化，那么样本的均值将为零。两个特征之间的正协方差表示特征值在相同的方向上增加或减少，而负协方差则表示特征在相反方向上变化。例如，我们可以把三个特征的协方差矩阵写成(请注意Σ是希腊字母 sigma 的大写形式，不要与求和符号混淆)：

$$\Sigma=\begin{bmatrix}\sigma_1^2 & \sigma_{12} & \sigma_{13}\\ \sigma_{21} & \sigma_2^2 & \sigma_{23}\\ \sigma_{31} & \sigma_{32} & \sigma_3^2\end{bmatrix}$$

协方差矩阵的特征向量代表主成分(最大方差的方向)，而相应的特征值将定义它们的大小。我们将从葡萄酒数据集的 13×13 维协方差矩阵中获得 13 个特征向量和特征值。

第 3 步，获得协方差矩阵的特征值和特征向量。正如我们在前面讲述线性代数时介绍过的，特征向量 $\boldsymbol{v}$ 满足以下条件：

$$\Sigma\boldsymbol{v}=\lambda\boldsymbol{v}$$

这里 λ 是标量，即特征值。由于特征向量和特征值的手工计算很烦琐，所以我们将调用 NumPy 的 `linalg.eig` 函数来获得葡萄酒数据集协方差矩阵的特征向量和特征值：

```
>>> import numpy as np
>>> cov_mat = np.cov(X_train_std.T)
>>> eigen_vals, eigen_vecs = np.linalg.eig(cov_mat)
>>> print('\nEigenvalues \n%s' % eigen_vals)
Eigenvalues
[ 4.84274532  2.41602459  1.54845825  0.96120438  0.84166161
  0.6620634   0.51828472  0.34650377  0.3131368   0.10754642
  0.21357215  0.15362835  0.1808613 ]
```

我们用 `numpy.cov` 函数计算标准化的训练数据集的协方差矩阵。用 `linalg.eig` 函数完成特征分解，从而产生包含 13 个特征值的向量(`eigen_vals`)，所对应的特征向量存储在 13×13 维矩阵(`eigen_vecs`)的列中。

用 Numpy 进行特征分解

`numpy.linalg.eig` 函数可以处理对称和非对称方阵操作。但是你可能会发现，在某些情况下它会返回复特征值。

numpy.linalg.eigh是一个相关函数，它可以分解埃尔米特(Hermetian)矩阵，从数值的角度来说，这是一个解决对称矩阵(例如协方差矩阵)的更稳定的方法，numpy.linalg.eigh始终返回实特征值。

5.1.3 总方差和解释方差

因为我们想要通过将数据集压缩到新特征子空间来降低维数，所以只选择包含最多信息(方差)的特征向量(主成分)的子集。特征值代表特征向量的大小，通过对特征值的降序排列，我们可以找出前k个最重要的特征向量。但是，在收集k个信息最丰富的特征向量之前，我们先把特征值的**方差解释比**画出来。特征值λ_j的方差解释比就是特征值λ_j与特征值总和之比：

$$方差解释比=\frac{\lambda_j}{\sum_{j=1}^{d}\lambda_j}$$

调用NumPy的cumsum函数，我们可以计算出解释方差和，然后可以用Matplotlib的step函数绘图：

```
>>> tot = sum(eigen_vals)
>>> var_exp = [(i / tot) for i in
...            sorted(eigen_vals, reverse=True)]
>>> cum_var_exp = np.cumsum(var_exp)
>>> import matplotlib.pyplot as plt
>>> plt.bar(range(1,14), var_exp, alpha=0.5, align='center',
...         label='Individual explained variance')
>>> plt.step(range(1,14), cum_var_exp, where='mid',
...          label='Cumulative explained variance')
>>> plt.ylabel('Explained variance ratio')
>>> plt.xlabel('Principal component index')
>>> plt.legend(loc='best')
>>> plt.tight_layout()
>>> plt.show()
```

结果表明，第一主成分本身占方差的40%左右。此外，我们还可以看到把前两个主成分结合起来可以解释数据集中几乎60%的方差，如图5-2所示。

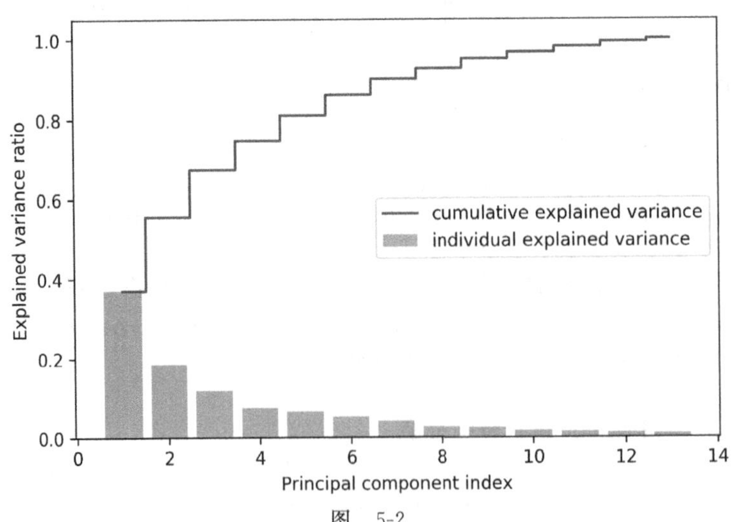

图 5-2

虽然解释方差图让我们回想起第 4 章中通过随机森林计算的特征重要值，但是要注意，PCA 是一种无监督学习方法，这意味着有关分类标签的信息会被忽略。随机森林用类成员信息计算节点的杂质度，方差测量值沿特征轴的传播。

5.1.4 特征变换

在成功地把协方差矩阵分解为特征对之后，我们现在接着完成最后的三个步骤(5～7)，将葡萄酒数据集变换到新的主成分轴。其余的步骤如下：

5）选择与前 k 个最大特征值对应的 k 个特征向量，其中 k 为新特征子空间的维数($k \leqslant d$)。

6）用前 k 个特征向量构建投影矩阵 $\boldsymbol{W}$。

7）用投影矩阵 $\boldsymbol{W}$ 变换 d 维输入数据集 $\boldsymbol{X}$ 以获得新的 k 维特征子空间。

通俗地说，我们将把特征对按特征值降序排列，从所选的特征向量构建投影矩阵，用投影矩阵把数据变换到低维子空间。

从把特征对按特征值降序排列开始：

```
>>> # Make a list of (eigenvalue, eigenvector) tuples
>>> eigen_pairs = [(np.abs(eigen_vals[i]), eigen_vecs[:, i])
...                for i in range(len(eigen_vals))]
>>> # Sort the (eigenvalue, eigenvector) tuples from high to low
>>> eigen_pairs.sort(key=lambda k: k[0], reverse=True)
```

接着，我们收集对应前两个最大特征值的特征向量，从数据集中捕获大约 60%的方差。请注意，我们在这里只选择两个特征向量来说明问题，因为本小节后面将在二维散点图中绘制数据。在实践中，主成分的数量必须通过计算效率和分类器性能之间的权衡来确定：

```
>>> w = np.hstack((eigen_pairs[0][1][:, np.newaxis],
...                eigen_pairs[1][1][:, np.newaxis]))
>>> print('Matrix W:\n', w)
Matrix W:
[[-0.13724218   0.50303478]
 [ 0.24724326   0.16487119]
 [-0.02545159   0.24456476]
 [ 0.20694508  -0.11352904]
 [-0.15436582   0.28974518]
 [-0.39376952   0.05080104]
 [-0.41735106  -0.02287338]
 [ 0.30572896   0.09048885]
 [-0.30668347   0.00835233]
 [ 0.07554066   0.54977581]
 [-0.32613263  -0.20716433]
 [-0.36861022  -0.24902536]
 [-0.29669651   0.38022942]]
```

执行代码，依据前两个特征向量创建一个 13×2 维的投影矩阵 $\boldsymbol{W}$。

镜像投影

取决于你所用 NumPy 和 LAPACK 的具体版本，得到的矩阵 $\boldsymbol{W}$ 的正负号可能相反。请注意，这并不是个问题。如果 $\boldsymbol{v}$ 是矩阵Σ的一个特征向量，那么我们有：

$$\Sigma \boldsymbol{v} = \lambda \boldsymbol{v}$$

这里 λ 为特征向量，而 $-\boldsymbol{v}$ 也是一个特征向量，下面可以证明。用基本代数知识，我们可以在等式的两边乘以标量 α：

$$\alpha\Sigma\boldsymbol{v}=\alpha\lambda\boldsymbol{v}$$

因为矩阵乘法与标量乘法存在着关联性，所以我们可以得到下面的结果：

$$\Sigma(\alpha\boldsymbol{v})=\lambda(\alpha\boldsymbol{v})$$

现在，我们可以看到 $\alpha\boldsymbol{v}$ 是一个有相同特征值 λ 的特征向量，无论 $\alpha=1$ 还是 $\alpha=-1$，因此，$\boldsymbol{v}$ 与 $-\boldsymbol{v}$ 都是特征向量。

现在，我们可以用投影矩阵将示例 $\boldsymbol{x}$(表示为 13 维的行向量)变换到 PCA 子空间(主成分 1 和 2)，从而获得 $\boldsymbol{x}'$，即由两个新特征组成的二维示例向量：

$$\boldsymbol{x}'=\boldsymbol{xW}$$

```
>>> X_train_std[0].dot(w)
array([ 2.38299011,  0.45458499])
```

类似地，我们可以通过计算矩阵点积将整个 124×13 维训练数据集变换成两个主成分：

$$\boldsymbol{X}'=\boldsymbol{XW}$$

```
>>> X_train_pca = X_train_std.dot(w)
```

最后我们把目前存储为 124×2 维矩阵的葡萄酒训练数据集在二维散点图上完成可视化：

```
>>> colors = ['r', 'b', 'g']
>>> markers = ['s', 'x', 'o']
>>> for l, c, m in zip(np.unique(y_train), colors, markers):
...     plt.scatter(X_train_pca[y_train==l, 0],
...                 X_train_pca[y_train==l, 1],
...                 c=c, label=l, marker=m)
>>> plt.xlabel('PC 1')
>>> plt.ylabel('PC 2')
>>> plt.legend(loc='lower left')
>>> plt.tight_layout()
>>> plt.show()
```

从结果图中我们可以看到，与第二主成分(y 轴)相比，数据更多的是沿着 x 轴(第一主成分)传播，这与前面得出的解释方差比结论一致。然而，这里线性分类器就能够很好地区分不同的类别，如图 5-3 所示。

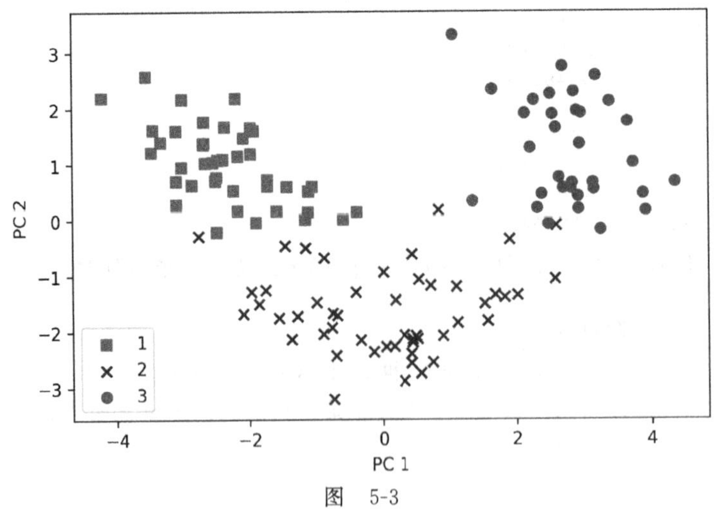

图　5-3

虽然在图 5-3 中我们对分类标签信息进行了编码，但是必须要记住，PCA 是一种不使用任何分类标签信息的无监督学习技术。

5.1.5　用 scikit-learn 实现主成分分析

在前一小节中，我们的详细解释对掌握 PCA 的内部运作很有帮助。现在，我们将讨论如何使用 scikit-learn 的 `PCA` 类。

`PCA` 是 scikit-learn 的另一个转换器类，我们首先用训练数据来拟合模型，然后用相同模型参数转换训练数据和测试数据。现在，让我们把 scikit-learn 中的 `PCA` 类应用到葡萄酒训练数据集上，通过逻辑回归分类转换后的样本，调用 `plot_decision_regions` 函数(在第 2 章定义)实现决策区域的可视化。

```
from matplotlib.colors import ListedColormap

def plot_decision_regions(X, y, classifier, resolution=0.02):

    # setup marker generator and color map
    markers = ('s', 'x', 'o', '^', 'v')
    colors = ('red', 'blue', 'lightgreen', 'gray', 'cyan')
    cmap = ListedColormap(colors[:len(np.unique(y))])

    # plot the decision surface
    x1_min, x1_max = X[:, 0].min() - 1, X[:, 0].max() + 1
    x2_min, x2_max = X[:, 1].min() - 1, X[:, 1].max() + 1
    xx1, xx2 = np.meshgrid(np.arange(x1_min, x1_max, resolution),
                           np.arange(x2_min, x2_max, resolution))
    Z = classifier.predict(np.array([xx1.ravel(), xx2.ravel()]).T)
    Z = Z.reshape(xx1.shape)
    plt.contourf(xx1, xx2, Z, alpha=0.4, cmap=cmap)
    plt.xlim(xx1.min(), xx1.max())
    plt.ylim(xx2.min(), xx2.max())

    # plot examples by class
    for idx, cl in enumerate(np.unique(y)):
        plt.scatter(x=X[y == cl, 0],
                    y=X[y == cl, 1],
                    alpha=0.6,
                    color=cmap(idx),
                    edgecolor='black',
                    marker=markers[idx],
                    label=cl)
```

为了方便起见，可以将上面显示的 `plot_decision_regions` 代码放入当前工作目录中的单独代码文件中，例如 `plot_decision_regions_script.py`，然后将其导入当前的 Python 会话中。

```
>>> from sklearn.linear_model import LogisticRegression
>>> from sklearn.decomposition import PCA
>>> # initializing the PCA transformer and
>>> # logistic regression estimator:
>>> pca = PCA(n_components=2)
>>> lr = LogisticRegression(multi_class='ovr',
...                         random_state=1,
...                         solver='lbfgs')
>>> # dimensionality reduction:
```

```
>>> X_train_pca = pca.fit_transform(X_train_std)
>>> X_test_pca = pca.transform(X_test_std)
>>> # fitting the logistic regression model on the reduced dataset:
>>> lr.fit(X_train_pca, y_train)
>>> plot_decision_regions(X_train_pca, y_train, classifier=lr)
>>> plt.xlabel('PC 1')
>>> plt.ylabel('PC 2')
>>> plt.legend(loc='lower left')
>>> plt.tight_layout()
>>> plt.show()
```

通过执行前面的代码，现在应该看到训练数据的决策区域减少为两个主成分轴，如图 5-4 所示。

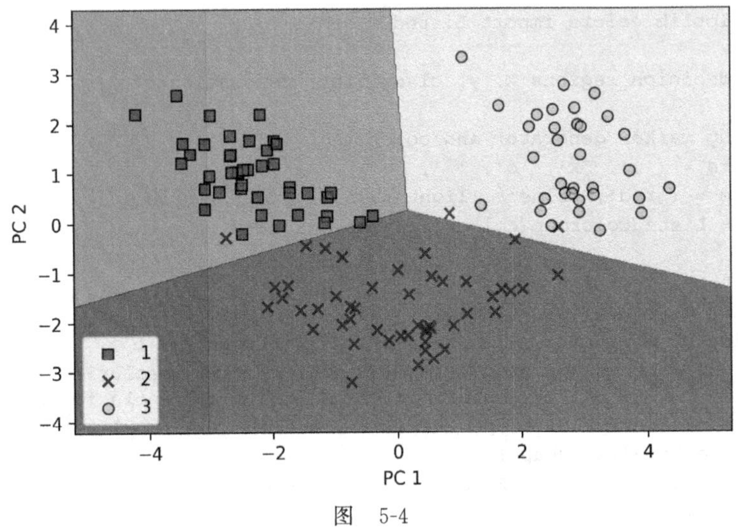

图　5-4

比较 scikit-learn 实现的 PCA 与我们自己实现的 PCA 在预测方面的差异时，可能会发现两个结果图如同镜子里的图像，一正一反。注意，这并不是哪个实现出了差错，造成差异的原因在于特征求解器，有些特征向量可能有正负号的问题。

这并没有什么大惊小怪的，如果需要，可以把数据乘上−1 来直接反转镜像。要注意的是，通常我们把特征向量调整为单位长度 1。为完整起见，我们在转换后的测试数据集上绘制逻辑回归的决策区域，看它是否能很好地完成数据分类任务：

```
>>> plot_decision_regions(X_test_pca, y_test, classifier=lr)
>>> plt.xlabel('PC1')
>>> plt.ylabel('PC2')
>>> plt.legend(loc='lower left')
>>> plt.tight_layout()
>>> plt.show()
```

在测试数据集上执行上述代码绘出决策区域之后，我们可以看到逻辑回归在该二维特征子空间上的表现相当不错，在测试数据集中只存在很少的样本分类错误，如图 5-5 所示。

如果对不同主成分的解释方差比感兴趣，我们可以简单地把参数 n_components 设置为 None 来初始化 PCA 类，这样就可以保留所有的主成分，然后通过调用 explained_variance_ratio_属性访问解释方差比：

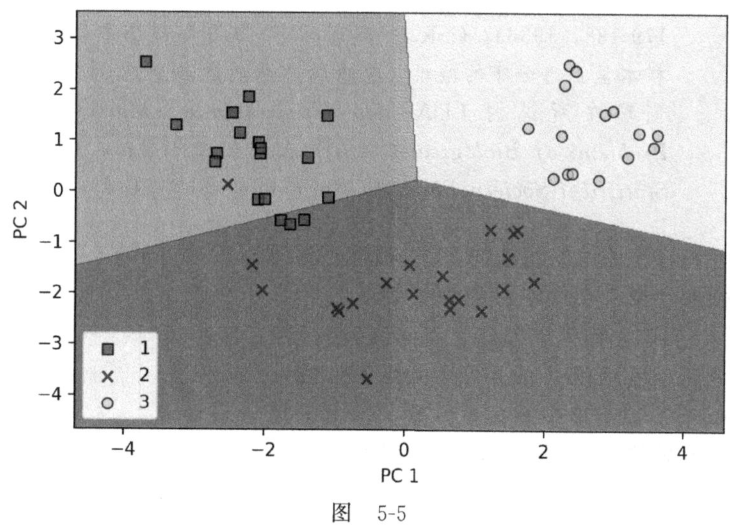

图 5-5

```
>>> pca = PCA(n_components=None)
>>> X_train_pca = pca.fit_transform(X_train_std)
>>> pca.explained_variance_ratio_
array([ 0.36951469, 0.18434927, 0.11815159, 0.07334252,
        0.06422108, 0.05051724, 0.03954654, 0.02643918,
        0.02389319, 0.01629614, 0.01380021, 0.01172226,
        0.00820609])
```

请注意，当我们初始化 PCA 类时，设置 n_components=None，系统将返回排过序的所有主成分而不是进行降维。

5.2 基于线性判别分析的监督数据压缩

线性判别分析(LDA)可用于特征提取，以提高计算效率和减少非正则化模型中因维数诅咒而造成的过拟合的概率。LDA 背后的基本概念与 PCA 非常类似，但 PCA 试图找到数据集中最大方差的正交成分轴，而 LDA 的目标是寻找可优化类别可分性的特征子空间。我们将在后续章节中更详细地讨论 LDA 和 PCA 之间的相似性，并逐步讨论 LDA 方法。

5.2.1 主成分分析与线性判别分析

LDA 和 PCA 都是可以用来降低数据集维数的线性变换技术，前者是无监督学习算法，后者是监督学习算法。因此，有人可能直观地认为 LDA 是比 PCA 更优越的用于分类任务的特征提取技术。然而 A. M. 马丁内兹指出，在某些情况下，例如每类只包含少量的样本时，用 PCA 预处理往往会在图像识别中有更好的分类结果(*PCA Versus LDA*，*A. M. Martinez and A. C. Kak*，*IEEE Transactions on Pattern Analysis and Machine Intelligence*，23(2)：228-233，2001)。

费希尔 LDA

LDA 有时也称为费希尔(Fisher)LDA。罗纳德 · A. 费希尔最初为解决二元分类问题于 1936 年提出了费希尔线性判别(*The Use of Multiple Measurements in Taxonomic Problems*，*R. A. Fisher*，*Annals of Eugenics*，7(2)：

179-188，1936)。C.R. 拉奥基于其1948年提出的类协方差相等且类内样本呈正态分布的假设，将费希尔线性判别泛化到多元分类问题，即我们现在所说的LDA(*The Utilization of Multiple Measurements in Problems of Biological Classification*，*C.R.Rao*，*Journal of the Royal Statistical Society*. Series B(Methodological)，10(2)：159-203，1948)。

图5-6概括了用于二元类问题的LDA概念。第1类样本标记为圆形，第2类样本标记为十字。

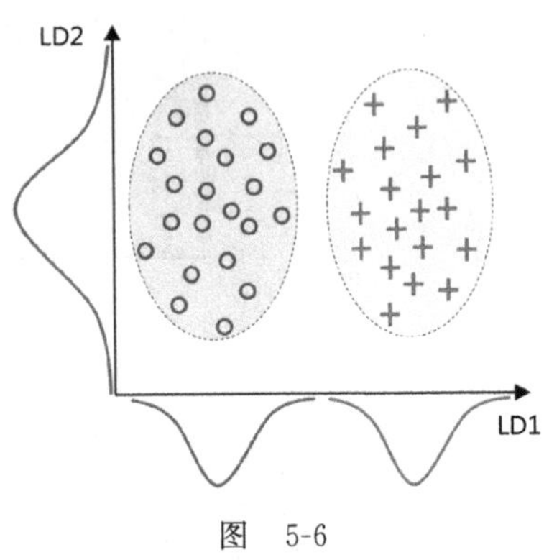

图　5-6

如x轴所示的线性判别式(LD 1)能很好地把两个正态分布类分离。虽然在y轴上显示的示例性线性判别式(LD 2)捕获了数据集中的大量方差，但由于它没有捕获任何类差异信息，因此无法成为好的线性判别方法。

LDA假设数据呈正态分布。此外，假设类具有相同的协方差矩阵，并且这些训练样本在统计上彼此独立。然而，即使(略微)违反其中一个或多个假设，用于降维的LDA仍然可以很好地发挥作用(*Pattern Classification 2nd Edition*，*R.O.Duda*，*P.E.Hart*，and *D.G.Stork*，*New York*，2001)。

5.2.2　线性判别分析的内部工作原理

在深入了解代码实现之前，先让我们简要地概述执行LDA所需要的主要步骤：

1) 标准化d维数据集(d是特征数量)。

2) 计算每个类的d维均值向量。

3) 构建类间散布矩阵$\boldsymbol{S}_B$和类内散布矩阵$\boldsymbol{S}_w$。

4) 计算矩阵$\boldsymbol{S}_w^{-1}\boldsymbol{S}_B$的特征向量和对应的特征值。

5) 将特征值按降序排列，以对相应的特征向量排序。

6) 选择对应于k个最大特征值的特征向量，构建$d \times k$维变换矩阵$\boldsymbol{W}$，特征向量为该矩阵的列。

7) 用变换矩阵$\boldsymbol{W}$将样本投影到新的特征子空间。

我们可以看到，LDA与PCA非常相似，都要将矩阵分解为特征值和特征向量，从而形成新的低维特征空间。然而，正如前面提到的那样，LDA考虑分类的标签信息，以步骤2中计算的均值向量形式表示。在本章的后续部分中，我们将更详细地讨论这七个步骤，同时附有说明性的代码实现。

5.2.3　计算散布矩阵

在本章开始的PCA部分，我们已经对葡萄酒数据集的特征进行了标准化，因此可以跳过第1步，直接计算均值向量，我们将用这些结果分别构造类内散布矩阵和类间散布矩阵。每个均值向量$\boldsymbol{m}_i$存储对应于分类样本i的特征均值μ_m：

$$\boldsymbol{m}_i=\frac{1}{n_i}\sum_{x\in D_i}x_m$$

由此产生三个均值向量：

$$\boldsymbol{m}_i=\begin{bmatrix}\mu_{i,\text{alcohol}}\\ \mu_{i,\text{malic acid}}\\ \vdots\\ \mu_{i,\text{proline}}\end{bmatrix}^{\mathrm{T}}\quad i\in\{1,2,3\}$$

```
>>> np.set_printoptions(precision=4)
>>> mean_vecs = []
>>> for label in range(1,4):
...     mean_vecs.append(np.mean(
...                 X_train_std[y_train==label], axis=0))
...     print('MV %s: %s\n' %(label, mean_vecs[label-1]))
MV 1: [ 0.9066  -0.3497  0.3201  -0.7189  0.5056  0.8807  0.9589
-0.5516
0.5416  0.2338  0.5897  0.6563  1.2075]
MV 2: [-0.8749  -0.2848  -0.3735  0.3157  -0.3848  -0.0433  0.0635
-0.0946
0.0703  -0.8286  0.3144  0.3608  -0.7253]
MV 3: [ 0.1992  0.866  0.1682  0.4148  -0.0451  -1.0286  -1.2876
0.8287
-0.7795  0.9649  -1.209  -1.3622  -0.4013]
```

现在可以用均值向量来计算类内散布矩阵 $\boldsymbol{S}_W$：

$$\boldsymbol{S}_W=\sum_{i=1}^{c}\boldsymbol{S}_i$$

累加每个类 i 的散布矩阵 $\boldsymbol{S}_i$：

$$\boldsymbol{S}_i=\sum_{x\in D_i}(\boldsymbol{x}-\boldsymbol{m}_i)(\boldsymbol{x}-\boldsymbol{m}_i)^{\mathrm{T}}$$

```
>>> d = 13 # number of features
>>> S_W = np.zeros((d, d))
>>> for label, mv in zip(range(1, 4), mean_vecs):
...     class_scatter = np.zeros((d, d))
>>> for row in X_train_std[y_train == label]:
...     row, mv = row.reshape(d, 1), mv.reshape(d, 1)
...     class_scatter += (row - mv).dot((row - mv).T)
...     S_W += class_scatter
>>> print('Within-class scatter matrix: %sx%s' % (
...       S_W.shape[0], S_W.shape[1]))
Within-class scatter matrix: 13x13
```

在计算散布矩阵时，我们假设训练数据集中的分类标签均匀分布。但是，如果我们打印分类标签的数量，就会发现这里并未遵循这个假设：

```
>>> print('Class label distribution: %s'
...       % np.bincount(y_train)[1:])
Class label distribution: [41 50 33]
```

因此，在把散布矩阵累加为 $\boldsymbol{S}_W$ 之前，我们需要对每个散布矩阵 $\boldsymbol{S}_i$ 进行缩放处理。当我们把散布矩阵除以分类样本的数量 n_i 时，可以看到，计算散布矩阵实际上与计算协方差矩阵 $\sum_i$ 一样（协方差矩阵是散布矩阵的归一化版本）：

$$\sum_i=\frac{1}{n_i}\boldsymbol{S}_i=\frac{1}{n_i}\sum_{x\in D_i}(\boldsymbol{x}-\boldsymbol{m}_i)(\boldsymbol{x}-\boldsymbol{m}_i)^{\mathrm{T}}$$

以下是计算缩放后的类内散布矩阵的代码：

```
>>> d = 13 # number of features
>>> S_W = np.zeros((d, d))
>>> for label,mv in zip(range(1, 4), mean_vecs):
...     class_scatter = np.cov(X_train_std[y_train==label].T)
...     S_W += class_scatter
>>> print('Scaled within-class scatter matrix: %sx%s'
...      % (S_W.shape[0], S_W.shape[1]))
Scaled within-class scatter matrix: 13x13
```

计算缩放后的类内散布矩阵（或协方差矩阵）后，我们可以进行下一步，计算类间的散布矩阵 $\boldsymbol{S}_B$：

$$\boldsymbol{S}_B=\sum_{i=1}^{c} n_i(\boldsymbol{m}_i-\boldsymbol{m})(\boldsymbol{m}_i-\boldsymbol{m})^{\mathrm{T}}$$

这里 $\boldsymbol{m}$ 为我们计算出的包括所有 c 类样本在内的总体均值：

```
>>> mean_overall = np.mean(X_train_std, axis=0)
>>> d = 13 # number of features
>>> S_B = np.zeros((d, d))
>>> for i, mean_vec in enumerate(mean_vecs):
...     n = X_train_std[y_train == i + 1, :].shape[0]
...     mean_vec = mean_vec.reshape(d, 1) # make column vector
...     mean_overall = mean_overall.reshape(d, 1)
...     S_B += n * (mean_vec - mean_overall).dot(
...     (mean_vec - mean_overall).T)
>>> print('Between-class scatter matrix: %sx%s' % (
...               S_B.shape[0], S_B.shape[1]))
Between-class scatter matrix: 13x13
```

5.2.4　为新特征子空间选择线性判别

LDA 的其余步骤与 PCA 类似。然而，不是分解协方差矩阵的特征值，而是求解矩阵 $\boldsymbol{S}_W^{-1}\boldsymbol{S}_B$ 的广义特征值：

```
>>> eigen_vals, eigen_vecs =\
...     np.linalg.eig(np.linalg.inv(S_W).dot(S_B))
```

在计算了特征对之后，我们可以按降序对特征值进行排序：

```
>>> eigen_pairs = [(np.abs(eigen_vals[i]), eigen_vecs[:,i])
...                for i in range(len(eigen_vals))]
>>> eigen_pairs = sorted(eigen_pairs,
...               key=lambda k: k[0], reverse=True)
>>> print('Eigenvalues in descending order:\n')
>>> for eigen_val in eigen_pairs:
...     print(eigen_val[0])


Eigenvalues in descending order:

349.617808906
172.76152219
3.78531345125e-14
2.11739844822e-14
1.51646188942e-14
1.51646188942e-14
1.35795671405e-14
```

```
1.35795671405e-14
7.58776037165e-15
5.90603998447e-15
5.90603998447e-15
2.25644197857e-15
0.0
```

LDA 的线性判别数量最多为 $c-1$，c 为分类标签的数量，因为中间的散布矩阵 $\boldsymbol{S}_B$ 是秩为 1 或更小的 c 个矩阵的总和。确实可以看到，只有两个非零的特征值(由于 NumPy 的浮点运算，特征值 3～13 不完全为零)。

共线性

注意，在完全共线性的罕见情况下(所有同类的样本点都在一条直线上)，协方差矩阵的秩为 1，这将导致只有一个非零特征值的特征向量。

要度量线性判别(特征向量)捕获了多少分类判别信息，我们可以通过降序的特征值画出线性判别图来展示，这与我们在 PCA 小节创建的解释方差图类似。为简单起见，我们将调用**分类判别信息** discriminability 的内容：

```
>>> tot = sum(eigen_vals.real)
>>> discr = [(i / tot) for i in sorted(eigen_vals.real, reverse=True)]
>>> cum_discr = np.cumsum(discr)
>>> plt.bar(range(1, 14), discr, alpha=0.5, align='center',
...         label='Individual "discriminability"')
>>> plt.step(range(1, 14), cum_discr, where='mid',
...          label='Cumulative "discriminability"')
>>> plt.ylabel('"Discriminability" ratio')
>>> plt.xlabel('Linear Discriminants')
>>> plt.ylim([-0.1, 1.1])
>>> plt.legend(loc='best')
>>> plt.tight_layout()
>>> plt.show()
```

从图 5-7 中可以看到，仅前两个线性判别就捕获了葡萄酒训练数据集 100%的有用信息。

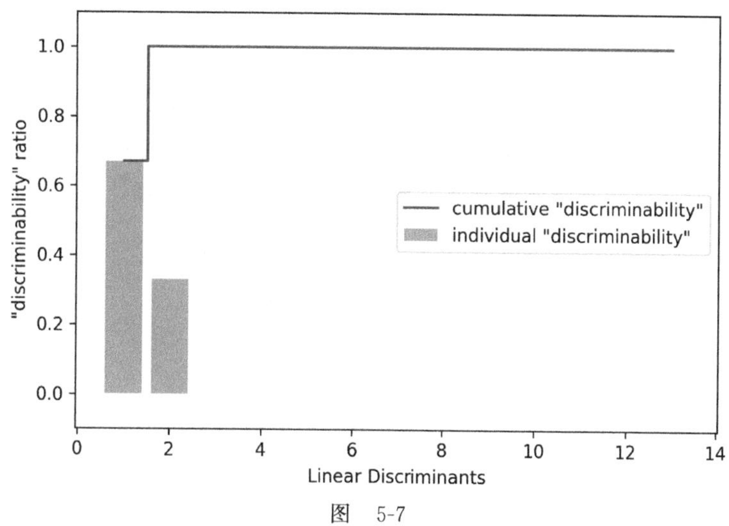

图　5-7

现在我们把两个最具判别性的特征向量列叠加起来创建变换矩阵 $\boldsymbol{W}$：

```
>>> w = np.hstack((eigen_pairs[0][1][:, np.newaxis].real,
...                eigen_pairs[1][1][:, np.newaxis].real))
>>> print('Matrix W:\n', w)
Matrix W:
 [[-0.1481  -0.4092]
  [ 0.0908  -0.1577]
  [-0.0168  -0.3537]
  [ 0.1484   0.3223]
  [-0.0163  -0.0817]
  [ 0.1913   0.0842]
  [-0.7338   0.2823]
  [-0.075   -0.0102]
  [ 0.0018   0.0907]
  [ 0.294   -0.2152]
  [-0.0328   0.2747]
  [-0.3547  -0.0124]
  [-0.3915  -0.5958]]
```

5.2.5　将样本投影到新的特征空间

可以用我们在前面小节中创建的变换矩阵 $\boldsymbol{W}$，通过矩阵相乘来变换训练数据集：

$$\boldsymbol{X}'=\boldsymbol{X}\boldsymbol{W}$$

```
>>> X_train_lda = X_train_std.dot(w)
>>> colors = ['r', 'b', 'g']
>>> markers = ['s', 'x', 'o']
>>> for l, c, m in zip(np.unique(y_train), colors, markers):
...     plt.scatter(X_train_lda[y_train==l, 0],
...                 X_train_lda[y_train==l, 1] * (-1),
...                 c=c, label=l, marker=m)
>>> plt.xlabel('LD 1')
>>> plt.ylabel('LD 2')
>>> plt.legend(loc='lower right')
>>> plt.tight_layout()
>>> plt.show()
```

从结果图5-8中，我们可以看到三类葡萄酒在新的特征子空间完全线性可分。

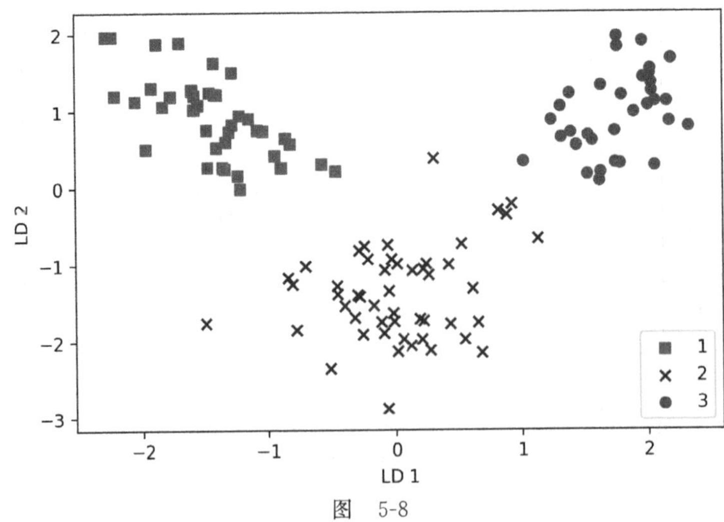

图　5-8

5.2.6　用 scikit-learn 实现 LDA

逐步实现代码是一个理解 LDA 内部工作机制以及 LDA 与 PCA 之间差异的好方法。现在让我们来看看 scikit-learn 中的 LDA 类实现：

```
>>> # the following import statement is one line
>>> from sklearn.discriminant_analysis import
LinearDiscriminantAnalysis as LDA
>>> lda = LDA(n_components=2)
>>> X_train_lda = lda.fit_transform(X_train_std, y_train)
```

下一步，我们将讨论在 LDA 变换后逻辑回归分类器如何处理低维训练数据集：

```
>>> lr = LogisticRegression(multi_class='ovr', random_state=1,
...                         solver='lbfgs')
>>> lr = lr.fit(X_train_lda, y_train)
>>> plot_decision_regions(X_train_lda, y_train, classifier=lr)
>>> plt.xlabel('LD 1')
>>> plt.ylabel('LD 2')
>>> plt.legend(loc='lower left')
>>> plt.tight_layout()
>>> plt.show()
```

从结果图 5-9 可以看到逻辑回归模型把一个 2 类样本分错了类。

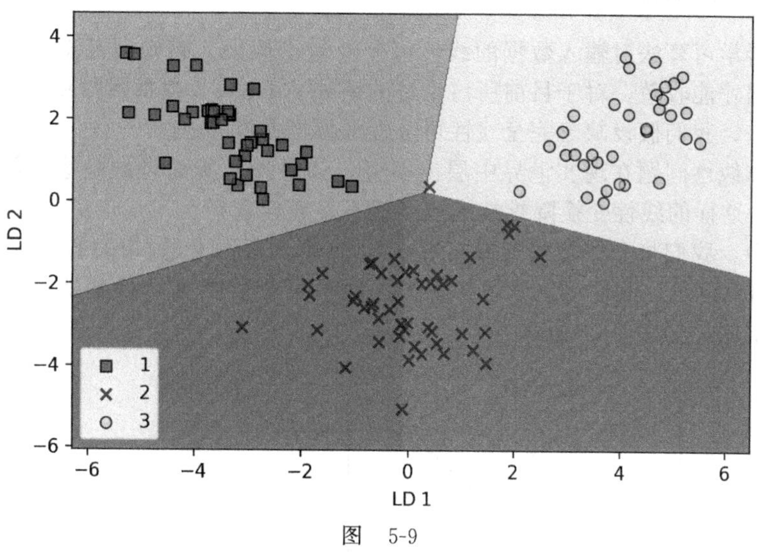

图　5-9

通过降低正则化强度，有可能移动决策边界，以便逻辑回归模型能够正确地对训练数据集中的所有样本进行分类。但是，更为重要的是观察测试数据集上的结果：

```
>>> X_test_lda = lda.transform(X_test_std)
>>> plot_decision_regions(X_test_lda, y_test, classifier=lr)
>>> plt.xlabel('LD 1')
>>> plt.ylabel('LD 2')
>>> plt.legend(loc='lower left')
>>> plt.tight_layout()
>>> plt.show()
```

如图 5-10 所示，逻辑回归分类器能够用一个二维特征子空间代替原来的 13 个葡萄酒特征，在测试数据集中对样本进行精确的分类。

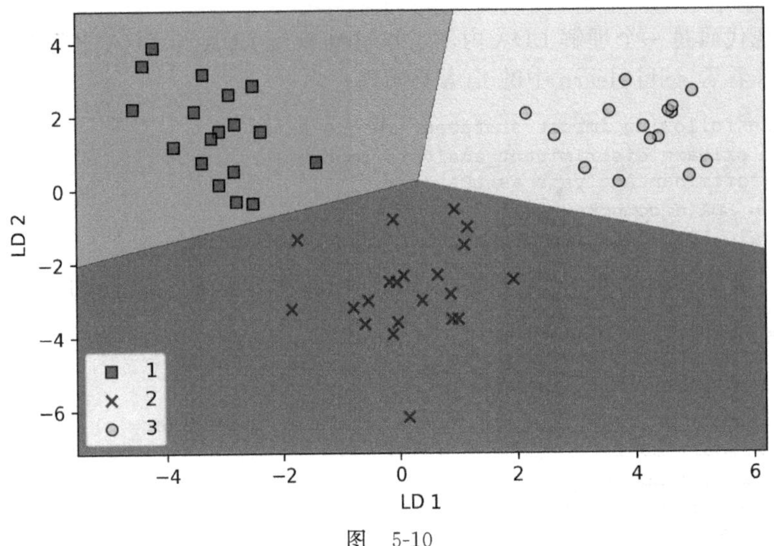

图　5-10

5.3　非线性映射的核主成分分析

许多机器学习算法对输入数据的线性可分性做出假设。感知器甚至需要完全线性可分的训练数据才能收敛。对于目前所讨论过的诸如 Adaline、逻辑回归和(标准)支持向量机等其他算法，我们假设缺乏完全线性可分性的原因是噪声。

然而，非线性问题在现实世界中层出不穷，如果我们所面对的是这类问题，那么像 PCA 和 LDA 这样的线性变换降维技术可能就不是最佳选择。

在本节中，我们将介绍与核支持向量机概念(第 3 章讨论过)相关的 PCA 的核化版本 KPCA。利用 KPCA，我们可以学习如何把线性不可分的数据转换到适合线性分类器的新的低维子空间，如图 5-11 所示。

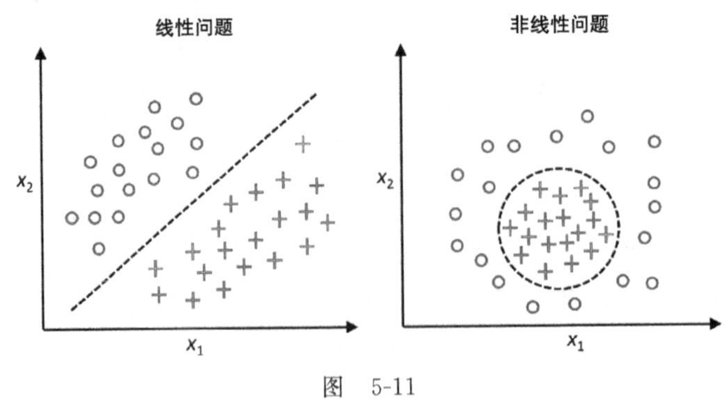

图　5-11

5.3.1　核函数与核技巧

回想我们在第 3 章中曾经讨论过的核支持向量机，可以通过把数据投影到一个更高维度的新特征空间，使其变得线性可分，从而解决非线性问题。要将样本 $\boldsymbol{x}\in\mathbb{R}^d$ 变换到更高的 k 维子空间，我们需要定义一个非线性映射函数 ϕ：

$$\phi: \mathbb{R}^d \rightarrow \mathbb{R}^k \quad (k \gg d)$$

我们可以把 ϕ 当成一个用来创建原始特征的非线性组合的函数，把原来的 d 维数据集映射到较大的 k 维特征空间。

例如，假设有一个二维的特征向量 $\boldsymbol{x} \in \mathbb{R}^d$（$\boldsymbol{x}$ 是一个包含 d 个特征的列向量，$d=2$），可以通过下面的计算把它映射到三维空间：

$$\boldsymbol{x} = [x_1, \ x_2]^{\mathrm{T}}$$
$$\downarrow \phi$$
$$\boldsymbol{z} = [x_1^2, \ \sqrt{2x_1x_2}, \ x_2^2]^{\mathrm{T}}$$

换言之，通过 KPCA 执行非线性映射将数据转换到高维空间。然后在这个高维空间用标准 PCA 将数据投影回低维空间，使其变为可用线性分类器分离（前提是在输入空间中样本可以通过密度进行分离）。然而，该方法的缺点是计算成本非常昂贵，而这正是核技巧发挥作用的地方。可以利用核技巧在原始特征空间计算两个高维特征向量之间的相似性。

在继续讨论利用核技巧来解决计算成本昂贵的问题之前，先回顾一下我们在本章开头实现的标准 PCA 方法。当时用下述公式计算了 k 和 j 两个特征之间的协方差，如下所示：

$$\sigma_{jk} = \frac{1}{n}\sum_{i=1}^{n}(x_j^{(i)} - \mu_j)(x_k^{(i)} - \mu_k)$$

由于标准化特征使其以零均值为中心，例如 $\mu_j = 0$ 且 $\mu_k = 0$，简化方程式如下：

$$\sigma_{jk} = \frac{1}{n}\sum_{i=1}^{n} x_j^{(i)} x_k^{(i)}$$

注意，前面的方程式是用来计算两个特征之间的协方差，协方差矩阵 Σ 的计算方程式如下：

$$\Sigma = \frac{1}{n}\sum_{i=1}^{n} \boldsymbol{x}^{(i)} \boldsymbol{x}^{(i)\mathrm{T}}$$

Bernhard Scholkopf 泛化了该方法（*Kernel principal component analysis*, *B. Scholkopf*, *A. Smola*, *and K. R. Muller*, pages 583-588, *1997*），因而我们可以通过 ϕ 用非线性特征组合取代原始特征空间中样本之间的点积：

$$\Sigma = \frac{1}{n}\sum_{i=1}^{n} \phi(\boldsymbol{x}^{(i)}) \phi(\boldsymbol{x}^{(i)})^{\mathrm{T}}$$

为了从这个协方差矩阵得到特征向量，也就是主成分，必须求解下面的方程式：

$$\begin{aligned}
&\Sigma \boldsymbol{v} = \lambda \boldsymbol{v} \\
&\Rightarrow \frac{1}{n}\sum_{i=1}^{n} \phi(\boldsymbol{x}^{(i)}) \phi(\boldsymbol{x}^{(i)})^{\mathrm{T}} \boldsymbol{v} = \lambda \boldsymbol{v} \\
&\Rightarrow \boldsymbol{v} = \frac{1}{n\lambda}\sum_{i=1}^{n} \phi(\boldsymbol{x}^{(i)}) \phi(\boldsymbol{x}^{(i)})^{\mathrm{T}} \boldsymbol{v} = \frac{1}{n}\sum_{i=1}^{n} \boldsymbol{a}^{(i)} \phi(\boldsymbol{x}^{(i)})
\end{aligned}$$

这里的 λ 和 $\boldsymbol{v}$ 分别为协方差矩阵 Σ 的特征值和特征向量，$\boldsymbol{a}$ 可以通过提取核（相似）矩阵 $\boldsymbol{K}$ 的特征向量获得，正如在接下来的段落中将要看到的。

推导核矩阵

核矩阵的推导过程如下所示。

首先以矩阵的表达方式写出协方差矩阵，其中 $\phi(\boldsymbol{X})$ 是一个 $n \times k$ 维的矩阵：

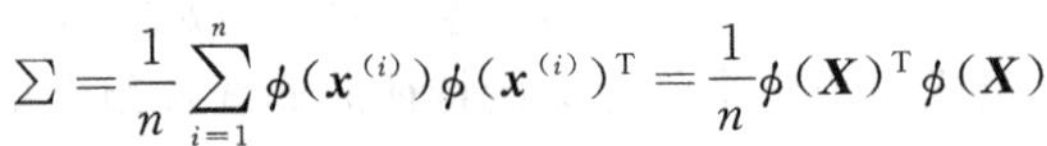

$$\Sigma=\frac{1}{n}\sum_{i=1}^{n}\phi(\boldsymbol{x}^{(i)})\phi(\boldsymbol{x}^{(i)})^{\mathrm{T}}=\frac{1}{n}\phi(\boldsymbol{X})^{\mathrm{T}}\phi(\boldsymbol{X})$$

现在可以写出以下的特征向量方程：

$$\boldsymbol{v}=\frac{1}{n}\sum_{i=1}^{n}a^{(i)}\phi(\boldsymbol{x}^{(i)})=\lambda\phi(\boldsymbol{X})^{\mathrm{T}}\boldsymbol{a}$$

因为$\Sigma\boldsymbol{v}=\lambda\boldsymbol{v}$，所以得到：

$$\frac{1}{n}\phi(\boldsymbol{X})^{\mathrm{T}}\phi(\boldsymbol{X})\phi(\boldsymbol{X})^{\mathrm{T}}\boldsymbol{a}=\lambda\phi(\boldsymbol{X})^{\mathrm{T}}\boldsymbol{a}$$

把两边都与$\phi(\boldsymbol{X})$相乘，得到以下结果：

$$\frac{1}{n}\phi(\boldsymbol{X})\phi(\boldsymbol{X})^{\mathrm{T}}\phi(\boldsymbol{X})\phi(\boldsymbol{X})^{\mathrm{T}}\boldsymbol{a}=\lambda\phi(\boldsymbol{X})\phi(\boldsymbol{X})^{\mathrm{T}}\boldsymbol{a}$$

$$\Rightarrow\frac{1}{n}\phi(\boldsymbol{X})\phi(\boldsymbol{X})^{\mathrm{T}}\boldsymbol{a}=\lambda\boldsymbol{a}$$

$$\Rightarrow\frac{1}{n}\boldsymbol{K}a=\lambda\boldsymbol{a}$$

$\boldsymbol{K}$为相似(核)矩阵：

$$\boldsymbol{K}=\phi(\boldsymbol{X})\phi(\boldsymbol{X})^{\mathrm{T}}$$

回想3.5节的内容，通过核技巧，使用核函数κ以避免使用ϕ来精确计算样本集合$\boldsymbol{x}$中样本对之间的点积，这样就无须对特征向量进行精确的计算：

$$\kappa(\boldsymbol{x}^{(i)},\ \boldsymbol{x}^{(j)})=\phi(\boldsymbol{x}^{(i)})^{\mathrm{T}}\phi(\boldsymbol{x}^{(j)})$$

换句话说，在KPCA之后，我们得到的是已经投影到各成分的样本，而不是像标准PCA方法那样构造变换矩阵。核函数(或简称核)基本上可以理解为计算两个向量之间点积的函数，即相似性度量。

最常用的核有：

- 多项式核：

$$\kappa(\boldsymbol{x}^{(i)},\ \boldsymbol{x}^{(j)})=(\boldsymbol{x}^{(i)\mathrm{T}}\boldsymbol{x}^{(j)}+\theta)^{p}$$

  这里θ是阈值，P为用户指定的幂。

- 双曲正切(S)核：

$$\kappa(\boldsymbol{x}^{(i)},\ \boldsymbol{x}^{(j)})=\tanh(\eta\boldsymbol{x}^{(i)\mathrm{T}}\boldsymbol{x}^{(j)}+\theta)$$

- **径向基函数**(RBF)或高斯核函数(我们将在下一小节的例子中使用)：

$$\kappa(\boldsymbol{x}^{(i)},\ \boldsymbol{x}^{(j)})=\exp\left(-\frac{\|\boldsymbol{x}^{(i)}-\boldsymbol{x}^{(j)}\|^{2}}{2\sigma^{2}}\right)$$

  往往把它写成下面的形式，并引入变量$\gamma=\frac{1}{2\sigma^{2}}$：

$$\kappa(\boldsymbol{x}^{(i)},\ \boldsymbol{x}^{(j)})=\exp(-\gamma\|\boldsymbol{x}^{(i)}-\boldsymbol{x}^{(j)}\|^{2})$$

我们定义以下三个步骤来实现一个使用RBF的KPCA，以总结迄今所学的知识：

1) 计算核(相似)矩阵$\boldsymbol{K}$，在这里需要做下述计算：

$$\kappa(\boldsymbol{x}^{(i)},\ \boldsymbol{x}^{(j)})=\exp(-\gamma\|\boldsymbol{x}^{(i)}-\boldsymbol{x}^{(j)}\|^{2})$$

对每个样本对进行计算：

$$K=\begin{bmatrix}\kappa(\boldsymbol{x}^{(1)},\boldsymbol{x}^{(1)}) & \kappa(\boldsymbol{x}^{(1)},\boldsymbol{x}^{(2)}) & \cdots & \kappa(\boldsymbol{x}^{(1)},\boldsymbol{x}^{(n)})\\ \kappa(\boldsymbol{x}^{(2)},\boldsymbol{x}^{(1)}) & (\boldsymbol{x}^{(2)},\boldsymbol{x}^{(2)}) & \cdots & \kappa(\boldsymbol{x}^{(2)},\boldsymbol{x}^{(n)})\\ \vdots & \vdots & \ddots & \vdots\\ \kappa(\boldsymbol{x}^{(n)},\boldsymbol{x}^{(1)}) & \kappa(\boldsymbol{x}^{(n)},\boldsymbol{x}^{(2)}) & \cdots & \kappa(\boldsymbol{x}^{(n)},\boldsymbol{x}^{(n)})\end{bmatrix}$$

假设数据集包含 100 个训练样本，成对相似性对称核矩阵将为 100×100 维。

2）用下面的公式中心化核矩阵 $\boldsymbol{K}$：

$$\boldsymbol{K}'=\boldsymbol{K}-\boldsymbol{1}_n\boldsymbol{K}-\boldsymbol{K}\boldsymbol{1}_n+\boldsymbol{1}_n\boldsymbol{K}\boldsymbol{1}_n$$

这里，$\boldsymbol{1}_n$ 是一个 $n\times n$ 维的矩阵(与核矩阵维数相同)，所有的值都是$\frac{1}{n}$。

3）根据按降序排列的特征值，收集排在中心化核矩阵的前 k 个相应特征向量。与标准 PCA 相反，特征向量不是主成分轴，而是已经投影到这些轴的样本。

现在，你可能会想知道为什么我们需要在第二步中心化核矩阵。之前假设所处理的是标准化数据，当通过 ϕ 构建协方差矩阵和用非线性特征组合取代点积时，所有特征的均值都是零。因此，我们在第二步中心化核矩阵是必要的，因为没有具体计算新特征空间，所以不能保证新特征空间也已经中心化为零。

下一节我们将用 Python 实现 KPCA，将上述三个步骤付诸实践。

5.3.2 用 Python 实现核主成分分析

在前一小节中，我们讨论了核主成分分析背后的核心概念。现在将用 Python 按照前面总结好的三个步骤实现一个使用 RBF 的 KPCA。你将会看到，用 SciPy 和 NumPy 的一些辅助函数来实现 KPCA 其实非常简单：

```
from scipy.spatial.distance import pdist, squareform
from scipy import exp
from scipy.linalg import eigh
import numpy as np

def rbf_kernel_pca(X, gamma, n_components):
    """
    RBF kernel PCA implementation.

    Parameters
    ------------
    X: {NumPy ndarray}, shape = [n_examples, n_features]

    gamma: float
        Tuning parameter of the RBF kernel

    n_components: int
        Number of principal components to return

    Returns
    ------------
    X_pc: {NumPy ndarray}, shape = [n_examples, k_features]
        Projected dataset

    """
    # Calculate pairwise squared Euclidean distances
    # in the MxN dimensional dataset.
    sq_dists = pdist(X, 'sqeuclidean')
```

```
    # Convert pairwise distances into a square matrix.
    mat_sq_dists = squareform(sq_dists)

    # Compute the symmetric kernel matrix.
    K = exp(-gamma * mat_sq_dists)

    # Center the kernel matrix.
    N = K.shape[0]
    one_n = np.ones((N,N)) / N
    K = K - one_n.dot(K) - K.dot(one_n) + one_n.dot(K).dot(one_n)

    # Obtaining eigenpairs from the centered kernel matrix
    # scipy.linalg.eigh returns them in ascending order
    eigvals, eigvecs = eigh(K)
    eigvals, eigvecs = eigvals[::-1], eigvecs[:, ::-1]
    # Collect the top k eigenvectors (projected examples)
    X_pc = np.column_stack([eigvecs[:, i]
                           for i in range(n_components)])

    return X_pc
```

通过使用 RBF 的 KPCA 进行降维的缺点是必须事先指定参数 γ。需要通过试验找到合适的 γ 值，最好的做法是用参数调优算法，例如执行网格搜索，在第 6 章中我们将更加详细地讨论。

5.3.2.1　示例 1——分离半月形

现在用 `rbf_kernel_pca` 来处理一些非线性示例数据集。首先创建二维数据集，其中 100 个样本组成两个半月形：

```
>>> from sklearn.datasets import make_moons
>>> X, y = make_moons(n_samples=100, random_state=123)
>>> plt.scatter(X[y==0, 0], X[y==0, 1],
...             color='red', marker='^', alpha=0.5)
>>> plt.scatter(X[y==1, 0], X[y==1, 1],
...             color='blue', marker='o', alpha=0.5)
>>> plt.tight_layout()
>>> plt.show()
```

图 8-12 中三角形符号的半月代表一类样本，而圆形符号的半月代表另一类。

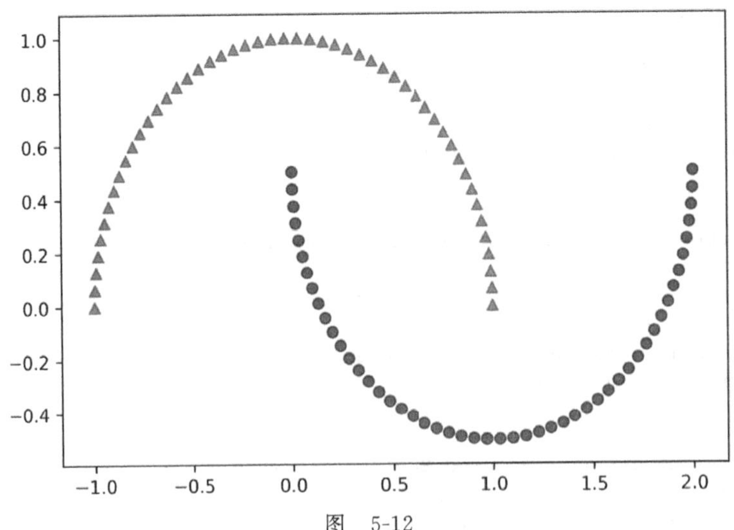

图　5-12

这两个半月形显然线性不可分，我们要通过核主成分分析来显示半月形，以便把数据集变成线性分类器的合适输入。但是我们要先观察通过标准的 PCA 把数据集投影到主成分上所带来的结果：

```
>>> from sklearn.decomposition import PCA
>>> scikit_pca = PCA(n_components=2)
>>> X_spca = scikit_pca.fit_transform(X)
>>> fig, ax = plt.subplots(nrows=1, ncols=2, figsize=(7,3))
>>> ax[0].scatter(X_spca[y==0, 0], X_spca[y==0, 1],
...               color='red', marker='^', alpha=0.5)
>>> ax[0].scatter(X_spca[y==1, 0], X_spca[y==1, 1],
...               color='blue', marker='o', alpha=0.5)
>>> ax[1].scatter(X_spca[y==0, 0], np.zeros((50,1))+0.02,
...               color='red', marker='^', alpha=0.5)
>>> ax[1].scatter(X_spca[y==1, 0], np.zeros((50,1))-0.02,
...               color='blue', marker='o', alpha=0.5)
>>> ax[0].set_xlabel('PC1')
>>> ax[0].set_ylabel('PC2')
>>> ax[1].set_ylim([-1, 1])
>>> ax[1].set_yticks([])
>>> ax[1].set_xlabel('PC1')
>>> plt.tight_layout()
>>> plt.show()
```

从结果图 5-13 明显可以看出线性分类器在标准 PCA 转换的数据集上表现不佳。

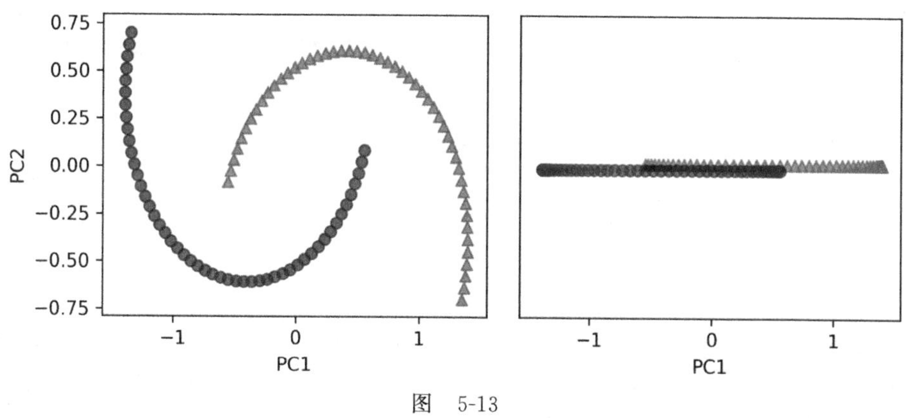

图 5-13

注意，在绘制的第一主成分图(图 5-13 的右子图)时，我们将三角形样本略微向上偏移，且圆形样本略微向下偏移，以更好地展示两个类的重叠情况。图 5-13 的左子图显示，原来的半月形在垂直中心上只有略微的剪切和翻转，这种转换无助于线性分类器区分圆形和三角形。同样，如果我们把数据集投影到一个一维特征轴上，所对应的两个半月形状的圆形和三角形也是线性不可分的，如图 5-13 的右子图所示。

PCA 与 LDA

请记住 PCA 是一种无监督学习方法，与 LDA 相反，它不需要使用分类标签信息来最大化方差。这里出于增强可视化效果的考虑，加入三角形和圆形符号来说明分离的程度。

现在尝试使用上一小节实现的核主成分分析函数 `rbf_kernel_pca`：

```
>>> X_kpca = rbf_kernel_pca(X, gamma=15, n_components=2)
>>> fig, ax = plt.subplots(nrows=1, ncols=2, figsize=(7, 3))
>>> ax[0].scatter(X_kpca[y==0, 0], X_kpca[y==0, 1],
...               color='red', marker='^', alpha=0.5)
>>> ax[0].scatter(X_kpca[y==1, 0], X_kpca[y==1, 1],
...               color='blue', marker='o', alpha=0.5)
>>> ax[1].scatter(X_kpca[y==0, 0], np.zeros((50,1))+0.02,
...               color='red', marker='^', alpha=0.5)
>>> ax[1].scatter(X_kpca[y==1, 0], np.zeros((50,1))-0.02,
...               color='blue', marker='o', alpha=0.5)
>>> ax[0].set_xlabel('PC1')
>>> ax[0].set_ylabel('PC2')
>>> ax[1].set_ylim([-1, 1])
>>> ax[1].set_yticks([])
>>> ax[1].set_xlabel('PC1')
>>> plt.tight_layout()
>>> plt.show()
```

从图 5-14 可以看到圆形类和三角形类线性分离良好，这样我们就有了适合线性分类器的训练数据集。

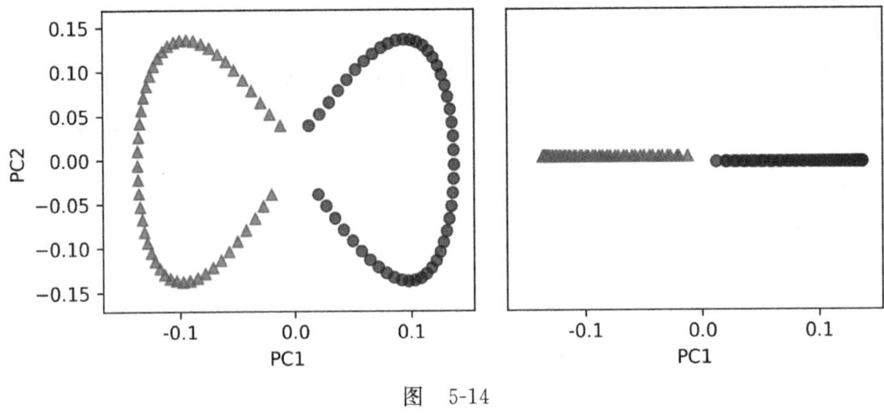

图 5-14

不幸的是，调优参数 γ 没有普适于不同的数据集的值。需要进行实验来寻找适合给定问题的 γ 值。第 6 章将讨论那些有助于完成自动化参数调优等优化任务的技术。这里将使用已发现的能产生好结果的 γ 值。

5.3.2.2 示例 2——分离同心圆

前一小节展示了如何通过核主成分分析分离两个半月形数据集。由于对理解核主成分分析的概念做了大量的工作，来看一下另一个非线性问题的有趣例子，即同心圆：

```
>>> from sklearn.datasets import make_circles
>>> X, y = make_circles(n_samples=1000,
...                     random_state=123, noise=0.1,
...                     factor=0.2)
>>> plt.scatter(X[y == 0, 0], X[y == 0, 1],
...             color='red', marker='^', alpha=0.5)
>>> plt.scatter(X[y == 1, 0], X[y == 1, 1],
...             color='blue', marker='o', alpha=0.5)
>>> plt.tight_layout()
>>> plt.show()
```

同样，假设一个二元分类问题，三角形代表一类，而圆形代表另一类，如图 5-15 所示。

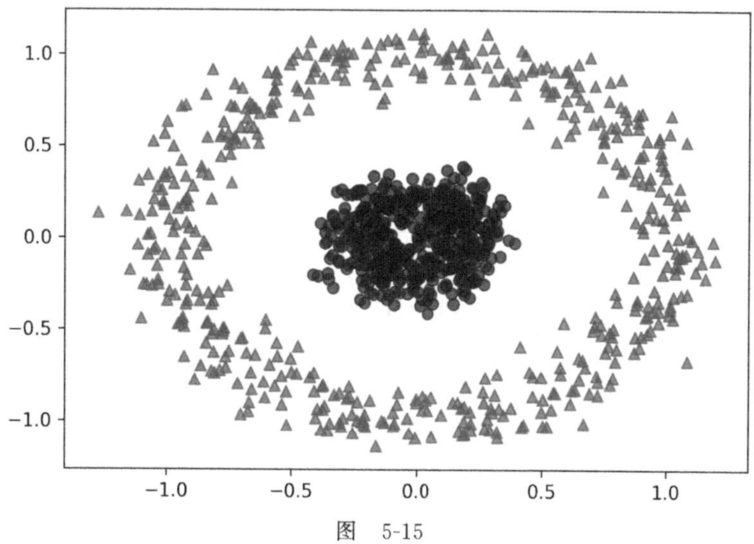

图 5-15

让我们从标准 PCA 方法开始，并与 RBF 核主成分分析的结果进行比较：

```
>>> scikit_pca = PCA(n_components=2)
>>> X_spca = scikit_pca.fit_transform(X)
>>> fig, ax = plt.subplots(nrows=1, ncols=2, figsize=(7,3))
>>> ax[0].scatter(X_spca[y==0, 0], X_spca[y==0, 1],
...               color='red', marker='^', alpha=0.5)
>>> ax[0].scatter(X_spca[y==1, 0], X_spca[y==1, 1],
...               color='blue', marker='o', alpha=0.5)
>>> ax[1].scatter(X_spca[y==0, 0], np.zeros((500,1))+0.02,
...               color='red', marker='^', alpha=0.5)
>>> ax[1].scatter(X_spca[y==1, 0], np.zeros((500,1))-0.02,
...               color='blue', marker='o', alpha=0.5)
>>> ax[0].set_xlabel('PC1')
>>> ax[0].set_ylabel('PC2')
>>> ax[1].set_ylim([-1, 1])
>>> ax[1].set_yticks([])
>>> ax[1].set_xlabel('PC1')
>>> plt.tight_layout()
>>> plt.show()
```

我们再一次看到标准 PCA 不能产生适合训练线性分类器的结果，如图 5-16 所示。

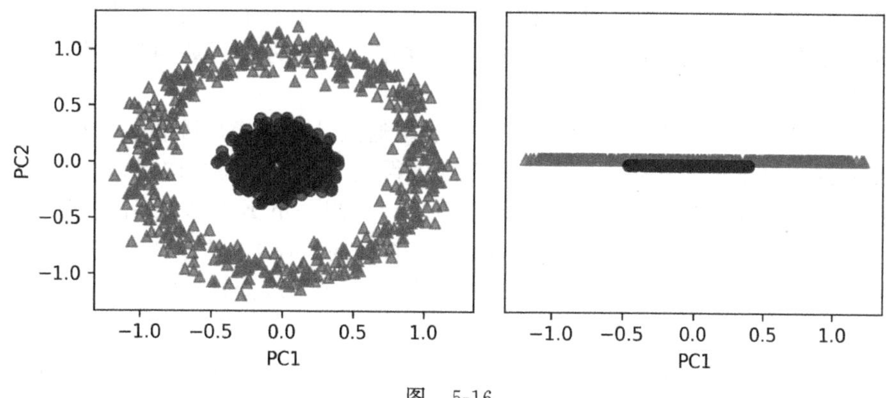

图 5-16

用一个适当的 γ 值看能否幸运地用 RBF KPCA 实现完成任务：

```
>>> X_kpca = rbf_kernel_pca(X, gamma=15, n_components=2)
>>> fig, ax = plt.subplots(nrows=1,ncols=2, figsize=(7,3))
>>> ax[0].scatter(X_kpca[y==0, 0], X_kpca[y==0, 1],
...               color='red', marker='^', alpha=0.5)
>>> ax[0].scatter(X_kpca[y==1, 0], X_kpca[y==1, 1],
...               color='blue', marker='o', alpha=0.5)
>>> ax[1].scatter(X_kpca[y==0, 0], np.zeros((500,1))+0.02,
...               color='red', marker='^', alpha=0.5)
>>> ax[1].scatter(X_kpca[y==1, 0], np.zeros((500,1))-0.02,
...               color='blue', marker='o', alpha=0.5)
>>> ax[0].set_xlabel('PC1')
>>> ax[0].set_ylabel('PC2')
>>> ax[1].set_ylim([-1, 1])
>>> ax[1].set_yticks([])
>>> ax[1].set_xlabel('PC1')
>>> plt.tight_layout()
>>> plt.show()
```

RBF KPCA 再次将数据投影到新的子空间，这两个类在该空间线性可分，如图 5-17 所示。

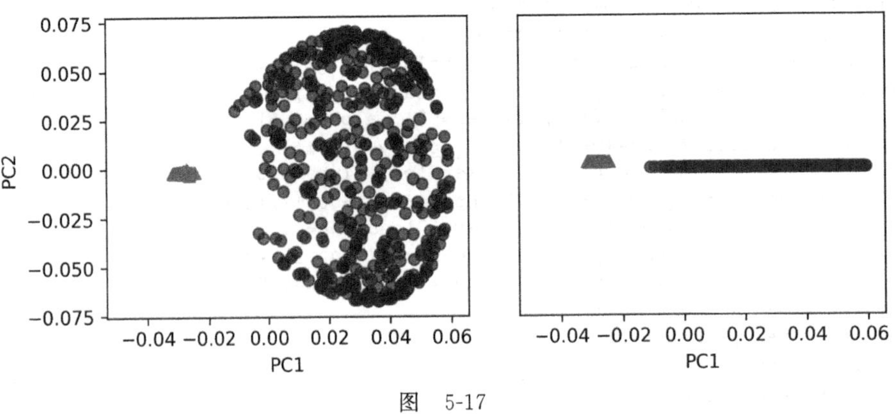

图 5-17

5.3.3 投影新的数据点

在前面 KPCA 应用的半月形和同心圆两个示例中，我们将单个数据集投影到了新的特征空间。然而在实际应用中，要转换的数据集可能不止一个，例如可能有训练和测试数据，通常还有模型构建和评估之后收集的新样本。本节将学习如何投影训练数据集之外的数据点。

回想一下本章开始时提到的标准 PCA 方法，通过计算变换矩阵和输入样本之间的点积来投影数据，投影矩阵的列是从协方差矩阵中得到的前 k 个特征向量($\boldsymbol{v}$)。

现在的问题是如何将这个概念转移到 KPCA。回想一下 KPCA 背后的概念，记得我们得到了中心化核矩阵(不是协方差矩阵)的一个特征向量($\boldsymbol{a}$)，这意味着它们已经被投影到主成分轴 $\boldsymbol{v}$ 上。因此，如果想要将新样本 $\boldsymbol{x}'$ 投影到该主成分轴，需要做如下的计算：

$$\phi(x')^{\mathrm{T}}\boldsymbol{v}$$

幸运的是，我们可以使用核技巧来避免具体计算投影数据 $\phi(\boldsymbol{x}')^{\mathrm{T}}\boldsymbol{v}$。然而，值得注意的是，与标准 PCA 相比，KPCA 是基于内存的方法，这意味着每次都必须重新使用原始的训练数据集来投影新的样本。

我们必须计算训练数据集里的每个样本 i 与新样本 $\boldsymbol{x}'$之间的成对 RBF 核(相似度)：

$$\begin{aligned}\phi(\boldsymbol{x}')^{\mathrm{T}}v &= \sum_i a^{(i)}\phi(\boldsymbol{x}')^{\mathrm{T}}\phi(\boldsymbol{x}^{(i)}) \\ &= \sum_i a^{(i)}\kappa(\boldsymbol{x}', \boldsymbol{x}^{(i)})\end{aligned}$$

这里，核矩阵 $\boldsymbol{K}$ 的特征向量 $\boldsymbol{a}$ 和特征值 λ 满足以下方程的条件：

$$\boldsymbol{K}\boldsymbol{a}=\lambda\boldsymbol{a}$$

在计算新样本与训练数据集中的样本之间的相似度后，必须对特征向量 $\boldsymbol{a}$ 按其特征值进行归一化处理。因此，修改较早时实现的 rbf_kernel_pca 函数，让它返回核矩阵的特征值：

```
from scipy.spatial.distance import pdist, squareform
from scipy import exp
from scipy.linalg import eigh
import numpy as np

def rbf_kernel_pca(X, gamma, n_components):
    """
    RBF kernel PCA implementation.

    Parameters
    ------------
    X: {NumPy ndarray}, shape = [n_examples, n_features]

    gamma: float
        Tuning parameter of the RBF kernel

    n_components: int
        Number of principal components to return

    Returns
    ------------
    alphas {NumPy ndarray}, shape = [n_examples, k_features]
        Projected dataset

    lambdas: list
        Eigenvalues

    """
    # Calculate pairwise squared Euclidean distances
    # in the MxN dimensional dataset.
    sq_dists = pdist(X, 'sqeuclidean')

    # Convert pairwise distances into a square matrix.
    mat_sq_dists = squareform(sq_dists)

    # Compute the symmetric kernel matrix.
    K = exp(-gamma * mat_sq_dists)

    # Center the kernel matrix.
    N = K.shape[0]
    one_n = np.ones((N,N)) / N
    K = K - one_n.dot(K) - K.dot(one_n) + one_n.dot(K).dot(one_n)
```

```
    # Obtaining eigenpairs from the centered kernel matrix
    # scipy.linalg.eigh returns them in ascending order
    eigvals, eigvecs = eigh(K)
    eigvals, eigvecs = eigvals[::-1], eigvecs[:, ::-1]

    # Collect the top k eigenvectors (projected examples)
    alphas = np.column_stack([eigvecs[:, i]
                             for i in range(n_components)])

    # Collect the corresponding eigenvalues
    lambdas = [eigvals[i] for i in range(n_components)]
    return alphas, lambdas
```

现在创建一个新的半月形数据集，用更新后的 RBF KPCA 实现将其投影到一维子空间：

```
>>> X, y = make_moons(n_samples=100, random_state=123)
>>> alphas, lambdas = rbf_kernel_pca(X, gamma=15, n_components=1)
```

为确保实现了投影新样本的代码，我们假设半月形数据集的第 26 个样本是一个新数据点 x'，任务是把该数据点投影到该新的子空间。

```
>>> x_new = X[25]
>>> x_new
array([ 1.8713187 ,  0.00928245])
>>> x_proj = alphas[25] # original projection
>>> x_proj
array([ 0.07877284])
>>> def project_x(x_new, X, gamma, alphas, lambdas):
...     pair_dist = np.array([np.sum(
...                 (x_new-row)**2) for row in X])
...     k = np.exp(-gamma * pair_dist)
...     return k.dot(alphas / lambdas)
```

执行下面的代码能够重现原始投影。调用 `project_x` 函数，可以投影任何新的数据样本。

```
>>> x_reproj = project_x(x_new, X,
...            gamma=15, alphas=alphas,
...            lambdas=lambdas)
>>> x_reproj
array([ 0.07877284])
```

最后实现第一主成分上投影的可视化：

```
>>> plt.scatter(alphas[y==0, 0], np.zeros((50)),
...             color='red', marker='^',alpha=0.5)
>>> plt.scatter(alphas[y==1, 0], np.zeros((50)),
...             color='blue', marker='o', alpha=0.5)
>>> plt.scatter(x_proj, 0, color='black',
...             label='Original projection of point X[25]',
...             marker='^', s=100)
>>> plt.scatter(x_reproj, 0, color='green',
...             label='Remapped point X[25]',
...             marker='x', s=500)
>>> plt.yticks([], [])
>>> plt.legend(scatterpoints=1)
>>> plt.tight_layout()
>>> plt.show()
```

现在可以看到图 5-18 所示的散点图，样本 x'被正确地映射到第一主成分。

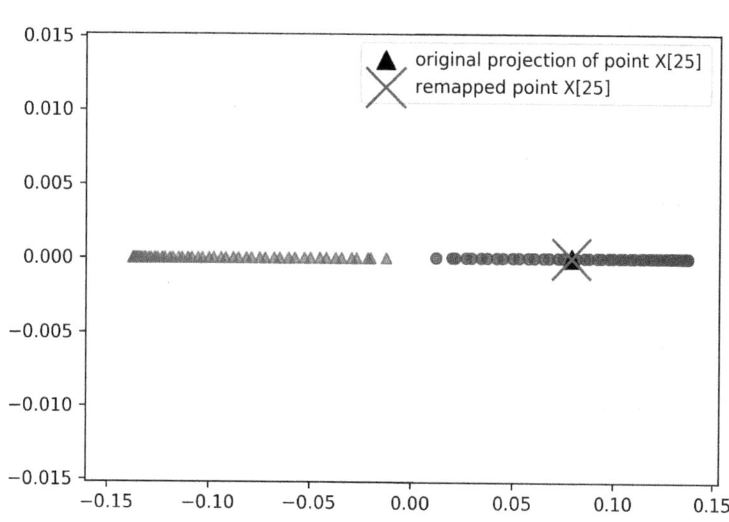

图　5-18

5.3.4　scikit-learn 的核主成分分析

为方便起见，scikit-learn 在 `sklearn.decomposition` 子模块中实现了 KPCA 类。用法类似于标准 PCA 类，可以通过 kernel 参数来指定核：

```
>>> from sklearn.decomposition import KernelPCA
>>> X, y = make_moons(n_samples=100, random_state=123)
>>> scikit_kpca = KernelPCA(n_components=2,
...                         kernel='rbf', gamma=15)
>>> X_skernpca = scikit_kpca.fit_transform(X)
```

为了验证所得的结果与自己实现的 KPCA 一致，我们将转换后的半月形数据绘制到前两个主成分上：

```
>>> plt.scatter(X_skernpca[y==0, 0], X_skernpca[y==0, 1],
...             color='red', marker='^', alpha=0.5)
>>> plt.scatter(X_skernpca[y==1, 0], X_skernpca[y==1, 1],
...             color='blue', marker='o', alpha=0.5)
>>> plt.xlabel('PC1')
>>> plt.ylabel('PC2')
>>> plt.tight_layout()
>>> plt.show()
```

可以看到 scikit-learn 的 KPCA 结果与我们自己动手实现的一致，如图 5-19 所示。

流形学习

scikit-learn 库还实现了非线性降维的高级技术，但这部分内容超出了本书的范围。感兴趣的读者可以从下述网站了解更多关于其 scikit-learn 实现的精彩概括，也包括示例讲解：

http://scikit-learn.org/stable/modules/manifold.html。

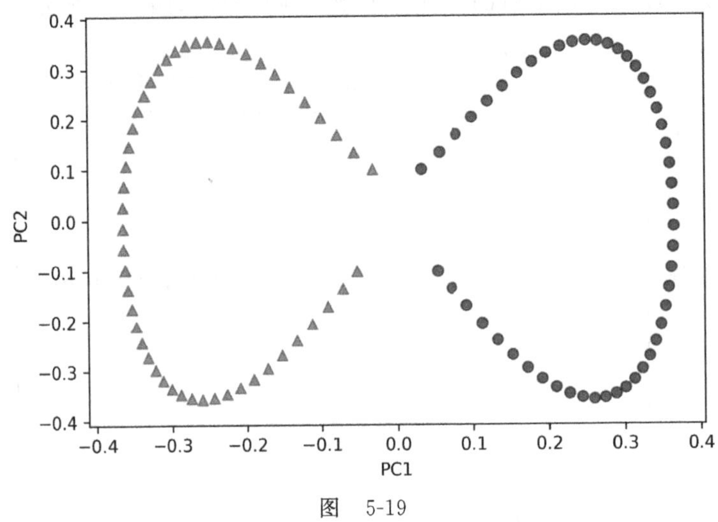

图 5-19

5.4 本章小结

本章我们学习了用于特征提取的三种基本的降维技术：标准 PCA、LDA 和 KPCA。通过 PCA，将数据投影到低维子空间，忽略分类标签，最大化沿正交特征轴的方差。与 PCA 相反，LDA 是一种监督降维技术，这意味着它考虑了训练数据集中的分类信息，试图在线性特征空间中最大化类的可分性。

最后，我们了解了非线性特征提取器 KPCA。通过核技巧，以及把数据临时投影到更高维度特征空间，最终我们能够把包含非线性特征的数据集压缩到低维子空间，从而使这些类在这里线性可分。

这些基本的数据预处理技术让我们现在万事俱备，第 6 章我们将学习各种最佳实践，掌握如何有效地综合使用不同的预处理技术，以及评估不同的模型性能。

模型评估和超参数调优的最佳实践

前几章学习了机器学习分类的基本算法，以及在把数据输入到算法之前如何进行预处理。现在我们学习通过调优算法和评估模型性能来构建良好的机器学习模型的最佳实践！

本章将主要涵盖下述几个方面：

- 获得对模型性能的评估。
- 诊断机器学习算法的常见问题。
- 机器学习模型调优。
- 采用不同的性能指标来评估预测模型。

6.1 用流水线方法简化工作流

在前面的章节中，我们使用了不同的预处理技术，如第4章介绍的用于特征缩放的标准化方法，或者第5章介绍的用于数据压缩的主成分分析，我们可以复用在拟合训练数据时获得的参数来缩放和压缩新数据(如不同测试数据集的样本)本节将介绍一个非常方便的工具，即scikit-learn的`Pipeline`类。它可以拟合任意多个转换步骤的模型，并将模型用于对新数据进行预测。

6.1.1 加载威斯康星乳腺癌数据集

本章将研究威斯康星乳腺癌数据集，它包含了569个恶性和良性肿瘤细胞样本。数据集的前两列分别存储样本的唯一ID和相应的诊断结果(M=恶性，B=良性)。列3～32包含30个根据细胞核的数字化图像计算出的特征值，可用来建立模型以预测肿瘤是良性还是恶性。威斯康星乳腺癌数据集保存在UCI机器学习存储库，可以从下述网址获得有关该数据集的更多详细信：https://archive.ics.uci.edu/ml/datasets/Breast+Cancer+Wisconsin+(Diagnostic)。

获取威斯康星乳腺癌的数据集

可以从本书的代码包中找到乳腺癌的数据集(以及本书用到的所有其他数据集)，如果你是离线工作或者UCI的服务器暂时宕机，你也可以从以下地址获得数据：https://archive.ics.uci.edu/ml/machine-learning-databases/breast-cancer-wisconsin/wdbc.data。例如，可以执行以下的代码从本地目录加载数据集，可以将下面的代码：

```
df = pd.read_csv(
     'https://archive.ics.uci.edu/ml/'
     'machine-learning-databases'
     '/breast-cancer-wisconsin/wdbc.data',
     header=None)
```

替换为下述代码：

```
df = pd.read_csv(
     'your/local/path/to/wdbc.data',
     header=None)
```

本节将用 pandas 直接从 UCI 网站读入数据集，然后通过三个简单步骤将其划分成训练数据集和测试数据集：

1）从 UCI 网站直接读入数据集：

```
>>> import pandas as pd
>>> df = pd.read_csv('https://archive.ics.uci.edu/ml/'
...                  'machine-learning-databases'
...                  '/breast-cancer-wisconsin/wdbc.data',
...                  header=None)
```

2）接着，我们把 30 个特征分配给 NumPy 数组 `X`。利用 `LabelEncoder` 对象，将分类标签从原来的字符串型（`'M'`和`'B'`）转换为整数型：

```
>>> from sklearn.preprocessing import LabelEncoder

>>> X = df.loc[:, 2:].values
>>> y = df.loc[:, 1].values
>>> le = LabelEncoder()
>>> y = le.fit_transform(y)
>>> le.classes_
array(['B', 'M'], dtype=object)
```

在数组 `y` 中对分类标签（诊断）编码，恶性肿瘤用 `1` 类代表，良性肿瘤用 `0` 类代表。通过调用 `LabelEncoder` 的 `transform` 方法再对两个虚拟分类标签做映射检查：

```
>>> le.transform(['M', 'B'])
array([1, 0])
```

3）在下一小节构建第一个流水线模型之前，先按照 8：2 的比例把数据集划分成独立的训练数据集和测试数据集：

```
>>> from sklearn.model_selection import train_test_split

>>> X_train, X_test, y_train, y_test = \
...     train_test_split(X, y,
...                      test_size=0.20,
...                      stratify=y,
...                      random_state=1)
```

6.1.2　在流水线中集成转换器和估计器

在前一章中，我们了解到，出于性能优化的目的，许多机器学习算法要求将输入的特征缩放到相同范围，由于威斯康星乳腺癌数据集中的特征缩放不同，我们需要标准化数据集中的列，然后才能将其输入到诸如逻辑回归之类的线性分类器。此外，假设希望通过**主成分分析**（PCA）——第 5 章介绍的一种用于降维的特征提取技术，我们可以把 30 维的初始数据压缩到较低的二维子空间。

与其在训练数据集和测试数据集中分别完成模型拟合和数据转换，不如把 `StandardScaler`、`PCA` 和 `LogisticRegression` 对象在流水线中链接起来：

```
>>> from sklearn.preprocessing import StandardScaler
>>> from sklearn.decomposition import PCA
>>> from sklearn.linear_model import LogisticRegression
>>> from sklearn.pipeline import make_pipeline
>>> pipe_lr = make_pipeline(StandardScaler(),
...                         PCA(n_components=2),
```

```
...                           LogisticRegression(random_state=1,
...                                              solver='lbfgs'))
>>> pipe_lr.fit(X_train, y_train)
>>> y_pred = pipe_lr.predict(X_test)
>>> print('Test Accuracy: %.3f' % pipe_lr.score(X_test, y_test))
Test Accuracy: 0.956
```

make_pipeline 函数可以包括任意多个 scikit-learn 转换器(作为输入对象支持 fit 和 transform 方法)，接着是实现 fit 及 predict 方法的 scikit-learn 估计器。前面的代码示例提供了 StandardScaler 和 PCA 两个转换器，以及以 LogisticRegression 估计器作为 make_pipeline 函数的输入，然后以这些对象为基础构建 scikit-learn 的 Pipeline 对象。

可以把 scikit-learn 的 Pipeline 想象为一个元估计器，或者一个独立转换器和估计器的封装。如果调用 Pipeline 的 fit 方法，数据将通过在中间步骤调用 fit 和 transform 方法来完成一系列转换器的传递，直至到达估计器对象(流水线中最后一个元素)为止。然后用估计器来拟合转换后的训练数据。

在执行前面示例代码中的 pipe_lr 流水线的 fit 方法时，StandardScaler 首先在训练数据集上调用 fit 和 transform 方法。然后将转换后的训练数据传递给流水线的下一个对象，即 PCA。与前面的步骤类似，PCA 也在缩放后的输入数据基础上调用 fit 和 transform，并将其传递给流水线中的最后一个元素，即估计器。

最后，经过调用 StandardScaler 和 PCA 完成对训练数据的转换后，用逻辑回归估计器进行拟合。我们再次强调，尽管流水线的中间步骤没有数量限制，但是流水线的最后一个元素必须是估计器。

类似在流水线上调用 fit 方法，流水线也实现了 predict 方法。如果调用 predict 方法将数据集输入 Pipeline 对象实例，流水线将通过中间步骤调用 transform 完成数据转换。估计器对象在最后一步将返回与转换后的数据相对应的预测结果。

scikit-learn 库的流水线是非常有用的封装工具，本书的其余部分将经常用到。为了确保掌握 Pipeline 对象的工作机制，请仔细观察图 6-1，它总结了我们在前面段落中讨论过的内容。

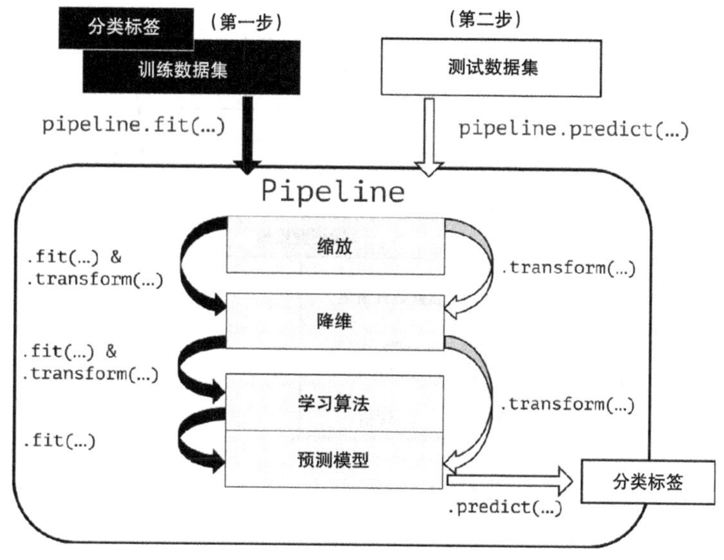

图　6-1

6.2 使用k折交叉验证评估模型性能

建立机器学习模型的关键步骤之一是在模型未见过的数据上评估其性能。假设在某个训练数据集上拟合模型，并用相同的数据来评估该模型在新数据上的性能。还记得在第3章的3.3.5节的讨论吗？如果模型过于简单，则可能发生欠拟合(高偏差)；如果模型基于训练数据过于复杂，则可能出现过拟合(高方差)。

为了找到一个可以接受的偏差-方差权衡，需要小心地评估模型。本节将介绍两种常见的交叉验证技术，即**holdout交叉验证**和**k折交叉验证**，它有助于我们获得对模型泛化性能的可靠评估，即模型在未见过的数据上的性能表现。

6.2.1 holdout方法

holdout交叉验证是评估机器学习模型泛化性能的一个经典且常用的方法。使用holdout方法把初始数据集划分成独立的训练数据集和测试数据集，前者用于训练模型，后者用来评估模型的泛化性能。然而，在典型的机器学习应用中，我们也对调整和比较不同的参数设置感兴趣，以进一步提高模型在未见过数据上的预测性能。该过程也被称为**模型选择**，指的是对给定的分类问题，选择最优的调优参数值(也称为**超参数**)。然而，如果在模型选择时反复使用相同的测试数据集，它将成为训练数据的一部分，这样更容易引起模型的过拟合。尽管存在着这个问题，许多人仍然使用测试数据集进行模型选择，这是机器学习的一个不良实践。

使用holdout方法进行模型选择更好的方式是将数据分为训练数据集三部分、验证数据集和测试数据集三部分。训练数据集用于拟合不同的模型，验证数据集用于在模型选择过程中验证性能。使用模型训练和模型选择步骤4中没见过的测试数据集的好处是，可以对该模型面对新数据的泛化能力有不那么偏颇的评估。图6-2说明了holdout交叉验证的概念，采用不同的参数对模型进行训练后，再在验证数据集上反复评估模型性能。一旦对调优的超参数值感到满意，就开始评估模型在测试数据集上的泛化性能，如图6-2所示。

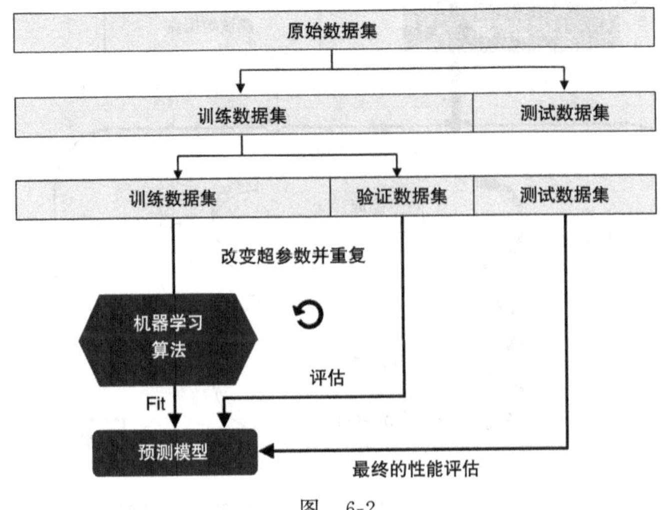

图 6-2

holdout 方法的缺点是，性能评估可能会对训练数据集划分为训练数据子集和验证数据子集的方式非常敏感，评估的结果将会随不同数据样本的变化而变化。下一节将讨论更强大的性能评估技术：k 折交叉验证，即在训练数据的 k 个子集上反复使用 k 次 holdout 方法。

6.2.2 k 折交叉验证

k 折交叉验证将训练数据集不重复地随机划分成 k 个，其中 $k-1$ 个用于模型训练，1 个用于性能评估。重复该过程 k 次，我们得到 k 个模型和 k 次性能估计。

放回抽样和不放回抽样

在第 3 章中，我们通过示例解释了放回抽样和不放回抽样。如果没有读过该章或想要再看看，请参考第 3 章 3.6.3 节的相关介绍。

接下来，我们将根据各次独立测试的结果来计算模型的平均性能，从而获得与 holdout 方法相比对训练数据集不那么敏感的性能评估。我们通常用 k 折交叉验证为模型调优，即寻找最优的超参数值，以获得到令人满意的综合性能。

一旦找到令人满意的超参数值，我们就可以在全部训练数据集上重新训练模型，并使用独立的测试数据集得到最终性能评估。在进行 k 折交叉验证后，将模型拟合到整个训练数据集的基本原理是，为学习算法提供更多的训练样本通常会使模型更准确，而且更健壮。

由于 k 折交叉验证属于不放回抽样技术，其优点在于每个样本仅用于训练和验证（如测试数据子集部分）一次，与 holdout 方法相比，这将使得模型性能的评估有较小的方差。图 6-3 总结了 k 折交叉验证（$k=10$）的相关概念。把训练数据的数据集划分为 10 个，在 10 次迭代中，每次迭代都将 9 个用于训练模型，1 个用于评估模型。此外，根据模型在每个数据子集上的性能评估结果 E_i（例如分类准确率或误差）来计算模型的估计平均性能 E，如图 6-3 所示。

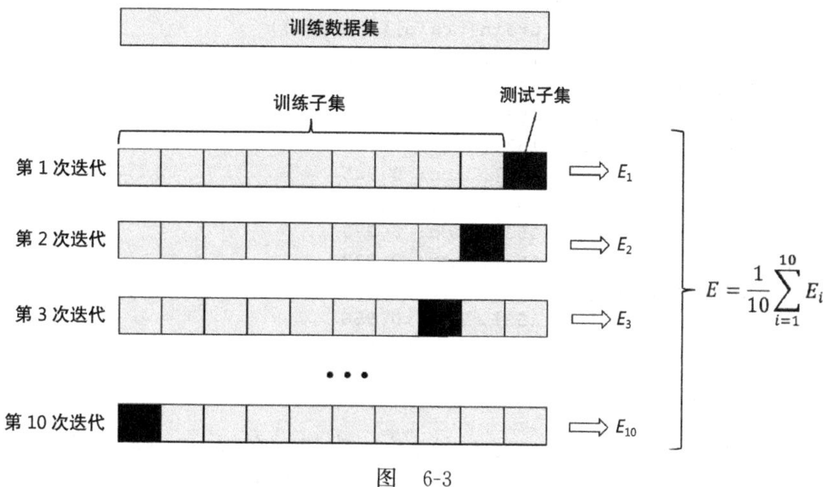

图 6-3

实践证明 k 折交叉验证参数 k 的最优标准值为 10。例如，Ren kohavi 通过对各种现实世界数据集的实验表明，10 折交叉验证提供了在偏差和方差之间的最佳平衡（*A Study of Cross-Validation and Bootstrap for Accuracy Estimation and Model Selection*，*Kohavi*，*Ron*，*International Joint Conference on Artificial Intelligence*（*IJCAI*），14（12）：1137-43，*1995*）。

然而，如果训练数据集相对较小，那么增加折数可能有益。如果我们加大 k 值，那么每次迭代都会有更多的训练数据，这样通过计算每个模型评估值的平均来评估泛化性能的偏差就比较小。然而，较大的 k 值也会增加交叉验证算法的计算时间，因为数据子集彼此的相似度更高，所以会产生评估值方差较高。另外，如果数据集的规模比较大，我们可以选择相对较小的 k 值，例如 $k=5$，这样做仍然可以完成对模型平均性能的准确评估，同时可以降低模型对不同数据子集反复拟合和评估的计算成本。

留一交叉验证

k折交叉验证的特例是**留一交叉验证**（leave-one-out cross-validation，LOOCV）法。该方法把 k 值设置为训练样本数（$k=n$），这样每次迭代只有一个样本用于测试，当数据集非常小时，我们推荐使用该方法。

分层k折交叉验证略微改善了标准k折交叉验证方法，所产生评估的偏差和方差都比较低，特别是在分类比例不相等的情况下，正如Ron kohavi的研究所显示的那样。在分层交叉验证中，分类标签的比例会保留在每个折中，以确保每个折能代表训练数据集中类别的比例，我们将在scikit-learn中用`StratifiedKFold`迭代器进行说明：

```
>>> import numpy as np
>>> from sklearn.model_selection import StratifiedKFold

>>> kfold = StratifiedKFold(n_splits=10).split(X_train, y_train)
>>> scores = []
>>> for k, (train, test) in enumerate(kfold):
...     pipe_lr.fit(X_train[train], y_train[train])
...     score = pipe_lr.score(X_train[test], y_train[test])
...     scores.append(score)
...     print('Fold: %2d, Class dist.: %s, Acc: %.3f' % (k+1,
...           np.bincount(y_train[train]), score))
Fold:  1, Class dist.: [256 153], Acc: 0.935
Fold:  2, Class dist.: [256 153], Acc: 0.935
Fold:  3, Class dist.: [256 153], Acc: 0.957
Fold:  4, Class dist.: [256 153], Acc: 0.957
Fold:  5, Class dist.: [256 153], Acc: 0.935
Fold:  6, Class dist.: [257 153], Acc: 0.956
Fold:  7, Class dist.: [257 153], Acc: 0.978
Fold:  8, Class dist.: [257 153], Acc: 0.933
Fold:  9, Class dist.: [257 153], Acc: 0.956
Fold: 10, Class dist.: [257 153], Acc: 0.956
>>> print('\nCV accuracy: %.3f +/- %.3f' %
...       (np.mean(scores), np.std(scores)))
CV accuracy: 0.950 +/- 0.014
```

首先，我们用`sklearn.model_selection`模块，在以`y_train`为分类标签的训练数据集上，通过参数`n_splits`指定分区数量来初始化`StratifiedKFold`迭代器。当`kfold`迭代器遍历k个分区时，用`train`返回的指标拟合在本章开始部分所建立的逻辑回归流水线。用`pipe_lr`流水线来确保每次迭代中样本都得到适当缩放（例如标准化）。然后，用`test`指标来计算模型的准确率，并把这些得分存入`scores`表，用以计算估计的平均准确率和标准差。

尽管前面的代码示例对解释 k 折交叉验证工作机制很有用，但 scikit-learn 也实现了一个 k 折交叉验证得分器，这样我们就可以用分层交叉验证方法来更简洁地评估模型：

```
>>> from sklearn.model_selection import cross_val_score

>>> scores = cross_val_score(estimator=pipe_lr,
...                          X=X_train,
...                          y=y_train,
...                          cv=10,
...                          n_jobs=1)
>>> print('CV accuracy scores: %s' % scores)
CV accuracy scores: [ 0.93478261  0.93478261  0.95652174
                      0.95652174  0.93478261  0.95555556
                      0.97777778  0.93333333  0.95555556
                      0.95555556]
>>> print('CV accuracy: %.3f +/- %.3f' % (np.mean(scores),
...       np.std(scores)))
CV accuracy: 0.950 +/- 0.014
```

cross_val_score 方法极为有用的功能是，可以把不同分区的评估任务分给计算机的多个 CPU。假设把 n_jobs 参数设为 1，那么就只有一个 CPU 会用于性能评估，就像前面 StratifiedKFold 示例所展示的那样。然而，如果设置 n_jobs= 2，我们就可以把 10 轮交叉验证任务分给两个 CPU 来完成(如果系统有那么多 CPU 的话)，如果设置 n_jobs= - 1，可以用计算机上所有可用的 CPU 同时进行计算。

评估泛化性能

请注意，虽然关于在交叉验证中如何评估泛化性能的详细讨论超出了本书的范围，但是读者可以参考我曾经发表的一篇关于模型评估和交叉验证的文章(*Model evaluation, model selection, and algorithm selection in machine learning. Raschka S.* arXiv preprint arXiv：1811. 12808，2018)，这篇文章对此问题进行了更加深入的讨论，读者可以从下列网页链接免费获取这篇文章：https://arxiv.org/abs/1811.12808。

另外，也可以从由 M. Markatou 和其他作者共同完成的优秀文章中找到更详细的讨论(*Analysis of Variance of Crossvalidation Estimators of the Generalization Error, M. Markatou, H. Tian, S. Biswas, and G. M. Hripcsak, Journal of Machine Learning Research*，6：1127-1168，2005)。

此外，还可以了解其他的交叉验证方法，如 .632 Bootstrap 交叉验证方法(*Improvements on Cross-validation: The .632+ Bootstrap Method, B. Efron and R. Tibshirani, Journal of the American Statistical Association*，92(438)：548-560，1997)。

6.3 用学习和验证曲线调试算法

我们将在本节讨论两种简单而且强大的诊断工具，以帮助提高机器学习算法的性能：**学习曲线和验证曲线**。在下一小节，我们将讨论如何用学习曲线来诊断学习算法是否面临过拟合(高方差)或者欠拟合(高偏差)的问题。此外，还将研究可以帮助我们解决学习算法常见问题的验证曲线。

6.3.1 用学习曲线诊断偏差和方差问题

如果模型对于训练数据集过于复杂——模型中有太多的自由度或者参数——就会有过拟合训练数据的倾向，而对未见过的数据泛化能力低下。通常，收集更多的训练样本将有助于缓解过拟合。

然而，在实践中收集更多的数据往往代价高昂或者根本就不可能。通过将模型训练和验证准确率看作是训练数据集规模的函数，并绘制其图像，我们可以很容易看出，模型是否面临高偏差或者高方差问题，以及收集更多的数据是否有助于解决问题。在讨论用 scikit-learn 绘制学习曲线之前，让我们先通过图 6-4 讨论模型中常见的两个问题。

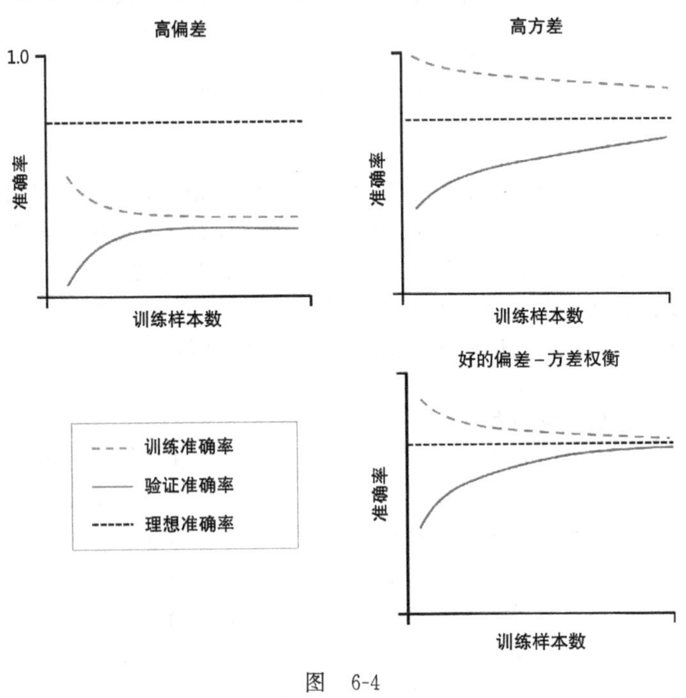

图　6-4

图 6-4 的左上图说明模型遇到高偏差问题。该模型的训练和交叉验证准确率均低，这说明模型对训练数据欠拟合。解决该问题的常用办法是增加模型的参数个数，例如，通过收集或构建额外的特征，或者放松正则化要求，就像在 SVM 或逻辑回归分类器所做的那样。

图 6-4 的右上图说明模型遇到高方差问题，表现是模型在训练和交叉验证的准确率上有比较大的差别。要解决过拟合的问题，可以收集更多的训练数据，减少模型的复杂度，或者增加正则化的参数等。

对于非正则化模型，它也有助于通过特征选择(参见第 4 章)或者特征提取(参见第 5 章)减少特征的数量，从而降低过拟合的程度。更多的训练数据可以降低模型过拟合的概率，但是这么做可能并非屡屡奏效，例如，当训练数据的噪声极大或模型已经非常接近最优的时候。

在 6.3.2 节中，我们将会看到如何用验证曲线来解决模型问题，但是，在此之前先让我们看看如何利用 scikit-learn 的学习曲线来评估模型：

```
>>> import matplotlib.pyplot as plt
>>> from sklearn.model_selection import learning_curve

>>> pipe_lr = make_pipeline(StandardScaler(),
...                         LogisticRegression(penalty='l2',
...                                            random_state=1,
...                                            solver='lbfgs',
...                                            max_iter=10000))
>>> train_sizes, train_scores, test_scores =\
...                 learning_curve(estimator=pipe_lr,
...                                X=X_train,
...                                y=y_train,
...                                train_sizes=np.linspace(
...                                            0.1, 1.0, 10),
...                                cv=10,
...                                n_jobs=1)
>>> train_mean = np.mean(train_scores, axis=1)
>>> train_std = np.std(train_scores, axis=1)
>>> test_mean = np.mean(test_scores, axis=1)
>>> test_std = np.std(test_scores, axis=1)

>>> plt.plot(train_sizes, train_mean,
...          color='blue', marker='o',
...          markersize=5, label='Training accuracy')

>>> plt.fill_between(train_sizes,
...                  train_mean + train_std,
...                  train_mean - train_std,
...                  alpha=0.15, color='blue')

>>> plt.plot(train_sizes, test_mean,
...          color='green', linestyle='--',
...          marker='s', markersize=5,
...          label='Validation accuracy')
>>> plt.fill_between(train_sizes,
...                  test_mean + test_std,
...                  test_mean - test_std,
...                  alpha=0.15, color='green')
>>> plt.grid()
>>> plt.xlabel('Number of training examples')
>>> plt.ylabel('Accuracy')
>>> plt.legend(loc='lower right')
>>> plt.ylim([0.8, 1.03])
>>> plt.show()
```

请注意，在实例化 LogisticRegression 对象(默认使用 1000 次迭代)时，我们将 max_iter=10000 作为附加参数传递，以避免出现较小数据集或极端正则化参数值的收敛问题(在下一节中介绍)。成功执行上述代码后，我们将获得图 6-5 所示的学习曲线。

可以通过 learning_curve 函数的参数 train_sizes 控制用于生成学习曲线的训练样本的绝对或相对数量。这里，通过设置 train_sizes= np.linspace(0.1,1.0,10)来使用训练数据集上等距离间隔的 10 个样本。默认情况下，learning_curve 函数采用分层 k 折交叉验证来计算分类交叉验证的准确率，通过参数 cv 设置 $k=10$ 来实现 10 折分层交叉验证。

然后根据不同规模训练数据集上交叉验证返回的训练和测试分数，简单地计算平均准确率，最后调用 Matplotlib 的 plot 函数绘图。此外，在绘图时，通过 fill_ between 函数加入了平均准确率的标准方差信息，用以表示估计的方差。

正如在图 6-5 所示的学习曲线图中所看到的，如果模型在训练中见过 250 多个样本，那么该模型在训练和验证数据集上表现得都不错。可以看到，对于样本数量少于 250 的训练数据集，模型的训练准确率提高，验证和训练准确率之间的差距扩大，这是过拟合程度越来越大的标志。

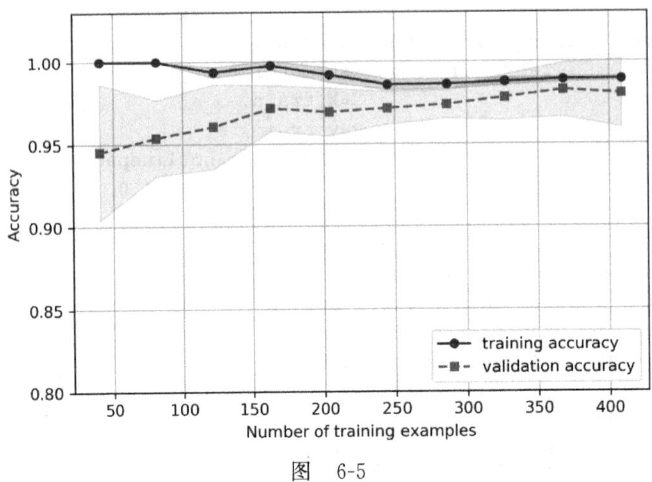

图　6-5

6.3.2　用验证曲线解决过拟合和欠拟合问题

验证曲线是通过解决过拟合和欠拟合问题来提高模型性能的有力工具。虽然验证曲线与学习曲线有关系，但是绘制的不是训练和测试准确率与样本规模之间的函数关系，而是通过调整模型参数来调优，例如逻辑回归中的逆正则化参数 C。我们看看如何用 scikit-learn 来生成验证曲线：

```
>>> from sklearn.model_selection import validation_curve
>>> param_range = [0.001, 0.01, 0.1, 1.0, 10.0, 100.0]
>>> train_scores, test_scores = validation_curve(
...                             estimator=pipe_lr,
...                             X=X_train,
...                             y=y_train,
...                             param_name='logisticregression__C',
...                             param_range=param_range,
...                             cv=10)
>>> train_mean = np.mean(train_scores, axis=1)
>>> train_std = np.std(train_scores, axis=1)
>>> test_mean = np.mean(test_scores, axis=1)
>>> test_std = np.std(test_scores, axis=1)
>>> plt.plot(param_range, train_mean,
...          color='blue', marker='o',
...          markersize=5, label='Training accuracy')
>>> plt.fill_between(param_range, train_mean + train_std,
...                  train_mean - train_std, alpha=0.15,
...                  color='blue')
>>> plt.plot(param_range, test_mean,
...          color='green', linestyle='--',
...          marker='s', markersize=5,
...          label='Validation accuracy')
```

```
>>> plt.fill_between(param_range,
...                  test_mean + test_std,
...                  test_mean - test_std,
...                  alpha=0.15, color='green')
>>> plt.grid()
>>> plt.xscale('log')
>>> plt.legend(loc='lower right')
>>> plt.xlabel('Parameter C')
>>> plt.ylabel('Accuracy')
>>> plt.ylim([0.8, 1.0])
>>> plt.show()
```

采用前面的代码可以得到参数 C 的验证曲线图，如图 6-6 所示。

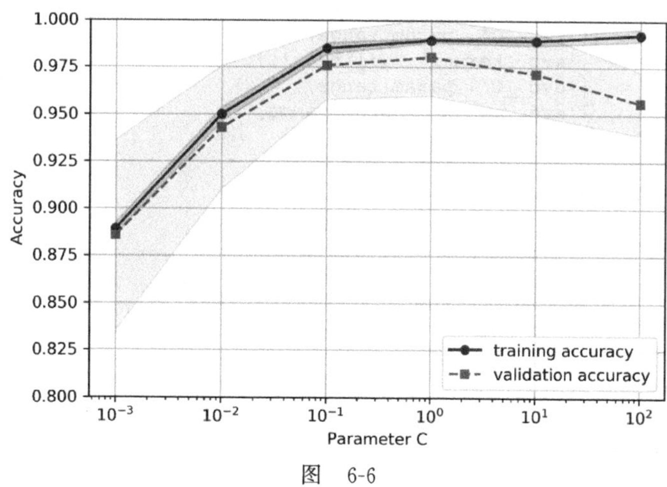

图　6-6

与 learning_curve 函数相似，validation_curve 函数默认采用分层的 k 折交叉验证来评估分类器的性能。在 validation_curve 函数里定义想要评估的参数。在这种情况下，用 LogisticRegression 分类器的逆正则化参数 C(即 'logisticregression__C')访问 scikit-learn 流水线中的 LogisticRegression 对象，通过调用参数 param_range 定义值域。与前面的学习曲线示例类似，我们绘制了平均训练准确率、交叉准确率及相应的标准差。

尽管准确率与不同的 C 值之间的差别关系很微妙，但是当提高正则化强度(小的 C 值)时，可以看到模型拟合数据略显不足。然而，较大的 C 值意味着降低了正则化强度，所以模型往往会略显过拟合。因此，最优 C 值显然应该在 0.01 到 0.1 之间。

6.4　通过网格搜索调优机器学习模型

机器学习有两类参数：一类是从训练数据中学习到的参数，例如逻辑回归的权重；另一类是单独优化的算法参数。后者为模型的调优参数，也被称为超参数，例如逻辑回归的正则化参数或者决策树的深度参数。

在 6.3 节，我们通过调整其中一个超参数，使用验证曲线来改善模型的性能。本节将介绍一种被称为**网格搜索**的常用超参数优化技术，该技术可以通过寻找超参数值的最优组合来进一步帮助改善模型的性能。

6.4.1 通过网格搜索调优超参数

网格搜索方法非常简单：它属于暴力穷举搜索类型，我们预先定义好不同的超参数值，然后让计算机针对每种组合分别评估模型的性能，从而获得最优组合参数值：

```
>>> from sklearn.model_selection import GridSearchCV
>>> from sklearn.svm import SVC

>>> pipe_svc = make_pipeline(StandardScaler(),
...                          SVC(random_state=1))
>>> param_range = [0.0001, 0.001, 0.01, 0.1,
...                1.0, 10.0, 100.0, 1000.0]
>>> param_grid = [{'svc__C': param_range,
...                'svc__kernel': ['linear']},
...               {'svc__C': param_range,
...                'svc__gamma': param_range,
...                'svc__kernel': ['rbf']}]

>>> gs = GridSearchCV(estimator=pipe_svc,
...                   param_grid=param_grid,
...                   scoring='accuracy',
...                   cv=10,
...                   refit=True,
...                   n_jobs=-1)
>>> gs = gs.fit(X_train, y_train)
>>> print(gs.best_score_)
0.9846153846153847
>>> print(gs.best_params_)
{'svc__C': 100.0, 'svc__gamma': 0.001, 'svc__kernel': 'rbf'}
```

用前面的代码从 sklearn.model_selection 模块中初始化 GridSearchCV 对象来训练和优化支持向量机流水线。把 GridSearchCV 的参数 param_grid 设置为字典列表来定义想要调优的各个参数。对于线性支持向量机，只评估逆正则化参数 C；对于 RBF 核支持向量机，则调优参数 svc__C 和 svc__gamma。请注意参数 svc__gamma 只在核 SVM 中适用。

在用训练数据进行网格搜索之后，我们通过调用 best_score_属性获得性能最优模型的分数，通过调用 best_params_属性访问该模型的参数。在该案例中，RBF 核 SVM 模型以 svc_C=100.0 得到的最优 k 折交叉验证准确率为 98.5%。

最后，用独立的测试数据集评估所选最优模型的性能，并通过调用 GridSearchCV 对象的 best_estimator_属性来实现：

```
>>> clf = gs.best_estimator_
>>> clf.fit(X_train, y_train)
>>> print('Test accuracy: %.3f' % clf.score(X_test, y_test))
Test accuracy: 0.974
```

请注意，在完成网格搜索之后，不需要手动设置 clf.fit(X_train,y_train)，在训练数据集上以最佳设置(gs.best_estimator_)拟合模型。GridSearchCV 类有一个 refit 参数，如果我们设置 refit= True(默认值)，它将自动在整个训练数据集上重新拟合 gs.best_estimator_。

随机化的超参数搜索

尽管网格搜索是寻找模型最优参数组合的有力手段，但是评估所有可能参数组合的计算成本也非常昂贵。**随机搜索**是 scikit-learn 的另外一种从不同参数组合中抽样的方法。随机搜索通常和网格搜索一样好，但是更具成本效益和时间效率。特别是，如果仅通过随机搜索对 60 个参数组合进行采样，那么我们已经有 95%的概率来获得最优性能 5%以内的解(*Random search for hyper-parameter optimization*. *Bergstra J*, *Bengio Y*. *Journal of Machine Learning Research*. pp. 281-305，2012)。

使用 scikit-learn 中的 `RandomizedSearchCV` 类，我们可以根据指定的预算从样本分布中随机抽取不同的参数组合。更多细节和示例可以从下述网站找到：http://scikit-learn.org/stable/modules/grid_search.html#randomized-parameter-optimization。

6.4.2　通过嵌套式交叉验证选择算法

正如在上一节中所看到的，结合网格搜索进行 k 折交叉验证，是通过改变超参数值来调优机器学习模型性能的有效方法。如果想要在不同的机器学习算法中进行选择，另一种推荐的方法是嵌套式交叉验证法。通过对误差估计的偏差所做的出色研究，Sudhir Varma 和 Richard Simon 得出这样的结论：当使用嵌套式交叉验证时，估计的真实误差与测试数据集上得到的结果几乎没有差距(*Bias in Error Estimation When Using Cross-Validation for Model Selection*，*BMC Bioinformatics*，*S. Varma and R. Simon*，7(1)：91，2006)。

嵌套式交叉验证有一个 k 折交叉验证的外部循环，负责把数据拆分为训练块和测试块，而内部循环在训练块上使用 k 折交叉验证选择模型。模型选择后，用测试块来评估模型的性能。图 6-7 说明了仅有 5 个外部模块及 2 个内部模块的嵌套式交叉验证概念，可用于对计算性能要求高的大型数据集；这种特殊类型的嵌套式交叉验证也被称为 5x2 交叉验证。

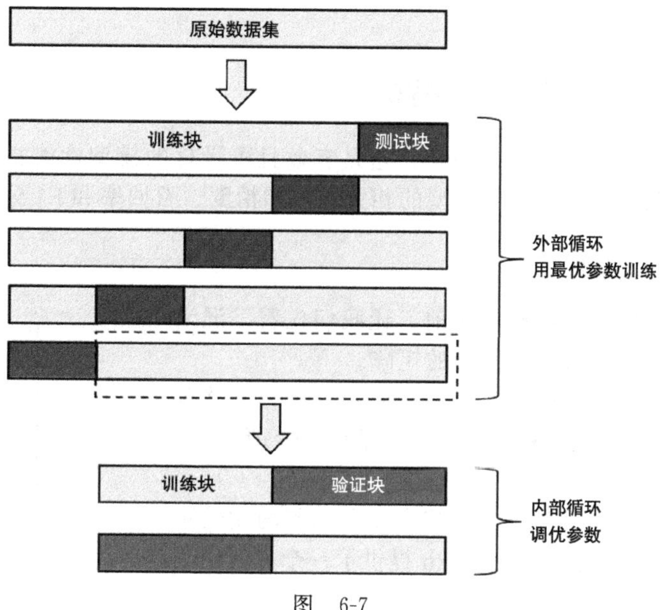

图　6-7

在 scikit-learn 中，可以通过如下方式进行嵌套式交叉验证：

```
>>> gs = GridSearchCV(estimator=pipe_svc,
...                   param_grid=param_grid,
...                   scoring='accuracy',
...                   cv=2)

>>> scores = cross_val_score(gs, X_train, y_train,
...                          scoring='accuracy', cv=5)
>>> print('CV accuracy: %.3f +/- %.3f' % (np.mean(scores),
...                                       np.std(scores)))
CV accuracy: 0.974 +/- 0.015
```

代码返回的交叉验证准确率平均值对模型超参数调优的预期值给出了很好的估计，且使用该值优化过的模型能够预测未知数据。

例如，我们可以用嵌套式交叉验证方法来比较 SVM 模型和简单的决策树分类器；为简单起见，这里只调优其深度参数：

```
>>> from sklearn.tree import DecisionTreeClassifier

>>> gs = GridSearchCV(estimator=DecisionTreeClassifier(
...                       random_state=0),
...                   param_grid=[{'max_depth': [1, 2, 3,
...                                              4, 5, 6,
...                                              7, None]}],
...                   scoring='accuracy',
...                   cv=2)

>>> scores = cross_val_score(gs, X_train, y_train,
...                          scoring='accuracy', cv=5)
>>> print('CV accuracy: %.3f +/- %.3f' % (np.mean(scores),
...                                       np.std(scores)))
CV accuracy: 0.934 +/- 0.016
```

正如我们所看到的，SVM 模型(97.4%)的嵌套式交叉验证性能明显要优于决策树(93.4%)的，因此可以预期，SVM 对来自某个特定数据集同一样本空间的新数据进行分类可能是更好的选择。

6.5 了解不同的性能评估指标

前面的章节用准确率来评估模型，这是有效且可量化的模型性能指标。然而，还有几个其他的性能指标也可以度量模型的相关性，如精度、召回率和 F1 分数。

6.5.1 分析混淆矩阵

在详细讨论不同的分数指标之前，让我们先看下**混淆矩阵**，这是用来展示算法性能指标的矩阵。

混淆矩阵是一个简单的方阵，用于展示一个分类器预测的结果——**真正**(TP)、**真负**(TN)、**假正**(FP)和**假负**(FN)——的数量，如图 6-8 所示。

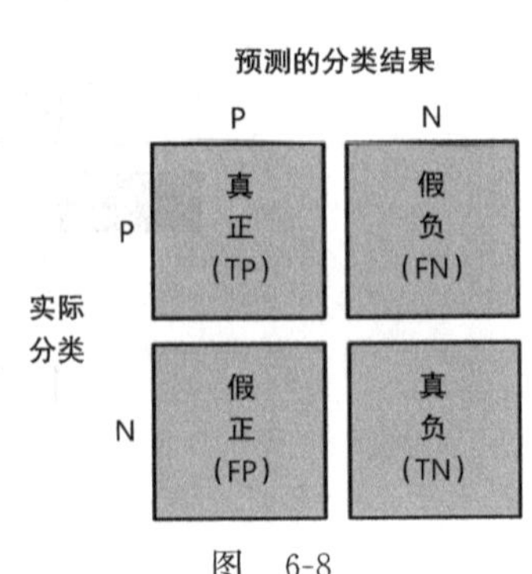

图 6-8

虽然可以很容易通过对真实标签和预测标签的比较来手工计算这些指标，但是 scikit-learn 提供了一个方便使用的 `confusion_matrix` 函数，示例如下：

```
>>> from sklearn.metrics import confusion_matrix

>>> pipe_svc.fit(X_train, y_train)
>>> y_pred = pipe_svc.predict(X_test)
>>> confmat = confusion_matrix(y_true=y_test, y_pred=y_pred)
>>> print(confmat)
[[71  1]
 [ 2 40]]
```

执行代码所返回的数组提供了分类器在测试数据集上出现的不同类型的错误信息。可以调用 matshow 把这些信息表示为图 6-8 所示的混淆矩阵形式：

```
>>> fig, ax = plt.subplots(figsize=(2.5, 2.5))
>>> ax.matshow(confmat, cmap=plt.cm.Blues, alpha=0.3)
>>> for i in range(confmat.shape[0]):
...     for j in range(confmat.shape[1]):
...         ax.text(x=j, y=i,
...                 s=confmat[i, j],
...                 va='center', ha='center')
>>> plt.xlabel('Predicted label')
>>> plt.ylabel('True label')
>>> plt.show()
```

图 6-9 所示的混淆矩阵使得预测结果更容易理解。

假设类 1(恶性)是该例子中的正类，模型正确地把 71 个样本分类到类 0(TN)，把 40 个样分类到类 1(TP)。然而，模型也错误地把属于类 1 的两个样本分到类 0(FN)，并把其中一个本为良性的肿瘤样本(FP)预测为恶性。在下一节将学习如何利用这些信息来计算各种误差指标。

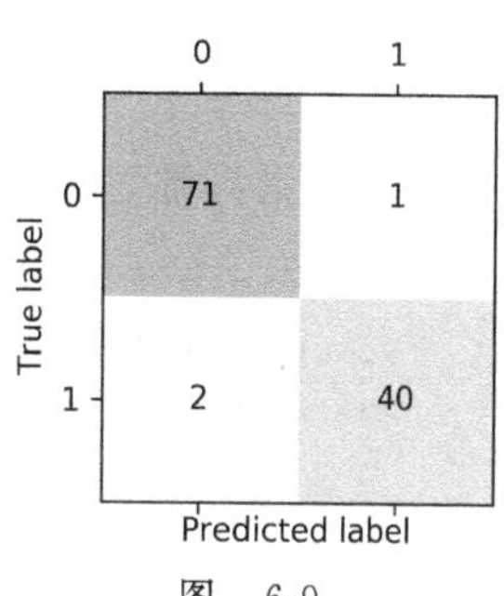

图　6-9

6.5.2　优化分类模型的精度和召回率

预测的**误差**(error，ERR)和**准确率**(accuracy，ACC)提供了误分类样本数量的相关信息。可以把误差理解为所有错误预测之和除以预测总数，而准确率的计算方法为正确预测之和除以预测总数：

$$\mathrm{ERR}=\frac{\mathrm{FP}+\mathrm{FN}}{\mathrm{FP}+\mathrm{FN}+\mathrm{TP}+\mathrm{TN}}$$

可以直接根据误差计算预测准确率如下：

$$\mathrm{ACC}=\frac{\mathrm{TP}+\mathrm{TN}}{\mathrm{FP}+\mathrm{FN}+\mathrm{TP}+\mathrm{TN}}=1-\mathrm{ERR}$$

真正率(TPR)和假正率(FPR)是对非平衡分类问题特别有效的性能指标：

$$\mathrm{FPR}=\frac{\mathrm{FP}}{\mathrm{N}}=\frac{\mathrm{FP}}{\mathrm{FP}+\mathrm{TN}}$$

$$\mathrm{TPR}=\frac{\mathrm{TP}}{\mathrm{P}}=\frac{\mathrm{TP}}{\mathrm{FN}+\mathrm{TP}}$$

例如，在肿瘤诊断中，我们更关心恶性肿瘤的检测，以便帮助病人进行适当的治疗。然而，减少恶性肿瘤(FP)的误诊率对减少病人的不必要担忧也很重要。与 FPR 相反，TPR 提供关于部分正(或相关)的样本被从正池(P)中正确地识别出来的有用信息。

精度(PRE)和**召回率**(REC)是与真正率和真负率相关的性能指标，事实上，REC 是 TPR 的同义词：

$$\text{PRE}=\frac{\text{TP}}{\text{TP}+\text{FP}}$$

$$\text{REC}=\text{TPR}=\frac{\text{TP}}{\text{P}}=\frac{\text{TP}}{\text{FN}+\text{TP}}$$

回顾恶性肿瘤检测的示例，优化召回率有助于最大限度地减少漏测恶性肿瘤的机会。然而，这是以误测健康患者(大量 FP)患恶性肿瘤作为代价。相反，如果我们优化精度，就会强调所预测患者患有恶性肿瘤的正确性。但是这将以更大机会漏测恶性肿瘤作为代价(大量 FN)。

在实践中，通常采用 PRE 和 REC 的组合，即所谓的 F1 分数：

$$\text{F1}=2\,\frac{\text{PRE}\times\text{REC}}{\text{PRE}+\text{REC}}$$

精度与召回率的延伸阅读

如果你有兴趣更深入地讨论不同的性能指标，例如精度和召回率，请阅读 David M. W. Powers 的技术报告 *Evaluation: From Precision, Recall and F-Factor to ROC, Informedness, Markedness & Correlation*。可以在如下网站免费获得：http://www.flinders.edu.au/science_engineering/fms/School-CSEM/publications/tech_reps-research_artfcts/TRRA_2007.pdf。

这些指标都是用 scikit-learn 实现的，可以从 `sklearn.metrics` 模块导入，代码如下：

```
>>> from sklearn.metrics import precision_score
>>> from sklearn.metrics import recall_score, f1_score

>>> print('Precision: %.3f' % precision_score(
...           y_true=y_test, y_pred=y_pred))
Precision: 0.976
>>> print('Recall: %.3f' % recall_score(
...           y_true=y_test, y_pred=y_pred))
Recall: 0.952
>>> print('F1: %.3f' % f1_score(
...           y_true=y_test, y_pred=y_pred))
F1: 0.964
```

此外，可以在 `GridSearchCV` 通过评分参数使用与准确率不同的各种评分指标。可以在下面的网页链接中找到评分参数可接受的不同值的完整列表：http://scikit-learn.org/stable/modules/model_evaluation.html。

请记住在 scikit-learn 中，正类的标签为类 `1`。如果想指定一个不同的正标签，那就需要通过调用 `make_scorer` 函数构建自己的评分器，然后将其作为参数直接提供给 `GridSearchCV` 的 `scoring` 参数(在这个例子中，使用 `f1_score` 作为指标)：

```
>>> from sklearn.metrics import make_scorer, f1_score
>>> c_gamma_range = [0.01, 0.1, 1.0, 10.0]
>>> param_grid = [{'svc__C': c_gamma_range,
...                'svc__kernel': ['linear']},
...               {'svc__C': c_gamma_range,
...                'svc__gamma': c_gamma_range,
...                'svc__kernel': ['rbf']}]
>>> scorer = make_scorer(f1_score, pos_label=0)
```

```
>>> gs = GridSearchCV(estimator=pipe_svc,
...                   param_grid=param_grid,
...                   scoring=scorer,
...                   cv=10)
>>> gs = gs.fit(X_train, y_train)
>>> print(gs.best_score_)
0.986202145696
>>> print(gs.best_params_)
{'svc__C': 10.0, 'svc__gamma': 0.01, 'svc__kernel': 'rbf'}
```

6.5.3 绘制 ROC 曲线

ROC(Receiver Operating Characteristic，**受试者工作特征**)曲线是选择分类模型的有用工具，它以 FPR 和 TPR 的性能比较结果为依据，通过移动分类器的阈值完成计算。ROC 的对角线可以解释为随机猜测，如果分类器性能曲线在对角线以下，那么其性能就比随机猜测还要差。TPR 为 1 且 FPR 为 0 的完美分类器会落在图的左上角。基于 ROC 曲线，可以计算所谓的 **ROC 曲线下面积**(Area Under the Curve，AUC)以描述分类模型的性能。

与 ROC 曲线相似，可以计算分类器在不同概率阈值下的**精度与召回率曲线**。scikit-learn 也实现了绘制精度与召回率曲线的功能，详细文档可以参考下述网页：http://scikit-learn.org/stable/modules/generated/sklearn.metrics.precision_recall_curve.html。

执行下面的代码示例将绘制分类器 ROC 曲线，该分类器只用威斯康星乳腺癌数据集的两个特征来预测肿瘤为良性或恶性。虽然将复用先前定义的逻辑回归流水线，但是完成这个分类任务的分类器更具挑战性，从而使所绘制的 ROC 曲线在视觉上变得更有趣。出于类似的考虑，也把 StratifiedKFold 验证器的分块数量减少为三个。具体代码如下：

```
>>> from sklearn.metrics import roc_curve, auc
>>> from scipy import interp

>>> pipe_lr = make_pipeline(StandardScaler(),
...                         PCA(n_components=2),
...                         LogisticRegression(penalty='l2',
...                                            random_state=1,
...                                            solver='lbfgs',
...                                            C=100.0))
>>> X_train2 = X_train[:, [4, 14]]

>>> cv = list(StratifiedKFold(n_splits=3,
...                           random_state=1).split(X_train,
...                                                 y_train))
>>> fig = plt.figure(figsize=(7, 5))

>>> mean_tpr = 0.0
>>> mean_fpr = np.linspace(0, 1, 100)
>>> all_tpr = []

>>> for i, (train, test) in enumerate(cv):
...     probas = pipe_lr.fit(
...         X_train2[train],
...         y_train[train]).predict_proba(X_train2[test])
...     fpr, tpr, thresholds = roc_curve(y_train[test],
...                                      probas[:, 1],
...                                      pos_label=1)
```

```
...     mean_tpr += interp(mean_fpr, fpr, tpr)
...     mean_tpr[0] = 0.0
...     roc_auc = auc(fpr, tpr)
...     plt.plot(fpr,
...              tpr,
...              label='ROC fold %d (area = %0.2f)'
...              % (i+1, roc_auc))
>>> plt.plot([0, 1],
...          [0, 1],
...          linestyle='--',
...          color=(0.6, 0.6, 0.6),
...          label='Random guessing')

>>> mean_tpr /= len(cv)
>>> mean_tpr[-1] = 1.0
>>> mean_auc = auc(mean_fpr, mean_tpr)
>>> plt.plot(mean_fpr, mean_tpr, 'k--',
...          label='Mean ROC (area = %0.2f)' % mean_auc, lw=2)
>>> plt.plot([0, 0, 1],
...          [0, 1, 1],
...          linestyle=':',
...          color='black',
...          label='Perfect performance')
>>> plt.xlim([-0.05, 1.05])
>>> plt.ylim([-0.05, 1.05])
>>> plt.xlabel('False positive rate')
>>> plt.ylabel('True positive rate')
>>> plt.legend(loc="lower right")
>>> plt.show()
```

前面的代码示例采用已经很熟悉的 scikit-learn 的 `StratifiedKFold` 类，在 `pipe_lr` 流水线上调用 `sklearn.metrics` 模块的 `roc_curve` 函数，每次迭代分别计算逻辑回归分类器的 ROC 性能。此外，调用来自 SciPy 的 `interp` 函数，把三个块的平均 ROC 曲线插入图中，并且调用 `auc` 函数计算曲线下的面积。ROC 曲线的结果表明不同的块之间存在着一定的方差，平均 ROC AUC(0.76)介于理想分数(1.0)和随机猜测(0.5)之间，如图 6-10 所示。

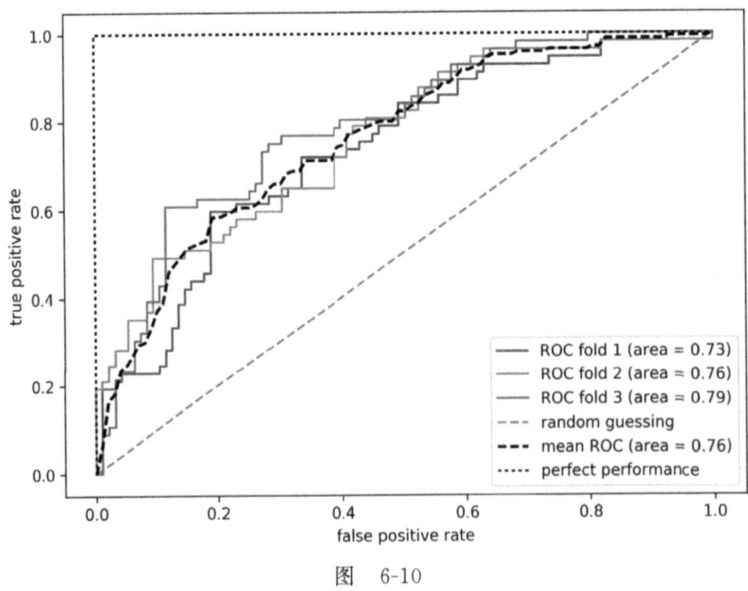

图 6-10

请注意，如果仅对 ROC AUC 的分数感兴趣，也可以从 sklearn.metrics 子模块直接导入 roc_auc_score 函数。

以 ROC AUC 来报告分类器的性能，可以对不平衡样本分布下分类器的性能产生更加深刻的认识。然而，准确率分数可以解释为 ROC 曲线上的一个截点，A. P. Bradley 发现 ROC AUC 和准确率指标在大多数时间是相互一致的：*The use of the area under the ROC curve in the evaluation of machine learning algorithms*, *A. P. Bradley*, *Pattern Recognition*, 30(7)：1145-1159，1997。

6.5.4 多元分类评分指标

本节所讨论的评分指标是针对二元分类系统的。然而，scikit-learn 也实现了宏观和微观的平均方法，以把二元分类的评分指标通过**一对所有**(OvA)扩展到解决多元分类问题。微平均是根据各个系统的 TP、TN、FP 和 FN 计算出来的。例如，k 类系统的精度分数的微平均可以计算如下：

$$PRE_{micro}=\frac{TP_1+\cdots TP_k}{TP_1+\cdots TP_k+FP_1+\cdots FP_k}$$

宏平均值只是计算不同系统的平均分数：

$$PRE_{macro}=\frac{PRE_1+\cdots PRE_k}{k}$$

如果每个实例或预测的权重相同，那么微平均是有用的，而宏平均则同样地给予所有类相同的权重，以评估分类器在最频繁分类标签上的整体性能。

如果用 scikit-learn 的二元分类模型的性能指标来评价多元分类模型的性能，默认使用归一化或者宏平均的加权变体。加权的宏平均是在计算平均值时，以真实实例的数量作为每个分类标签评分的权重计算而来的。如果处理的类不均衡，即每个标签的样本数量不同，那么加权宏平均值更有用。

对多元分类问题，scikit-learn 默认支持加权宏平均值，可以调用 sklearn.metrics 模块的不同评分函数通过参数 average 来指定平均的方法，例如 precision_score 或 make_scorer 函数：

```
>>> pre_scorer = make_scorer(score_func=precision_score,
...                          pos_label=1,
...                          greater_is_better=True,
...                          average='micro')
```

6.5.5 处理类不均衡问题

本章多次提到了类的不均衡问题，但还没有讨论过如何适当地处理。在现实世界中，类的不均衡是个常见问题，即当数据集的一个或多个类的样本被过度代表的时候。我们可以想到可能出现该问题的几个场景，如垃圾邮件过滤、欺诈检测或疾病筛查。

想象一下本章用过的包括 90％健康病人的乳腺癌威斯康星数据集。在这种情况下，可以在无监督机器学习算法的帮助下，通过预测所有样本的多数类(良性肿瘤)，在测试数据集上达到 90％的准确率。因此，在这样的数据集上训练一个模型以达到大约 90％的测试准确率，将意味着模型还没有从这个数据集所提供的特征中学到任何有用的东西。

本节将简要地介绍一些有助于处理数据集中类不均衡的技术。但是在讨论处理这个问题的不同方法之前，我们先用乳腺癌数据集创建一个不均衡的数据集，该数据集最初包括357个良性肿瘤（类0）和212个恶性肿瘤（类1）样本：

```
>>> X_imb = np.vstack((X[y == 0], X[y == 1][:40]))
>>> y_imb = np.hstack((y[y == 0], y[y == 1][:40]))
```

前一段代码选取了所有357个良性肿瘤样本，并将它们与前40个恶性肿瘤样本叠加，形成一个明显的不均衡类。如果要计算能预测多数类（良性，类0）模型的准确率，将可以达到大约90%的预测准确率：

```
>>> y_pred = np.zeros(y_imb.shape[0])
>>> np.mean(y_pred == y_imb) * 100
89.92443324937027
```

因此，在这样的数据集上拟合分类器，当比较不同模型的精度、召回率、ROC曲线时，无论在应用中最关心什么，都要将注意力集中在准确率以外的其他指标上。例如，如果优先级是找出大多数恶性肿瘤患者，然后推荐他们做额外的筛查，那么召回率应该是要选择的指标。在垃圾邮件过滤中，如果系统并不是很确定的话，并不想把邮件标记为垃圾邮件，那么精度就可能是更合适的度量指标。

除了评估机器学习模型外，类的不均衡会影响到模型拟合过程中的学习算法。由于机器学习算法通常优化奖励或代价函数，这些函数计算在训练过程中所看到的训练样本的总和，决策规则很可能偏向于多数类。

换句话说，该算法隐式学习构建模型，模型基于数据集中最丰富的类来优化预测，以便在训练中最小化代价或最大化奖励。

在模型拟合过程中，处理不均衡类比例的一种方法是对少数类的错误预测给予更大的惩罚。在scikit-learn中，只要把参数class_weight设置成class_weight='balanced'，就可以很方便地加大这种惩罚的力度，大多数的分类器都是这么实现的。

处理类不均衡问题的其他常用策略包括对少数类上采样，对多数类下采样以及生成合成训练样本。不幸的是，没有万能的最优解决方案，没有对所有问题都最有效的技术。因此，我们建议在实践中对给定问题尝试不同的策略，通过评估结果选择最合适的技术。

scikit-learn库实现了简单的resample函数，可以通过从数据集中有放回地提取新样本来帮助少数类上采样。下面的代码将从不均衡的乳腺癌数据集中提取少数类（这里，类1），并反复从中提取新样本，直到包含与分类标签0的样本数量相同为止：

```
>>> from sklearn.utils import resample

>>> print('Number of class 1 examples before:',
...       X_imb[y_imb == 1].shape[0])
Number of class 1 examples before: 40

>>> X_upsampled, y_upsampled = resample(
...         X_imb[y_imb == 1],
...         y_imb[y_imb == 1],
...         replace=True,
...         n_samples=X_imb[y_imb == 0].shape[0],
...         random_state=123)
>>> print('Number of class 1 examples after:',
...       X_upsampled.shape[0])
Number of class 1 examples after: 357
```

重采样可以把原来的类0样本与上采样的类1样本叠加以获得均衡的数据集：

```
>>> X_bal = np.vstack((X[y == 0], X_upsampled))
>>> y_bal = np.hstack((y[y == 0], y_upsampled))
```

因此，多数票预测规则只能达到 50％的准确率：

```
>>> y_pred = np.zeros(y_bal.shape[0])
>>> np.mean(y_pred == y_bal) * 100
50
```

类似地，可以通过删除数据集的训练样本下采样多数类。调用 `resample` 函数进行下采样，可以直接用前面的示例代码把类 0 标签与类 1 标签样本数据互换，反之亦然。

生成新的训练数据来解决类不均衡问题

另一种处理类不均衡问题的技术是人工生成训练样本，这超出了本书讨论的范围。使用最广泛的人工生成训练样本算法可能是**人工生成少数类的过采样技术**（Synthetic Minority Over-sampling Technique，SMOTE），要了解更多关于这项技术的详细信息，可阅读 Nitesh Chawla 等人撰写的论文（*SMOTE：Synthetic Minority Over-sampling Technique*，*Journal of Artificial Intelligence Research*，16：321-357，2002）。强烈建议下载 `imbalanced-learn`，这是完全聚焦不均衡数据集的 Python 库，包括 SMOTE 的实现。可以从下述网站了解更多关于 `imbalanced-learn` 的信息：https://github.com/scikit-learn-contrib/imbalanced-learn。

6.6　本章小结

在本章的开头，我们讨论了如何在便捷的模型流水线中串联不同的转换技术和分类器，从而更有效地训练和评估机器学习模型。然后，我们用这些流水线进行了 k 折交叉验证，这是一种模型选择和评价的基本方法。接着，我们用 k 折交叉验证绘制学习曲线来验证诊断学习算法中的常见问题，如过拟合和欠拟合。

用网格搜索可以进一步调优模型参数。最后我们介绍了混淆矩阵和各种性能评价指标，这些指标对于进一步优化模型和解决特定问题很有用。现在，我们已经掌握了构建监督机器学习模型的必要技术，这为成功分类打下了良好的基础。

下一章，我们将研究集成方法：把多个模型和分类算法组合起来进一步提高机器学习系统的预测性能。

第 7 章

Python Machine Learning, Third Edition

组合不同模型的集成学习

前一章重点讨论了为不同分类模型调优和评估的最佳实践。本章将在这些技术的基础上，探索以不同方法构建的分类器组合，它通常比任何单成员的预测性能都要好。

本章将主要涵盖下述几个方面：

- 以多数票机制为基础做出预测。
- 使用装袋通过可重复地从训练数据集随机抽取样本组合来减少过拟合。
- 在从错误中学习的弱学习机基础上利用 boosting 建立强大的模型。

7.1 集成学习

集成学习方法的目标是通过集成不同的分类器，形成比单分类器具有更好泛化性能的超级分类器。例如，假设收集了来自 10 位专家的预测，集成学习方法将策略性地综合 10 位专家的预测，得出比每位专家的预测更准确、更稳健的结果。正如在本章后面我们将会看到的，有几种不同创建集成分类器的方法。本节将介绍集成的基本概念，包括工作原理以及为什么我们通常认为它们可以产生良好的泛化性能。

本章将集中讨论最常见的基于**多数票机制**的集成方法。简单地说，多数票机制就是选择多数分类器所预测的分类标签，也就是说，那些获得 50%以上支持的预测结果。严格地说，多数票机制仅指二元分类场景。然而，多数票机制很容易推广到多元分类场景，即所谓的**相对多数票机制**(plurality voting)。这里选择获得最多票数(模式)的分类标签。图 7-1 演示了由 10 个分类器集成的多数票概念，每个独特的符号(三角形、正方形和圆形)分别代表一个唯一的分类标签。

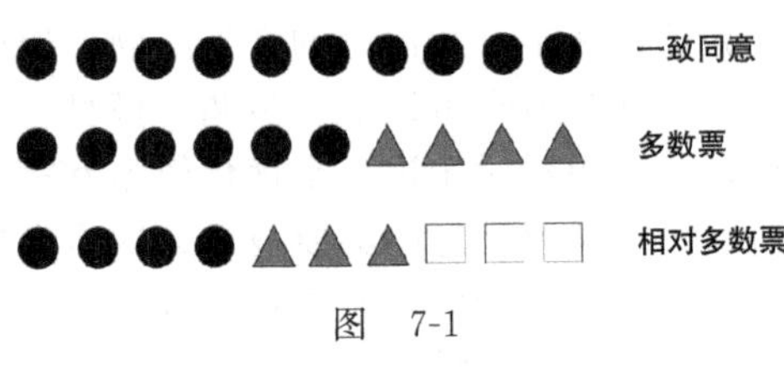

图 7-1

用训练数据集从训练 m 个不同分类器(C_1, …, C_m)开始。在多数票机制下，可以集成不同的分类算法，例如，决策树、支持向量机、逻辑回归分类器等。另外，我们也可以用相同的基本分类算法，分别拟合不同的训练数据子集。这种方法的突出例子是随机森林算法，它组合了不同的决策树分类器。图 7-2 演示了采用多数票机制的一般集成方法的概念。

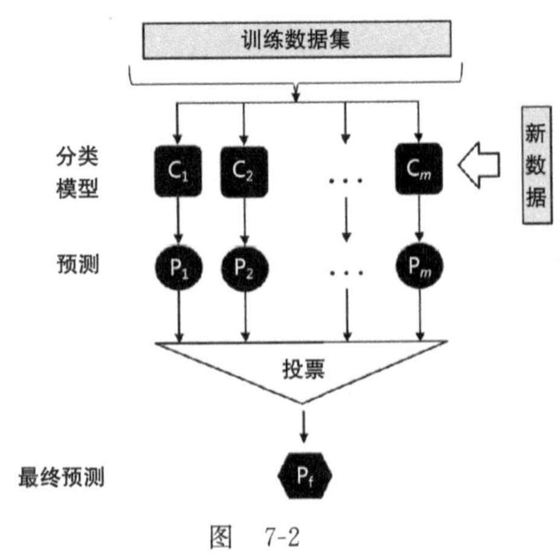

图 7-2

为了通过简单的多数票机制预测分类标签，我们可以把每个独立分类器 C_j 预测的分类标签组合起来，然后选择分类标签$\hat{y}$，从而选择得票最多的标签：

$$\hat{y}=\text{mode}\{C_1(\boldsymbol{x}),C_2(\boldsymbol{x}),\cdots,C_m(\boldsymbol{x})\}$$

（在统计学中，模式是集合中最频繁的事件或结果，例如 mode{1，2，1，1，2，4，5，4}=1）。

例如，在二元分类任务中，class1＝−1 而 class2＝＋1，多数票预测可以表达为：

$$C(\boldsymbol{x})=\text{sign}\left[\sum_j^m C_j(\boldsymbol{x})\right]=\begin{cases}1 & \text{如果} \sum_j C_j(\boldsymbol{x})\geqslant 0\\ -1 & \text{否则}\end{cases}$$

我们可以用组合理论的简单概念来解释，为什么集成方法要比单分类器的效果更好。在下面的例子中，我们假设所有 n 个基本分类器所面对的都是二元分类任务，有相同的错误率 ε。另外，我们假设分类器都是独立而且错误率互不相关。基于这些假设条件，我们可以直接把基本分类器集成的错误率表达为二项分布的概率质量函数：

$$P(y\geqslant k)=\sum_k^n\binom{n}{k}\varepsilon^k(1-\varepsilon)^{n-k}=\varepsilon_{\text{ensemble}}$$

这里 $\binom{n}{k}$ 为二项式系数 n 选择 k。换句话说，计算集成预测出错的概率。现在，让我们看一个更为具体的示例，其中包括 11 个基本分类器（$n=11$），每个分类器错误率为 0.25（$\varepsilon=0.25$）：

$$P(y\geqslant k)=\sum_{k=6}^{11}\binom{11}{k}0.25^k(1-0.25)^{11-k}=0.034$$

二项式系数

二项式系数指从大小为 n 的集合中选择 k 个无序元素子集的组合数，通常被称为“n 选 k”。因为不考虑顺序，所以二项式系数有时也被称为组合或组合数，表达如下：

$$\frac{n!}{(n-k)!\,k!}$$

这里，符号(!)代表阶乘，例如，3! ＝3×2×1＝6。

可以看到，如果满足所有假设的条件，那么集成分类器的错误率(0.034)将远低于每个独立分类器的错误率(0.25)。需要注意的是，该简化示例的分类器个数为偶数 n，而分类结果为 50-50 的情况被视为错误，不过只有一半的可能会出现这种情况。为了对理想集成分类器与基本分类器在不同的错误率范围内的表现进行比较，我们用下述 Python 代码来实现概率质量函数：

```
>>> from scipy.special import comb
>>> import math
>>> def ensemble_error(n_classifier, error):
...     k_start = int(math.ceil(n_classifier / 2.))
...     probs = [comb(n_classifier, k) *
...              error**k *
...              (1-error)**(n_classifier - k)
...              for k in range(k_start, n_classifier + 1)]
...     return sum(probs)
>>> ensemble_error(n_classifier=11, error=0.25)
0.03432750701904297
```

在实现了 ensemble_error 函数之后，我们可以计算从 0.0 到 1.0 范围内的集成错误率，并以函数曲线的形式绘制出它们之间的关系：

```
>>> import numpy as np
>>> import matplotlib.pyplot as plt
>>> error_range = np.arange(0.0, 1.01, 0.01)
>>> ens_errors = [ensemble_error(n_classifier=11, error=error)
...               for error in error_range]
>>> plt.plot(error_range, ens_errors,
...          label='Ensemble error',
...          linewidth=2)
>>> plt.plot(error_range, error_range,
...          linestyle='--', label='Base error',
...          linewidth=2)
>>> plt.xlabel('Base error')
>>> plt.ylabel('Base/Ensemble error')
>>> plt.legend(loc='upper left')
>>> plt.grid(alpha=0.5)
>>> plt.show()
```

从图 7-3 中我们可以清楚地看到，只要基本分类器的性能优于随机猜测($\varepsilon<0.5$)，集成分类器的错误率总是比单一基本分类器的错误率要低。请注意，y 轴描述了基本错误率(虚线)以及集成错误率(实线)。

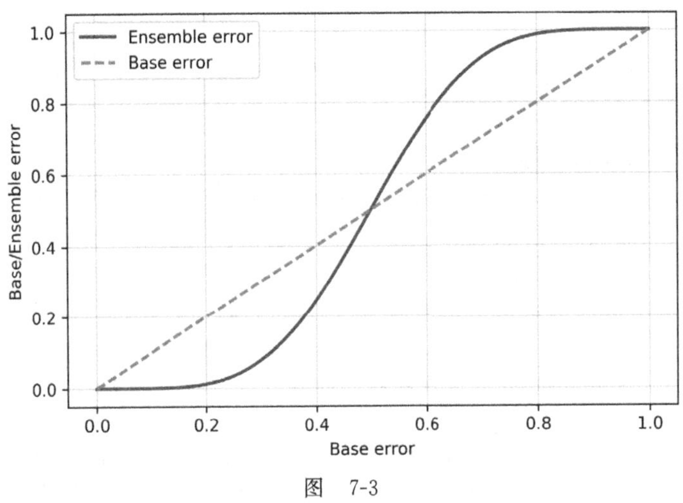

图　7-3

7.2　通过多数票机制组合分类器

在上一节简要地介绍了集成学习之后，现在让我们从热身练习开始，用 Python 实现基于多数票机制的简单集成分类器。

相对多数票机制

本节所讨论的多数票机制也可以通过相对多数票机制推广到多元分类场景，为了简单起见，我们将用多数票机制这一术语，因为它在文献中常见。

7.2.1　实现一个简单的多数票分类器

本节将要实现的算法可以把不同的分类算法及其各自相应权重组合起来。目标是建立一个更强大的超级分类器，以平衡单分类器在特定数据集上的弱点。可以用更精确的数学语言把加权多数票机制表达如下：

$$\hat{y}=\arg\max_{i}\sum_{j=1}^{m}w_j\chi_A(C_j(\boldsymbol{x})=i)$$

这里，w_j 是与基本分类器 C_j 相关的权重，$\hat{y}$是集成的预测分类标签，A 为具有唯一性的一组分类标签，χ_A(希腊字母 chi)是特征函数(characteristic function)或指标函数(indicator function)，如果第 j 个分类器的预测分类标签与 $i(C_j(\boldsymbol{x})=i)$相匹配，那么返回 1。对于相同的权重，我们可以简化该等式并将其表达如下：

$$\hat{y}=\text{mode}\{C_1(\boldsymbol{x}),\ C_2(\boldsymbol{x}),\ \cdots,\ C_m(\boldsymbol{x})\}$$

为了更好地理解权重的概念，现在来看一个更具体的例子。假设有三个基本分类器的集成 $C_j(j\in\{1,\ 2,\ 3\})$，想要预测某样本 $\boldsymbol{x}$ 的分类标签 $C_j(x)\in\{0,\ 1\}$。其中两个基本分类器的预测分类标签为 0，而第三个基本分类器 C_3 预测的分类标签为 1。如果对每个基本分类器的预测结果给予相同权重，那么基于多数票机制将会预测该样本属于类 0。

$$C_1(\boldsymbol{x})\rightarrow 0,\quad C_2(\boldsymbol{x})\rightarrow 0,\quad C_3(\boldsymbol{x})\rightarrow 1$$

$$\hat{y}=\text{mode}\{0,\ 0,\ 1\}=0$$

现在假设 C_3 分类器的权重为 0.6，C_1 和 C_2 的权重为 0.2：

$$\begin{aligned}\hat{y}&=\arg\max_{i}\sum_{j=1}^{m}w_j\chi_A(C_j(\boldsymbol{x})=i)\\&=\arg\max_{i}[0.2\times i_0+0.2\times i_0+0.6\times i_1]=1\end{aligned}$$

显然，因为 $3\times0.2=0.6$，所以可以说 C_3 预测权重是 C_1 和 C_2 预测的 3 倍，可以表达如下：

$$\hat{y}=\text{mode}\{0,\ 0,\ 1,\ 1,\ 1\}=1$$

为了使用 Python 实现加权多数票机制，可以用 NumPy 的 `argmax` 和 `bincount` 函数：

```
>>> import numpy as np
>>> np.argmax(np.bincount([0, 0, 1],
...                       weights=[0.2, 0.2, 0.6]))
1
```

还记得第 3 章中关于逻辑回归的讨论吗？scikit-learn 的某些分类器也可以调用 `predict_proba` 方法返回预测分类标签的概率。如果集成分类器预测得够精准，那么用预测的分类概率代替分类标签进行多数票表决是有用的。用分类概率进行预测的多数票机制的修改版本可以表达为：

$$\hat{y}=\arg\max_{i}\sum_{j=1}^{m}w_j p_{ij}$$

这里，p_{ij} 为第 j 个分类器对分类标签 i 预测的概率。

我们继续讨论前面的示例，假设有一个二元分类问题，其分类标签 $i\in\{0,\ 1\}$，集成了三个分类器 $C_j(j\in\{1,\ 2,\ 3\})$。假设针对样本 $\boldsymbol{x}$，分类器 C_j 返回下述分类标签的概率：

$$C_1(\boldsymbol{x})\rightarrow[0.9,\ 0.1],\quad C_2(\boldsymbol{x})\rightarrow[0.8,\ 0.2],\quad C_3(\boldsymbol{x})\rightarrow[0.4,\ 0.6]$$

使用前面的权重(0.2、0.2 和 0.6)，接着计算各分类标签的概率如下：

$$p(i_0 \mid \boldsymbol{x}) = 0.2 \times 0.9 + 0.2 \times 0.8 + 0.6 \times 0.4 = 0.58$$

$$p(i_1 \mid \boldsymbol{x}) = 0.2 \times 0.1 + 0.2 \times 0.2 + 0.6 \times 0.6 = 0.42$$

$$\hat{y} = \arg\max_i [p(i_0 \mid \boldsymbol{x}), \ p(i_1 \mid \boldsymbol{x})] = 0$$

为实现基于分类概率的加权多数票分类方法，我们可以再次调用 NumPy 的 np.average 和 np.argmax 函数：

```
>>> ex = np.array([[0.9, 0.1],
...                [0.8, 0.2],
...                [0.4, 0.6]])
>>> p = np.average(ex, axis=0, weights=[0.2, 0.2, 0.6])
>>> p
array([0.58, 0.42])
>>> np.argmax(p)
0
```

综合前面讨论过的内容，我们可以用 Python 实现 MajorityVoteClassifier：

```
from sklearn.base import BaseEstimator
from sklearn.base import ClassifierMixin
from sklearn.preprocessing import LabelEncoder
from sklearn.base import clone
from sklearn.pipeline import _name_estimators
import numpy as np
import operator

class MajorityVoteClassifier(BaseEstimator,
                             ClassifierMixin):
    """ A majority vote ensemble classifier

    Parameters
    ----------
    classifiers : array-like, shape = [n_classifiers]
      Different classifiers for the ensemble

    vote : str, {'classlabel', 'probability'}
      Default: 'classlabel'
      If 'classlabel' the prediction is based on
      the argmax of class labels. Else if
      'probability', the argmax of the sum of
      probabilities is used to predict the class label
      (recommended for calibrated classifiers).

    weights : array-like, shape = [n_classifiers]
      Optional, default: None
      If a list of 'int' or 'float' values are
      provided, the classifiers are weighted by
      importance; Uses uniform weights if 'weights=None'.

    """
    def __init__(self, classifiers,
                 vote='classlabel', weights=None):
    self.classifiers = classifiers
    self.named_classifiers = {key: value for
                              key, value in
                              _name_estimators(classifiers)}
    self.vote = vote
    self.weights = weights

  def fit(self, X, y):
    """ Fit classifiers.

    Parameters
```

```
        ----------
        X : {array-like, sparse matrix},
            shape = [n_examples, n_features]
            Matrix of training examples.

        y : array-like, shape = [n_examples]
            Vector of target class labels.

        Returns
        -------
        self : object

        """
        if self.vote not in ('probability', 'classlabel'):
            raise ValueError("vote must be 'probability'"
                             "or 'classlabel'; got (vote=%r)"
                             % self.vote)

        if self.weights and
        len(self.weights) != len(self.classifiers):
            raise ValueError("Number of classifiers and weights"
                             "must be equal; got %d weights,"
                             "%d classifiers"
                             % (len(self.weights),
                             len(self.classifiers)))
        # Use LabelEncoder to ensure class labels start
        # with 0, which is important for np.argmax
        # call in self.predict
        self.lablenc_ = LabelEncoder()
        self.lablenc_.fit(y)
        self.classes_ = self.lablenc_.classes_
        self.classifiers_ = []
        for clf in self.classifiers:
            fitted_clf = clone(clf).fit(X,
                               self.lablenc_.transform(y))
            self.classifiers_.append(fitted_clf)
        return self
```

我在代码中添加了很多注释来解释各个部分。然而，在实现其余的方法之前，我们稍做停顿，讨论一下那些乍看起来可能令人困惑的代码。我们用 BaseEstimator 和 ClassifierMixin 的父类轻而易举地获得了一些基本功能，这包括设置分类器参数的 get_params 和返回分类器参数的 set_params 方法，以及用于计算预测准确率的 score 方法。

接下来，如果通过定义 vote='classlabel'来初始化新的 MajorityVoteClassifier 对象，我们就可以添加 predict 方法来预测分类标签。也可以定义 vote='probability'来初始化集成分类器，然后基于类中元素的概率来预测分类标签。此外，我们还将添加一个 predict_proba 方法，以返回平均概率，这对计算 ROC 的线下面积很有用：

```
    def predict(self, X):
        """ Predict class labels for X.

        Parameters
        ----------
        X : {array-like, sparse matrix},
            Shape = [n_examples, n_features]
            Matrix of training examples.

        Returns
        ----------
        maj_vote : array-like, shape = [n_examples]
            Predicted class labels.
```

```
        """
        if self.vote == 'probability':
            maj_vote = np.argmax(self.predict_proba(X), axis=1)
        else: # 'classlabel' vote

            # Collect results from clf.predict calls
            predictions = np.asarray([clf.predict(X)
                                      for clf in
                                      self.classifiers_]).T

            maj_vote = np.apply_along_axis(lambda x: np.argmax(
                                           np.bincount(x,
                                           weights=self.weights)),
                                           axis=1,
                                           arr=predictions)
        maj_vote = self.lablenc_.inverse_transform(maj_vote)
        return maj_vote

    def predict_proba(self, X):
        """ Predict class probabilities for X.

        Parameters
        ----------
        X : {array-like, sparse matrix},
            shape = [n_examples, n_features]
            Training vectors, where
            n_examples is the number of examples and
            n_features is the number of features.

        Returns
        ----------
        avg_proba : array-like,
            shape = [n_examples, n_classes]
            Weighted average probability for
            each class per example.

        """
        probas = np.asarray([clf.predict_proba(X)
                             for clf in self.classifiers_])
        avg_proba = np.average(probas, axis=0,
                               weights=self.weights)
        return avg_proba

    def get_params(self, deep=True):
        """ Get classifier parameter names for GridSearch"""
        if not deep:
            return super(MajorityVoteClassifier,
                         self).get_params(deep=False)
        else:
            out = self.named_classifiers.copy()
            for name, step in self.named_classifiers.items():
                for key, value in step.get_params(
                        deep=True).items():
                    out['%s__%s' % (name, key)] = value
            return out
```

另外请注意，我们还定义了自行修改的 get_params 方法，以方便调用_name_estimators 函数来访问集成中各分类器的参数。这看起来可能有点儿复杂，但是当我们在本章的后续部分用网格搜索调优超参数时，却非常合理。

scikit-learn 中的 VotingClassifier

尽管 MajorityVoteClassifier 的实现对于演示非常有用，但在本书第 1 版的基础上，我们用 scikit-learn 实现了比多数票分类器更复杂的版本。在 scikit-learn 版本 0.17 或更高版的 sklearn.ensemble.VotingClassifier 上，我们可以找到该集成分类器。

7.2.2 用多数票原则进行预测

现在是时候把前面章节中实现的 MajorityVoteClassifier 付诸行动了。但是，我们要先准备一个可以测试的数据集。既然已经熟悉了从 CSV 文件加载数据集的技术，我们就走捷径从 scikit-learn 的 datasets 集模块直接加载鸢尾花数据集。此外，为了使演示的分类任务更具挑战性，我们将只选择萼片宽度和花瓣长度两个特征。虽然可以把 MajorityVoteClassifier 泛化到多元分类问题，但是我们只对 Iris-versicolor 和 Iris-virginica 花样本进行分类，然后计算 ROC 的线下面积。具体代码如下：

```
>>> from sklearn import datasets
>>> from sklearn.model_selection import train_test_split
>>> from sklearn.preprocessing import StandardScaler
>>> from sklearn.preprocessing import LabelEncoder
>>> iris = datasets.load_iris()
>>> X, y = iris.data[50:, [1, 2]], iris.target[50:]
>>> le = LabelEncoder()
>>> y = le.fit_transform(y)
```

决策树中类成员的概率

注意，scikit-learn 用 predict_proba 方法(如果适用)来计算 ROC AUC 的评分。在第 3 章中，我们介绍了逻辑回归模型如何计算分类概率。在决策树中，此概率是根据训练时为每个节点创建的频率向量来计算的。该向量收集根据节点分类标签计算出的每个分类标签的频率值。然后再把频率归一化，使其和为 1。同样，k-近邻算法的分类标签也会从 k-近邻算法返回归一化的分类标签频率。尽管决策树和 k-近邻分类器返回的归一化概率可能与逻辑回归模型得到的概率相似，但必须意识到这些值实际上并非来自概率质量函数。

接下来，将鸢尾花样本数据分成 50%的训练数据集和 50%的测试数据集：

```
>>> X_train, X_test, y_train, y_test =\
...     train_test_split(X, y,
...                      test_size=0.5,
...                      random_state=1,
...                      stratify=y)
```

现在将在训练数据集上训练三种不同的分类器：

- 逻辑回归分类器。
- 决策树分类器。
- k-近邻分类器。

在将它们组合成集成分类器之前，先通过对训练数据集进行 10 次交叉验证来评估每个分类器模型的性能：

```
>>> from sklearn.model_selection import cross_val_score
>>> from sklearn.linear_model import LogisticRegression
>>> from sklearn.tree import DecisionTreeClassifier
>>> from sklearn.neighbors import KNeighborsClassifier
>>> from sklearn.pipeline import Pipeline
>>> import numpy as np
>>> clf1 = LogisticRegression(penalty='l2',
...                           C=0.001,
...                           solver='lbfgs',
...                           random_state=1)
>>> clf2 = DecisionTreeClassifier(max_depth=1,
...                               criterion='entropy',
...                               random_state=0)
>>> clf3 = KNeighborsClassifier(n_neighbors=1,
...                             p=2,
...                             metric='minkowski')
>>> pipe1 = Pipeline([['sc', StandardScaler()],
...                   ['clf', clf1]])
>>> pipe3 = Pipeline([['sc', StandardScaler()],
...                   ['clf', clf3]])
>>> clf_labels = ['Logistic regression', 'Decision tree', 'KNN']
>>> print('10-fold cross validation:\n')
>>> for clf, label in zip([pipe1, clf2, pipe3], clf_labels):
...     scores = cross_val_score(estimator=clf,
...                              X=X_train,
...                              y=y_train,
...                              cv=10,
...                              scoring='roc_auc')
...     print("ROC AUC: %0.2f (+/- %0.2f) [%s]"
...           % (scores.mean(), scores.std(), label))
```

执行代码后，我们得到下列输出，它显示出单分类器的预测性能几乎相等：

```
10-fold cross validation:

ROC AUC: 0.92 (+/- 0.15) [Logistic regression]
ROC AUC: 0.87 (+/- 0.18) [Decision tree]
ROC AUC: 0.85 (+/- 0.13) [KNN]
```

读者可能想知道为什么将逻辑回归和 k-近邻分类器作为流水线的一部分进行训练。其背后的原因正如在第 3 章中所讨论的那样，与决策树相比，逻辑回归和 k-近邻算法(使用欧氏距离度量)都是比例尺度可变的。虽然鸢尾花的特征都是在相同比例尺度(厘米)上测量的，但是采用标准化特征是一个好习惯。

现在开始更精彩的部分，调用 MajorityVoteClassifier 函数，通过集成分类器进行多数票决策：

```
>>> mv_clf = MajorityVoteClassifier(
...                 classifiers=[pipe1, clf2, pipe3])
>>> clf_labels += ['Majority voting']
```

```
>>> all_clf = [pipe1, clf2, pipe3, mv_clf]
>>> for clf, label in zip(all_clf, clf_labels):
...     scores = cross_val_score(estimator=clf,
...                              X=X_train,
...                              y=y_train,
...                              cv=10,
...                              scoring='roc_auc')
...     print("ROC AUC: %0.2f (+/- %0.2f) [%s]"
...           % (scores.mean(), scores.std(), label))
ROC AUC: 0.92 (+/- 0.15) [Logistic regression]
ROC AUC: 0.87 (+/- 0.18) [Decision tree]
ROC AUC: 0.85 (+/- 0.13) [KNN]
ROC AUC: 0.98 (+/- 0.05) [Majority voting]
```

可以看到各分类器的 `MajorityVoteClassifier` 性能已经在 10 折交叉验证评估上得到改善。

7.2.3 评估和优化集成分类器

本节将基于测试数据来计算 ROC 曲线，以检查 `MajorityVoteClassifier` 对未见过的新数据是否有良好的泛化性能。我们要记住，测试数据集将不会用于模型选择，其目的仅仅是对分类器的泛化性能报告无偏估计：

```
>>> from sklearn.metrics import roc_curve
>>> from sklearn.metrics import auc
>>> colors = ['black', 'orange', 'blue', 'green']
>>> linestyles = [':', '--', '-.', '-']
>>> for clf, label, clr, ls \
...     in zip(all_clf, clf_labels, colors, linestyles):
...     # assuming the label of the positive class is 1
...     y_pred = clf.fit(X_train,
...                      y_train).predict_proba(X_test)[:, 1]
...     fpr, tpr, thresholds = roc_curve(y_true=y_test,
...                                      y_score=y_pred)
...     roc_auc = auc(x=fpr, y=tpr)
...     plt.plot(fpr, tpr,
...              color=clr,
...              linestyle=ls,
...              label='%s (auc = %0.2f)' % (label, roc_auc))
>>> plt.legend(loc='lower right')
>>> plt.plot([0, 1], [0, 1],
...          linestyle='--',
...          color='gray',
...          linewidth=2)
>>> plt.xlim([-0.1, 1.1])
>>> plt.ylim([-0.1, 1.1])
>>> plt.grid(alpha=0.5)
>>> plt.xlabel('False positive rate (FPR)')
>>> plt.ylabel('True positive rate (TPR)')
>>> plt.show()
```

正如所见，集成分类器在测试数据集上也表现良好(ROC AUC=0.95)。然而，我们可以看到逻辑回归分类器在同一数据集上有类似的表现，这可能是由于高方差(在这种情况下，如何拆分数据集的敏感性)，假定数据集的规模很小，如图 7-4 所示。

为了示例，我们只选择了两个特征来看看集成分类器决策区域的实际情况。

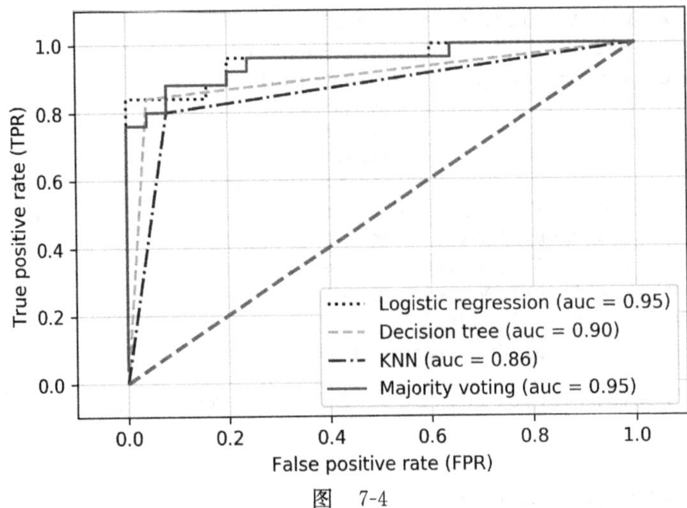

图　7-4

虽然在模型拟合之前没有必要对训练数据的特征值进行标准化，但是因为逻辑回归和 k-近邻流水线将自动处理它，所以我们要标准化训练数据集，以便决策树的决策区域有相同的比例尺度，从而达到可视化的目的。具体代码如下：

```
>>> sc = StandardScaler()
>>> X_train_std = sc.fit_transform(X_train)
>>> from itertools import product
>>> x_min = X_train_std[:, 0].min() - 1
>>> x_max = X_train_std[:, 0].max() + 1
>>> y_min = X_train_std[:, 1].min() - 1
>>>
>>> y_max = X_train_std[:, 1].max() + 1
>>> xx, yy = np.meshgrid(np.arange(x_min, x_max, 0.1),
...                      np.arange(y_min, y_max, 0.1))
>>> f, axarr = plt.subplots(nrows=2, ncols=2,
...                         sharex='col',
...                         sharey='row',
...                         figsize=(7, 5))
>>> for idx, clf, tt in zip(product([0, 1], [0, 1]),
...                         all_clf, clf_labels):
...     clf.fit(X_train_std, y_train)
...     Z = clf.predict(np.c_[xx.ravel(), yy.ravel()])
...     Z = Z.reshape(xx.shape)
...     axarr[idx[0], idx[1]].contourf(xx, yy, Z, alpha=0.3)
...     axarr[idx[0], idx[1]].scatter(X_train_std[y_train==0, 0],
...                                   X_train_std[y_train==0, 1],
...                                   c='blue',
...                                   marker='^',
...                                   s=50)
...     axarr[idx[0], idx[1]].scatter(X_train_std[y_train==1, 0],
...                                   X_train_std[y_train==1, 1],
...                                   c='green',
...                                   marker='o',
...                                   s=50)
...     axarr[idx[0], idx[1]].set_title(tt)
>>> plt.text(-3.5, -5.,
...          s='Sepal width [standardized]',
...          ha='center', va='center', fontsize=12)
>>> plt.text(-12.5, 4.5,
...          s='Petal length [standardized]',
```

```
...           ha='center', va='center',
...           fontsize=12, rotation=90)
>>> plt.show()
```

有趣的是，正如我们预期的那样，集成分类器的决策区域似乎是单分类器决策区域的混合体。乍一看，多数票决策边界看起来更像单层决策树的决策结果，当萼片宽度≥1时，它与 y 轴正交。然而，我们也注意到 k-近邻分类器的非线性混合了进来，如图 7-5 所示。

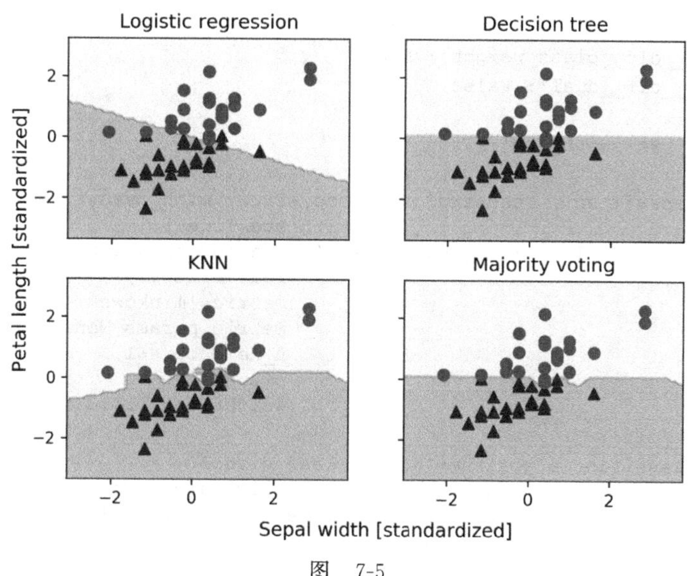

图　7-5

在为集成分类优化单分类器参数之前，我们先通过调用 get_params 方法来对如何访问 GridSearchCV 对象内的单个参数有个基本的认识：

```
>>> mv_clf.get_params()
{'decisiontreeclassifier':
 DecisionTreeClassifier(class_weight=None, criterion='entropy',
                        max_depth=1, max_features=None,
                        max_leaf_nodes=None, min_samples_leaf=1,
                        min_samples_split=2,
                        min_weight_fraction_leaf=0.0,
                        random_state=0, splitter='best'),
 'decisiontreeclassifier__class_weight': None,
 'decisiontreeclassifier__criterion': 'entropy',
 [...]
 'decisiontreeclassifier__random_state': 0,
 'decisiontreeclassifier__splitter': 'best',
 'pipeline-1':
Pipeline(steps=[('sc', StandardScaler(copy=True, with_mean=True,
                              with_std=True)),
                ('clf', LogisticRegression(C=0.001,
                                   class_weight=None,
                                   dual=False,
                                   fit_intercept=True,
                                   intercept_scaling=1,
                                   max_iter=100,
                                   multi_class='ovr',
```

```
                                                penalty='l2',
                                                random_state=0,
                                                solver='liblinear',
                                                tol=0.0001,
                                                verbose=0))]),
 'pipeline-1__clf':
 LogisticRegression(C=0.001, class_weight=None, dual=False,
                    fit_intercept=True, intercept_scaling=1,
                    max_iter=100, multi_class='ovr',
                    penalty='l2', random_state=0,
                    solver='liblinear', tol=0.0001, verbose=0),
 'pipeline-1__clf__C': 0.001,
 'pipeline-1__clf__class_weight': None,
 'pipeline-1__clf__dual': False,
 [...]
 'pipeline-1__sc__with_std': True,
 'pipeline-2':
 Pipeline(steps=[('sc', StandardScaler(copy=True, with_mean=True,
                                       with_std=True)),
                 ('clf', KNeighborsClassifier(algorithm='auto',
                                              leaf_size=30,
                                              metric='minkowski',
                                              metric_params=None,
                                              n_neighbors=1,
                                              p=2,
                                              weights='uniform'))]),
 'pipeline-2__clf':
 KNeighborsClassifier(algorithm='auto', leaf_size=30,
                      metric='minkowski', metric_params=None,
                      n_neighbors=1, p=2, weights='uniform'),
 'pipeline-2__clf__algorithm': 'auto',
 [...]
 'pipeline-2__sc__with_std': True}
```

基于调用 get_params 方法的返回值，我们现在知道应该如何访问单分类器的属性。为了演示，我们通过网格搜索来优化逻辑回归分类器的逆正则化参数 C 和决策树深度：

```
>>> from sklearn.model_selection import GridSearchCV
>>> params = {'decisiontreeclassifier__max_depth': [1, 2],
...           'pipeline-1__clf__C': [0.001, 0.1, 100.0]}
>>> grid = GridSearchCV(estimator=mv_clf,
...                     param_grid=params,
...                     cv=10,
...                     iid=False,
...                     scoring='roc_auc')
>>> grid.fit(X_train, y_train)
```

在网格搜索完成后，我们可以列出不同的超参数值组合，以及通过 10 折交叉验证计算的 ROC AUC 平均评分：

```
>>> for r, _ in enumerate(grid.cv_results_['mean_test_score']):
...     print("%0.3f +/- %0.2f %r"
...           % (grid.cv_results_['mean_test_score'][r],
...              grid.cv_results_['std_test_score'][r] / 2.0,
...              grid.cv_results_['params'][r]))
0.944 +/- 0.07 {'decisiontreeclassifier__max_depth': 1,
                'pipeline-1__clf__C': 0.001}
0.956 +/- 0.07 {'decisiontreeclassifier__max_depth': 1,
                'pipeline-1__clf__C': 0.1}
```

```
0.978 +/- 0.03 {'decisiontreeclassifier__max_depth': 1,
                'pipeline-1__clf__C': 100.0}
0.956 +/- 0.07 {'decisiontreeclassifier__max_depth': 2,
                'pipeline-1__clf__C': 0.001}
0.956 +/- 0.07 {'decisiontreeclassifier__max_depth': 2,
                'pipeline-1__clf__C': 0.1}
0.978 +/- 0.03 {'decisiontreeclassifier__max_depth': 2,
                'pipeline-1__clf__C': 100.0}

>>> print('Best parameters: %s' % grid.best_params_)
Best parameters: {'decisiontreeclassifier__max_depth': 1,
                  'pipeline-1__clf__C': 0.001}

>>> print('Accuracy: %.2f' % grid.best_score_)
Accuracy: 0.98
```

正如所看到的，选择较低的正则化强度(C=100)会得到最佳交叉验证结果，而树的深度似乎根本就不影响性能，这表明单层决策树足以分离数据。请注意，在模型评估时，不止一次使用测试数据集并非一个好的做法，我们不打算再对本节超参数调优后的集成分类器的泛化性能进行估计。我们将继续学习另外一种集成方法：**装袋**(bagging)。

用堆栈构建集成

本节实现的多数投票方法不应与**堆栈**(stacking)混淆。堆栈算法可以理解为一个两层的集成，第一层由个体分类器组成，把预测的结果提供给第二层，而另一个分类器(通常是逻辑回归)拟合第一层分类器的预测结果，从而做出最终的预测。David H. Wolpert 在他的文章(*Stacked generalization*, *Neural Networks*, 5(2): 241-259, 1992.)中对堆栈算法进行了更加具体的描述。不幸的是，在撰写本书时，该算法还没有用 scikit-learn 实现。然而，该方法已经在实现中。在此期间，你可以从下列的网页链接中找到与 scikit-learn 兼容的堆栈算法实现：http://rasbt.github.io/mlxtend/user_guide/classifier/StackingClassifier/和 http://rasbt.github.io/mlxtend/user_guide/classifier/StackingCVClassifier/。

7.3 bagging——基于 bootstrap 样本构建集成分类器

bagging 是一种集成学习技术，它与在上一节中实现的方法紧密相关。然而，我们并没有使用相同的训练数据集来拟合集成中的各个分类器，而是从初始训练数据集中抽取 bootstrap 样本(随机有放回样本)，这就是为什么 bagging 方法也被称为 bootstrap 聚合(bootstrap aggregating)。图 7-6 概述了 bagging 的概念。

下面的小节将用 scikit-learn 实现简单的葡萄酒分类示例来解释 bagging 技术。

7.3.1 bagging 简介

为了提供一个更具体的示例来说明 bagging 分类器 bootstrap 聚合的工作原理，让我们考虑图 7-7 中的示例。这里有 7 个不同的训练实例(用索引 1～7 表示)，每轮 bagging 中，它们都被可放回随机抽样。然后用每个 bootstrap 样本来分别拟合不同的分类器 C_j，这是最典型的未修剪决策树。

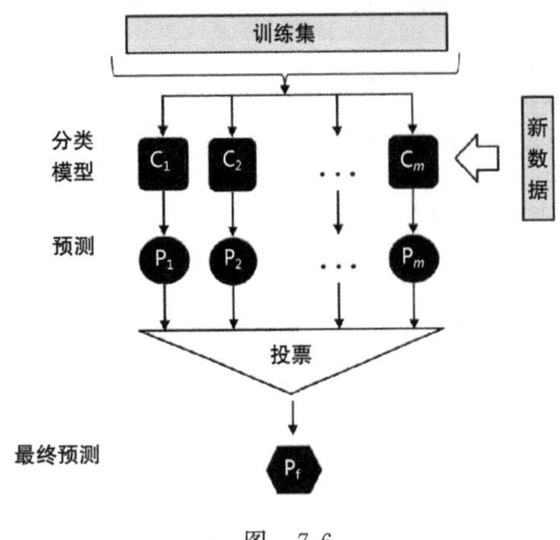

图 7-6

样本索引	第 1 轮 bagging	第 2 轮 bagging	…
1	2	7	…
2	2	3	…
3	1	2	…
4	3	1	…
5	7	1	…
6	2	7	…
7	4	7	…
	C_1	C_2	C_m

图 7-7

从图 7-7 我们可以看到，每个分类器随机接收来自训练数据集的样本子集。通过 bagging 获得的随机样本表示为第 1 轮 bagging、第 2 轮 bagging 等。每个子集都包含部分重复样本，有些原始样本因为有放回抽样而没有出现在重新抽样的数据集中。一旦每个分类器都拟合 bootstrap 样本，就可以采用多数票机制进行组合预测。

要注意的是 bagging 方法与第 3 章介绍的随机森林分类法相关。事实上，随机森林是 bagging 的一个特例，在随机森林方法中，我们在拟合每个决策树的时候也用到随机特征子集。

用 bagging 集成模型

bagging 是由 Leo Breiman 在 1994 年的技术报告中首先提出的，他在报告中证明了 bagging 可以提高不稳定模型的准确率同时降低过拟合的程度。我高度推荐读者阅读该研究报告以对 bagging 有更详细的了解(*Bagging predictors*, *L. Breiman*, *Machine Learning*, 24(2): 123-140, 1996)。报告也可从网上获得。

7.3.2 应用 bagging 对葡萄酒数据集中的样本分类

为了理解 bagging 在实践中的具体应用，我们用第 4 章介绍的葡萄酒数据集创建一个更复杂的分类问题，这里仅考虑葡萄酒类 2 和 3 并选择两个特征：`Alcohol` 和 `OD280/OD315 of diluted wines`。

```
>>> import pandas as pd
>>> df_wine = pd.read_csv('https://archive.ics.uci.edu/ml/'
...                 'machine-learning-databases/wine/wine.data',
...                 header=None)
>>> df_wine.columns = ['Class label', 'Alcohol',
...                    'Malic acid', 'Ash',
...                    'Alcalinity of ash',
...                    'Magnesium', 'Total phenols',
...                    'Flavanoids', 'Nonflavanoid phenols',
...                    'Proanthocyanins',
...                    'Color intensity', 'Hue',
...                    'OD280/OD315 of diluted wines',
```

```
...                         'Proline']
>>> # drop 1 class
>>> df_wine = df_wine[df_wine['Class label'] != 1]
>>> y = df_wine['Class label'].values
>>> X = df_wine[['Alcohol',
...                  'OD280/OD315 of diluted wines']].values
```

接着，我们以二进制格式为分类标签编码，然后再按 8：2 比例把数据集分成训练数据集和测试数据集：

```
>>> from sklearn.preprocessing import LabelEncoder
>>> from sklearn.model_selection import train_test_split
>>> le = LabelEncoder()
>>> y = le.fit_transform(y)
>>> X_train, X_test, y_train, y_test =\
...             train_test_split(X, y,
...                              test_size=0.2,
...                              random_state=1,
...                              stratify=y)
```

获得葡萄酒数据集

可以从本书的代码包中找到葡萄酒数据集的副本(也包括本书讨论过的其他数据集)。也可以在脱机工作或者 UCI 服务器暂时宕机时，从下述网页链接直接下载：https://archive.ics.uci.edu/ml/machine-learning-databases/wine/wine.data。例如，如果要从本地文件目录加载葡萄酒数据，可以将

```
df = pd.read_csv(
        'https://archive.ics.uci.edu/ml/'
        'machine-learning-databases'
        '/wine/wine.data', header=None)
```

替换为：

```
df = pd.read_csv(
        'your/local/path/to/wine.data',
        header=None)
```

scikit-learn 已经实现了 `BaggingClassifier` 算法，可以从 `ensemble` 子模块导入。这里将用未修剪决策树作为基本分类器并创建一个有 500 棵决策树的集成，这些决策树将拟合训练数据集中的不同 bootstrap 样本：

```
>>> from sklearn.ensemble import BaggingClassifier
>>> tree = DecisionTreeClassifier(criterion='entropy',
...                               random_state=1,
...                               max_depth=None)
>>> bag = BaggingClassifier(base_estimator=tree,
...                         n_estimators=500,
...                         max_samples=1.0,
...                         max_features=1.0,
...                         bootstrap=True,
...                         bootstrap_features=False,
...                         n_jobs=1,
...                         random_state=1)
```

下一步将计算模型在训练数据集和测试数据集上的预测准确率，以便对 bagging 分类器的性能和单棵未修剪决策树的性能进行比较：

```
>>> from sklearn.metrics import accuracy_score
>>> tree = tree.fit(X_train, y_train)
>>> y_train_pred = tree.predict(X_train)
>>> y_test_pred = tree.predict(X_test)
>>> tree_train = accuracy_score(y_train, y_train_pred)
>>> tree_test = accuracy_score(y_test, y_test_pred)
>>> print('Decision tree train/test accuracies %.3f/%.3f'
...       % (tree_train, tree_test))
Decision tree train/test accuracies 1.000/0.833
```

基于下面显示的准确率，未修剪决策树正确地预测了所有训练样本的分类标签；然而，相当低的测试准确率表明模型存在高方差(过拟合)：

```
>>> bag = bag.fit(X_train, y_train)
>>> y_train_pred = bag.predict(X_train)
>>> y_test_pred = bag.predict(X_test)
>>> bag_train = accuracy_score(y_train, y_train_pred)
>>> bag_test = accuracy_score(y_test, y_test_pred)
>>> print('Bagging train/test accuracies %.3f/%.3f'
...       % (bag_train, bag_test))
Bagging train/test accuracies 1.000/0.917
```

虽然在训练数据集上，决策树和 bagging 分类器的训练准确率相似(100%)，但是我们可以看到，bagging 分类器在测试数据集上估计的泛化性能略好。接下来将比较决策树和 bagging 分类器的决策区域：

```
>>> x_min = X_train[:, 0].min() - 1
>>> x_max = X_train[:, 0].max() + 1
>>> y_min = X_train[:, 1].min() - 1
>>> y_max = X_train[:, 1].max() + 1
>>> xx, yy = np.meshgrid(np.arange(x_min, x_max, 0.1),
...                      np.arange(y_min, y_max, 0.1))
>>> f, axarr = plt.subplots(nrows=1, ncols=2,
...                         sharex='col',
...                         sharey='row',
...                         figsize=(8, 3))
>>> for idx, clf, tt in zip([0, 1],
...                         [tree, bag],
...                         ['Decision tree', 'Bagging']):
...     clf.fit(X_train, y_train)
...
...     Z = clf.predict(np.c_[xx.ravel(), yy.ravel()])
...     Z = Z.reshape(xx.shape)
...     axarr[idx].contourf(xx, yy, Z, alpha=0.3)
...     axarr[idx].scatter(X_train[y_train==0, 0],
...                        X_train[y_train==0, 1],
...                        c='blue', marker='^')
...     axarr[idx].scatter(X_train[y_train==1, 0],
...                        X_train[y_train==1, 1],
...                        c='green', marker='o')
...     axarr[idx].set_title(tt)
>>> axarr[0].set_ylabel('Alcohol', fontsize=12)
>>> plt.tight_layout()
>>> plt.text(0, -0.2,
...          s='OD280/OD315 of diluted wines',
...          ha='center',
...          va='center',
...          fontsize=12,
```

```
...          transform=axarr[1].transAxes)
>>> plt.show()
```

从图 7-8 可以看到，与深度决策树的分段线性决策边界相比，bagging 集成分类器的决策边界看起来更平滑。

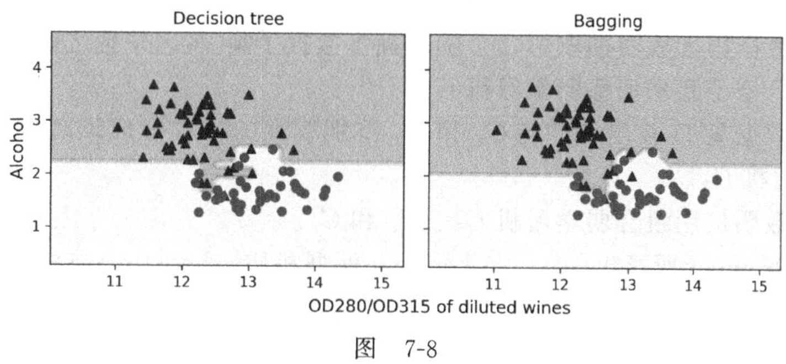

图　7-8

这一节我们只是简单通过示例了解了 bagging。实践中，更复杂的分类任务和高维数据集很容易导致单决策树模型过拟合，这时 bagging 算法就能真正发挥作用了。最后注意到 bagging 算法可以有效地降低模型方差。然而，bagging 在降低模型偏置方面却无效，也就是说，模型过于简单，无法很好地捕捉数据中的趋势。这就是为什么要在集成分类器上实现像未修剪决策树这样的低偏置 bagging 的原因。

7.4　通过自适应 boosting 提高弱学习机的性能

在本节对集成方法的介绍中，我们将讨论 boosting 并特别聚焦在最常见的**自适应** boosting(AdaBoost)。

AdaBoot 识别

AdaBoost 最初的想法是由 Robert E. Schapire 在 1990 提出的[㊀]。Robert E. Schapire 和 Yoav Freund 在 *Proceedings of the Thirteenth International Conference*(ICML 1996)中提出 AdaBoost 算法后，AdaBoost 成为以后那些年最广泛使用的集成方法[㊁]。在 2003 年，Freund 和 Schapire 因为突破性的工作获得了 Goedel 大奖，这是授予计算机科学领域最杰出研究成果的颇具声望的奖项。

在 boosting 中，集成是由很简单的常被称为**弱学习机**(weak learner)的基本分类器所组成，性能仅比随机猜测略优，弱学习机的典型例子是单层决策树。boosting 背后的关键概念是专注于难以分类的训练样本，即让弱学习机从训练样本的分类错误中学习来提高集成的性能。

下面的小节将介绍 boosting 和 AdaBoost 概念背后的算法过程。最后，我们用 scikit-learn 实现实际的分类示例。

㊀ *The Strength of Weak Learnability*, R. E. Schapire, *Machine Learning*, 5(2): 197-227, 1990

㊁ *Experiments with a New Boosting Algorithm by Y. Freund, R. E. Schapire, and others, ICML*, volume 96, 148-156, 1996

7.4.1 boosting 的工作原理

与 bagging 相比，在 boosting 算法最初形成的过程中，采用从训练数据集中无放回抽取的训练样本的随机子集来训练模型，原始的 boosting 过程可以概括为以下四大关键步骤：

1）从训练数据集 D 无放回抽取训练样本的随机子集 d_1 来训练弱学习机 C_1。

2）从训练数据集无放回抽取第二个随机训练数据子集 d_2，并把之前被错误分类的样本中的 50%加入该子集来训练弱学习机 C_2。

3）从训练数据集 D 找出那些与 C_1 和 C_2 差别较大的样本形成训练样本 d_3，开始训练第 3 个弱学习机 C_3。

4）通过多数票机制组合弱学习机 C_1、C_2 和 C_3。

正如 Leo Breiman 所指出的[⊖]，与 bagging 模型相比，boosting 方法可导致的偏置和方差减少。然而 boosting 算法(如 AdaBoost)在实践中也以其高方差而闻名，即对训练数据有过拟合倾向[⊜]。

与这里所描述的原始 boosting 过程不同，AdaBoost 用完整的训练数据集来训练弱学习机，在每次迭代中重新定义训练样本的权重，并通过从集成里弱学习机的错误中不断地学习来构建强大的分类器。

在深入研究 AdaBoost 算法的具体细节之前，让我们分析图 7-9，以便更好地理解 AdaBoost 背后的基本概念。

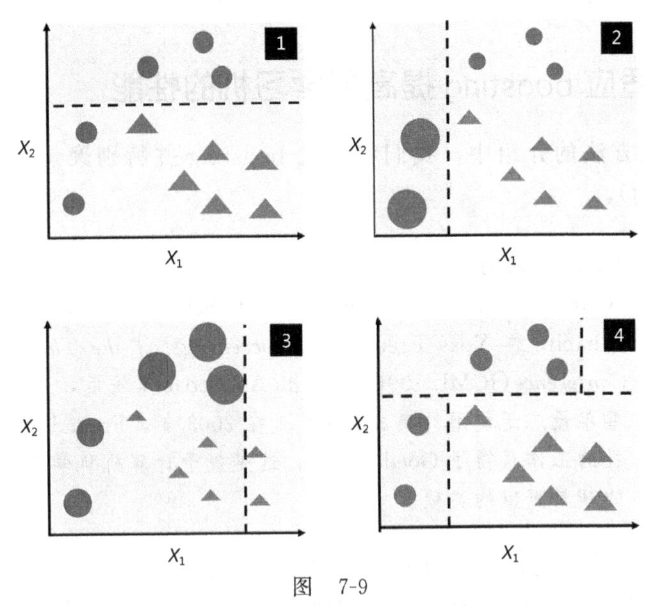

图 7-9

首先，我们从子图 1 开始了解 AdaBoost 的详情，这是一个二元分类训练数据集，所有的训练样本拥有相同的权重。我们基于该训练数据集来训练单层决策树(虚线)，以完成对三角形和圆形两类样本的分类，该任务可以通过最小化代价函数(或在决策树集成的特殊情况下的杂质得分)完成。

⊖ *Bias, variance, and arcing classifi ers*, L. Breiman, 1996

⊜ *An improvement of AdaBoost to avoid overfitting*, G. Raetsch, T. Onoda, and K. R. Mueller. *Proceedings of the International Conference on Neural Information Processing*, *CiteSeer*, 1998

其次，在子图 2 中，我们为前面子图 1 中误判的两个圆形样本增加权重。此外减少被正确分类的那些样本的权重。下一个单层决策树将更多聚焦在权重较大的训练样本上，这些训练样本很难分类。子图 2 中的弱学习机把三个圆形样本错误地分类，随后这三个样本被赋予较大的权重，如子图 3 所示。

假设 AdaBoost 集成只进行三轮 boosting，那么将在三个不同的训练数据子集上通过加权多数票把弱学习机组合起来，如子图 4 所示。

现在，我们对 AdaBoost 的基本概念有了更深的理解，让我们用伪代码更加详细地观察该算法。为清楚起见，用×表示元素之间的相乘，用·来表示两个向量之间的点积：

1）把权重向量 $\boldsymbol{w}$ 定义为一致权重，其中 $\sum_i w_i=1$。

2）对于 j，在 m 轮 boosting 中，做以下几件事：

a. 训练有权重的弱学习机：$C_j=\text{train}(\boldsymbol{X}, \boldsymbol{y}, \boldsymbol{w})$。

b. 预测分类标签：$\hat{\boldsymbol{y}}=\text{predict}(C_j, \boldsymbol{X})$。

c. 计算加权错误率：$\varepsilon=\boldsymbol{w}\cdot(\hat{\boldsymbol{y}}\neq\boldsymbol{y})$。

d. 计算系数：$a_j=0.5\log\dfrac{1-\varepsilon}{\varepsilon}$。

e. 更新权重：$\boldsymbol{w}:=\boldsymbol{w}\times\exp(-a_j\times\hat{\boldsymbol{y}}\times\boldsymbol{y})$。

f. 归一化权重使其和为 1：$\boldsymbol{w}:=\boldsymbol{w}/\sum_i w_i$。

3）计算最终的预测结果：

$$\hat{\boldsymbol{y}}=\left(\sum_{j=1}^{m}(a_j\times\text{predict}(C_j, \boldsymbol{X}))>0\right)$$

注意步骤 2c 的表达式$(\hat{\boldsymbol{y}}\neq\boldsymbol{y})$代表由多个 0 和 1 组成的二进制向量，如果预测的结果不正确则数值为 1，否则为 0。

尽管 AdaBoost 算法看似简单，但我们还是用由 10 个训练样本所组成的训练数据集通过更具体的例子来做进一步的解释，详见表 7-1。

表 7-1

样本索引	x	y	权重	$\hat{y}(x<=3.0)$?	正确吗?	更新后的权重
1	1.0	1	0.1	1	是	0.072
2	2.0	1	0.1	1	是	0.072
3	3.0	1	0.1	1	是	0.072
4	4.0	1	0.1	1	是	0.072
5	5.0	−1	0.1	−1	是	0.072
6	6.0	−1	0.1	−1	是	0.072
7	7.0	1	0.1	−1	否	0.167
8	8.0	1	0.1	−1	否	0.167
9	9.0	1	0.1	−1	否	0.167
10	10.0	−1	0.1	−1	是	0.072

表中的第一列为训练样本 1～10 的索引。第二列为单个样本的特征值，假设这是一维数据集。第三列显示了对应于每个训练样本 x_i 的真实类标签 y_i，其中 $y_i\in\{1, -1\}$。第四列显示了初始权重，权重值相同，并对其进行归一化使其和为 1。对 10 个样本的训练数据集，我们为权重向量 $\boldsymbol{w}$ 的每个元素 w_i 赋值 0.1。第五列显示了预测得到的分类标签 $\hat{\boldsymbol{y}}$，假设数据的分裂标准为 $x\leqslant 3.0$。最后一列显示了根据伪代码规则更新后的权重值。

更新权重的计算乍看起来有点儿复杂，现在我们把计算过程一步一步地分解。从计算步骤2c描述的加权错误率 ε 开始：

$$\varepsilon = 0.1\times0+0.1\times0+0.1\times0+0.1\times0+0.1\times0+0.1\times0+0.1\times1+0.1\times1+0.1\times1+0.1\times0 = \frac{3}{10} = 0.3$$

接着，我们计算在步骤2d中讨论过的系数 α_j，以便于我们在后续的步骤2e中更新权重时使用，在第3步计算多数票权重时，我们还会用到它：

$$\alpha_j = 0.5\log\left(\frac{1-\varepsilon}{\varepsilon}\right) \approx 0.424$$

在计算了系数 α_j 之后，我们可以通过下面的公式更新权重向量：

$$\boldsymbol{w} := \boldsymbol{w} \times \exp(-\alpha_j \times \hat{\boldsymbol{y}} \times \boldsymbol{y})$$

在这里，$\hat{\boldsymbol{y}} \times \boldsymbol{y}$ 是预测结果向量与真实分类标签向量逐元素相乘。因此如果预测结果 $\hat{y}_i$ 正确，那么 $\hat{\boldsymbol{y}}_i \times \boldsymbol{y}_i$ 将会是个正值，这样将降低第 i 个权重，因为 α_j 也是正数：

$$0.1\times\exp(-0.424\times1\times1) \approx 0.065$$

与此类似，如果预测的分类结果 $\hat{y}_i$ 不正确，我们会增加第 i 个权重的值：

$$0.1\times\exp(-0.424\times1\times)-1) \approx 0.153$$

也可以是这样：

$$0.1\times\exp(-0.424\times(-1)\times(1)) \approx 0.153$$

在更新了权重向量每个元素的值之后，我们通过归一化使所有权重的和为1(步骤2f)：

$$\boldsymbol{w} := \frac{\boldsymbol{w}}{\sum_i \boldsymbol{w}_i}$$

这里 $\sum_i w_i = 7\times0.065+3\times0.153 = 0.914$。

因此，与每个正确分类样本相对应的权重将会从初始值0.1降低到 $0.065/0.914 \approx 0.071$，这将是下一轮boosting的权重。类似地，分类不正确样本的权重将会从0.1上升到 $0.153/0.914 \approx 0.167$。

7.4.2 用scikit-learn实现AdaBoost

在前面的小节中，我们简单地介绍了AdaBoost。现在进入更为实用的部分，用scikit-learn训练AdaBoost集成分类器。我们将用前一节中提到的相同葡萄酒数据子集来训练bagging元分类器。通过调用 `base_estimator` 属性，我们将在500棵单层决策树的基础上训练 `AdaBoostClassifier`：

```
>>> from sklearn.ensemble import AdaBoostClassifier
>>> tree = DecisionTreeClassifier(criterion='entropy',
...                               random_state=1,
...                               max_depth=1)
>>> ada = AdaBoostClassifier(base_estimator=tree,
...                          n_estimators=500,
...                          learning_rate=0.1,
...                          random_state=1)
>>> tree = tree.fit(X_train, y_train)
>>> y_train_pred = tree.predict(X_train)
>>> y_test_pred = tree.predict(X_test)
>>> tree_train = accuracy_score(y_train, y_train_pred)
>>> tree_test = accuracy_score(y_test, y_test_pred)
```

```
>>> print('Decision tree train/test accuracies %.3f/%.3f'
...       % (tree_train, tree_test))
Decision tree train/test accuracies 0.916/0.875
```

由结果可见，与前一节中的未修剪决策树相比，单层决策树似乎对训练数据欠拟合：

```
>>> ada = ada.fit(X_train, y_train)
>>> y_train_pred = ada.predict(X_train)
>>> y_test_pred = ada.predict(X_test)
>>> ada_train = accuracy_score(y_train, y_train_pred)
>>> ada_test = accuracy_score(y_test, y_test_pred)
>>> print('AdaBoost train/test accuracies %.3f/%.3f'
...       % (ada_train, ada_test))
AdaBoost train/test accuracies 1.000/0.917
```

可以看到，AdaBoost 模型正确地预测了训练数据集的所有分类标签，而且与单层决策树相比，其测试性能也略有改善。然而，我们也看到，因为试图减少模型偏置——训练数据集和测试数据集在性能上存在着较大的差距，因此我们引入了额外方差。

尽管出于演示目的，我们采用另外一个简单的示例，但是仍然可以看到 AdaBoost 分类器的性能比单层决策树略有改进，并且达到了与前一节所描述的 bagging 分类器非常相似的准确率。但是我们要注意，重复使用测试数据集来选择模型并不是一个好的做法。对泛化性能的估计可能会过于乐观，在第 6 章中，我们曾对此做过详细的讨论。

最后，让我们看看决策区域目前到底是什么情况：

```
>>> x_min = X_train[:, 0].min() - 1
>>> x_max = X_train[:, 0].max() + 1
>>> y_min = X_train[:, 1].min() - 1
>>> y_max = X_train[:, 1].max() + 1
>>> xx, yy = np.meshgrid(np.arange(x_min, x_max, 0.1),
...                      np.arange(y_min, y_max, 0.1))
>>> f, axarr = plt.subplots(1, 2,
...                         sharex='col',
...                         sharey='row',
...                         figsize=(8, 3))
>>> for idx, clf, tt in zip([0, 1],
...                         [tree, ada],
...                         ['Decision Tree', 'AdaBoost']):
...     clf.fit(X_train, y_train)
...     Z = clf.predict(np.c_[xx.ravel(), yy.ravel()])
...     Z = Z.reshape(xx.shape)
...     axarr[idx].contourf(xx, yy, Z, alpha=0.3)
...     axarr[idx].scatter(X_train[y_train==0, 0],
...                        X_train[y_train==0, 1],
...                        c='blue',
...                        marker='^')
...     axarr[idx].scatter(X_train[y_train==1, 0],
...                        X_train[y_train==1, 1],
...                        c='green',
...                        marker='o')
...     axarr[idx].set_title(tt)
...     axarr[0].set_ylabel('Alcohol', fontsize=12)
>>> plt.tight_layout()
>>> plt.text(0, -0.2,
...          s='OD280/OD315 of diluted wines',
...          ha='center',
...          va='center',
...          fontsize=12,
...          transform=axarr[1].transAxes)
>>> plt.show()
```

通过对决策区域的观察，我们可以看出AdaBoost模型的决策边界比单层决策树的决策边界要复杂得多。此外，我们还注意到，采用AdaBoost模型划分特征空间的结果与前一节训练的bagging分类器非常相似，如图7-10所示。

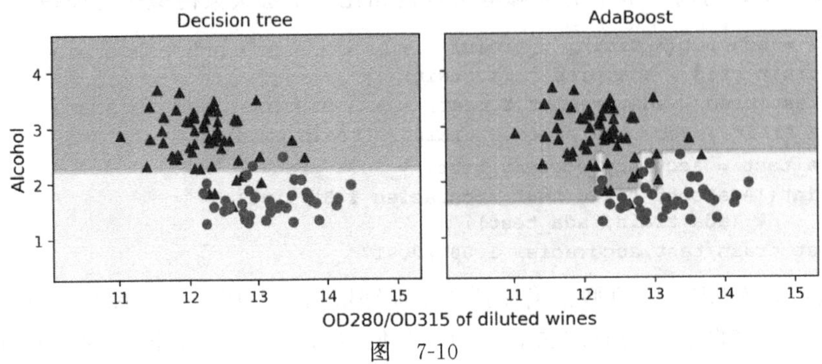

图 7-10

对集成技术做一个总结，与单分类器相比，值得我们注意的是，集成学习增加了计算复杂度。需要我们在实践中认真考虑是否愿意为适度提高预测性能而增加计算成本。

关于预测性能与计算成本两者之间的权衡问题，一个常被提及的例子就是著名的Netflix100万美元大奖，它就是靠集成技术赢得的。关于该算法的细节见文献 *The BigChaos Solution to the Netfl ix Grand Prize by A. Toescher, M. Jahrer, and R. M. Bell, Netflix Prize documentation, 2009*，可以在http://www.stat.osu.edu/~dmsl/GrandPrize2009_BPC_BigChaos.pdf查到该文。虽然获胜团队得到了100万美元的大奖，不过由于模型自身的复杂性，Netflix从来就没有实现过该算法，因为不太可能将其应用到现实世界：

> “我们离线评估了一些新方法，但是所测量到的额外准确率改善似乎并不能平衡将其引入生产环境所需耗费的工程努力。”(http://techblog.netflix.com/2012/04/netflix-recommendations-beyond-5-stars.html)

梯度boosting

boosting的另一种常见的变体是**梯度boosting**。AdaBoost和梯度boosting主要的整体概念相同：将弱学习机(例如单层决策树)boosting为强学习机。自适应boosting和梯度boosting这两种方法的主要区别在于权重的更新方式以及(弱)分类器的组合方式。如果你熟悉基于梯度的优化并且对梯度boosting感兴趣，那么我建议你阅读Jerome Friedman的著作[⊖]，以及关于XGBoost的最新论文，该论文在本质上是对原始梯度boosting算法的高效计算实现[⊜]。请注意，除了scikit-learn中实现的`GradientBoostingClassifier`之外，scikit-learn版本0.21包括了甚至比XGBoost更快的梯度boosting版本`HistGradientBoostingClassifier`。有关scikit-learn中`GradientBoostingClassifier`和`HistGradientBoostingClassifier`的更多信息，你可以在https://scikit-learn.org/stable/modules/ensemble.

⊖ *Greedy function approximation: a gradient boosting machine. Jerome Friedman. Annals of Statistics* 2001, pp. 1189-1232

⊜ *XGBoost: A scalable tree boosting system. Tianqi Chen and Carlos Guestrin. Proceeding of the 22nd ACM SIGKDD International Conference on Knowledge Discovery and Data Mining. ACM* 2016, pp. 785-794

html#gradienttree-boosting 阅读文档。另外，你也可以在 https://sebastianraschka.com/pdf/lecture-notes/stat479fs19/07-ensembles__notes.pdf 的讲义中找到关于梯度 boosting 的简短概括说明。

7.5 本章小结

本章研究了一些最常见和广泛使用的集成学习技术。集成方法通过组合不同的分类模型来消除各自的弱点，往往能为我们带来性能稳定且良好的模型，这对于工业应用和机器学习非常有吸引力。

在本章的开始部分，我们用 Python 实现了 `MajorityVoteClassifier`，它允许组合不同的分类算法。然后，我们研究了 bagging，这是一种可以降低模型方差的有用技术，该方法从训练数据集中随机提取 bootstrap 样本，通过多数票机制把个别训练的分类器组合起来。最后，我们学习了 AdaBoost 算法，这是一种基于弱学习机从分类错误中学习的算法。

前几章讨论了许多不同的学习算法、调优和评估技术。下一章，我们将讨论机器学习的一个特殊应用，即情感分析，它已经成为互联网和社交媒体时代的一个有趣话题。

第 8 章

Python Machine Learning，Third Edition

用机器学习进行情感分析

在这个互联网和社交媒体发达的时代，人们的意见、评论和建议已经成为政治科学和商业拓展的宝贵资源。得益于现代技术，我们现在才能够卓有成效地收集和分析数据。本章将深入研究**自然语言处理**(NLP)的一个分支，即**情感分析**，学习如何使用机器学习算法根据作者的态度对文档进行分类。特别是要基于**互联网电影数据库**(IMDb)的 50 000 个电影评论的数据集构建可以区分正面和负面评论的预测器。

本章将主要涵盖下述几个方面：

- 清洗和准备文本数据。
- 根据文本数据建立特征向量。
- 训练机器学习模型来区分正面和负面评论。
- 用核外学习方法来处理大型文本数据集。
- 根据文档推断主题进行分类。

8.1 为文本处理预备好 IMDb 电影评论数据

情感分析有时也被称为**意见挖掘**(opinion mining)，是 NLP 领域一个非常流行的分支，它聚焦文档的情感倾向分析。情感分析的一个热门任务是根据作者对特定主题所表达的观点或情感为文档分类。

本章将处理 IMDb 的大量数据，这些数据是由 Andrew Maas 等人收集的电影评论[⊖]。电影评论数据集由 50 000 个带有情感倾向的电影评论所组成，每个评论都被标记为正面或负面；在这里，正面评论意味着对该部电影的评价超过 IMDb 的六星级，而负面评论意味着对该部电影的评价低于 IMDb 的五星级。下面的章节将下载该数据集，然后将其预处理成机器学习工具可用的格式，并从这些电影评论数据的子集中提取有意义的信息，以建立机器学习模型，然后预测某个评论者是否喜欢某部电影。

8.1.1 获取电影评论数据集

我们可以从 http://ai.stanford.edu/~amaas/data/sentiment/下载电影评论数据集的 gzip 压缩文件(84.1MB)：

- 如果你用 Linux 或者 macOS 系统，可以打开一个新的终端窗口，用 `cd` 命令进入下载文件的目录，然后执行 `tar-zxf aclImdb_v1.tar.gz` 对数据集进行解压。
- 如果你用 Windows 系统，可以下载免费软件，如 7-Zip(http://www.7-zip.org)，解压下载的压缩文件。

⊖ *Learning Word Vectors for Sentiment Analysis*, *A. L. Maas*, *R. E. Daly*, *P. T. Pham*, *D. Huang*, *A. Y. Ng*, *and C. Potts*, *Proceedings of the 49th Annual Meeting of the Association for Computational Linguistics: Human Language Technologies*, pages 142-150, Portland, Oregon, USA, Association for Computational Linguistics, June 2011

- 也可以用下述命令直接用 Python 解压 gzip 压缩的文件：

```
>>> import tarfile
>>> with tarfile.open('aclImdb_v1.tar.gz', 'r:gz') as tar:
...     tar.extractall()
```

8.1.2 把电影评论数据集预处理成更方便的格式

在成功地提取数据集后，我们现在可以从下载的压缩文档中解压出单个 CSV 文件。下面的代码片段将把电影评论读入 pandas DataFrame 对象，在标准的台式计算机上这可能需要运行 10 分钟。

为了观察进度和估计完成时间，我们将用几年前为此目的而研发的 Python 进度指示器包 PyPrind(https://pypi.python.org/pypi/PyPrind/)，这个任务可以通过执行 `pip install pyprind` 命令完成：

```
>>> import pyprind
>>> import pandas as pd
>>> import os

>>> # change the 'basepath' to the directory of the
>>> # unzipped movie dataset

>>> basepath = 'aclImdb'
>>>
>>> labels = {'pos': 1, 'neg': 0}
>>> pbar = pyprind.ProgBar(50000)
>>> df = pd.DataFrame()
>>> for s in ('test', 'train'):
...     for l in ('pos', 'neg'):
...         path = os.path.join(basepath, s, l)
...         for file in sorted(os.listdir(path)):
...             with open(os.path.join(path, file),
...                       'r', encoding='utf-8') as infile:
...                 txt = infile.read()
...             df = df.append([[txt, labels[l]]],
...                            ignore_index=True)
...             pbar.update()
>>> df.columns = ['review', 'sentiment']
0%                          100%
[##############################] | ETA: 00:00:00
Total time elapsed: 00:02:05
```

在上面的代码中，我们首先初始化新的进度条对象 `pbar`，然后定义迭代的次数为 50 000，这是要读入文件的数量。通过嵌套的 `for` 循环，代码遍历 `aclImdb` 主目录下的 `train` 和 `test` 子目录，并从子目录 `pos` 和 `neg` 下读入单个文本文件，这两个子目录连同整数类标签(`1`=正面和 `0`=负面)最终将会被映射到 pandas `DataFrame` 的 `df` 上。

因为数据集中的分类标签已经排过序，所以现在我们可以调用 `np.random` 子模块的 `permutation` 函数对 `DataFrame` 洗牌，这对后期将数据集分成训练数据集和测试数据集很有用，特别是在以后的章节中，我们要从本地磁盘目录里获得数据流。

为了方便起见，我们将组装好并洗过牌的电影评论数据集以 CSV 文件格式保存：

```
>>> import numpy as np
```

```
>>> np.random.seed(0)
>>> df = df.reindex(np.random.permutation(df.index))
>>> df.to_csv('movie_data.csv', index=False, encoding='utf-8')
```

本章稍后将使用此数据集，通过读取 CSV 文件并显示前三个示例的摘录，我们可以快速确认已经成功地将数据以合适的格式保存。

```
>>> df = pd.read_csv('movie_data.csv', encoding='utf-8')
>>> df.head(3)
```

如果用 Jupyter Notebook 运行代码示例，现在应该能看到该数据集的前三行，如图 8-1所示。

	review	sentiment
0	In 1974, the teenager Martha Moxley (Maggie Gr...	1
1	OK... so... I really like Kris Kristofferson a...	0
2	***SPOILER*** Do not read this, if you think a...	0

图　8-1

作为健全性检查，在继续下一节之前，让我们确保 DataFrame 包含所有 50 000行：

```
>>> df.shape
(50000, 2)
```

8.2　词袋模型介绍

你可能还记得在第 4 章中，我们提到必须将分类数据(如文本或文字)转换成数字形式，然后才能将其传递给机器学习算法。本节将介绍**词袋**(bag-of-words)，它可以将文本转换为数字型的特征向量。词袋模型背后的理念非常简单，我们可以将其概括如下：

1) 在整个文档集上创建一个唯一令牌(如单词)的词汇表。

2) 为每个文档构建一个特征向量，其中包含每个词在特定文档中出现的频率。

由于每个文档的单词只代表词袋的词汇表中所有单词的一小部分，特征向量主要由零组成，因此称之为**稀疏**向量。如果这听起来太过抽象，请大家别担心，在下面的小节中，我们将介绍创建简单词袋模型的具体步骤。

8.2.1　把单词转换成特征向量

我们可以用 scikit-learn 实现的 CountVectorizer 类，根据单词在各文件中出现的频率构建词袋模型。正如在下面的代码段所见到的那样，CountVectorizer 以文本数据数组(可以是文档或句子)构建词袋模型：

```
>>> import numpy as np
>>> from sklearn.feature_extraction.text import CountVectorizer
>>> count = CountVectorizer()
>>> docs = np.array(['The sun is shining',
...                  'The weather is sweet',
...                  'The sun is shining, the weather is sweet,'
...                  'and one and one is two'])
>>> bag = count.fit_transform(docs)
```

我们可以调用 CountVectorizer 的 fit_transform 方法，处理构建词袋模型的词汇，并把以下三个句子转换成稀疏特征向量：

- 'The sun is shining'
- 'The weather is sweet'

- 'The sun is shining, the weather is sweet, and one and one is two'

现在，我们打印出词汇表的内容，以便能更好地理解相关概念：

```
>>> print(count.vocabulary_)
{'and': 0,
'two': 7,
'shining': 3,
'one': 2,
'sun': 4,
'weather': 8,
'the': 6,
'sweet': 5,
'is': 1}
```

执行前面的命令后，我们可以看到词汇表存储在 Python 字典中，该字典将每个单词映射为整数索引。接着我们显示刚刚创建的特征向量：

```
>>> print(bag.toarray())
[[0 1 0 1 1 0 1 0 0]
 [0 1 0 0 0 1 1 0 1]
 [2 3 2 1 1 1 2 1 1]]
```

特征向量中的每个索引位置对应于词汇表存储在 `CountVectorizer` 字典中的整数值。例如，索引位置 0 上的第一个特征等同于单词 'and' 的词频，它只出现在最后一个文档中，单词 'is' 在索引位置 1(文档向量中的第二个特征)，出现在所有三个句子中。这些值的特征向量也叫**原始词频**(raw term frequency)：$tf(t, d)$，即 t 项在文档 d 中出现的次数 d。应当指出，在词袋模型中，句子或文档中的单词或术语的顺序无关紧要。词频在特征向量中出现的顺序是由词汇索引所决定，词汇索引通常是按字母顺序分配的。

n-gram 模型

在刚创建的词袋模型中，各项的序列也被称为 **1 元组**(1-gram)或者**单元组**(unigram)模型，词汇中的每项或者每个令牌代表一个单词。更普遍的是 NLP 中的连续序列项(即单词、字母或者符号)也被称为 n 元组(n-gram)。在 n-gram 模型中所选择的数量 n 取决于特定应用。例如，Ioannis Kanaris 等人的研究发现，在反垃圾邮件过滤过程中，n-gram 模型的规模设置为 3 和 4 时性能最佳[⊖]。

总结 n-gram 模型的概念，第一个文档 "the sun is shining" 的 1-gram 和 2-gram 模型的构成表达如下：

- 1-gram："the"，"sun"，"is"，"shining"
- 2-gram："the sun"，"sun is"，"is shining"

scikit-learn 中的 `CountVectorizer` 类允许我们通过其 `ngram_range` 参数使用不同的 n-gram 模型。虽然我们在默认情况下用 1-gram 表达式，但是可以用 `ngram_range=(2,2)` 为参数初始化一个 CountVectorizer 类，将其转换成 2-gram 表达式。

⊖ *Words versus character n-grams for anti-spam filtering*，*Ioannis Kanaris*，*Konstantinos Kanaris*，*Ioannis Houvardas*，and *Efstathios Stamatatos*，*International Journal on Artificial Intelligence Tools*，*World Scientific Publishing Company*，16(06)：1047-1067，2007

8.2.2 通过词频-逆文档频率评估单词相关性

在分析文本数据时，我们经常会发现好的和坏的词在多个文档中出现。这种频繁出现的单词通常不包含有用的信息或者判断性信息。本小节我们将介绍一种被称为**词频-逆文档频率**(term frequency-inverse document frequency，tf-idf)的实用工具，它可以用于减少特征向量中频繁出现的词。tf-idf 可以定义为词频和逆文档频率的乘积：

$$\text{tf-idf}(t, d)=\text{tf}(t, d)\times\text{idf}(t, d)$$

tf(t，d)为前一节引入的词频，idf(t，d)为逆文档频率，其计算过程如下：

$$\text{idf}(t, d)=\log\frac{n_d}{1+\text{df}(d, t)}$$

n_d 为文档总数，df(d，t)为含有单词 t 的文档 d 的数量。请注意，为分母添加常数 1 是可选的，目的在于为所有训练样本中出现的单词赋予非零值；取对数是为了确保低频率文档的权重不会过大。

scikit-learn 实现了另外一个转换器，即 `TfidfTransformer` 类，它以来自 `CountVectorizer` 类的原始词频为输入，然后将其转换为 tf-idf 格式：

```
>>> from sklearn.feature_extraction.text import TfidfTransformer
>>> tfidf = TfidfTransformer(use_idf=True,
...                          norm='l2',
...                          smooth_idf=True)
>>> np.set_printoptions(precision=2)
>>> print(tfidf.fit_transform(count.fit_transform(docs))
...       .toarray())
[[ 0.    0.43  0.    0.56  0.56  0.    0.43  0.    0.  ]
 [ 0.    0.43  0.    0.    0.    0.56  0.43  0.    0.56]
 [ 0.5   0.45  0.5   0.19  0.19  0.19  0.3   0.25  0.19]]
```

正如在前一小节中我们所看到的，单词`'is'`在第三个文档中的词频最高，是最常出现的单词。然而，在把相同的特征向量转换成为 tf-idf 之后，我们发现单词`'is'`在第三个文档中与相对较小的 tf-idf(0.45)相关联，因为该单词也出现在第一和第二个文档，所以不太可能包含任何判断性信息。

然而，如果我们手工计算特征向量中的每个单词的 tf-idf，就会发现 `TfidfTransformer` 对 tf-idf 的计算与我们以前所定义的标准公式略有不同。scikit-learn 实现的逆文档频率的计算公式如下：

$$\text{idf}(t, d)=\log\frac{1+n_d}{1+\text{df}(d, t)}$$

类似地，在 scikit-learn 中计算的 tf-idf 与前面定义的默认公式略有不同：

$$\text{tf-idf}(t, d)=\text{tf}(t, d)\times(\text{idf}(t, d)+1)$$

请注意，先前公式中的“+1”是由于我们在先前的代码示例中设置 `smooth_idf=True`，这有助于为在所有文档中出现的单词分配零权重(即 idf(t，d)=log(1)=0)。

在调用 `TfidfTransformer` 类直接归一化并计算 tf-idf 之前，归一化原始单词的词频更具代表性。定义默认参数 `norm='l2'`，用 scikit-learn 的 `TfidfTransformer` 进行 L2 归一化，它通过与一个未归一化特征向量 L_2 范数的比值，使得返回长度为 1 的向量 v：

$$v_{\text{norm}}=\frac{v}{\|v\|_2}=\frac{v}{\sqrt{v_1^2+v_2^2+\cdots+v_n^2}}=\frac{v}{\left(\sum_{i=1}^{n}v_i^2\right)^{\frac{1}{2}}}$$

为了确保理解 `TfidfTransformer` 的工作机制，让我们来看下如何计算第三个文档中单词'is'的 tf-idf。单词'is'在第三个文档中的词频为 3(tf=3)，其文档频率也为 3，因为单词'is'在所有三个文档中都出现过(df=3)。因此可以计算逆文档频率如下：

$$\text{idf}(\text{"is"},\ d_3)=\log\frac{1+3}{1+3}=0$$

现在，为了计算 tf-idf，只需要在逆文档频率上加 1，然后乘以词频：

$$\text{tf-idf}(\text{"is"},\ d_3)=3\times(0+1)=3$$

如果对第三个文档中所有项重复这种计算，将获得 tf-idf 向量：[3.39,3.0,3.39,1.29,1.29,1.29,2.0,1.69,1.29]。然而，请注意，这个特征向量中的值与以前用 `TfidfTransformer` 获得的不同。在 tf-idf 计算中缺少的最后一步是 L2 归一化，其具体计算如下：

$$\text{tf-idf}(d_3)_{\text{norm}}=\frac{[3.39,\ 3.0,\ 3.39,\ 1.29,\ 1.29,\ 1.29,\ 2.0,\ 1.69,\ 1.29]}{\sqrt{3.39^2+3.0^2+3.39^2+1.29^2+1.29^2+1.29^2+2.0^2+1.69^2+1.29^2}}$$

$$=[0.5,\ 0.45,\ 0.5,\ 0.19,\ 0.19,\ 0.19,\ 0.3,\ 0.25,\ 0.19]$$

$$\text{tf-idf}(\text{"is"},\ d_3)=0.45$$

由此可见，上述结果与调用 scikit-learn 的 `TfidfTransformer` 的计算结果吻合，在理解了 tf-idf 的计算方式之后，我们就可以进入下一节，把这些概念应用到电影评论数据集上。

8.2.3　清洗文本数据

上一小节了解了词袋模型、词频和 tf-idf。然而，在构建词袋模型之前，第一个重要的步骤是通过去掉所有不需要的字符来清洗文本数据。为了说明为什么该环节很重要，让我们显示电影评论数据集清洗后第一个文件的最后 50 个字符：

```
>>> df.loc[0, 'review'][-50:]
'is seven.<br /><br />Title (Brazil): Not Available'
```

正如在这里看到的，文本中包含 HTML 标记和标点符号以及其他的非字母字符。虽然 HTML 标记并未包含很多有价值语义，但在某些 NLP 场景，标点符号可以包含有用的附加信息。然而，为了简单起见，除了表情符号如:)以外，将删除所有的标点符号，因为这些表情符号通常是有用的情感分析数据。为了完成这一任务，我们将使用 Python 的**正则表达式**(regex)库 `re`，如下所示：

```
>>> import re
>>> def preprocessor(text):
...     text = re.sub('<[^>]*>', '', text)
...     emoticons = re.findall('(?::|;|=)(?:-)?(?:\)|\(|D|P)',
...                            text)
...     text = (re.sub('[\W]+', ' ', text.lower()) +
...             ' '.join(emoticons).replace('-', ''))
...     return text
```

第一轮调用 regex，`<[^> ]*>` 删除电影评论数据集中的所有 HTML 标记。虽然很多程序员通常不建议用 regex 来解析 HTML，但是 regex 对清洗该特定数据集应该足够。在去除 HTML 标记之后，可以用稍微复杂的 regex 来查找表情符号，然后把这些表情符号暂时存储在 `emoticons`。由于我们只对剔除 HTML 的标记感兴趣，并且不打算进一步使用 HTML 标记，因此用 regex 来完成这项工作应该是可以接受的。但是，如果你喜欢用复杂的工具从文本中剔除HTML标记，则可以查看Python的HTML解析器模块，在https://docs.python.org/3/library/html.parser.html对该模块进行了描述。接下来，我们从文本中通过regex[\W]+去除所有的非单词字符并把文本转换为小写字符。

处理单词的首字母问题

在这个分析场景下，假定单词的首字母大写，例如，该单词出现在句子的开头，这并不含有任何与语义相关的信息。然而，请注意，也有例外的情况，例如，去掉了专有名词的标记。但是，在该场景下，这是一个简化的假设，即字母的大小写并不包含与情感分析相关的信息。

最终，在整理过的文档字符串的末尾，我们增加临时存储的表情符号。此外，也从表情符号去除噪声(nose)字符以确保数据的一致性。

正则表达式

尽管正则表达式提供了一种高效而且方便的方法来搜索字符串中的字符，但掌握它也会有一个相对陡峭的学习曲线。不幸的是，对正则表达式的深入讨论超出了本书的范围。然而，你可以从谷歌开发者平台找到优秀的教程，网站链接为https://developers.google.com/edu/python/regular-expressions，或者在https://docs.python.org/3.7/library/re.html查询相关的Python官方文档。

我们把表情字符加在清洗干净的文档字符串的结尾，尽管这么做看起来可能并不是最优雅的方法，但是应当注意，如果词汇中只包含单词令牌，词袋模型中单词的顺序也就无关紧要了。不过在更深入地讨论如何将文档拆分成单个项、单词或令牌之前，让我们先确认preprocessor函数的工作状态：

```
>>> preprocessor(df.loc[0, 'review'][-50:])
'is seven title brazil not available'
>>> preprocessor("</a>This :) is :( a test :-)!")
'this is a test :) :( :)'
```

最后，因为我们在下一节中将要反复使用清洗过的文本数据，所以现在调用preprocessor函数来处理DataFrame上的所有电影评论数据。

```
>>> df['review'] = df['review'].apply(preprocessor)
```

8.2.4　把文档处理成令牌

在成功地准备好电影评论数据集之后，现在我们需要考虑如何将文本语料库拆分成独立的元素。标记(tokenize)文件的一种方法是通过把清洗后的文档沿空白字符拆分成为单独的单词：

```
>>> def tokenizer(text):
...     return text.split()
>>> tokenizer('runners like running and thus they run')
['runners', 'like', 'running', 'and', 'thus', 'they', 'run']
```

关于文档标记，我们还有另外一种有用的技术，即**词干提取**(word stemming)，这是一个将单词转换为词根的过程。我们可以把相关的词映射到同一个词干上。最初的词干提取算法是由 Martin F. Porter 在 1979 年开发的，因此也被称 Porter Stemmer 算法[⊖]。Python 的**自然语言处理工具集**(NLTK，http://www.nltk.org)实现了波特词干提取(Porter stemming)算法，我们会在下述代码片段中使用。可以通过直接执行 `conda install nltk` 或 `pip install nltk` 完成 NLTK 的安装。

NLTK 在线书籍

尽管 NLTK 并不是本章的重点，但是如果你对自然语言处理的更高级应用感兴趣。我强烈建议你访问 NLTK 网站并阅读 NLTK 的官方书籍，这可以从 http://www.nltk.org/book/免费获得。

下面的代码演示了如何用波特词干提取算法：

```
>>> from nltk.stem.porter import PorterStemmer
>>> porter = PorterStemmer()
>>> def tokenizer_porter(text):
...     return [porter.stem(word) for word in text.split()]
>>> tokenizer_porter('runners like running and thus they run')
['runner', 'like', 'run', 'and', 'thu', 'they', 'run']
```

调用 `nltk` 软件包的 `PorterStemmer` 函数，修改 `tokenizer` 函数把相关的词都归纳为相应的词根，这就是前面的代码段所展现的，在抽取单词 `'running'` 其他部分后，获得词根 `'run'`。

词干提取算法

波特词干提取算法可能是最古老且最简单的词干提取算法。其他常见的词干提取算法包括较新的 Snowball stemmer(也被称为第二波特算法或英语词干算法)和 Lancaster stemmer(paice/Husk stemmer)，与波特词干提取算法相比，它们提取速度更快但也更野蛮。这些替代性的词干提取算法可以从 NLTK 的软件包中获得：(http://www.nltk.org/api/nltk.stem.html)。

词干提取算法会创建现实中不存在的单词，正如前面的例子中展示的那样，`'thu'`(源于 `'thus'`)。**词形还原**(lemmatization)是一种旨在获得每个单词标准形式(语法上正确)——所谓的词元(lemmas)的技术。然而，词形还原的计算比普通的词干提取算法更难而且计算成本更高，实践证明词形还原和词干提取算法在文本分类性能上差别不大。[⊜]

在进入下一节之前，我们将用词袋模型来训练机器学习模型，让我们先简要地讨论另外一个有用的主题，被称为**停用词移除**。停用词就是那些在各种各样的文本中经常出现的单词，这些单词可能并不包含(或只有很少)可用来区分不同类别文档的有用信息。is、and、has 和 like 都是停用词的例子。移除停用词可能对处理原始或者归一化的词频而非 tf-idfs 有益，因为它已经降低了那些频繁出现的单词的权重。

为了移除电影评论中的停用词，先从 NLTK 库下载含 127 个英语停用词的数据包，

⊖ *An algorithm for suffix stripping*, *Martin F. Porter*, *Program*: *Electronic Library and Information Systems*, 14(3): 130-137, 1980

⊜ *Influence of Word Normalization on Text Classification*, *Michal Toman*, *Roman Tesar*, *and Karel Jezek*, *Proceedings of InSciT*, pages 354-358, 2006

这可以通过调用 nltk.download 函数完成：

```
>>> import nltk

>>> nltk.download('stopwords')
After we download the stop-words set, we can load and apply the
English stop-word set as follows:
>>> from nltk.corpus import stopwords

>>> stop = stopwords.words('english')
>>> [w for w in tokenizer_porter('a runner likes'
...  ' running and runs a lot')[-10:]
...  if w not in stop]

['runner', 'like', 'run', 'run', 'lot']
```

8.3 训练用于文档分类的逻辑回归模型

本节将训练一个逻辑回归模型来把电影评论分类为正面评论和负面评论。首先将清洗过的文本文档 DataFrame 分成 25 000 个训练文档和 25 000 个测试文档。

```
>>> X_train = df.loc[:25000, 'review'].values
>>> y_train = df.loc[:25000, 'sentiment'].values
>>> X_test = df.loc[25000:, 'review'].values
>>> y_test = df.loc[25000:, 'sentiment'].values
```

接着，我们使用 GridSearchCV 对象，采用 5 折分层交叉验证方法，为逻辑回归模型寻找最优的参数集：

```
>>> from sklearn.model_selection import GridSearchCV
>>> from sklearn.pipeline import Pipeline
>>> from sklearn.linear_model import LogisticRegression
>>> from sklearn.feature_extraction.text import TfidfVectorizer

>>> tfidf = TfidfVectorizer(strip_accents=None,
...                         lowercase=False,
...                         preprocessor=None)
>>> param_grid = [{'vect__ngram_range': [(1,1)],
...                'vect__stop_words': [stop, None],
...                'vect__tokenizer': [tokenizer,
...                                    tokenizer_porter],
...                'clf__penalty': ['l1', 'l2'],
...                'clf__C': [1.0, 10.0, 100.0]},
...               {'vect__ngram_range': [(1,1)],
...                'vect__stop_words': [stop, None],
...                'vect__tokenizer': [tokenizer,
...                                    tokenizer_porter],
...                'vect__use_idf':[False],
...                'vect__norm':[None],
...                'clf__penalty': ['l1', 'l2'],
...                'clf__C': [1.0, 10.0, 100.0]}
...               ]
>>> lr_tfidf = Pipeline([('vect', tfidf),
...                      ('clf',
...                       LogisticRegression(random_state=0,
...                                          solver='liblinear'))])
>>> gs_lr_tfidf = GridSearchCV(lr_tfidf, param_grid,
...                            scoring='accuracy',
```

```
...                          cv=5, verbose=2,
...                          n_jobs=1)
>>> gs_lr_tfidf.fit(X_train, y_train)
```

通过参数 n_jobs 设置多核处理

请注意，我们高度推荐设置参数 n_jobs=-1(而不是 n_jobs=1)，在之前的示例代码中，我们讨论过这样的设置可以充分利用计算机的全部处理器内核以加快网格搜索速度。另外，有些 Windows 用户在执行前面的示例代码过程中，采用参数 n_jobs=-1 的设置时却发现了问题，这些问题与 Windows 的多核处理 tokenizer 和 tokenizer_porter 函数相关联。避免出现该问题的其他方法是用 [str.split] 替换 [tokenizer, tokenizer_porter] 两个函数。然而，值得我们注意的是替换后简单的 str.split 函数将不再支持词干抽取。

我们复用前面的代码，初始化 GridSearchCV 对象并定义网格搜索的参数，由于特征向量和词汇很多而且网格搜索的计算成本也相当昂贵，因此限制参数组合的数量。如果我们使用标准的台式计算机，这样的网格搜索可能需要 40 分钟才能完成。

在前面的代码示例中，我们用上一小节的 TfidfVectorizer 替换 CountVectorizer 和 TfidfTransformer，其中的 TfidfTransformer 包含了转换器对象。param_grid 包含两个参数字典。在第一个字典中，用 TfidfVectorizer 的默认设置(use_idf= True、smooth_idf= True 和 norm= 'l2')来计算 tf-idf；在第二个字典中，设置 use_idf= False、smooth_ idf= False 和 norm= None，以基于原始词频训练模型。此外，对于逻辑回归分类器本身，我们可以通过惩罚参数用 L2 和 L1 正则化训练了模型，并通过定义逆正则化参数 C 的取值范围来比较正则化的强度。

网格搜索完成后，我们可以显示所得到的最佳参数集：

```
>>> print('Best parameter set: %s ' % gs_lr_tfidf.best_params_)
Best parameter set: {'clf__C': 10.0, 'vect__stop_words': None,
'clf__penalty': 'l2', 'vect__tokenizer': <function tokenizer at
0x7f6c704948c8>, 'vect__ngram_range': (1, 1)}
```

从上面的输出我们可以看到，在采用常规 tokenizer、没有波特词干提取、没有停用词库的条件下，可以通过综合使用 tf-idf 与逻辑回归分类器得到最佳网格搜索结果，其中逻辑回归分类器使用正规化强度参数 C 为 10.0 的 L2 正则化。

使用该网格搜索的最佳模型，我们分别输出训练数据集上 5 折交叉验证的平均准确率得分和测试数据集上的分类准确率：

```
>>> print('CV Accuracy: %.3f'
...       % gs_lr_tfidf.best_score_)
CV Accuracy: 0.897
>>> clf = gs_lr_tfidf.best_estimator_
>>> print('Test Accuracy: %.3f'
...       % clf.score(X_test, y_test))
Test Accuracy: 0.899
```

结果表明机器学习模型能以 90%的准确率来预测电影评论是正面还是负面。

朴素贝叶斯分类器

朴素贝叶斯分类器常用于文本分类，在垃圾电子邮件过滤方面得到普遍的应用。该分类器实现简单且计算效率高，与其他算法相比往往在相对较小的数据集上表现良好。虽然本书不讨论朴素贝叶斯分类器，但感兴趣的读者可以从网上找到我写的关于朴素贝叶斯文本分类的文章。这些文章可以免费从 arXiv 获得[⊖]。

8.4 处理更大的数据集——在线算法和核外学习

在上一节执行代码示例的过程中，你可能已经注意到，在我们做网格搜索时，为50 000个电影评论的数据集构造特征向量的计算成本很高。在许多实际应用中，超出计算机内存的规模来处理更大数据集的情况并不少见。但是并不是每个人都能够访问超级计算机，所以现在将采用一种被称为**核外学习**(out-of-core Learning)的技术，这种技术可以通过对数据集的小批增量来模拟分类器完成大型数据的处理工作。

使用循环神经网络进行文本分类

在第 16 章中，我们将重新访问该数据集并训练一个基于深度学习的分类器(循环神经网络)，来对 IMDb 电影评论数据集中的评论进行分类。该神经网络遵循相同的核外原则，采用随机梯度下降优化算法，但不需要构建词袋模型。

在第 2 章中，我们引入了**随机梯度下降**的概念，这是一种每次用一个样本来更新模型权重的优化算法。本节将调用 scikit-learn 的 `SGDClassifier` 的 `partial_fit` 函数，从本地驱动器直接获取流式文件，并用小批次文档训练逻辑回归模型。

首先，我们定义 `tokenizer` 函数来清洗 `movie_data.csv` 文件中未经处理的文本数据(本章开始时已经构建了该文件)，然后将其分解为单词，在标记的同时移除停用词：

```
>>> import numpy as np
>>> import re
>>> from nltk.corpus import stopwords
>>> stop = stopwords.words('english')
>>> def tokenizer(text):
...     text = re.sub('<[^>]*>', '', text)
...     emoticons = re.findall('(?::|;|=)(?:-)?(?:\)|\(|D|P)',
...                            text.lower())
...     text = re.sub('[\W]+', ' ', text.lower()) \
...                   + ' '.join(emoticons).replace('-', '')
...     tokenized = [w for w in text.split() if w not in stop]
...     return tokenized
```

接着，我们定义生成器函数 `stream_docs`，它每次读入并返回一个文档：

⊖ *Naive Bayes and Text Classification I-Introduction and Theory*, S. Raschka, *Computing Research Repository (CoRR)*, abs/1410.5329, 2014, http://arxiv.org/pdf/1410.5329v3.pdf

```
>>> def stream_docs(path):
...     with open(path, 'r', encoding='utf-8') as csv:
...         next(csv) # skip header
...         for line in csv:
...             text, label = line[:-3], int(line[-2])
...             yield text, label
```

为了验证 stream_docs 函数是否能正常工作，可以从 movie_data.csv 读取第一个文档，它应该返回由评论文本以及相应分类标签所组成的元组：

```
>>> next(stream_docs(path='movie_data.csv'))
('"In 1974, the teenager Martha Moxley ... ',1)
```

现在，我们将定义 get_minibatch 函数，该函数调用 stream_docs 读入文档流并通过参数 size 返回指定数量的文档：

```
>>> def get_minibatch(doc_stream, size):
...     docs, y = [], []
...     try:
...         for _ in range(size):
...             text, label = next(doc_stream)
...             docs.append(text)
...             y.append(label)
...     except StopIteration:
...         return None, None
...     return docs, y
```

不幸的是，因为需要把全部单词保存在内存中，所以我们无法调用 CountVectorizer 函数做核外学习。另外 TfidfVectorizer 需要把训练数据集的所有特征向量保存在内存以计算逆文档频率。然而 scikit-learn 实现的另一个有用的向量化工具是 HashingVectorizer。HashingVectorizer 是独立于数据的，其哈希算法使用了 Austin Appleby 提出的 32 位 MurmurHash3 函数(https://sites.google.com/site/murmurhash/)：

```
>>> from sklearn.feature_extraction.text import HashingVectorizer
>>> from sklearn.linear_model import SGDClassifier
>>> vect = HashingVectorizer(decode_error='ignore',
...                          n_features=2**21,
...                          preprocessor=None,
...                          tokenizer=tokenizer)
>>> clf = SGDClassifier(loss='log', random_state=1)
>>> doc_stream = stream_docs(path='movie_data.csv')
```

我们用前面的代码，通过 tokenizer 函数，来初始化 HashingVectorizer，并设置特征数量为 2**21。另外，我们将 SGDClassifier 的 loss 参数设置为 'log'，重新初始化逻辑回归分类器。请注意，如果我们在 HashingVectorizer 中选择较大的特征数，就可以降低哈希碰撞的机会，但是这么做也增加了逻辑回归模型系数的数目。

真正有意思的事情来了。在所有函数都调优后，我们可以开始用下面的代码进行核外学习了：

```
>>> import pyprind
>>> pbar = pyprind.ProgBar(45)
>>> classes = np.array([0, 1])
>>> for _ in range(45):
...     X_train, y_train = get_minibatch(doc_stream, size=1000)
...     if not X_train:
```

```
...         break
...     X_train = vect.transform(X_train)
...     clf.partial_fit(X_train, y_train, classes=classes)
...     pbar.update()
0%                          100%
[##############################] | ETA: 00:00:00
Total time elapsed: 00:00:21
```

另外，为了用 PyPrind 软件包来估计机器学习算法的进度。我们初始化进度条对象，定义迭代次数为 45，在下面的 for 循环中，迭代 45 个小批次的文档，每个小批次都包括 1000 个文档。在完成增量学习之后，将用剩下 5000 个文档来评估模型的性能。

```
>>> X_test, y_test = get_minibatch(doc_stream, size=5000)
>>> X_test = vect.transform(X_test)
>>> print('Accuracy: %.3f' % clf.score(X_test, y_test))
Accuracy: 0.868
```

正如我们所看到的，模型的准确率约为 88%，这略低于前一节用网格搜索确定超参数时所取得的准确率。然而，核外学习的内存效率很高，用不到 1 分钟的时间就能完成。最后，我们可以用剩下的 5000 个文档来更新模型：

```
>>> clf = clf.partial_fit(X_test, y_test)
```

word2vec 模型

比词袋模型更现代化的另外一种模型是 word2vec，该算法是由谷歌在 2013 年发布的[⊖]。

word2ve 算法是基于神经网络的无监督学习算法，试图自动学习单词之间的关系。word2ve 背后的理念是将含义相似的单词放入相似的群，并且通过巧妙的向量空间，该模型可以用简单的向量计算再现某些单词，例如 king－man＋woman＝queen。

关于基于 C 的代码实现、相关论文链接以及其他语言的实现案例可在 https://code.google.com/p/word2vec/找到。

8.5 用潜在狄利克雷分配实现主题建模

主题建模(topic modeling)描述了为无标签文本文档分配主题这个范围很广的任务。典型应用是在报纸文章的大文本语料库中对文档进行分类。主题建模应用的目标是为这些文章指定分类标签，例如体育、金融、世界新闻、政治、当地新闻等。因此，就第 1 章所讨论的广泛的机器学习类别而言，可以将主题建模看作一个聚类任务，属于无监督学习的子类。

本节将介绍一种常用的被称为**潜在狄利克雷分配**(Latent Dirichlet Allocation，LDA)的主题建模技术。然而，请注意，虽然潜在狄利克雷分配通常缩写为 LDA，但不要与线性判别分析混淆，那是一种监督降维技术，我们在第 5 章中曾经介绍过。

⊖ *Efficient Estimation of Word Representations in Vector Space*, *T. Mikolov*, *K. Chen*, *G. Corrado*, and *J. Dean*, arXiv preprint arXiv:1301.3781, 2013

把电影评论分类器嵌入 Web 应用

LDA 不同于本章所用的将电影评论分为正面和负面的监督学习方法。因此，如果有意用以电影评论员为例的 Flask 框架将 scikit-learn 模型嵌入 Web 应用，可以随时跳到下一章，以后再回来阅读有关主题建模的讨论，本章是完全独立的章节。

8.5.1 使用 LDA 分解文本文档

由于 LDA 涉及许多数学知识，包括需要了解贝叶斯推断，因此我们将从实操的角度来探讨这个问题，用通俗易懂的术语解释 LDA。然而，有兴趣的读者可以通过阅读研究论文(*Latent Dirichlet Allocation*, *David M. Blei*, *Andrew Y. Ng*, and *Michael I. Jordan*, *Journal of Machine Learning Research* 3, pages: 993-1022, Jan 2003)来了解更多关于 LDA 的知识。

LDA 是一种生成概率模型，试图找出经常出现在不同文档中的单词。假设每个文档都是由不同单词所组成的混合体，那些经常出现的单词就代表着主题。LDA 的输入是在本章前面讨论过的词袋模型。LDA 将把词袋矩阵作为输入然后分解成两个新矩阵：

- 文档主题矩阵。
- 单词主题矩阵。

LDA 以这样的方式来分解词袋矩阵：如果把分解后的两个矩阵相乘会还原成原来输入的词袋矩阵，而且出现错误的机会最小。在实践中，我们对 LDA 在词袋矩阵中所发现的主题感兴趣。唯一的缺点可能是必须预先定义好主题数量，这是 LDA 必须手动定义的一个超参数。

8.5.2 scikit-learn 中的 LDA

本小节将调用 scikit-learn 的 `LatentDirichletAllocation` 类来分解电影评论数据集，然后将它们归入不同的主题。下面的例子把主题数目限制在 10 个以内，但是我们鼓励读者测试算法的超参数，并继续探索这个数据集中的其他主题。

首先，我们将本章开始时产生的本地电影评论数据集文件 `movie_data.csv` 加载到 pandas 的 `DataFrame`：

```
>>> import pandas as pd
>>> df = pd.read_csv('movie_data.csv', encoding='utf-8')
```

下一步，我们将用已经熟悉的 `CountVectorizer` 类创建词袋矩阵以作为 LDA 的输入。为方便起见，我们将通过设置参数 `stop_words='english'`用 scikit-learn 内置的英文停用词库：

```
>>> from sklearn.feature_extraction.text import CountVectorizer
>>> count = CountVectorizer(stop_words='english',
...                         max_df=.1,
...                         max_features=5000)
>>> X = count.fit_transform(df['review'].values)
```

请注意把要考虑单词的最大文档频率设置为 10%(`max_df=.1`)，以排除在文档间频繁出现的那些单词。删除频繁出现的单词，其背后的逻辑是这些单词可能是在所有文档中都出现的常见单词，因此不太可能与给定文档的特定主题的类别相关联。此外，我们把要考虑单词的数量限制为最常出现的5000个单词(max_features= 5000)，以限制此数据集的维度，加快LDA的推断速度。但是max_df= .1和max_ features= 5000是任意选择的超参数值，鼓励读者在比较结果时对其进一步调优。

下面的代码示例演示了如何拟合应用于词袋矩阵的LatentDirichletAllocation估计器，并从文档中推断出10个不同的主题(请注意在笔记本电脑或标准桌面计算机上，拟合模型可能需要运行5分钟甚至更长的时间)：

```
>>> from sklearn.decomposition import LatentDirichletAllocation
>>> lda = LatentDirichletAllocation(n_components=10,
...                                 random_state=123,
...                                 learning_method='batch')
>>> X_topics = lda.fit_transform(X)
```

通过设置参数learning_method='batch'，我们让lda估计器在一次迭代中根据所有可用的训练数据(词袋矩阵)进行估计，这比在线学习的方法慢，但可能会带来更准确的预测结果(设置参数learning_method='online'，这与第2章中讨论的在线或小批次学习类似)。

期望最大化

scikit-learn的LDA实现采用**期望最大化**(Expectation-Maximization，EM)算法来迭代更新参数估计。本章尚未讨论EM算法，但如果想了解更多信息，请参阅维基百科上的精彩概述(https://en.wikipedia.org/wiki/Expectation-maximization_algorithm)以及Colorado Reed讲解的如何使用LDA的详细教程*Latent Dirichlet Allocation: Towards a Deeper Understanding*，可以免费从http://obphio.us/pdfs/lda_tutorial.pdf获得。

拟合LDA之后，现在我们可以访问lda实例的components_属性，这里存储的矩阵为10个主题中每个包含的按升序排列的单词重要性(此处为5000)。

```
>>> lda.components_.shape
(10, 5000)
```

为了分析结果，我们将列出10个主题中每个主题最重要的5个单词。请注意，单词的重要性按升序排列。因此，要显示这前5个单词，需要按逆序对主题数组排序：

```
>>> n_top_words = 5
>>> feature_names = count.get_feature_names()
>>> for topic_idx, topic in enumerate(lda.components_):
...     print("Topic %d:" % (topic_idx + 1))
...     print(" ".join([feature_names[i]
...                     for i in topic.argsort()\
...                     [:-n_top_words - 1:-1]]))

Topic 1:
worst minutes awful script stupid
Topic 2:
family mother father children girl
Topic 3:
american war dvd music tv
```

```
Topic 4:
human audience cinema art sense
Topic 5:
police guy car dead murder
Topic 6:
horror house sex girl woman
Topic 7:
role performance comedy actor performances
Topic 8:
series episode war episodes tv
Topic 9:
book version original read novel
Topic 10:
action fight guy guys cool
```

通过阅读每个主题最重要的 5 个单词，我们可以猜测 LDA 发现了以下的主题：

1）差的电影（非真正主题类别）。

2）家庭电影。

3）战争电影。

4）艺术电影。

5）犯罪电影。

6）恐怖电影。

7）喜剧电影。

8）电视电影。

9）书籍电影。

10）动作电影。

为了确认基于评论的分类是有道理的，我们选出三部恐怖电影的主要情节描述（恐怖电影在索引位置 5 属于类别 6）：

```
>>> horror = X_topics[:, 5].argsort()[::-1]
>>> for iter_idx, movie_idx in enumerate(horror[:3]):
...     print('\nHorror movie #%d:' % (iter_idx + 1))
...     print(df['review'][movie_idx][:300], '...')
Horror movie #1:
House of Dracula works from the same basic premise as House of
Frankenstein from the year before; namely that Universal's three most
famous monsters; Dracula, Frankenstein's Monster and The Wolf Man are
appearing in the movie together. Naturally, the film is rather messy
therefore, but the fact that ...

Horror movie #2:
Okay, what the hell kind of TRASH have I been watching now? "The
Witches' Mountain" has got to be one of the most incoherent and insane
Spanish exploitation flicks ever and yet, at the same time, it's also
strangely compelling. There's absolutely nothing that makes sense here
and I even doubt there ...
Horror movie #3:
<br /><br />Horror movie time, Japanese style. Uzumaki/Spiral was a
total freakfest from start to finish. A fun freakfest at that, but at
times it was a tad too reliant on kitsch rather than the horror. The
story is difficult to summarize succinctly: a carefree, normal teenage
girl starts coming fac ...
```

用前面的代码示例输出三部恐怖电影的前 300 个描述字符，可以看到，尽管我们并不知道它们确切地属于哪类，但这些评论听起来好像是针对恐怖电影的(不过，人们可能会争辩说，Horror movie ＃2 也可能属于主题类别1：差的电影)。

8.6 本章小结

本章学习了如何利用机器学习算法，根据文本文档的情感倾向对其分类，这是NLP情感分析领域的基本任务。本章不仅学习了如何使用词袋模型将文档编码为特征向量，而且还学习了如何使用tf-idf通过相关性加权词频。

由于在该过程中创建了大量特征向量，处理这样的文本数据在计算上的成本可能非常昂贵；我们在上一节学习了如何利用核外或增量学习来训练机器学习算法，而并不需要将整个数据集加载到计算机内存。

最后，我们引入了LDA主题建模的概念，以无监督学习的方式将电影评论分为不同的类别。下一章，我们将使用自己实现的文档分类器，并学习如何将其嵌入到Web应用。

第 9 章

Python Machine Learning, Third Edition

将机器学习模型嵌入 Web 应用

前几章我们了解了许多不同的机器学习概念和算法，这些算法可以帮助我们更好、更高效地进行决策。然而，机器学习技术并不局限于离线应用和分析，它们也可以成为 Web 服务的预测引擎。在 Web 应用中常用的、有价值的机器学习模型应用示例包括：表单提交中的垃圾邮件检测、搜索引擎、媒体或购物门户的推荐系统等。

本章学习如何将机器学习模型嵌入 Web 应用，让应用不仅可以进行实时分类，而且还可以从数据中学习。本章将主要涵盖下述几个方面：

- 保存训练过程中机器学习模型的当前状态。
- 用 SQLite 数据库存储数据。
- 用常用的 Flask 框架研发 Web 应用。
- 把机器学习应用部署到公共 Web 服务器。

9.1 序列化拟合的 scikit-learn 估计器

正如在第 8 章中所看到的那样，训练机器学习模型的计算成本相当昂贵。我们当然不想在每次退出 Python 解释器之后，当希望进行新预测或再次加载 Web 应用时，又要重新训练模型。

用 Python 内置的 pickle 模块(https://docs.python.org/3.7/library/pickle.html)是完成模型持久化的一种解决方案，这样我们就可以通过序列化和反序列化，压缩 Python 对象数据结构的字节码，存储分类器的当前状态，而且当我们为新样本分类时可以直接加载已保存的分类器，而不必在所有训练数据上重新训练模型。在执行下面的代码之前，请确保已经训练了 8.5 节介绍的核外逻辑回归模型，并且已在当前的 Python 会话中：

```
>>> import pickle
>>> import os
>>> dest = os.path.join('movieclassifier', 'pkl_objects')
>>> if not os.path.exists(dest):
...     os.makedirs(dest)
>>> pickle.dump(stop,
...             open(os.path.join(dest, 'stopwords.pkl'), 'wb'),
...             protocol=4)
>>> pickle.dump(clf,
...             open(os.path.join(dest, 'classifier.pkl'), 'wb'),
...             protocol=4)
```

通过前面的示例代码，我们创建了 movieclassifier 目录，可以用它来存储后续用到的 Web 应用文件和数据。在 movieclassifier 目录下，我们创建了 pkl_objects 子目录，用来在本地磁盘保存序列化的 Python 对象。通过调用 pickle 模块的 dump 方法，我们可以序列化训练过的逻辑回归模型和**自然语言工具库**(NLTK)的停用词数据集，这样就可以避免在服务器上安装NLTK词汇。

dump方法把打开文件的对象写入Python对象，想要处理的对象是第一个参数，所提供的打开文件对象为第二个参数。通过open函数中的参数wb，我们以二进制模式打开要处理的文件，设置protocol=4来选择Python 3.4中添加的最新的和效率最高的处理协议，该协议与Python 3.4或更新版本兼容。如果在使用protocol=4时遇到问题，请检查是否使用了最新的Python 3版本，本书推荐使用Python 3.7。也可以考虑选择较低版本的协议。

还要注意，如果你用的是自定义的Web服务器，那就必须确保该服务器上安装的Python版本也与上面约定的版本兼容。

用joblib序列化Numpy数组

逻辑回归模型包含了几个NumPy数组，如权重向量，使用joblib库是序列化NumPy数组的更有效方式。为了确保与稍后将使用的服务器环境兼容，我们将采用标准的处理方法。如果有兴趣可以从https://joblib.readthedocs.io找到更多关于joblib的信息。

因为不需要拟合，所以我们也不需要处理HashingVectorizer。相反，可以通过创建一个新的Python脚本文件把向量导入现有的Python会话。现在，可以复制下面的示例代码并将其保存在movieclassifier目录下的vectorizer.py文件中：

```
from sklearn.feature_extraction.text import HashingVectorizer
import re
import os
import pickle

cur_dir = os.path.dirname(__file__)
stop = pickle.load(open(os.path.join(
                   cur_dir, 'pkl_objects', 'stopwords.pkl'),
                   'rb'))

def tokenizer(text):
    text = re.sub('<[^>]*>', '', text)
    emoticons = re.findall('(?::|;|=)(?:-)?(?:\)|\(|D|P)',
                           text.lower())
    text = re.sub('[\W]+', ' ', text.lower()) \
                  + ' '.join(emoticons).replace('-', '')
    tokenized = [w for w in text.split() if w not in stop]
    return tokenized

vect = HashingVectorizer(decode_error='ignore',
                         n_features=2**21,
                         preprocessor=None,
                         tokenizer=tokenizer)
```

在处理完Python对象并且创建了vectorizer.py文件之后，我们重新启动Python解释器或Jupyter Notebook核，以测试是否可以准确无误地反序列化对象。

pickle的潜在安全风险

但是，请你注意，反序列化来自不信任来源的数据可能会带来潜在的安全风险，因为pickle模块无法抵御恶意代码。由于pickle被用来处理任意对象的序列化，反序列化的进程将执行存储在pickle文件上的代码。

因此，如果从不受信任的来源接收 pickle 文件(例如从网上下载)，请务必多加小心，同时最好把项目反序列化在虚拟系统或者不存储其他重要数据的非必要系统里，除了你能访问外，其他人均无法访问。

我们从终端进入 movieclassifier 目录，开启新的 Python 会话，同时可以执行以下的示例代码来验证是否可以导入 vectorizer 而且反序列化分类器：

```
>>> import pickle
>>> import re
>>> import os
>>> from vectorizer import vect
>>> clf = pickle.load(open(os.path.join(
...                 'pkl_objects', 'classifier.pkl'),
...                 'rb'))
```

在成功地加载 vectorizer 和反序列化分类器之后，现在我们可以用这些对象来预处理文件样本并对其所表达的情感倾向进行预测：

```
>>> import numpy as np
>>> label = {0:'negative', 1:'positive'}

>>> example = ["I love this movie. It's amazing."]
>>> X = vect.transform(example)
>>> print('Prediction: %s\nProbability: %.2f%%' %\
...       (label[clf.predict(X)[0]],
...        np.max(clf.predict_proba(X))*100))
Prediction: positive
Probability: 95.55%
```

由于分类器所返回的分类标签为整数，因此我们定义了一个简单的 Python 字典，以便将这些整数映射到相应的情感("positive"或"negative")。尽管这是一个只有两个类的简单应用程序，但是应该注意，这种字典映射方法也可以推广到多类设置的情况。此外，该映射字典也应该与模型一起存档。

在本例中，由于字典定义仅包含一行代码，因此我们不会麻烦地使用 pickle 对其进行序列化。但是，在具有更丰富的映射词典的现实应用程序中，你可以用与上一个代码示例中相同的 pickle.dump 和 pickle.load 命令。

继续前面的代码示例讨论，我们将用 HashingVectorizer 把简单的示例文档转换为单词向量 X。最后，我们用逻辑回归分类器的 predict 方法来预测分类标签，用 predict_proba 方法返回预测的相应概率。请注意，调用 predict_proba 方法将为每个唯一的分类标签返回带有概率值的一个数组。由于具有最大概率的分类标签与调用 predict 函数返回的分类标签相对应，因此调用 np.max 函数将返回预测的分类概率。

9.2　搭建 SQLite 数据库存储数据

我们将在本节搭建一个简单的 SQLite 数据库，收集 Web 应用中用户对预测的选择性反馈。我们可以用这个反馈来更新分类模型。SQLite 是开源的 SQL 数据库引擎，不需要专门的服务器，这使其非常适合小项目和简单的 Web 应用。从本质上说，我们可以把 SQLite 数据库理解为单一的独立数据库文件，它允许我们直接访问存储文件。

此外，SQLite不需要任何特定的系统配置，而且支持所有常见的操作系统。因为被诸如谷歌、Mozilla、Adobe、苹果、微软之类的主流公司广泛使用，所以其可靠性已经获得认可。如果你想了解更多关于SQLite的信息，建议访问其官网：http://www.sqlite.org。

幸运的是，由于Python的自带电池哲学，Python标准库中已经有相应的API sqlite3，它允许我们调用SQLite数据库(更多关于sqlite3的信息请访问https://docs.python.org/3.7/library/sqlite3.html)。

通过执行下面的代码，我们将在movieclassifier目录中创建新的SQLite数据库并存储两个电影评论样例：

```
>>> import sqlite3
>>> import os

>>> conn = sqlite3.connect('reviews.sqlite')
>>> c = conn.cursor()
>>> c.execute('DROP TABLE IF EXISTS review_db')
>>> c.execute('CREATE TABLE review_db'\
...           ' (review TEXT, sentiment INTEGER, date TEXT)')

>>> example1 = 'I love this movie'
>>> c.execute("INSERT INTO review_db"\
...           " (review, sentiment, date) VALUES"\
...           " (?, ?, DATETIME('now'))", (example1, 1))

>>> example2 = 'I disliked this movie'
>>> c.execute("INSERT INTO review_db"\
...           " (review, sentiment, date) VALUES"\
...           " (?, ?, DATETIME('now'))", (example2, 0))
>>> conn.commit()
>>> conn.close()
```

前面的代码示例通过调用sqlite3库的connect方法创建了一个到SQLite数据库文件的连接(conn)，在movieclassifier目录下，如果该文件并不存在，就会创建新的数据库文件reviews.sqlite。

接着，我们通过调用cursor方法创建游标，它允许我们用多用途的SQL语法遍历数据库记录。通过首次执行execute命令来创建数据库新表review_db。用该表来存储和访问数据库记录。与review_db一起创建的还有该数据库表的三个列，即review、sentiment和date。该库用来存储两个电影评论样例以及相关的分类标签(情绪)。

执行SQL命令DATETIME('now')为记录增加日期和时间戳。除了时间戳以外，我们也用问号(?)将作为元组成员的电影评论的文本(example1和example2)及其相应的分类标签(1和0)作为位置参数传递给execute方法。最后调用commit方法保存对数据库所做的变更，并通过调用close方法关闭数据库连接。

为了检查记录是否已经正确地存储在数据库表中，我们现在重新打开到数据库的连接，并用SQL的SELECT命令从数据库表获取自2017年初至今所提交的所有记录：

```
>>> conn = sqlite3.connect('reviews.sqlite')
>>> c = conn.cursor()
>>> c.execute("SELECT * FROM review_db WHERE date"\
...           " BETWEEN '2017-01-01 00:00:00' AND DATETIME('now')")
>>> results = c.fetchall()
```

```
>>> conn.close()
>>> print(results)
[('I love this movie', 1, '2019-06-15 17:53:46'), ('I disliked this
movie', 0, '2019-06-15 17:53:46')]
```

另外，我们还可以用 SQLite 应用的免费的 DB 浏览器(可以从 https://sqlitebrowser.org/dl/下载)，它提供了与 SQLite 数据库交互的用户图形界面，如图 9-1 所示。

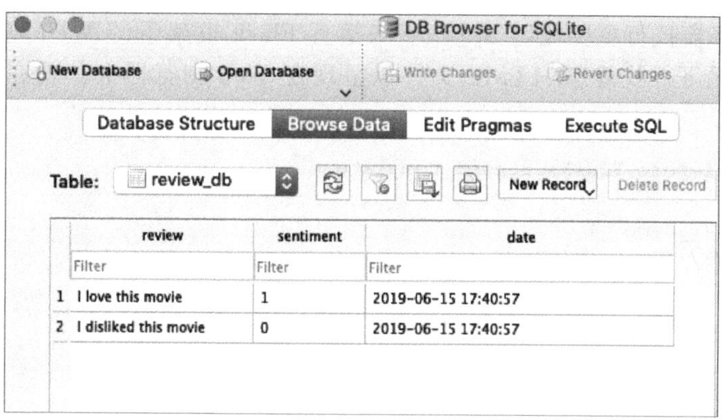

图　9-1

9.3　用 Flask 开发 Web 应用

前面已经为电影评论分类准备好了代码，现在我们来讨论开发 Web 应用的基本框架。Armin Ronacher 于 2010 年首次发布了 Flask，该框架获得了巨大的人气，包括 LinkedIn 和 Pinterest 都是使用 Flask 框架的范例。由于 Flask 是用 Python 编写的，它为 Python 程序员提供了嵌入诸如电影分类器等现有 Python 代码的方便接口。

Flask 微框架

Flask 也被称为**微框架**(Microframework)，这意味着它保持精简的核心，但可以很容易用其他库来扩展。虽然轻量化 Flask API 的学习曲线不像其他流行 Python 网络框架(如 Django)那么陡峭，但我还是建议你去 Flask 的官网(https://flask.palletsprojects.com/en/1.0.x/)阅读更详细的文档，以学习更多的功能。

如果当前的 Python 环境尚未安装 Flask 库，那么可以在终端上执行 conda 或者 pip 命令直接安装(在编写本书时，最新的稳定版本为 1.0.2)：

```
conda install flask
# or: pip install flask
```

9.3.1　第一个 Flask Web 应用

在这一小节，我们将开发一个非常简单的 Web 应用，以便在实现电影分类器之前更加熟悉 Flask API。要构建的第一个应用由简单的 Web 页面组成，含有允许输入姓名的表单字段。在把名字提交给 Web 应用后，该名字将出现在新页面上。虽然这是 Web 应用中非常简单的示例，但它有助于我们直观地理解在 Flask 框架下代码的不同部分之间如何存储和传递变量与值。

首先，我们创建一个树形目录：

```
1st_flask_app_1/
    app.py
    templates/
        first_app.html
```

Python解释器执行主要代码app.py来运行Flask框架下的Web应用。Flask将在templates目录下寻找静态HTML文件以呈现在Web浏览器上。现在来看看app.py的内容：

```
from flask import Flask, render_template

app = Flask(__name__)
@app.route('/')
def index():
    return render_template('first_app.html')

if __name__ == '__main__':
    app.run()
```

看过前面的示例代码后，我们可以逐步讨论代码的各个组成部分：

1）把应用作为单一模块运行，定义参数__name__来初始化新的Flask实例，其目的是让Flask知道可以在同一目录找到HTML的模板文件夹(templates)。

2）接着用路由修饰器(@ app.route('/'))来指定URL，触发index函数的执行。

3）这里的index函数直接渲染templates文件夹里的HTML文件first_app.html。

4）最后，仅当由Python解释器直接执行脚本时，才用run函数在服务器上运行应用，这通过if语句对__name__= = '__main__'进行判断来确保。

现在，我们看一下first_app.html文件的内容。

```
<!doctype html>
<html>
  <head>
    <title>First app</title>
  </head>
  <body>
    <div>Hi, this is my first Flask web app!</div>
  </body>
</html>
```

HTML基础

如果对HTML的语法还不熟悉，建议去下述网站学习有关HTML基本知识的有用教程：https://developer.mozilla.org/en-US/docs/Web/HTML。

这里，我们简单地用了一个HTML模板文件，用< div>元素(块级元素)包含了这句话：Hi, this is my first Flask web app!。

Flask允许我们很方便地在本地运行应用，这对于在公共Web服务器上部署Web应用之前进行开发和测试非常有用。现在，从终端进入1st_flask_app_1目录来执行下述命令以启动 Web 应用：

```
python3 app.py
```

终端屏幕上应当显示出下面这样的一行信息：

```
* Running on http://127.0.0.1:5000/
```

该行包含本地服务器地址。你可以在 Web 浏览器中输入该地址，以观察 Web 应用的情况。

如果一切正常，那么我们应该可以看到图 9-2 所示的简单的网站内容：Hi, this is my first Flask web app!。

图　9-2

9.3.2　表单验证与渲染

在本小节，我们将把简单的 Flask Web 应用扩展到带有表单元素的 HTML，学习如何从使用 WTForms 库的用户那里收集数据(https://wtforms.readthedocs.org/en/latest/)。该软件可以通过 conda 或 pip 安装：

```
conda install wtforms
# or pip install wtforms
```

该 Web 应用将提示用户输入他的名字到文本字段中，如图 9-3 所示。

单击提交按钮(Say Hello)，表单得到验证后将启用新的 HTML 页面来显示用户名字，如图 9-4 所示。

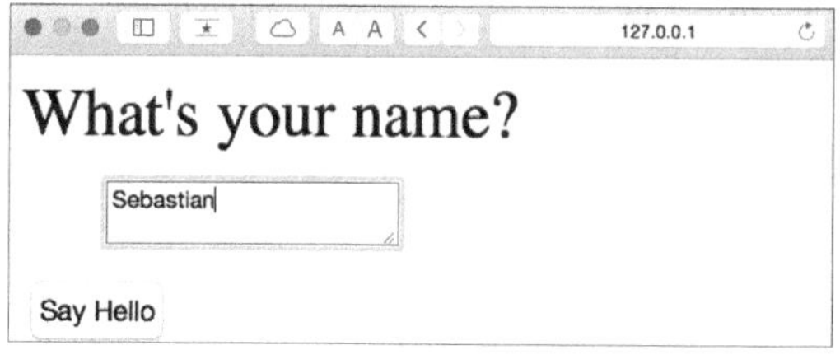

图　9-3

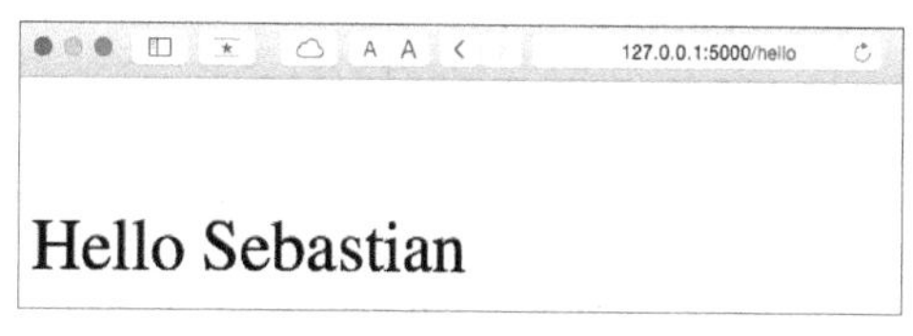

图　9-4

9.3.2.1　创建目录结构

需要为该应用创建如下所示的新目录结构：

```
1st_flask_app_2/
    app.py
    static/
        style.css
    templates/
        _formhelpers.html
        first_app.html
        hello.html
```

以下是文件 app.py 修改后的内容：

```
from flask import Flask, render_template, request
from wtforms import Form, TextAreaField, validators

app = Flask(__name__)
```

```
class HelloForm(Form):
    sayhello = TextAreaField('',[validators.DataRequired()])

@app.route('/')
def index():
    form = HelloForm(request.form)
    return render_template('first_app.html', form=form)

@app.route('/hello', methods=['POST'])
def hello():
    form = HelloForm(request.form)
    if request.method == 'POST' and form.validate():
        name = request.form['sayhello']
        return render_template('hello.html', name=name)
    return render_template('first_app.html', form=form)
if __name__ == '__main__':
    app.run(debug=True)
```

下面我们将分步讨论前面的代码：

1）用 wtforms 扩展 index 函数，增加嵌在开始页面上的文本字段，该字段属于 TextAreaField 类，可以自动检查用户是否输入了要验证的文本。

2）此外定义新函数 hello，在验证 HTML 表单后渲染 hello.html 的 HTML 页面。

3）这里，我们用 POST 方法把消息体的表单数据传递给服务器。最后设置参数 debug= True 并调用 app.run 方法进一步激活 Flask 的查错功能。该功能对 Web 应用研发很有用。

9.3.2.2 通过 Jinja2 模板引擎实现一个宏

现在，在_formhelpers.html 文件中通过 Jinja2 模板引擎实现一个通用的宏，然后将它导入 first_app.html 文件以渲染文本字段：

```
{% macro render_field(field) %}
  <dt>{{ field.label }}
  <dd>{{ field(**kwargs)|safe }}
  {% if field.errors %}
    <ul class=errors>
    {% for error in field.errors %}
      <li>{{ error }}</li>
    {% endfor %}
    </ul>
  {% endif %}
  </dd>
  </dt>
{% endmacro %}
```

关于 Jinja2 模板语言的更详细讨论超出了本书的范围。然而，我们可以在下述网站找到更全面的关于 Jinja2 语法的描述文档：http://jinja.pocoo.org。

9.3.2.3 通过 CSS 增加文本风格

为了演示如何改变 HTML 文档的外观感觉，下一步我们将创建一个简单的**串联样式表**(Cascading Style Sheet，CSS)文件 style.css。如果想把 HTML 正文字号的大小增加一倍，就必须把下面的 CSS 文件存入 static 子目录，Flask 在这个默认目录中寻找像 CSS 这样的静态文件。该文件的内容如下：

```
body {
     font-size: 2em;
}
```

下述示例代码为修改后的 first_app.html 文件，用来渲染用户输入名字的文本表单：

```
<!doctype html>
<html>
  <head>
    <title>First app</title>
      <link rel="stylesheet"
       href="{{ url_for('static', filename='style.css') }}">
  </head>
  <body>
    {% from "_formhelpers.html" import render_field %}
    <div>What's your name?</div>
    <form method=post action="/hello">
      <dl>
        {{ render_field(form.sayhello) }}
      </dl>
      <input type=submit value='Say Hello' name='submit_btn'>
    </form>
  </body>
</html>
```

在 first_app.html 的标头部分加载 CSS 文件。现在 HTML 正文中所有文本元素的大小都应该发生了改变。在 HTML 文档的正文部分，从_formhelpers.html 以表的形式导入宏，然后渲染 app.py 文件所定义的 sayhello 表单。此外，为同一表单元素添加一个按钮，这样用户就可以提交文本字段数据了。最初的 first-app.html 文件和修改后的 first-app-html 文件如图 9-5 所示。

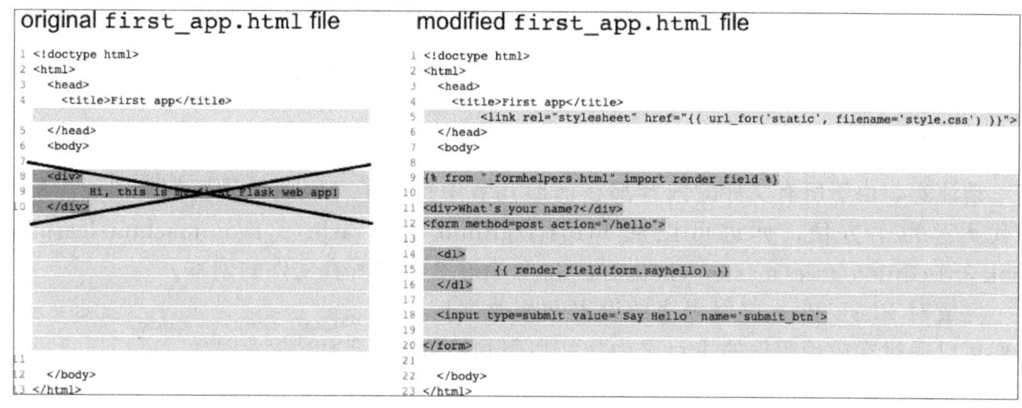

图 9-5

9.3.2.4 创建结果页面

最后，我们创建 hello.html 文件，该文件将由在 app.py 脚本中定义的 hello 函数的一行代码 render_template('hello.html', name= name)渲染，显示用户通过文本字段所提交的文本。文件的内容如下：

```
<!doctype html>
<html>
```

```
    <head>
      <title>First app</title>
        <link rel="stylesheet"
         href="{{ url_for('static', filename='style.css') }}">
    </head>
    <body>
      <div>Hello {{ name }}</div>
    </body>

  </html>
```

我们在上一节中介绍了很多基础知识，图 9-6 综合概述了我们创建的文件。

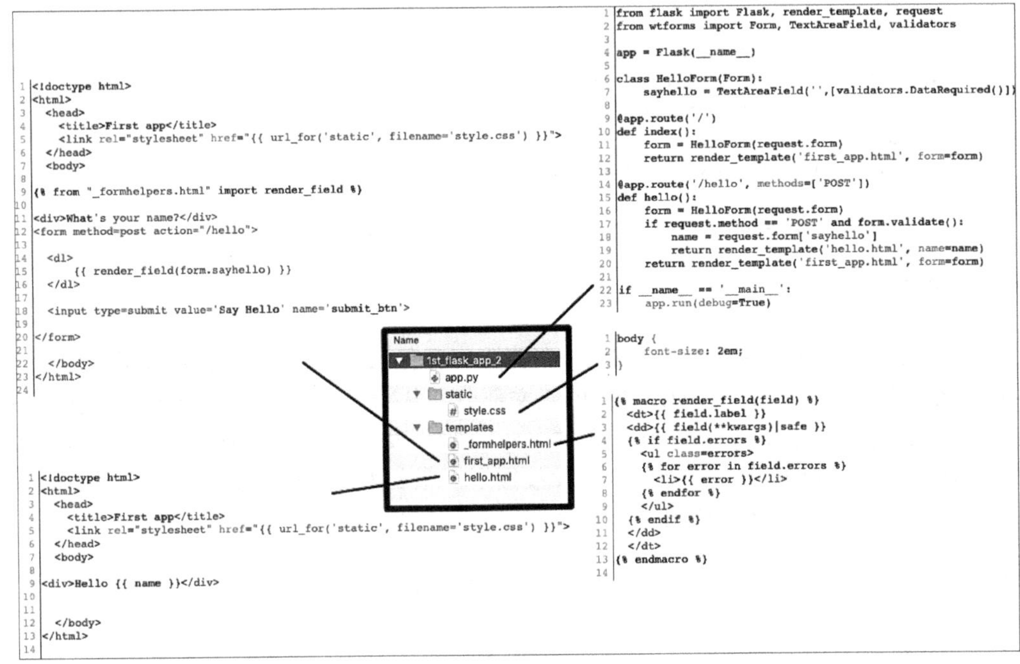

图　9-6

请注意，由于所有文件的内容都在前面几节中提供了，因此无须复制图 9-6 中的任何代码。为了方便，你也可以从 https://github.com/rasbt/python-machine-learning-book-3rd-edition/tree/master/ch09/1st_flask_app_2 找到所有文件的副本。

完成对 Flask Web 应用程序的设置和修改之后，我们可以通过在应用程序的主目录中执行以下命令在本地运行它：

```
python3 app.py
```

然后，如果要查看显示的网页，请在 Web 浏览器输入终端所显示的 IP 地址（通常为 http://127.0.0.1:5000/），可以看到呈现的 Web 应用程序，如图 9-7 所示。

图　9-7

Flask 文档与示例

如果你是 Web 开发新手，有些概念乍看起来可能非常复杂。在这种情况下，建议你动手尝试，只需在硬盘的某个目录中建立前面的文件，仔细研究就会发现 Flask 框架相对简单，比最初想象中的要简单得多！同时，记得参考优秀的 Flask 文档和示例以获得更多的帮助：http://flask.pocoo.org/docs/1.0/。

9.4 将电影评论分类器转换为 Web 应用

既然已经熟悉了 Flask Web 开发的基本知识，那么我们继续将电影分类器嵌入 Web 应用。在本节中，我们将开发一个 Web 应用，提示用户输入电影评论，如图 9-8 所示。

在提交评论后，用户将看到一个新页面，显示预测的分类标签及其概率。此外，用户将能够通过单击“Correct”或“Incorrect”按钮来提供有关此预测的反馈，如图 9-9 所示。

图　9-8

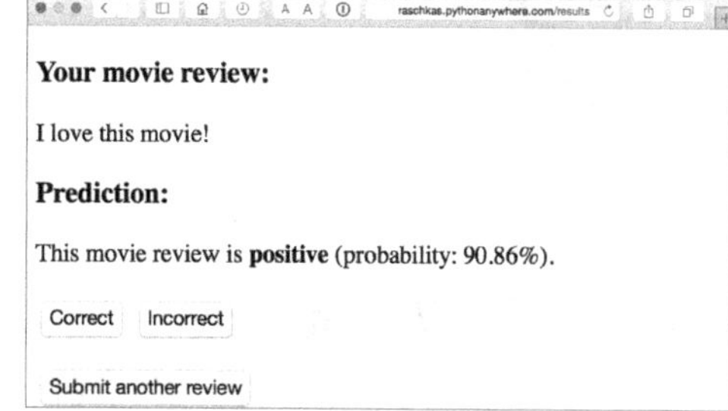

图　9-9

用户单击“Correct”或“Incorrect”按钮后，分类模型将根据用户反馈进行更新。此外，我们还将在 SQLite 数据库中存储用户提供的电影评论文本以及建议的分类标签，为将来的预测提供参考，这些分类标签可以通过单击按钮推断出来。（或者用户可以跳过更新，然后单击 Submit another review 按钮以提交另一个评论。）

用户单击反馈按钮后将看到第三个页面，这是一个简单的谢谢屏幕，带有 Submit another review 按钮，可将用户重定向到起始页面，如图 9-10 所示。

图　9-10

在线演示

在仔细研究这个 Web 应用的代码实现之前，建议你看一下我上传到下述网站的在线演示，感受本节试图要传达的思想：http://raschkas.pythonanywhere.com。

9.4.1 文件与文件夹——研究目录树

从宏观入手，让我们先看下为这个电影分类应用所创建的目录树，截屏如图 9-11 所示。

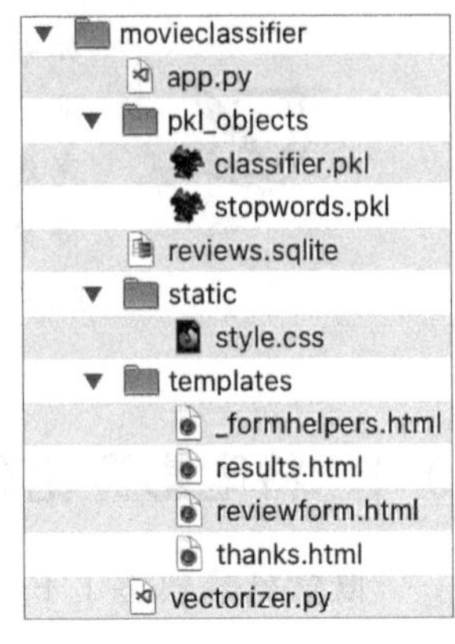

图 9-11

在本章前面的小节中，创建了 vectorizer.py 文件、SQLite 数据库 reviews.sqlite 以及包含序列化的 Python 对象的 pkl_objects 子目录。

主目录下的 app.py 是包含 Flask 代码的 Python 脚本文件，用数据库文件 review.sqlite（本章前面创建的）来存储提交到 Web 应用的电影评论。templates 子目录包含由 Flask 渲染的 HTML 模板并在浏览器中显示。static 子目录包含简单的 CSS 文件，用于调整 HTML 页面渲染效果。

获取电影分类器代码文件

本书所提供的代码示例中有一个单独的目录，包含了电影评论分类器应用和在本节讨论过的代码。可直接从 Packt 得到或从 GitHub 下载：https://github.com/rasbt/python-machine-learning-book-3rd-edition/。本节的代码可以从 .../code/ch09/movieclassifier 子目录中找到。

9.4.2 实现主应用 app.py

由于 app.py 文件相当长，因此我们需要分两步来掌握。app.py 的第一部分导入要用的 Python 模块和对象，以及用于反序列化和设置分类模型的代码：

```
from flask import Flask, render_template, request
from wtforms import Form, TextAreaField, validators
import pickle
import sqlite3
import os
import numpy as np

# import HashingVectorizer from local dir
from vectorizer import vect

app = Flask(__name__)

######## Preparing the Classifier
cur_dir = os.path.dirname(__file__)
clf = pickle.load(open(os.path.join(cur_dir,
                  'pkl_objects', 'classifier.pkl'),
                  'rb'))
db = os.path.join(cur_dir, 'reviews.sqlite')

def classify(document):
    label = {0: 'negative', 1: 'positive'}
    X = vect.transform([document])
    y = clf.predict(X)[0]
    proba = np.max(clf.predict_proba(X))
    return label[y], proba
```

```
def train(document, y):
    X = vect.transform([document])
    clf.partial_fit(X, [y])

def sqlite_entry(path, document, y):
    conn = sqlite3.connect(path)
    c = conn.cursor()
    c.execute("INSERT INTO review_db (review, sentiment, date)"\
              " VALUES (?, ?, DATETIME('now'))", (document, y))
    conn.commit()
    conn.close()
```

我们对 app.py 脚本的第一部分应该很熟悉了。现在直接导入 HashingVectorizer 并且反序列化逻辑回归分类器。接下来，我们定义 classify 函数以返回给定文档的分类标签的预测及相应概率。如果提供文档和分类标签的话，可以调用 train 函数来更新分类器。

我们可以调用 sqlite_entry 函数，把提交的影评存储在 SQLite 数据库中，数据包括分类标签和时间戳。注意，如果重启 Web 应用，clf 对象将被重置为原始的序列化状态。最后，我们将学习如何利用收集并存储在 SQLite 数据库中的数据来永久更新分类器。

app.py 脚本第二部分中的概念应该也不陌生：

```
######## Flask
class ReviewForm(Form):
    moviereview = TextAreaField('',
                                [validators.DataRequired(),
                                 validators.length(min=15)])

@app.route('/')
def index():
    form = ReviewForm(request.form)
    return render_template('reviewform.html', form=form)

@app.route('/results', methods=['POST'])
def results():
    form = ReviewForm(request.form)
    if request.method == 'POST' and form.validate():
        review = request.form['moviereview']
        y, proba = classify(review)
        return render_template('results.html',
                               content=review,
                               prediction=y,
                               probability=round(proba*100, 2))
    return render_template('reviewform.html', form=form)

@app.route('/thanks', methods=['POST'])
def feedback():
    feedback = request.form['feedback_button']
    review = request.form['review']
    prediction = request.form['prediction']

    inv_label = {'negative': 0, 'positive': 1}
    y = inv_label[prediction]
    if feedback == 'Incorrect':
        y = int(not(y))
    train(review, y)
```

```
    sqlite_entry(db, review, y)
    return render_template('thanks.html')
    if __name__ == '__main__':
        app.run(debug=True)
```

我们定义了一个实例化 TextAreaField 的 ReviewForm 类，这将在 reviewform.html 模板文件上渲染 Web 应用的登录页面。反过来再由 index 函数渲染。通过设定参数 validators.length(min= 15)要求用户至少输入 15 个字符的评论。results 函数将会从提交的网络表单中提取内容，并把它传给电影分类器来预测情感倾向，然后在渲染后的 results.html 模板中显示预测结果。

上一小节中 app.py 实现的 feedback 函数乍看起来有点复杂。基本上 results.html 模板根据用户单击 Correct 或 Incorrect 反馈按钮来获取预测的分类标签，并将预测的情感倾向返回为整数型的分类标签，然后通过 train 函数来更新分类器，这在 app.py 脚本的第一部分已经实现了。同时，如果用户提供了反馈信息，我们将通过 sqlite_entry 为 SQLite 数据库增加新记录，并在最终通过 thanks.html 模板渲染感谢用户的反馈。

9.4.3 建立评论表单

下一步我们讨论 reviewform.html 模板，其中包含了应用的开始页面：

```
<!doctype html>
<html>
  <head>
    <title>Movie Classification</title>
      <link rel="stylesheet"
       href="{{ url_for('static', filename='style.css') }}">
  </head>
  <body>

    <h2>Please enter your movie review:</h2>

    {% from "_formhelpers.html" import render_field %}

    <form method=post action="/results">
      <dl>
        {{ render_field(form.moviereview, cols='30', rows='10') }}
      </dl>
      <div>
        <input type=submit value='Submit review' name='submit_btn'>
      </div>
    </form>

  </body>
</html>
```

我们在这里将直接导入与 9.3.2 节定义的_formhelpers.html 相同的模板。用这个宏的 render_field 函数来渲染 TextAreaField，用户利用该字段提供电影评论并通过显示在页面底部的 Submit review 按钮提交评论。这个 TextAreaField 字段为 30 列宽 10 行高，如图 9-12 所示。

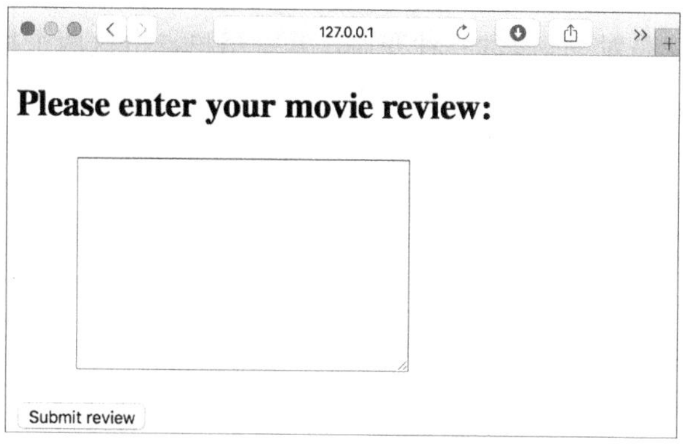

图　9-12

9.4.4　创建结果页面模板

下一个模板 results.html 看上去很有趣：

```
<!doctype html>
<html>
  <head>
    <title>Movie Classification</title>
      <link rel="stylesheet"
       href="{{ url_for('static', filename='style.css') }}">
  </head>
  <body>

    <h3>Your movie review:</h3>
    <div>{{ content }}</div>

    <h3>Prediction:</h3>
    <div>This movie review is <strong>{{ prediction }}</strong>
    (probability: {{ probability }}%).</div>

    <div id='button'>
      <form action="/thanks" method="post">
        <input type=submit value='Correct' name='feedback_button'>
        <input type=submit value='Incorrect' name='feedback_button'>
        <input type=hidden value='{{ prediction }}' name='prediction'>
        <input type=hidden value='{{ content }}' name='review'>
      </form>
    </div>

    <div id='button'>
      <form action="/">
        <input type=submit value='Submit another review'>
      </form>
    </div>

  </body>
</html>
```

首先，我们将提交的评论以及预测结果插入相应的字段{{ content }}、{{ prediction }}和{{ probability }}。你可能注意到了，在包含 Correct 和 Incorrect 按钮的表单中，我们第二次用了{{ content }}和{{ prediction }}占位符(在这种情况下，也称为隐藏字段)。这是对 POST 的一种变通，万一用户点击这两个按钮，系统会把这些值推送给服务器，以更新分类器并存储评论。

此外，在 results.html 的开头导入 CSS 文件(style.css)。该文件的设置非常简单，它将 Web 应用内容的宽度限制为 600 个像素，并将标有 div id 的 Incorrect 和 Correct 按钮向下移动 20 个像素：

```
body{
  width:600px;
}

.button{
  padding-top: 20px;
}
```

这个 CSS 文件只是个占位符，读者可以根据自己的喜好随意调整页面的显示方式。

为 Web 应用实现的最后一个 HTML 文件是 thanks.html 模板。顾名思义，它只是通过 Correct 或 Incorrect 按钮提供反馈意见，然后向用户提供感谢信息。此外，把 Submit another review 按钮放在页面底部，该按钮将用户重定向到起始页。thanks.html 文件的内容如下：

```
<!doctype html>
<html>
  <head>
    <title>Movie Classification</title>
      <link rel="stylesheet"
       href="{{ url_for('static', filename='style.css') }}">
  </head>
  <body>

    <h3>Thank you for your feedback!</h3>

    <div id='button'>
      <form action="/">
        <input type=submit value='Submit another review'>
      </form>
    </div>

  </body>
</html>
```

在进入下一个小节将其部署到公共 Web 服务器之前，我们在终端键入下面的命令并从本地启动 Web 应用：

```
python3 app.py
```

在完成对应用程序的测试之后，请不要忘记删除 app.py 脚本的 app.run()命令中的 debug= True 参数(或设置 debug= False)，如图 9-13 所示。

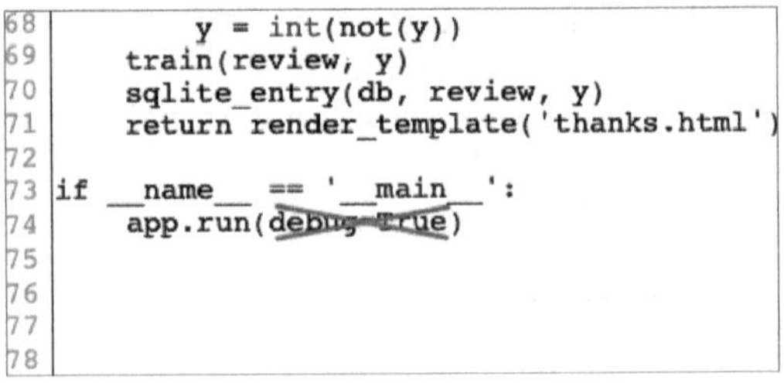

```
        y = int(not(y))
    train(review, y)
    sqlite_entry(db, review, y)
    return render_template('thanks.html')

if __name__ == '__main__':
    app.run(debug=True)
```

图 9-13

9.5 在公共服务器上部署 Web 应用

在本地完成 Web 应用测试之后，现在我们可以把 Web 应用部署到公共 Web 服务器上了。本书将用 PythonAnywhere 的托管服务，该服务专门托管基于 Python 的 Web 应用，使应用托管服务变得非常简单和轻松。此外，PythonAnywhere 为初学者提供账户以免费运行单个 Web 应用。

9.5.1 创建 PythonAnywhere 账户

要创建 PythonAnywhere 的新账户，首先访问 https://www.pythonanywhere.com/，然后单击位于右上角的 Pricing & signup 链接。接下来，选择 Create a Beginner account，这里需要我们提供用户名、密码和有效的电子邮件地址。在阅读并同意条款和条件后，你应该就拥有新账户了。

不幸的是，免费的初级账户不允许从终端以 SSH 协议访问远程服务器。为此，需要用 PythonAnywhere 的 Web 界面来管理 Web 应用。但是在把本地文件上传到服务器之前，首先要为新 Web 应用创建 PythonAnywhere 账户。在单击右上角的 Dashboard 按钮后，我们可以访问页面顶部的控制面板。接着单击页面顶部可见的 Web 选项卡。继续单击左边的＋Add a new web app 按钮，创建基于 Python 3.7 的名为 `movieclassifier` 的新 Flask Web 应用。

9.5.2 上传电影分类器应用

创建 PythonAnywhere 账户的新应用后，打开 File 选项卡，用 PythonAnywhere 的 Web 界面从本地目录 `movieclassifier` 上传文件。上传在计算机本地创建的 Web 应用文件后，现在我们应该在 PythonAnywhere 账户上有一个 `movieclassifier` 目录。它包含与本地的 `movieclassifier` 相同的目录和文件，如图 9-14 所示。

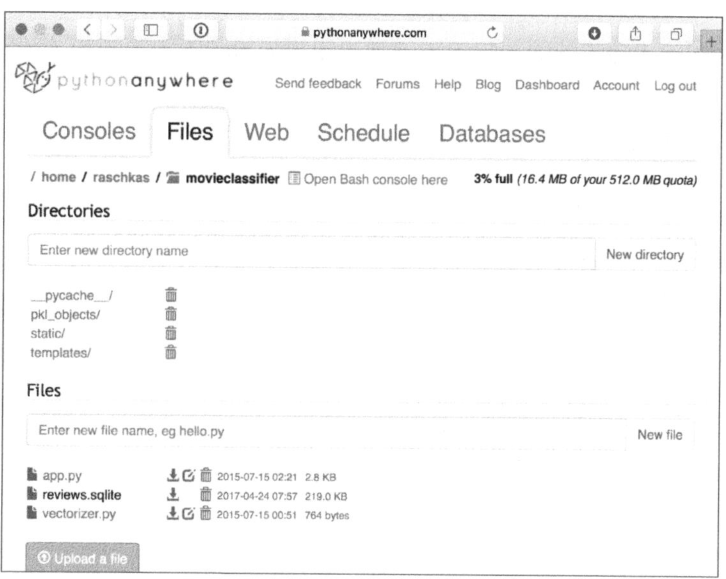

图 9-14

最后，我们再次到 Web 选项卡 Reload <username>. pythonanywhere. com 按钮，发布版本并更新 Web 应用。现在我们终于可以启动和运行 Web 应用了，公众可以通过 < username> . pythonanywhere. com 看到页面了。

故障检修

不幸的是，即使对 Web 应用中最微小的问题，Web 服务器可能也相当敏感。如果在 PythonAnywhere 上运行 Web 应用遇到问题，在浏览器上收到错误信息后，要很好地诊断问题，检查服务器的错误日志，这可以通过 PythonAnywhere 账户的 Web 选项卡访问。

9.5.3 更新电影分类器

每当用户提供有关分类的反馈时，预测模型就在运行过程中实时更新，如果 Web 服务器宕机或重启，对 clf 对象的更新将被重置。如果重新加载 Web 应用，clf 对象将从 classifier. pkl 的 pickle 文件重新初始化。持久化更新的一种方法是每次更新都序列化 clf 对象。然而，随着用户数量的增加，计算效率将变低，如果用户同时提供反馈，则有可能损坏序列化的文件。

另一种方法是根据 SQLite 数据库所收集的反馈数据更新预测模型。我们可以从 PythonAnywhere 服务器下载 SQLite 数据库，更新本地计算机的 clf 对象，然后上传新的 pickle 文件到 PythonAnywhere。为了在本地计算机上更新分类器，可以用在 movieclassifier 目录下创建的 update. py 脚本文件，示例代码如下：

```
import pickle
import sqlite3
import numpy as np
import os

# import HashingVectorizer from local dir
from vectorizer import vect

def update_model(db_path, model, batch_size=10000):
    conn = sqlite3.connect(db_path)
    c = conn.cursor()
    c.execute('SELECT * from review_db')

    results = c.fetchmany(batch_size)
    while results:
        data = np.array(results)
        X = data[:, 0]
        y = data[:, 1].astype(int)

        classes = np.array([0, 1])
        X_train = vect.transform(X)
        model.partial_fit(X_train, y, classes=classes)
        results = c.fetchmany(batch_size)

    conn.close()
    return model

cur_dir = os.path.dirname(__file__)
```

```
clf = pickle.load(open(os.path.join(cur_dir,
                  'pkl_objects',
                  'classifier.pkl'), 'rb'))

db = os.path.join(cur_dir, 'reviews.sqlite')

clf = update_model(db_path=db, model=clf, batch_size=10000)

# Uncomment the following lines if you are sure that
# you want to update your classifier.pkl file
# permanently.

# pickle.dump(clf, open(os.path.join(cur_dir,
#             'pkl_objects', 'classifier.pkl'), 'wb'),
#             protocol=4)
```

用更新功能获取 movieclassifier 文件

包含电影评论分类器应用的单独目录以及本章讨论过的更新功能都来自本书的示例代码，可以直接从 Packt 获取或者从 GitHub 下载（https://github.com/rasbt/python-machine-learning-book-3rd-edition）。本节代码可从 .../code/ch09/movieclassifier_with_update 子目录中找到。

update_model 函数会从 SQLite 数据库以每次 10 000 条记录的方式批量读取数据，除非数据库的记录数量太少。另外，我们也可以调用 fetchone 而不是 fetchmany 每次读取一条记录，这么做的计算效率很低。但是请记住如果我们面对规模超过计算机或服务器内存容量的大型数据集，调用替代的 fetchall 方法将会出现问题。

现在我们创建了 update.py 脚本，可以将其上传到 PythonAnywhere 的 movieclassifier 目录，并通过主应用脚本 app.py 导入 update_model 函数，当重新启动 Web 应用时，可以用来自 SQLite 数据库的数据来更新分类器。为此，只需要我们在 app.py 顶部添加一行代码，从 update.py 脚本导入 update_model 函数。

```
# import update function from local dir
from update import update_model
```

然后需要从主应用体调用 update_model 函数：

```
...
if __name__ == '__main__':
    clf = update_model(db_path=db,
                       model=clf,
                       batch_size=10000)
...
```

如前所述，前面代码片段的修改将更新 PythonAnywhere 上的 pickle 文件。然而，实际上，我们并不需要不断地重启 Web 应用，只需要在每次更新之前验证 SQLite 数据库的用户评论，以确保评论信息对分类器有价值。

建立备份

在实际的应用程序中，你可能需要定期备份 classifier.pkl 序列化文件，以防止文件损坏，例如，通过在每次更新之前创建带时间戳的版本来保护文件。为了创建序列化分类器的备份，可以导入以下内容：

```
from shutil import copyfile
import time
```

然后用上面的代码来更新序列化分类器，示例如下：

```
pickle.dump(
    clf, open(
        os.path.join(
            cur_dir, 'pkl_objects',
            'classifier.pkl'),
        'wb'),
    protocol=4)
```

插入以下代码行：

```
timestr = time.strftime("%Y%m%d-%H%M%S")
orig_path = os.path.join(
    cur_dir, 'pkl_objects', 'classifier.pkl')
backup_path = os.path.join(
    cur_dir, 'pkl_objects',
    'classifier_%s.pkl' % timestr)
copyfile(orig_path, backup_path)
```

结果将按 YearMonthDay-HourMinuteSecond 格式产生诸如 classifier_20190822-092148.pkl 的序列化分类器的备份文件。

9.6 本章小结

本章学习了许多实用的主题，扩展了我们对机器学习理论的认识。我们学会了如何序列化训练模型，以及如何加载它以备将来使用。此外，我们还建立了 SQLite 数据库用于高效存储，并且创建了一个 Web 应用，使得我们有机会把电影分类器提供给外界使用。

本书讨论了很多关于机器学习的概念、最佳实践和用于分类的监督学习模型。下一章我们将讨论监督学习的另一子类——回归分析，确保在一个连续尺度上预测结果变量，这与一直在用的标签分类模型不同。

第 10 章

Python Machine Learning, Third Edition

用回归分析预测连续目标变量

前几章我们学到了很多关于**监督学习**的主要概念，并且训练了许多用于不同分类任务的模型，这些模型可以预测群组成员的身份或者分类变量。从这一章开始，我们将讨论另一种监督学习：**回归分析**。

回归分析主要应用在预测连续目标变量，这有助于解决科学以及工业应用中的许多问题，如理解变量之间的关系、评估趋势或作出预测。例如，预测公司未来几个月的销售额。

本章将介绍回归分析模型的主要概念，将涵盖下述几个方面：

- 探索和可视化数据集。
- 研究实现线性回归模型的不同方法。
- 训练有效解决异常值问题的回归模型。
- 评估回归模型并诊断常见问题。
- 拟合非线性数据的回归模型。

10.1 线性回归简介

线性回归的目的是针对一个或多个特征与连续目标变量之间的关系建模。与监督学习分类相反，回归分析的主要目标是在连续尺度上预测输出，而不是在分类标签上。

在下面的小节中，我将介绍线性回归的最基本类型，即**简单线性回归**，并将它与更一般的多元情形(多特征的线性回归)联系起来。

10.1.1 简单线性回归

简单(**单变量**)线性回归的目的是针对单个特征(**解释变量** x)和连续**目标值**(**响应变量** y)之间的关系建模。拥有一个解释变量的线性回归模型的方程定义如下：

$$y=w_0+w_1x$$

这里权重 w_0 代表 y 轴截距，w_1 为解释变量的权重系数。我们的目标是学习线性方程的权重，以描述解释变量和目标变量之间的关系，然后预测训练数据集里未见过的新响应变量。根据前面的定义，线性回归可以理解为通过采样点找到最佳拟合直线，如图 10-1所示。

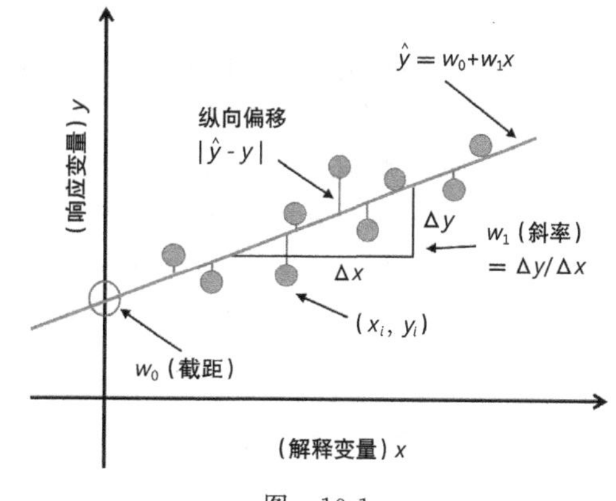

图 10-1

这条最佳拟合线也被称为**回归线**，从回归线到样本点的垂直线就是所谓的**偏移**(offset)或**残差**(residual)——预测的误差。

10.1.2　多元线性回归

前一节引入了单解释变量的线性回归分析，也称为简单线性回归。当然，也可以将线性回归模型推广到多个解释变量，这个过程叫作**多元线性回归**：

$$y = w_0x_0 + w_1x_1 + \cdots + w_mx_m = \sum_{i=0}^{m} w_ix_i = w^{\mathrm{T}}x$$

这里，w_0 是当 $x_0=1$ 时的 y 轴截距。

图 10-2 显示了具有两个特征的多元线性回归模型的二维拟合超平面。

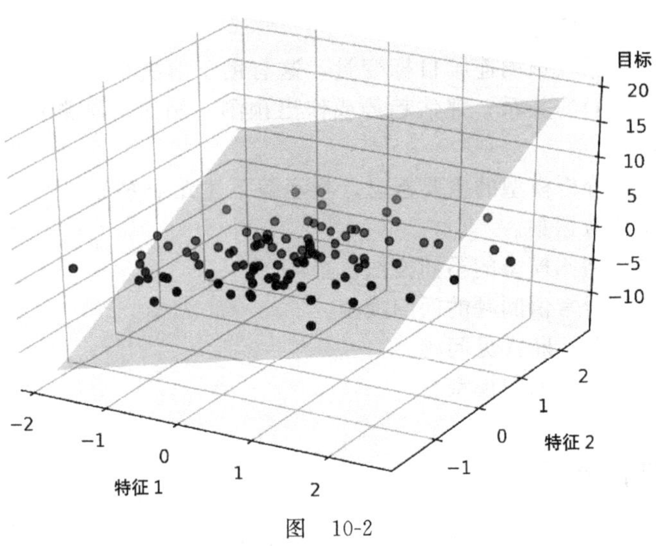

图　10-2

正如我们所看到的，三维散点图中多元线性回归超平面的可视化在静态图像时已经很难描述了。由于我们没有更好的方法来可视化二维平面的散点图(多元线性回归模型拟合三个或多个特征的数据集)，本章的示例和可视化将主要集中在采用简单线性回归的单变量情况。然而，简单和多元线性回归基于相同的概念和评估技术，本章所讨论的代码实现也与这两种回归模型兼容。

10.2　探索住房数据集

在实现第一个线性回归模型之前，我们先介绍一个新数据集，即住房数据集，其中包含了由 D • Harrison 和 D. L. Rubinfeld 在 1978 年收集的波士顿郊区的住房信息。现在住房数据集已经可以免费获取，并包含在本书的代码包中。该数据集最近已从 UCI 机器学习库中删除，但是我们仍然可以从 https://raw.githubusercontent.com/rasbt/pythonmachine-learning-book-3rd-edition/master/ch10/housing.data.txt 或者 scikit-learn (https://github.com/scikit-learn/scikit-learn/blob/master/sklearn/datasets/data/boston_house_prices.csv)获取。像每个新数据集一样，通过简单的可视化来探索对我们会有所帮助，这可以更好地理解我们所面对的工作和数据。

10.2.1　加载住房数据

本节我们将调用 pandas 的 `read_csv` 函数加载住房数据，该工具快速灵活，是处理纯文本格式表格数据的推荐工具。

我们在这里总结了住房数据集中所包含的 506 个样本的特征，来源于先前共享的原始数据源(https://archive.ics.uci.edu/ml/datasets/Housing)：

- CRIM：城镇人均犯罪率。
- ZN：占地面积超过 25 000 平方英尺(1 平方英尺=0.092 903 平方米)的住宅用地比例。
- INDUS：城镇非零售营业面积占比。
- CHAS：查尔斯河虚拟变量(如果是界河，值为 1，否则为 0)。
- NOX：一氧化氮浓度(每千万分之一)。
- RM：平均每户的房间数。
- AGE：1940 年以前建造的业主自住房屋比例。
- DIS：房屋距离波士顿五个就业中心的加权距离。
- RAD：辐射公路可达性指数。
- TAX：每 10 000 美元全额财产的税率。
- PTRATIO：城镇师生比例。
- B：$1000(Bk-0.63)^2$，其中 Bk 是城镇中非裔美国人的比例。
- LSTAT：弱势群体人口的百分比。
- MEDV：业主自住房的中位价(以 1000 美元为单位)。

我们将在本章的其余部分把房价(MEDV)作为目标变量，即基于 13 个解释变量中的 1 个或多个来预测房价。在进一步探讨该数据之前，我们先把数据从 UCI 导入到 pandas 的 DataFrame：

```
>>> import pandas as pd
>>> df = pd.read_csv('https://raw.githubusercontent.com/rasbt/'
...                  'python-machine-learning-book-3rd-edition'
...                  '/master/ch10/housing.data.txt',
...                  header=None,
...                  sep='\s+')
>>> df.columns = ['CRIM', 'ZN', 'INDUS', 'CHAS',
...               'NOX', 'RM', 'AGE', 'DIS', 'RAD',
...               'TAX', 'PTRATIO', 'B', 'LSTAT', 'MEDV']
>>> df.head()
```

为了确认数据集已被成功加载，我们显示数据集的前五行如表 10-1 所示。

表　10-1

	CRIM	ZN	INDUS	CHAS	NOX	RM	AGE	DIS	RAD	TAX	PTRATIO	B	LSTAT	MEDV
0	0.00632	18.0	2.31	0	0.538	6.575	65.2	4.0900	1	296.0	15.3	396.90	4.98	24.0
1	0.02731	0.0	7.07	0	0.469	6.421	78.9	4.9671	2	242.0	17.8	396.90	9.14	21.6
2	0.02729	0.0	7.07	0	0.469	7.185	61.1	4.9671	2	242.0	17.8	392.83	4.03	34.7
3	0.03237	0.0	2.18	0	0.458	6.998	45.8	6.0622	3	222.0	18.7	394.63	2.94	33.4
4	0.06905	0.0	2.18	0	0.458	7.147	54.2	6.0622	3	222.0	18.7	396.90	5.33	36.2

获取住房数据集

你可以在本书的代码包中找到该住房数据集(以及本书中用到的所有其他数据集)的副本，如果脱机工作或网络链接中断，你可以从下面的链接获得：https://raw.githubusercontent.com/rasbt/pythonmachine-learning-book-3rd-edition/master/code/ch10/housing.data.txt

例如，要从本地目录加载住房数据集，可以将以下这些行：

```
df = pd.read_csv(
    'https://raw.githubusercontent.com/rasbt/'
    'python-machine-learning-book-3rd-edition/'
    'master/ch10/housing.data.txt',
    header=None,
    sep='\s+')
```

替换为：

```
df = pd.read_csv('./housing.data.txt',
    sep='\s+')
```

10.2.2　可视化数据集的重要特点

探索性数据分析(EDA)是在进行机器学习模型训练之前值得推荐的重要一步。在本节的其余部分，我们将使用图形化EDA工具箱中的一些简单而有用的技术，这些技术有助于直观地发现异常值、数据分布以及特征之间的关系。

首先，我们创建一个**散点图矩阵**，把数据集中不同特征之间的成对相关性放在一张图上直观地表达出来。调用MLxtend库(http://rasbt.github.io/mlxtend/)的`scatterplotmatrix`函数绘制散点图矩阵，这是包含机器学习和数据科学应用各种便捷功能的Python库。

我们可以通过`conda install mlxtend`或者`pip install mlxtend`安装`mlxtend`软件包。在安装完成之后，我们导入软件包并创建散点图矩阵，具体的示例代码如下：

```
>>> import matplotlib.pyplot as plt
>>> from mlxtend.plotting import scatterplotmatrix
>>> cols = ['LSTAT', 'INDUS', 'NOX', 'RM', 'MEDV']
>>> scatterplotmatrix(df[cols].values, figsize=(10, 8),
...                   names=cols, alpha=0.5)
>>> plt.tight_layout()
>>> plt.show()
```

从图10-3可以看到，散点图矩阵展示了数据集内部特征之间的关系，是一种有价值的图形汇总。

由于篇幅限制同时考虑到读者的兴趣，我们在本章只绘制数据集中的五列：`LSTAT`、`INDUS`、`NOX`、`RM`和`MEDV`。然而，你可以创建一个基于`DataFrame`的全散点图矩阵，调用前面的`scatterplotmatrix`函数来选择不同列的名称，或通过省略列选择器来直接包括在散点图矩阵中的所有变量，然后进一步探索该数据集。

可以利用散点图矩阵快速分辨出数据的分布情况以及是否含有异常值。例如，可以看到房间数`RM`和房价`MEDV`(第四行第五列)之间存在着线性关系。此外，我们还可以从散点图矩阵右下角的直方图看到，`MEDV`变量似乎呈正态分布，但包含了几个异常值。

线性回归的正态假设

注意，与一般的想法相反，训练线性回归模型并不要求解释变量或目标变量呈正态分布。正态假设只是针对某些统计和假设检验的要求，关于这部分的讨论超出了本书的范围[⊖]。

⊖ *Introduction to Linear Regression Analysis*, *Montgomery*, *Douglas C. Montgomery*, *Elizabeth A. Peck*, and *G. Geoffrey Vining*, *Wiley*, 2012, pages: 318-319

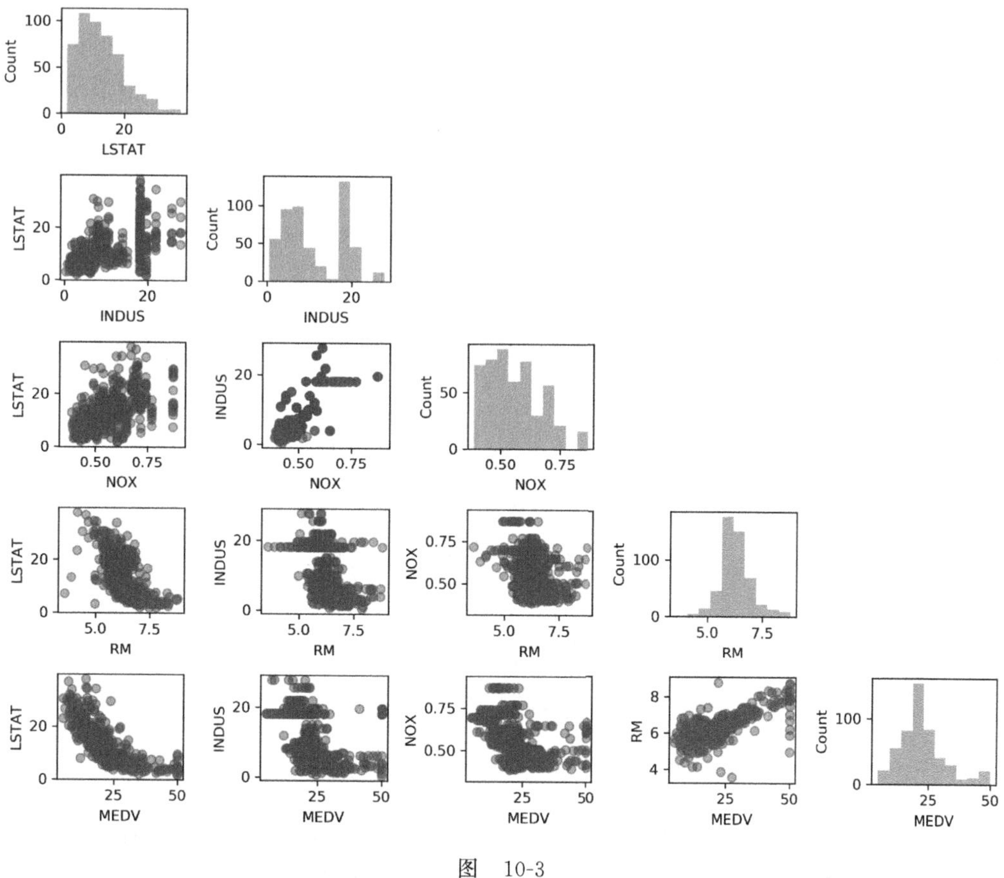

图 10-3

10.2.3 用相关矩阵查看关系

上一节我们把住房数据集变量的数据分布以直方图和散点图的形式可视化。下一步将创建相关矩阵来量化和概括变量之间的线性关系。相关矩阵与 5.1 节介绍的协方差矩阵密切相关。直观地说，我们可以把相关矩阵理解为对协方差矩阵的修正。事实上，相关矩阵与协方差矩阵在标准化特征计算方面保持一致。

相关矩阵是包含**皮尔逊积矩相关系数**(通常简称为**皮尔逊 r**)的方阵，我们用它来度量特征对之间的线性依赖关系。相关系数的值在−1 到 1 之间。如果 $r=1$，则两个特征之间呈完美的正相关；如果 $r=0$，则两者之间没有关系；如果 $r=-1$，则两者之间呈完全负相关的关系。如前所述，我们可以把皮尔逊相关系数简单地计算为特征 x 和 y 之间的协方差(分子)除以标准差的乘积(分母)：

$$r=\frac{\sum_{i=1}^{n}\left[\left(x^{(i)}-\mu_x\right)\left(y^{(i)}-\mu_y\right)\right]}{\sqrt{\sum_{i=1}^{n}\left(x^{(i)}-\mu_x\right)^2}\sqrt{\sum_{i=1}^{n}\left(y^{(i)}-\mu_y\right)^2}}=\frac{\sigma_{xy}}{\sigma_x\sigma_y}$$

这里，μ 为样本的均值，σ_{xy} 为样本 x 和 y 之间的协方差，σ_x 和 σ_y 为样本的标准差。

标准化特征的协方差与相关性

可以证明，一对经标准化的特征之间的协方差实际上等于它们的线性相关系数。为了证明这一点，我们先标准化特征 x 和 y 以获得它们的 z 分数，分别用 x'和 y'来表示：

$$x'=\frac{x-\mu_x}{\sigma_x},\quad y'=\frac{y-\mu_y}{\sigma_y}$$

请记住，计算两个特征之间的(总体)协方差如下：

$$\sigma_{xy}=\frac{1}{n}\sum_{i}^{n}(x^{(i)}-\mu_x)(y^{(i)}-\mu_y)$$

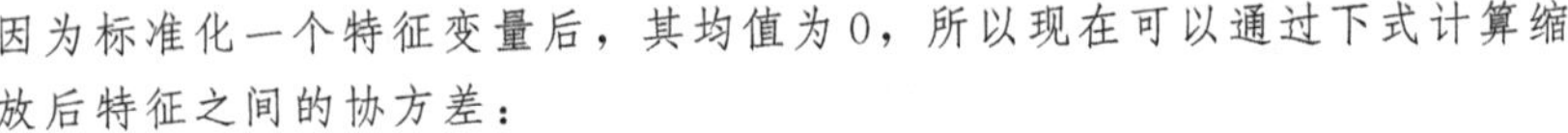

因为标准化一个特征变量后，其均值为0，所以现在可以通过下式计算缩放后特征之间的协方差：

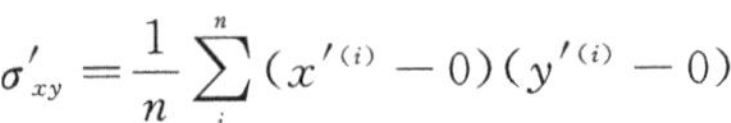

$$\sigma'_{xy}=\frac{1}{n}\sum_{i}^{n}(x'^{(i)}-0)(y'^{(i)}-0)$$

通过代入 x'和 y'得到下面的结果：

$$\sigma'_{xy}=\frac{1}{n}\sum_{i}^{n}\left(\frac{x-\mu_x}{\sigma_x}\right)\left(\frac{y-\mu_y}{\sigma_y}\right)$$

$$\sigma'_{xy}=\frac{1}{n\cdot\sigma_x\sigma_y}\sum_{i}^{n}(x^{(i)}-\mu_x)(y^{(i)}-\mu_y)$$

最后，我们简化该等式如下：

$$\sigma'_{xy}=\frac{\sigma_{xy}}{\sigma_x\sigma_y}$$

在下面的代码示例中，我们将调用 NumPy 的 corrcoef 函数处理前面可视化散点图矩阵的 5 个特征列，调用 MLxtend 的 heatmap 函数绘制相关矩阵对应的热度图：

```
>>> from mlxtend.plotting import heatmap
>>> import numpy as np
>>> cm = np.corrcoef(df[cols].values.T)
>>> hm = heatmap(cm,
...              row_names=cols,
...              column_names=cols)
>>> plt.show()
```

正如图 10-4 所示，相关矩阵提供了另外一个有用的概要图，它有助于我们根据各自的线性相关性选择特征。

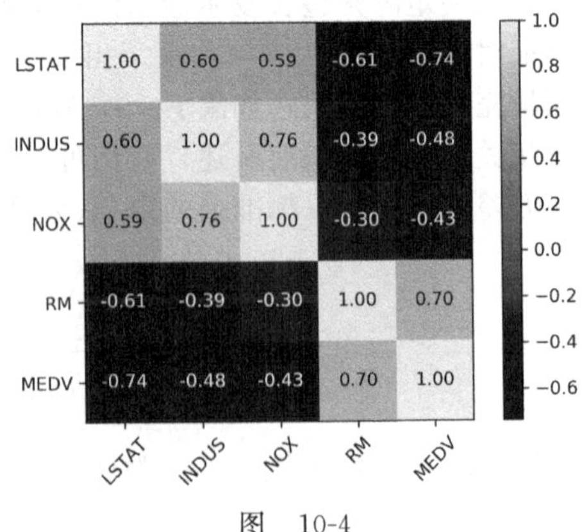

图　10-4

为了拟合线性回归模型，我们只对那些与目标变量 MEDV 高度相关的特征感兴趣。分析前面的相关矩阵，我们发现目标变量 MEDV 与变量 LSTAT (-0.74)之间的相关性最大。然而，可能你还记得在检查散点图矩阵时，我们曾经发现 LSTAT 和 MEDV 之间存在着明显的非线性关系。另一方面，RM 和 MEDV 之间的相关性相对来说也比较高(0.70)。因为从散点图观察到两个变量之间存在着线性关系，RM 似乎是下面要介绍的简单线性回归模型中探索变量的合适选择。

10.3 普通最小二乘线性回归模型的实现

在本章的开头部分，我们提到过可以把线性回归理解为通过训练数据的样本点获得最佳拟合直线。然而，我们既没有定义最佳拟合(best-fitting)，也没有讨论过拟合模型的不同技术。下面的小节，我们将用**普通最小二乘**(OLS)法(有时也称为**线性最小二乘**)来填补缺失的部分并估计线性回归的参数，从而使样本点与线的垂直距离(残差或误差)之平方和最小。

10.3.1 用梯度下降方法求解回归参数

还记得人工神经元采用线性激活函数吗？在第 2 章中，我们实现了**自适应线性神经元**(Adaline)。同时，我们还定义了代价函数 $J(\boldsymbol{w})$，并通过优化算法来最小化代价函数的学习权重，这些算法包括**梯度下降**(GD)和**随机梯度下降**(SGD)。Adaline 的代价函数是**误差平方和**(SSE)，它与 OLS 所用的代价函数相同。

$$J(\boldsymbol{w})=\frac{1}{2}\sum_{i=1}^{n}(y^{(i)}-\hat{y}^{(i)})^2$$

这里，$\hat{y}$为预测值$\hat{y}=\boldsymbol{w}^{\mathrm{T}}\boldsymbol{x}$(注意$\frac{1}{2}$只是为了方便推导 GD 的更新规则)。OLS 回归基本上可以理解为没有单位阶跃函数的 Adaline，这样我们就可以得到连续的目标值，而不是分类标签-1 和 1。为了证明这一点，以第 2 章中的 Adaline GD 实现为基础，去除单位阶跃函数来实现第一个线性回归模型：

```
class LinearRegressionGD(object):

    def __init__(self, eta=0.001, n_iter=20):
        self.eta = eta
        self.n_iter = n_iter

    def fit(self, X, y):
        self.w_ = np.zeros(1 + X.shape[1])
        self.cost_ = []

        for i in range(self.n_iter):
            output = self.net_input(X)
            errors = (y - output)
            self.w_[1:] += self.eta * X.T.dot(errors)
            self.w_[0] += self.eta * errors.sum()
            cost = (errors**2).sum() / 2.0
            self.cost_.append(cost)
        return self

    def net_input(self, X):
        return np.dot(X, self.w_[1:]) + self.w_[0]

    def predict(self, X):
        return self.net_input(X)
```

用梯度下降更新权重

如果需要了解如何更新权重，可以沿梯度的方向后退一步，请回顾 2.3 节。

为了观察 LinearRegressionGD 回归器的具体实现，我们用住房数据的 RM（房间数）变量作为解释变量，训练可以预测 MEDV（房价）的模型。此外通过标准化变量以确保 GD 算法具有更好的收敛性。示例代码如下：

```
>>> X = df[['RM']].values
>>> y = df['MEDV'].values
>>> from sklearn.preprocessing import StandardScaler
>>> sc_x = StandardScaler()
>>> sc_y = StandardScaler()
>>> X_std = sc_x.fit_transform(X)
>>> y_std = sc_y.fit_transform(y[:, np.newaxis]).flatten()
>>> lr = LinearRegressionGD()
>>> lr.fit(X_std, y_std)
```

你可能已经注意到有关用 np.newaxis 和 flatten 变通 y_std 的方法。scikit-learn 的大多数转换器期望数据存储在二维数组中。前面的代码示例用 y[:, np.newaxis] 为数组添加了一个新维度。然后，StandardScaler 返回缩放后的变量，为了方便用 flatten() 方法将其转换回原来的一维数组。

在第 2 章中，我们曾经讨论过将代价作为训练数据集上迭代次数的函数，用诸如梯度下降这样的优化算法来检查是否收敛到了最低代价（这里指的是全局性最小代价值），以此为基础绘制代价图确实是个不错的主意：

```
>>> plt.plot(range(1, lr.n_iter+1), lr.cost_)
>>> plt.ylabel('SSE')
>>> plt.xlabel('Epoch')
>>> plt.show()
```

正如图 10-5 所示，GD 算法在第五次迭代后开始收敛。

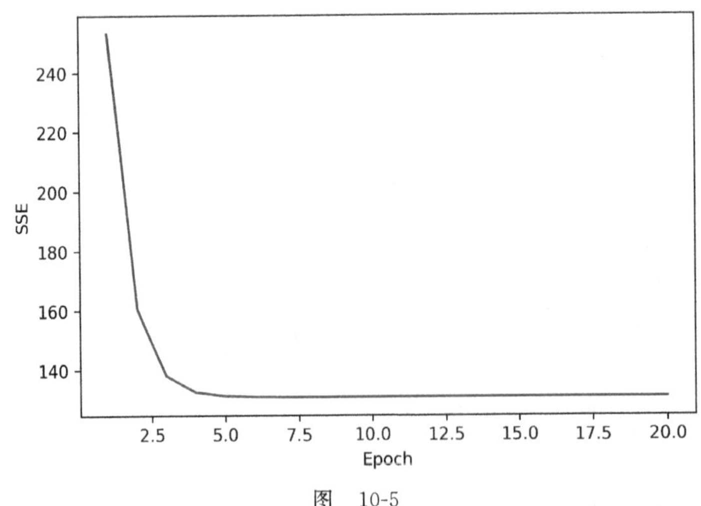

图　10-5

接着，我们通过可视化手段，观察线性回归与训练数据的拟合程度。为此，我们定义简单的辅助函数来绘制训练样本的散点图并添加回归线：

```
>>> def lin_regplot(X, y, model):
...     plt.scatter(X, y, c='steelblue', edgecolor='white', s=70)
...     plt.plot(X, model.predict(X), color='black', lw=2)
...     return None
```

现在，我们用 lin_regplot 函数来绘制房间数目与房价之间的关系图：

```
>>> lin_regplot(X_std, y_std, lr)
>>> plt.xlabel('Average number of rooms [RM] (standardized)')
>>> plt.ylabel('Price in $1000s [MEDV] (standardized)')
>>> plt.show()
```

如图 10-6 所示，线性回归反映了房价随房间数目增加的基本趋势。

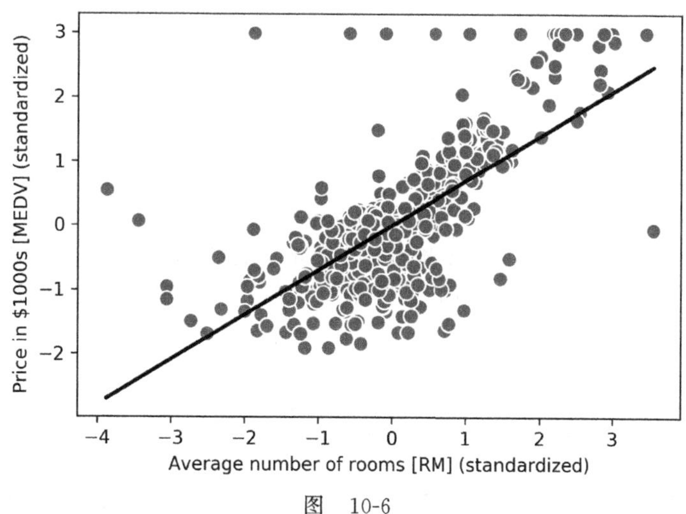

图　10-6

虽然该观察结果很自然，但是数据也告诉我们，在许多情况下，房间数目并不能很好地解释房价。本章后面将讨论如何量化回归模型的性能。有趣的是观察到在 $y=3$ 的时候有几个数据点形成了一个横排，这表明价格对房间数目可能已经不再敏感。在某些应用中，将预测结果变量以原始缩放进行报告也很重要。我们可以直接调用 StandardScaler 的 inverse_transform 方法，把我们对价格预测的结果恢复到以 Price in $ 1000s 坐标轴上：

```
>>> num_rooms_std = sc_x.transform(np.array([[5.0]]))
>>> price_std = lr.predict(num_rooms_std)
>>> print("Price in $1000s: %.3f" % \
...       sc_y.inverse_transform(price_std))
Price in $1000s: 10.840
```

这个示例代码用我们以前训练过的线性回归模型来预测有五个房间的房屋的价格。根据模型计算，这样的房屋的价值为 10 840 美元。

另一方面，值得一提的是如果我们处理标准化变量，从技术角度来说，并不需要更新截距的权重，因为在这种情况下，y 轴的截距总是 0。因此可以通过显示权重来快速确认：

```
>>> print('Slope: %.3f' % lr.w_[1])
Slope: 0.695
>>> print('Intercept: %.3f' % lr.w_[0])
Intercept: -0.000
```

10.3.2　通过 scikit-learn 估计回归模型的系数

上一节，我们实现了一个可用的回归分析模型；然而，在实际应用中，我们可能对所实现模型的高效性更感兴趣。例如，许多用于回归的 scikit-learn 估计器都采用 SciPy(scipy.linalg.lstsq)中的最小二乘法来实现，而后者又采用在线性代数包(LAPACK)的基础上高度优化过的代码进行优化。scikit-learn 中所实现的线性回归也可以(更好)用于未标准化的变量，因为它不采用基于(S)GD 的优化，因此我们可以跳过标准化的步骤：

```
>>> from sklearn.linear_model import LinearRegression
>>> slr = LinearRegression()
>>> slr.fit(X, y)
>>> y_pred = slr.predict(X)
>>> print('Slope: %.3f' % slr.coef_[0])
Slope: 9.102
>>> print('Intercept: %.3f' % slr.intercept_)
Intercept: -34.671
```

执行该代码后可以看到，由于函数尚未标准化，因此 scikit-learn 的 LinearRegression 模型(使用未标准化的 RM 和 MEDV 变量进行筛选)产生了不同的模型系数。但是，当我们通过绘制 MEDV 与 RM 的关系图来将其与 GD 实现进行比较时，可以定性地看到它也能很好地拟合数据：

```
>>> lin_regplot(X, y, slr)
>>> plt.xlabel('Average number of rooms [RM]')
>>> plt.ylabel('Price in $1000s [MEDV]')
>>> plt.show()
```

执行这些代码绘制训练数据和拟合模型，从图 10-7 可以看到预测结果在总体上与前面所实现的 GD 一致。

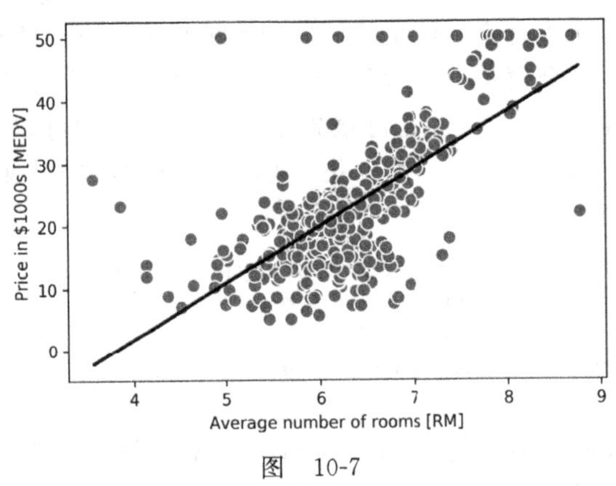

图 10-7

线性回归的分析解

除机器学习库外，另一个选择是用封闭形态的 OLS 解决方案，这涉及线性方程组，可以从大多数入门级统计教科书中找到相应的介绍：

$$\boldsymbol{w}=(\boldsymbol{X}^{\mathrm{T}}\boldsymbol{X})^{-1}\boldsymbol{X}^{\mathrm{T}}\boldsymbol{y}$$

用 Python 实现如下：

```
# adding a column vector of "ones"
>>> Xb = np.hstack((np.ones((X.shape[0], 1)), X))
>>> w = np.zeros(X.shape[1])
>>> z = np.linalg.inv(np.dot(Xb.T, Xb))
```

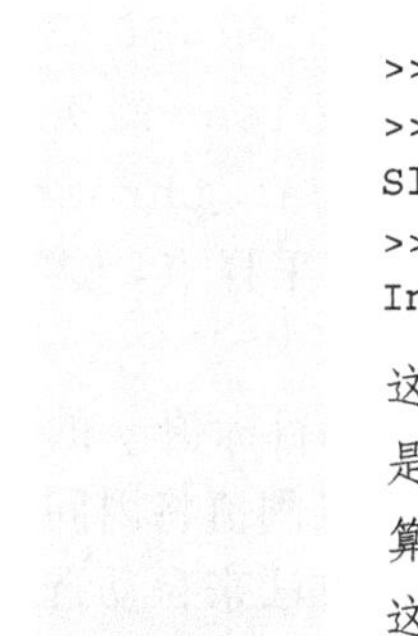

```
>>> w = np.dot(z, np.dot(Xb.T, y))
>>> print('Slope: %.3f' % w[1])
Slope: 9.102
>>> print('Intercept: %.3f' % w[0])
Intercept: -34.671
```

这种方法的优点是保证能通过分析找到最优解。但是，如果我们面对的是非常大的数据集，那么在该公式中矩阵求逆(有时也称为**正规方程**)计算可能就非常昂贵，包含训练样本的矩阵有可能成为奇异矩阵(不可逆)，这就是在某些情况下我们可能更喜欢迭代的原因。

如果你有兴趣更深入地了解如何获取正规方程，请查看 Stephen Pollock 博士在莱斯特大学讲义中的章节(*"The Classical Linear Regression Model"*，该讲义可从以下网址免费获得：http://www.le.ac.uk/users/dsgp1/COURSES/MESOMET/ECMETXT/06mesmet.pdf。

另外，如果要比较通过 GD、SGD、闭式解、QR 因式分解和奇异向量分解获得的线性回归解，我们可以用 MLxtend 中的 `LinearRegression` 类(http://rasbt.github.io/mlxtend/user_guide/regressor/LinearRegression/)，它允许用户有不同的选项。我们推荐另一个很棒的回归建模软件——Python 库 Statsmodels，它实现了更高级的线性回归模型，参见 https://www.statsmodels.org/stable/examples/index.html#regression。

10.4 利用 RANSAC 拟合鲁棒回归模型

线性回归模型可能会受到异常值的严重影响。在某些情况下，一小部分数据可能会对估计的模型系数有很大的影响。有许多统计检验可以用来检测异常值，这超出了本书的范围。然而，去除异常值需要数据科学家的判断以及相关领域知识。

除了淘汰异常值之外，我们还有一种鲁棒回归方法，即**随机抽样一致性**(RANdom SAmple Consensus，RANSAC)算法，根据数据子集(所谓的**内点**，inlier)来拟合回归模型。

总结迭代 RANSAC 算法如下：

1) 随机选择一定数量的样本作为内点来拟合模型。

2) 用模型测试所有其他的数据点，把落在用户给定公差范围内的点放入内点集。

3) 用内点重新拟合模型。

4) 估计模型预测结果与内点集相比较的误差。

5) 如果性能达到用户定义的阈值或指定的迭代数则终止算法；否则返回到步骤 1。

现在用 scikit-learn 的 `RANSACRegressor` 类实现基于 RANSAC 算法的线性模型：

```
>>> from sklearn.linear_model import RANSACRegressor
>>> ransac = RANSACRegressor(LinearRegression(),
...                          max_trials=100,
...                          min_samples=50,
...                          loss='absolute_loss',
...                          residual_threshold=5.0,
...                          random_state=0)
>>> ransac.fit(X, y)
```

我们设置 `RANSACRegressor` 的最大迭代次数为100，用 `min_samples=50` 设置随机选择的最小样本数量为50。我们用 `'absolute_loss'` 作为形式参数 `loss` 的实际参数，该算法计算拟合线和采样点之间的绝对垂直距离。通过将 `residual_threshold` 参数设置为5.0，使内点集仅包括与拟合线垂直距离在5个单位以内的采样点，这对特定数据集的效果很好。

在默认情况下，scikit-learn用MAD估计内点选择的阈值，MAD是目标值 y 的**中位数绝对偏差**（Median Absolute Deviation）的缩写。然而，选择适当的内点阈值将因问题而异，这是RANSAC的不利之处。最近几年，我们研究了许多种不同的方法来自动选择适宜的内点阈值。更详细的讨论见 *Automatic Estimation of the Inlier Threshold in Robust Multiple Structures Fitting*, *R. Toldo*, *A. Fusiello's*, *Springer*, *2009* (in *Image Analysis and Processing-ICIAP* 2009, pages: 123-131)。

在拟合RANSAC模型之后，我们可以根据用RANSAC算法拟合的线性回归模型获得内点和异常值，并且把这些点与线性拟合的情况绘制成图：

```
>>> inlier_mask = ransac.inlier_mask_
>>> outlier_mask = np.logical_not(inlier_mask)
>>> line_X = np.arange(3, 10, 1)
>>> line_y_ransac = ransac.predict(line_X[:, np.newaxis])
>>> plt.scatter(X[inlier_mask], y[inlier_mask],
...             c='steelblue', edgecolor='white',
...             marker='o', label='Inliers')
>>> plt.scatter(X[outlier_mask], y[outlier_mask],
...             c='limegreen', edgecolor='white',
...             marker='s', label='Outliers')
>>> plt.plot(line_X, line_y_ransac, color='black', lw=2)
>>> plt.xlabel('Average number of rooms [RM]')
>>> plt.ylabel('Price in $1000s [MEDV]')
>>> plt.legend(loc='upper left')
>>> plt.show()
```

从图10-8的散点图中，我们可以看到线性回归模型是通过检测出的内点集合（以圆形表示）拟合得到的。

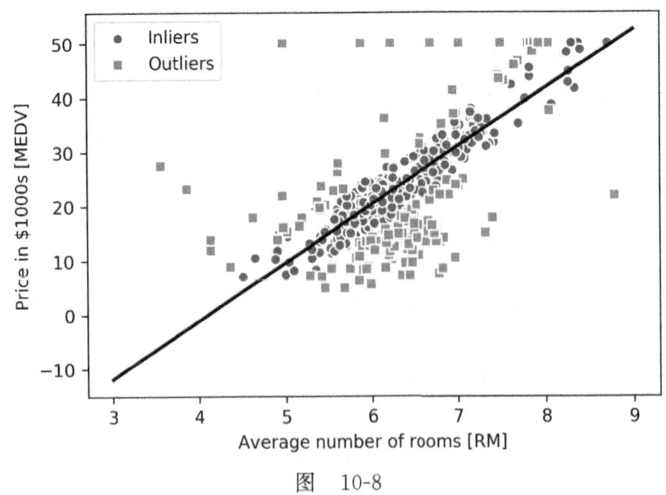

图 10-8

执行下面的代码，在利用模型计算出斜率和截距之后，我们可以看到线性回归拟合的线与前一节未用 RANSAC 拟合的结果有些不同：

```
>>> print('Slope: %.3f' % ransac.estimator_.coef_[0])
Slope: 10.735
>>> print('Intercept: %.3f' % ransac.estimator_.intercept_)
Intercept: -44.089
```

RANSAC 降低了数据集中异常值的潜在影响，但是，我们并不知道这种方法对未见过数据的预测性能是否有良性影响。因此，我们将在下一节研究评估回归模型的不同方法，这是建立预测模型系统的关键。

10.5　评估线性回归模型的性能

在前一节，我们学习了如何在训练数据上拟合回归模型。然而，我们在前几章中了解到，用训练期间从未见过的数据对模型进行测试，可以获得对性能的无偏估计，这非常重要。

还记得在第 6 章中，我们把数据集分成单独的训练数据集和测试数据集，我们用前者拟合模型，用后者来评估当模型推广到从未见过的新数据时的泛化性能。我们不再使用简单回归模型，而是用数据集中的所有变量来训练多元回归模型：

```
>>> from sklearn.model_selection import train_test_split
>>> X = df.iloc[:, :-1].values
>>> y = df['MEDV'].values
>>> X_train, X_test, y_train, y_test = train_test_split(
...       X, y, test_size=0.3, random_state=0)
>>> slr = LinearRegression()
>>> slr.fit(X_train, y_train)
>>> y_train_pred = slr.predict(X_train)
>>> y_test_pred = slr.predict(X_test)
```

由于模型使用了多个解释变量，因此我们无法在二维图中可视化线性回归线(或者更准确地说是超平面)，但是可以通过绘制残差(实际值和预测值之间的差异或垂直距离)与预测值来判断回归模型。**残差图**是判断回归模型常用的图形工具。这有助于检测非线性和异常值，并检查这些误差是否呈随机分布。

执行下面的代码，我们可以绘制出残差图，这里的残差为预测值直接减去真实目标变量：

```
>>> plt.scatter(y_train_pred, y_train_pred - y_train,
...             c='steelblue', marker='o', edgecolor='white',
...             label='Training data')
>>> plt.scatter(y_test_pred, y_test_pred - y_test,
...             c='limegreen', marker='s', edgecolor='white',
...             label='Test data')
>>> plt.xlabel('Predicted values')
>>> plt.ylabel('Residuals')
>>> plt.legend(loc='upper left')
>>> plt.hlines(y=0, xmin=-10, xmax=50, color='black', lw=2)
>>> plt.xlim([-10, 50])
>>> plt.show()
```

在执行代码后，我们将会看到残差图中有一条线通过 x 轴原点，如图 10-9 所示。

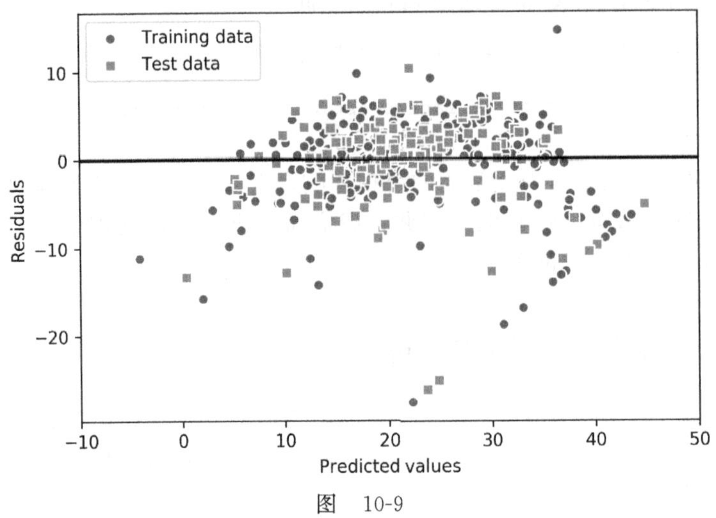

图　10-9

在完美预测的情况下，残差刚好为零，这是在现实和实际应用中可能永远都不会遇到的。然而，我们期望好的回归模型的误差呈随机分布，残差应该随机分布在中心线附近。如果从残差图中看到模式存在，就意味着模型无法捕捉到一些解释性信息，这些信息已经泄露到了残差中，如前面的残差图所示。此外，我们还可以用残差图来检测异常值点，这些异常值点由图中与中心线存在很大偏差的那些点来表示。

另一个有用的模型性能定量度量是所谓的**均方误差**(MSE)，它仅仅是为了拟合线性回归模型而将 SSE 代价平均值最小化的结果。MSE 对比较不同的回归模型或通过网格搜索和交叉验证调整其参数很有用，因为我们通过样本规模归一化 SSE。

$$\mathrm{MSE}=\frac{1}{n}\sum_{i=1}^{n}\left(y^{(i)}-\hat{y}^{(i)}\right)^2$$

下面的代码将计算根据训练数据集和测试数据集进行预测的 MSE：

```
>>> from sklearn.metrics import mean_squared_error
>>> print('MSE train: %.3f, test: %.3f' % (
...         mean_squared_error(y_train, y_train_pred),
...         mean_squared_error(y_test, y_test_pred)))
MSE train: 19.958, test: 27.196
```

可以看到训练数据集的 MSE 为 19.96，而测试数据集的 MSE 为 27.20，测试数据集的 MSE 比较大，这是模型过拟合训练数据的标志。但是，请注意，例如，与分类准确率相比，MSE 不受限制。换句话说，对 MSE 的解释取决于数据集和特征缩放。例如，如果以 1000(用 K 表示)为单位计算房价，与未使用特征缩放的模型相比，该模型所产生的 MSE 较低，为了进一步说明这一点，$(10\text{K 美元}-15\text{K 美元})^2<(10\,000\text{ 美元}-15\,000\text{ 美元})$。

有时候，报告**决定系数**(R^2)可能更为有用，我们可以把这理解为 MSE 的标准版，其目的是为更好地解释模型的性能。换句话说，R^2 是模型捕获到的响应方差函数的一部分。我们定义 R^2 值如下：

$$R^2=1-\frac{\mathrm{SSE}}{\mathrm{SST}}$$

这里，SSE 是平方误差之和，而 SST 是平方和之总和：

$$\mathrm{SST}=\sum_{i=1}^{n}\left(y^{(i)}-\mu_y\right)^2$$

换句话说，SST 只是反应的方差。下面将很快证明 R^2 的确只是修正版的 MSE：

$$R^2=1-\frac{\text{SSE}}{\text{SST}}=\frac{\frac{1}{n}\sum_{i=1}^{n}(y^{(i)}-\hat{y}^{(i)})^2}{\frac{1}{n}\sum_{i=1}^{n}(y^{(i)}-\mu_y)^2}=1-\frac{\text{MSE}}{\text{Var}(y)}$$

对于训练数据集，R^2 的取值范围在 0 到 1 之间，但是它也可以是负值。如果 $R^2=1$，当相应的 MSE=0 时，模型可以完美地拟合数据。

在训练数据集上进行评估，我们获得模型的 R^2 为 0.765，这听起来并不太坏。但是，在测试数据集上进行评估，我们所获得的 R^2 只有 0.673，可以通过执行下面的代码来计算：

```
>>> from sklearn.metrics import r2_score
>>> print('R^2 train: %.3f, test: %.3f' %
...       (r2_score(y_train, y_train_pred),
...        r2_score(y_test, y_test_pred)))
R^2 train: 0.765, test: 0.673
```

10.6　用正则化方法进行回归

正如我们在第 3 章所讨论的那样，正则化是通过添加额外信息解决过拟合问题的一种方法，而缩小模型参数值却引来复杂性的惩罚。正则线性回归最常用的方法包括所谓的**岭回归**、**最小绝对收缩与选择算子**(LASSO)以及弹性网络(Elastic Net)。

岭回归是一个 L2 惩罚模型，我们只需要把加权平方添加到最小二乘代价函数：

$$J(\boldsymbol{w})_{\text{Ridge}}=\sum_{i=1}^{n}(y^{(i)}-\hat{y}^{(i)})^2+\lambda\|\boldsymbol{w}\|_2^2$$

这里：

$$\text{L2}：\lambda\|\boldsymbol{w}\|_2^2=\lambda\sum_{j=1}^{m}w_j^2$$

通过加大超参数 λ 的值，增加正则化的强度，同时收缩模型的权重。注意，不要正则化截距项 w_0。另一种可能导致稀疏模型的方法是 LASSO。取决于正则化的强度，某些权重可能成为零，这也使 LASSO 成为监督特征选择的有用技术：

$$J(\boldsymbol{w})_{\text{LASSO}}=\sum_{i=1}^{n}(y^{(i)}-\hat{y}^{(i)})^2+\lambda\|\boldsymbol{w}\|_1$$

这里，对 LASSO 的 L1 惩罚定义为模型权重的绝对值之和，如下所示：

$$\text{L1}：\lambda\|\boldsymbol{w}\|_1=\lambda\sum_{j=1}^{m}|w_j|$$

但是，LASSO 的局限性在于，如果 $m>n$，则最多可以选择 n 个特征，其中 n 为训练样本的数量。这在特征选择的某些应用中可能是不希望的。但是，LASSO 的这种属性实际上是一个优势，因为它避免了模型饱和。如果训练样本的数量与特征的数量相同，就会出现模型饱和问题，这是过参数化的一种现象。因此，虽然饱和模型总能完美地拟合训练数据，但是这仅仅是插值的一种形式，无法泛化。

弹性网络是在岭回归和 LASSO 之间的折中，它以 L1 惩罚产生稀疏性，以 L2 惩罚用于选择 n 个以上的特征，条件是 $m>n$：

$$J(\boldsymbol{w})_{\text{ElasticNet}}=\sum_{i=1}^{n}(y^{(i)}-\hat{y}^{(i)})^2+\lambda_1\sum_{j=1}^{m}w_j^2+\lambda_2\sum_{j-1}^{m}|w_j|$$

我们可以通过 scikit-learn 获得所有那些正则化回归模型，具体用法与普通回归模型类似，除了必须通过参数 λ 指定正则化强度之外，例如通过 k 折交叉验证优化。我们可以通过下述代码初始化岭回归模型：

```
>>> from sklearn.linear_model import Ridge
>>> ridge = Ridge(alpha=1.0)
```

需要注意的是正则化强度依靠参数 `alpha` 的调节，这类似于参数 λ。同样可以从 `linear_model` 模块初始化 LASSO 回归：

```
>>> from sklearn.linear_model import Lasso
>>> lasso = Lasso(alpha=1.0)
```

最后，实现 `ElasticNet` 能够调整 L1 与 L2 的比例：

```
>>> from sklearn.linear_model import ElasticNet
>>> elanet = ElasticNet(alpha=1.0, l1_ratio=0.5)
```

例如，如果我们把 `l1_ratio` 设置为 1.0，那么 `ElasticNet` 回归等同于 LASSO 回归。有关线性回归不同实现的详细信息，请参阅 http://scikit-learn.org/stable/modules/linear_model.html。

10.7　将线性回归模型转换为曲线——多项式回归

我们在前面假设解释变量和响应变量之间存在着线性关系。一种有效解决违背线性假设的方法是，通过增加多项式项利用多项式回归模型：

$$y=w_0+w_1x+w_2x^2+\cdots+w_dx^d$$

这里 d 为多项式的次数。虽然可以用多项式回归来模拟非线性关系，但是因为存在线性回归系数 $\boldsymbol{w}$，它仍然被认为是多元线性回归模型。从下面的小节，我们将看到如何更方便地在现有数据集上，通过增加多项式项来拟合多项式回归模型。

10.7.1　用 scikit-learn 增加多项式项

现在，我们开始学习如何用 scikit-learn 的 `PolynomialFeatures` 转换类在只含一个解释变量的简单回归问题中增加二次项（$d=2$）。然后根据下面的步骤来比较多项式拟合与线性拟合：

1）增加一个二次多项式项：

```
>>> from sklearn.preprocessing import PolynomialFeatures
>>> X = np.array([ 258.0, 270.0, 294.0, 320.0, 342.0,
...                368.0, 396.0, 446.0, 480.0, 586.0])\
...               [:, np.newaxis]
>>> y = np.array([ 236.4, 234.4, 252.8, 298.6, 314.2,
...                342.2, 360.8, 368.0, 391.2, 390.8])
>>> lr = LinearRegression()
>>> pr = LinearRegression()
>>> quadratic = PolynomialFeatures(degree=2)
>>> X_quad = quadratic.fit_transform(X)
```

2）为了比较，拟合一个简单线性回归模型：

```
>>> lr.fit(X, y)
>>> X_fit = np.arange(250, 600, 10)[:, np.newaxis]
>>> y_lin_fit = lr.predict(X_fit)
```

3）用转换后的特征针对多项式回归拟合一个多元回归模型：

```
>>> pr.fit(X_quad, y)
>>> y_quad_fit = pr.predict(quadratic.fit_transform(X_fit))
```

4）绘制出结果：

```
>>> plt.scatter(X, y, label='Training points')
>>> plt.plot(X_fit, y_lin_fit,
...          label='Linear fit', linestyle='--')
>>> plt.plot(X_fit, y_quad_fit,
...          label='Quadratic fit')
>>> plt.xlabel('Explanatory variable')
>>> plt.ylabel('Predicted or known target values')
>>> plt.legend(loc='upper left')
>>> plt.tight_layout()
>>> plt.show()
```

在图 10-10 中可以看到，多项式拟合比线性拟合能更好地反映响应变量和解释变量之间的关系。

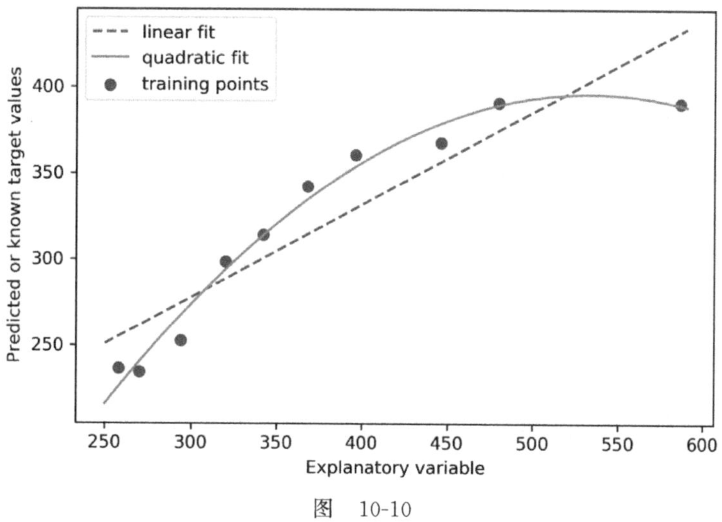

图　10-10

接着，我们将计算 MSE 和 R^2 评估指标：

```
>>> y_lin_pred = lr.predict(X)
>>> y_quad_pred = pr.predict(X_quad)
>>> print('Training MSE linear: %.3f, quadratic: %.3f' % (
...        mean_squared_error(y, y_lin_pred),
...        mean_squared_error(y, y_quad_pred)))
Training MSE linear: 569.780, quadratic: 61.330
>>> print('Training R^2 linear: %.3f, quadratic: %.3f' % (
...        r2_score(y, y_lin_pred),
...        r2_score(y, y_quad_pred)))
Training R^2 linear: 0.832, quadratic: 0.982
```

执行代码后，我们可以看到 MSE 从 570（线性拟合）下降到 61（二次项拟合）；同时，对这个特定问题，决定系数反映出二次项模型拟合（$R^2=0.982$）比线性拟合（$R^2=0.832$）更加合适。

10.7.2 为住房数据集中的非线性关系建模

学习了如何构建多项式特征以拟合非线性关系后，现在我们可以通过一个更具体的例子，将这些概念应用于住房数据集。通过执行下面的代码，将用二次和三次多项式构建房价和 LSTAT(弱势群体人口的百分比)之间关系的模型，并与线性拟合进行比较：

```
>>> X = df[['LSTAT']].values
>>> y = df['MEDV'].values

>>> regr = LinearRegression()

# create quadratic features
>>> quadratic = PolynomialFeatures(degree=2)
>>> cubic = PolynomialFeatures(degree=3)
>>> X_quad = quadratic.fit_transform(X)
>>> X_cubic = cubic.fit_transform(X)

# fit features
>>> X_fit = np.arange(X.min(), X.max(), 1)[:, np.newaxis]

>>> regr = regr.fit(X, y)
>>> y_lin_fit = regr.predict(X_fit)
>>> linear_r2 = r2_score(y, regr.predict(X))

>>> regr = regr.fit(X_quad, y)
>>> y_quad_fit = regr.predict(quadratic.fit_transform(X_fit))
>>> quadratic_r2 = r2_score(y, regr.predict(X_quad))

>>> regr = regr.fit(X_cubic, y)
>>> y_cubic_fit = regr.predict(cubic.fit_transform(X_fit))
>>> cubic_r2 = r2_score(y, regr.predict(X_cubic))

# plot results
>>> plt.scatter(X, y, label='Training points', color='lightgray')
>>> plt.plot(X_fit, y_lin_fit,
...          label='Linear (d=1), $R^2=%.2f$' % linear_r2,
...          color='blue',
...          lw=2,
...          linestyle=':')

>>> plt.plot(X_fit, y_quad_fit,
...          label='Quadratic (d=2), $R^2=%.2f$' % quadratic_r2,
...          color='red',
...          lw=2,
...          linestyle='-')

>>> plt.plot(X_fit, y_cubic_fit,
...          label='Cubic (d=3), $R^2=%.2f$' % cubic_r2,
...          color='green',
...          lw=2,
...          linestyle='--')

>>> plt.xlabel('% lower status of the population [LSTAT]')
>>> plt.ylabel('Price in $1000s [MEDV]')
>>> plt.legend(loc='upper right')
>>> plt.show()
```

结果如图 10-11 所示。

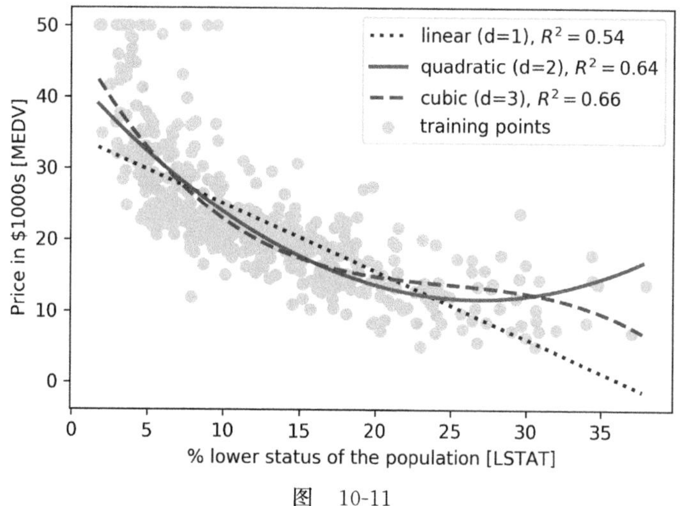

图 10-11

我们可以看到，三次拟合捕捉房价与 LSTAT 之间的关系优于线性拟合和二次拟合。然而应该意识到，增加越来越多的多项式特征也提高了模型的复杂性，因此增加了过拟合的机会。因此，我们在实践中总是建议在单独的测试数据集上评估模型的泛化性能。

此外，多项式特征对非线性关系建模并非总是最佳的选择。例如，如果我们有一些经验或直觉，只是看看 MEDV-LSTAT 的散点图就可能会得出这样的假设，LSTAT 特征变量的对数变换和 MEDV 的平方根可能把数据投影到适合线性回归拟合的线性特征空间。例如，我认为这两个变量之间的关系看起来与指数函数相似：

$$f(x)=\mathrm{e}^{-x}$$

由于指数函数的自然对数是一条直线，因此我认为这种对数变换用在这里应该很有效：

$$\log(f(x))=-x$$

让我们通过执行下面的代码来检验这个假设：

```
>>> # transform features
>>> X_log = np.log(X)
>>> y_sqrt = np.sqrt(y)
>>>
>>> # fit features
>>> X_fit = np.arange(X_log.min()-1,
...                   X_log.max()+1, 1)[:, np.newaxis]
>>> regr = regr.fit(X_log, y_sqrt)
>>> y_lin_fit = regr.predict(X_fit)
>>> linear_r2 = r2_score(y_sqrt, regr.predict(X_log))

>>> # plot results
>>> plt.scatter(X_log, y_sqrt,
...             label='Training points',
...             color='lightgray')
>>> plt.plot(X_fit, y_lin_fit,
...          label='Linear (d=1), $R^2=%.2f$' % linear_r2,
...          color='blue',
...          lw=2)
>>> plt.xlabel('log(% lower status of the population [LSTAT])')
>>> plt.ylabel('$\sqrt{Price \; in \; \$1000s \; [MEDV]}$')
```

```
>>> plt.legend(loc='lower left')
>>> plt.tight_layout()
>>> plt.show()
```

在将解释变量转换到对数空间并把目标变量取平方根之后，我们就能用线性回归捕捉两个变量之间的关系。这似乎比以前任何多项式特征变换都能更好地拟合数据变量（$R^2=0.69$），如图 10-12 所示。

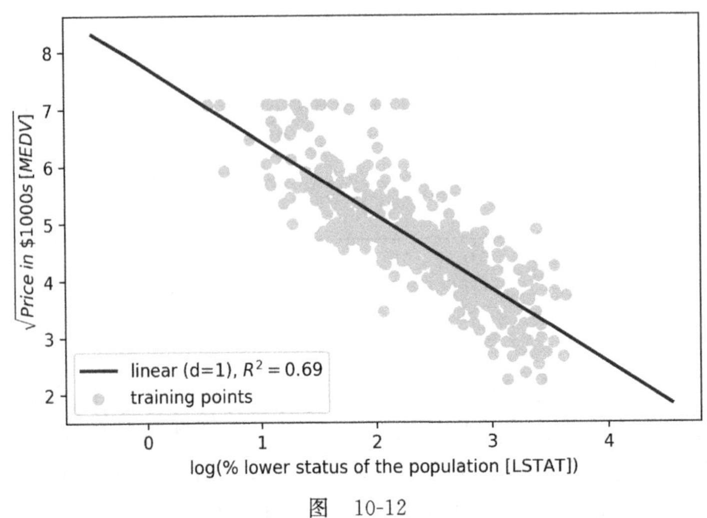

图 10-12

10.8 用随机森林处理非线性关系

本节将讨论**随机森林**回归，它与本章以前的回归模型在概念上有所不同。随机森林是多棵**决策树**的组合，可以理解为分段线性函数之和，与以前讨论过的全局性线性和多项式回归模型相反。换句话说，通过决策树算法，我们可以进一步将输入空间细分为更小的区域，这些区域也因此变得更易于管理。

10.8.1 决策树回归

决策树算法的一个优点是，如果处理非线性数据，它不需要对特征进行任何转换。因为决策树一次只分析一个特征，而不是考虑加权组合。（同样，决策树也不需要归一化或标准化函数）。还记得在第 3 章中，我们通过迭代分裂节点，直到叶子是纯的，或者满足停止分裂的标准为止，以培养一棵决策树。当用决策树进行分类时，定义熵作为杂质的指标以确定采用哪个特征分裂可以最大化**信息增益**（Information Gain，IG），二进制分裂可以定义为：

$$IG(D_p, x_i)=I(D_p)-\frac{N_{left}}{N_p}I(D_{left})-\frac{N_{right}}{N_p}I(D_{right})$$

这里 x_i 是要分裂的样本特征，N_p 为父节点的样本数，I 为杂质函数，D_p 是父节点训练样本子集。D_{left} 和 D_{right} 为分裂后左右两个子节点的训练样本集。记住，目标是要找到可以最大化信息增益的特征分裂，换句话说，希望找到可以减少子节点中杂质的分裂特征。在第 3 章中，我们讨论过基尼杂质和度量杂质的熵，这两个都是有用的分类标准。然而，为了把回归决策树用于回归，我们需要一个适合连续变量的杂质指标，所以，作为替换，

我们把节点 t 的杂质指标定义为 MSE：

$$I(t)=\mathrm{MSE}(t)=\frac{1}{N_t}\sum_{i\in D_t}(y^{(i)}-\hat{y}_t)^2$$

这里 N_t 为节点 t 的训练样本数，D_t 为节点 t 的训练数据子集。$y^{(i)}$ 为真实的目标值，$\hat{y}_t$ 为预测的目标值(样本均值)：

$$\hat{y}_t=\frac{1}{N_t}\sum_{i\in D_t}y^{(i)}$$

在决策树回归的背景下，通常我们也把 MSE 称为**节点方差**(within-node variance)，这就是我们也把分裂标准称为**方差缩减**(variance reduction)的原因。用 scikit-learn 实现的 `DecisionTreeRegressor` 为变量 `MEDV` 和 `LSTAT` 之间的非线性关系建立模型，我们看下决策树线拟合的情况：

```
>>> from sklearn.tree import DecisionTreeRegressor
>>> X = df[['LSTAT']].values
>>> y = df['MEDV'].values
>>> tree = DecisionTreeRegressor(max_depth=3)
>>> tree.fit(X, y)
>>> sort_idx = X.flatten().argsort()
>>> lin_regplot(X[sort_idx], y[sort_idx], tree)
>>> plt.xlabel('% lower status of the population [LSTAT]')
>>> plt.ylabel('Price in $1000s [MEDV]')
>>> plt.show()
```

正如我们在图 10-13 中所看到的那样，决策树捕获了数据中的基本趋势。然而，这种模式的一个局限性在于它并不捕获所需预测的连续性和可微性。此外，在选择树的适当深度值时要小心，既要确保不过拟合也要避免欠拟合。这里深度为 3 似乎是个不错的选择。

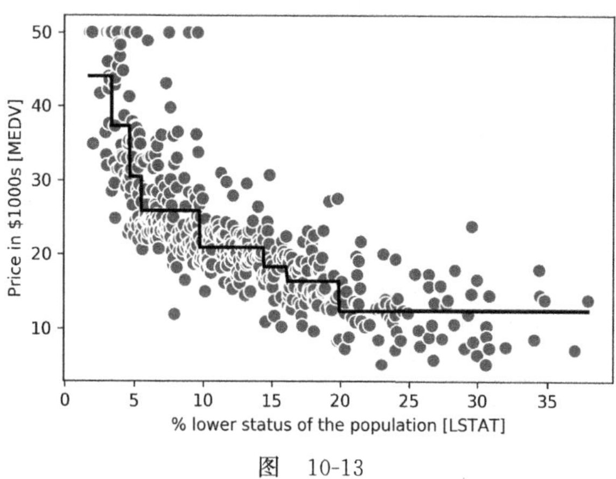

图　10-13

下一节将研究一种鲁棒的回归树拟合方法：随机森林。

10.8.2　随机森林回归

正如我们在第 3 章中学到的，随机森林算法是一种组合了多棵决策树的技术。由于随机性，随机森林通常比单决策树具有更好的泛化性能，这有助于减少模型的方差。随机森林的其他优点还包括它对数据集中的异常值不敏感，而且也不需要太多的参数优化。

随机森林中通常唯一需要试验的参数是集成中决策树的棵数。基本的回归随机森林算法，与我们在第 3 章中讨论过的随机森林分类算法几乎相同，唯一不同的是用 MSE 准则来培育每棵决策树，并用决策树的平均预测值来计算预测的目标变量。

现在，让我们用住房数据集中的所有特征来拟合随机森林回归模型，采用其中 60%的样本做拟合，其余 40%的样本做性能评估。示例代码如下：

```
>>> X = df.iloc[:, :-1].values
>>> y = df['MEDV'].values
>>> X_train, X_test, y_train, y_test =\
...     train_test_split(X, y,
...                      test_size=0.4,
...                      random_state=1)
>>>
>>> from sklearn.ensemble import RandomForestRegressor
>>> forest = RandomForestRegressor(n_estimators=1000,
...                                criterion='mse',
...                                random_state=1,
...                                n_jobs=-1)
>>> forest.fit(X_train, y_train)
>>> y_train_pred = forest.predict(X_train)
>>> y_test_pred = forest.predict(X_test)
>>> print('MSE train: %.3f, test: %.3f' % (
...       mean_squared_error(y_train, y_train_pred),
...       mean_squared_error(y_test, y_test_pred)))
MSE train: 1.642, test: 11.052
>>> print('R^2 train: %.3f, test: %.3f' % (
...       r2_score(y_train, y_train_pred),
...       r2_score(y_test, y_test_pred)))
R^2 train: 0.979, test: 0.878
```

不幸的是，我们看到随机森林趋向于过拟合训练数据。然而，它仍然能够很好地解释目标变量和解释变量之间的关系(测试数据集 $R^2=0.878$)。

最后，让我们来看看预测残差：

```
>>> plt.scatter(y_train_pred,
...             y_train_pred - y_train,
...             c='steelblue',
...             edgecolor='white',
...             marker='o',
...             s=35,
...             alpha=0.9,
...             label='Training data')
>>> plt.scatter(y_test_pred,
...             y_test_pred - y_test,
...             c='limegreen',
...             edgecolor='white',
...             marker='s',
...             s=35,
...             alpha=0.9,
...             label='Test data')
>>> plt.xlabel('Predicted values')
>>> plt.ylabel('Residuals')
>>> plt.legend(loc='upper left')
>>> plt.hlines(y=0, xmin=-10, xmax=50, lw=2, color='black')
>>> plt.xlim([-10, 50])
>>> plt.tight_layout()
>>> plt.show()
```

正如 R^2 系数所总结的，如 y 轴方向上的异常值所示，我们可以看到该模型拟合训练数据要比拟合测试数据更好。此外，残差分布似乎并不是围绕零中心点完全随机，这表明该模型不能捕捉所有的探索性信息。然而，残差图比本章前面所述的线性模型残差图有了很大的改进，如图 10-14 所示。

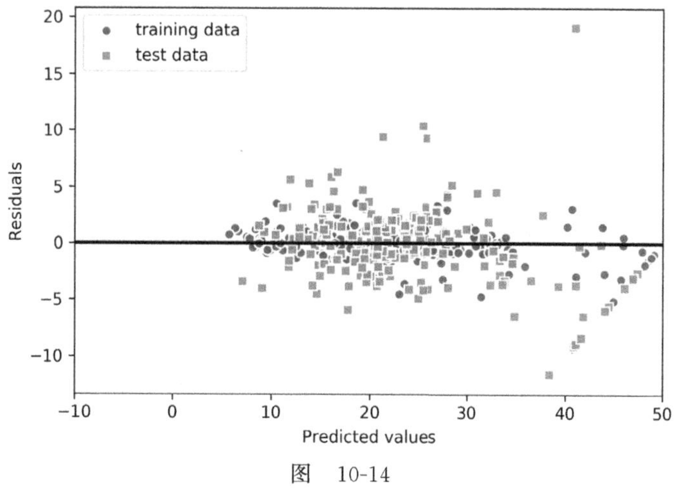

图　10-14

理想情况下的模型误差应该是随机或不可预测的。换言之，预测误差不应该与解释变量中所包含的任何信息有关，而应反映现实世界的分布或模式的随机性。如果通过检查残差图发现了预测误差中的模式，那就意味着残差图中包含着预测信息。一个常见原因可能是解释性信息泄露到了这些残差中。

幸好现在有处理残差图中非随机性的通用方法，不过这仍然需要试验。取决于能得到的数据，或许能通过转换变量、优化学习算法的超参数、选择更简单或更复杂的模型、除去异常值或者增加额外的变量来改善模型。

支持向量机回归

第 3 章介绍了核技巧，它可以与**支持向量机**(SVM)组合完成分类任务，这对处理非线性问题很有用。虽然这方面的讨论超出了本书的范围，但支持向量机也可以用于非线性回归任务。感兴趣的读者可以在一篇优秀的研究报告(*Support Vector Machines for Classification and Regression*, *S. R. Gunn and others*, *University of Southampton technical report*, 14, 1998 (http://citeseerx. ist. psu. edu/viewdoc/download? doi = 10. 1. 1. 579. 6867&rep=rep1&type=pdf))中找到有关 SVM 用于回归的更多信息。scikit-learn 也实现了 SVM 回归，可以从 http://scikit-learn. org/stable/modules/generated/sklearn. svm. SVR. html # sklearn. svm. SVR 找到更多关于其使用的信息。

10.9　本章小结

本章开篇，我们学习了如何构建简单线性回归模型，目的在于分析单个解释变量和连续响应变量之间的关系。然后，我们讨论了一种有用的解释性数据分析技术，以查看数据中的模式和异常，这是我们在预测建模任务中迈出的重要一步。

我们采用基于梯度的优化方法，实现线性回归并建立了第一个模型。然后，我们看到了如何把 scikit-learn 线性模型用于回归，实现用于处理异常情况的鲁棒回归方法(RANSAC)。为了评估回归模型的预测性能，我们计算了平均误差平方和以及相关的 R^2 度量。此外，我们还讨论了判断回归模型问题的图解方法：残差图。

在讨论了如何把正则化方法应用于回归模型以降低模型复杂度和避免过拟合之后，我们介绍了为非线性关系建模的几种方法，包括多项式特征转换和随机森林回归。

在前几章中，我们详细地讨论了监督学习、分类和回归分析。下一章，我们将进入另一个有趣的机器学习子领域，即无监督学习，而且还将学习如何在没有目标变量的情况下用聚类分析来发现数据中的隐藏结构。

用聚类分析处理无标签数据

在前面的章节中，我们用监督学习技术建立了机器学习模型，用已知答案的数据训练模型并对标签进行分类和预测。从本章开始，我们将探索聚类分析，这是一种**无监督学习**技术，在无法预先知道正确答案的情况下发现数据中的隐藏结构。**聚类**的目标是在数据中找到自然分组，以确保相同集群中的元素比不同集群中的元素更相似。

鉴于其探索性，聚类是一个令人兴奋的主题，主要涵盖下述几个方面的内容，这将有助于将数据组织成有意义的结构：

- 使用流行的 **k-均值**算法寻找相似性中心。
- 采用自下而上的方法构建层次聚类树。
- 用基于密度的聚类方法识别任意形状的物体。

11.1 用 k-均值进行相似性分组

本节将学习最常用的聚类算法——k-均值算法，它在学术界和工业界都有广泛的应用。聚类(或聚类分析)是一种能够找到相似对象的技术，这些对象彼此之间的关系比其他群组对象之间的关系更为密切。面向业务的聚类应用示例包括对不同主题的文档、音乐和电影的分组，或者做基于常见的购买行为，发现有共同兴趣的顾客，并以此构建推荐引擎。

11.1.1 用 scikit-learn 实现 k-均值聚类

稍后我们可以看到，与其他的聚类算法相比，k-均值算法极易实现而且计算效率也很高，这也许可以解释为什么它这么流行。k-均值算法属于**基于原型聚类**的范畴。在本章的后面，我们将讨论**层次化**(hierarchical)和**基于密度**(density-based)的另外两种聚类方法。

基于原型的聚类意味着每个类都由一个原型表示，该原型通常是具有连续特征的相似点的**质心**(centroid)(*平均值*)，或者，对分类特征而言，该原型为类**中心**(medoid)——*最具代表性的点*，或距离类中所有其他点最近的点。*k*-均值方法非常擅长识别球形集群，其缺点是必须指定集群数 *k*，所以它是个*先验方法*。如果 *k* 值选择不当会导致聚类性能不良。在本章的后面，我们将讨论**肘部**方法(elbow)和**轮廓图**(silhouette plot)，这是评估聚类质量以确定最优集群数 *k* 的有效技术。

尽管 *k*-均值聚类可以应用于更高维度的数据，但是为了方便可视化，我们将展示简单的二维数据集：

```
>>> from sklearn.datasets import make_blobs
>>> X, y = make_blobs(n_samples=150,
...                   n_features=2,
...                   centers=3,
...                   cluster_std=0.5,
```

```
...                      shuffle=True,
...                      random_state=0)

>>> import matplotlib.pyplot as plt
>>> plt.scatter(X[:, 0],
...             X[:, 1],
...             c='white',
...             marker='o',
...             edgecolor='black',
...             s=50)
>>> plt.grid()
>>> plt.tight_layout()
>>> plt.show()
```

前面刚创建的数据集包括 150 个随机生成的点，大致有三个高密度区域，可以通过二维散点图实现可视化，如图 11-1 所示。

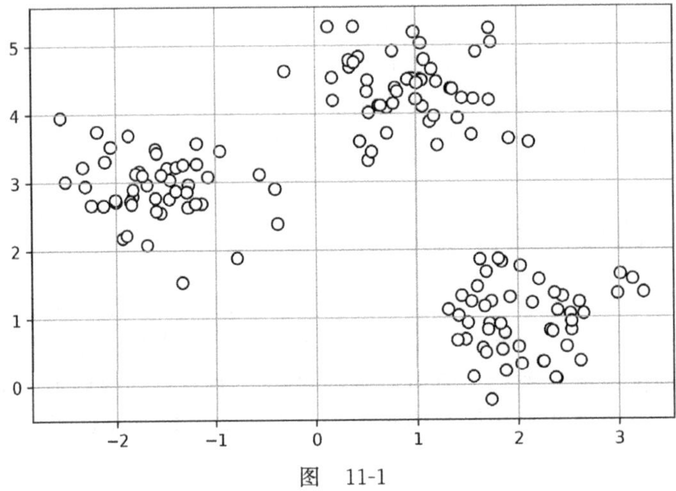

图　11-1

实际的聚类应用并没有任何关于标定样本的真实分类信息(作为经验证据而不是推断提供的信息)，否则，它将属于监督学习的范畴。因此，我们的目标是根据特征的相似性对样本进行分组，这可以通过以下四个步骤所总结出的 k-均值算法来实现：

1) 随机从样本中挑选 k 个质心作为初始集群中心。

2) 将每个样本分配到最近的质心 $\mu^{(j)}$，$j\in\{1, \cdots, k\}$。

3) 把质心移到已分配样本的中心。

4) 重复步骤 2 和 3，直到集群赋值不再改变，或者用户达到定义的公差或最大迭代数。

下一个问题是如何度量对象之间的相似性。我们可以把相似性定义为距离的倒数，具有连续特征的聚类样本，其常用距离为 m 维空间中 $\boldsymbol{x}$ 和 $\boldsymbol{y}$ 两点之间的**欧氏距离的平方**：

$$d(\boldsymbol{x}, \boldsymbol{y})^2=\sum_{j=1}^{m}(x_j-y_j)^2=\|\boldsymbol{x}-\boldsymbol{y}\|_2^2$$

注意，在前面的方程中，索引 j 是指样本点 $\boldsymbol{x}$ 和 $\boldsymbol{y}$ 的第 j 维(特征列)。本节的其余部分将用下标 i 和 j 分别代表样本(数据记录)索引和集群索引。

基于欧氏距离度量，可以把 k-均值算法描述为一种简单的优化问题，是一种最小化群内**误差平方和**(SSE)的迭代方法，有时也被称为**集群惯性**(cluster inertia)：

$$SSE=\sum_{i=1}^{n}\sum_{j=1}^{k} w^{(i,j)} \left\| \boldsymbol{x}^{(i)}-\boldsymbol{\mu}^{(i)} \right\|_2^2$$

这里 $\boldsymbol{\mu}^{(j)}$ 为集群 j 的代表点(质心)，假设样本 $\boldsymbol{x}^{(i)}$ 在集群 j 中，则 $w^{(i,j)}=1$ 否则为 0。

$$w^{(i,j)}=\begin{cases}1, & \text{如果 } x^{(i)}\in j\\ 0, & \text{否则}\end{cases}$$

现在已经理解了简单的 k-均值算法的工作原理，我们将采用 scikit-learn cluster 模块的 KMeans 类将该算法应用到样本数据：

```
>>> from sklearn.cluster import KMeans
>>> km = KMeans(n_clusters=3,
...             init='random',
...             n_init=10,
...             max_iter=300,
...             tol=1e-04,
...             random_state=0)
>>> y_km = km.fit_predict(X)
```

在前面的示例代码中，我们把期望集群的数目设置为 3，预先指定集群数目是 k-均值的局限性之一。设置 n_init=10，我们执行 10 次独立的 k-均值聚类算法，每次我们随机选用不同的质心，并选择 SSE 最低的作为最终模型。通过参数 max_iter，我们指定每次运行的最大迭代数(这里是 300)。值得注意的是，如果在达到最大迭代数之前收敛，scikit-learn 实现的 k-均值就会提早停止计算。然而在特定运行过程中，k-均值有可能无法达到收敛，如果选择较大的 max_iter 值，我们可能就遇到计算成本昂贵的问题。解决收敛性问题的一种方法是选择较大的 tol 值，该参数控制集群内误差平方和的变化以定义收敛标准。前面的示例代码选择的容忍度为 1e-04(0.0001)。

k-均值的问题是一个或多个集群可能为空。注意，该问题对 k-中心或模糊 C-均值算法并不存在，本节稍后将会讨论模糊 C-均值算法。

然而，这个问题会对 scikit-learn 目前实现的 k-均值算法有影响。如果一个集群为空，该算法将搜索与集群质心相距最远的样本。然后将质心重新分配为最远点。

特征缩放

当基于欧氏距离度量把 k-均值算法应用到真实数据时，要确保特征度量的尺度一致，必要时可以用 z-score 标准化或最小最大缩放处理。

在预测了集群标签 y_km 和讨论了一些 k-均值算法的挑战之后，把 k-均值在数据集中发现的集群以及集群质心用图表示出来。这些数据存储在拟合对象 KMeans 的属性 cluster_centers_中：

```
>>> plt.scatter(X[y_km == 0, 0],
...             X[y_km == 0, 1],
...             s=50, c='lightgreen',
...             marker='s', edgecolor='black',
...             label='Cluster 1')
>>> plt.scatter(X[y_km == 1, 0],
...             X[y_km == 1, 1],
...             s=50, c='orange',
...             marker='o', edgecolor='black',
...             label='Cluster 2')
>>> plt.scatter(X[y_km == 2, 0],
...             X[y_km == 2, 1],
...             s=50, c='lightblue',
...             marker='v', edgecolor='black',
```

```
...                label='Cluster 3')
>>> plt.scatter(km.cluster_centers_[:, 0],
...                km.cluster_centers_[:, 1],
...                s=250, marker='*',
...                c='red', edgecolor='black',
...                label='Centroids')
>>> plt.legend(scatterpoints=1)
>>> plt.grid()
>>> plt.tight_layout()
>>> plt.show()
```

从图 11-2 中的散点图我们可以看到，k-均值把三个质心放在球形中心，对于所给的数据集，它看起来是一个合理的分组。

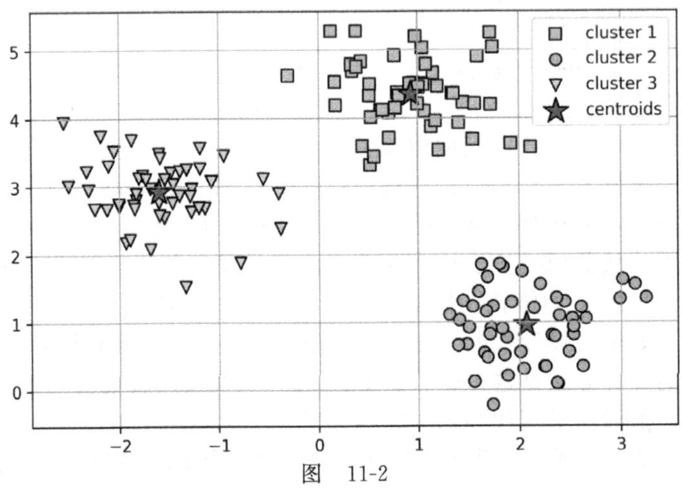

图　11-2

虽然 k-均值在这个小数据集上工作得很好，但是我们必须指出 k-均值的另外一个缺点：必须在无推理的前提下指定集群的数目 k。在实际应用中，选择的集群数目可能并不总是那么明显，特别是在处理无法可视化的高维数据集时。k-均值的其他特性是集群不重叠而且不分层，假设每个集群中至少有一个成员。本章后面将遇到不同类型的聚类算法——基于层次和密度的聚类。这两种算法都不要求预先指定集群数目或者在数据集中假设球形结构。

在下一小节，我们将介绍被称为 **k-均值++** 的经典 k-均值算法的常见变体。虽然它没有解决上一段中讨论过的 k-均值假设和缺点，但是我们可以通过更加精确地设置初始集群中心极大地提高聚类的结果。

11.1.2　k-均值++——更聪明地设置初始集群质心的方法

到目前为止，我们已经讨论了用随机种子设置初始值质心的经典 k-均值算法，有时如果初始集群质心选择不当就会导致聚类不良或收敛缓慢。解决这个问题的一种方法是在数据集上多次运行 k-均值算法，并根据 SSE 选择性能最佳的模型。

另一个策略是通过 k-均值++算法，让初始质心彼此尽可能远离，带来比经典 k-均值更好且更一致的结果[⊖]。

⊖ *k-means++: The Advantages of Careful Seeding*, *D. Arthur* and *S. Vassilvitskii in Proceedings of the eighteenth annual ACM-SIAM symposium on Discrete algorithms*, pages 1027-1035. *Society for Industrial and Applied Mathematics*, 2007.

k-均值++的初始化过程可以概括如下：

1）初始化一个空的集合 $\boldsymbol{M}$ 来存储选择的 k 个质心。

2）从输入样本中随机选择第一个质心 $\boldsymbol{\mu}^{(j)}$ 然后赋予 $\boldsymbol{M}$。

3）为不在 $\boldsymbol{M}$ 中的每个样本 $\boldsymbol{x}^{(i)}$，找出与 $\boldsymbol{M}$ 中每个点的最小平方距离 $d(\boldsymbol{x}^{(i)}, \boldsymbol{M})^2$。

4）随机选择下一个质心 $\boldsymbol{\mu}^{(p)}$，计算加权概率分布 $\dfrac{d(\boldsymbol{\mu}^{(p)}, \boldsymbol{M})^2}{\sum_i d(\boldsymbol{x}^{(i)}, \boldsymbol{M})^2}$。

5）重复步骤 2 和步骤 3，直至选中 k 个质心。

6）继续进行经典的 k-均值算法。

只需要把 k-均值++的参数 `init` 设置成 `'k-means++'`，就能通过 scikit-learn 的 `KMeans` 对象实现 k-均值++。事实上，k-均值++是形式参数 `init` 的默认实际参数，我们在实践中强烈推荐这种做法。在前面的例子中没有用它的唯一原因是，不想一次引入过多的概念。在本节的其余部分，我们将用 k-均值++，但是鼓励读者尝试更多不同的方法(通过 `init='raddom'`设置的经典 k-均值以及通过 `init='k- means++'`设置的 k-means++)设置集群的初始质心。

11.1.3 硬聚类与软聚类

硬聚类描述了一系列算法，把数据集中的每个样本分配给一个集群，如在本章前面讨论过的 k-均值算法和 k-均值++算法。与此相反，**软聚类**(有时也称为**模糊聚类**)将一个样本分配给一个或多个集群。常见的软聚类例子是**模糊 C-均值**(FCM)算法(也被称为**软 k-均值**或**模糊 k-均值**)。最初的想法可以追溯到 20 世纪 70 年代，Joseph. C. Dunn 首次提出了模糊聚类的改进版本[⊖]。大约 10 年后，James. C. Bedzek 发表了他对模糊聚类算法的改进工作，这就是现在已知的 FCM 算法[⊜]。

FCM 与 k-均值程序非常相似。用集群中每个点的概率替换硬集群分配。在 k-均值中，我们可以用二进制的稀疏向量表示样本 x 的集群成员：

$$\begin{bmatrix} x \in \mu^{(1)} \rightarrow w^{(,j)} = 0 \\ x \in \mu^{(2)} \rightarrow w^{(i,j)} = 1 \\ x \in \mu^{(3)} \rightarrow w^{(i,j)} = 0 \end{bmatrix}$$

这里，值为 1 的索引位置指示集群质心 $\boldsymbol{\mu}^{(j)}$ 赋予样本的值(假设 $k=3$，$j\in\{1, 2, 3\}$)。相反，可以把 FCM 的成员向量表达如下：

$$\begin{bmatrix} x \in \mu^{(1)} \rightarrow w^{(i,j)} = 0.1 \\ x \in \mu^{(2)} \rightarrow w^{(i,j)} = 0.85 \\ x \in \mu^{(3)} \rightarrow w^{(i,j)} = 0.05 \end{bmatrix}$$

每个成员的取值范围为[0, 1]，代表各个成员相对于集群质心的概率。给定样本成员概率之和等于 1。与 k-均值算法类似，我们可以把 FCM 算法总结为四个关键步骤：

1）指定 k 质心的数量然后随机为每个质心点分配集群成员。

2）计算集群的质心 $\boldsymbol{\mu}^{(j)}$，$j\in\{1, \cdots, k\}$。

⊖ *A Fuzzy Relative of the ISODATA Process and Its Use in Detecting Compact Well-Separated Clusters*, *J. C. Dunn*, 1973.

⊜ *Pattern Recognition with Fuzzy Objective Function Algorithms*, *J. C. Bezdek*, *Springer Science + Business Media*, 2013.

3) 更新每个点的集群成员。

4) 重复步骤2和步骤3，直到成员系数不再变化或达到用户定义的容忍阈值或最大迭代数。

5) 我们把FCM的目标函数缩写为J_M，该函数看起来非常像在k-均值中见过的群内误差平方和：

$$J_m=\sum_{i=1}^{n}\sum_{j=1}^{k} w^{(i,j)m}\left\|\boldsymbol{x}^{(i)}-\boldsymbol{\mu}^{(j)}\right\|_2^2$$

然而，值得注意的是成员指数$w^{(i,j)}$不像在k-均值($w^{(i,j)}\in\{0, 1\}$)中那样是二进制值形式，而是代表集群成员概率($w^{(i,j)}\in[0, 1]$)的实际值。你或许注意到$w^{(i,j)}$增加了一个指数；指数m为任何大于或者等于1的数(通常$m=2$)，被称为**模糊系数**(或简称**模糊器**)用于控制模糊的程度。m值越大，集群成员数就越小，集群$w^{(i,j)}$就越模糊。计算集群成员本身的概率如下：

$$w^{(i,j)}=\left[\sum_{p=1}^{k}\left(\frac{\left\|\boldsymbol{x}^{(i)}-\boldsymbol{\mu}^{(j)}\right\|_2}{\left\|\boldsymbol{x}^{(i)}-\boldsymbol{\mu}^{(c)}\right\|_2}\right)^{\frac{2}{m-1}}\right]^{-1}$$

例如，假设像以前k-均值的例子那样选择三个聚类中心，我们可以计算出属于集群$\boldsymbol{\mu}^{(j)}$的样本$\boldsymbol{x}^{(i)}$的成员如下：

$$\boldsymbol{w}^{(i,j)}=\left[\left(\frac{\left\|\boldsymbol{x}^{(i)}-\boldsymbol{\mu}^{(j)}\right\|_2}{\left\|\boldsymbol{x}^{(i)}-\boldsymbol{\mu}^{(1)}\right\|_2}\right)^{\frac{2}{m-1}}+\left(\frac{\left\|\boldsymbol{x}^{(i)}-\boldsymbol{\mu}^{(j)}\right\|_2}{\left\|\boldsymbol{x}^{(i)}-\boldsymbol{\mu}^{(2)}\right\|_2}\right)^{\frac{2}{m-1}}+\left(\frac{\left\|\boldsymbol{x}^{(i)}-\boldsymbol{\mu}^{(j)}\right\|_2}{\left\|\boldsymbol{x}^{(i)}-\boldsymbol{\mu}^{(3)}\right\|_2}\right)^{\frac{2}{m-1}}\right]^{-1}$$

计算所有样本的加权平均为集群的中心$\boldsymbol{\mu}^{(j)}$，权重($\boldsymbol{w}^{(i,j)}$)为每个样本属于集群的程度：

$$\boldsymbol{\mu}^{(j)}=\frac{\sum_{i=1}^{n} w^{(i,j)m} x^{(i)}}{\sum_{i=1}^{n} w^{(i,j)m}}$$

只要看一下计算集群成员的等式，就可以直观地说FCM的每次迭代都比k-均值中的迭代更为昂贵。然而FCM通常只需要较少的迭代就能收敛。不幸的是，scikit-learn目前还没有实现FCM算法。然而，在实际应用中我们已经发现，k-均值和FCM产生非常相似的聚类结果，如在下述研究中所描述的：*Comparative Analysis of k-means and Fuzzy C-Means Algorithms*，S. Ghosh，and *S. K. Dubey*，*IJACSA*，4：35-38，2013.

11.1.4　用肘部方法求解最优集群数

无监督学习的主要挑战之一是我们不知道明确的答案。数据集中没有标定真实分类标签，这些标签可使我们能够应用第6章用过的技术来评估监督学习模型的性能。因此，要量化聚类的质量需要用有内在联系的指标，如本章前面讨论过的集群内SSE(失真)来比较不同k-均值聚类的性能。

在KMeans模型拟合之后，可以非常方便地用scikit-learn，不需要具体计算集群内SSE，因为它已经可以通过inertia_属性访问：

```
>>> print('Distortion: %.2f' % km.inertia_)
Distortion: 72.48
```

可以使用图形工具基于集群内SSE用所谓的**肘部方法**来评估给定任务的最优集群数k。直观地说，如果k增大，失真会减小。这是因为样本将接近它们被分配的质心。肘部方法的基本理念是识别失真增速最快时的k值，如果为不同k值绘制失真图，情况就会变得更清楚：

```
>>> distortions = []
>>> for i in range(1, 11):
...     km = KMeans(n_clusters=i,
...                 init='k-means++',
...                 n_init=10,
...                 max_iter=300,
...                 random_state=0)
...     km.fit(X)
...     distortions.append(km.inertia_)
>>> plt.plot(range(1,11), distortions, marker='o')
>>> plt.xlabel('Number of clusters')
>>> plt.ylabel('Distortion')
>>> plt.tight_layout()
>>> plt.show()
```

正如图 11-3 所示，肘部位于 $k=3$ 证明它确实是该数据集的一个很好的选择。

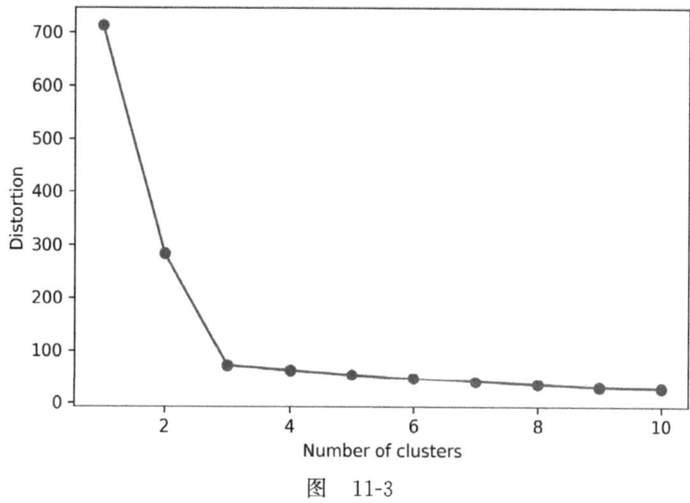

图 11-3

11.1.5 通过轮廓图量化聚类质量

评估聚类质量的另一个有内在联系的度量是**轮廓分析**(silhouette analysis)，它也可以应用于 k-均值以外的聚类算法，在本章后面，我们将讨论这些算法。轮廓分析可以作为图形工具来绘制度量集群中样本分组的紧密程度。可以用以下三个步骤来计算数据集中单个样本的**轮廓系数**：

1) 计算**集群内聚度**(cluster cohesion)$a^{(i)}$，即样本 $\boldsymbol{x}^{(i)}$ 与同一集群内所有其他点之间的平均距离。

2) 计算集群与最近集群的**集群分离度**(cluster separation)$b^{(i)}$，即样本 $\boldsymbol{x}^{(i)}$ 与最近集群内所有样本之间的平均距离。

3) 计算轮廓系数 $s^{(i)}$，即集群内聚度与集群分离度之差除以两者中较大的那一个，公式如下：

$$s^{(i)}=\frac{b^{(i)}-a^{(i)}}{\max\{b^{(i)},\ a^{(i)}\}}$$

轮廓系数的范围在 -1 到 1 之间。如果集群分离度与集群内聚度相等($b^{(i)?}=a^{(i)}$)，那么从前面的方程中我们就可以看到轮廓系数为0。此外，如果$b^{(i)} \gg a^{(i)}$，则接近理想的轮廓系数1，因为$b^{(i)}$量化该样本与其他集群样本的差异程度，而$a^{(i)}$则告诉样本在自己的集群内与其他样本的相似程度。

我们可以从scikit-learn的`metric`模块中找到`silhouette_samples`来计算轮廓系数，也可以很方便地导入`silhouette_scores`函数。通过调用silhouette _ scores函数来计算所有样本的平均轮廓系数，这相当于执行`numpy.mean(silhouette_samples(…))`。执行下面的代码绘制一个基于k-均值聚类($k=3$)的轮廓系数图：

```
>>> km = KMeans(n_clusters=3,
...             init='k-means++',
...             n_init=10,
...             max_iter=300,
...             tol=1e-04,
...             random_state=0)
>>> y_km = km.fit_predict(X)

>>> import numpy as np
>>> from matplotlib import cm
>>> from sklearn.metrics import silhouette_samples
>>> cluster_labels = np.unique(y_km)
>>> n_clusters = cluster_labels.shape[0]
>>> silhouette_vals = silhouette_samples(X,
...                                      y_km,
...                                      metric='euclidean')
>>> y_ax_lower, y_ax_upper = 0, 0
>>> yticks = []
>>> for i, c in enumerate(cluster_labels):
...     c_silhouette_vals = silhouette_vals[y_km == c]
...     c_silhouette_vals.sort()
...     y_ax_upper += len(c_silhouette_vals)
...     color = cm.jet(float(i) / n_clusters)
...     plt.barh(range(y_ax_lower, y_ax_upper),
...              c_silhouette_vals,
...              height=1.0,
...              edgecolor='none',
...              color=color)
...     yticks.append((y_ax_lower + y_ax_upper) / 2.)
...     y_ax_lower += len(c_silhouette_vals)
>>> silhouette_avg = np.mean(silhouette_vals)
>>> plt.axvline(silhouette_avg,
...             color="red",
...             linestyle="--")
>>> plt.yticks(yticks, cluster_labels + 1)
>>> plt.ylabel('Cluster')
>>> plt.xlabel('Silhouette coefficient')
>>> plt.tight_layout()
>>> plt.show()
```

目视检查轮廓图，我们可以快速确定不同集群的大小，并识别出包含异常值的集群，如图11-4所示。

然而，正如在图11-4中所看到的那样，轮廓系数甚至无法接近于0，这表明聚类良好。此外，为了总结聚类的优点，我们在图中加上了平均轮廓系数(虚线)。

要想在轮廓图上看到较差聚类的具体情况，我们可以用只有两个质心的k-均值算法：

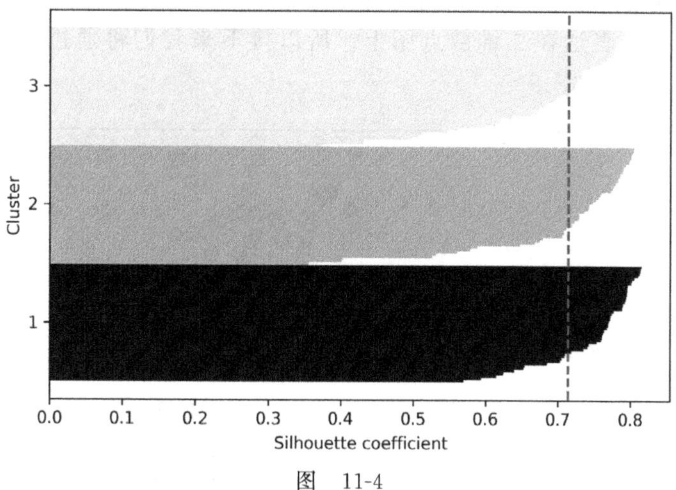

图　11-4

```
>>> km = KMeans(n_clusters=2,
...             init='k-means++',
...             n_init=10,
...             max_iter=300,
...             tol=1e-04,
...             random_state=0)
>>> y_km = km.fit_predict(X)

>>> plt.scatter(X[y_km == 0, 0],
...             X[y_km == 0, 1],
...             s=50, c='lightgreen',
...             edgecolor='black',
...             marker='s',
...             label='Cluster 1')
>>> plt.scatter(X[y_km == 1, 0],
...             X[y_km == 1, 1],
...             s=50,
...             c='orange',
...             edgecolor='black',
...             marker='o',
...             label='Cluster 2')
>>> plt.scatter(km.cluster_centers_[:, 0],
...             km.cluster_centers_[:, 1],
...             s=250,
...             marker='*',
...             c='red',
...             label='Centroids')
>>> plt.legend()
>>> plt.grid()
>>> plt.tight_layout()
>>> plt.show()
```

从图 11-5 中我们可以看到，有一个质心落在三个样本空间的两个球形区域之间。虽然聚类结果看起来并不是那么糟糕，但它不是最优的。

请记住，在现实世界中，因为通常我们在更高维的数据集上工作，一般没有条件把数据通过可视化工具表达在二维散点图上。所以接下来我们将通过创建轮廓图来评估结果：

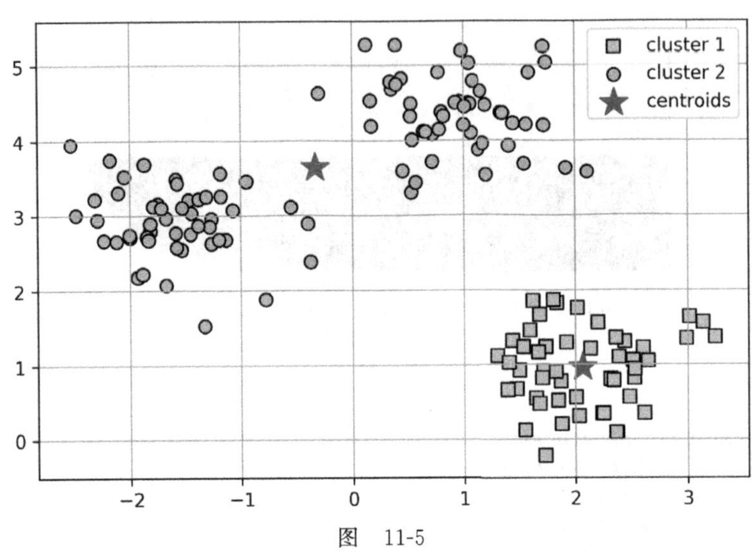

图 11-5

```
>>> cluster_labels = np.unique(y_km)
>>> n_clusters = cluster_labels.shape[0]
>>> silhouette_vals = silhouette_samples(X,
...                                      y_km,
...                                      metric='euclidean')
>>> y_ax_lower, y_ax_upper = 0, 0
>>> yticks = []
>>> for i, c in enumerate(cluster_labels):
...     c_silhouette_vals = silhouette_vals[y_km == c]
...     c_silhouette_vals.sort()
...     y_ax_upper += len(c_silhouette_vals)
...     color = cm.jet(float(i) / n_clusters)
...     plt.barh(range(y_ax_lower, y_ax_upper),
...              c_silhouette_vals,
...              height=1.0,
...              edgecolor='none',
...              color=color)
...     yticks.append((y_ax_lower + y_ax_upper) / 2.)
...     y_ax_lower += len(c_silhouette_vals)
>>> silhouette_avg = np.mean(silhouette_vals)
>>> plt.axvline(silhouette_avg, color="red", linestyle="--")
>>> plt.yticks(yticks, cluster_labels + 1)
>>> plt.ylabel('Cluster')
>>> plt.xlabel('Silhouette coefficient')
>>> plt.tight_layout()
>>> plt.show()
```

正如我们从图 11-6 中所看到的那样，轮廓现在的长度和宽度明显不同，这是相对较差或至少不是最优聚类的证据。

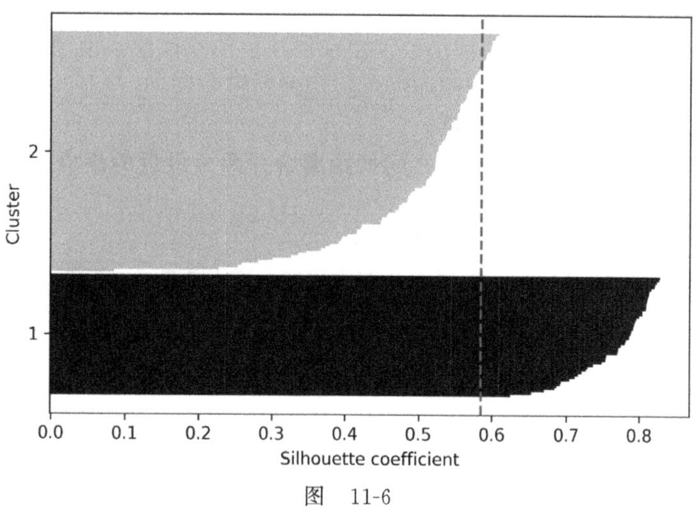

图　11-6

11.2　把集群组织成层次树

本节将研究另一种基于原型的聚类方法：**层次聚类**。层次聚类算法的优点是它允许绘制**树状图**(二进制层次聚类的可视化)，这有助于我们解释创建有意义分类的结果。这种分层方法的另一个优点是不需要预先指定集群数目。

层次聚类的两种主要方法是**凝聚**(agglomerative)层次聚类和**分裂**(divisive)层次聚类。在分裂层次聚类中，首先从包含所有样本的集群开始，然后逐步迭代，将集群分裂成更小的集群，直到每个集群只包含一个样本为止。本节将重点讨论以相反方式进行的凝聚聚类。首先从每个集群包括单个样本开始，合并最接近的一对集群，直到只剩下一个集群为止。

11.2.1　以自下而上的方式聚类

凝聚层次聚类的两个标准算法分别是**单连接**(single linkage)和**全连接**(complete linkage)。单连接算法计算两个集群中最相近成员之间的距离，然后合并两个集群，其中两个最相近成员之间的距离最小。全连接方法类似于单连接，但是，不是比较两个集群中最相近的成员，而是比较最不相近的成员然后合并。如图 11-7 所示。

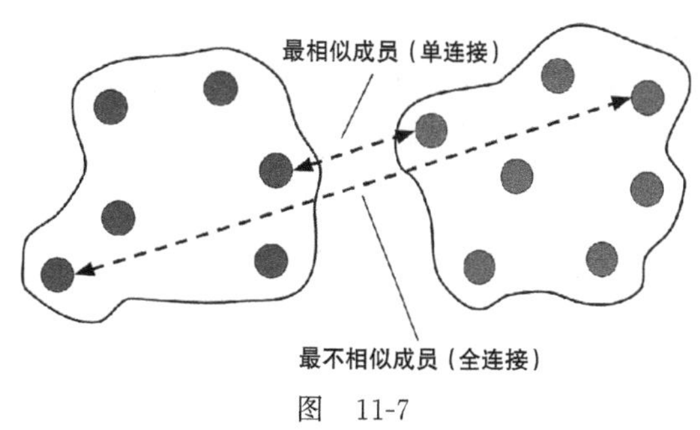

图　11-7

另一类连接

凝聚层次聚类算法中其他常用的方法包括**平均连接**(average linkage)和 **Ward 连接**。平均连接基于两个集群中所有组成员之间的最小平均距离来合并集群。Ward 连接法合并引起总的集群内 SSE 增长最小的两个集群。

本节将聚焦基于全连接方法的凝聚层次聚类算法。层次全连接聚类是一个迭代过程，我们可以把具体步骤总结如下：

1）计算所有样本的距离矩阵。

2）将每个数据点表示为单例集群。

3）根据最不相似(距离最远)成员之间的距离合并两个最近的集群。

4）更新相似矩阵。

5）重复步骤2～4，直到只剩下一个集群。

接下来，我们将讨论如何计算距离矩阵(步骤1)。但是先产生一些随机样本数据：行代表样本的不同观察(ID 0～4)，列代表样本的不同特征(X、Y和Z)：

```
>>> import pandas as pd
>>> import numpy as np
>>> np.random.seed(123)
>>> variables = ['X', 'Y', 'Z']
>>> labels = ['ID_0', 'ID_1', 'ID_2', 'ID_3', 'ID_4']
>>> X = np.random.random_sample([5, 3])*10
>>> df = pd.DataFrame(X, columns=variables, index=labels)
>>> df
```

执行上述示例代码之后，我们现在将看到包含随机生成样本的数据框，如图11-8所示。

11.2.2 在距离矩阵上进行层次聚类

调用SciPy的`spatial.distance`子模块的`pdist`函数计算距离矩阵作为层次聚类算法的输入：

```
>>> from scipy.spatial.distance import pdist, squareform
>>> row_dist = pd.DataFrame(squareform(
...                         pdist(df, metric='euclidean')),
...                         columns=labels, index=labels)
>>> row_dist
```

调用上面的示例代码，我们根据特征X、Y和Z计算数据集中每对样本点之间的欧氏距离。

我们以稠密距离矩阵(由`pdist`返回)作为`squareform`的输入，创建两点间距离的对称矩阵，如图11-9所示。

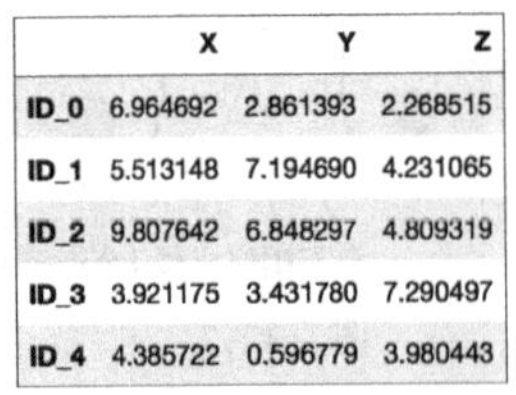

	X	Y	Z
ID_0	6.964692	2.861393	2.268515
ID_1	5.513148	7.194690	4.231065
ID_2	9.807642	6.848297	4.809319
ID_3	3.921175	3.431780	7.290497
ID_4	4.385722	0.596779	3.980443

图　11-8

	ID_0	ID_1	ID_2	ID_3	ID_4
ID_0	0.000000	4.973534	5.516653	5.899885	3.835396
ID_1	4.973534	0.000000	4.347073	5.104311	6.698233
ID_2	5.516653	4.347073	0.000000	7.244262	8.316594
ID_3	5.899885	5.104311	7.244262	0.000000	4.382864
ID_4	3.835396	6.698233	8.316594	4.382864	0.000000

图　11-9

接下来，我们将通过调用SciPy中的`cluster.hierarchy`子模块的`linkage`函数来应用全连接凝聚方法来处理集群，处理结果将返回到所谓的**连接矩阵**。

但是，在调用`linkage`函数之前，先让我们仔细看看该函数的文档：

```
>>> from scipy.cluster.hierarchy import linkage
>>> help(linkage)
[...]
Parameters:
  y : ndarray
    A condensed or redundant distance matrix. A condensed
    distance matrix is a flat array containing the upper
    triangular of the distance matrix. This is the form
    that pdist returns. Alternatively, a collection of m
    observation vectors in n dimensions may be passed as
    an m by n array.

  method : str, optional
    The linkage algorithm to use. See the Linkage Methods
    section below for full descriptions.

  metric : str, optional
    The distance metric to use. See the distance.pdist
    function for a list of valid distance metrics.

  Returns:
  Z : ndarray
    The hierarchical clustering encoded as a linkage matrix.
[...]
```

根据对该函数的描述，我们得出结论，可以用从 pdist 函数返回的稠密距离矩阵(上三角)作为输入属性。或者提供初始数据数组，并用'euclidean'度量作为 linkage 函数的参数。然而，不应该用先前定义的 squareform 距离矩阵，因为这会产生与预期值不同的距离。概括起来，我们在这里列出了三种可能的场景：

- **不正确的方法**：执行下面的代码片段，可以看到 squareform 距离矩阵会带来不正确的结果：

```
>>> row_clusters = linkage(row_dist,
...                        method='complete',
...                        metric='euclidean')
```

- **正确的方法**：用下面的示例代码所示的稠密距离矩阵会产生正确的连接矩阵：

```
>>> row_clusters = linkage(pdist(df, metric='euclidean'),
...                        method='complete')
```

- **正确的方法**：用下面的示例代码片段所示的完整输入样本矩阵(所谓的设计矩阵)会产生与前面的方法相似的正确连接矩阵：

```
>>> row_clusters = linkage(df.values,
...                        method='complete',
...                        metric='euclidean')
```

为了能仔细观察聚类的结果，可以把聚类结果转换成 pandas 的 DataFrame(最好是在 Jupyter Notebook 上看)，具体代码如下：

```
>>> pd.DataFrame(row_clusters,
...              columns=['row label 1',
...                       'row label 2',
...                       'distance',
...                       'no. of items in clust.'],
...              index=['cluster %d' % (i + 1) for i in
...                     range(row_clusters.shape[0])])
```

如图 11-10 的截图所示，连接矩阵由若干行组成，其中每行代表一个合并。第一列和第二列代表每个集群中最不相似的成员，第三列报告这些成员之间的距离。最后一列返回每个集群成员的个数。

	row label 1	row label 2	distance	no. of items in clust.
cluster 1	0.0	4.0	3.835396	2.0
cluster 2	1.0	2.0	4.347073	2.0
cluster 3	3.0	5.0	5.899885	3.0
cluster 4	6.0	7.0	8.316594	5.0

图　11-10

现在计算好了连接矩阵，接着可以用树状图来显示结果：

```
>>> from scipy.cluster.hierarchy import dendrogram
>>> # make dendrogram black (part 1/2)
>>> # from scipy.cluster.hierarchy import set_link_color_palette
>>> # set_link_color_palette(['black'])
>>> row_dendr = dendrogram(row_clusters,
...                        labels=labels,
...                        # make dendrogram black (part 2/2)
...                        # color_threshold=np.inf
...                        )
>>> plt.tight_layout()
>>> plt.ylabel('Euclidean distance')
>>> plt.show()
```

如果正在执行上述代码或者读本书的电子版，将会发现在结果的树状图中，以不同的颜色来显示不同的分支。颜色安排来自 Matplotlib 的颜色列表，根据树的距离阈值分配不同颜色。例如，要显示黑色树状图，可以去掉前面代码中的相应注释，如图 11-11 所示。

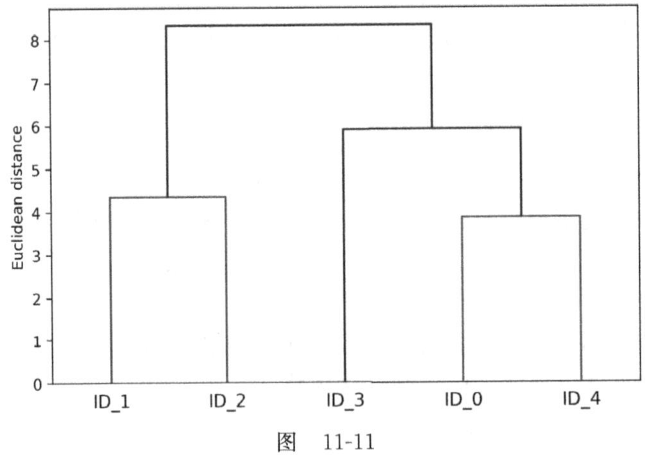

图　11-11

这样的树状图概括了在凝聚层次聚类中形成的不同集群，例如，可以看到样本 ID_0 和 ID_4，接着是 ID_1 和 ID_2，它们在欧氏距离度量上最为相似。

11.2.3　热度图附加树状图

在实际应用中，通常层次聚类树状图与**热度图**（heat map）结合使用，使我们能够用颜色代码代表样本矩阵的单个值。本节将讨论如何把树状图附加到热度图，并对热度图中对应的行排序。

然而，把树状图附加到热度图上可能有点儿复杂，下面分步完成这个过程：

1) 创建一个新的 figure 对象，并通过 add_axes 函数的属性，定义 x 轴和 y 轴的位置以及树状图的宽度和高度。此外，逆时针旋转树状图 90 度。代码如下：

```
>>> fig = plt.figure(figsize=(8, 8), facecolor='white')
>>> axd = fig.add_axes([0.09, 0.1, 0.2, 0.6])
>>> row_dendr = dendrogram(row_clusters,
...                        orientation='left')
>>> # note: for matplotlib < v1.5.1, please use
>>> # orientation='right'
```

2) 接着，对 DataFrame 的初始化数据，按照树状图对象可以访问的聚类标签排序，实际上，这是一个以 leaves 为关键词的 Python 字典。代码如下：

```
>>> df_rowclust = df.iloc[row_dendr['leaves'][::-1]]
```

3) 现在根据排序后的 DataFrame 构建热度图，并将其放在树状图的旁边：

```
>>> axm = fig.add_axes([0.23, 0.1, 0.6, 0.6])
>>> cax = axm.matshow(df_rowclust,
...                   interpolation='nearest',
...                   cmap='hot_r')
```

4) 最后通过去除坐标轴的间隔标记和隐藏坐标轴的轴线来美化树状图。另外，添加颜色条并将特征和样本名称分别标注在 x 轴和 y 轴的刻度标签上：

```
>>> axd.set_xticks([])
>>> axd.set_yticks([])
>>> for i in axd.spines.values():
...     i.set_visible(False)
>>> fig.colorbar(cax)
>>> axm.set_xticklabels([''] + list(df_rowclust.columns))
>>> axm.set_yticklabels([''] + list(df_rowclust.index))
>>> plt.show()
```

完成上述步骤之后，我们应该就能展示出如图 11-12 所示的热度图以及旁边附带的树状图。

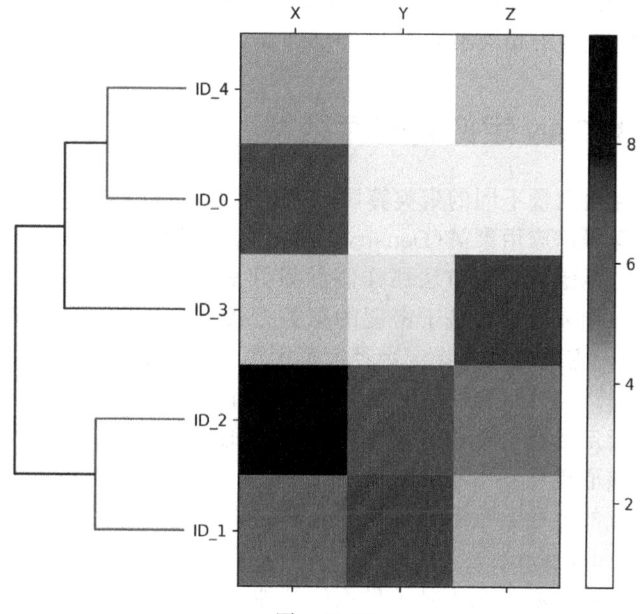

图 11-12

可以看到热度图中行的顺序反映了树状图中样本的聚类情况。除了简单的树状图，在热度图中每个样本的颜色编码和特征为我们提供了关于数据集的一个很好的概括。

11.2.4　通过scikit-learn进行凝聚聚类

上一小节，我们看到了如何用SciPy进行凝聚层次聚类。然而scikit-learn实现的AgglomerativeClustering允许我们选择要返回的集群数量。这对修剪层次结构的集群树很有用。通过设置参数n_cluster为3，我们现在可以采用相同的全连接方法，基于欧氏距离度量将样本聚集成三组集群，具体的示例代码如下：

```
>>> from sklearn.cluster import AgglomerativeClustering
>>> ac = AgglomerativeClustering(n_clusters=3,
...                              affinity='euclidean',
...                              linkage='complete')
>>> labels = ac.fit_predict(X)
>>> print('Cluster labels: %s' % labels)
Cluster labels: [1 0 0 2 1]
```

从预测的集群标签可以看到，第1个和第5个样本(ID_0和ID_4)被分配到一个集群(标签1)，样本ID_1和ID_2被分配到另一个集群(标签0)。样本ID_3被放入自己的集群(标签2)。总体而言，该结果与我们从树状图中所观察到的情况一致。需要注意的是，ID_3与ID_4以及ID_0的相似度比它与ID_1和ID_2的相似度更高，如前面的树状图所示，这在scikit-learn的聚类结果中并不明显。现在，我们在n_cluster= 2的条件下重新运行AgglomerativeClustering，见下面的示例代码片段：

```
>>> ac = AgglomerativeClustering(n_clusters=2,
...                              affinity='euclidean',
...                              linkage='complete')
>>> labels = ac.fit_predict(X)
>>> print('Cluster labels: %s' % labels)
Cluster labels: [0 1 1 0 0]
```

正如我们从结果中所看到的，在这个修剪过的层次聚类过程中，不出所料，标签ID_3没有被分到ID_0和ID_4的相同集群中。

11.3　通过DBSCAN定位高密度区域

虽然本章无法覆盖大量不同的聚类算法，但是，我们至少再引入一种新的聚类方法，即**基于密度空间的有噪声应用聚类**(Density-Based Spatial Clustering of Applications with Noise，DBSCAN)，不像k-均值方法那样假设集群呈球形，把数据集分成不同层，这需要人工设定分界点。顾名思义，基于密度的聚类把集群标签分配给样本数据点密集的区域。在DBSCAN中，密度定义为指定半径ε范围内的样本数据点数。

采用DBSCAN算法，我们根据下列标准把特殊的标签分配给每个样本(数据点)：

- 如果有至少指定数量(MinPts)的相邻点落在以该点为圆心的指定半径ε范围内，那么该点为**核心点**(core point)。
- 如果在核心点的半径ε范围内，相邻点的数量比半径ε范围内的MinPts少，该点叫**边界点**(border point)。
- 所有那些既不是核心点也不是边界点的其他点被认为是噪声点(noise point)。

在把所有的点分别标示为核心点、边界点和噪声点之后。我们可以用以下两个步骤来概括 DBSCAN 算法：

1）用每个核心点或连接的一组核心点组成一个单独的集群(如果核心点在 ε 的范围，那么核心点被视为连接的)。

2）把每个边界点分配到与其核心点相应的集群。

为了更好地了解 DBSCAN 算法的聚类结果，在实现该算法之前，我们先用图 11-13 来总结刚才学习的核心点、边界点和噪声点。

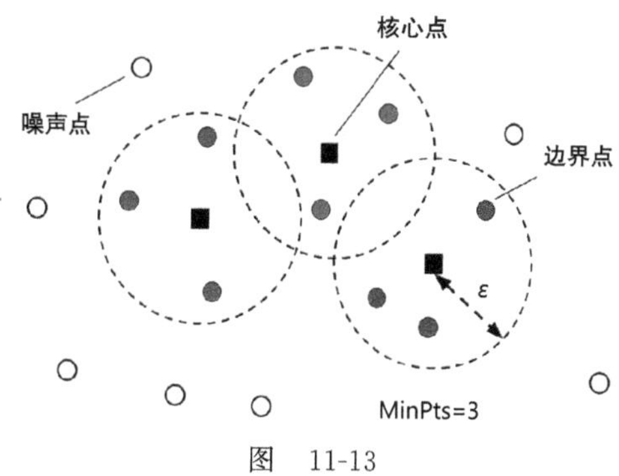

图　11-13

使用 DBSCAN 算法的主要优点是，它不像 k-均值那样假设集群呈球形分布。此外，DBSCAN 不同于 k-均值和层次聚类的地方是，它不一定把每个点都分配到集群中去，但是它能够去除噪声点。

举一个更具有说服力的例子，我们创建新的半月形结构数据集来比较 k-均值聚类、层次聚类和 DBSCAN：

```
>>> from sklearn.datasets import make_moons
>>> X, y = make_moons(n_samples=200,
...                   noise=0.05,
...                   random_state=0)
>>> plt.scatter(X[:, 0], X[:, 1])
>>> plt.tight_layout()
>>> plt.show()
```

正如从图 11-14 中可以看到的，有两个半月形集群，分别包含 100 个样本(数据点)。

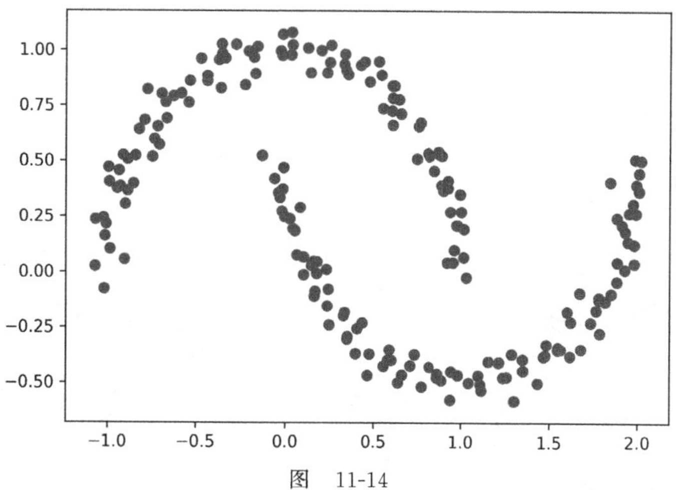

图　11-14

从使用 k-均值算法和全连接聚类开始，来看一下前面讨论过的那些聚类算法是否能成功地识别出半月形集群。示例代码如下：

```
>>> f, (ax1, ax2) = plt.subplots(1, 2, figsize=(8, 3))
>>> km = KMeans(n_clusters=2,
...             random_state=0)
>>> y_km = km.fit_predict(X)
```

```
>>> ax1.scatter(X[y_km == 0, 0],
...             X[y_km == 0, 1],
...             c='lightblue',
...             edgecolor='black',
...             marker='o',
...             s=40,
...             label='cluster 1')
>>> ax1.scatter(X[y_km == 1, 0],
...             X[y_km == 1, 1],
...             c='red',
...             edgecolor='black',
...             marker='s',
...             s=40,
...             label='cluster 2')
>>> ax1.set_title('K-means clustering')
>>> ac = AgglomerativeClustering(n_clusters=2,
...                              affinity='euclidean',
...                              linkage='complete')
>>> y_ac = ac.fit_predict(X)
>>> ax2.scatter(X[y_ac == 0, 0],
...             X[y_ac == 0, 1],
...             c='lightblue',
...             edgecolor='black',
...             marker='o',
...             s=40,
...             label='Cluster 1')
>>> ax2.scatter(X[y_ac == 1, 0],
...             X[y_ac == 1, 1],
...             c='red',
...             edgecolor='black',
...             marker='s',
...             s=40,
...             label='Cluster 2')
>>> ax2.set_title('Agglomerative clustering')
>>> plt.legend()
>>> plt.tight_layout()
>>> plt.show()
```

从可视化聚类结果可以看到，k-均值算法无法将两个集群分开，层次聚类算法也遇到了这种复杂形状的挑战，如图11-15所示。

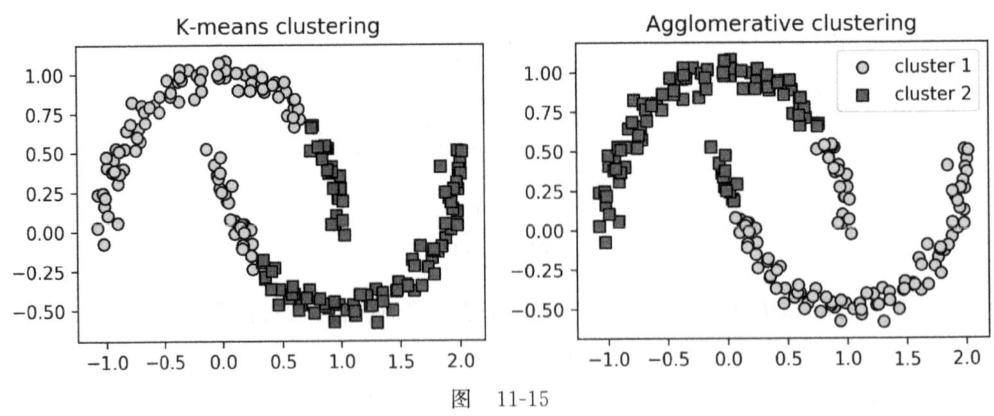

图　11-15

最后，我们尝试采用DBSCAN算法，看它是否能用基于密度的方法分辨出两个半月形集群：

```
>>> from sklearn.cluster import DBSCAN
>>> db = DBSCAN(eps=0.2,
...             min_samples=5,
...             metric='euclidean')
>>> y_db = db.fit_predict(X)
>>> plt.scatter(X[y_db == 0, 0],
...             X[y_db == 0, 1],
...             c='lightblue',
...             edgecolor='black',
...             marker='o',
...             s=40,
...             label='Cluster 1')
>>> plt.scatter(X[y_db == 1, 0],
...             X[y_db == 1, 1],
...             c='red',
...             edgecolor='black',
...             marker='s',
...             s=40,
...             label='Cluster 2')
>>> plt.legend()
>>> plt.tight_layout()
>>> plt.show()
```

DBSCAN 算法可以成功地检测出半月形，这凸显出 DBSCAN 算法的优势：可以完成任意形状的数据聚类，如图 11-16 所示。

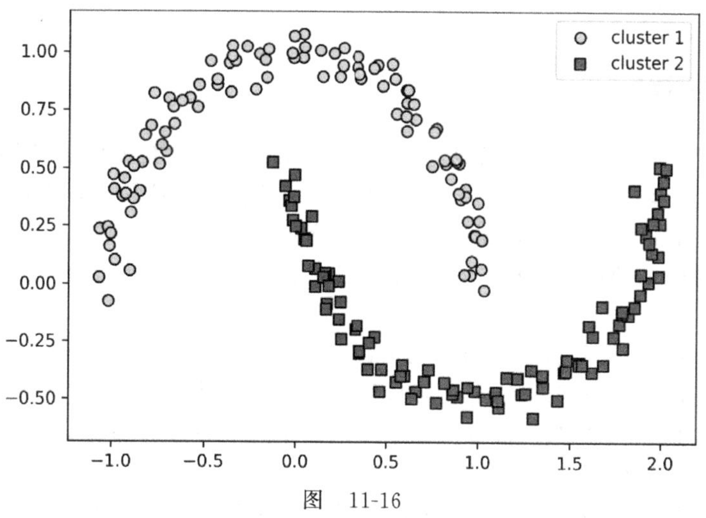

图 11-16

然而，我们要留意 DBSCAN 的一些缺点。假定训练样本的数量保持不变，如果数据集的特征数目增加，**维数诅咒**的副作用就会增大。特别是在使用欧氏距离度量时会出现问题。然而，维数诅咒问题并非只针对 DBSCAN，它也会影响使用欧氏距离度量的其他聚类算法，例如，k-均值和层次聚类算法。另外，需要优化 DBSCAN 的两个超参数(MinPts 和 ε)以获得良好的聚类结果。如果数据集的密度差别相对较大，找到 MinPts 与 ε 的优化组合可能会比较难。

基于图形的聚类

到目前为止，我们已经看到了三种最基本的聚类算法：基于原型的 k-均值聚类、凝聚层次聚类以及基于密度的 DBSCAN 聚类。然而，我想提出本章未讨论过的更高级的第四种聚类算法：**基于图形的聚类**(graph-based clustering)。基于图形的聚类算法家族中最为著名的成员很可能是**谱聚类**(special clustering)算法。

尽管谱聚类有许多不同的实现，但是这些实现的共同点是使用相似矩阵或距离矩阵的特征向量来获得集群之间的关系。因为谱聚类超出了本书的讨论范围，你可以通过学习 Ulrike von Luxburg 的优秀教程，了解更多关于该主题的内容[⊖]。可以免费从 arXiv 网站获得：http://arxiv.org/pdf/0711.0189v1.pdf。

请注意，在实践中，哪种聚类算法在给定的数据集上表现最佳并不总是那么明显，特别是当数据中有很多维度使其很难甚至无法可视化时。另外，成功的聚类不仅仅取决于算法及其超参数。相反，选择合适的距离度量和使用领域知识可能更有助于引导实验设置。

因此，在维数诅咒的背景下，在进行聚类之前应用降维技术很常见。对无监督学习数据集而言，这类降维技术包括在第 5 章中讨论过的主成分分析和 RBF 核主成分分析。另外，把数据集压缩到只有两个维度的情况也特别常见，这使我们可以用二维散点图来可视化集群和分配的标签，对评估聚类结果特别有帮助。

11.4　本章小结

本章学习了三种不同的聚类算法，这有助于发现隐藏在数据中的结构或者信息。从介绍基于原型的 k-均值算法开始，该算法基于指定数量的集群质心，把样本聚类成球形。因为聚类属于无监督学习方法，所以无法依靠标定清楚的分类标签来评估模型性能。因此，采用有内在联系的性能指标，如肘部方法或者轮廓分析法作为试图量化聚类质量的工具。

接着，我们讨论不同的聚类方法，即凝聚层次聚类。层次聚类不要求预先定义集群的数量，而且可以通过树状图完成结果的可视化，这有助于解释聚类的结果。本章最后看到的聚类算法是 DBSCAN，该算法基于本地样本点的密度来聚集，能够处理异常值点并发现非球状分布的集群。

在进入无监督学习领域之后，现在是时候为监督学习引入一些最令人兴奋的机器学习算法：多层人工神经网络。神经网络随着近年来的复兴，再次成为机器学习研究中最热门的话题。由于最近开发的深度学习算法，神经网络被认为是可以完成图像分类和语音识别等复杂任务的最先进的新式工具。在第 12 章中，我们将从零开始构建多层神经网络。在第 13 章中，我们将介绍 Tensor Flow 库，它可以最有效地利用 GPU 训练多层神经网络模型。

⊖ *A tutorial on spectral clustering*, *U. Von Luxburg*, *Statistics and Computing*, 17(4): 395-416, 2007.

从零开始实现多层人工神经网络

正如你所知道的那样，深度学习正逐渐获得越来越广泛的关注，毫无疑问，这是机器学习领域中最热门的话题。可以把深度学习理解为一组专门研发能够最有效地训练多层人工神经网络算法的技术。本章将学习人工神经网络的基本概念，为接下来的章节做好铺垫，下面的章节将介绍基于 Python 的先进深度学习库和**深度神经网络**(Deep Neural Network，DNN)体系结构，它们特别适合图像和文本分析。

本章将主要涵盖下述几个方面：

- 获得对多层神经网络的概念性理解。
- 从零开始实现神经网络训练的基本反向传播算法。
- 训练用于图像分类的基本多层神经网络。

12.1 用人工神经网络建立复杂函数模型

本书第 2 章从人工神经元入手，开始了机器学习算法的探索。人工神经元是本章将要讨论的多层人工神经网络的组成部分。

人工神经网络背后的基本概念是建立在人脑解决复杂问题的假设和模型上。虽然，近几年人工神经网络已经得到广泛普及，但是，早期的神经网络研究却要追溯到 20 世纪 40 年代，在那个时候，Warren McCulloch 和 Walter Pitts 第一次描述了神经元的工作原理[㊀]。

在 20 世纪 50 年代，基于 **McCulloch-Pitts 神经元**模型，我们首次实现了 Rosenblatt 的感知器。然而，在此后的几十年里，因为对多层神经网络的训练没有更好的解决方案，所以许多研究人员和机器学习实践者慢慢开始对神经网络失去了兴趣。1986 年，D. E. Rumelhart、G. E. Hinton 和 R. J. Williams，参与了重新发现和推广用反向传播算法更有效地训练神经网络，最终，人们对神经网络的兴趣被重新点燃，本章将对此做更详细的讨论[㊁]。对**人工智能**(AI)、机器学习和神经网络的历史感兴趣的读者，我们鼓励你阅读维基百科的文章“AI winters”，在这段时间里，大部分的研究社区对神经网络失去了兴趣(https://en.wikipedia.org/wiki/AI_winter)。

然而，过去十年所取得的许多重大突破，使神经网络从未像今天这样倍受欢迎，这也带来了现在被称为深度学习的算法和体系结构，即多层神经网络。神经网络不仅是学术研究的热门话题，也是 Facebook、微软、Amazon、Uber 和谷歌等大型科技公司的聚焦点，它们在人工神经网络和深度学习的研究方面投入了大量的资源。

时至今日，在诸如图像和语音识别等复杂问题的求解中，以深度学习算法为动力的

㊀ *A logical calculus of the ideas immanent in nervous activity*, *W. S. McCulloch* and *W. Pitts*. *The Bulletin of Mathematical Biophysics*, 5(4): 115-133, 1943.

㊁ *Learning representations by back-propagating errors*, *D. E. Rumelhart*, *G. E. Hinton*, *R. J. Williams*, *Nature*, 323 (6088): 533-536, 1986.

复杂神经网络被认为是最先进的技术。关于以深度学习为驱动的产品，谷歌图片搜索和翻译就是日常生活中常见的案例，智能手机的这些应用可以自动识别图像中的文本并实时翻译成20多种语言。

在主流科技公司和医药行业里，我们目前研发了很多令人兴奋的深度神经网络应用，列举部分示例如下：

- Facebook研发的DeepFace专门为图像打标签[一]。
- 百度的DeepSpeech能够处理普通话的语音查询[二]。
- 谷歌的新语言翻译服务[三]。
- 新药发现和毒性预测新技术[四]。
- 皮肤癌检测移动应用的准确度与受过专业训练的皮肤科医生水平相当。[五]
- 根据基因序列预测蛋白质的3D结构[六]。
- 学习如何在交通密集的情况下，根据纯粹的观察数据(例如摄像机视频流)驾驶汽车[七]。

12.1.1　单层神经网络回顾

在本章，我们将讨论多层神经网络的工作原理，以及如何训练它们来解决复杂问题。然而，在深入讨论特定的多层神经网络体系结构之前，我们先简要回顾在第2章中介绍过的一些单层神经网络的概念，即**自适应线性神经元**(Adaline)算法，如图12-1所示。

在第2章中，我们实现了用于二元分类的Adaline，采用梯度下降算法来学习模型的权重系数。我们用下面的规则在训练数据集的每次迭代中更新权重向量$\boldsymbol{w}$：

$$\boldsymbol{w}:=\boldsymbol{w}+\Delta\boldsymbol{w},\quad 其中\ \Delta\boldsymbol{w}=-\eta\nabla J(\boldsymbol{w})$$

换句话说，我们基于整个训练数据集来计算梯度，并通过在梯度相反的方向上退一步来更新模型的权重。通过优化定义为**误差平方和(SSE)**的代价函数$J(\boldsymbol{w})$，来寻找该模型的最优权重。此外，在用梯度乘以**学习速率**η时，我们必须慎重选择该参数以平衡学习速度与全局最小代价函数过度所带来的风险。

在梯度下降的优化过程中，每次迭代都同时更新所有的权重。为权重向量$\boldsymbol{w}$的每个权重元素w_j定义的偏导数如下：

[一] *DeepFace: Closing the Gap to Human-Level Performance in Face Verification*, *Y. Taigman*, *M. Yang*, *M. Ranzato*, and *L. Wolf*, *IEEE Conference on Computer Vision and Pattern Recognition* (*CVPR*), pages 1701-1708, 2014.

[二] *DeepSpeech: Scaling up end-to-end speech recognition*, *A. Hannun*, *C. Case*, *J. Casper*, *B. Catanzaro*, *G. Diamos*, *E. Elsen*, *R. Prenger*, *S. Satheesh*, *S. Sengupta*, *A. Coates*, and *Andrew Y. Ng*, arXiv preprint arXiv: 1412.5567, 2014.

[三] *Google's Neural Machine Translation System: Bridging the Gap between Human and Machine Translation*, arXiv preprint arXiv: 1412.5567, 2016.

[四] *Toxicity prediction using Deep Learning*, *T. Unterthiner*, *A. Mayr*, *G. Klambauer*, and *S. Hochreiter*, arXiv preprint arXiv: 1503.01445, 2015.

[五] *Dermatologist-level classification of skin cancer with deep neural networks*, *A. Esteva*, *B. Kuprel*, *R. A. Novoa*, *J. Ko*, *S. M. Swetter*, *H. M. Blau*, and *S. Thrun*, in *Nature* 542, no. 7639, 2017, pages 115-118.

[六] *De novo structure prediction with deep-learning based scoring*, *R. Evans*, *J. Jumper*, *J. Kirkpatrick*, *L. Sifre*, *T. F. G. Green*, *C. Qin*, *A. Zidek*, *A. Nelson*, *A. Bridgland*, *H. Penedones*, *S. Petersen*, *K. Simonyan*, *S. Crossan*, *D. T. Jones*, *D. Silver*, *K. Kavukcuoglu*, *D. Hassabis*, *and A. W. Senior*, in *Thirteenth Critical Assessment of Techniques for Protein Structure Prediction*, 1-4 December, 2018.

[七] *Model-predictive policy learning with uncertainty regularization for driving in dense traffic*, *M. Henaff*, *A. Canziani*, *Y. LeCun*, 2019, in *Conference Proceedings of the International Conference on Learning Representations*, *ICLR*, 2019.

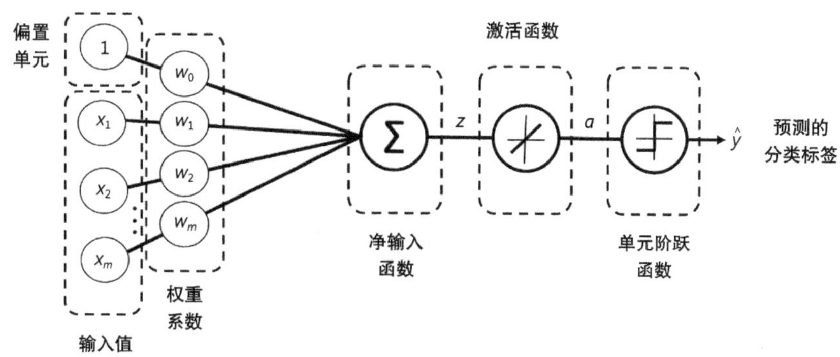

图　12-1

$$\frac{\partial}{\partial w_j} J(\boldsymbol{w}) = -\sum_i (y^{(i)} - a^{(i)}) x_j^{(i)}$$

这里，$y^{(i)}$为特定样本 $x^{(i)}$的目标分类标签，$a^{(i)}$为神经元的激活值，是 Adaline 特例的线性函数。另外，我们定义激活函数 $\phi(\cdot)$如下：

$$\phi(z) = z = a$$

这里，净输入 z 是连接输入层到输出层的权重的线性组合：

$$z = \sum_j w_j x_j = \boldsymbol{w}^{\mathrm{T}} \boldsymbol{x}$$

我们用激活 $\Phi(z)$来计算梯度更新，通过实现的阈值函数把连续值预测的输出转换为预测的二元分类标签：

$$\hat{y} = \begin{cases} 1, & \text{如果}(z) \geqslant 0 \\ -1, & \text{否则} \end{cases}$$

单层命名规则

值得注意的是，虽然 Adaline 由输入层和输出层组成，但被称为单层网络，因为在输入层和输出层之间存在着单链接。

此外，我们还学习了一些加速模型学习的技巧，即所谓的**随机梯度下降**(SGD)优化算法。随机梯度下降的成本，接近单训练样本(在线学习)或小规模训练样本子集(小批量学习)的成本。本章稍后，我们将用这个概念来实现和训练**多层感知器**(MLP)。与梯度下降相比，更频繁的权重更新加快了学习速度，除此以外，在通过非线性激活函数(无凸代价函数)训练多层神经网络时，我们认为噪声也是有益的。增加的噪声将有助于避免局部代价极小化，我们将在本章稍后更详细地讨论该主题。

12.1.2　多层神经网络体系结构简介

本节将学习如何将多个单神经元连接到多层前馈神经网络。这种特殊类型的全连接网络也被称为 MLP。图 12-2 展示了三层 MLP 的概念。

图 12-2 描述的 MLP 有一个输入层、一个隐藏层和一个输出层。隐藏层中的单元全连接到输入层，同时输出层全连接到隐藏层。如果这样的网络有一个以上的隐藏层，我们也称之为**深度人工神经网络**。

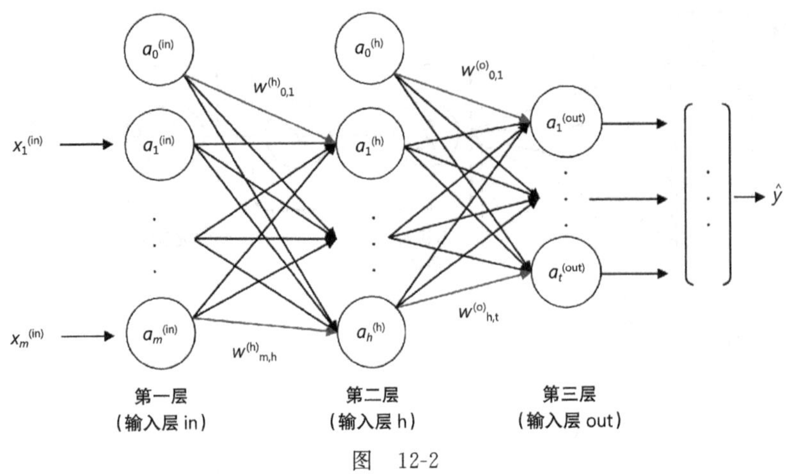

图　12-2

增加额外的隐藏层

可以为 MLP 添加任意数量的隐藏层，以创建更深的网络体系结构。实际上，可以把神经网络的层数和单元数作为要优化的额外超参数，对该问题将采用在第 6 章中讨论过的交叉验证技术。

然而因为网络中加入了更多层，所以通过反向传播计算的误差梯度将越来越小。这个梯度消失问题使模型学习更具挑战性。因此，研发了专门的算法来帮助训练这种深度神经网络，这就是所谓的**深度学习**。

图 12-2 用 $a_i^{(l)}$ 来表示第 I 层的第 i 个激活单元。为了使数学和代码实现更直观，我们将不用数值来表示各层，而用 in 上标表示输入层，h 上标表示隐藏层，out 上标表示输出层。例如，$a_i^{(in)}$ 指输入层的第 i 个数值，$a_i^{(h)}$ 指隐藏层的第 i 个数值，$a_i^{(out)}$ 指输出层的第 i 个数值。这里激活单元 $a_0^{(in)}$ 和 $a_0^{(h)}$ 为偏置单元，定义为 1。输入层的激活单元只是输入单元加上偏置单元：

$$\boldsymbol{a}^{(n)}=\begin{bmatrix}a_0^{(in)}\\a_1^{(in)}\\\vdots\\a_m^{(in)}\end{bmatrix}=\begin{bmatrix}1\\x_1^{(in)}\\\vdots\\x_m^{(in)}\end{bmatrix}$$

偏置单元命名规则

本章后面将用偏置单元的独立向量实现多层感知器，这可以使代码的实现更高效而且更易于阅读。这个概念也被用于 TensorFlow(深度学习库)，第 13 章将对此进行讨论。然而如果必须为偏置增加额外的变量，那么随之而来的数学方程式会显得错综复杂。但是，请注意，通过对输入向量加上 1 的计算(如前面所示)和使用权重变量作为偏置与单独的偏置向量操作完全相同，它仅仅是不同的约定。

l 层中的每个单元通过权重系数与 $l+1$ 层中的所有单元连接。例如 l 层中的第 k 个单元与 $l+1$ 层中的第 j 个单元之间的连接可以表示为：$w_{k,j}^{(l)}$。回顾前面的图，我们把连接输入层到隐藏层的权重矩阵表示为 $\boldsymbol{W}^{(h)}$，把连接隐藏层到输出层的矩阵表示为 $\boldsymbol{W}^{(out)}$。

虽然输出层中的一个单元就足以满足二元分类任务，但是从前面的图中我们可以看到一个更普通的神经网络形式，它允许使用**一对多**(OvA)的泛化技术来完成多元分类任务。为了更好地理解其工作原理，请记住我们在第 4 章中介绍的独热分类变量表达。

例如可以采用熟悉的鸢尾花数据集的三个分类标签(0=Setosa，1=Versicolor，2=Virginica)：

$$0=\begin{bmatrix}1\\0\\0\end{bmatrix},\quad 1=\begin{bmatrix}0\\1\\0\end{bmatrix},\quad 2=\begin{bmatrix}0\\0\\1\end{bmatrix}$$

独热向量表达可以处理在训练数据集中有任意数量独立标签的分类任务。

如果你刚接触神经网络的表达方式，那么索引符号(下标和上标)乍看起来可能有点儿乱。那些初期看起来也许过于复杂的东西，在以后的章节中，当我们用向量化神经网络表达时就会更有意义。如前面介绍的那样，我们用矩阵 $\boldsymbol{W}^{(h)}\in\mathbb{R}^{m\times d}$ 来概括地表达连接输入层和隐藏层的权重，d 为隐藏层的单元数量，m 为输入层单元(包括偏置单元)的数量。把这些符号铭记于心对于我们继续学习后面的概念很重要，图 12-3 展示了前面介绍过的简化的 3-4-3 多层感知器。

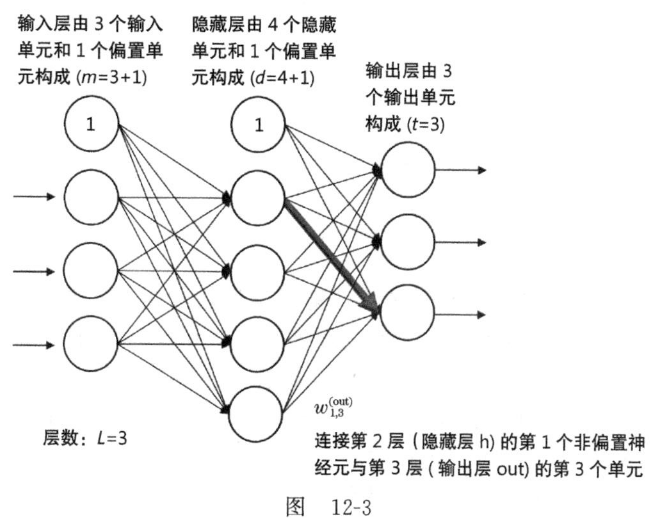

图　12-3

12.1.3　利用正向传播激活神经网络

本节将描述计算 MLP 模型输出的正向传播过程。为了理解为什么它能适合学习 MLP 模型，把 MLP 的学习过程总结为下述三个简单步骤：

1) 从输入层开始，通过网络正向传播训练数据的模式以生成输出。

2) 基于网络的输出，用稍后即将描述的代价函数来计算想要最小化的误差。

3) 反向传播误差，匹配网络中相应的权重结果并更新模型。

最后，在上述三个步骤经过多次迭代并学习了 MLP 权重之后，用正向传播计算网络输出，并用阈值函数以前面描述的独热表达方式获得预测的分类标签。

让我们详细解释正向传播输出训练数据模式的各个步骤。由于隐藏层中的每个单元都与输入层中的所有单元相连接，因此首先对隐藏层的激活单元 $a_1^{(h)}$ 进行计算：

$$z_1^{(h)}=a_0^{(in)}w_{0,1}^{(h)}+a_1^{(in)}w_{1,1}^{(h)}+\cdots+a_m^{(in)}w_{m,1}^{(h)}$$

$$a_1^{(h)}=\phi(z_1^{(h)})$$

这里 $z_1^{(h)}$ 为净输入，$\phi(\cdot)$为激活函数，要以基于梯度的方法学习与神经元连接的权重，则该函数必须可微。为了能解决诸如图像分类这种复杂的问题，需要 MLP 模型中存在非线性激活函数，例如 sigmoid(逻辑)激活函数，回顾一下第 3 章中讨论过的逻辑回归部分：

$$\phi(z)=\frac{1}{1+e^{-z}}$$

如前所述，sigmoid 形函数是一条 S 状曲线，它将净输入 z 映射到在 0 到 1 区间的逻辑分布，在 $z=0$ 处切割 y 轴，如图 12-4 所示。

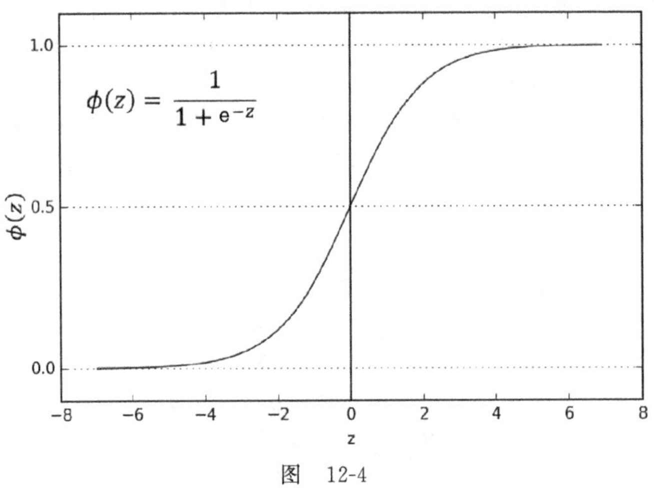

图　12-4

MLP 是前馈人工神经网络的典型例子。**前馈**一词指的是每一层的输出作为下一层的输入而且不循环，与本章后面将要讨论的循环神经网络相反，在第 16 章中，我们将对此进行更详细的讨论。*多层感知器*一词听起来可能有些不够贴切，因为这种网络体系结构的人工神经元通常并不是感知器，而是 sigmoid 单元。直观上说，可以把 MLP 中的神经元看作是逻辑回归单元，其返回值在 0 和 1 之间的连续范围内。

考虑到代码效率和可读性，我们将用线性代数的基本概念以更紧凑的形式表示激活，我们可以用 NumPy 向量化代码来实现，这比计算成本昂贵的 Python 多嵌套循环要好得多：

$$\boldsymbol{z}^{(h)}=\boldsymbol{a}^{(in)}\boldsymbol{W}^{(h)}$$

$$\boldsymbol{a}^{(h)}=\phi(\boldsymbol{z}^{(h)})$$

在这里，$\boldsymbol{a}^{(in)}$为样本 $\boldsymbol{x}^{(in)}$ 的 $1\times m$ 维特征向量再加上偏置单元。$\boldsymbol{W}^{(h)}$ 为 $m\times d$ 维权重矩阵，d 为隐藏层单元的个数。在完成矩阵-向量计算之后，得到 $1\times d$ 维净输入向量 $\boldsymbol{z}^{(h)}$ 用以计算激活值 $\boldsymbol{a}^{(h)}$ ($\boldsymbol{a}^{(h)}\in\mathbb{R}^{1\times d}$)。

我们可以进一步把这种计算推广到训练数据集的所有 n 个样本。

$$\boldsymbol{Z}^{(h)}=\boldsymbol{A}^{(h)}\boldsymbol{W}^{(h)}$$

这里，$\boldsymbol{A}^{(in)}$ 为 $n\times m$ 矩阵，矩阵相乘的结果为 $n\times d$ 维的净输入矩阵 $\boldsymbol{Z}^{(h)}$。最后用激活函数 $\phi(\cdot)$计算净输入矩阵中的每个值，从而得到下一层 $n\times d$ 维的激活矩阵 $\boldsymbol{A}^{(h)}$(这里是输出层)：

$$\boldsymbol{A}^{(h)}=\phi(\boldsymbol{Z}^{(h)})$$

类似地，我们可以把多个样本的输出层激活值的计算表达为向量形式：

$$\boldsymbol{Z}^{(\text{out})}=\boldsymbol{A}^{(\text{h})}\boldsymbol{W}^{(\text{out})}$$

这里，用 $d\times t$ 矩阵（t 为数据单元的个数）$\boldsymbol{W}^{(\text{out})}$ 乘以 $n\times d$ 维矩阵 $\boldsymbol{A}^{(\text{h})}$，以获得 $n\times t$ 维的矩阵 $\boldsymbol{Z}^{(\text{out})}$（该矩阵的列代表每个样本的输出）。最后，调用 sigmoid 激活函数来获得网络的连续值输出。

$$\boldsymbol{A}^{(\text{out})}=\phi(\boldsymbol{Z}^{(\text{out})}),\quad \boldsymbol{A}^{(\text{out})}\in\mathbb{R}^{n\times t}$$

12.2 识别手写数字

在上一节中，我们介绍了很多关于神经网络的理论，如果初次接触这个主题可能会有点儿不知所措。在继续讨论和学习 MLP 模型的权重和反向传播算法之前，让我们暂时把理论先放在一边，看看实践中的神经网络。

关于反向传播的更多资料

神经网络理论可能相当复杂，因此我想推荐另外两篇文献，它们对本章所讨论的一些概念做了更详细的阐述：

- *Chapter 6*, *Deep Feedforward Networks*, *Deep Learning*, *I. Goodfellow*, *Y. Bengio*, and *A. Courville*, MIT Press, 2016。（可以从 http://www.deeplearningbook.org 免费获得手稿。）
- *Pattern Recognition and Machine Learning*, *C. M. Bishop* and others, Volume 1. *Springer New York*, 2006。
- 威斯康星大学麦迪逊分校的深度学习课程讲义：

1. https://sebastianraschka.com/pdf/lecture-notes/stat479ss19/L08_logistic_slides.pdf。
2. https://sebastianraschka.com/pdf/lecture-notes/stat479ss19/L09_mlp_slides.pdf。

本节我们将实现并训练第一个多层神经网络，并用它来对常用的手写数字数据集 MNIST（Mixed National Institute of Standards and Technology）进行分类，该数据集是由 Yann LeCun 等人构建的，是机器学习算法的常用基准数据集。[⊖]

12.2.1 获取并准备 MNIST 数据集

可以从公开网站 http://yann.lecun.com/exdb/mnist/获得 MNIST 数据集，它包括以下四个部分

- **训练数据集图像**：train-images-idx3-ubyte.gz（9.9MB，解压后 47MB，6 万样本）。
- **训练数据集标签**：train-labels-idx1-ubyte.gz（29KB，解压后 60KB，6 万标签）。
- **测试数据集图像**：t10k-images-idx3-ubyte.gz（1.6MB，解压后 7.8MB，1 万样本）。
- **测试数据集标签**：t10k-labels-idx1-ubyte.gz（5KB，解压后 10KB，1 万标签）。

MNIST 数据集来自 NIST（**美国国家标准与技术研究院**）的两个数据集。训练数据集

⊖ *Gradient-Based Learning Applied to Document Recognition*, *Y. LeCun*, *L. Bottou*, *Y. Bengio*, and *P. Haffner*, *Proceedings of the IEEE*, 86(11): 2278-2324, *November* 1998。

包含了250个人的手写数字，其中50%为高中学生，另外50%为人口普查局职员。请注意，测试数据集包含同样比例构成的不同人的手写数字。

在下载该文件之后，为了快捷起见，我们建议从Unix或Linux终端上用gzip工具解压，在本地的MNIST目录下，执行以下的命令解压：

```
gzip *ubyte.gz -d
```

如果用微软Windows的计算机，我们也可以选择自己喜欢的解压工具。

图像以字节格式存储，会被读进NumPy数组里，然后用MLP算法来训练和测试。为了做到这一点，需要定义以下的辅助函数：

```
import os
import struct
import numpy as np

def load_mnist(path, kind='train'):
    """Load MNIST data from 'path'"""
    labels_path = os.path.join(path,
                               '%s-labels-idx1-ubyte' % kind)
    images_path = os.path.join(path,
                               '%s-images-idx3-ubyte' % kind)

    with open(labels_path, 'rb') as lbpath:
        magic, n = struct.unpack('>II',
                                 lbpath.read(8))
        labels = np.fromfile(lbpath,
                             dtype=np.uint8)

    with open(images_path, 'rb') as imgpath:
        magic, num, rows, cols = struct.unpack(">IIII",
                                               imgpath.read(16))
        images = np.fromfile(imgpath,
                             dtype=np.uint8).reshape(
                             len(labels), 784)
        images = ((images / 255.) - .5) * 2

    return images, labels
```

调用load_mnist函数将返回两个数组，第一个是$n \times m$维的NumPy数组(images)，其中n为样本数，m为特征数(在这里是像素)。训练数据集由6万个训练数字组成，测试数据集包含1万个样本。

MNIST数据集的图像由28×28像素组成，每个像素由灰度值表示。我们把28×28的像素展开为一维行向量，代表images数组的行(784个行或图像)。调用load_mnist函数返回第二个数组(labels)，包含相应的目标变量和手写数字分类标签(整数0～9)。

读入图像的方式初看起来似乎有点奇怪：

```
magic, n = struct.unpack('>II', lbpath.read(8))
labels = np.fromfile(lbpath, dtype=np.uint8)
```

要理解上面这两行代码，就必须先了解MNIST网站对该数据的描述：

```
[offset] [type]          [value]           [description]
0000     32 bit integer  0x00000801(2049)  magic number (MSB first)
0004     32 bit integer  60000             number of items
```

```
0008       unsigned byte    ??                label
0009       unsigned byte    ??                label
........
xxxx       unsigned byte    ??                label
```

前面两行代码首先读入奇妙的数字，该数字描述文件缓存中的协议和样本个数(n)，调用 fromfile 方法把下面的字节读入 NumPy 数组，然后再把参数 fmt 的值'> II'传递给 struct.unpack，该参数值包含以下两个部分：

- > ：这是大端字节序，它定义了一串字节的存储顺序；如果你对术语大端和小端不熟悉，可以参考维基百科关于此术语的一篇优秀文章：https://en.wikipedia.org/wiki/Endianness。
- I：代表无符号整数。

最后，通过执行以下的代码，把 MNIST 中的像素值归一化为－1 和 1 之间的数值(原来为 0 至 255)：

```
images = ((images / 255.) - .5) * 2
```

背后的原因是基于梯度的优化在第 2 章中所讨论的这些条件下更为稳定。请注意，逐个像素缩放图像与前几章中采用的特征缩放方法有所不同。

在此之前，我们从训练数据集中导出缩放参数，然后用该参数对训练数据集和测试数据集中的每列进行缩放。但在处理图像像素时，我们把数据的中心置于零，同时将它们缩放到[－1，1]区间，该方法在实践中很常见而且行之有效。

归一化批处理

近期开发的另一种通过输入缩放来提高基于梯度优化的收敛技术是归一化批处理，这是本书不涉及的一个高级主题。但是，如果你对深度学习的研究与应用感兴趣，我们强烈建议你阅读更多关于归一化批处理的内容，如一篇优秀的研究论文(*Batch Normalization：Accelerating Deep Network Training by Reducing Internal Covariate Shift* by *Sergey Ioffe* and *Christian Szegedy*，2015，https://arxiv.org/abs/1502.03167)。

执行下面的示例代码，我们将从本地目录解压 MNIST 数据集，加载 60 000 个训练样本以及 10 000 个测试样本(下面的代码片段假定下载的 MNIST 文件被解压到与代码相同的目录下)：

```
>>> X_train, y_train = load_mnist('', kind='train')
>>> print('Rows: %d, columns: %d'
...       % (X_train.shape[0], X_train.shape[1]))
Rows: 60000, columns: 784

>>> X_test, y_test = load_mnist('', kind='t10k')
>>> print('Rows: %d, columns: %d'
...       % (X_test.shape[0], X_test.shape[1]))
Rows: 10000, columns: 784
```

调用 Matplotlib 的 imshow 函数，可以把拥有 784 个像素的向量特征矩阵变换回原来的 28×28 图像，图示出数字 0～9 的样本，让我们来看看 MNIST 数据集中这些图像的样子：

```
>>> import matplotlib.pyplot as plt

>>> fig, ax = plt.subplots(nrows=2, ncols=5,
...                        sharex=True, sharey=True)
>>> ax = ax.flatten()
>>> for i in range(10):
...     img = X_train[y_train == i][0].reshape(28, 28)
...     ax[i].imshow(img, cmap='Greys')

>>> ax[0].set_xticks([])
>>> ax[0].set_yticks([])
>>> plt.tight_layout()
>>> plt.show()
```

我们现在可以看到一个 2×5 的图集，它显示出每个独立数字的代表性图像，如图 12-5 所示。

另外，我们也可以画出同一数字的多个样本，来比较这些笔迹到底有多大差异：

```
>>> fig, ax = plt.subplots(nrows=5,
...                        ncols=5,
...                        sharex=True,
...                        sharey=True)
>>> ax = ax.flatten()
>>> for i in range(25):
...     img = X_train[y_train == 7][i].reshape(28, 28)
...     ax[i].imshow(img, cmap='Greys')
>>> ax[0].set_xticks([])
>>> ax[0].set_yticks([])
>>> plt.tight_layout()
>>> plt.show()
```

执行代码，现在我们应该能看到数字 7 的前 25 个变体，如图 12-6 所示。

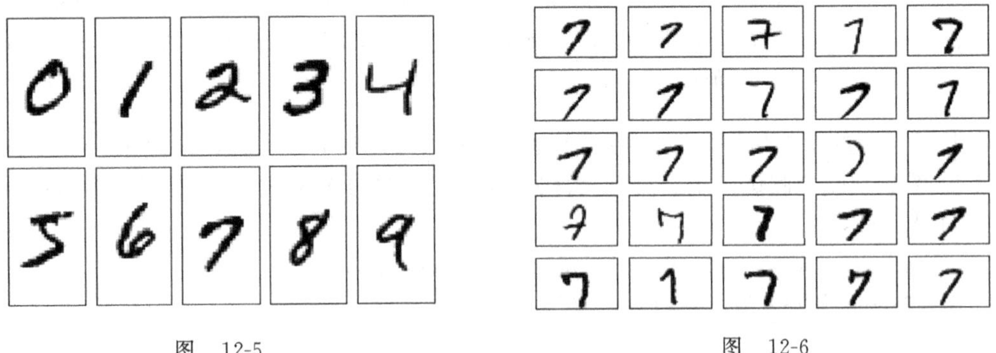

图 12-5　　　　图 12-6

在完成前面所有的步骤之后，我们建议你把缩放后的图像以某种格式保存起来，这样我们可以避免再次花时间和精力去读取和处理数据，以便能更快地把数据加载到新的 Python 会话。在本地磁盘保存 NumPy 多维数组的一个方便而有效的方法是调用 savez 函数，你可以在 https://docs.scipy.org/doc/numpy/reference/generated/numpy.savez.html 找到该函数的官方文档。

总之，savez 函数与第 9 章中用到的 Python pickle 模块类似，但是为了能够存储 NumPy 数组，我们对其进行了优化。savez 函数输出压缩过的归档数据，所产生的 .npz文件也包含 .npy 格式的文件。如果想了解更多关于该文件格式的信息，你可以从下述网站找到关于 NumPy 文件更详细的解释，其中包括了有关利弊的讨论：https://docs.scipy.org/doc/numpy/neps/npy-format.html。另外 savez_compressed 与 savez 的用法相同，但是输出的文件被压缩得更小(大约是 22MB 与 440MB 的差别)。下面的示例代码片段将把训练数据集和测试数据集存储到归档文件 mnist_scaled.npz：

```
>>> import numpy as np

>>> np.savez_compressed('mnist_scaled.npz',
...                     X_train=X_train,
...                     y_train=y_train,
...                     X_test=X_test,
...                     y_test=y_test)
```

产生.npz 文件后，你可以调用 NumPy 的 load 函数加载预处理后的 MNIST 图像数组：

```
>>> mnist = np.load('mnist_scaled.npz')
```

现在 mnist 变量指向一个的对象，该对象可访问在调用 savez_compressed 函数时所提供的四个关键参数相对应的四个数组。这些输入数组存储在对象 mnist 的 files 属性列表：

```
>>> mnist.files
['X_train', 'y_train', 'X_test', 'y_test']
```

例如，我们可以通过下述方式访问 X_train 数组(与 Python 字典类似)，把训练数据加载到现在的 Python 会话：

```
>>> X_train = mnist['X_train']
```

通过穷举列表，可以访问如下所有四个数组：

```
>>> X_train, y_train, X_test, y_test = [mnist[f] for
...                                     f in mnist.files]
```

请注意，处理 np.savez_compressed 和 np.load 的示例与执行本章的其他代码并无绝对关系，仅仅是为了演示如何能方便且有效地存储和加载 NumPy 数组。

用 scikit-learn 加载 MNIST 数据集

现在，我们可以用 scikit-learn 新的 fetch_openml 函数，更方便地加载 MNIST 数据集。例如，你可以使用以下代码从 https://www.openml.org/d/554 获取数据集，创建 50 000 个样本的训练数据集和 10 000 个样本的测试数据集。

```
>>> from sklearn.datasets import fetch_openml
>>> from sklearn.model_selection import train_test_
split
>>> X, y = fetch_openml('mnist_784', version=1,
...                     return_X_y=True)
>>> y = y.astype(int)
>>> X = ((X / 255.) - .5) * 2
>>> X_train, X_test, y_train, y_test =\
...  train_test_split(
...     X, y, test_size=10000,
...     random_state=123, stratify=y)
```

请注意，MNIST 记录在训练和测试数据集中的分布将不同于本节中概述的手工方法。因此，如果使用 fetch_openml 和 train_test_split 函数加载数据集，那么在后续各节中将会看到稍微不同的结果。

12.2.2　实现一个多层感知器

在本小节中，我们将实现一个多层感知器(MLP)，它涉及一个输入层、一个隐藏层和一个输出层，用于识别 MNIST 数据集中的图像。我们将会尽可能保持代码的简单易懂。但是，这部分初看起来可能会有些复杂，但是我鼓励读者从 Packt 出版社或者 GitHub 的官网(https://github.com/rasbt/python-machine-learning-book-3rd-edition)直接下载本章的示例代码，这样就可以通过代码注释和语法解释来更好地理解 MLP 的实现逻辑。

如果执行代码时没有 Jupyter Notebook 所附带的文件或者无法上网，我建议把本章 NeuralNetMLP 的代码复制到当前工作目录下的 Python 脚本文件(例如 neuralnet.py)然后再执行下述命令把数据导入当前的 Python 会话：

```
from neuralnet import NeuralNetMLP
```

代码将包含部分我们尚未讨论过的内容，例如反向传播算法，但是大部分内容应该基于第 2 章中的 Adaline 实现，以及前面有关正向传播的讨论。

如果对有些代码不太明白，请你别太担心，本章后面将会跟进解释。然而，在这个阶段，浏览这些代码可以更容易理解本章后面的理论。

下述代码是多层感知器的具体实现：

```
import numpy as np
import sys

class NeuralNetMLP(object):
    """ Feedforward neural network / Multi-layer perceptron
classifier.


    Parameters
    ------------
    n_hidden : int (default: 30)
        Number of hidden units.
    l2 : float (default: 0.)
        Lambda value for L2-regularization.
        No regularization if l2=0. (default)
    epochs : int (default: 100)
        Number of passes over the training set.
    eta : float (default: 0.001)
        Learning rate.
    shuffle : bool (default: True)
        Shuffles training data every epoch
        if True to prevent circles.
    minibatch_size : int (default: 1)
        Number of training examples per minibatch.
    seed : int (default: None)
        Random seed for initializing weights and shuffling.

    Attributes
    -----------
    eval_ : dict
        Dictionary collecting the cost, training accuracy,
```

```
        and validation accuracy for each epoch during training.

    """
    def __init__(self, n_hidden=30,
                 l2=0., epochs=100, eta=0.001,
                 shuffle=True, minibatch_size=1, seed=None):

        self.random = np.random.RandomState(seed)
        self.n_hidden = n_hidden
        self.l2 = l2
        self.epochs = epochs
        self.eta = eta
        self.shuffle = shuffle
        self.minibatch_size = minibatch_size

    def _onehot(self, y, n_classes):
        """Encode labels into one-hot representation

        Parameters
        ------------
        y : array, shape = [n_examples]
            Target values.

        Returns
        -----------
        onehot : array, shape = (n_examples, n_labels)

        """
        onehot = np.zeros((n_classes, y.shape[0]))
        for idx, val in enumerate(y.astype(int)):
            onehot[val, idx] = 1.
        return onehot.T

    def _sigmoid(self, z):
        """Compute logistic function (sigmoid)"""
        return 1. / (1. + np.exp(-np.clip(z, -250, 250)))

    def _forward(self, X):
        """Compute forward propagation step"""

        # step 1: net input of hidden layer
        # [n_examples, n_features] dot [n_features, n_hidden]
        # -> [n_examples, n_hidden]
        z_h = np.dot(X, self.w_h) + self.b_h

        # step 2: activation of hidden layer
        a_h = self._sigmoid(z_h)

        # step 3: net input of output layer
        # [n_examples, n_hidden] dot [n_hidden, n_classlabels]
        # -> [n_examples, n_classlabels]

        z_out = np.dot(a_h, self.w_out) + self.b_out
        # step 4: activation output layer
        a_out = self._sigmoid(z_out)
```

```
        return z_h, a_h, z_out, a_out

    def _compute_cost(self, y_enc, output):
        """Compute cost function.

        Parameters
        ----------
        y_enc : array, shape = (n_examples, n_labels)
            one-hot encoded class labels.
        output : array, shape = [n_examples, n_output_units]
            Activation of the output layer (forward propagation)

        Returns
        ---------
        cost : float
            Regularized cost

        """
        L2_term = (self.l2 *
                   (np.sum(self.w_h ** 2.) +
                    np.sum(self.w_out ** 2.)))

        term1 = -y_enc * (np.log(output))
        term2 = (1. - y_enc) * np.log(1. - output)
        cost = np.sum(term1 - term2) + L2_term
        return cost

    def predict(self, X):
        """Predict class labels

        Parameters
        -----------
        X : array, shape = [n_examples, n_features]
            Input layer with original features.

        Returns:
        ----------
        y_pred : array, shape = [n_examples]
            Predicted class labels.

        """
        z_h, a_h, z_out, a_out = self._forward(X)
        y_pred = np.argmax(z_out, axis=1)
        return y_pred

    def fit(self, X_train, y_train, X_valid, y_valid):
        """ Learn weights from training data.

        Parameters
        -----------
        X_train : array, shape = [n_examples, n_features]
            Input layer with original features.
        y_train : array, shape = [n_examples]
            Target class labels.
        X_valid : array, shape = [n_examples, n_features]
            Sample features for validation during training
```

```
y_valid : array, shape = [n_examples]
    Sample labels for validation during training

Returns:
----------
self

"""
n_output = np.unique(y_train).shape[0] # no. of class
                                        #labels
n_features = X_train.shape[1]

########################
# Weight initialization
########################

# weights for input -> hidden
self.b_h = np.zeros(self.n_hidden)
self.w_h = self.random.normal(loc=0.0, scale=0.1,
                              size=(n_features,
                                    self.n_hidden))

# weights for hidden -> output
self.b_out = np.zeros(n_output)
self.w_out = self.random.normal(loc=0.0, scale=0.1,
                                size=(self.n_hidden,
                                      n_output))

epoch_strlen = len(str(self.epochs)) # for progr. format.
self.eval_ = {'cost': [], 'train_acc': [], 'valid_acc': \
              []}

y_train_enc = self._onehot(y_train, n_output)

# iterate over training epochs
for i in range(self.epochs):

    # iterate over minibatches
    indices = np.arange(X_train.shape[0])

    if self.shuffle:
        self.random.shuffle(indices)

    for start_idx in range(0, indices.shape[0] -\
                           self.minibatch_size +\
                           1, self.minibatch_size):
        batch_idx = indices[start_idx:start_idx +\
                            self.minibatch_size]

        # forward propagation
        z_h, a_h, z_out, a_out = \
            self._forward(X_train[batch_idx])

        ##################
        # Backpropagation
        ##################
```

```
            # [n_examples, n_classlabels]
            delta_out = a_out - y_train_enc[batch_idx]

            # [n_examples, n_hidden]
            sigmoid_derivative_h = a_h * (1. - a_h)

            # [n_examples, n_classlabels] dot [n_classlabels,
            #                                  n_hidden]
            # -> [n_examples, n_hidden]
            delta_h = (np.dot(delta_out, self.w_out.T) *
                       sigmoid_derivative_h)

            # [n_features, n_examples] dot [n_examples,
            #                               n_hidden]
            # -> [n_features, n_hidden]
            grad_w_h = np.dot(X_train[batch_idx].T, delta_h)
            grad_b_h = np.sum(delta_h, axis=0)

            # [n_hidden, n_examples] dot [n_examples,
            #                             n_classlabels]
            # -> [n_hidden, n_classlabels]
            grad_w_out = np.dot(a_h.T, delta_out)
            grad_b_out = np.sum(delta_out, axis=0)

            # Regularization and weight updates
            delta_w_h = (grad_w_h + self.l2*self.w_h)
            delta_b_h = grad_b_h # bias is not regularized
            self.w_h -= self.eta * delta_w_h
            self.b_h -= self.eta * delta_b_h

            delta_w_out = (grad_w_out + self.l2*self.w_out)
            delta_b_out = grad_b_out # bias is not regularized
            self.w_out -= self.eta * delta_w_out
            self.b_out -= self.eta * delta_b_out

        #############
        # Evaluation
        #############

        # Evaluation after each epoch during training
        z_h, a_h, z_out, a_out = self._forward(X_train)

        cost = self._compute_cost(y_enc=y_train_enc,
                                  output=a_out)

        y_train_pred = self.predict(X_train)
        y_valid_pred = self.predict(X_valid)

        train_acc = ((np.sum(y_train ==
                      y_train_pred)).astype(np.float) /
                     X_train.shape[0])
        valid_acc = ((np.sum(y_valid ==
                      y_valid_pred)).astype(np.float) /
                     X_valid.shape[0])
```

```
                sys.stderr.write('\r%0*d/%d | Cost: %.2f '
                                 '| Train/Valid Acc.: %.2f%%/%.2f%% '
                                 %
                                 (epoch_strlen, i+1, self.epochs,
                                  cost,
                                  train_acc*100, valid_acc*100))
                sys.stderr.flush()

                self.eval_['cost'].append(cost)
                self.eval_['train_acc'].append(train_acc)
                self.eval_['valid_acc'].append(valid_acc)

            return self
```

执行示例代码，我们可以初始化一个 784-100-10 的 MLP，该神经网络包含 784 个输入单元(n_features)、100 个隐藏单元(n_hidden)，以及 10 个输出单元(n_output)：

```
>>> nn = NeuralNetMLP(n_hidden=100,
...                   l2=0.01,
...                   epochs=200,
...                   eta=0.0005,
...                   minibatch_size=100,
...                   shuffle=True,
...                   seed=1)
```

如果你读过 NeuralNetMLP 代码，现在可能已经猜到这些参数的作用了。下面是对这些参数的简短摘要。

- l2：L2 正则化的参数 λ，用于减少过拟合的机会。
- epochs：训练数据集的迭代次数。
- eta：学习速率 η。
- shuffle：为了避免算法陷入循环而定义的迭代前洗牌。
- seed：用于洗牌和初始化权重的随机种子。
- minibatch_size：在随机梯度下降的过程中，训练数据集在每次迭代中被分裂成小批次，而每个小批次所包含的训练样本个数被定义为 minibatch_size。为了更快地学习，我们不计算全部训练数据的梯度，而单独计算每个小批次的梯度。

接着，我们用 55 000 个洗过牌的 MNIST 样本来训练 MLP，把剩余的 5000 个样本留下，用于训练期间的验证过程。请注意，在标准的台式计算机上训练神经网络可能需要耗时 5 分钟。

从前面的代码中你可能已经注意到，我们实现了 fit 方法，它有四个输入参数：训练图像、训练标签、验证图像和验证标签。在神经网络训练中，比较训练和验证的准确率非常有用，在给定体系结构和超参数的情况下，它有助于我们判断神经网络模型是否运行良好。例如，如果我们观察到训练和验证的准确率较低，那说明训练数据集可能存在问题，或者超参数设置得不理想。如果训练和验证准确率之间相差较大，则表明模型可能过拟合了训练数据集，因此我们希望减少模型中的参数数量或增加正则化强度。如果训练和验证的准确率都很高，那么该模型对新数据(例如用于最终评估模型的测试数据集)的泛化性能可能很好。

一般来说，与前面讨论过的其他模型相比，训练深度神经网络的计算成本相对比较高。因此，在某些情况下，我们要提早终止训练，并且设置不同的超参数重新开始。另外，如果发现在训练数据上有过拟合的倾向(观察到训练和验证数据集之间的性能差距越来越大)，那可能就要提早停止训练。

执行以下的示例代码开始我们的训练过程：

```
>>> nn.fit(X_train=X_train[:55000],
...        y_train=y_train[:55000],
...        X_valid=X_train[55000:],
...        y_valid=y_train[55000:])
200/200 | Cost: 5065.78 | Train/Valid Acc.: 99.28%/97.98%
```

在实现 NeuralNetMLP 的过程中，我们还定义了 eval_属性，用它来收集每次迭代的代价、训练和验证准确率，因此可以用 Matplotlib 来完成结果的可视化：

```
>>> import matplotlib.pyplot as plt
>>> plt.plot(range(nn.epochs), nn.eval_['cost'])
>>> plt.ylabel('Cost')
>>> plt.xlabel('Epochs')
>>> plt.show()
```

上面的代码在图 12-7 中绘出了 200 次迭代的代价情况。

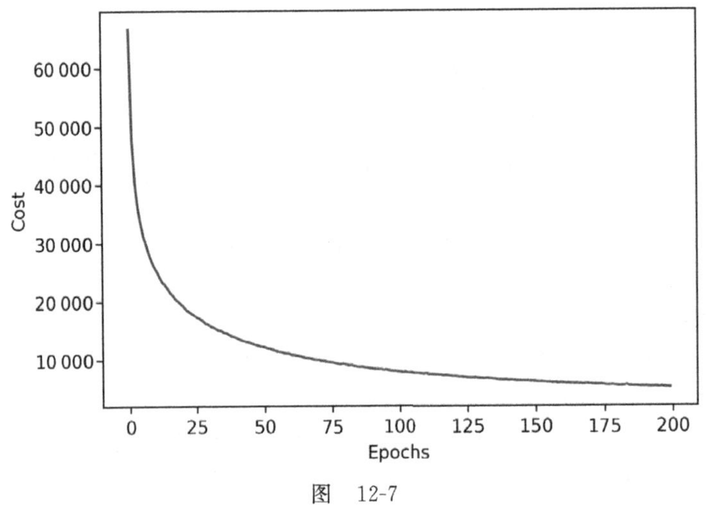

图 12-7

正如从图 12-7 中我们可以看到的那样，前 100 次迭代的代价大幅下降，而后 100 次迭代似乎收敛得缓慢。然而，第 175 次迭代和第 200 次迭代之间的小坡度表明，随着训练的额外迭代次数增加，代价将进一步降低。接下来，让我们看看训练和验证的准确率：

```
>>> plt.plot(range(nn.epochs), nn.eval_['train_acc'],
...          label='training')
>>> plt.plot(range(nn.epochs), nn.eval_['valid_acc'],
...          label='validation', linestyle='--')
>>> plt.ylabel('Accuracy')
>>> plt.xlabel('Epochs')
>>> plt.legend(loc='lower right')
>>> plt.show()
```

前面的示例代码绘制了 200 次训练迭代的准确率变化情况，如图 12-8 所示。

图 12-8 表明训练网络的迭代次数越多，训练和验证准确率之间的差距就越大。在大约第 50 次迭代时，训练和验证的准确率相等，之后网络就开始过拟合训练数据。

请注意，我们特意用这个例子是来说明过拟合的影响，并且说明为什么在训练过程中比较验证和训练的准确率很有用。减少过拟合影响的一种方法是增加正则化的强度，例如设置 l2=0.1。解决神经网络过拟合的另一种有效方法是 dropout，在第 15 章中，

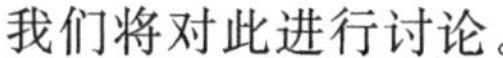
我们将对此进行讨论。

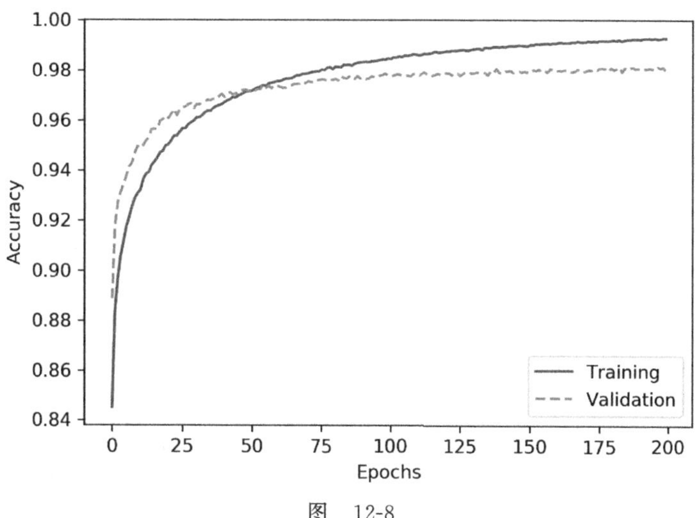

图　12-8

最后，我们通过计算模型在测试数据集上的预测准确率来评估其泛化性能：

```
>>> y_test_pred = nn.predict(X_test)
>>> acc = (np.sum(y_test == y_test_pred)
...        .astype(np.float) / X_test.shape[0])
>>> print('Test accuracy: %.2f%%' % (acc * 100))
Test accuracy: 97.54%
```

尽管该模型在训练数据集上出现了轻微的过拟合现象，比较简单的单隐藏层神经网络可以在测试数据集上取得相对较好的性能，这与在验证数据集上的准确率(97.98%)类似。

我们可以通过调整隐藏层的单元数、正则化的参数值以及学习速率，或者使用多年来开发但不属于本书范围的其他技巧，来进一步为模型调优。在第 15 章中，你将学习另外一种神经网络体系结构，该体系结构以其在图像数据集上的优异表现而著称。此外，我们还将在本章介绍性能调优的其他技巧，例如自适应学习速率、更复杂的基于 SGD 的优化算法、归一化批处理和 dropout。

当然，还有一些其他的常用技巧，但是它们超出了本书所覆盖的范围：

- 添加跳过连接，这是残差神经网络的主要贡献。⊖
- 在训练过程中用学习速率调度器来更改学习速率。⊜
- 像流行的 Inception v3 体系结构所做的那样，将损失函数附加到网络的早期层。⊝

最后，让我们来看看 MLP 难以处理的一些图像：

```
>>> miscl_img = X_test[y_test != y_test_pred][:25]
>>> correct_lab = y_test[y_test != y_test_pred][:25]
>>> miscl_lab = y_test_pred[y_test != y_test_pred][:25]
```

⊖ *Deep residual learning for image recognition*. K. He, X. Zhang, S. Ren, J. Sun(2016). In *Proceedings of the IEEE Conference on Computer Vision and Pattern Recognition*, pp. 770-778.

⊜ *Cyclical learning rates for training neural networks*. L. N. Smith (2017). In 2017 *IEEE Winter Conference on Applications of Computer Vision* (*WACV*), pp. 464-472.

⊝ *Rethinking the Inception architecture for computer vision*. C. Szegedy, V. Vanhoucke, S. Ioffe, J. Shlens, Z. Wojna(2016). In *Proceedings of the IEEE Conference on Computer Vision and Pattern Recognition*, pp. 2818-2826.

```
>>> fig, ax = plt.subplots(nrows=5,
...                        ncols=5,
...                        sharex=True,
...                        sharey=True,)
>>> ax = ax.flatten()
>>> for i in range(25):
...     img = miscl_img[i].reshape(28, 28)
...     ax[i].imshow(img,
...                  cmap='Greys',
...                  interpolation='nearest')
...     ax[i].set_title('%d) t: %d p: %d'
...     % (i+1, correct_lab[i], miscl_lab[i]))
>>> ax[0].set_xticks([])
>>> ax[0].set_yticks([])
>>> plt.tight_layout()
>>> plt.show()
```

现在，我们应该能看到一个由子图构成的 5×5 矩阵，每个子图上的标题的第一个字段代表子图的序号，第二个字段代表真正的分类标签(t)，第三个字段代表预测的分类标签(p)，如图 12-9 所示。

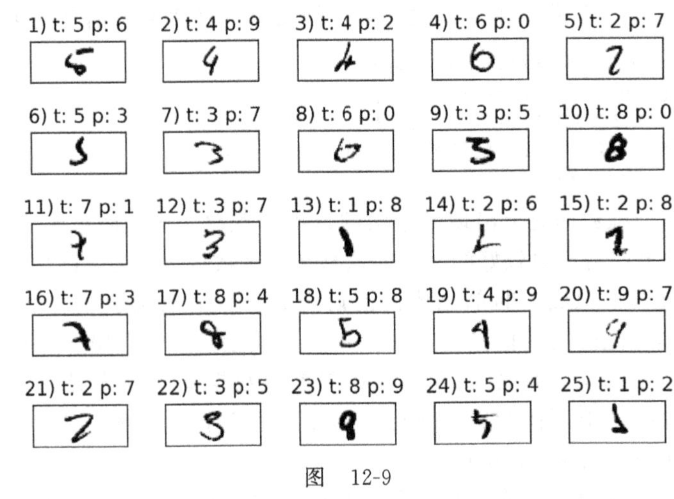

图　12-9

正如我们在图 12-9 中所看到的那样，有些图甚至对人类来说都难以进行正确的分类。例如，第 8 子图中的数字 6 看起来真像一个随手写的 0，第 23 子图中的数字 8 狭窄的下部与粗线粘连在一起，看上去更像 9。

12.3　训练人工神经网络

现在，我们看到了一个现实世界中的神经网络，并通过阅读示例代码基本上了解了其工作原理，让我们再更深入地了解一些概念，比如用来实现权重学习的逻辑代价函数和反向传播算法。

12.3.1　逻辑代价函数的计算

实现_compute_cost 的方法实际上非常简单，因为它与第 3 章中的逻辑回归部分所描述的代价函数相同：

$$J(\boldsymbol{w})=-\sum_{i=1}^{n} y^{[i]}\log(a^{[i]})+(1-y^{[i]})\log(1-a^{[i]})$$

这里 $a^{[i]}$ 为数据集中第 i 个样本用正向传播算法计算出的 sigmoid 激活值：

$$a^{[i]}=\phi(z^{[i]})$$

同样，请注意，这个表达式上标[i]是训练样本的索引而不是层的。现在添加一个正则化项以减少过拟合的机会。正如前面章节中讨论过的那样，L2 正则化项的定义如下(记住，我们不对偏置单元正则化)：

$$L2=\lambda\ \|\boldsymbol{w}\|_2^2=\lambda\sum_{j=1}^{m} w_j^2$$

把 L2 正则化项加入逻辑代价函数，我们得到以下的等式：

$$J(\boldsymbol{w})=-\left[\sum_{i=1}^{n} y^{[i]}\log(a^{[i]})+(1-y^{[i]})\log(1-a^{[i]})\right]+\frac{\lambda}{2}\|\boldsymbol{w}\|_2^2$$

在我们已经实现的用于多元分类的 MLP 中，它返回一个拥有 t 个元素的输出向量，这需要与 $t\times1$ 维独热编码所表示的目标向量进行比较。例如，某个样本的第三层和目标类(这里是 2 类)的激活可能以如下方式来表示：

$$a^{(\text{out})}=\begin{bmatrix}0.1\\0.9\\\vdots\\0.3\end{bmatrix},\quad y=\begin{bmatrix}0\\1\\\vdots\\0\end{bmatrix}$$

因此，我们需要将逻辑代价函数推广到网络中所有 t 激活单元。

因此代价函数(不包含正则化项)变成下面这样：

$$J(\boldsymbol{W})=-\sum_{i=1}^{n}\sum_{j=1}^{t} y_j^{[i]}\log(a_j^{[i]})+(1-y_j^{[i]})\log(1-a_j^{[i]})$$

在这里，上标[i]再次成为训练数据集中特定样本的索引。下面的广义正则化项初看起来有点复杂，但这里只计算添加到第一列的那个层(无偏置项)所有权重的总和：

$$J(\boldsymbol{W})=-\left[\sum_{i=1}^{n}\sum_{j=1}^{t} y_j^{[i]}\log(a_j^{[i]})+(1-y_j^{[i]})\log(1-a_j^{[i]})\right]+\frac{\lambda}{2}\sum_{l=1}^{L-1}\sum_{i=1}^{\mu l}\sum_{j=1}^{\mu l+1}(w_{j,i}^{(l)})^2$$

这里 u_1 为 l 层的单元数，下面的表达式代表惩罚项：

$$\frac{\lambda}{2}\sum_{l=1}^{L-1}\sum_{i=1}^{\mu l}\sum_{j=1}^{\mu l+1} {w_{j,i}^{(i)}}^2$$

请记住，目标是最小化代价函数 $J(\boldsymbol{W})$。因此，我们需要计算参数 $\boldsymbol{W}$ 的偏导数，$\boldsymbol{W}$ 相应于网络中每层的各个权重：

$$\frac{\partial}{\partial w_{j,i}^{(l)}}J(\boldsymbol{W})$$

我们将在下一节讨论反向传播算法，并通过计算偏导数来最小化代价函数。请注意，$\boldsymbol{W}$ 由多个矩阵所组成。在有隐藏单元的多层感知器中，权重矩阵 $\boldsymbol{W}^{(\text{h})}$ 连接输入层与隐藏层，矩阵 $\boldsymbol{W}^{(\text{out})}$ 连接隐藏层与输出层。图 12-10 直观地提供了三维张量 $\boldsymbol{W}$ 的可视化效果。

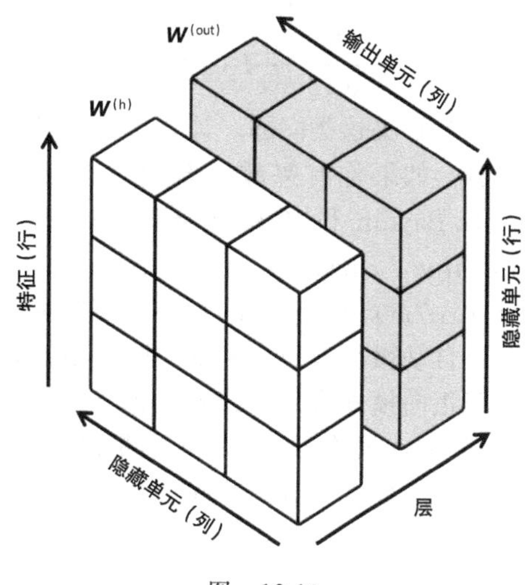

图　12-10

在图 12-10 中，$\boldsymbol{W}^{(h)}$ 和 $\boldsymbol{W}^{(out)}$ 好像有相同的行数和列数，情况通常并不是这样，除非在初始化 MLP 时，我们采用相同的隐藏单元数、输出单元数和输入样本数。

如果你对此感到困惑，我们可以暂时把它先放到一边，等到下一节介绍反向传播时，我们再更深入地讨论 $\boldsymbol{W}^{(h)}$ 和 $\boldsymbol{W}^{(out)}$ 的维度问题。另外，我鼓励你再读一遍 `NeuralNetMLP` 代码，其中我加了不少注释，目的是帮助你来理解有关不同类型的矩阵和向量相互转换的维度问题。可以从 Packt 网站或者本书在 GitHub 的存储库(https://github.com/rasbt/python-machine-learning-book-3rd-edition)下载这些加了注释的代码。

12.3.2 理解反向传播

虽然重新提出并推广反向传播算法已经是 30 多年前的事[⊖]，但是迄今它仍然是高效训练人工神经网络使用最为广泛的算法之一。如果你对反向传播历史的参考文献感兴趣，可以在 http://people.idsia.ch/~juergen/who-invented-backpropagation.html 找到 Juergen Schmidhuber 写的一篇优秀的调研报告“*Who Invented Backpropagation?*”。

在更深入地讨论数学细节之前，本节将提供一个简单而直观的总结，以及对这个迷人算法的工作机理的宏观描述。本质上，我们可以认为反向传播是一种计算多层神经网络中复杂代价函数偏导数的非常有效的方法。目标是要利用这些偏导数来学习权重系数，从而实现多层人工神经网络的参数化。在神经网络参数化的过程中，我们通常面临的挑战是处理高维特征空间的大量权重系数。这与在前面章节中见过的 Adaline 和逻辑回归这样的单层神经网络的代价函数刚好相反，神经网络代价函数的误差平面关于参数并非凸的或者光滑的。高维代价函数的平面有很多凹陷(局部最小值)，我们必须克服它们才能找到代价函数的全局最小值。

不知道你是否还记得微积分入门课程的链式规则这一概念。链式规则是一种计算复杂嵌套函数导数的方法，如 $f(g(x))$，如下所示：

$$\frac{\mathrm{d}}{\mathrm{d}x}[f(g(x))]=\frac{\mathrm{d}f}{\mathrm{d}g}\cdot\frac{\mathrm{d}g}{\mathrm{d}x}$$

类似地，我们可以用链式规则来处理任意长的函数组合。例如，假设有五个不同的函数 $f(x)$、$g(x)$、$h(x)$、$u(x)$ 和 $v(x)$，F 为函数的组合：$F(x)=f(g(h(u(v(x)))))$。应用链式规则，可以计算该函数的导数如下：

$$\frac{\mathrm{d}F}{\mathrm{d}x}=\frac{\mathrm{d}}{\mathrm{d}x}F(x)=\frac{\mathrm{d}}{\mathrm{d}x}f(g(h(u(v(x)))))=\frac{\mathrm{d}f}{\mathrm{d}g}\cdot\frac{\mathrm{d}g}{\mathrm{d}h}\cdot\frac{\mathrm{d}h}{\mathrm{d}u}\cdot\frac{\mathrm{d}u}{\mathrm{d}v}\cdot\frac{\mathrm{d}v}{\mathrm{d}x}$$

对解决这类问题，计算机代数已经开发了一套非常有效的技术，也就是所谓的**自动微分**。如果你有兴趣了解更多关于机器学习应用中的自动微分知识，我推荐你阅读 A. G. Baydin 和 B. A. Pearlmutter 的文章 *Automatic Differentiation of Algorithms for Machine Learning*，arXiv preprint arXiv：1404.7456，2014，你可以从 arXiv 网站(http://arxiv.org/pdf/1404.7456.pdf)免费获得。

自动微分有正向和反向两种模式，反向传播仅仅是反向模式自动微分的特例。关键在于正向模式应用链式规则的计算成本可能相当高，因为要与每层的大矩阵(雅可比矩阵)相乘，最终再乘以一个向量以获得输出。

反向模式的诀窍是我们从右向左进行计算：用一个矩阵乘以一个向量，从而产生另

⊖ *Learning representations by back-propagating errors*, *D. E. Rumelhart*, *G. E. Hinton*, and *R. J. Williams*, *Nature*, 323: 6088, Pages 533-536, 1986.

一个向量，然后再乘以下一个矩阵，以此类推。矩阵向量乘法在计算成本上要比矩阵-矩阵乘法低得多，这就是为什么反向传播是神经网络训练中最常用的算法之一。

微积分基础复习

为了充分理解反向传播，需要借用微分学中的某些概念，这超出了本书的范围。然而，我已经把对最基本概念的回顾写成了一章，你可能会从中发现有用的概念。该章讨论了函数导数、偏导数、梯度和雅可比矩阵。可以从下述网站免费获得该章：https://sebastianraschka.com/pdf/books/dlb/appendix_d_calculus.pdf。如果你对积分不熟悉或者需要简单的回顾，在学习下一章之前，可以考虑阅读该章。

12.3.3　通过反向传播训练神经网络

本节，我们将学习反向传播所涉及的数学知识，以了解如何有效地学习神经网络中的权重。取决于对数学表达式掌握的程度，下面的方程乍看起来可能会比较复杂。

在前一节中，我们看到了如何计算代价，这里我们把代价定义为最后一层激活与目标分类标签之间的差。现在将从数学角度来看反向传播算法如何更新 MLP 模型的权重，该算法在 `Backpropagation` 部分的 `fit` 方法中实现。正如我们在本章开头所提到的那样，首先应用正向传播以获得输出层的激活，公式如下：

$$\boldsymbol{Z}^{(\mathrm{h})}=\boldsymbol{A}^{(\mathrm{in})}\boldsymbol{W}^{(\mathrm{h})}\text{（隐藏层的净输入）}$$

$$\boldsymbol{A}^{(\mathrm{h})}=\phi(\boldsymbol{Z}^{(\mathrm{h})})\text{（隐藏层的激活）}$$

$$\boldsymbol{Z}^{(\mathrm{out})}=\boldsymbol{A}^{(\mathrm{h})}\boldsymbol{W}^{(\mathrm{out})}\text{（输出层的净输入）}$$

$$\boldsymbol{A}^{(\mathrm{out})}=\phi(\boldsymbol{Z}^{(\mathrm{out})})\text{（输出层的激活）}$$

简单地说，只是通过网络连接正向传播输入的特征，如图 12-11 所示。

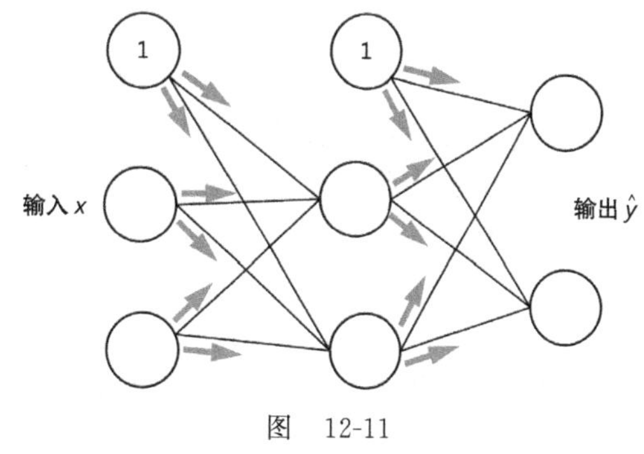

图　12-11

反向传播从右向左传播误差。首先从计算输出层的误差向量开始：

$$\boldsymbol{\delta}^{(\mathrm{out})}=\boldsymbol{a}^{(\mathrm{out})}-\boldsymbol{y}$$

这里，$\boldsymbol{y}$ 为真实分类标签的向量（在 `NeuralNetMLP` 代码中的相应变量名为 `delta_out`）。

接着我们来计算隐藏层的误差项：

$$\boldsymbol{\delta}^{(\mathrm{h})}=\boldsymbol{\delta}^{(\mathrm{out})}(\boldsymbol{W}^{(\mathrm{out})})^{\mathrm{T}}\odot\frac{\partial\phi(z^{(\mathrm{h})})}{\partial z^{(\mathrm{h})}}$$

这里 $\frac{\partial\phi(z^{(\mathrm{h})})}{\partial z^{(\mathrm{h})}}$ 为 sigmoid 激活函数的导数，我们在 `NeuralNetMLP` 代码的 `fit` 方法中这样计算：`sigmoid_derivative_h = a_h* (1.-a_h)`：

$$\frac{\partial\phi(z)}{\partial z}=(a^{(\mathrm{h})}\odot(1-a^{(\mathrm{h})}))$$

注意，符号⊙在这里表示逐元素相乘。

激活函数的导数

尽管继续讨论下面这些方程并不太重要，但你可能会对如何得到激活函数的导数好奇，为此下面将分步概述推导过程：

$$\begin{aligned}\phi'(z) &= \frac{\partial}{\partial z}\left(\frac{1}{1+e^{-z}}\right) \\ &= \frac{e^{-z}}{(1+e^{-z})^2} \\ &= \frac{1+e^{-z}}{(1+e^{-z})^2} - \left(\frac{1}{1+e^{-z}}\right)^2 \\ &= \frac{1}{(1+e^{-z})} - \left(\frac{1}{1+e^{-z}}\right)^2 \\ &= \phi(z) - (\phi(z))^2 \\ &= \phi(z)(1-\phi(z)) \\ &= a(1-a)\end{aligned}$$

计算 $\delta^{(h)}$ 层误差矩阵(delta_h)如下：

$$\delta^{(h)} = \delta^{(out)}(\boldsymbol{W}^{(out)})^T \odot (a^{(h)} \odot (1-a^{(h)}))$$

为更好地理解如何计算 $\delta^{(h)}$ 项，我们需要首先详细了解模型。上面的公式用到了 $h\times t$ 维矩阵 $\boldsymbol{w}^{(out)}$ 的转置矩阵$(\boldsymbol{w}^{(out)})^T$。这里 t 为输出的分类标签数量，h 为隐藏层的单元个数。$n\times t$ 维的 $\delta^{(out)}$ 矩阵与 $t\times h$ 维的$(w^{(out)})^T$ 矩阵相乘，结果是一个 $n\times h$ 维的矩阵，该矩阵与同样维度的 sigmoid 导数逐元素相乘从而得到 $\delta^{(h)}$。

最终，在获得 δ 项之后，我们描述代价函数的导数如下：

$$\frac{\partial}{\partial w_{i,j}^{(out)}} J(\boldsymbol{W}) = a_j^{(h)} \delta_i^{(out)}$$

$$\frac{\partial}{\partial w_{i,j}^{(h)}} J(\boldsymbol{W}) = a_j^{(in)} \delta_i^{(h)}$$

下一步将要计算每层各节点偏导数之和以及下一层各节点误差之和。然而，记住还要计算训练数据集中每个样本的 $\Delta_{i,j}^{(l)}$，因此用像在代码 NeuralNetMLP 中那样的向量化来实现更加容易：

$$\Delta^{(h)} = (\boldsymbol{A}^{(in)})^T \delta^{(h)}$$

$$\Delta^{(out)} = (\boldsymbol{A}^{(h)})^T \delta^{(out)}$$

在求取了偏导数之和以后，我们可以添加正则化项如下：

$$\Delta^{(l)} := \Delta^{(l)} + \lambda^{(l)} \boldsymbol{W}^{(l)} \text{(除偏置项以外)}$$

前面两个公式分别对应 NeuralNetMLP 代码中的变量 delta_w_h、delta_b_h、delta_w_out 和 delta_b_out。最后，在梯度计算完成之后，我们可以通过向每层 l 与梯度相反的方向走一步来更新权重。

$$\boldsymbol{W}^{(l)} := \boldsymbol{W}^{(l)} - \eta \Delta^{(l)}$$

具体实现如下：

```
self.w_h -= self.eta * delta_w_h
self.b_h -= self.eta * delta_b_h
self.w_out -= self.eta * delta_w_out
self.b_out -= self.eta * delta_b_out
```

图 12-12 总结了反向传播，并把我们在本章讨论过的相关内容串在了一起。

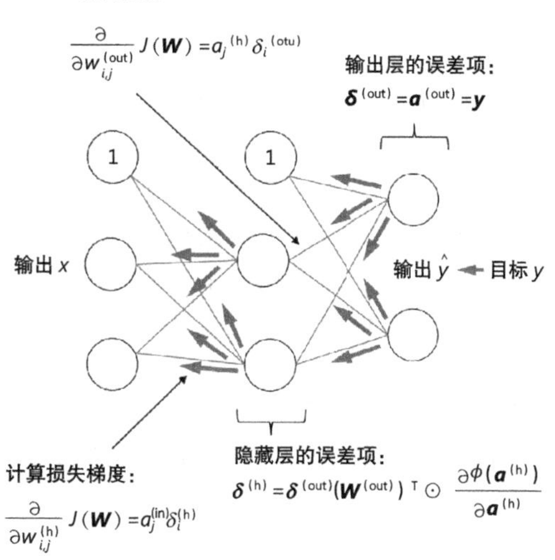

图　12-12

12.4　关于神经网络的收敛性

你可能想知道为什么不用传统梯度下降，而用小批次学习来训练神经网络算法识别手写数字。你可能还记得关于用随机梯度下降来实现在线学习的讨论。在线学习每次基于单个训练样本($k=1$)来计算梯度以更新权重。虽然这是一个随机方法，但是它往往会带来非常精确的解，与传统梯度下降相比，其收敛速度更快。小批次学习是随机梯度下降的一种特殊形式，在 $1<k<n$ 的情况下，基于 n 个训练样本的子集 k 来计算梯度。小批次学习比在线学习更有优势，可以利用向量化提高计算效率。能比传统梯度下降更快地更新权重。直观上说，可以把小批次学习看作是根据某组投票情况来预测总统选举的结果，仅询问代表部分选民的投票情况，而不是对全部人口做调查(这相当于实际选举)。

多层神经网络比诸如 Adaline、逻辑回归或者支持向量机这样的简单算法更难训练。多层神经网络通常需要优化成百上千甚至数十亿的权重。不幸的是，输出函数的表面粗糙，优化算法很容易陷入局部极小的情况，如图 12-13 所示。

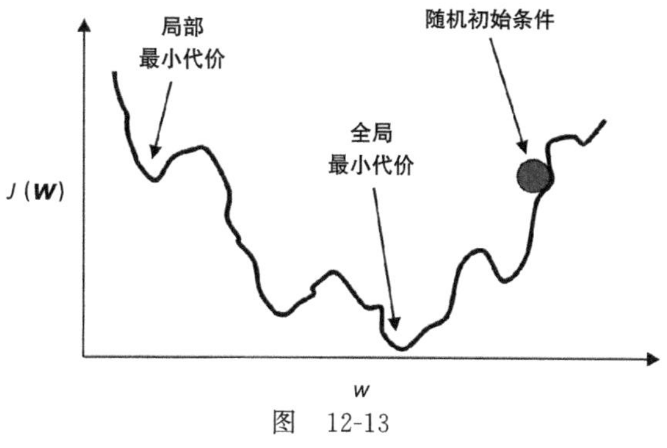

图　12-13

注意，因为神经网络有很多维度，所以表达极其简单，不可能把实际代价的表面可视化。这里只显示 x 轴上的一个权重代价表面。然而，关键是我们不希望算法陷入局部极小。通过增加学习速率可以更容易逃离这种局部极小值。另一方面，如果学习速率太大，也会增加忽略全局最大值的机会。由于随机初始化权重，我们首先从解决一个典型的无可救药错误的优化问题开始。

12.5 关于神经网络实现的最后几句话

你可能会问，既然要分辨手写数字，为什么不用开源的 Python 机器学习库，偏要学习这些理论来实现一个简单多层人工神经网络？事实上，下一章将引入更复杂的开源软件 TensorFlow(https://www.tensorflow.org)来训练神经网络模型。

虽然从零实现看起来似乎有点儿乏味，但是了解反向传播和神经网络训练的基本概念好处很多，对算法的基本理解是恰如其分和成功地运用机器学习技术的关键。

现在我们了解了前馈神经网络的工作原理，下一步我们将准备使用 TensorFlow 探索更复杂的深度神经网络，该技术可以更加有效地构建神经网络，在第 13 章中，我们将会详细讨论。

从 2015 年 11 月发布迄今的两年时间里，TensorFlow 已经在机器学习研究人员当中受到广泛的欢迎，因为它有能力优化数学表达进而利用**图形处理器**(GPU)计算多维数组，所以研究人员用它来构建深度神经网络。可以把 TensorFlow 当成是底层的深度学习库，现在已经为 TensorFlow 开发出像 Keras 这样的简易 API，这使构建常见的深度学习模型更为方便，我们将在第 13 章中学习。

12.6 本章小结

本章学习了多层人工神经网络的基本概念，这是当前机器学习研究中最热门的课题。从第 2 章的单层神经网络开始，现在我们已经可以把多个神经元连接到强大的神经网络体系结构，以解决诸如手写数字识别这样的复杂问题。我们揭开了常见的反向传播算法的神秘外衣，该算法是构建深度学习的众多神经网络模型的基础。在学习了反向传播算法之后，本章已经为探索更复杂的深度神经网络体系结构做好了准备。本书剩下的几章将介绍面向深度学习的开源系统 TensorFlow，以便更有效地实现和训练多层神经网络。

第 13 章

Python Machine Learning, Third Edition

用 TensorFlow 并行训练神经网络

在了解了机器学习和深度学习的数学基础后，本章将重点介绍 TensorFlow。这是目前可以找到的最受欢迎的深度学习软件，在实现神经网络方面，它比之前的 NumPy 更为高效。本章将开始使用 TensorFlow，你可以看到它为提高模型的训练性能所带来的显著好处。

本章将进入机器学习和深度学习的下一阶段旅程，主要涵盖下述几个方面：

- 如何用 TensorFlow 提高模型的训练性能。
- 利用 TensorFlow 的 `Dataset` API(`tf.data`)构建输入流水线并进行高效的模型训练。
- 在 TensorFlow 上编写优化的机器学习代码。
- 用 TensorFlow 的高级 API 构建多层神经网络。
- 为人工神经网络选择激活函数。
- 介绍封装了 TensorFlow 的高级应用 Keras(`tf.keras`)，了解如何用它方便地实现深度学习体系结构。

13.1 TensorFlow 与模型训练的性能

TensorFlow 可以显著提高机器学习的速度。要理解其原理，我们可以从在硬件上进行昂贵运算时经常遇到的一些性能挑战开始讨论。然后对 TensorFlow 是什么，以及本章的学习方法做一个概览。

13.1.1 性能挑战

当然，近年来计算机处理器性能的不断提高，使训练更强大而且更复杂的机器学习系统成为可能，这也意味着我们可以改善机器学习模型的预测性能。今天，即使最廉价的台式计算机也配备多核处理器。

另外，从前面的章节中我们可以看到，在 scikit-learn 中，我们有许多办法可以把这些计算分配给多个处理器执行。然而，受限于**全局解释器锁**(Global Interpreter Lock，GIL)，Python 在默认情况下仅能在单核上执行代码。诚然，我们可以利用 Python 的多处理软件库把计算分发到多个核，但是仍然要考虑到，即使今天最先进的台式计算机，其配置也很少超过 8 核或 16 核。

在第 12 章中，我们实现了一个非常简单的多层感知器，它包含由 100 个单元组成的单个隐藏层，为此我们必须要优化大约 80 000 个权重参数([784 * 100＋100]＋[100 * 10]＋10＝79 510)，才能够训练出一个非常简单的图像识别模型。MNIST 的图像相当小(28×28 像素)，如果想要添加额外的隐藏层或处理更高像素密度的图像，你就能想象到参数量大爆炸的情况。这样的任务很快会因为单处理器而变得不可行。那么问题的焦点就变成我们应该怎样才能更有效地解决这类计算难题。

解决此问题真正靠谱的直接方案是使用图形处理器(GPU)。你可以将图形卡视为机器内部的小型计算机集群。另外一个优点是，现代的 GPU 比最先进的中央处理器(CPU)相对便宜，我们可以从表 13-1 的数据对比中看出。

表　13-1

配置	Intel® Core™ i9-9969X X-series Processor	NVIDA GeForce® RTX™ 2080 Ti
基础时钟频率	3.1GHz	1.35GHz
核	16(32 个线程)	4 352
内存带宽	79.47GB/s	616GB/s
浮点计算	1 290GFLOPS	13 400GLOPS
成本	约 1 700.00 美元	约 1 100.00 美元

表 13-1 中信息来源于下述网站(日期：2019 年 10 月)：

- https://ark.intel.com/content/www/us/en/ark/products/189123/intel-core-i9-9960x-x-series-processor-22m-cache-up-to-4-50ghz.html
- https://www.nvidia.com/en-us/geforce/graphics-cards/rtx-2080ti/

我们能以现代 CPU 65%的价格获得具有 272 倍内核数目的 GPU，并且可以进行大约每秒 10 倍以上的浮点计算。那么，是什么让我们无法将 GPU 应用于机器学习任务呢？挑战在于，以 GPU 为目标编写代码并不像在解释器中执行 Python 代码那么简单。诸如 CUDA 和 OpenCL 之类的一些特殊软件包，可以让我们以 GPU 为目标编程。但是用 CUDA 或 OpenCL 编写代码可能不是实现和运行机器学习算法最方便的环境。好消息是这正是研发 TensorFlow 的目标之所在！

13.1.2　什么是 TensorFlow

TensorFlow 是一个实施和运行机器学习算法的编程接口，它具有可扩展和跨平台的优点，而且包括了为深度学习特别准备的便捷封装。TensorFlow 由谷歌大脑团队的研究人员和工程师开发。虽然主要的研发工作是由谷歌的研究人员和软件工程师所领导，但是其开发工作也涉及许多来自开源社区的贡献。TensorFlow 最初构建时仅在谷歌内部使用，但是后来在 2015 年 11 月对外公布了源代码，该软件受宽松的开放源代码许可证的保护。来自学术界和行业的许多机器学习研究人员和从业人员，都采用 TensorFlow 来开发深度学习解决方案。

为了提高训练机器学习模型的性能，TensorFlow 同时支持 CPU 和 GPU。然而，它的最佳性能体现在使用 GPU 的时候。TensorFlow 正式支持具有 CUDA 处理能力的 GPU。对有 OpenCL 处理能力的设备的支持仍然在实验中。应该在不久的将来正式支持 OpenCL。TensorFlow 的前端接口目前支持多种编程语言。

作为 Python 用户，幸运的是 TensorFlow 拥有目前最为完整的 Python API，因此吸引了众多机器学习和深度学习的实践者。此外，TensorFlow 还有 C++的官方 API。在此基础之上，谷歌已经发布了基于 TensorFlow 的新工具 TensorFlow.js 和 TensorFlow Lite，它们专注于以网络浏览器以及移动和物联网(IoT)设备为基础运行和部署机器学习模型。像 java、Haskell、Node.js 和 Go 等其他语言的 API 目前尚不稳定，开源社区和 TensorFlow 的研发人员正在不断地努力改善。

TensorFlow 围绕由一组节点组成的计算图工作。每个节点表示一个可能具有零个或多个输入或输出的操作。创建张量作为符号句柄来表示这些操作的输入和输出。

我们可以把张量理解为数学意义的标量、向量和矩阵等的抽象。具体而言，可以将标量定义为 0 级张量，将向量定义为 1 级张量，将矩阵定义为 2 级张量，将在三维堆叠的矩阵定义为 3 级张量。但是请注意，在 TensorFlow 中，我们把数值存储在 NumPy 数组中，然后由张量提供对这些数组的引用。

为了使张量的概念更加清晰，请参考图 13-1，该图的第一行表示 0 级和 1 级张量，第二行表示 2 级和 3 级张量。

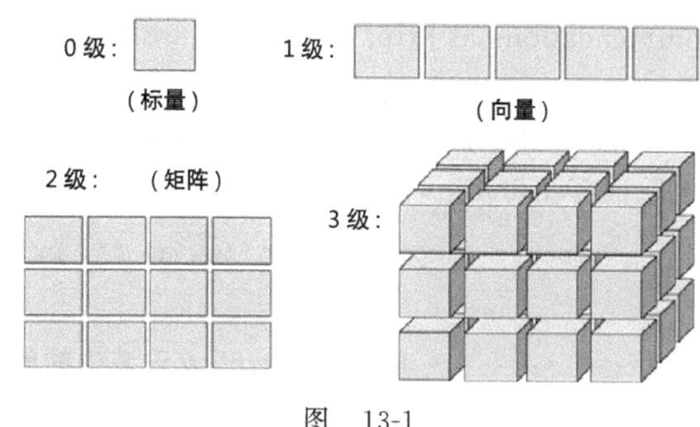

图　13-1

在原始的 TensorFlow 版本中，TensorFlow 的计算主要依赖于构建静态的有向图来表示数据流。因为使用静态计算图被许多用户所诟病，因此谷歌最近在 TensorFlow 2.0 对此对进行了重构，从而使构建和训练神经网络模型变得更加简单。尽管 TensorFlow 2.0 仍支持静态计算图，但是现在可以使用动态计算图，从而带来了更大的灵活性。

13.1.3　如何学习 TensorFlow

首先，我们将学习 TensorFlow 的编程模型，特别是有关张量的创建和操作。然后讨论如何利用 TensorFlow 的 `Dataset` 对象来加载数据，掌握了这些技术我们就可以在数据集里行走自如。另外，本章还会研究现在已经在使用的 `tensorflow_datasets` 子模块，并且学习如何去使用它。

在学习了这些基础知识之后，我们将介绍 `tf.keras` API，继续学习如何构建机器学习模型，如何编译和训练模型，以及如何在磁盘上保存训练后的模型以供将来评估。

13.2　学习 TensorFlow 的第一步

本节将从使用 TensorFlow 的底层 API 开始，迈出我们的第一步。在安装 TensorFlow 之后，我们将介绍如何在 TensorFlow 中创建张量，以及操纵张量的不同方法(诸如改变形状和数据类型等)。

13.2.1　安装 TensorFlow

取决于系统的设置，通常我们只需要用 Python 的 `pip` 安装器，在终端上执行以下命令就可以从 PyPI 上安装 TensorFlow：

```
pip install tensorflow
```

这将安装 TensorFlow 最新的稳定版本，在撰写本书时为版本 2.0.0。为了确保可以按照预期执行本章所介绍的代码，我们建议使用 TensorFlow 2.0.0，这可以通过在安装中明确指定具体的版本号来实现：

```
pip install tensorflow==[desired-version]
```

如果计划用 GPU(推荐)，那么我们就需要一块与 NVIDIA 兼容的图形卡，并安装相应的 CUDA 工具包以及 NVIDIA cuDNN 库。满足这些条件以后，执行下述命令安装可以支持 GPU 的 TensorFlow：

```
pip install tensorflow-gpu
```

For more information about the installation and setup process, please see the offi cial recommendations at https://www.tensorflow.org/install/gpu.

TensorFlow 目前尚处在积极发展的阶段；因此，每隔几个月便会有包含重大变化的新版本发布。在撰写本书时，TensorFlow 的最新版本是 2.0。你可以执行下面的命令从终端上验证 TensorFlow 的版本：

```
python -c 'import tensorflow as tf; print(tf.__version__)'
```

解决 TensorFlow 安装中的问题

如果在安装过程中遇到问题，可以去下述网站阅读更多有关特定系统和平台的相关信息：https://www.tensorflow.org/install/。注意，本章的所有代码都可以在 CPU 上运行。使用 GPU 完全是个可选项，我们推荐使用 GPU，以充分享受 TensorFlow 所带来的好处。例如，在 CPU 上训练某些神经网络模型可能需要一周的时间，而在现代 GPU 上训练可能只需要几个小时就可以完成。如果你有图形卡，请参考安装页面进行适当的设置。此外，你可能会发现下述网站的 TensorFlow-GPU 设置指南很有帮助，因为它对在 Ubuntu 上如何安装 NVIDIA 图形卡的驱动程序、CUDA 和 cuDNN 做了非常好的解释（非必需但却是在 GPU 上运行 TensorFlow 的推荐要求）：https://sebastianraschka.com/pdf/books/dlb/appendix_h_cloud-computing.pdf。此外，正如你将在第 17 章中看到的那样，还可以通过谷歌 Colab 免费使用 GPU 训练模型。

13.2.2 在 TensorFlow 中创建张量

现在，让我们考虑创建张量的几种不同方法，然后学习如何检查属性以及其他的操作。首先，我们可以调用 `tf.convert_to_tensor` 函数，简单地从列表或 NumPy 数组创建张量：

```
>>> import tensorflow as tf
>>> import numpy as np
>>> np.set_printoptions(precision=3)

>>> a = np.array([1, 2, 3], dtype=np.int32)
>>> b = [4, 5, 6]

>>> t_a = tf.convert_to_tensor(a)
>>> t_b = tf.convert_to_tensor(b)

>>> print(t_a)
>>> print(t_b)

tf.Tensor([1 2 3], shape=(3,), dtype=int32)
tf.Tensor([4 5 6], shape=(3,), dtype=int32)
```

执行上述命令，结果将创建张量 `t_a` 和 `t_b`，并从其来源继承了属性 `shape=(3,)`

和 dtype=int32。类似于 NumPy 数组，我们还可以进一步看到以下这些属性：

```
>>> t_ones = tf.ones((2, 3))
>>> t_ones.shape
TensorShape([2, 3])
```

我们可以通过在张量上直接调用 .numpy() 方法来访问张量的数值：

```
>>> t_ones.numpy()
array([[1., 1., 1.],
       [1., 1., 1.]], dtype=float32)
```

可以采用如下的方法产生一个常值张量：

```
>>> const_tensor = tf.constant([1.2, 5, np.pi],
...                             dtype=tf.float32)
>>> print(const_tensor)
tf.Tensor([1.2    5.    3.142], shape=(3,), dtype=float32)
```

13.2.3　对张量形状和数据类型进行操作

我们必须掌握张量的操作方法，以使其能与模型的输入或操作输入兼容。在本节中，我们将学习如何通过多个 TensorFlow 函数来对张量的数据类型和形状进行操作，这些函数可以进行映射、重塑、转置和挤压操作。

我们可以用 tf.cast() 函数把张量的数据类型改变成我们想要的类型：

```
>>> t_a_new = tf.cast(t_a, tf.int64)
>>> print(t_a_new.dtype)
<dtype: 'int64'>
```

正如在接下来的章节中我们将要看到的那样，某些操作，要求输入张量具有与一定数量的元素(形状)相关联的特定维数(即等级)。因此，我们可能有必要来改变张量的形状——增加新维数或压缩不必要的维数。TensorFlow 为此准备了实用的函数或操作，例如 tf.transpose()、tf.reshape() 和 tf.squeeze()。让我们看一些具体的示例：

- **张量转置：**

```
>>> t = tf.random.uniform(shape=(3, 5))
>>> t_tr = tf.transpose(t)
>>> print(t.shape, ' --> ', t_tr.shape)
(3, 5)  -->  (5, 3)
```

- **张量重塑(例如从 1 维向量变成 2 维数组)：**

```
>>> t = tf.zeros((30,))
>>> t_reshape = tf.reshape(t, shape=(5, 6))
>>> print(t_reshape.shape)
(5, 6)
```

- **减少不必要的维数(1 维的不需要)：**

```
>>> t = tf.zeros((1, 2, 1, 4, 1))
>>> t_sqz = tf.squeeze(t, axis=(2, 4))
>>> print(t.shape, ' --> ', t_sqz.shape)
(1, 2, 1, 4, 1)  -->  (1, 2, 4)
```

13.2.4　对张量进行数学运算

对大多数机器学习建模而言，进行数学运算，尤其是线性代数运算是必要的。在本小节中，我们将介绍一些广泛使用的线性代数运算，例如元素乘积、矩阵乘积以及张量范数的计算。

我们首先初始化两个随机张量，一个值域均匀分布在[−1，1)，另外一个呈标准正态分布。

```
>>> tf.random.set_seed(1)

>>> t1 = tf.random.uniform(shape=(5, 2),
...                        minval=-1.0, maxval=1.0)

>>> t2 = tf.random.normal(shape=(5, 2),
...                       mean=0.0, stddev=1.0)
```

请注意，t1 和 t2 具有相同的形状。我们现在可以用以下的示例代码来计算元素 t1 和 t2 的乘积：

```
>>> t3 = tf.multiply(t1, t2).numpy()
>>> print(t3)
[[-0.27  -0.874]
 [-0.017 -0.175]
 [-0.296 -0.139]
 [-0.727  0.135]
 [-0.401  0.004]]
```

如果要沿某个轴（或多个轴）来计算均值、总和与标准差，我们可以通过调用函数 tf.math.reduce_mean()、tf.math.reduce_sum() 和 tf.math.reduce_ std() 来完成。例如，我们可以计算 t1 中每列的均值如下：

```
>>> t4 = tf.math.reduce_mean(t1, axis=0)
>>> print(t4)
tf.Tensor([0.09  0.207], shape=(2,), dtype=float32)
```

我们可以像下面这样，通过调用函数 tf.linalg.matmul() 来计算 t1 和 t2 之间的矩阵乘积（即 $t_1 \times t_2^{\mathrm{T}}$，这里上标 T 为矩阵转置）：

```
>>> t5 = tf.linalg.matmul(t1, t2, transpose_b=True)
>>> print(t5.numpy())
[[-1.144  1.115 -0.87  -0.321  0.856]
 [ 0.248 -0.191  0.25  -0.064 -0.331]
 [-0.478  0.407 -0.436  0.022  0.527]
 [ 0.525 -0.234  0.741 -0.593 -1.194]
 [-0.099  0.26   0.125 -0.462 -0.396]]
```

另外，我们通过转置 t1 来计算 $t_1 \times t_2^{\mathrm{T}}$，其结果将是一个 2×2 的数组：

```
>>> t6 = tf.linalg.matmul(t1, t2, transpose_a=True)
>>> print(t6.numpy())
[[-1.711  0.302]
 [ 0.371 -1.049]]
```

最后，我们可以调用函数 tf.norm() 来计算张量的 L^p 范数。例如，可以用下面的示例代码来计算 t1 的 L^2 范数：

```
>>> norm_t1 = tf.norm(t1, ord=2, axis=1).numpy()
>>> print(norm_t1)
[1.046 0.293 0.504 0.96  0.383]
```

要验证这个代码片段对 t1 的 L^2 范数计算的准确性，我们可以与 NumPy 函数 np. sqrt(np.sum(np. square(t1), axis= 1)) 的计算结果进行比较。

13.2.5　拆分、堆叠和连接张量

在本小节中，我们将介绍把一个张量拆分为多个张量的 TensorFlow 操作，以及把多个张量堆叠并连接为一个张量的相反操作。

假设现在我们想要将一个张量拆分为两个或更多个。TensorFlow 为此提供了一个方便的函数 tf.split()，该函数将输入的张量拆分为大小相同的张量列表。我们可以用参数 num_or_size_splits 来定义想要拆分的整数个数，将一个张量沿着 axis 参数所指定的维数进行拆分。因此，沿指定维数输入张量的大小，必须可以被需要拆分的个数整除。也可以在列表中提供需要的大小。下面让我们看看这两种方法的示例代码：

- **提供拆分的个数(必须可以整除)的方法：**

```
>>> tf.random.set_seed(1)
>>> t = tf.random.uniform((6,))
>>> print(t.numpy())
[0.165 0.901 0.631 0.435 0.292 0.643]

>>> t_splits = tf.split(t, num_or_size_splits=3)
>>> [item.numpy() for item in t_splits]
[array([0.165, 0.901], dtype=float32),
 array([0.631, 0.435], dtype=float32),
 array([0.292, 0.643], dtype=float32)]
```

这个示例的张量大小为 6，被拆分成大小为 2 的 3 个张量。

- 提供拆分后张量大小的方法

与上面的方法相反，我们不定义拆分后的张量个数，而是直接定义结果张量的大小。在本示例中，我们将把大小为 5 的张量拆分为大小为 3 和 2 的两个张量：

```
>>> tf.random.set_seed(1)
>>> t = tf.random.uniform((5,))
>>> print(t.numpy())
[0.165 0.901 0.631 0.435 0.292]

>>> t_splits = tf.split(t, num_or_size_splits=[3, 2])
>>> [item.numpy() for item in t_splits]
[array([0.165, 0.901, 0.631], dtype=float32),
 array([0.435, 0.292], dtype=float32)]
```

我们有时也需要将多个张量连接或者堆叠以创建单个张量。在这种情况下，诸如 tf.stack()和 tf.concat()之类的 TensorFlow 函数刚好能派上用场。例如，我们要创建一个包含 1 大小为 3 的一维张量 A，一个包含 0 大小为 2 的维张量 B，并将它们连接成一个大小为 5 的维张量 C：

```
>>> A = tf.ones((3,))
>>> B = tf.zeros((2,))
>>> C = tf.concat([A, B], axis=0)
>>> print(C.numpy())
[1. 1. 1. 0. 0.]
```

创建两个大小均为 3 的一维张量 A 和 B，然后将两者堆叠成一个二维张量 S：

```
>>> A = tf.ones((3,))
>>> B = tf.zeros((3,))
>>> S = tf.stack([A, B], axis=1)
>>> print(S.numpy())
```

```
[[1. 0.]
 [1. 0.]
 [1. 0.]]
```

TensorFlow API 有许多操作可用于建模和处理数据。但是，涵盖所有这些函数并不在本书的讨论范围之内，我们将聚焦在最基本的功能上。有关这些操作和函数的完整列表，请参阅 https://www.tensorflow.org/versions/r2.0/api_docs/python/tf 上的文档。

13.3 用 TensorFlow 的 Dataset API 构建输入流水线

在训练深度神经网络模型的时候，我们通常利用诸如前几章讨论过的随机梯度下降之类的迭代优化算法对模型进行增量训练。

如我们在本章开篇所述，Keras API 是 TensorFlow 的便捷封装，用于构建神经网络模型。Keras API 提供了用于训练模型的 `.fit()` 方法。如果训练数据集很小并且可以作为张量加载到内存，那么可以用 Keras API 构建的 TensorFlow 模型，通过调用 `.fit()` 方法直接用该张量进行训练。但是，在典型的用例中，当数据集大到计算机内存无法容纳时，我们就需要从诸如硬盘驱动器或固态驱动器等主存储设备中分块加载数据，即分批处理（请注意，为了能更接近 TensorFlow 的术语，我们在本章中用术语“批处理”而不是“小批次处理”）。此外，我们可能需要构建数据处理流水线来对数据进行某些转换和预处理，例如，平均居中、缩放或添加噪声等，在增强训练过程的同时防止模型过拟合。

如果每次都靠手工调用预处理函数将会非常麻烦。幸运的是，TensorFlow 为我们提供了一个特殊的类来构造高效便捷的预处理流水线。在本节中，我们将概述构建 TensorFlow 数据集的不同方法，包括数据集转换和常见的预处理步骤。

13.3.1 用现存张量创建 TensorFlow 的数据集

如果数据已经以 Python 列表或 NumPy 数组等形式的张量对象存在，那么我们可以调用 `tf.data.Dataset.from_tensor_slices()` 函数轻松地创建数据集。该函数返回 `Dataset` 类对象，我们可以用该对象迭代输入数据集中的各个元素。考虑用以下的示例代码根据值列表创建数据集：

```
>>> a = [1.2, 3.4, 7.5, 4.1, 5.0, 1.0]
>>> ds = tf.data.Dataset.from_tensor_slices(a)
>>> print(ds)
<TensorSliceDataset shapes: (), types: tf.float32>
```

如下所示，我们可以轻松地遍历整个数据集：

```
>>> for item in ds:
...     print(item)
tf.Tensor(1.2, shape=(), dtype=float32)
tf.Tensor(3.4, shape=(), dtype=float32)
tf.Tensor(7.5, shape=(), dtype=float32)
tf.Tensor(4.1, shape=(), dtype=float32)
tf.Tensor(5.0, shape=(), dtype=float32)
tf.Tensor(1.0, shape=(), dtype=float32)
```

如果我们想要从该数据集中创建大小为 3 的批处理，则可以执行以下的操作：

```
>>> ds_batch = ds.batch(3)
>>> for i, elem in enumerate(ds_batch, 1):
...     print('batch {}:'.format(i), elem.numpy())
batch 1: [1.2 3.4 7.5]
batch 2: [4.1 5.  1. ]
```

执行上述命令将在该数据集创建两个批次的数据，其中前三个元素进入批次 1，其余元素进入批次 2。.batch()方法有一个可选参数 drop_remainder，当张量的元素数量不能被所需批处理大小整除时，该参数将会非常有用。drop_remainder 的默认值为 False。在 13.3.3 节中，我们会看到更多说明该方法行为的示例。

13.3.2　把两个张量整合成一个联合数据集

数据通常可能包含在两个或更多个张量中。例如，可能会有一个存储特征的张量和一个存储标签的张量。在这种情况下，我们需要构建数据集，将这些张量整合在一起，以便我们能在元组中检索这些张量的元素。

假设有 t_x 和 t_y 两个张量。其中，张量 t_x 保存特征值，每个特征值的大小为 3，张量 t_y 存储分类标签。为此，我们首先按如下方式创建两个张量：

```
>>> tf.random.set_seed(1)
>>> t_x = tf.random.uniform([4, 3], dtype=tf.float32)
>>> t_y = tf.range(4)
```

现在，我们要根据这两个张量创建一个联合数据集。请注意，这两个张量的元素之间需要一对一的对应关系：

```
>>> ds_x = tf.data.Dataset.from_tensor_slices(t_x)
>>> ds_y = tf.data.Dataset.from_tensor_slices(t_y)
>>>
>>> ds_joint = tf.data.Dataset.zip((ds_x, ds_y))
>>> for example in ds_joint:
...     print('  x:', example[0].numpy(),
...           '  y:', example[1].numpy())

  x: [0.165 0.901 0.631]   y: 0
  x: [0.435 0.292 0.643]   y: 1
  x: [0.976 0.435 0.66 ]   y: 2
  x: [0.605 0.637 0.614]   y: 3
```

我们首先创建 ds_x 和 ds_y 两个独立的数据集，然后调用 zip 函数形成联合数据集。另外，我们可以像下面的示例这样，调用 tf.data.Dataset.from_tensor_slices()函数创建联合数据集：

```
>>> ds_joint = tf.data.Dataset.from_tensor_slices((t_x, t_y))
>>> for example in ds_joint:
...     print('  x:', example[0].numpy(),
...           '  y:', example[1].numpy())

  x: [0.165 0.901 0.631]   y: 0
  x: [0.435 0.292 0.643]   y: 1
  x: [0.976 0.435 0.66 ]   y: 2
  x: [0.605 0.637 0.614]   y: 3
```

也可以获得和前面的示例一样的结果。

请注意，常见错误可能来自原始特征(x)和分类标签(y)元素之间对应关系的缺失

（例如两个数据集分别洗牌）。但是，一旦将它们合并到一个数据集中，就可以安全地进行这些操作。

接下来，我们将会看到如何对数据集的每个元素进行转换。当前 t_x 的值随机均匀分布在[0，1)范围，因此我们将调用以前的 ds_joint 数据集，并使用特征缩放将特征值缩放到[−1，1)范围：

```
>>> ds_trans = ds_joint.map(lambda x, y: (x*2-1.0, y))
>>> for example in ds_trans:
...     print('  x:', example[0].numpy(),
...           '  y:', example[1].numpy())

  x: [-0.67   0.803  0.262]   y: 0
  x: [-0.131 -0.416  0.285]   y: 1
  x: [ 0.952 -0.13   0.32 ]   y: 2
  x: [ 0.21   0.273  0.229]   y: 3
```

此类转换可应用于用户的自定义函数。假如有一个根据磁盘上的图像文件名列表创建的数据集，我们就可以定义一个函数来根据这些文件名加载图像，并通过调用.map()方法来应用该函数。本章后面将会看到将多个转换应用于数据集的示例。

13.3.3 洗牌、批处理和重复

正如在第 2 章中描述的那样，如果要用随机梯度下降优化算法来训练神经网络模型，那么随机洗牌批处理提供训练数据就非常重要。我们已经了解了如何通过调用数据集对象的.batch()方法来创建批处理。现在，除了创建批处理，还将看到如何对数据集洗牌和遍历。我们将继续使用之前的 ds_joint 数据集。

首先，我们从 ds_joint 数据集创建一个洗牌版本：

```
>>> tf.random.set_seed(1)
>>> ds = ds_joint.shuffle(buffer_size=len(t_x))
>>> for example in ds:
...     print('  x:', example[0].numpy(),
...           '  y:', example[1].numpy())

  x: [0.976 0.435 0.66 ]   y: 2
  x: [0.435 0.292 0.643]   y: 1
  x: [0.165 0.901 0.631]   y: 0
  x: [0.605 0.637 0.614]   y: 3
```

此处的行会被重新排列，而且不会丢失 x 和 y 元素之间的一一对应关系。.shuffle()方法需要一个名为 buffer_size 的参数，该参数确定在洗牌之前的数据集中有多少个元素被分在一起。随机检索缓冲区中的元素，然后将它们在缓冲区中的位置分配给原始数据集中的下一个元素。因此，如果 buffer_size 较小，我们可能无法对数据集进行完美洗牌。

如果数据集较小，那么选择相对较小的 buffer_size 可能会对神经网络的预测性能产生负面影响，因为数据集可能没有完全随机化。但是实际上在使用相对较大的数据集时，效果通常不太明显，这在深度学习中很常见。或者，为确保每次迭代中的数据都能完全随机化，我们可以简单地选择与训练样本数目相同的缓冲区规模，如前面的示例代码所示(buffer_size= len(t_x))。

你可能还记得，通过调用.batch()方法，我们可以将数据集分批用于模型训练。现

在，我们将从 ds_joint 数据集中创建此类批处理，然后观察批处理的情况：

```
>>> ds = ds_joint.batch(batch_size=3,
...                     drop_remainder=False)
>>> batch_x, batch_y = next(iter(ds))
>>> print('Batch-x:\n', batch_x.numpy())
Batch-x:
[[0.165 0.901 0.631]
 [0.435 0.292 0.643]
 [0.976 0.435 0.66 ]]

>>> print('Batch-y: ', batch_y.numpy())
Batch-y: [0 1 2]
```

此外，在多次迭代训练模型时，我们要按需要的迭代次数对数据集进行洗牌和迭代。因此，我们复用批处理数据集：

```
>>> ds = ds_joint.batch(3).repeat(count=2)
>>> for i,(batch_x, batch_y) in enumerate(ds):
...     print(i, batch_x.shape, batch_y.numpy())

0 (3, 3) [0 1 2]
1 (1, 3) [3]
2 (3, 3) [0 1 2]
3 (1, 3) [3]
```

结果每批有两个副本。如果改变操作顺序，即先分批后迭代，那么结果将不同：

```
>>> ds = ds_joint.repeat(count=2).batch(3)
>>> for i,(batch_x, batch_y) in enumerate(ds):
...     print(i, batch_x.shape, batch_y.numpy())
0 (3, 3) [0 1 2]
1 (3, 3) [3 0 1]
2 (2, 3) [2 3]
```

请注意批次之间的差异。如果先分批再迭代，我们会得到四个批次。另一方面，如果先迭代再分配，我们会得到三个批次。

最后，为了能更好地理解批处理、洗牌和重复这三种操作，我们以不同的顺序进行实验。首先按以下的组合顺序来操作：(1) 洗牌；(2) 批处理；(3) 重复。

```
## Order 1: shuffle -> batch -> repeat
>>> tf.random.set_seed(1)
>>> ds = ds_joint.shuffle(4).batch(2).repeat(3)
>>> for i,(batch_x, batch_y) in enumerate(ds):
...     print(i, batch_x.shape, batch_y.numpy())
0 (2, 3) [2 1]
1 (2, 3) [0 3]
2 (2, 3) [0 3]
3 (2, 3) [1 2]
4 (2, 3) [3 0]
5 (2, 3) [1 2]
```

现在，让我们用不同的组合顺序来操作：(2) 批处理；(1) 洗牌；(3) 重复。

```
## Order 2: batch -> shuffle -> repeat
>>> tf.random.set_seed(1)
>>> ds = ds_joint.batch(2).shuffle(4).repeat(3)
>>> for i,(batch_x, batch_y) in enumerate(ds):
...     print(i, batch_x.shape, batch_y.numpy())
```

```
0 (2, 3) [0 1]
1 (2, 3) [2 3]
2 (2, 3) [0 1]
3 (2, 3) [2 3]
4 (2, 3) [2 3]
5 (2, 3) [0 1]
```

虽然在第一个代码示例(洗牌、批处理、重复)中，我们似乎已经按照预期对数据集进行了洗牌，但是在第二种情况(批处理、洗牌、重复)中，批处理的元素根本没有洗过牌。我们可以通过仔细检查包含目标值 y 的张量来观察这种洗牌不足的情况。所有的批次都包含[y=0, y=1]或者[y=2, y=3]；我们并没有发现[y=2, y=0]、[y=1, y=3]等其他可能的排列组合。请注意，为了确保这些结果并非巧合，我们可能希望用大于3的数字重复该操作，例如，尝试调用.repeat(20)。想想看，如果在重复之后再洗牌会是什么结果?(例如(2)批处理、(3)重复、(1)洗牌)。

有一种常见的错误，就是在给定数据集上连续两次调用.batch()。这样做的后果是用结果数据集中的样本再创建一个批次。基本上，在数据集上每调用一次.batch()，能检索到的张量等级都会增加一级。

13.3.4 从本地磁盘的文件创建数据集

我们将在本节用磁盘上存储的图像文件构建数据集。本章的在线内容中有一个图像文件夹。在下载该文件夹后，我们应该可以看到JPEG格式的六张猫狗图像。

这个小数据集将向我们展示如何利用存储的文件构建数据集。为此，我们将调用TensorFlow的两个附加模块：读取图像文件内容的tf.io模块和解码原始内容并调整图像大小的tf.image模块。

tf.io和tf.image模块

tf.io和tf.image模块还有许多其他有用的功能，这些功能超出了本书的范围。建议浏览官方文档以了解有关这些功能的更多信息：

https://www.tensorflow.org/versions/r2.0/api_docs/python/tf/io for tf.io

https://www.tensorflow.org/versions/r2.0/api_docs/python/tf/image for tf.image

在开始之前，先让我们看一下这些文件的内容。示例代码用pathlib库生成图像文件列表：

```
>>> import pathlib
>>> imgdir_path = pathlib.Path('cat_dog_images')
>>> file_list = sorted([str(path) for path in
...                     imgdir_path.glob('*.jpg')])
['cat_dog_images/dog-03.jpg', 'cat_dog_images/cat-01.jpg', 'cat_dog_
images/cat-02.jpg', 'cat_dog_images/cat-03.jpg', 'cat_dog_images/dog-
01.jpg', 'cat_dog_images/dog-02.jpg']
```

接着，我们调用Matplotlib来可视化这些图像：

```
>>> import matplotlib.pyplot as plt
```

```
>>> fig = plt.figure(figsize=(10, 5))
>>> for i, file in enumerate(file_list):
...     img_raw = tf.io.read_file(file)
...     img = tf.image.decode_image(img_raw)
...     print('Image shape: ', img.shape)
...     ax = fig.add_subplot(2, 3, i+1)
...     ax.set_xticks([]); ax.set_yticks([])
...     ax.imshow(img)
...     ax.set_title(os.path.basename(file), size=15)
>>> plt.tight_layout()
>>> plt.show()
Image shape:  (900, 1200, 3)
Image shape:  (900, 1200, 3)
Image shape:  (900, 1200, 3)
Image shape:  (900, 742, 3)
Image shape:  (800, 1200, 3)
Image shape:  (800, 1200, 3)
```

图 13-2 展示了示例图像。

图　13-2

仅从这些可视化图像显示，我们已经可以看出图像的高宽比不尽相同。如果显示这些图像的高宽比或数据数组的形状，我们就会看到有些图像高 900 像素，宽 1200 像素(900×1200)，有些图像是 800×1200，还有些图像是 900×742。稍后，我们将这些图像预处理为一致的大小。另外要考虑的因素是这些图像的标签位于文件名内。因此，我们需要从文件名列表中提取这些标签，并将标签 1 分配给狗，标签 0 分配给猫：

```
>>> labels = [1 if 'dog' in os.path.basename(file) else 0
...           for file in file_list]
>>> print(labels)
[1, 0, 0, 0, 1, 1]
```

我们现在有两个列表：文件名(或图像路径)列表和标签列表。我们在上一节学习了整合两个张量创建联合数据集的方法。下面我们将采用第二种方法：

```
>>> ds_files_labels = tf.data.Dataset.from_tensor_slices(
...                                   (file_list, labels))
>>> for item in ds_files_labels:
...     print(item[0].numpy(), item[1].numpy())
b'cat_dog_images/dog-03.jpg' 1
b'cat_dog_images/cat-01.jpg' 0
```

```
b'cat_dog_images/cat-02.jpg' 0
b'cat_dog_images/cat-03.jpg' 0
b'cat_dog_images/dog-01.jpg' 1
b'cat_dog_images/dog-02.jpg' 1
```

因为该数据集包含文件名和标签，所以我们将其称为 ds_files_labels。接着，我们要对该数据集进行转换：根据文件路径加载图像内容，对原始内容解码，然后将其调整为理想的尺寸，如 80×120。我们在前面看到过如何调用 .map() 方法来应用 lambda 函数。然而这次我们需要经过多个预处理步骤，为此我们将编写一个辅助函数，并在调用 .map() 方法时使用它：

```
>>> def load_and_preprocess(path, label):
...     image = tf.io.read_file(path)
...     image = tf.image.decode_jpeg(image, channels=3)
...     image = tf.image.resize(image, [img_height, img_width])
...     image /= 255.0
...     return image, label

>>> img_width, img_height = 120, 80
>>> ds_images_labels = ds_files_labels.map(load_and_preprocess)
>>>
>>> fig = plt.figure(figsize=(10, 6))
>>> for i,example in enumerate(ds_images_labels):
...     ax = fig.add_subplot(2, 3, i+1)
...     ax.set_xticks([]); ax.set_yticks([])
...     ax.imshow(example[0])
...     ax.set_title('{}'.format(example[1].numpy()),
...                  size=15)
>>> plt.tight_layout()
>>> plt.show()
```

图 13-3 显示的是检索到的样本图像及完成可视化处理后的标签情况。

图　13-3

load_and_preprocess() 函数将所有四个步骤封装在一个函数中，包括加载原始内容、解码和调整图像大小。然后，该函数返回一个数据集，我们可以对其进行迭代并应用在前面学到的其他操作。

13.3.5　从 tensorflow_datasets 获取可用的数据集

tensorflow_datasets 库提供了不错的免费可用数据集，可以用于训练或评估深度学习模型。该数据集不但格式整齐，而且可以提供翔实的说明，包括特征和标签格式及其类型和维数，以及以 BibTeX 格式引入的数据集原论文引文。另一个优点是这些数据集都已经准备好，并且可以作为 tf.data.Dataset 对象来调用，因此可以直接调用前面我们介绍过的所有函数。现在，让我们看看如何实际使用这些数据集。

首先，需要在命令行通过 pip 安装 tensorflow_datasets 库：

```
pip install tensorflow-datasets
```

然后，导入该模块，并查看可用数据集的列表：

```
>>> import tensorflow_datasets as tfds
>>> print(len(tfds.list_builders()))
101
>>> print(tfds.list_builders()[:5])
['abstract_reasoning', 'aflw2k3d', 'amazon_us_reviews', 'bair_robot_
pushing_small', 'bigearthnet']
```

前面的代码表明当前有 101 个数据集(在撰写本章时为 101 个数据集，但是这个数字可能会增加)，我们在命令行将前五个数据集显示出来。有两种取得数据集的方式，我们将在以下段落中，通过获取 CelebA(celeb_a)和 MNIST 两个不同的数字数据集来进行介绍。

第一种方法包括三个步骤：

1）调用构建数据集的函数。

2）执行 download_and_prepare()方法。

3）调用 as_dataset()方法。

让我们从调用 CelebA 数据集的第一步开始，显示库中提供的相关描述：

```
>>> celeba_bldr = tfds.builder('celeb_a')

>>> print(celeba_bldr.info.features)
FeaturesDict({'image': Image(shape=(218, 178, 3), dtype=tf.uint8),
'landmarks': FeaturesDict({'lefteye_x': Tensor(shape=(), dtype=tf.
int64), 'lefteye_y': Tensor(shape=(), dtype=tf.int64), 'righteye_x':
Tensor(shape=(), dtype=tf.int64), 'righteye_y': ...

>>> print(celeba_bldr.info.features['image'])
Image(shape=(218, 178, 3), dtype=tf.uint8)

>>> print(celeba_bldr.info.features['attributes'].keys())
dict_keys(['5_o_Clock_Shadow', 'Arched_Eyebrows', ...

>>> print(celeba_bldr.info.citation)
@inproceedings{conf/iccv/LiuLWT15,
  added-at = {2018-10-09T00:00:00.000+0200},
  author = {Liu, Ziwei and Luo, Ping and Wang, Xiaogang and Tang,
Xiaoou},
  biburl = {https://www.bibsonomy.org/bibtex/250e4959be61db325d2f02c1d
8cd7bfbb/dblp},
  booktitle = {ICCV},
  crossref = {conf/iccv/2015},
  ee = {http://doi.ieeecomputersociety.org/10.1109/ICCV.2015.425},
  interhash = {3f735aaa11957e73914bbe2ca9d5e702},
  intrahash = {50e4959be61db325d2f02c1d8cd7bfbb},
  isbn = {978-1-4673-8391-2},
  keywords = {dblp},
  pages = {3730-3738},
  publisher = {IEEE Computer Society},
```

```
  timestamp = {2018-10-11T11:43:28.000+0200},
  title = {Deep Learning Face Attributes in the Wild.},
  url = {http://dblp.uni-trier.de/db/conf/iccv/iccv2015.
html#LiuLWT15},
  year = 2015
}
```

这为我们了解此数据集的结构提供了一些有用的信息。其中，特征以字典的形式存储，包括'image'、'landmarks'和'attributes'三个键词。

'image'存名人的面部图像；'landmarks'存从面部各点(如眼睛、鼻子等位置)提取的数据字典；'attributes'存图像中人物诸如面部表情、化妆、头发等 40 种面部属性的数据字典。

接着，我们调用 download_and_prepare()方法。这将下载并把数据存储在为所有 TensorFlow 数据集指定的磁盘文件夹中。如果做过一次该操作，那么再次执行将仅检查数据是否已经下载，如果发现指定路径上已经存在该数据，则不会再次下载：

```
>>> celeba_bldr.download_and_prepare()
```

接下来，我们将完成数据集的实例化，如下所示：

```
>>> datasets = celeba_bldr.as_dataset(shuffle_files=False)
>>> datasets.keys()
dict_keys(['test', 'train', 'validation'])
```

该数据集已经被拆分为训练、测试和验证数据集。执行以下代码可以看到图像示例：

```
>>> ds_train = datasets['train']
>>> assert isinstance(ds_train, tf.data.Dataset)

>>> example = next(iter(ds_train))
>>> print(type(example))
<class 'dict'>
>>> print(example.keys())
dict_keys(['image', 'landmarks', 'attributes'])
```

请注意该数据集的元素包含在字典中。如果我们想在训练期间将该数据集传递给监督深度学习模型，则必须将其重新格式化为(feature, label)元组。我们将用属性中的'Male'作为分类标签。通过调用 map()方法来完成转换：

```
>>> ds_train = ds_train.map(lambda item:
...                 (item['image'],
...                 tf.cast(item['attributes']['Male'], tf.int32)))
```

最后，我们将对数据集进行分批处理，对获取的一批 18 个样本完成可视化并加标签：

```
>>> ds_train = ds_train.batch(18)
>>> images, labels = next(iter(ds_train))
>>> print(images.shape, labels)
(18, 218, 178, 3) tf.Tensor([0 0 0 1 1 1 0 1 1 0 1 1 0 1 0 1 1 1],
shape=(18,), dtype=int32)

>>> fig = plt.figure(figsize=(12, 8))
>>> for i,(image,label) in enumerate(zip(images, labels)):
...     ax = fig.add_subplot(3, 6, i+1)
...     ax.set_xticks([]); ax.set_yticks([])
...     ax.imshow(image)
...     ax.set_title('{}'.format(label), size=15)
>>> plt.show()
```

现在，我们把从 ds_train 中检索的样本及其标签进行展示，如图 13-4 所示。

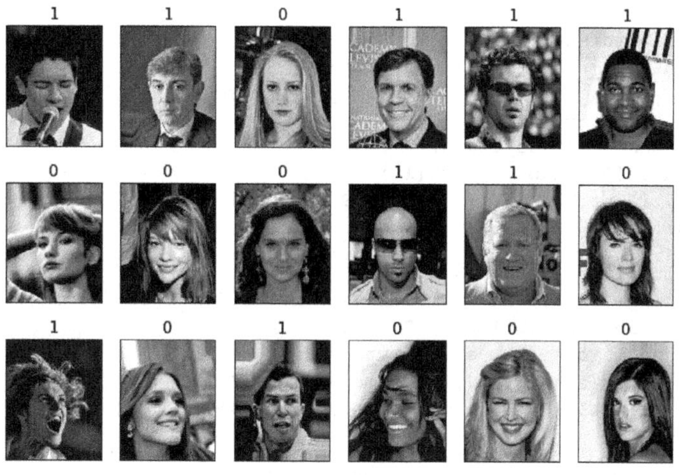

图　13-4

这就是获取和使用 CelebA 图像数据集所需要做的全部工作。

接下来，我们将继续介绍从 tensorflow_datasets 获取数据集的第二种方法。有一个名为 load()的函数，它将获取数据集的三个步骤组合封装在一起。让我们来看看如何将其应用于获取 MNIST 数字数据集：

```
>>> mnist, mnist_info = tfds.load('mnist', with_info=True,
...                               shuffle_files=False)
>>> print(mnist_info)
tfds.core.DatasetInfo(
    name='mnist',
    version=1.0.0,
    description='The MNIST database of handwritten digits.',

urls=['https://storage.googleapis.com/cvdf-datasets/mnist/'],
features=FeaturesDict({
    'image': Image(shape=(28, 28, 1), dtype=tf.uint8),
    'label': ClassLabel(shape=(), dtype=tf.int64, num_classes=10)
},
total_num_examples=70000,
splits={
    'test': <tfds.core.SplitInfo num_examples=10000>,
    'train': <tfds.core.SplitInfo num_examples=60000>
},
supervised_keys=('image', 'label'),
citation="""
    @article{lecun2010mnist,
      title={MNIST handwritten digit database},
      author={LeCun, Yann and Cortes, Corinna and Burges, CJ},
      journal={ATT Labs [Online]. Availablist},
      volume={2},
      year={2010}
    }
 """,
 redistribution_info=,
)

>>> print(mnist.keys())
dict_keys(['test', 'train'])
```

如我们所见，MNIST 数据集分为两个子集。我们可以对训练子集进行转换，把数据元素从字典转换为元组，然后完成 10 个样本的可视化：

```
>>> ds_train = mnist['train']
>>> ds_train = ds_train.map(lambda item:
...                 (item['image'], item['label']))
>>> ds_train = ds_train.batch(10)
>>> batch = next(iter(ds_train))
>>> print(batch[0].shape, batch[1])
(10, 28, 28, 1) tf.Tensor([8 4 7 7 0 9 0 3 3 3], shape=(10,),
dtype=int64)

>>> fig = plt.figure(figsize=(15, 6))
>>> for i,(image,label) in enumerate(zip(batch[0], batch[1])):
...     ax = fig.add_subplot(2, 5, i+1)
...     ax.set_xticks([]); ax.set_yticks([])
...     ax.imshow(image[:, :, 0], cmap='gray_r')
...     ax.set_title('{}'.format(label), size=15)
>>> plt.show()
```

从该数据集中检索到的手写数字样本，如图 13-5 所示。

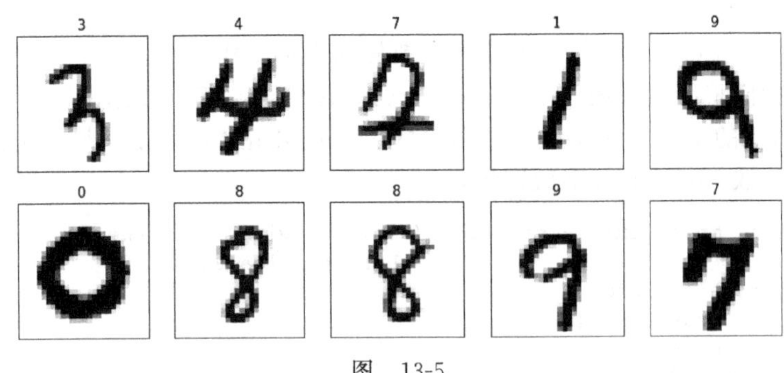

图　13-5

至此，我们结束对构建和处理数据集以及从 `tensorflow_datasets` 获取数据集的介绍。接下来，我们将学习如何用 TensorFlow 构建神经网络模型。

TensorFlow 样式指南

请注意 TensorFlow 的官方样式指南(https://www.tensorflow.org/community/style_guide)建议使用两个字符的代码缩进。但是本书使用了四个字符缩进，因为它与正式的 Python 样式指南更加一致，这还有助于在许多文本编辑器中正确地显示强调的代码语法，包括 Jupyter 代码笔记本(https://github.com/rasbt/python-machine-learning-book-3rd-edition)。

13.4　在 TensorFlow 中构建神经网络模型

到目前为止，你已经在本章中了解了 TensorFlow 的基本实用程序组件，这些组件用于张量操作和把数据组织成可以在训练期间进行迭代的格式。本节最终将在 TensorFlow 中实现第一个预测模型。因为 TensorFlow 比诸如 scikit-learn 之类的机器学习库更加灵活但也更加复杂，所以我们将从一个简单线性回归模型开始。

13.4.1 TensorFlow Keras API(tf.keras)

Keras 是神经网络的高级 API，最初开发的目的是能在 TensorFlow 和 Theano 等其他库之上运行。Keras 提供了一个用户友好的模块化编程界面，你只需几行代码即可轻松地完成原型设计并构建复杂的模型。Keras 可以独立于 PyPI 安装，并通过配置使其以 TensorFlow 为后端引擎。Keras 已经被紧密集成到 TensorFlow 中，可以通过 tf.keras 访问其模块。在 TensorFlow 2.0 中，tf.keras 已成为构建模型所推荐的主要方法。在上一节中，我们已经对这样做的好处有所了解，它支持诸如 tf.data 数据集流水线等 TensorFlow 的特定功能。我们将在本书用 tf.keras 模块来构建神经网络模型。

正如在以下小节中将要看到的那样，Keras API(tf.keras)让构建神经网络模型变得非常容易。在 TensorFlow 中最常用的构建神经网络方法是调用 tf.keras.Sequential()，它允许我们以层次堆叠的方式形成网络。可以在 Python 列表中为 tf.keras.Sequential()模型提供叠层。也可以用.add()方法逐层添加。

此外，tf.keras 允许我们通过 tf.keras.Model 子类化来定义模型。通过为模型类定义 call()方法来显式地指定正向传播，这使我们对正向传播拥有更多的控制。我们将看到使用 tf.keras API 构建神经网络模型的两种方法的具体示例。

最后，正如在以下小节中将要看到的那样，我们可以通过调用.compile()和.fit()方法来编译和训练用 tf.keras API 构建的模型。

13.4.2 构建线性回归模型

在本小节中，我们将建立一个简单的模型来解决线性回归问题。首先，让我们在 NumPy 中创建一个玩具数据集并将其可视化：

```
>>> X_train = np.arange(10).reshape((10, 1))
>>> y_train = np.array([1.0, 1.3, 3.1, 2.0, 5.0, 6.3,
...                     6.6, 7.4, 8.0, 9.0])

>>> plt.plot(X_train, y_train, 'o', markersize=10)
>>> plt.xlabel('x')
>>> plt.ylabel('y')
>>> plt.show()
```

执行上述代码，我们可以把训练样本在散点图上标示出来，如图 13-6 所示。

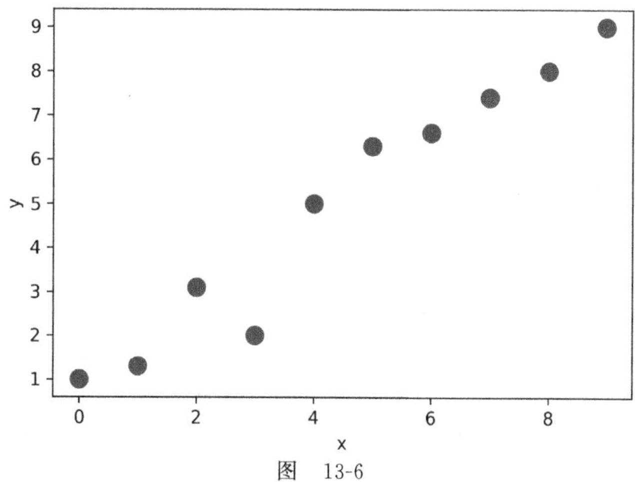

图 13-6

接着，我们将特征标准化(均值居中和除以标准差)并创建 TensorFlow 数据集：

```
>>> X_train_norm = (X_train - np.mean(X_train))/np.std(X_train)
>>> ds_train_orig = tf.data.Dataset.from_tensor_slices(
...                   (tf.cast(X_train_norm, tf.float32),
...                    tf.cast(y_train, tf.float32)))
```

现在，我们可以将线性回归模型定义为 $z=wx+b$。在这里，我们将为构建复杂的神经网络模型而调用 Keras API tf. keras 来提供预定义层，为此，我们要先学习如何从头开始定义模型。在本章的后面，我们将看到如何使用这些预定义的层。

我们将定义一个从 tf.keras.Model 派生出的新类来解决回归问题。tf.keras.Model 子类允许我们用 Keras 工具来探索模型的训练和评估。在类构建函数中，我们将定义模型的参数 w 和 b，分别对应于参数权重和偏置。最后，我们将定义 call()方法来确定该模型将如何利用输入数据并生成输出数据：

```
>>> class MyModel(tf.keras.Model):
...     def __init__(self):
...         super(MyModel, self).__init__()
...         self.w = tf.Variable(0.0, name='weight')
...         self.b = tf.Variable(0.0, name='bias')
...
...     def call(self, x):
...         return self.w * x + self.b
```

接下来，我们将从 MyModel()类实例化一个新模型，并用训练数据对其进行训练。TensorFlow Keras API 为从 tf.keras.Model 实例化的模型提供了一个名为.summary()的方法，该方法能够让我们逐层获取模型组件的摘要及参数数量。因为我们已经从 tf.keras.Model 子类化了模型，所以也可以用.summary()方法。但是，为了能够调用 model.summary()，需要我们先指定该模型的输入维度(特征个数)。我们可以用输入数据的预期形状通过调用 model.build()来实现：

```
>>> model = MyModel()
>>> model.build(input_shape=(None, 1))
>>> model.summary()
Model: "my_model"
_________________________________________________________________
Layer (type)                 Output Shape              Param #
=================================================================
Total params: 2
Trainable params: 2
Non-trainable params: 0
_________________________________________________________________
```

请注意，在调用 model.build()时，我们用 None 作为预期输入张量第一维的占位符，这允许我们使用任意规模的批处理数据。但是，特征数量是固定的(在此为 1)，因为它直接对应于模型的权重参数数量。在调用.build()方法完成实例化的基础上构建模型层和参数被称为*后期变量创建*。对于这个简单的模型，我们已经在构建函数中创建了模型参数。因此，通过调用 build()指定 input_shape，不会对我们的参数产生进一步的影响，但是，如果我们想要调用 model.summary()，则仍然需要此参数。

在定义模型后，我们可以定义为寻找最优模型权重而需要最小化的代价函数。我们将选择**均方误差**(MSE)作为代价函数。此外，我们将用随机梯度下降法来学习模型的权重参数。本小节将通过随机梯度下降过程，让我们有机会亲自训练此模型，但是在下一小节中，我们将会用 Keras 的 compile()和 fit()方法来完成相同的事情。

实现随机梯度下降算法需要计算梯度。我们将用 TensorFlow API tf.GradientTape 而不是手动来计算梯度。在第 14 章中，我们将介绍 tf.GradientTape 及其不同行为。示例代码如下：

```
>>> def loss_fn(y_true, y_pred):
...     return tf.reduce_mean(tf.square(y_true - y_pred))

>>> def train(model, inputs, outputs, learning_rate):
...     with tf.GradientTape() as tape:
...         current_loss = loss_fn(model(inputs), outputs)
...     dW, db = tape.gradient(current_loss, [model.w, model.b])
...     model.w.assign_sub(learning_rate * dW)
...     model.b.assign_sub(learning_rate * db)
```

现在可以设置超参数，并通过 200 个循环周期来训练模型。我们将为该数据集创建一个批处理版本，并设置 count=None 以允许重复使用数据，结果将带来无限重复的数据集：

```
>>> tf.random.set_seed(1)
>>> num_epochs = 200
>>> log_steps = 100
>>> learning_rate = 0.001
>>> batch_size = 1
>>> steps_per_epoch = int(np.ceil(len(y_train) / batch_size))

>>> ds_train = ds_train_orig.shuffle(buffer_size=len(y_train))
>>> ds_train = ds_train.repeat(count=None)
>>> ds_train = ds_train.batch(1)
>>> Ws, bs = [], []

>>> for i, batch in enumerate(ds_train):
...     if i >= steps_per_epoch * num_epochs:
...         # break the infinite loop
...         break
...     Ws.append(model.w.numpy())
...     bs.append(model.b.numpy())
...
...     bx, by = batch
...     loss_val = loss_fn(model(bx), by)
...
...     train(model, bx, by, learning_rate=learning_rate)
...     if i%log_steps==0:
...         print('Epoch {:4d} Step {:2d} Loss {:6.4f}'.format(
...               int(i/steps_per_epoch), i, loss_val))

Epoch    0 Step   0 Loss 43.5600
Epoch   10 Step 100 Loss 0.7530
Epoch   20 Step 200 Loss 20.1759
Epoch   30 Step 300 Loss 23.3976
Epoch   40 Step 400 Loss 6.3481
Epoch   50 Step 500 Loss 4.6356
Epoch   60 Step 600 Loss 0.2411
Epoch   70 Step 700 Loss 0.2036
Epoch   80 Step 800 Loss 3.8177
Epoch   90 Step 900 Loss 0.9416
```

```
Epoch  100 Step 1000 Loss 0.7035
Epoch  110 Step 1100 Loss 0.0348
Epoch  120 Step 1200 Loss 0.5404
Epoch  130 Step 1300 Loss 0.1170
Epoch  140 Step 1400 Loss 0.1195
Epoch  150 Step 1500 Loss 0.0944
Epoch  160 Step 1600 Loss 0.4670
Epoch  170 Step 1700 Loss 2.0695
Epoch  180 Step 1800 Loss 0.0020
Epoch  190 Step 1900 Loss 0.3612
```

让我们看一下经过训练的模型并将其可视化。我们将为测试数据创建一个 NumPy 数组，该数组的值均匀地分布在 0 到 9 之间。由于模型是用标准化特征训练的，因此我们将对测试数据做相同的标准化：

```
>>> print('Final Parameters: ', model.w.numpy(), model.b.numpy())
Final Parameters:  2.6576622 4.8798566

>>> X_test = np.linspace(0, 9, num=100).reshape(-1, 1)
>>> X_test_norm = (X_test - np.mean(X_train)) / np.std(X_train)
>>> y_pred = model(tf.cast(X_test_norm, dtype=tf.float32))

>>> fig = plt.figure(figsize=(13, 5))
>>> ax = fig.add_subplot(1, 2, 1)
>>> plt.plot(X_train_norm, y_train, 'o', markersize=10)
>>> plt.plot(X_test_norm, y_pred, '--', lw=3)
>>> plt.legend(['Training examples', 'Linear Reg.'], fontsize=15)
>>> ax.set_xlabel('x', size=15)
>>> ax.set_ylabel('y', size=15)
>>> ax.tick_params(axis='both', which='major', labelsize=15)
>>> ax = fig.add_subplot(1, 2, 2)
>>> plt.plot(Ws, lw=3)
>>> plt.plot(bs, lw=3)
>>> plt.legend(['Weight w', 'Bias unit b'], fontsize=15)
>>> ax.set_xlabel('Iteration', size=15)
>>> ax.set_ylabel('Value', size=15)
>>> ax.tick_params(axis='both', which='major', labelsize=15)
>>> plt.show()
```

图 13-7 显示了训练样本的分布和训练的线性回归模型、权重 w 和偏置单元 b 的收敛过程。

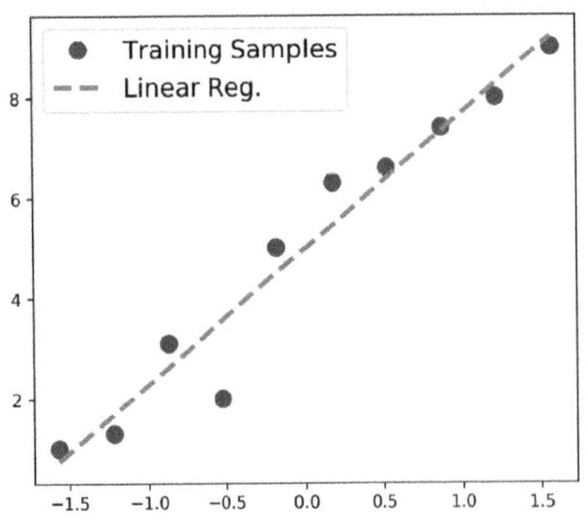

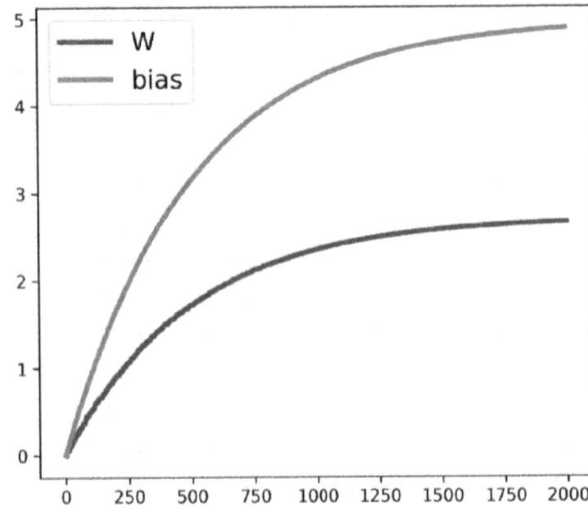

图　13-7

13.4.3　通过.compile()和.fit()方法训练模型

从前面的示例中，我们可以看到如何通过编写自定义函数 train()和应用随机梯度下降优化来训练模型。但是，在不同的项目中编写 train()函数可能是重复的任务。TensorFlow Keras API 提供了一种可以在模型实例化时调用的方便方法.fit()。让我们通过创建新模型，并且选择优化器、损失函数和评估指标来完成编译，以展示其工作原理：

```
>>> tf.random.set_seed(1)
>>> model = MyModel()
>>> model.compile(optimizer='sgd',
...               loss=loss_fn,
...               metrics=['mae', 'mse'])
```

现在，我们可以直接调用 fit()方法来训练模型，可以传递分批处理的数据集(如在上个示例中创建的 ds_train)。但是，这次我们将看到可以直接为 x 和 y 传递 NumPy 数组，而无须再创建数据集：

```
>>> model.fit(X_train_norm, y_train,
...           epochs=num_epochs, batch_size=batch_size,
...           verbose=1)

Train on 10 samples
Epoch 1/200
10/10 [==============================] - 0s 4ms/sample - loss: 27.8578
- mae: 4.5810 - mse: 27.8578
Epoch 2/200
10/10 [==============================] - 0s 738us/sample - loss:
18.6640 - mae: 3.7395 - mse: 18.6640
...
Epoch 200/200
10/10 [==============================] - 0s 1ms/sample - loss: 0.4139
- mae: 0.4942 - mse: 0.4139
```

完成模型训练后，我们检查可视化结果并确保它们与前面方法处理的结果相似。

13.4.4　在鸢尾花数据集上构建多层分类感知器

通过前面的示例，我们了解了如何从零开始构建模型。我们用随机梯度下降方法优化训练模型。尽管从最简单的示例开始我们的旅程，但是我们仍然能看到，即便是这种简单的情况，要从零开始定义模型也并不那么简单。TensorFlow 通过 tf.keras.layers 提供预定义的层，从而可以很容易地用作神经网络模型的构建模块。在本节中，我们将学习如何使用这些层在鸢尾花数据集上解决分类问题，以及如何用 Keras API 构建两层感知器。首先，让我们从 tensorflow_datasets 加载数据：

```
>>> iris, iris_info = tfds.load('iris', with_info=True)
>>> print(iris_info)
```

上述命令将显示有关该数据集的一些信息(为节省空间此处略去)。但是从显示的信息中我们注意到，该数据集仅有一个分区，因此我们必须自行将数据集拆分为训练数据集和测试数据集(以及符合机器学习最佳实践的验证数据集)。假设我们用数据集的三分之二进行训练，保留其余的样本进行测试。tensorflow_datasets 库提供了一个便捷的工具，可以让我们通过 DatasetBuilder 对象在加载数据集之前确定分区规模和分区数目。在 https://www.tensorflow.org/datasets/splits 上可找到更多的相关信息。

另一种方法是先加载整个数据集，然后调用.take()和.skip()将数据集拆分为两个子集。如果在开始时没有为数据集洗牌，那么我们也可以先给数据集洗牌。但是，对此我们要非常小心，因为它可能会导致训练样本与测试样本混合，这在机器学习中是不可接受的。为了避免这种情况，我们必须在.shuffle()方法中设置参数 reshuffle_each_iteration=False。将数据集拆分为训练数据集和测试数据集的示例代码如下：

```
>>> tf.random.set_seed(1)
>>> ds_orig = iris['train']
>>> ds_orig = ds_orig.shuffle(150, reshuffle_each_iteration=False)

>>> ds_train_orig = ds_orig.take(100)
>>> ds_test = ds_orig.skip(100)
```

接下来，正如在前面部分已经看到的那样，我们需要通过调用.map()方法将字典转换为元组：

```
>>> ds_train_orig = ds_train_orig.map(
...     lambda x: (x['features'], x['label']))

>>> ds_test = ds_test.map(
...     lambda x: (x['features'], x['label']))
```

现在，我们准备通过 Keras API 来有效地构建模型。特别是可以调用 tf.keras.Sequential 类通过堆叠 Keras 层构建神经网络。你可以在 https://www.tensorflow.org/versions/r2.0/api_docs/python/tf/keras/layers 中查看所有可用的 Keras 层列表。对于此问题，我们将采用 Dense 层(tf.keras.layers.Dense)，也称为全连接(FC)层或线性层，最好用 $f(w\times x+b)$作为激活函数，其中 x 为输入特征，w 和 b 分别为是权重矩阵和偏置向量。

神经网络有多个层次，每层都会从前一层接收输入，因此神经网络的维数(等级和形状)是固定的。通常，我们只是在设计神经网络的体系结构时，才需要关心输出维数。(请注意第一层是例外，但是 TensorFlow/Keras 允许我们通过后期变量创建，在定义模型之后，再决定第一层的输入维数。)现在，我们要定义有两个隐藏层的模型。第一个隐藏层接收的输入有四个特征，并映射到 16 个神经元。第二个隐藏层接收上一层的输出(大小为 16)，并把它们映射到三个输出神经元，因为鸢尾花数据集有三个分类标签。我们可以用 Keras 的 Sequential 类和 Dense 层来完成这些操作，如下所示：

```
>>> iris_model = tf.keras.Sequential([
...         tf.keras.layers.Dense(16, activation='sigmoid',
...                               name='fc1', input_shape=(4,)),
...         tf.keras.layers.Dense(3, name='fc2',
...                               activation='softmax')])

>>> iris_model.summary()
Model: "sequential"
_________________________________________________________________
Layer (type)                 Output Shape              Param #
=================================================================
fc1 (Dense)                  (None, 16)                80
_________________________________________________________________
fc2 (Dense)                  (None, 3)                 51
=================================================================
Total params: 131
Trainable params: 131
Non-trainable params: 0
_________________________________________________________________
```

注意，通过执行 `input_shape=(4,)`，我们确定了第一层的输入形状，因此，不必为了用 `iris_model.summary()` 而再去调用 `.build()` 了。

显示的模型摘要表明第一层(`fc1`)有 80 个参数，第二层有 51 个参数。你可以通过 $(n_{in}+1)\times n_{out}$ 进行验证，其中 n_{in} 是输入单元的数量，n_{out} 是输出单元的数量。回想一下，全(密集)连接层的可学习参数是大小为 $n_{in}\times n_{out}$ 的权重矩阵和大小为 n_{out} 的偏置向量。此外，请注意我们在第一层用了 sigmoid 激活函数，在最后一层(输出)用了 softmax 激活函数。我们可以用最后一层的 softmax 激活函数支持多元分类，因为这个示例有三个分类标签(这也是输出层要有三个神经元的原因)。我们将在本章的后续部分继续讨论不同的激活函数及其应用。

接着，我们将编译此模型以定义损失函数、优化器和评估指标：

```
>>> iris_model.compile(optimizer='adam',
...                    loss='sparse_categorical_crossentropy',
...                    metrics=['accuracy'])
```

训练模型的时刻到了。我们定义迭代次数为 `100`，批次大小为 `2`。以下的示例代码将构建一个无限重复的数据集，并将该数据集传递给 `fit()` 方法以训练模型。在这种情况下，为了让 `fit()` 方法能够跟踪迭代，我们需要知道每次迭代的步数。

在给定训练数据大小(此处为 `100`)和批次规模(`batch_size`)的前提下，我们可以定义每次迭代的步数 `steps_per_epoch`：

```
>>> num_epochs = 100
>>> training_size = 100
>>> batch_size = 2
>>> steps_per_epoch = np.ceil(training_size / batch_size)

>>> ds_train = ds_train_orig.shuffle(buffer_size=training_size)
>>> ds_train = ds_train.repeat()
>>> ds_train = ds_train.batch(batch_size=batch_size)
>>> ds_train = ds_train.prefetch(buffer_size=1000)

>>> history = iris_model.fit(ds_train, epochs=num_epochs,
...                          steps_per_epoch=steps_per_epoch,
...                          verbose=0)
```

每项迭代后，返回的变量历史记录着训练损失和训练准确率(因为它们被指定为 `iris_model.compile()` 的度量指标)。我们可以用它来可视化学习曲线，如下所示：

```
>>> hist = history.history

>>> fig = plt.figure(figsize=(12, 5))
>>> ax = fig.add_subplot(1, 2, 1)
>>> ax.plot(hist['loss'], lw=3)
>>> ax.set_title('Training loss', size=15)
>>> ax.set_xlabel('Epoch', size=15)
>>> ax.tick_params(axis='both', which='major', labelsize=15)
>>> ax = fig.add_subplot(1, 2, 2)
>>> ax.plot(hist['accuracy'], lw=3)
>>> ax.set_title('Training accuracy', size=15)
>>> ax.set_xlabel('Epoch', size=15)
>>> ax.tick_params(axis='both', which='major', labelsize=15)
>>> plt.show()
```

计算出的学习曲线(训练损失和训练准确率)如图 13-8 所示。

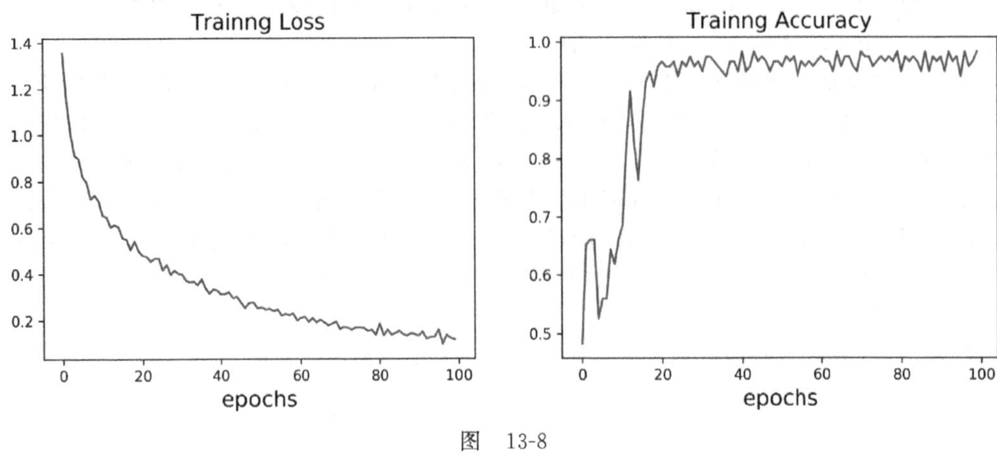

图　13-8

13.4.5 在测试数据集上评估训练后的模型

由于在 iris_model.compile() 中我们将 'accuracy' 指定为评估指标，因此现在可以直接在测试数据集上评估该模型：

```
>>> results = iris_model.evaluate(ds_test.batch(50), verbose=0)
>>> print('Test loss: {:.4f}   Test Acc.: {:.4f}'.format(*results))
Test loss: 0.0692   Test Acc.: 0.9800
```

注意，必须分批处理测试数据集，才能确保模型输入维度(等级)正确。正如前面所讨论的那样，每调用一次 .batch() 方法，结果张量等级就会加 1。.evaluate() 的输入数据必须具有该批次的指定维数，尽管用于评估的批次规模并不重要。因此，如果将 ds_batch.batch(50) 传递给 .evaluate() 方法，那么整个测试数据集将以规模为 50 的批次被一次性处理完。但是，如果我们给 .evaluate() 方法传递 ds_batch.batch(1)，那么系统将以规模为 1 的批次分 50 个批次处理测试数据集。

13.4.6 保存并重新加载训练后的模型

经过训练的模型可以保存在磁盘上以备将来使用。这些工作可以按以下步骤完成：

```
>>> iris_model.save('iris-classifier.h5',
...            overwrite=True,
...            include_optimizer=True,
...            save_format='h5')
```

第一个选项是文件名。调用 iris_model.save() 将同时保存模型体系结构和所有学习到的参数。但是，如果只想保存体系结构，那么可以调用 iris_model.to_json() 方法，该方法将模型配置保存为 JSON 格式。或者，如果只想保存模型的权重参数，那么可以通过调用 iris_model.save_weights() 来实现。save_format 可以指定为 HDF5 格式的 'h5' 或 TensorFlow 格式的 'tf'。

```
>>> iris_model_new = tf.keras.models.load_model('iris-classifier.h5')
```

我们可以通过调用 iris_model_new.summary() 来尝试验证模型的体系结构。

最后，让我们评估一下这个重新加载到测试数据集上的新模型，以验证其结果是否与之前的相同：

```
>>> results = iris_model_new.evaluate(ds_test.batch(33), verbose=0)
>>> print('Test loss: {:.4f}   Test Acc.: {:.4f}'.format(*results))
Test loss: 0.0692   Test Acc.: 0.9800
```

13.5 选择多层神经网络的激活函数

为了简单起见，我们仅在多层前馈神经网络中讨论了 sigmoid 激活函数；在第 12 章的多层感知器实现中，我们曾在隐藏层和输出层中使用了 sigmoid 激活函数。

请注意，为了简洁起见，本书中 sigmoid 逻辑函数 $\sigma(z)=\frac{1}{1+\mathrm{e}^{-z}}$ 被称为 sigmoid 函数，通常在文献中也这么称呼。我们会在下面小节了解更多可用于实现多层神经网络的非线性函数。

在技术上，我们可以用任何函数作为多层神经网络的激活函数，只要它是可微的。甚至可以用像 Adaline 这样的线性激活函数(参见第 2 章)。然而，隐藏层和输出层在实践中使用线性激活函数的意义不太大，因为我们希望在典型的人工神经网络中引入非线性来处理复杂的问题。线性函数之和所产生的毕竟还是线性函数。

在第 12 章中，所用的 sigmoid 逻辑激活函数可能是模仿大脑神经元最好的概念，我们可以将其视为神经元是否被激发的概率。然而，如果负输入非常高，那么 sigmoid 逻辑激活函数就可能会出现问题，因为在这种情况下，sigmoid 函数的输出值将接近零。如果 sigmoid 逻辑激活函数返回的输出值接近零，那么神经网络的学习将变得异常缓慢，而且在训练过程中更容易陷入局部最小值。这就是为什么人们通常喜欢用双曲正切函数作为隐藏层的激活函数。

在讨论什么是双曲正切函数之前，先让我们简要概括逻辑函数的基础概念，并研究一下泛化，以使其更加适合多标签分类问题。

13.5.1 关于逻辑函数的回顾

正如在本节介绍中所提到的那样，我们通常把逻辑函数称为 sigmoid 函数，实际上，它是 sigmoid 函数的特例。记得在第 3 章中的逻辑回归部分曾经讨论过，在二元分类任务中，我们可以用逻辑函数建模预测样本 X 属于正类(类 1)的概率。

在下面的等式中，假设净输入为 z：

$$z=w_0x_0+w_1x_1+\cdots+w_mx_m=\sum_{i=0}^{m} w_ix_i=\boldsymbol{w}^{\mathrm{T}}\boldsymbol{x}$$

逻辑函数将进行下述计算：

$$\phi_{\text{logistic}}(z)=\frac{1}{1+\mathrm{e}^{-z}}$$

注意，w_0 为偏置单元(当 $x_0=1$ 时的 y 轴截距)。举一个更具体的例子，假设有一个二维数据点 x 的模型和一个把下述权重系数分配给 w 向量的模型：

```
>>> import numpy as np

>>> X = np.array([1, 1.4, 2.5]) ## first value must be 1
>>> w = np.array([0.4, 0.3, 0.5])

>>> def net_input(X, w):
...     return np.dot(X, w)
```

```
>>> def logistic(z):
...     return 1.0 / (1.0 + np.exp(-z))

>>> def logistic_activation(X, w):
...     z = net_input(X, w)
...     return logistic(z)

>>> print('P(y=1|x) = %.3f' % logistic_activation(X, w))
P(y=1|x) = 0.888
```

如果计算净输入，并用它来激活那些具有特征值和权重系数的逻辑神经元，就会得到 0.888 的值，这可以解读为该特定样本 x 属于正类的概率为 88.8%。

在第 12 章中，我们曾用独热编码技术计算由多个逻辑激活单元所组成的输出层的值。但是，正如下面的示例代码所演示的那样，由多个逻辑激活单元所组成的输出层不会产生有意义且可解释的概率：

```
>>> # W : array with shape = (n_output_units, n_hidden_units+1)
>>> #     note that the first column are the bias units
>>> W = np.array([[1.1, 1.2, 0.8, 0.4],
...               [0.2, 0.4, 1.0, 0.2],
...               [0.6, 1.5, 1.2, 0.7]])

>>> # A : data array with shape = (n_hidden_units + 1, n_samples)
>>> #     note that the first column of this array must be 1
>>> A = np.array([[1, 0.1, 0.4, 0.6]])

>>> Z = np.dot(W, A[0])
>>> y_probas = logistic(Z)
>>> print('Net Input: \n', Z)
Net Input:
[ 1.78  0.76  1.65]
>>> print('Output Units:\n', y_probas)
Output Units:
[ 0.85569687  0.68135373  0.83889105]
```

正如我们从输出中所看到的那样，不能把结果值解释为三元分类问题的概率。原因是三者的和不等于 1。然而，如果只用模型来预测分类标签，而并不预测类成员属于某个类的概率，那么实际上这就不是个大问题。从上面获得的输出单元来预测分类标签的一种方法是计算最大值：

```
>>> y_class = np.argmax(Z, axis=0)
>>> print('Predicted class label: %d' % y_class)
Predicted class label: 0
```

在某些情况下，计算有意义的分类概率对多元分类预测很有用。下一节将讨论逻辑函数和 softmax 函数的泛化问题，这对完成任务会有帮助。

13.5.2　在多元分类中调用 softmax 函数评估分类概率

我们在上一节看到了如何使用 argmax 函数获得分类标签。在 13.4.4 节中，我们曾经确定 MLP 模型的最后一层中的参数 activation='softmax'。实际上，softmax 函数是 argmax 函数的软形式，它提供属于每个类的概率，而不是给出一个类指标。因此可以在多元分类环境下计算有意义的分类概率(多项式逻辑回归)。

在 softmax 中，一个有净输入 z 的特定样本属于第 i 类的概率，可以用以归一化项为分母(即所有指数加权的线性函数之和)的公式来计算：

$$p(z)=\phi(z)=\frac{e^{z_i}}{\sum_{i=1}^{M} e^{z_i}}$$

我们可以在 Python 上编写一段代码来观察 softmax 的实际应用：

```
>>> def softmax(z):
...     return np.exp(z) / np.sum(np.exp(z))

>>> y_probas = softmax(Z)
>>> print('Probabilities:\n', y_probas)
Probabilities:
[ 0.44668973  0.16107406  0.39223621]

>>> np.sum(y_probas)
1.0
```

正如我们所看到的那样，如我们所愿，预测的分类概率之和现在达到 1。值得注意的是，预测的分类标签与把 argmax 函数应用到逻辑输出时的结果相同。

可以将 softmax 函数的结果视为归一化的输出，这对于在多类设置中获取有意义的类成员预测很有价值。因此，当我们在 TensorFlow 中构建多元分类模型时，可以调用 tf.keras.activations.softmax() 函数来估计输入样本中每个类别成员的概率。想要了解如何在 TensorFlow 中使用 softmax 激活函数，请在以下代码中将 z 转换为张量，并为批次规模保留额外的维度：

```
>>> import tensorflow as tf

>>> Z_tensor = tf.expand_dims(Z, axis=0)
>>> tf.keras.activations.softmax(Z_tensor)
<tf.Tensor: id=21, shape=(1, 3), dtype=float64,
numpy=array([[0.44668973, 0.16107406, 0.39223621]])>
```

13.5.3　利用双曲正切拓宽输出范围

在人工神经网络的隐藏层中，另一个常用的 sigmoid 函数是双曲正切(俗称 tanh)函数，我们可以将其理解为一种尺度调整后的逻辑函数：

$$\phi_{\text{logistic}}(z)=\frac{1}{1+e^{-z}}$$

$$\phi_{\tanh}(z)=2\times\phi_{\text{logistic}}(2z)-1=\frac{e^{z}-e^{-z}}{e^{z}+e^{-z}}$$

与逻辑函数相比，双曲正切函数的优点是它有一个更广泛的输出范围，而且其取值范围在(−1，1)的开区间，这有助于提高反向传播算法的收敛性[⊖]。

相反，逻辑函数返回一个在(0，1)开区间的输出信号。为了直观地比较逻辑函数和双曲正切函数，我们将通过下述代码绘制两个 sigmoid 函数：

⊖ *Neural Networks for Pattern Recognition*, *C. M. Bishop*, *Oxford University Press*, pages: 500-501, 1995.

```
>>> import matplotlib.pyplot as plt

>>> def tanh(z):
...     e_p = np.exp(z)
...     e_m = np.exp(-z)
...     return (e_p - e_m) / (e_p + e_m)
>>> z = np.arange(-5, 5, 0.005)
>>> log_act = logistic(z)
>>> tanh_act = tanh(z)
>>> plt.ylim([-1.5, 1.5])
>>> plt.xlabel('net input $z$')
>>> plt.ylabel('activation $\phi(z)$')
>>> plt.axhline(1, color='black', linestyle=':')
>>> plt.axhline(0.5, color='black', linestyle=':')
>>> plt.axhline(0, color='black', linestyle=':')
>>> plt.axhline(-0.5, color='black', linestyle=':')
>>> plt.axhline(-1, color='black', linestyle=':')
>>> plt.plot(z, tanh_act,
...          linewidth=3, linestyle='--',
...          label='tanh')
>>> plt.plot(z, log_act,
...          linewidth=3,
...          label='logistic')
>>> plt.legend(loc='lower right')
>>> plt.tight_layout()
>>> plt.show()
```

可以看到两个 S 形曲线的形状非常相似。但双曲正切函数(`tanh`)的输出空间是逻辑函数(`logistic`)的两倍，如图 13-9 所示。

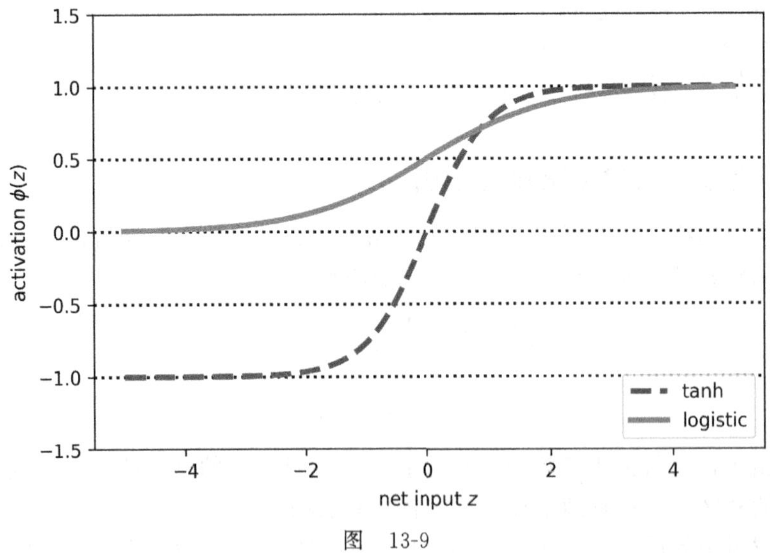

图　13-9

请注意，我们之所以在前面详尽地实现 `logistic` 函数和 `tanh` 函数，目的是能清楚地说明和解释问题。在实践中，我们可以用 NumPy 的 `tanh` 函数获得相同的结果。另外，在构建神经网络模型时，我们可以用 TensorFlow 中的 `tf.keras.activations.tanh()` 来取得相同的结果：

```
>>> np.tanh(z)
array([-0.9999092 , -0.99990829, -0.99990737, ...,  0.99990644,
        0.99990737,  0.99990829])

>>> tf.keras.activations.tanh(z)
<tf.Tensor: id=14, shape=(2000,), dtype=float64, numpy=
array([-0.9999092 , -0.99990829, -0.99990737, ...,  0.99990644,
        0.99990737,  0.99990829])>
```

此外，在 SciPy 的 `special` 模块中也提供了逻辑函数的实现：

```
>>> from scipy.special import expit
>>> expit(z)
array([0.00669285, 0.00672617, 0.00675966, ..., 0.99320669,
0.99324034,
       0.99327383])
```

类似地，我们可以用 TensorFlow 中的 `tf.keras.activations.sigmoid()` 函数进行相同的计算，如下所示：

```
>>> tf.keras.activations.sigmoid(z)
<tf.Tensor: id=16, shape=(2000,), dtype=float64, numpy=
array([0.00669285, 0.00672617, 0.00675966, ..., 0.99320669,
0.99324034,
       0.99327383])>
```

13.5.4　修正线性单元激活函数

修正线性单元(ReLU)是另一个在深度神经网络中经常用到的激活函数。在了解 ReLU 之前，我们应该先退一步，理解双曲正切激活函数和逻辑激活函数中出现的梯度消失问题。

为理解这个问题，我们假设最初净输入 $z_1=20$，之后变成 $z_2=25$。用双曲正切计算激活值得到 $\phi(z_1)=1.0$ 和 $\phi(z_2)=1.0$，这表明结果没变(由于双曲正切函数的非对称行为和数值误差)。

这意味着随着 z 值变大，与净输入相对应的派生激活值减小。因此，训练阶段的学习权重变得非常缓慢，因为梯度项可能非常接近零。ReLU 激活函数解决了这个问题。ReLU 的数学表达定义如下：

$$\phi(z)=\max(0,\ z)$$

ReLU 仍然是非线性函数，但它对学习神经网络的复杂函数有益。除此之外，对于与输入相对应的 ReLU 派生物，正输入值的结果总是 1。因此解决了梯度消失的问题，使其适用于深度神经网络。在 TensorFlow 中可以像下面这样应用 ReLU 激活函数：

```
>>> tf.keras.activations.tanh(z)
<tf.Tensor: id=23, shape=(2000,), dtype=float64, numpy=array([0.    ,
0.    , 0.    , ..., 4.985, 4.99 , 4.995])>
```

下一章将用 ReLU 作为多层卷积神经网络的激活函数。

在了解了人工神经网络中常用的激活函数之后，现在我们通过概述本书中所遇到的不同激活函数来结束本节，如图 13-10 所示。

你可以在 Keras API 网站(https://www.tensorflow.org/versions/r2.0/api_docs/python/tf/keras/activations)上找到所有可用激活函数的列表。

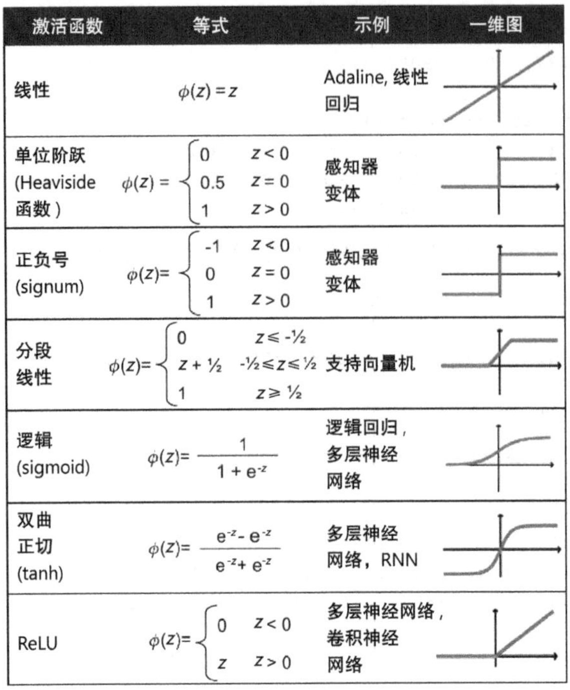

激活函数	等式	示例	一维图
线性	$\phi(z)=z$	Adaline, 线性回归	
单位阶跃（Heaviside 函数）	$\phi(z)=\begin{cases}0 & z<0\\ 0.5 & z=0\\ 1 & z>0\end{cases}$	感知器变体	
正负号（signum）	$\phi(z)=\begin{cases}-1 & z<0\\ 0 & z=0\\ 1 & z>0\end{cases}$	感知器变体	
分段线性	$\phi(z)=\begin{cases}0 & z\leqslant -\frac{1}{2}\\ z+\frac{1}{2} & -\frac{1}{2}\leqslant z\leqslant \frac{1}{2}\\ 1 & z\geqslant \frac{1}{2}\end{cases}$	支持向量机	
逻辑（sigmoid）	$\phi(z)=\frac{1}{1+e^{-z}}$	逻辑回归，多层神经网络	
双曲正切（tanh）	$\phi(z)=\frac{e^{z}-e^{-z}}{e^{z}+e^{-z}}$	多层神经网络，RNN	
ReLU	$\phi(z)=\begin{cases}0 & z<0\\ z & z>0\end{cases}$	多层神经网络，卷积神经网络	

图　13-10

13.6　本章小结

这一章，我们学会了如何使用开源的 TensorFlow 在深度学习中进行数值计算。虽然因为 TensorFlow 支持 GPU 所带来的额外复杂性使其用起来不如 NumPy 方便，但是它可以非常有效地定义和训练大型的多层神经网络。

此外，我们还学习了如何使用 TensorFlow Keras API 构建复杂的机器学习和神经网络模型并有效地运行它们。我们通过子类化 `tf.keras.Model`，学习从零开始定义模型，探索用 TensorFlow 构建模型。当我们必须在矩阵向量乘法上编程并定义每个运算细节时，模型实现可能会很乏味。但是，这样做的好处是可以使研发人员结合这些基本操作构建更复杂的模型。然后，我们探索了 `tf.keras.layers`，这个方法使构建神经网络模型比自己从零做起要容易许多。

最后，我们学习了不同的激活函数，理解了其行为及应用。具体地说，本章讨论了 tanh、softmax 和 ReLU。

在下一章，我们将继续这个旅程，深入学习 TensorFlow，在那里，我们将学习 TensorFlow 的函数修饰和估计器。在这个过程中，我们将学习许多新概念，如变量与特征列。

深入探讨 TensorFlow 的工作原理

在第 13 章中，我们介绍了如何定义和操作张量，以及如何调用 `tf.data` API 来构建输入流水线，以及如何用 TensorFlow Keras API(`tf.keras`)来构建和训练多层感知器，完成对鸢尾花数据集的分类。

既然我们已经在 TensorFlow 神经网络训练和机器学习方面积累了实际经验，那么现在是进一步深入研究 TensorFlow 库并对其丰富的功能进行探索的时候了，这将使我们有能力在后续的章节中训练更高级的深度学习模型。

在本章中，我们将从多个不同的方面使用 TensorFlow API 来实现神经网络。特别地，我们将再次使用 Keras API，它提供了多个抽象层，使标准化体系结构的实现变得非常方便。TensorFlow 还允许我们实现自定义的神经网络层，对于需要更多自定义的研究型项目，这非常有用。我们将在本章实现一个这样的自定义层。

为了掌握使用 Keras API 进行建模的各种方式，我们还将考虑经典的**异或**(XOR)问题。首先用 `Sequential` 类构建多层感知器，然后再考虑用诸如子类化 `tf.keras.Model` 的方式来自定义层的其他方法。最后，我们将介绍 TensorFlow 的高级 API `tf.estimator`，它封装了从原始输入到预测的所有机器学习步骤。

本章将主要涵盖下述几个方面：

- 了解和使用 TensorFlow 的计算图并迁移到 TensorFlow v2。
- 用于图编译的函数修饰。
- 使用 TensorFlow 变量。
- 解决经典的 XOR 问题并理解模型的容量。
- 利用 Keras 的 `Model` 类和函数式 API 构建复杂的神经网络模型。
- 利用自动微分和 `tf.GradientTape` 计算梯度。
- 使用 TensorFlow 估计器。

14.1 TensorFlow 的主要功能

TensorFlow 为我们提供了可扩展的多平台编程接口，用于实现和运行机器学习算法。自 2017 年发布 1.0 版本以来，TensorFlow API 一直相对稳定和成熟，但是 2019 年发布的 2.0 最新版本进行了重大的重新设计，这也是本书正在使用的版本。

自 2015 年首次发布以来，TensorFlow 已成为使用最为广泛的深度学习工具。但是围绕静态计算图构建系统成为对它的主要诟病之一。虽然静态计算图也具有某些优势，例如，可以在后台对图进行更好的优化，并支持更为广泛的硬件设备，但是静态计算图需要独立的图声明和评估步骤，使用户以交互方式开发和使用神经网络变得非常麻烦。

考虑到用户的所有反馈意见，TensorFlow 团队决定在 TensorFlow 2.0 中默认动态计算图，从而使神经网络的开发和训练更为方便。在下一节中，我们将介绍 TensorFlow 从版本 v1.x 到 v2 的一些重要改动。动态计算图允许图声明和评估步骤交错出现，因此与先前版本的 TensorFlow 相比，TensorFlow 2.0 对于 Python 和 NumPy 用户而言，感觉更加自然。但是，请注意，TensorFlow 2.0 仍然允许用户通过 `tf.compat` 子模块使用旧的 TensorFlow v1.x API。这有助于 TensorFlow 用户将其代码库更平滑地过渡到新的 v2 API 版本。

TensorFlow 的主要特性(在第 13 章中提到过)是具有与单个或多个图形处理器(GPU)协同工作的能力。这使用户可以在大型数据集和大型系统上非常有效地训练深度学习模型。

TensorFlow 是一个开源代码库，每个人都可以免费使用，它的开发工作是由谷歌资助和支持的。这需要一个庞大的软件工程师团队来不断地扩展和改进。由于 TensorFlow 是一个开源代码库，它也得到了谷歌以外的其他研发人员的大力支持，他们热心贡献并提供用户反馈意见。这使 TensorFlow 库对学术研究和开发人员都更为有用。这些因素所带来的进一步结果是 TensorFlow 拥有大量的文档和教程来帮助新用户学习。

最后，但并非最不重要的一点是，TensorFlow 支持移动部署，这也使其成为非常适合生产系统使用的一种工具。

14.2 TensorFlow 的计算图：迁移到 TensorFlow v2

TensorFlow 基于有向无环图(DAG)执行计算。我们可以在 TensorFlow v1.x 的低级 API 中明确定义此类图，但是对于大型和复杂模型而言，这绝非易事。我们将在本节看到如何为简单的算术计算定义计算图，然后学习如何将计算图迁移到 TensorFlow v2，什么是 **eager 执行**和动态图形范式，以及如何通过函数修饰提高计算速度。

14.2.1 了解 TensorFlow 的计算图

TensorFlow 依赖在其核心上构建的计算图，并且根据计算图来推导从输入一直到输出的所有张量之间的关系。假设我们有 0 级(标量)张量 a、b 和 c，想要评估 $z=2\times(a-b)+c$。我们可以把该评估表示为计算图，如图 14-1 所示。

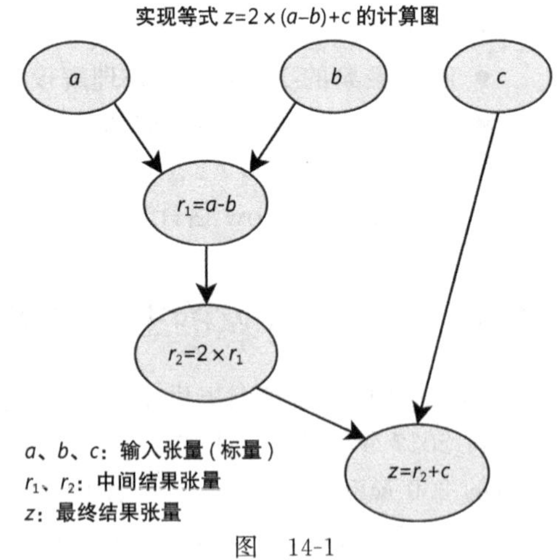

图 14-1

如你所见，计算图只是由节点构成的网络。每个节点都类似一个运算，该运算将一个函数应用于一个或多个输入张量，并返回零个或多个张量作为输出。TensorFlow 将构建此计算图，并用它来计算相应的梯度。在接下来的小节中，我们将会看到一些用 TensorFlow v1.x 和 v2 为该计算创建计算图的示例。

14.2.2 在 TensorFlow v1.x 中创建计算图

在 TensorFlow(v1.x)低级 API 的早期版本中，我们必须明确定义此图才可以使用。在 TensorFlow v1.x 中构建、编译和评估此类计算图的步骤如下：

1）实例化一个新的空白计算图。

2）为该计算图增加节点（张量和操作）。

3）执行计算图：

a. 开始一个新的会话。

b. 初始化图中的变量。

c. 运行会话中的计算图。

在研究 TensorFlow v2 中的动态方法之前，让我们先看一个简单的示例，该示例说明如何在 TensorFlow v1.x 中创建计算图以评估 $z=2\times(a-b)+c$。变量 a、b 和 c 是标量（单个数字），我们先将它们定义为 TensorFlow 常数。然后可以通过调用 tf.Graph() 创建计算图。计算图中的节点代表变量以及计算，定义如下：

```
## TF v1.x style
>>> g = tf.Graph()

>>> with g.as_default():
...     a = tf.constant(1, name='a')
...     b = tf.constant(2, name='b')
...     c = tf.constant(3, name='c')
...     z = 2*(a-b) + c
```

在此代码中，我们首先通过 g=tf.Graph() 定义了图 g。然后用 with g.as_default() 将节点添加到图 g 中。但是，请注意，如果我们未明确创建计算图，则始终存在一个默认图，变量及计算将被自动地添加到该图上。

在 TensorFlow v1.x 中，会话是可以执行图中操作和张量的环境。Session 类已经被从 TensorFlow v2 中删除，但是，我们暂时仍然可以通过 tf.compat 子模块使用它，以允许与 TensorFlow v1.x 兼容。我们可以通过调用 tf.compat.v1.Session() 来创建会话对象，该对象可以像 Session(graph=g) 一样接收现有图形（此处为 g）作为形式参数。

在 TensorFlow 会话中启动图之后，我们可以处理各个节点，即评估其张量或执行其运算符。评估每个张量需要在当前会话中调用 eval() 方法。在评估图中的特定张量时，TensorFlow 必须执行图中所有的先前节点，直至到达感兴趣的给定节点为止。如果存在一个或多个占位符变量，我们还需要调用会话的 run 方法为这些占位符赋值，我们将在本章后面看到这些。

在之前的代码片段中定义了静态计算图之后，我们可以在 TensorFlow 会话中执行该图并评估张量 z，如下所示：

```
## TF v1.x style
>>> with tf.compat.v1.Session(graph=g) as sess:
...     print(Result: z =', sess.run(z))
Result: z = 1
```

14.2.3 将计算图迁移到 TensorFlow v2

接下来，让我们看一下如何将此代码迁移到 TensorFlow v2。TensorFlow v2 在默认情况下使用动态图（相对于静态图）（在 TensorFlow 中也被称为 eager 执行），这使我们能够即时评估操作。因此，没有必要显式地创建计算图和会话，这使开发工作流更为方便：

```
## TF v2 style
>>> a = tf.constant(1, name='a')
>>> b = tf.constant(2, name='b')
>>> c = tf.constant(3, name='c')
>>> z = 2*(a - b) + c
>>> tf.print('Result: z= ', z)
Result: z = 1
```

14.2.4 在 TensorFlow v1.x 中将输入数据加载到模型

从 TensorFlow v1.x 到 v2 的另一个重要改进是关于如何把数据加载到模型。在 TensorFlow v2 中，我们可以直接以 Python 变量或 NumPy 数组的形式提供数据。但是在使用 TensorFlow v1.x 低级 API 时，我们必须创建占位符变量以便向模型提供输入数据。对于前面的简单计算图示例 $z=2\times(a-b)+c$，假设 a、b 和 c 是 0 级输入张量。我们可以定义三个占位符，然后将它们通过所谓的 `feed_dict` 字典把数据“馈入”模型，如下所示：

```
## TF-v1.x style
>>> g = tf.Graph()
>>> with g.as_default():
...     a = tf.compat.v1.placeholder(shape=None,
...                                  dtype=tf.int32, name='tf_a')
...     b = tf.compat.v1.placeholder(shape=None,
...                                  dtype=tf.int32, name='tf_b')
...     c = tf.compat.v1.placeholder(shape=None,
...                                  dtype=tf.int32, name='tf_c')
...     z = 2*(a-b) + c

>>> with tf.compat.v1.Session(graph=g) as sess:
...     feed_dict={a:1, b:2, c:3}
...     print('Result: z =', sess.run(z, feed_dict=feed_dict))
Result: z = 1
```

14.2.5 在 TensorFlow v2 中将输入数据加载到模型

在 TensorFlow v2 中，我们只需定义一个以 `a`、`b` 和 `c` 作为输入参数的常规 Python 函数即可完成所有这些操作，例如：

```
## TF-v2 style
>>> def compute_z(a, b, c):
...     r1 = tf.subtract(a, b)
...     r2 = tf.multiply(2, r1)
...     z = tf.add(r2, c)
...     return z
```

现在，我们可以简单地用 `Tensor` 对象作为函数的形式参数，调用此函数进行计算。请注意，TensorFlow 函数(例如 `add`、`subtract` 和 `multiply`)还允许我们以 TensorFlow 的 `Tensor` 对象、NumPy 数组或其他的 Python 对象(例如列表和元组)形式提供更高级的输入。在下面的示例代码中，我们提供了标量输入(0 级)、1 级和 2 级输入：

```
>>> tf.print('Scalar Inputs:', compute_z(1, 2, 3))
Scalar Inputs: 1

>>> tf.print('Rank 1 Inputs:', compute_z([1], [2], [3]))
Rank 1 Inputs: [1]
```

```
>>> tf.print('Rank 2 Inputs:', compute_z([[1]], [[2]], [[3]]))
Rank 2 Inputs: [[1]]
```

我们从这里看到，迁移到 TensorFlow v2 可以避免明确定义图形和创建会话的步骤，从而使编程风格简单高效。现在我们了解了 TensorFlow v1.x 与 TensorFlow v2 之间的差别，本书的其余部分将仅关注 TensorFlow v2。接下来，我们将更深入地研究如何通过修饰计算图中的 Python 函数来提高计算性能。

14.2.6 通过函数修饰器提高计算性能

如上节所见，我们可以轻松地编写普通的 Python 函数并利用 TensorFlow 进行计算。但是通过 eager 执行(动态图)模式进行计算不如 TensorFlow v1.x 中的静态图执行有效。因此，TensorFlow v2 提供了一个名为 AutoGraph 的工具，该工具可以自动地将 Python 代码转换为 TensorFlow 的图形代码，以加快执行速度。此外，TensorFlow 提供了一个简单机制，可以将普通的 Python 函数编译为 TensorFlow 的静态图，以提高计算效率。

为了了解其实际的工作方式，让我们用之前的 compute_z 函数，并用@tf.function 修饰器为图形编译添加注释：

```
>>> @tf.function
... def compute_z(a, b, c):
...     r1 = tf.subtract(a, b)
...     r2 = tf.multiply(2, r1)
...     z = tf.add(r2, c)
...     return z
```

请注意，我们可以像以前一样调用此函数，但是现在 TensorFlow 将基于输入参数构造静态图。Python 支持动态类型化和多态性，因此我们可以定义一个函数，例如 def f(a, b): return a+ b，然后用整数、浮点数、列表或字符串输入进行调用(请记住a+b 是有效的列表和字符串运算)。虽然 TensorFlow 计算图需要静态类型和形状，但是 tf.function 支持这种动态输入功能。例如，让我们用以下的输入来调用该函数：

```
>>> tf.print('Scalar Inputs:', compute_z(1, 2, 3))
>>> tf.print('Rank 1 Inputs:', compute_z([1], [2], [3]))
>>> tf.print('Rank 2 Inputs:', compute_z([[1]], [[2]], [[3]]))
```

这将产生与以前相同的输出。在这里，TensorFlow 采用跟踪机制基于输入参数构建计算图。对于这种跟踪机制，TensorFlow 基于为调用函数而给定的输入签名生成键元组。生成的键如下：

- 对于 tf.Tensor 参数，键基于其形状和数据类型。
- 对于 Python 类型(例如列表)，其 id()用于生成缓存键。
- 对于 Python 基本值，缓存键基于输入值。

调用此类修饰函数后，TensorFlow 将检查是否已生成带有相应键的图形。如果这样的图不存在，TensorFlow 将生成新图并存储新键。另一方面，如果要限制函数的调用方式，可以在定义函数时通过 tf.TensorSpec 对象的元组指定输入签名。例如，让我们重新定义函数 compute_z，并指定仅允许用 tf.int32 类型的 1 级张量：

```
>>> @tf.function(input_signature=(tf.TensorSpec(shape=[None],
...                                               dtype=tf.int32),
...                               tf.TensorSpec(shape=[None],
...                                               dtype=tf.int32),
```

```
...                                 tf.TensorSpec(shape=[None],
...                                               dtype=tf.int32),))
... def compute_z(a, b, c):
...     r1 = tf.subtract(a, b)
...     r2 = tf.multiply(2, r1)
...     z = tf.add(r2, c)
...     return z
```

现在，我们可以用 1 级张量(或可以转换为 1 级张量的列表)调用此函数：

```
>>> tf.print('Rank 1 Inputs:', compute_z([1], [2], [3]))
>>> tf.print('Rank 1 Inputs:', compute_z([1, 2], [2, 4], [3, 6]))
```

但是，使用等级不为 1 的张量调用此函数将带来错误，因为等级与指定的输入签名不匹配，如下所示：

```
>>> tf.print('Rank 0 Inputs:', compute_z(1, 2, 3)
### will result in error

>>> tf.print('Rank 2 Inputs:', compute_z([[1], [2]],
...                                      [[2], [4]],
...                                      [[3], [6]]))
### will result in error
```

我们在本节学习了如何注释普通的 Python 函数，以便 TensorFlow 能将其编译成图以提高执行速度。接下来，我们将研究 TensorFlow 变量，并学习如何创建和使用变量。

14.3 用于存储和更新模型参数的 TensorFlow 变量对象

在第 13 章中，我们介绍了 Tensor 对象。在 TensorFlow 的场景中，Variable 是一个特殊的 Tensor 对象，它允许我们在训练时存储和更新模型参数。通过调用 tf.Variable 类可以为用户指定的初始值创建 Variable。在下面的示例代码中，我们将生成 float32、int32、bool 和 string 类型的 Variable 对象：

```
>>> a = tf.Variable(initial_value=3.14, name='var_a')
>>> print(a)
<tf.Variable 'var_a:0' shape=() dtype=float32, numpy=3.14>

>>> b = tf.Variable(initial_value=[1, 2, 3], name='var_b')
>>> print(b)
<tf.Variable 'var_b:0' shape=(3,) dtype=int32, numpy=array([1, 2, 3],
dtype=int32)>

>>> c = tf.Variable(initial_value=[True, False], dtype=tf.bool)
>>> print(c)
<tf.Variable 'Variable:0' shape=(2,) dtype=bool, numpy=array([ True,
False])>

>>> d = tf.Variable(initial_value=['abc'], dtype=tf.string)
>>> print(d)
<tf.Variable 'Variable:0' shape=(1,) dtype=string,
numpy=array([b'abc'], dtype=object)>
```

注意，在创建 Variable 时，我们必须提供初始值。Variable 具有一个被称为 trainable 的属性，在默认情况下，该值被设置为 True。诸如 Keras 之类的较高级别 API 用此属性来管理可训练与不可训练变量。我们可以按下述方式定义不可训练变量：

```
>>> w = tf.Variable([1, 2, 3], trainable=False)
>>> print(w.trainable)
False
```

通过执行某些操作(例如.assign()、.assign_add()和其他相关方法)，我们可以有效地修改 Variable 的值。来看看下面的一些例子：

```
>>> print(w.assign([3, 1, 4], read_value=True))
<tf.Variable 'UnreadVariable' shape=(3,) dtype=int32, numpy=array(
[3, 1, 4], dtype=int32)>

>>> w.assign_add([2, -1, 2], read_value=False)
>>> print(w.value())
tf.Tensor([5 0 6], shape=(3,), dtype=int32)
```

当把 read_value 参数设置为 True(也是默认值)时，这些操作将在更新 Variable 的当前值之后自动返回新值。将 read_value 设置为 False 将抑制自动返回更新后的值(但是 Variable 仍将在原处更新)。调用 w.value()将以张量格式返回值。请注意，在赋值期间我们无法更改 Variable 的形状或类型。

还记得吧，对于神经模型，我们必须用随机权重初始化模型参数，以打破反向传播期间的对称性，否则，多层神经网络不会比像逻辑回归这样的单层神经网络有用。在创建 TensorFlow 的 Variable 时，我们还可以用随机初始化方案。TensorFlow 可以通过 tf.random(参见 https://www.tensorflow.org/versions/r2.0/api_docs/python/tf/random)根据各种分布生成随机数。在以下的示例中，我们将介绍 Keras 的一些可用的标准初始化方法(参见 https://www.tensorflow.org/versions/r2.0/api_docs/python/tf/keras/initializers)。

因此，让我们看一下如何用 Glorot 初始化方法创建 Variable，这是由 Xavier Glorot 和 Yoshua Bengio 提出的随机初始化经典方案。为此，我们创建一个名为 init 的运算符作为 GlorotNormal 类的对象。然后调用此运算符并提供其所需的输出张量形状：

```
>>> tf.random.set_seed(1)
>>> init = tf.keras.initializers.GlorotNormal()
>>> tf.print(init(shape=(3,)))
[-0.722795904 1.01456821 0.251808226]
```

现在，我们可以使用此运算符来初始化形状为 2×3 的 Variable：

```
>>> v = tf.Variable(init(shape=(2, 3)))
>>> tf.print(v)
[[0.28982234 -0.782292783 -0.0453658961]
 [0.960991383 -0.120003454 0.708528221]]
```

Xavier(或 Glorot)初始化

在深度学习的早期发展过程中，我们观察到随机均匀或正态权重初始化通常可能会导致模型训练的性能较差。

在 2010 年，Glorot 和 Bengio 调查了初始化的效果，并提出了一种新颖且强大的初始化方案，目的在于促进深度网络训练。Xavier 初始化背后的总体思想是，不同层间的梯度变化要保持大致平衡。否则，在训练过程中某些层可能会被过度关注，而其他层则被冷落。

根据 Glorot 和 Bengio 的研究论文，如果根据均匀分布初始化权重，则应按以下方式选择均匀分布的区间：

$$W \sim \text{Uniform}\left(-\frac{\sqrt{6}}{\sqrt{n_{in}+n_{out}}} \cdot \frac{\sqrt{6}}{\sqrt{n_{in}+n_{out}}}\right)$$

这里，n_{in}是输入神经元的数量乘以权重，n_{out}是输入到下一层的输出神经元的数量。为了根据高斯(正态)分布初始化权重，建议选择该高斯标准差为 $\sigma=\frac{\sqrt{2}}{\sqrt{n_{in}+n_{out}}}$。

TensorFlow 支持权重呈均匀和正态分布的 Xavier 初始化。

有关 Glorot 和 Bengio 初始化方案的更多信息(包括数学推导和证明)请阅读原始论文[⊖]。该论文可从 http://proceedings.mlr.press/v9/glorot10a/glorot10a.pdf 免费获得。

现在，我们将其置于更实用的场景中，看看在基本的 `tf.Module` 类内如何定义 `Variable`。我们将定义可训练和不可训练两个变量：

```
>>> class MyModule(tf.Module):
...     def __init__(self):
...         init = tf.keras.initializers.GlorotNormal()
...         self.w1 = tf.Variable(init(shape=(2, 3)),
...                               trainable=True)
...         self.w2 = tf.Variable(init(shape=(1, 2)),
...                               trainable=False)
>>> m = MyModule()
>>> print('All module variables:', [v.shape for v in m.variables])
All module variables: [TensorShape([2, 3]), TensorShape([1, 2])]

>>> print('Trainable variable:', [v.shape for v in
...                               m.trainable_variables])
Trainable variable: [TensorShape([2, 3])]
```

从示例代码中可以看到，子类化 `tf.Module` 让我们可以通过 `.variables` 属性直接访问给定对象(此处为自定义的 `MyModule` 类的实例)定义的所有变量。

最后，让我们看一下如何在以 `tf.function` 修饰的函数中使用变量。在未修饰的普通函数中定义 TensorFlow 的 `Variable` 时，我们可能希望每次调用该函数时都会创建并初始化一个新 `Variable`。但是 `tf.function` 会根据创建和跟踪计算图试图复用 `Variable`。因此，TensorFlow 不允许在修饰的函数内部创建变量，因此执行以下代码将引发错误：

```
>>> @tf.function
... def f(x):
...     w = tf.Variable([1, 2, 3])

>>> f([1])
ValueError: tf.function-decorated function tried to create variables
on non-first call.
```

⊖ *Understanding the diffi culty of deep feedforward neural networks*, *Xavier Glorot* and *Yoshua Bengio*, 2010

避免该问题的一种方法是在修饰函数的外部定义 `Variable`，并在函数内部使用：

```
>>> w = tf.Variable(tf.random.uniform((3, 3)))
>>> @tf.function
... def compute_z(x):
...     return tf.matmul(w, x)
>>> x = tf.constant([[1], [2], [3]], dtype=tf.float32)
>>> tf.print(compute_z(x))
```

14.4 通过自动微分和 GradientTape 计算梯度

我们知道优化神经网络需要计算相对于神经网络权重的代价梯度。这是诸如随机梯度下降(SGD)之类的优化算法所必需的。另外，梯度还有其他的应用，例如，诊断网络以找出为什么神经网络模型会对测试样本做出特定的预测。因此，在本节中，我们将介绍如何根据某些变量的计算来计算梯度。

14.4.1 针对可训练变量计算损失的梯度

TensorFlow 支持自动微分，我们可以将其视为计算嵌套函数梯度的链式规则的实现。当我们定义一系列运算且结果带来某些最终或者中间张量的时候，TensorFlow 提供了一个计算与计算图中从属节点有关的计算张量的梯度的场景。为了计算这些梯度，我们必须通过 `tf.GradientTape` 来记录计算。

让我们来看一个简单的示例，该示例将计算 $z=wx+b$ 并将损失定义为目标值与预测值之间的平方损失，$\text{Loss}=(y-z)^2$。通常可能会有多个预测值和目标值，我们将损失定义为误差平方和，$\text{Loss}=\sum_i(y_i-z_i)^2$。为了能在 TensorFlow 中实现此计算，我们将模型参数 w 和 b 定义为变量，将输入 x 和 y 定义为张量。我们将 z 的计算和损失放在 `tf.GradientTape` 的场景中：

```
>>> w = tf.Variable(1.0)
>>> b = tf.Variable(0.5)
>>> print(w.trainable, b.trainable)
True True

>>> x = tf.convert_to_tensor([1.4])
>>> y = tf.convert_to_tensor([2.1])
>>> with tf.GradientTape() as tape:
...     z = tf.add(tf.multiply(w, x), b)
...     loss = tf.reduce_sum(tf.square(y - z))

>>> dloss_dw = tape.gradient(loss, w)
>>> tf.print('dL/dw:', dloss_dw)
dL/dw: -0.559999764
```

在计算值 z 时，我们可以将所需要的操作(已记录在“梯度磁带”中)视为神经网络中的正向传播。用 `tape.gradient` 来计算 $\frac{\partial \text{Loss}}{\partial w}$。由于这是一个非常简单的示例，因此我们可以求出导数 $\frac{\partial \text{Loss}}{\partial w}=2x(wx+b-y)$，从而象征性地验证计算出的梯度与我们在前面的示例代码中获得的结果是否匹配：

```
# verifying the computed gradient
>>> tf.print(2*x*(w*x+b-y))
[-0.559999764]
```

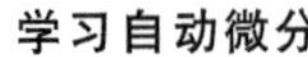

学习自动微分

自动微分代表了一组用于计算任意算术运算的导数或梯度的计算技术。在此过程中，通过重复应用链式规则，累积梯度来获得要计算的梯度(表示为一系列操作)。为了更好地理解自动微分背后的概念，让我们考虑输入 x 和输出 y 的一系列计算 $y=f(g(h(x)))$，这可以分解为一系列具体的步骤：

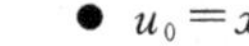

- $u_0=x$
- $u_1=h(x)$
- $u_2=g(u_1)$
- $u_3=f(u_2)=y$

可以有两种方式来计算导数 $\frac{\mathrm{d}y}{\mathrm{d}x}$：

前向累积，从 $\frac{\mathrm{d}u_3}{\mathrm{d}x}=\frac{\mathrm{d}u_3}{\mathrm{d}u_2}\frac{\mathrm{d}u_2}{\mathrm{d}u_0}$ 开始

反向累积，从 $\frac{\mathrm{d}y}{\mathrm{d}u_0}=\frac{\mathrm{d}y}{\mathrm{d}u_1}\frac{\mathrm{d}u_1}{\mathrm{d}u_0}$ 开始

请注意，TensorFlow 采用的是反向累积。

14.4.2 针对不可训练张量计算梯度

`tf.GradientTape` 自动支持可训练变量的梯度。但是，对于不可训练变量和其他 `Tensor` 对象，我们需要在 `GradientTape` 上添加一个名为 `tape.watch()` 的额外修饰来监视。例如，如果我们对计算 $\frac{\partial \text{loss}}{\partial x}$ 感兴趣，那么示例代码将表示如下：

```
>>> with tf.GradientTape() as tape:
...     tape.watch(x)
...     z = tf.add(tf.multiply(w, x), b)
...     loss = tf.reduce_sum(tf.square(y - z))

>>> dloss_dx = tape.gradient(loss, x)

>>> tf.print('dL/dx:', dloss_dx)
dL/dx: [-0.399999857]
```

对抗性样本

相对于输入样本的梯度计算损失可以用于生成对抗性样本(或对抗性攻击)。在计算机视觉中，对抗性样本是通过在输入样本中添加一些微不可察的噪声(或扰动)而生成的样本，这会导致深度神经网络进行错误分类。有关对抗性样本的讨论超出了本书的范围，读者若有兴趣，可以在 https://arxiv.org/pdf/1312.6199.pdf 上找到 Christian Szegedy 等人撰写的论文“Intriguing properties of neural networks”的原文。

14.4.3 保留用于多个梯度计算的资源

在 tf.GradientTape 的场景下监视计算时，磁带在默认情况下将仅保留用于单个梯度计算的资源。例如，在调用一次 tape.gradient()之后，将释放资源并清除磁带。因此，如果想要计算诸如$\frac{\partial \text{loss}}{\partial w}$和$\frac{\partial \text{loss}}{\partial b}$这样的多个梯度，就需要保持磁带的持久性：

```
>>> with tf.GradientTape(persistent=True) as tape:
...     z = tf.add(tf.multiply(w, x), b)
...     loss = tf.reduce_sum(tf.square(y - z))

>>> dloss_dw = tape.gradient(loss, w)
>>> tf.print('dL/dw:', dloss_dw)
dL/dw: -0.559999764

>>> dloss_db = tape.gradient(loss, b)
>>> tf.print('dL/db:', dloss_db)
dL/db: -0.399999857
```

但是，请记住，仅当要计算多梯度时才需要这样做，因为与进行单梯度计算后释放内存相比，记录和保留梯度磁带的存储效率较低。这也是把参数默认设置为 persistant= False 的原因。

最后，如果要计算相对于模型参数的损失项的梯度，那么可以定义优化器，并采用 tf.keras API 将梯度应用于模型参数的优化，如下所示：

```
>>> optimizer = tf.keras.optimizers.SGD()
>>> optimizer.apply_gradients(zip([dloss_dw, dloss_db], [w, b]))

>>> tf.print('Updated w:', w)
Updated w: 1.0056

>>> tf.print('Updated bias:', b)
Updated bias: 0.504
```

你可能还记得，我们分别把初始权重和偏置单元设置为 $w=1.0$ 和 $b=0.5$，在应用相对于模型参数的损失梯度之后，模型参数变为 $w=1.0056$ 和 $b=0.504$。

14.5 通过 Keras API 简化通用体系结构的实现

你已经看到了一些构建前馈神经网络模型(例如多层感知器)和使用 Keras 的 Sequential 类定义一系列层的示例。在介绍配置这些层的不同方法之前，让我们先通过构建拥有两个密集(完全)连接层的模型来简单回顾一下基本步骤：

```
>>> model = tf.keras.Sequential()
>>> model.add(tf.keras.layers.Dense(units=16, activation='relu'))
>>> model.add(tf.keras.layers.Dense(units=32, activation='relu'))
>>> ## late variable creation
>>> model.build(input_shape=(None, 4))
>>> model.summary()

Model: "sequential"
_________________________________________________________________
Layer (type)                 Output Shape              Param #
```

```
=================================================================
dense (Dense)                multiple                  80
_________________________________________________________________
dense_1 (Dense)              multiple                  544
=================================================================
Total params: 624
Trainable params: 624
Non-trainable params: 0
_________________________________________________________________
```

我们用 model.build()来指定输入的形状，在为该形状定义模型后实例化变量。显示每层的参数数量：第一层为 16×4+16=80，第二层为 16×32+32=544。创建变量(或模型参数)后，我们可以按以下方式访问可训练变量和不可训练变量：

```
>>> ## printing variables of the model
>>> for v in model.variables:
...     print('{:20s}'.format(v.name), v.trainable, v.shape)
dense/kernel:0        True (4, 16)
dense/bias:0          True (16,)
dense_1/kernel:0      True (16, 32)
dense_1/bias:0        True (32,)
```

在这种情况下，每层都有一个被称为 kernel 的权重矩阵以及一个偏置向量。接下来，让我们配置这些层，例如，对参数应用不同的激活函数、变量初始化器或参数的正则化方法。可以从官方文档中找到这些类的完整可选项列表：

- 通过 tf.keras.activations 选择激活功能：https://www.tensorflow.org/versions/r2.0/api_docs/python/tf/keras/activation。
- 通过 tf.keras.initializers 初始化层参数：https://www.tensorflow.org/versions/r2.0/api_docs/python/tf/keras/initializers。
- 通过 tf.keras.regularizers 将正则化应用于层参数(以防止过拟合)：https://www.tensorflow.org/versions/r2.0/api_docs/python/tf/keras/regularizers。

在下面的示例代码中，我们将通过为核和偏置变量指定初始化程序来配置第一层，然后通过为核(权重矩阵)指定 L1 正则化器来配置第二层：

```
>>> model = tf.keras.Sequential()
>>> model.add(
...     tf.keras.layers.Dense(
...         units=16,
...         activation=tf.keras.activations.relu,
...         kernel_initializer= \
...             tf.keras.initializers.glorot_uniform(),
...         bias_initializer=tf.keras.initializers.Constant(2.0)
...     ))

>>> model.add(
...     tf.keras.layers.Dense(
...         units=32,
...         activation=tf.keras.activations.sigmoid,
...         kernel_regularizer=tf.keras.regularizers.l1
...     ))
```

此外，除了层层配置，我们还可以在编译模型时配置。可以指定优化器类型和训练中的损失函数，还有用于报告训练、验证和测试数据集性能的指标。同样，你可以在官方文档中找到包含所有可选项的完整列表：

- 通过 `tf.keras.optimizers` 了解优化程序：https://www.tensorflow.org/versions/r2.0/api_docs/python/tf/keras/optimizers。
- 通过 `tf.keras.losses` 了解损失函数：https://www.tensorflow.org/versions/r2.0/api_docs/python/tf/keras/losses。
- 通过 `tf.keras.metrics` 了解评估性能指标：https://www.tensorflow.org/versions/r2.0/api_docs/python/tf/keras/metrics。

选择损失函数

关于优化算法的选择，SGD 和 Adam 是使用最广泛的方法。损失函数的选择取决于任务。例如，对回归问题可以用均方误差损失。

交叉熵损失函数族为分类任务提供了可能的选择，第 15 章对此做了广泛的讨论。

此外，可以结合使用前几章学到的技术(例如第 6 章中的模型评估技术)以及相应的问题度量。精度、召回率、准确率、曲线下面积(AUC)以及假负和假正分数是评估分类模型的适当指标。

我们将在此示例中选用 SGD 优化器，用于二元分类的交叉熵损失以及包括精度、准确率、召回率在内的特定指标列表来编译模型：

```
>>> model.compile(
...     optimizer=tf.keras.optimizers.SGD(learning_rate=0.001),
...     loss=tf.keras.losses.BinaryCrossentropy(),
...     metrics=[tf.keras.metrics.Accuracy(),
...              tf.keras.metrics.Precision(),
...              tf.keras.metrics.Recall(),])
```

当我们调用 `model.fit(...)`训练该模型时，将会返回损失历史记录以及用于评估训练和验证性能的指定指标(假设使用验证数据集)，这些数据可用于诊断学习行为。

接下来，我们来看一个更实际的示例：用 Keras API 来解决经典的 XOR 分类问题。首先，用 `tf.keras.Sequential()`类构建模型。在此过程中，我们还将了解模型处理非线性决策边界的能力。然后学习建模的其他方法，这些模型将为我们提供更大的灵活性和对各层网络的控制性。

14.5.1　解决 XOR 分类问题

XOR 分类问题是一个经典的问题，用于分析模型在捕获两个类之间的非线性决策边界方面的能力。我们生成了一个包含 200 个训练样本的玩具数据集，其中包含 x_0 和 x_1 两个特征，其值从[−1，1)之间的均匀分布获得。然后，我们根据以下的规则为训练样本 i 分配真值标签：

$$y^{(i)}=\begin{cases}0 & 如果\ x_0^{(i)}\times x_1^{(i)}<0\\ 1 & 其他\end{cases}$$

我们将用一半数据(100 个训练样本)进行训练，留下其余一半来做验证。以下代码将生成数据并将其拆分为训练数据集和验证数据集：

```
>>> import tensorflow as tf
>>> import numpy as np
>>> import matplotlib.pyplot as plt
```

```
>>> tf.random.set_seed(1)
>>> np.random.seed(1)

>>> x = np.random.uniform(low=-1, high=1, size=(200, 2))
>>> y = np.ones(len(x))
>>> y[x[:, 0] * x[:, 1]<0] = 0

>>> x_train = x[:100, :]
>>> y_train = y[:100]
>>> x_valid = x[100:, :]
>>> y_valid = y[100:]

>>> fig = plt.figure(figsize=(6, 6))
>>> plt.plot(x[y==0, 0],
...          x[y==0, 1], 'o', alpha=0.75, markersize=10)
>>> plt.plot(x[y==1, 0],
...          x[y==1, 1], '<', alpha=0.75, markersize=10)
>>> plt.xlabel(r'$x_1$', size=15)
>>> plt.ylabel(r'$x_2$', size=15)
>>> plt.show()
```

上述示例代码生成如图14-2所示的训练和验证样本散点图，并用分类标签显示不同的标记。

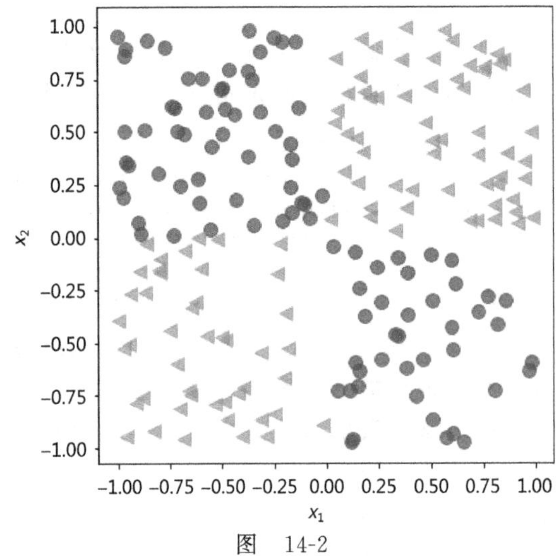

图　14-2

在上一小节中，我们介绍了在TensorFlow中实现分类器所需的基本工具。现在，我们要确定为了此类任务和数据集应该选择哪种体系结构。一般而言，拥有的层次越多，每层的神经元就越多，模型的容量就越大。我们可以把模型容量视为衡量模型模拟复杂函数难易的度量。虽然具有更多参数意味着神经网络可以适应更复杂的函数，但是较大的模型通常更难训练而且容易过拟合。实际上，从简单模型作为基线开始一直是一个好主意，例如，像逻辑回归这样的单层神经网络：

```
>>> model = tf.keras.Sequential()
>>> model.add(tf.keras.layers.Dense(units=1,
...                                 input_shape=(2,),
...                                 activation='sigmoid'))
>>> model.summary()

Model: "sequential"
_________________________________________________________________
Layer (type)                 Output Shape              Param #
=================================================================
dense (Dense)                (None, 1)                 3
=================================================================
Total params: 3
Trainable params: 3
Non-trainable params: 0
_________________________________________________________________
```

这个简单的逻辑回归模型的参数总数为 3：大小为 2×1 的权重矩阵(或核)和大小为 1 的偏置向量。定义模型后，我们将编译模型，并将在分批大小为 2 的 200 个批次上循环训练：

```
>>> model.compile(optimizer=tf.keras.optimizers.SGD(),
...               loss=tf.keras.losses.BinaryCrossentropy(),
...               metrics=[tf.keras.metrics.BinaryAccuracy()])
>>> hist = model.fit(x_train, y_train,
...                  validation_data=(x_valid, y_valid),
...                  epochs=200, batch_size=2, verbose=0)
```

请注意，model.fit()将返回训练过程中的历史记录，这对于训练后的检视很有用。在以下代码中，我们将绘制学习曲线，包括训练和验证损失及其准确率。

我们将用 MLxtend 库来可视化验证数据和决策边界。

我们可以通过 conda 或 pip 安装 MLxtend，如下所示：

```
conda install mlxtend -c conda-forge
pip install mlxtend
```

以下代码将绘制训练效果以及决策区域偏置图：

```
>>> from mlxtend.plotting import plot_decision_regions

>>> history = hist.history

>>> fig = plt.figure(figsize=(16, 4))
>>> ax = fig.add_subplot(1, 3, 1)
>>> plt.plot(history['loss'], lw=4)
>>> plt.plot(history['val_loss'], lw=4)
>>> plt.legend(['Train loss', 'Validation loss'], fontsize=15)
>>> ax.set_xlabel('Epochs', size=15)

>>> ax = fig.add_subplot(1, 3, 2)
>>> plt.plot(history['binary_accuracy'], lw=4)
>>> plt.plot(history['val_binary_accuracy'], lw=4)
>>> plt.legend(['Train Acc.', 'Validation Acc.'], fontsize=15)
>>> ax.set_xlabel('Epochs', size=15)

>>> ax = fig.add_subplot(1, 3, 3)
>>> plot_decision_regions(X=x_valid, y=y_valid.astype(np.integer),
...                       clf=model)
>>> ax.set_xlabel(r'$x_1$', size=15)
>>> ax.xaxis.set_label_coords(1, -0.025)
>>> ax.set_ylabel(r'$x_2$', size=15)
>>> ax.yaxis.set_label_coords(-0.025, 1)
>>> plt.show()
```

如图 14-3 所示，结果包含验证样本损失、准确率和散点图，以及决策边界。

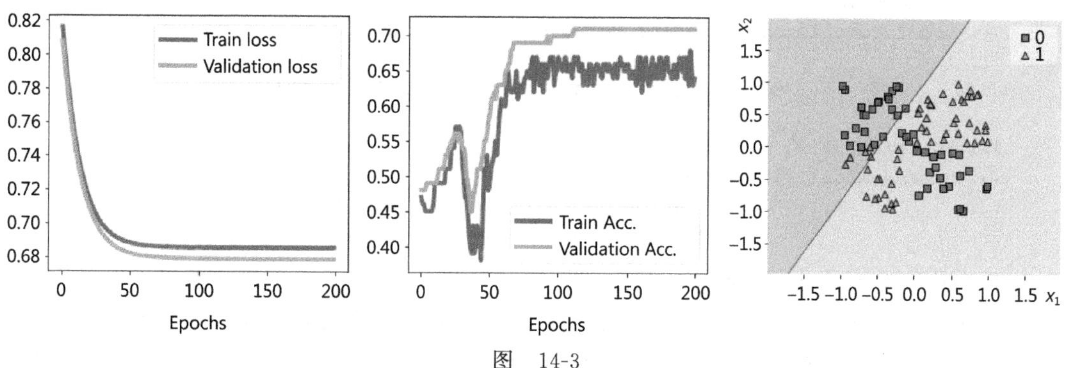

图　14-3

可以看出，没有隐藏层的简单模型只能得出线性决策边界，无法解决 XOR 问题。因此，训练和验证数据集的损失非常高，而且分类准确率很低。

为了获得非线性决策边界，我们可以添加一个或多个通过非线性激活函数连接的隐藏层。通用逼近定理指出，具有单隐藏层和相对大量隐藏单元的前馈神经网络可以较好地模拟任意连续函数。因此，对于解决 XOR 问题，更令人满意的方法是添加一个隐藏层，并且比较不同数量的隐藏单元，直到在验证数据集上观察到满意的结果为止。添加更多隐藏单元相当于增加层的宽度。

另一种选择是添加更多隐藏层，使模型更深。这么做的优点是可以用较少的参数实现相当的模型容量。但是，与宽泛模型相比，深度模型的缺点是容易梯度消失和梯度爆炸，难以训练。

作为练习，尝试添加一个、两个、三个和四个隐藏层，每层均有四个隐藏单元。在以下的示例代码中，我们将可以看到有三个隐藏层的前馈神经网络结果：

```
>>> tf.random.set_seed(1)
>>> model = tf.keras.Sequential()
>>> model.add(tf.keras.layers.Dense(units=4, input_shape=(2,),
...                                  activation='relu'))
>>> model.add(tf.keras.layers.Dense(units=4, activation='relu'))
>>> model.add(tf.keras.layers.Dense(units=4, activation='relu'))
>>> model.add(tf.keras.layers.Dense(units=1, activation='sigmoid'))

>>> model.summary()
Model: "sequential_4"
_________________________________________________________________
Layer (type)                 Output Shape              Param #
=================================================================
dense_11 (Dense)             (None, 4)                 12
_________________________________________________________________
dense_12 (Dense)             (None, 4)                 20
_________________________________________________________________
dense_13 (Dense)             (None, 4)                 20
_________________________________________________________________
dense_14 (Dense)             (None, 1)                 5
=================================================================
Total params: 57
Trainable params: 57
Non-trainable params: 0
_________________________________________________________________

>>> ## compile:
>>> model.compile(optimizer=tf.keras.optimizers.SGD(),
...               loss=tf.keras.losses.BinaryCrossentropy(),
...               metrics=[tf.keras.metrics.BinaryAccuracy()])

>>> ## train:
>>> hist = model.fit(x_train, y_train,
...                  validation_data=(x_valid, y_valid),
...                  epochs=200, batch_size=2, verbose=0)
```

再次执行前面的代码，我们可以通过可视化产生如图 14-4 所示的结果。

现在，可以看到该模型能够为该数据推导出非线性决策边界，并且在训练数据集上达到了 100%的准确率。该模型在验证数据集上的准确率达到 95%，这表明有些过拟合。

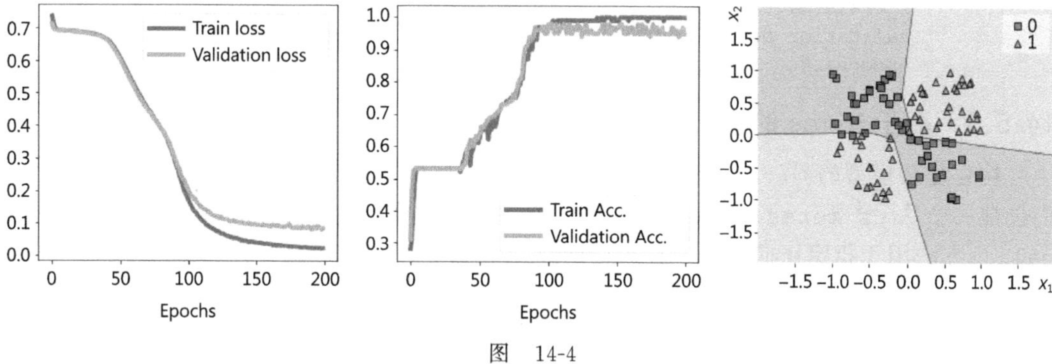

图 14-4

14.5.2 用 Keras 的函数式 API 灵活建模

在上一个示例中，我们用 Keras `Sequential` 类构建了一个多层全连接神经网络。这是一个非常普通和便捷的建模方法。但不幸的是，它不允许我们构建存在多输入、多输出或多中间分支的更复杂模型。而这正是 Keras 函数式 API 施展本领的地方。

为了说明如何使用函数式 API，我们将采用与上一节面向对象(`Sequential`)建模相同的体系结构。但是，我们这次采用函数式方法。该方法将首先指定输入，然后构建输出分别为 `h1`、`h2` 和 `h3` 的隐藏层。我们将每层的输出作为下一层的输入(请注意，如果要构建存在多分支的更复杂模型，情况可能就不是这样了，但仍然可以通过函数式 API 完成)。最终，我们将输出指定为以接收 `h3` 作为输入的密集层。具体的示例代码如下：

```
>>> tf.random.set_seed(1)

>>> ## input layer:
>>> inputs = tf.keras.Input(shape=(2,))

>>> ## hidden layers
>>> h1 = tf.keras.layers.Dense(units=4, activation='relu')(inputs)
>>> h2 = tf.keras.layers.Dense(units=4, activation='relu')(h1)
>>> h3 = tf.keras.layers.Dense(units=4, activation='relu')(h2)

>>> ## output:
>>> outputs = tf.keras.layers.Dense(units=1, activation='sigmoid')(h3)

>>> ## construct a model:
>>> model = tf.keras.Model(inputs=inputs, outputs=outputs)

>>> model.summary()
```

编译和训练该模型的过程与前面类似：

```
>>> ## compile:
>>> model.compile(
...     optimizer=tf.keras.optimizers.SGD(),
...     loss=tf.keras.losses.BinaryCrossentropy(),
...     metrics=[tf.keras.metrics.BinaryAccuracy()])

>>> ## train:
>>> hist = model.fit(
```

```
...     x_train, y_train,
...     validation_data=(x_valid, y_valid),
...     epochs=200, batch_size=2, verbose=0)
```

14.5.3 基于 Keras 的 Model 类建模

构建复杂模型的另一种方法是利用 tf.keras.Model 的子类化。通过这种方法，我们创建一个从 tf.keras.Model 派生的新类，并将函数__init __()定义为构造函数。call()方法用于指定正向传播。在构造函数__init __()中，我们将层定义为类的属性，以便可以通过 self 引用属性对其访问。然后，在 call()方法中，我们指定如何在神经网络的正向传播中使用这些层。用于定义实现先前模型的新类代码如下：

```
>>> class MyModel(tf.keras.Model):
...     def __init__(self):
...         super(MyModel, self).__init__()
...         self.hidden_1 = tf.keras.layers.Dense(
...             units=4, activation='relu')
...         self.hidden_2 = tf.keras.layers.Dense(
...             units=4, activation='relu')
...         self.hidden_3 = tf.keras.layers.Dense(
...             units=4, activation='relu')
...         self.output_layer = tf.keras.layers.Dense(
...             units=1, activation='sigmoid')
...
...     def call(self, inputs):
...         h = self.hidden_1(inputs)
...         h = self.hidden_2(h)
...         h = self.hidden_3(h)
...         return self.output_layer(h)
```

注意，对所有隐藏层都用相同的输出名称 h，以使代码更具可读性，更易于遵循。

通过 tf.keras.Model 的子类派生的模型类继承了常规模型诸如 build()、compile()和 fit()的属性。因此，该类创建的实例，可以像 Keras 构建的任何其他模型一样进行编译和训练：

```
>>> tf.random.set_seed(1)

>>> model = MyModel()
>>> model.build(input_shape=(None, 2))

>>> model.summary()
>>> ## compile:
>>> model.compile(optimizer=tf.keras.optimizers.SGD(),
...               loss=tf.keras.losses.BinaryCrossentropy(),
...               metrics=[tf.keras.metrics.BinaryAccuracy()])

>>> ## train:
>>> hist = model.fit(x_train, y_train,
...                  validation_data=(x_valid, y_valid),
...                  epochs=200, batch_size=2, verbose=0)
```

14.5.4 编写自定义 Keras 层

如果要定义 Keras 尚不支持的新层，我们可以定义一个从 tf.keras.layers.Layer

类继承的新类。这在设计新层或自定义现有层时特别有用。

为了说明实现自定义层的概念，让我们考虑一个简单的示例。想象一下，我们想定义一个新的线性层来计算 $w(x+\varepsilon)+b$，其中 ε 为随机变量，被称为噪声变量。为了实现此计算，我们将新类定义为 tf.keras.layers.Layer 的子类。对于这个新类，我们必须定义构造函数的__init__()方法和 call()方法。在构造函数中，我们为自定义层定义变量及其所需张量。如果将 input_shape 提供给构造函数，则可以选择创建变量并在构造函数中对其进行初始化。或者延迟变量初始化(例如如果我们预先不知道确切的输入形状)，然后将其委托给 build()方法以进行后期变量创建。此外，还可以定义 get_config()以进行序列化，这意味着用 TensorFlow 的模型保存和加载功能可以有效地保存自定义层模型。

为了看一个具体的例子，我们将定义一个名为 NoisyLinear 的新层，该层实现了前面提到的对 $w(x+\varepsilon)+b$ 的计算：

```
>>> class NoisyLinear(tf.keras.layers.Layer):
...     def __init__(self, output_dim, noise_stddev=0.1, **kwargs):
...         self.output_dim = output_dim
...         self.noise_stddev = noise_stddev
...         super(NoisyLinear, self).__init__(**kwargs)
...
...     def build(self, input_shape):
...         self.w = self.add_weight(name='weights',
...                                  shape=(input_shape[1],
...                                         self.output_dim),
...                                  initializer='random_normal',
...                                  trainable=True)
...
...         self.b = self.add_weight(shape=(self.output_dim,),
...                                  initializer='zeros',
...                                  trainable=True)
...
...     def call(self, inputs, training=False):
...         if training:
...             batch = tf.shape(inputs)[0]
...             dim = tf.shape(inputs)[1]
...             noise = tf.random.normal(shape=(batch, dim),
...                                      mean=0.0,
...                                      stddev=self.noise_stddev)
...
...             noisy_inputs = tf.add(inputs, noise)
...         else:
...             noisy_inputs = inputs
...         z = tf.matmul(noisy_inputs, self.w) + self.b
...         return tf.keras.activations.relu(z)
...
...     def get_config(self):
...         config = super(NoisyLinear, self).get_config()
...         config.update({'output_dim': self.output_dim,
...                        'noise_stddev': self.noise_stddev})
...         return config
```

我们在构造函数中添加了参数 noise_stddev，以指定基于高斯分布采样的 ε 分布的标准差。此外，请注意，我们在 call()方法中用了另一个参数 training=False。在

Keras 的情况下，training 参数是一个特殊的布尔型参数，用于区分是在训练过程中采用模型还是层(例如通过 fit())，还是仅用于预测(例如通过 predict()，有时也称为推断或评估)。训练和预测之间的主要区别之一是在预测期间不需要梯度递减。此外，在训练和预测模式下，某些方法的行为也有所不同。在接下来的章节中，将会遇到这种方法的示例，Dropout。在前面的代码片段中，我们还指定了仅在训练期间生成并添加到输入的随机向量 ε，而且不能用于推断或评估。

在模型中进一步使用自定义的 NoisyLinear 层之前，让我们先在一个简单示例场景中对其进行测试。

在以下代码中，我们将为该层定义新实例，调用.build()进行初始化并处理输入张量。然后调用.get_config()进行序列化，调用.from_config()还原序列化：

```
>>> tf.random.set_seed(1)
>>> noisy_layer = NoisyLinear(4)
>>> noisy_layer.build(input_shape=(None, 4))

>>> x = tf.zeros(shape=(1, 4))
>>> tf.print(noisy_layer(x, training=True))
[[0 0.00821428 0 0]]

>>> ## re-building from config:
>>> config = noisy_layer.get_config()
>>> new_layer = NoisyLinear.from_config(config)
>>> tf.print(new_layer(x, training=True))
[[0 0.0108502861 0 0]]
```

前面的代码两次调用同一输入张量。但是，请注意，因为 NoisyLinear 层向输入张量增加了随机噪声，所以输出也不同。

现在，让我们创建与前面类似的新模型以解决 XOR 分类任务。和以前一样，我们将用 Keras 的 Sequential 类，但是这次我们将用 Noisy Linear 层作为多层感知器的第一个隐藏层。具体实现的代码如下：

```
>>> tf.random.set_seed(1)

>>> model = tf.keras.Sequential([
...     NoisyLinear(4, noise_stddev=0.1),
...     tf.keras.layers.Dense(units=4, activation='relu'),
...     tf.keras.layers.Dense(units=4, activation='relu'),
...     tf.keras.layers.Dense(units=1, activation='sigmoid')])

>>> model.build(input_shape=(None, 2))
>>> model.summary()

>>> ## compile:
>>> model.compile(optimizer=tf.keras.optimizers.SGD(),
...               loss=tf.keras.losses.BinaryCrossentropy(),
...               metrics=[tf.keras.metrics.BinaryAccuracy()])

>>> ## train:
>>> hist = model.fit(x_train, y_train,
...                  validation_data=(x_valid, y_valid),
...                  epochs=200, batch_size=2,
...                  verbose=0)
```

```
>>> ## Plotting
>>> history = hist.history

>>> fig = plt.figure(figsize=(16, 4))
>>> ax = fig.add_subplot(1, 3, 1)
>>> plt.plot(history['loss'], lw=4)
>>> plt.plot(history['val_loss'], lw=4)
>>> plt.legend(['Train loss', 'Validation loss'], fontsize=15)
>>> ax.set_xlabel('Epochs', size=15)

>>> ax = fig.add_subplot(1, 3, 2)
>>> plt.plot(history['binary_accuracy'], lw=4)
>>> plt.plot(history['val_binary_accuracy'], lw=4)
>>> plt.legend(['Train Acc.', 'Validation Acc.'], fontsize=15)
>>> ax.set_xlabel('Epochs', size=15)

>>> ax = fig.add_subplot(1, 3, 3)
>>> plot_decision_regions(X=x_valid, y=y_valid.astype(np.integer),
...                       clf=model)
>>> ax.set_xlabel(r'$x_1$', size=15)
>>> ax.xaxis.set_label_coords(1, -0.025)
>>> ax.set_ylabel(r'$x_2$', size=15)
>>> ax.yaxis.set_label_coords(-0.025, 1)
>>> plt.show()
```

结果如图 14-5 所示。

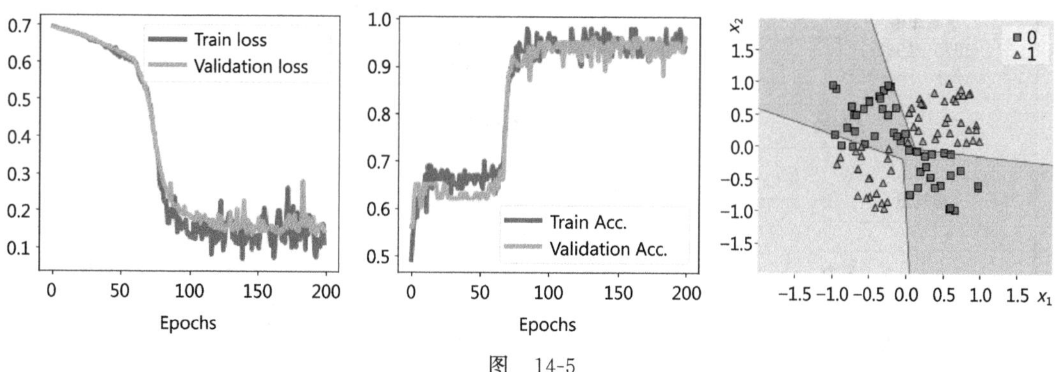

图　14-5

我们的目标是学习如何根据 `tf.keras.layers.Layer` 类，通过子类化自定义新层，并像使用任何其他标准 Keras 层一样来使用它。虽然在这个特定的示例中，`NoisyLinear` 对提高性能没有帮助，但是，请记住，我们的目标主要是学习如何从零开始编写自定义层。通常，在其他应用程序中编写自定义的新层非常有用，例如，当开发的新算法依赖于现有层以外的新层时。

14.6　TensorFlow 估计器

到目前为止，本章主要侧重于 TensorFlow 的低级 API。我们用修饰器来调整函数，以显式的方式编译计算图，以提高计算效率。然后，用 Keras API 实现了前馈神经网络，并为此添加了自定义层。我们将在本节改弦易辙，学习使用 TensorFlow 估计器。`tf.`

estimator API把诸如训练、预测(推理)和评估等机器学习任务的基础步骤封装起来。与本章介绍的前几种方法相比，估计器的封装规模更大，而且更具可扩展性。此外，tf.estimator API还增加了对多平台运行模型的支持，而且无须进行重大代码更改，这使它们更适合行业应用中的所谓“生产阶段”。此外，TensorFlow还为常见的机器学习和深度学习体系结构提供了一系列现成的估计器，这些估计器对比较研究很有用，例如，可以快速评估某种方法是否适用于特定数据集或问题。

在本章的其余部分中，我们将学习如何使用此类预制的估计器，以及如何根据现有的Keras模型创建新估计器。估计器的基本要素之一是把定义特征列作为基于估计器模型导入数据的机制，下一节将介绍该模型。

14.6.1　使用特征列

在机器学习和深度学习应用中，我们可能会遇到各种不同类型的特征：连续的无序类别(标称)和有序类别(序数)。你还记得，在第4章中，我们介绍过不同类型的特征，并学习了如何处理每类特征。请注意，虽然数字可以是连续数据，也可以是离散的，但在TensorFlow API的场景中，“数字”特指浮点类型的连续数据。

有时，特征集是由不同类型的特征混合而成。虽然TensorFlow估计器旨在处理所有这些不同类型的特征，但是我们必须明确地告诉估计器应该如何解析每个特征。考虑图14-6所示的七种不同特征情况。

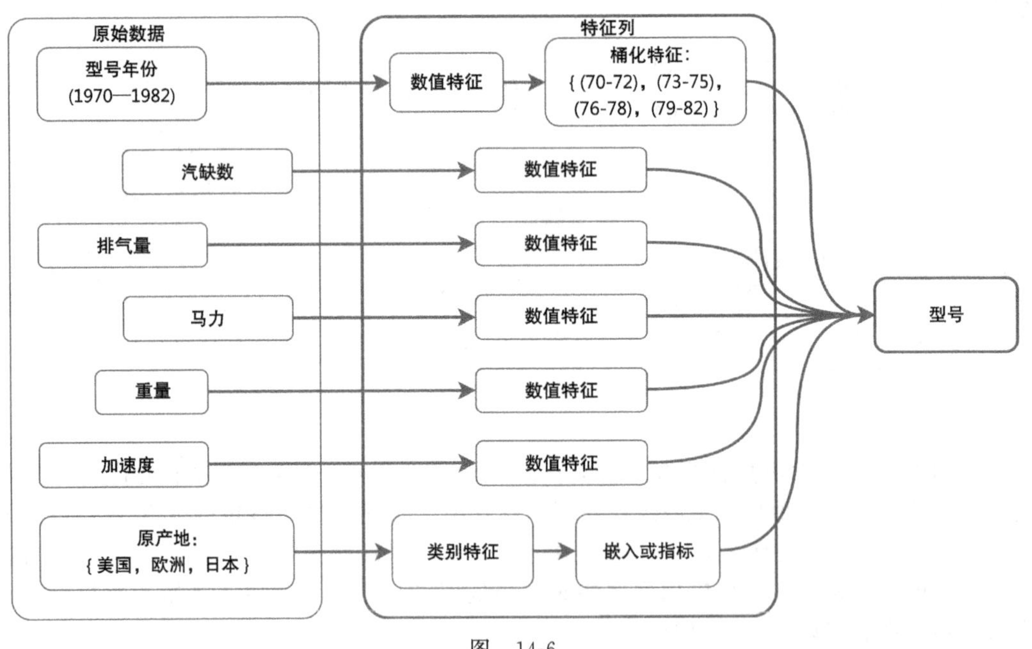

图　14-6

图14-6中所显示的特征(型号年份、汽缸数、排气量、马力、重量、加速度和原产地)来自每英里(1英里=1609.344米)汽车耗油量数据集，该数据集是机器学习常用的基准数据集，用于预测以每加仑(1加仑=3.78541立方分米)英里数(MPG)计算的汽车燃油效率。可以从UCI机器学习数据库获得完整的数据集及其描述，具体网址为https://archive.ics.uci.edu/ml/datasets/auto+mpg。

我们将把每英里耗油量数据集中的五个特征(汽缸数、排气量、马力、重量和加速度)作为数值(连续)特征处理。将型号年份视为有序类别(序数)特征。最后把原产地视为有 1、2 和 3 三个可能离散值的无序类别(标称)特征，分别对应于美国、欧洲和日本。

首先，让我们加载数据并完成必要的预处理，例如，将数据集划分为训练数据集和测试数据集并对连续特征进行标准化：

```
>>> import pandas as pd

>>> dataset_path = tf.keras.utils.get_file(
...     "auto-mpg.data",
...     ("http://archive.ics.uci.edu/ml/machine-learning"
...      "-databases/auto-mpg/auto-mpg.data"))

>>> column_names = [
...     'MPG', 'Cylinders', 'Displacement',
...     'Horsepower', 'Weight', 'Acceleration',
...     'ModelYear', 'Origin']

>>> df = pd.read_csv(dataset_path, names=column_names,
...                  na_values = '?', comment='\t',
...                  sep=' ', skipinitialspace=True)
>>> ## drop the NA rows
>>> df = df.dropna()
>>> df = df.reset_index(drop=True)

>>> ## train/test splits:
>>> import sklearn
>>> import sklearn.model_selection

>>> df_train, df_test = sklearn.model_selection.train_test_split(
...    df, train_size=0.8)
>>> train_stats = df_train.describe().transpose()

>>> numeric_column_names = [
...     'Cylinders', 'Displacement',
...     'Horsepower', 'Weight',
...     'Acceleration']

>>> df_train_norm, df_test_norm = df_train.copy(), df_test.copy()

>>> for col_name in numeric_column_names:
...     mean = train_stats.loc[col_name, 'mean']
...     std  = train_stats.loc[col_name, 'std']
...     df_train_norm.loc[:, col_name] = (
...         df_train_norm.loc[:, col_name] - mean)/std
...     df_test_norm.loc[:, col_name] = (
...         df_test_norm.loc[:, col_name] - mean)/std

>>> df_train_norm.tail()
```

如图 14-7 所示。

前面代码片段所创建的 pandas DataFrame 包含五列，这些列的值是 float 型。这些列将构成连续特征。在以下的代码中，我们将用 TensorFlow 的 feature_column 函数将这些连续特征转换为 TensorFlow 估计器可用的特征列数据结构：

	MPG	Cylinders	Displacement	Horsepower	Weight	Acceleration	ModelYear	Origin
203	28.0	-0.824303	-0.901020	-0.736562	-0.950031	0.255202	76	3
255	19.4	0.351127	0.413800	-0.340982	0.293190	0.548737	78	1
72	13.0	1.526556	1.144256	0.713897	1.339617	-0.625403	72	1
235	30.5	-0.824303	-0.891280	-1.053025	-1.072585	0.475353	77	1
37	14.0	1.526556	1.563051	1.636916	1.470420	-1.359240	71	1

图 14-7

```
>>> numeric_features = []
>>> for col_name in numeric_column_names:
...     numeric_features.append(
...         tf.feature_column.numeric_column(key=col_name))
```

接下来，让我们按照细颗粒度的型号年份信息对数据分桶，以简化后面模型训练过程中的学习任务。具体来说，把每种车分到到四个“年代”桶，如下所示：

$$\text{桶}=\begin{cases}0 & \text{如果 } year<73\\ 1 & \text{如果 } 73\leqslant year\leqslant 76\\ 2 & \text{如果 } 76\leqslant year\leqslant 79\\ 3 & \text{如果 } year\geqslant 79\end{cases}$$

请注意，间隔是任意选择的，目的是说明分桶的概念。为了将汽车分到这些桶中，我们将首先根据每种汽车的原始型号年份定义数值特征。然后再把这些数值特征传递给 bucketized_column 函数，为此我们指定了[73，76，79]三个间隔截止值。指定的截止值包括三个右边截止值。这些截止值用于指定半封闭间隔，例如(−∞，73)、[73，76)、[76，79)和[79，∞)。代码如下：

```
>>> feature_year = tf.feature_column.numeric_column(key='ModelYear')
>>> bucketized_features = []
>>> bucketized_features.append(
...     tf.feature_column.bucketized_column(
...         source_column=feature_year,
...         boundaries=[73, 76, 79]))
```

为了保持一致性，我们把桶化特征列添加到 Python 列表，即使该列表仅包含一个元素。在以下的步骤中，我们将此列表与其他特征列表合并，然后作为输入提供给基于 TensorFlow 估计器构建的模型。

接着，我们将继续为无序类别特征 Origin 定义一个列表。TensorFlow 有各种不同的方法创建类别特征列。如果数据包含类别名称(诸如“US”、“Europe”和“Japan”之类的字符串)，则可以调用 tf.feature_column.categorical_column_with_vocabulary_list 并提供具有唯一性的可能类别名称列表作为输入。如果可能类别列表过大，例如在典型的文本分析场景，则可以改用 tf.feature_column.categorical_column_with_vocabulary_file。在调用此函数时，我们只需提供包含所有类别或者单词的文件，这样就不必在内存中存储所有可能单词的列表了。此外，如果特征已与范围[0, num_categories)内的类别索引相关联，则可以调用 tf.feature_column.categorical_column_with_identity 函数。然而，在这种情况下，给予特征 Origin 整数值 1、2、3(与 0、1、2 不同)，这不符合类别索引的要求，因为它期待索引将从 0 开始。

在下面的示例代码中，我们将继续处理词汇表：

```
>>> feature_origin = tf.feature_column.categorical_column_with_
vocabulary_list(
...     key='Origin',
...     vocabulary_list=[1, 2, 3])
```

某些估计器(如 DNNClassifor 和 DNNRegressor)仅接受所谓的“密集列”。因此，下一步我们将现有的类别特征列转换为密集列。有两种方法可以做到这一点：通过 embedding_column 使用嵌入列，或者是通过 indicator_column 使用指标列。指标列将类别索引转换为独热编码向量，例如索引 0 将被编码为[1，0，0]，索引 1 被编码为[0，1，0]，以此类推。另一方面，嵌入列将每个索引映射到可训练的浮点随机向量。

当类别较多时，使用维度小于类别数的嵌入列可以提高性能。在以下的代码段中，我们将使用类别特征上的指标列方法将其转换为密集格式：

```
>>> categorical_indicator_features = []
>>> categorical_indicator_features.append(
...     tf.feature_column.indicator_column(feature_origin))
```

本节介绍了创建可用于 TensorFlow 估计器特征列的最常见方法。但是，我们还有几个其他特征列尚未讨论，包括哈希列和交叉列。有关其他这些特征列的详细信息，请参阅 TensorFlow 的官方文档(https://www.tensorflow.org/versions/r2.0/api_docs/python/tf/feature_column)。

14.6.2 带预制估计器的机器学习

在构建了必要的特征列之后，我们终于可以用 TensorFlow 的估计值了。预制估计器的使用可以概括为四个步骤：

1) 为数据加载定义输入函数。

2) 将数据集转换为特征列。

3) 通过预制或创建，我们实例化估计器(例如将 Keras 模型转换为估计器)。

4) 调用估计器的 train()、evaluate()和 predict()方法。

我们继续研究上一节的每英里汽车耗油量示例，通过上述四个步骤来说明如何在实践中使用估计器。第一步需要定义一个函数，以处理数据并返回由包含输入特征和分类标签(MPG 的真值)元组所组成的 TensorFlow 数据集。请注意，特征必须是字典格式，而且字典的键词要与特征列的名称匹配。

我们将从第一步开始，定义训练数据的输入函数，如下所示：

```
>>> def train_input_fn(df_train, batch_size=8):
...     df = df_train.copy()
...     train_x, train_y = df, df.pop('MPG')
...     dataset = tf.data.Dataset.from_tensor_slices(
...         (dict(train_x), train_y))
...
...     # shuffle, repeat, and batch the examples.
...     return dataset.shuffle(1000).repeat().batch(batch_size)
```

请注意，在此函数中，我们用 dict(train_x)将 pandas DataFrame 对象转换为 Python 字典。现在让我们从该数据集加载一些数据来考察：

```
>>> ds = train_input_fn(df_train_norm)
>>> batch = next(iter(ds))
>>> print('Keys:', batch[0].keys())
Keys: dict_keys(['Cylinders', 'Displacement', 'Horsepower', 'Weight',
'Acceleration', 'ModelYear', 'Origin'])

>>> print('Batch Model Years:', batch[0]['ModelYear'])
Batch Model Years: tf.Tensor([74 71 81 72 82 81 70 74], shape=(8,),
dtype=int32)
```

我们还需要为测试数据集定义一个输入函数，该函数将在模型定型后用于评估：

```
>>> def eval_input_fn(df_test, batch_size=8):
...     df = df_test.copy()
...     test_x, test_y = df, df.pop('MPG')
...     dataset = tf.data.Dataset.from_tensor_slices(
...         (dict(test_x), test_y))
...     return dataset.batch(batch_size)
```

现在我们继续执行第二步，定义特征列。前面已经定义了包含连续特征的列表、桶化特征列的列表以及类别特征列的列表。现在，我们可以把这些单个列表组合成包含所有特征列的单一列表：

```
>>> all_feature_columns = (
...     numeric_features +
...     bucketized_features +
...     categorical_indicator_features)
```

第三步，我们需要实例化一个新估计器。由于预测每加仑英里数是个典型的回归问题，因此我们将用 tf.estimator.DNNRegressor。在实例化回归估计器时，我们将提供特征列的列表，并用参数 hidden_units 定义每个隐藏层需要的隐藏单元数。这里将有两个隐藏层，其中第一个隐藏层有 32 个单元，第二个隐藏层有 10 个单元：

```
>>> regressor = tf.estimator.DNNRegressor(
...     feature_columns=all_feature_columns,
...     hidden_units=[32, 10],
...     model_dir='models/autompg-dnnregressor/')
```

我们用所提供的另一个参数 model_dir 来指定保存模型参数的文件目录。估计器的优点之一是它们会在训练期间自动检查模型，以便在因意外原因(如电源故障)而崩溃时，可以轻松地加载上个检查点保存的数据，并从那里继续训练。检查点也将保存在 model_dir 所指定的目录中。如果不指定 model_dir 参数，那么估计器将为此创建一个随机临时文件夹(例如在 Linux 操作系统的/tmp/目录中创建随机文件夹)。

在完成这三个基本步骤之后，我们终于可以用估计器进行训练、评估及预测了。我们可以调用 train()方法来训练回归器，为此需要以前定义的输入函数：

```
>>> EPOCHS = 1000
>>> BATCH_SIZE = 8
>>> total_steps = EPOCHS * int(np.ceil(len(df_train) / BATCH_SIZE))
>>> print('Training Steps:', total_steps)
Training Steps: 40000

>>> regressor.train(
...     input_fn=lambda:train_input_fn(
...         df_train_norm, batch_size=BATCH_SIZE),
...     steps=total_steps)
```

调用 .train()方法在模型定型期间自动保存检查点。然后重新加载最后一个检查点：

```
>>> reloaded_regressor = tf.estimator.DNNRegressor(
...     feature_columns=all_feature_columns,
...     hidden_units=[32, 10],
...     warm_start_from='models/autompg-dnnregressor/',
...     model_dir='models/autompg-dnnregressor/')
```

接着，我们可以调用 evaluate()方法来评估所训练模型的预测性能，如下所示：

```
>>> eval_results = reloaded_regressor.evaluate(
...     input_fn=lambda:eval_input_fn(df_test_norm, batch_size=8))
>>> print('Average-Loss {:.4f}'.format(
...       eval_results['average_loss']))
Average-Loss 15.1866
```

最后，我们调用 predict()方法来预测新数据点的目标值。本示例假设测试数据集是实际应用中无标签新数据点的数据集。

请注意，在实际预测时，如果标签不可用，输入函数将只返回由特征组成的数据集。在这里，我们将调用与评估时相同的输入函数来获取每个样本的预测结果：

```
>>> pred_res = regressor.predict(
...     input_fn=lambda: eval_input_fn(
...         df_test_norm, batch_size=8))
>>> print(next(iter(pred_res)))
{'predictions': array([23.747658], dtype=float32)}
```

执行完前面的代码片段，我们结束对预制估计器四个步骤的讨论，为了便于练习，让我们了解一下 boosted 树回归器(tf.estimator.BoostedTreeRegressor)，这是另外一种预制估计器。我们在前面已经完成了输入函数和特征列的构建工作，现在只需要执行第三步和第四步即可。第三步将创建大小为 200 棵树的 BoostedTreeRegressor 实例。

决策树 boosting

在第 7 章中，我们介绍了包括 boosting 在内的集成算法。boosted 树算法是一族基于任意损失函数优化的特殊 boosted 算法。可以随时访问 https://medium.com/mlreview/gradient-boosting-from-scratch-1e317ae4587d 获得更多的信息。

```
>>> boosted_tree = tf.estimator.BoostedTreesRegressor(
...     feature_columns=all_feature_columns,
...     n_batches_per_layer=20,
...     n_trees=200)

>>> boosted_tree.train(
...     input_fn=lambda:train_input_fn(
...         df_train_norm, batch_size=BATCH_SIZE))

>>> eval_results = boosted_tree.evaluate(
...     input_fn=lambda:eval_input_fn(
...         df_test_norm, batch_size=8))

>>> print('Average-Loss {:.4f}'.format(
...       eval_results['average_loss']))
Average-Loss 11.2609
```

如上所见，boosted 树回归器的平均损失低于 DNNRegressor。对于这样的小型数据集，这在预料之中。

本节介绍了使用TensorFlow回归估计器的基本步骤。下一小节我们将介绍如何在典型的分类示例中应用估计器。

14.6.3　用估计器进行MNIST手写数字分类

对于这种问题，我们将用TensorFlow提供的DNNClassifier估计器进行分类，这种方法可以让我们能够非常方便地实现多层感知器。我们在上一节详细介绍了使用预制估计器的四个基本步骤，本节将重复这些步骤。我们首先导入用于加载MNIST数据集并定义模型超参数的tensorflow_datasets(tfds)子模块。

估计器API与图形计算错误

由于TensorFlow 2.0的某些边缘部分尚待完善，因此在执行以下部分的代码块时可能会遇到“RuntimeError: Graph is finalized and cannot be modified”的错误信息。目前，此问题目前还没有好的解决方案，我们的解决方法是在执行下一个代码块之前重新启动Python、IPython或Jupyter Notebook。

模型设置的步骤包括加载数据集和定义超参数(BUFFER_SIZE指定数据集洗牌、BATCH_SIZE指定小批次规模和训练的迭代次数)。

```
>>> import tensorflow_datasets as tfds
>>> import tensorflow as tf
>>> import numpy as np

>>> BUFFER_SIZE = 10000
>>> BATCH_SIZE = 64
>>> NUM_EPOCHS = 20
>>> steps_per_epoch = np.ceil(60000 / BATCH_SIZE)
```

请注意我们用steps_per_epoch来指定每次迭代的步数，这是无限重复数据集需要的参数(如第13章中描述的那样)。接下来，我们将定义一个对输入图像及其标签进行预处理的辅助函数。

由于输入图像最初为取值范围在[0，255]的uint8类型，下面的示例代码将调用tf.image.convert_image_dtype()将其转换为取值范围在[0，1]的tf.float32类型：

```
>>> def preprocess(item):
...     image = item['image']
...     label = item['label']
...     image = tf.image.convert_image_dtype(
...         image, tf.float32)
...     image = tf.reshape(image, (-1,))
...
...     return {'image-pixels':image}, label[..., tf.newaxis]
```

步骤1　定义分别用于训练和评估的两个输入函数：

```
>>> ## Step 1: Define the input functions
>>> def train_input_fn():
...     datasets = tfds.load(name='mnist')
...     mnist_train = datasets['train']
```

```
...
...     dataset = mnist_train.map(preprocess)
...     dataset = dataset.shuffle(BUFFER_SIZE)
...     dataset = dataset.batch(BATCH_SIZE)
...     return dataset.repeat()

>>> def eval_input_fn():
...     datasets = tfds.load(name='mnist')
...     mnist_test = datasets['test']
...     dataset = mnist_test.map(preprocess).batch(BATCH_SIZE)
...     return dataset
```

请注意，特征词典只有一个键词'image- pixels'。我们将在下一步使用该键词。

步骤 2　定义特征列：

```
>>> ## Step 2: feature columns
>>> image_feature_column = tf.feature_column.numeric_column(
...     key='image-pixels', shape=(28*28))
```

请注意，我们定义的特征列大小为 784(28×28)，即输入的 MNIST 图像拼合后的规模。

步骤 3　创建新的估计器。定义分别有 32 个单元和 16 个单元的两个隐藏层。定义指定类别数目的参数 n_classes(请记住 MNIST 由 10 个 0～9 的不同数字所组成)：

```
>>> ## Step 3: instantiate the estimator
>>> dnn_classifier = tf.estimator.DNNClassifier(
...     feature_columns=[image_feature_column],
...     hidden_units=[32, 16],
...     n_classes=10,
...     model_dir='models/mnist-dnn/')
```

步骤 4　用估计器进行训练、评估和预测：

```
>>> ## Step 4: train and evaluate
>>> dnn_classifier.train(
...     input_fn=train_input_fn,
...     steps=NUM_EPOCHS * steps_per_epoch)

>>> eval_result = dnn_classifier.evaluate(
...     input_fn=eval_input_fn)

>>> print(eval_result)
{'accuracy': 0.8957, 'average_loss': 0.3876346, 'loss': 0.38815108,
'global_step': 18760}
```

到目前为止，我们已经学会如何把预制估计器应用于初步评估，例如，确定现有模型是否适合特定问题。除了用预制估计器之外，我们还可以将 Keras 模型转换为估计器，下一小节将对此进行讨论。

14.6.4　基于现有 Keras 模型创建自定义估计器

将 Keras 模型转换为估计器在理论和实践上都非常有用，我们希望把已经开发的模型发布出来并与组织中的其他成员分享。这种转换能让我们体会到估计器的优势，例如，分布式训练和自动检查点。此外，这将使其他人能够轻松地使用此模型，特别是通过定义特征列和输入函数来避免对输入特征在理解上的混淆。

为了了解如何基于 Keras 模型创建自定义估计器，我们将解决以前的 XOR 问题。为此，首先要重新生成数据并将其拆分为训练数据集和验证数据集：

```
>>> tf.random.set_seed(1)
>>> np.random.seed(1)

>>> ## Create the data
>>> x = np.random.uniform(low=-1, high=1, size=(200, 2))
>>> y = np.ones(len(x))
>>> y[x[:, 0] * x[:, 1]<0] = 0

>>> x_train = x[:100, :]
>>> y_train = y[:100]
>>> x_valid = x[100:, :]
>>> y_valid = y[100:]
```

让我们构建一个稍后希望转换为估计器的 Keras 模型。像以前一样，我们用 Sequential 类来定义模型。这次还将增加一个定义为 tf.keras.layers.Input 的输入层，并为该模型的输入指定名称：

```
>>> model = tf.keras.Sequential([
...     tf.keras.layers.Input(shape=(2,), name='input-features'),
...     tf.keras.layers.Dense(units=4, activation='relu'),
...     tf.keras.layers.Dense(units=4, activation='relu'),
...     tf.keras.layers.Dense(units=4, activation='relu'),
...     tf.keras.layers.Dense(1, activation='sigmoid')
... ])
```

接下来，我们将介绍上一小节描述过的四个步骤。其中步骤 1、2 和 4 与前面用过的预制估计器的步骤相同。请注意，在步骤 1 和 2 中的输入特征键词必须与在模型输入层中所定义的特征匹配。示例代码如下：

```
>>> ## Step 1: Define the input functions
>>> def train_input_fn(x_train, y_train, batch_size=8):
...     dataset = tf.data.Dataset.from_tensor_slices(
...         ({'input-features':x_train}, y_train.reshape(-1, 1)))
...
...     # shuffle, repeat, and batch the examples.
...     return dataset.shuffle(100).repeat().batch(batch_size)

>>> def eval_input_fn(x_test, y_test=None, batch_size=8):
...     if y_test is None:
...         dataset = tf.data.Dataset.from_tensor_slices(
...             {'input-features':x_test})
...     else:
...         dataset = tf.data.Dataset.from_tensor_slices(
...             ({'input-features':x_test}, y_test.reshape(-1, 1)))
...
...
...     # shuffle, repeat, and batch the examples.
...     return dataset.batch(batch_size)

>>> ## Step 2: Define the feature columns
>>> features = [
...     tf.feature_column.numeric_column(
...         key='input-features:', shape=(2,))
... ]
```

我们将在步骤 3 调用 tf.keras.estimator.model_to_estimator 把模型转换为估计器，而不必实例化一个预制估计器。在转换模型之前，我们首先要完成编译工作：

```
>>> model.compile(optimizer=tf.keras.optimizers.SGD(),
...               loss=tf.keras.losses.BinaryCrossentropy(),
...               metrics=[tf.keras.metrics.BinaryAccuracy()])

>>> my_estimator = tf.keras.estimator.model_to_estimator(
...     keras_model=model,
...     model_dir='models/estimator-for-XOR/')
```

最后，我们在步骤 4 可以用估计器来训练模型，并在验证数据集上对其评估：

```
>>> ## Step 4: Use the estimator
>>> num_epochs = 200
>>> batch_size = 2
>>> steps_per_epoch = np.ceil(len(x_train) / batch_size)

>>> my_estimator.train(
...     input_fn=lambda: train_input_fn(x_train, y_train, batch_size),
...     steps=num_epochs * steps_per_epoch)

>>> my_estimator.evaluate(
...     input_fn=lambda: eval_input_fn(x_valid, y_valid, batch_size))
{'binary_accuracy': 0.96, 'loss': 0.081909806, 'global_step': 10000}
```

从上面的示例可以看出，将 Keras 模型转换为估计器非常简单。这样做可以使我们能够轻松享受估计器的各种优势，例如分布式训练和在训练期间自动保存检查点。

14.7 本章小结

本章介绍了 TensorFlow 最基本和最有用的功能。首先讨论了从 TensorFlow v1. x 到 v2 的迁移。特别是采用了 TensorFlow 的动态计算图方法，即所谓的 eager 执行模式，它使得实现计算比使用静态图形时更为方便。我们还介绍了如何把 TensorFlow Variable 对象定义为模型形式参数的语义，调用 tf.function 修饰器为 Python 函数注释，以及通过图形编译提高计算效率。

在考虑了计算任意函数的偏导数和梯度概念后，我们更详细地介绍了 Keras API。它提供了对用户友好的界面来构建更复杂的深度神经网络模型。我们利用 TensorFlow 的 tf.estimator API 来提供通常生产环境偏爱的一致性接口。最后，我们介绍了如何将 Keras 模型转换为自定义估计器。

我们现在已经介绍了 TensorFlow 的核心机制，下一章将介绍**卷积神经网络**(CNN)体系结构背后的概念，以便进行深度学习。卷积神经网络是功能强大的模型，尤其在计算机视觉领域表现突出。

第 15 章

Python Machine Learning, Third Edition

用深度卷积神经网络为图像分类

我们在前一章深入研究了 TensorFlow API 的各个方面，熟悉了张量和修饰函数，并学习了如何使用 TensorFlow 估计器。本章将学习用**卷积神经网络**(CNN)进行图像分类。我们将采用自底向上的方法，先讨论构成 CNN 的基本模块。再深入研究 CNN 的体系结构，以及如何用 TensorFlow 实现 CNN。本章将主要涵盖下述几个方面：

- 一维和二维卷积运算。
- 构成 CNN 体系结构的模块。
- 用 TensorFlow 实现深度。
- 提高泛化性能的，数据扩充技术。
- 实现基于人脸图像的 CNN 分类器，用来预测性别。

15.1 构成卷积神经网络的模块

卷积神经网络(CNN)有一系列模型，最初的灵感来自人类大脑的视觉皮层在识别物体时的工作原理。CNN 的发展可以追溯到 20 世纪 90 年代，当时 Yann LeCum 及其同事提出了一种全新的神经网络体系结构，用于识别图像中的手写数字(*Handwritten Digit Recognition with a Back-Propagation Network*, *Y. LeCun*, and others, 1989, published at the *Neural Information Processing Systems* (*NeurIPS*) conference)。

大脑的视觉皮层

大脑视觉皮层的工作原理最初是由 David H. Hubel 和 Torsten Wiesel 于 1959 年发现的，当时他们把一个微电极插入麻醉猫的主要视觉皮层。然后，他们观察到，当在猫的眼前投射不同形状的光时，猫的大脑神经元就会出现不同的反应。最终他们发现视觉皮层存在着不同层次。基本层主要检测边缘和直线，高阶层聚焦复杂的形状和图案。

由于 CNN 在图像分类任务中的出色表现，这种特殊类型的前馈神经网络受到广泛关注，并极大地改善了计算机视觉的机器学习。Yann LeCun 获得了 2019 年度的图灵奖(计算机科学领域最负盛名的奖项)，以表彰他在人工智能领域(AI)里的杰出贡献，同时获奖的另外两位研究人员是前面提到的 Yoshua Bengio 和 Geoffrey Hinton。

我们将在以下各节讨论 CNN 更广泛的概念，以及为什么卷积体系结构通常被描述为“特征提取层”。然后将深入研究 CNN 中常用的卷积计算类型的理论定义，并讨论计算一维和二维卷积的示例。

15.1.1 理解 CNN 与特征层次

当然，成功地提取**显著(相关)特征**是保障任何机器学习算法性能的关键，传统的机器学习模型依赖来自领域专家的输入特征，或者基于计算特征提取技术。

诸如 CNN 这种特定类型的神经网络，能够自动地从原始数据中学习对某个任务最有用的特征。因此，我们经常考虑把神经网络层作为特征提取器：紧靠着输入层的早期层从原始数据中提取**低级特征**，晚期层(例如多层感知器(MLP)的**全连接层**)利用这些特征来预测一个连续目标值或者分类标签。

某些类型的多层神经网络，特别是深度卷积神经网络，通过逐层组合的方式把低级特征组合成高级特征来构造所谓的**物征层次**。例如，我们可以在处理图像时从早期层把诸如边缘和斑点那些低级特征提取出来，然后把它们组合在一起形成像建筑物、猫或狗等对象一般轮廓的更复杂形状的高级特征。

正如在图 15-1 中可以看到的那样，CNN 根据输入图像计算**特征图**(feature map)，其中每个元素均来自输入图像中的一些局部像素。

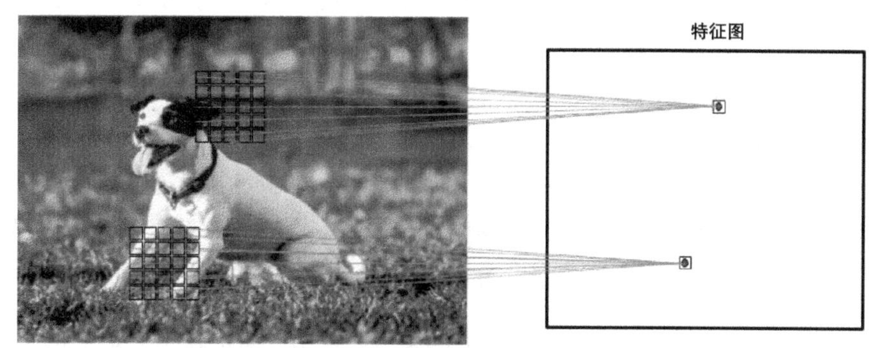

图　15-1
(照片由 Alexander Dummer 提供)

局部像素区被称为**局部感受野**(local receptive field)。CNN 通常会很好地完成与图像相关的任务，这主要是因为下面两个重要想法：

- **稀疏连接**：特征映射中的单个元素只连接到局部像素区。(这与感知器连接整个输入图像非常不同。你可能会在第 12 章中发现，回顾和比较如何实现与整个图像全连接的网络对我们非常有用国。)
- **参数共享**：对于输入图像的不同区域采用相同的权重。

作为这两个想法的直接结果，用卷积层替换传统的全连接 MLP 会显著减少网络中权重参数的数量，我们将看到捕获显著特征的能力有所提高。在图像数据场景中，假设相距较近的像素通常比相距较远的像素更为相关，这一点很有意义。

CNN 通常由若干个**卷积**层和子采样层所组成，尾随着一个或多个全连接层。全连接层本质上是一个多层感知器，其中每个输入单元 i 都以权重 w_{ij} 连接到每个输出单元 j(在第 12 章中曾经讨论过)。

请注意，通常称为**池层**(pooling layer)的子采样层没有任何可以学习的参数，例如池层没有权重或偏置单元(bias unit)。然而，卷积和全连接层却有在训练中优化过的权重和偏置。

我们将在以下各节更详细地研究卷积层和池层，并了解它们的工作原理。为了了解卷积操作的工作原理，让我们从一维卷积开始，该卷积有时用于处理某些类型的序列数据(如文本)。在讨论了一维卷积之后，我们将介绍典型的二维卷积，它们通常用于二维图像分析。

15.1.2　离散卷积计算

离散卷积(或简称**卷积**)是 CNN 的基本操作。因此了解该操作的工作原理很重要。本节将学习其数学定义并讨论一些**基本**算法，以计算一维张量(向量)和二维张量(矩阵)的卷积。

请注意，上述公式和描述仅用于理解卷积在 CNN 中的工作原理。我们将在本章后面会看到，像 TensorFlow 这样的软件包实际上更有效地实现了卷积操作。

数学符号

本章将用下标表示多维数组(张量)的规模，例如 $A_{n_1\times n_2}$ 代表大小为 $n_1\times n_2$ 的二维数组。用[]来表示多维数组的索引。

例如 $A[i,\ j]$表示矩阵 $\boldsymbol{A}$ 中索引为 i、j 的元素。另外，请注意用特殊的符号 $*$ 来表示两个向量或矩阵之间的卷积操作，不要与 Python 中的乘法运算符*混淆。

15.1.2.1　一维离散卷积

首先介绍一些要用到的基本定义和符号。两个向量 $\boldsymbol{x}$ 和 $\boldsymbol{w}$ 的离散卷积表示为 $\boldsymbol{y}=\boldsymbol{x} * \boldsymbol{w}$，其中 $\boldsymbol{x}$ 为输出(有时也称为**信号**)，$\boldsymbol{w}$ 为**过滤器**或**内核**。以数学语言表达离散卷积如下：

$$\boldsymbol{y}=\boldsymbol{x} * \boldsymbol{w} \rightarrow y[i]=\sum_{k=-\infty}^{+\infty} x[i-k]w[k]$$

如前所述，方括号[]用来表示向量元素的索引。索引 i 遍历输出向量 $\boldsymbol{y}$ 的每个元素。前面公式中有两个特别的问题需要澄清：$-\infty$到$+\infty$的索引和 $\boldsymbol{x}$ 的负向索引。

从$-\infty$到$+\infty$遍历索引求和这一事实似乎很奇怪，主要是因为在机器学习应用中，我们总是处理有限特征向量。例如，如果 $\boldsymbol{x}$ 有 10 个特征，其索引为 0，1，2，…，8，9，而$-\infty$:-1 和 10:$+\infty$不在索引 $\boldsymbol{x}$ 的取值范围。因此，为了正确地计算前面公式中的求和，假设以 0 填充 $\boldsymbol{x}$ 和 $\boldsymbol{w}$。这将导致输出向量 $\boldsymbol{y}$ 的规模无限大，也会有很多个零。因为这在实际情况下没有价值，所以 $\boldsymbol{x}$ 仅填充有限数量的零。

该过程被称为 **0 填充**(zero-padding)或简称**填充**(padding)。这里两边填充 0 的个数由 p 来表示。一维向量 $\boldsymbol{x}$ 的填充示例如图 15-2 所示。

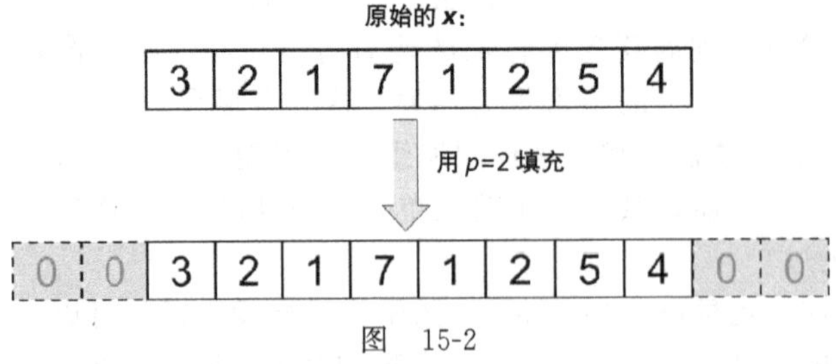

图　15-2

假设原始输入 $\boldsymbol{x}$ 和过滤器 $\boldsymbol{w}$ 分别有 n 和 m 个单元，其中 $m\leqslant n$，填充后的向量 $\boldsymbol{x}^p$ 的大小为 $n+2p$。计算离散卷积的实际公式就变成下面这样：

$$\boldsymbol{y}=\boldsymbol{x} * \boldsymbol{w} \rightarrow y[i]=\sum_{k=0}^{k=m-1} \boldsymbol{x}^p[i+m-k]w[k]$$

我们已经解决了无限索引问题，第二个问题是 $\boldsymbol{x}$ 的索引为 $i+m-k$。重点是要注意

$\boldsymbol{x}$ 和 $\boldsymbol{w}$ 在求和过程中是从不同方向进行索引的。以反向遍历索引计算总和等价于在填充完向量 $\boldsymbol{x}$ 和 $\boldsymbol{w}$ 后反转其中一个向量，再将两个索引以正向计算总和。这样就可以计算它们的向量点积。假设把过滤器 $\boldsymbol{w}$ 反转(旋转)为 $\boldsymbol{w}^r$。那么点积 $\boldsymbol{x}[i:i+m] \cdot \boldsymbol{w}^r$ 计算得到一个元素 $y[i]$，其中 $\boldsymbol{x}[i:i+m]$是向量 $\boldsymbol{x}$ 大小为 m 的区域。该操作就像滑动窗口那样，通过反复不断的计算得到所有的输出元素。图 15-3 以 $\boldsymbol{x}=[3\ 2\ 1\ 7\ 1\ 2\ 5\ 4]$和 $\boldsymbol{w}=\left[\frac{1}{2}\ \frac{3}{4}\ 1\ \frac{1}{4}\right]$为例计算前三个输出元素。

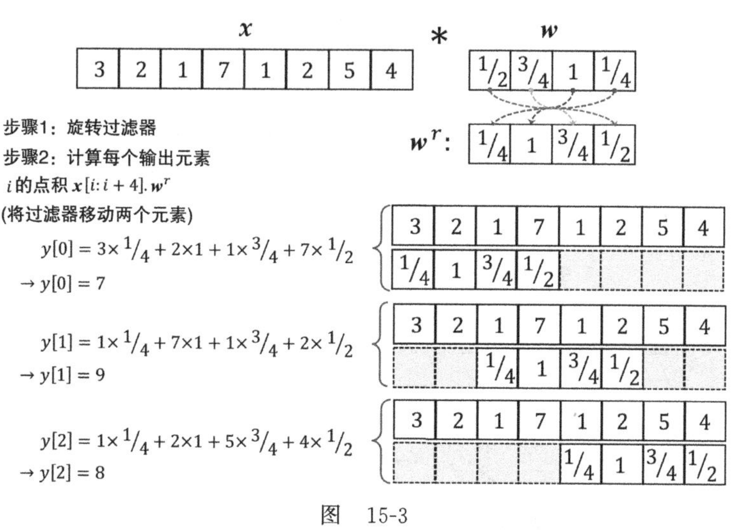

图　15-3

我们可以看到前面示例的填充量为零($p=0$)。注意到旋转过滤器 $\boldsymbol{w}^r$ 是通过每次移位两个元素格来**移位**的。这个移位是卷积的另一个超参数——步幅 s。该例的**步幅**为 2，即 $s=2$。注意，步幅必须是小于输入向量规模的正数。下一节将更详细地讨论填充和步幅！

交叉关联

输入向量 $\boldsymbol{x}$ 与过波器 $\boldsymbol{w}$ 之间的交叉关联(或简单地说相关性)表示为 $\boldsymbol{y}=\boldsymbol{x} * \boldsymbol{w}$，与卷积非常类似，但稍有差别；其差别在于交叉关联的乘法在同一方向上进行。因此，不需要在每个维度旋转过滤器矩阵 $\boldsymbol{w}$。交叉关联的数学定义如下：

$$\boldsymbol{y}=\boldsymbol{x} * \boldsymbol{w} \rightarrow y[i]=\sum_{k=-\infty}^{+\infty} x[i+k]w[k]$$

同样的填充和步幅规则也可以应用于交叉关联。需要注意的是，大多数的深度学习框架(包括 TensorFlow)都实现了交叉关联，但是将其称为卷积，这在深度学习领域里约定成俗。

15.1.2.2　填充输入以控制输出特征图规模

到目前为止，我们在卷积中只用 0 填充来计算有限规模的输出向量。从技术上讲，当 $p \geqslant 0$ 时都可以采用填充。根据所选择的 p 值，向量 $\boldsymbol{x}$ 边界元素的处理方法可能与中间位置元素的不同。

假设 $n=5$，$m=3$，$p=0$，$x[0]$仅用于计算输出元素(例如 $y[0]$)，而 $x[1]$用于计

算两个输出元素(例如 $y[0]$和 $y[1]$)。因此可以看到对向量 $\boldsymbol{x}$ 的元素的不同处理可以人为地把更多考虑放在中间元素 $x[2]$，因为它早就出现在大多数的计算中。如果选择 $p=2$，则可以避免这个问题，在这种情况下，$\boldsymbol{x}$ 的每个元素将参与计算 $\boldsymbol{y}$ 的三个元素。此外，输出向量 $\boldsymbol{y}$ 的规模也取决于所选择的填充策略。

实践中常用的填充模式有完全模式、相同模式和有效模式三种：

- 完全模式：将填充参数 p 设置为 $p=m-1$，因为完全填充增加了输出向量的维度，所以很少用于卷积神经网络体系结构。
- 相同模式：如果希望输出与输入向量 $\boldsymbol{x}$ 保持相同的规模，通常采用这种模式。除了要求输入向量和输出向量的规模相同以外，还要根据过滤器的规模计算填充参数 p。
- 有效模式：在 $p=0$(即无填充)的情况下计算卷积。

图 15-4 举例说明了三种不同的填充模式，该例以一个简单的 5×5 像素作为输入向量，其核为 3×3 的向量，步幅为 1。

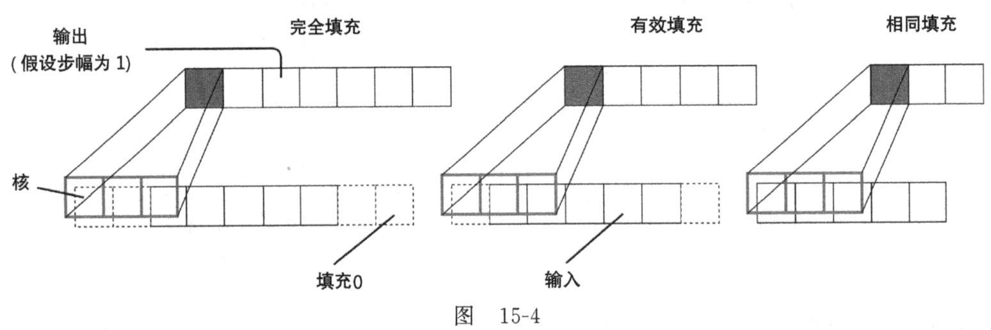

图 15-4

相同填充是卷积神经网络中最常用的填充模式。与其他填充模式相比，其优点是相同填充保持了向量的规模——或者在处理计算机视觉中图像相关的任务时，输入图像的高度和宽度——这使得网络体系结构的设计更加方便。

与完全填充和相同填充相比，有效填充有一个大的缺点，例如张量的体积会在多层神经网络中显著减少，这可能会对网络性能带来不利的影响。

在实践中，建议对卷积层采用相同填充来保持空间规模，而不是通过池层来缩小空间。至于完全填充，其结果是输出规模大于输入规模。完全填充通常用于信号处理，其中重要的是最小化边界效应。然而在深度学习中，边界效应通常不足为虑，所以实践中很少使用完全填充。

15.1.2.3 确定卷积的输出规模

卷积的输出规模由沿着输入向量移动过滤器 $\boldsymbol{w}$ 的总次数来确定。假设输入向量规模为 n，过滤器规模为 m。在填充为 p 且步幅为 s 的条件下根据 $\boldsymbol{y}=\boldsymbol{x}*\boldsymbol{w}$ 计算输出向量规模：

$$o=\left\lfloor\frac{n+2p-m}{s}\right\rfloor+1$$

这里$\lfloor\cdot\rfloor$代表向下取整(floor)运算：

向下取整运算：

向下取整运算返回等于或小于输入的最大整数，例如：

$$\text{floor}(1.77)=\lfloor 1.77\rfloor=1$$

考虑下述两个例子：

- 假设输入向量规模为 10，卷积核规模为 5，填充为 2 且步幅为 1，据此计算输出向量规模如下：

$$n-10,\ m=5,\quad p=2,\quad s=1 \rightarrow o=\left\lfloor\frac{10+2\times 2-5}{1}\right\rfloor+1=10$$

（注意该例的输出向量规模与输入向量规模相同，因此它们是相同填充模式。）

- 如果输入向量不变，但卷积核规模为 3，步幅为 2，输出向量规模会有什么变化？

$$n=10,\ m=3,\quad p=2,\quad s=2 \rightarrow o=\left\lfloor\frac{10+2\times 2-3}{2}\right\rfloor+1=6$$

如果有兴趣了解更多有关卷积输出向量规模的信息，推荐阅读 Vincent Dumoulin 和 Francescon Visin 撰写的 *A guide to convolution arithmetic for deeplearning*，可以免费从 https://arxiv.org/abs/1603.07285 获取。

最后，为了学习如何计算一维卷积，下面的代码片段展示了一个不太成熟的实现，并将其结果与 numpy.convolve 函数的计算结果做了比较，代码片段如下：

```
>>> import numpy as np
>>> def conv1d(x, w, p=0, s=1):
...     w_rot = np.array(w[::-1])
...     x_padded = np.array(x)
...     if p > 0:
...         zero_pad = np.zeros(shape=p)
...         x_padded = np.concatenate([zero_pad,
...                                    x_padded,
...                                    zero_pad])
...     res = []
...     for i in range(0, int(len(x)/s),s):
...         res.append(np.sum(x_padded[i:i+w_rot.shape[0]] *
...                           w_rot))
...     return np.array(res)

>>> ## Testing:
>>> x = [1, 3, 2, 4, 5, 6, 1, 3]
>>> w = [1, 0, 3, 1, 2]

>>> print('Conv1d Implementation:',
...       conv1d(x, w, p=2, s=1))
Conv1d Implementation: [ 5. 14. 16. 26. 24. 34. 19. 22.]

>>> print('NumPy Results:',
...       np.convolve(x, w, mode='same'))
NumPy Results: [ 5 14 16 26 24 34 19 22]
```

到目前为止，我们主要关注向量卷积（一维卷积）。从一维案例开始学习，概念更易于理解。我们在下一节将更详细地介绍二维卷积，它们是卷积神经网络用于图像相关任务的基础模块。

15.1.2.4　二维离散卷积计算

前一节学到的一维概念很容易延伸到二维。在处理二维输入向量时，假设输入向量为 $\boldsymbol{X}_{n_1\times n_2}$，过滤器为 $\boldsymbol{W}_{m_1\times m_2}$，其中 $m_1\leqslant n_1$ 且 $m_2\leqslant n_2$，那么矩阵 $\boldsymbol{Y}=\boldsymbol{X}*\boldsymbol{W}$ 就是 $\boldsymbol{X}$ 和 $\boldsymbol{W}$ 的二维卷积计算结果。以数学语言表达如下：

$$\boldsymbol{Y}=\boldsymbol{X}*\boldsymbol{W} \rightarrow Y[i,\ j]=\sum_{k_1=-\infty}^{+\infty}\ \sum_{k_2=-\infty}^{+\infty} X[i-k_1,\ j-k_2]W[k_1,\ k_2]$$

从上面的公式中会发现，如果忽略一个维度，剩下的公式恰好与前面用到的计算一维卷积的公式一样。事实上，所有前面提到的技术，例如0填充、过滤器矩阵旋转以及步幅都可以应用到二维卷积，它们可以独立扩展到两个维度。图15-5显示了8×8输入矩阵的二维卷积，采用大小为3×3的核。输入矩阵用 $p=1$ 的0填充。因此，二维卷积的输出规模为8×8，如图15-5所示。

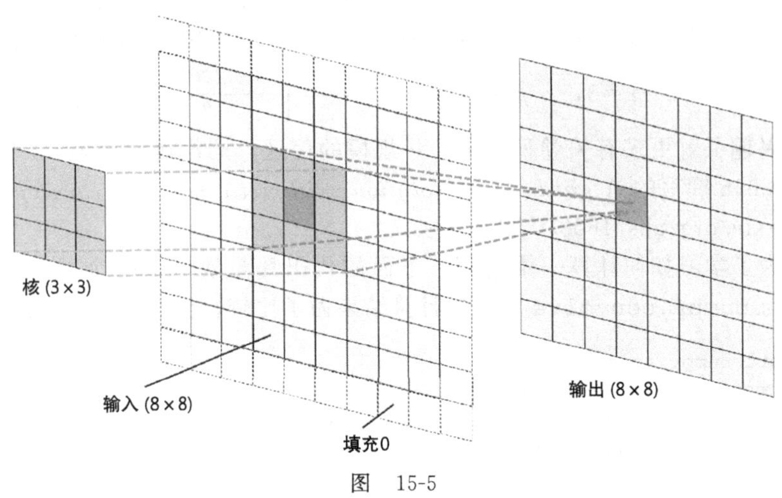

图 15-5

图15-6演示了输入矩阵 $\boldsymbol{X}_{3\times3}$ 和核矩阵 $\boldsymbol{W}_{3\times3}$ 之间二维卷积的计算过程，在这里采用填充 $p=(1, 1)$ 和步长 $s=(2, 2)$。根据指定的填充，输入矩阵的每一侧都添加一个零层，从而生成 $\boldsymbol{X}_{5\times5}^{\text{padded}}$ 填充矩阵，如图15-6所示。

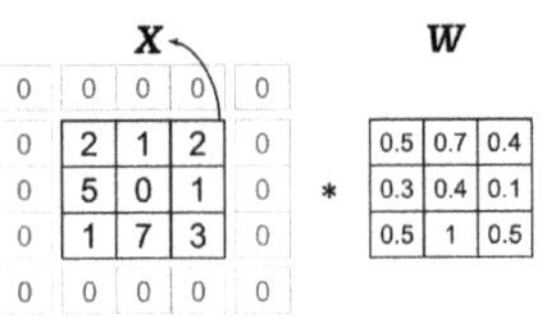

图 15-6

在旋转前面的过滤器之后，我们得到如下的结果：

$$\boldsymbol{W}^r=\begin{bmatrix}0.5 & 1 & 0.5\\ 0.1 & 0.4 & 0.3\\ 0.4 & 0.7 & 0.5\end{bmatrix}$$

注意该旋转与转置矩阵不同。在NumPy中要旋转过滤器，可以表达为 `W_rot = W[::-1,::-1]`。接着，可以把旋转后的过滤器矩阵沿着填充输入矩阵 $\boldsymbol{X}^{\text{padded}}$ 移动，像不断移动滑动窗口那样来计算元素间乘积之和，该过程如图15-7所示。

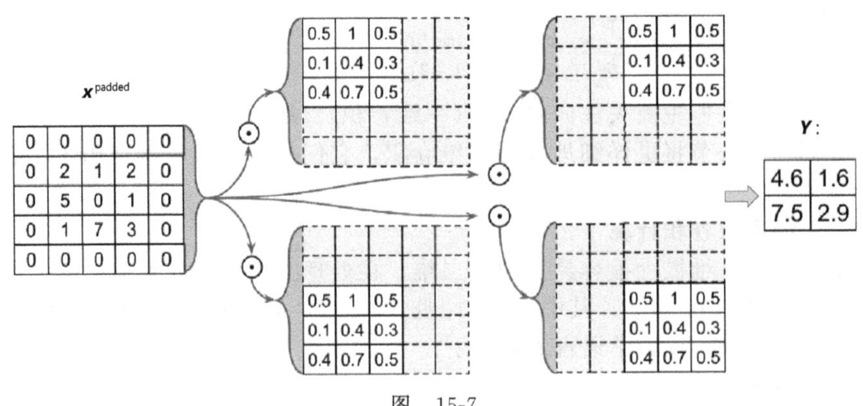

图 15-7

结果是 2×2 矩阵 **Y**。

根据前面描述的初级(naive)算法来实现二维卷积。调用 `scipy.signal` 软件包中的函数 `scipy.signal.convolve2d` 来计算二维卷积：

```
>>> import numpy as np
>>> import scipy.signal

>>> def conv2d(X, W, p=(0, 0), s=(1, 1)):
...     W_rot = np.array(W)[::-1,::-1]
...     X_orig = np.array(X)
...     n1 = X_orig.shape[0] + 2*p[0]
...     n2 = X_orig.shape[1] + 2*p[1]
...     X_padded = np.zeros(shape=(n1, n2))
...     X_padded[p[0]:p[0]+X_orig.shape[0],
...              p[1]:p[1]+X_orig.shape[1]] = X_orig
...
...     res = []
...     for i in range(0, int((X_padded.shape[0] - \
...                       W_rot.shape[0])/s[0])+1, s[0]):
...         res.append([])
...         for j in range(0, int((X_padded.shape[1] - \
...                           W_rot.shape[1])/s[1])+1, s[1]):
...             X_sub = X_padded[i:i+W_rot.shape[0],
...                              j:j+W_rot.shape[1]]
...             res[-1].append(np.sum(X_sub * W_rot))
...     return(np.array(res))
>>> X = [[1, 3, 2, 4], [5, 6, 1, 3], [1, 2, 0, 2], [3, 4, 3, 2]]
>>> W = [[1, 0, 3], [1, 2, 1], [0, 1, 1]]

>>> print('Conv2d Implementation:\n',
...       conv2d(X, W, p=(1, 1), s=(1, 1)))
Conv2d Implementation:
[[ 11.  25.  32.  13.]
 [ 19.  25.  24.  13.]
 [ 13.  28.  25.  17.]
 [ 11.  17.  14.   9.]]


>>> print('SciPy Results:\n',
...       scipy.signal.convolve2d(X, W, mode='same'))
SciPy Results:
[[11 25 32 13]
 [19 25 24 13]
 [13 28 25 17]
 [11 17 14  9]]
```

计算卷积的有效算法

为了理解概念，我们简单地实现了一个二维卷积计算。但是此实现在内存要求和计算复杂性方面效率非常低。因此无法用于实际的神经网络应用程序。

一方面，大多数工具(如 TensorFlow)的过滤器矩阵实际上并没有旋转。另一方面，近年来开发了更高效的算法，用傅里叶变换来计算卷积。还必须要注意，在神经网络的场景中，卷积核的规模通常比输入图像的规模小得多。

例如，目前卷积神经网络常用的核大小为1×1、3×3或5×5，这对于可以完成卷积计算的高效算法而言非常有效，例如 Winograd **的最小过滤器**算法。对这些算法的讨论超出了本书的范围，但是如果有兴趣了解更多，可以阅读由 Andrew Lavin 和 Scott Gray 在 2015 年撰写的 *Fast Algorithms for Convolutional Neural Networks*，可以免费从 https://arxiv.org/abs/1509.09308 获得。

我们将在下一节讨论子采样或池层，这是卷积神经网络中经常使用的另外一个重要操作。

15.1.3 子采样层

子采样通常以两种形式的池操作应用于卷积神经网络：最大池(max-pooling)和平均池(mean-pooling)(也被称为average-pooling)。池层(pooling layer)通常表达为 $P_{n_1 \times n_2}$，这里的下标确定了邻区的大小(每个维度相邻区域像素的数量)，这里对其进行最大或者平均运算。诸如此类的相邻区域大小被称为**池化规模**(pooling size)。

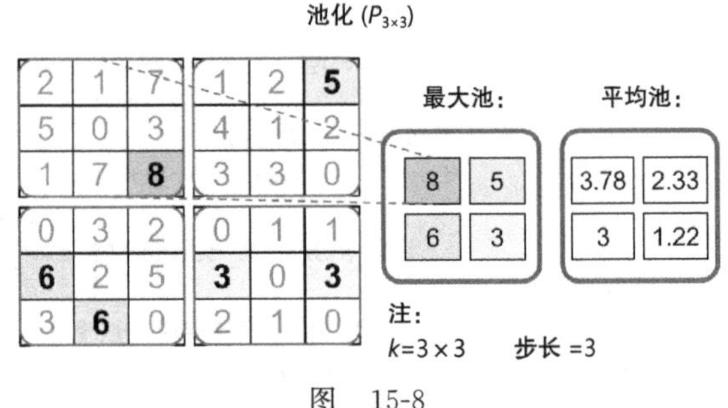

图 15-8

图15-8描述池化操作的两种方法。这里最大池函数取得邻域像素的最大值，平均池函数计算邻域像素的平均值。

池化的好处显而易见：

- 池化(最大池)引入了局部的不变性。这意味着局部邻域的小变化不会改变最大池的结果。这有助于输入数据生成抗噪声的特征。下面的示例显示出对 $\boldsymbol{X}_1$ 和 $\boldsymbol{X}_2$ 两个不同输入矩阵进行最大池操作得到相同的输出结果：

$$\left.\begin{array}{l}\boldsymbol{X}_1=\begin{bmatrix}10 & 255 & 125 & 0 & 170 & 100\\ 70 & 255 & 105 & 25 & 25 & 70\\ 255 & 0 & 150 & 0 & 10 & 10\\ 0 & 255 & 10 & 10 & 150 & 20\\ 70 & 15 & 200 & 100 & 95 & 0\\ 35 & 25 & 100 & 20 & 0 & 60\end{bmatrix}\\ \boldsymbol{X}_2=\begin{bmatrix}100 & 100 & 100 & 50 & 100 & 50\\ 95 & 255 & 100 & 125 & 125 & 170\\ 80 & 40 & 10 & 10 & 125 & 150\\ 255 & 30 & 150 & 20 & 120 & 125\\ 30 & 30 & 150 & 100 & 70 & 70\\ 70 & 30 & 100 & 200 & 70 & 95\end{bmatrix}\end{array}\right\}\xrightarrow{\text{max pooling } P_{2\times2}}\begin{bmatrix}255 & 125 & 170\\ 255 & 150 & 150\\ 70 & 200 & 95\end{bmatrix}$$

- 池化可以减少特征的数量，因而提高计算效率。此外，减少特征数量也可以减轻过拟合的程度。

重叠池与非重叠池

传统上，假设池不重叠。通常如果要在非重叠邻域上进行池化，可以通过设置步长参数等于池的大小来实现。例如，非重叠池层需要步长参数 $s=(n_1, n_2)$。另一方面，如果步幅小于池的大小，则会出现重叠池。由 A. Krizhevsky. I. Sutskever、I. 苏特斯克和 G. Hinton 于 2012 年撰写的 *ImageNet Classification with Deep Convolutional Neural Networks*，描述了在卷积网络中使用重叠池的例子，该论文可以免费从 https://papers.nips.cc/paper/4824-imagenet-classification-with-deep-convolutional-neural-networks 获得。

虽然池化仍然是许多卷积神经网络体系结构的重要组成部分，但是现在已经开发了几个不采用池层的卷积神经网络体系结构。研究人员不再用池层来减小特征规模，而是使用步幅为 2 的卷积层。

从某种意义上说，你可以将步幅为 2 的卷积层视为具有可学习权重的池层。如果你对不同体系结构的池化和非池化卷积神经网络的经验比较感兴趣，我们建议你阅读由 Jost Tobias Springenberg、Alexey Dosovitskiy、Thomas Brox 和 Martin Riedmiller 撰写的论文 *Striving for Simplicity: The All Convolutional Net*。本文可以免费从 https://arxiv.org/abs/1412.6806 获得。

15.2　构建卷积神经网络

到目前为止，我们已经学习了卷积神经网络的基本模块。本章所阐述的概念并不比传统的多层神经网络更难理解。直观地说，在传统的神经网络中，最重要的运算是矩阵乘法。例如，用矩阵乘法来计算预激活值(或净输入)，如 $\boldsymbol{z}=\boldsymbol{W}\boldsymbol{x}+b$。这里 $\boldsymbol{x}$ 代表像素的列向量($\mathbb{R}^{n\times 1}$矩阵)，$\boldsymbol{W}$ 为连接输入像素与每个隐藏单元的权重矩阵。

在卷积神经网络中，该运算被类似 $\boldsymbol{Z}=\boldsymbol{W}*\boldsymbol{X}+\boldsymbol{b}$ 这样的卷积运算所替代，其中 $\boldsymbol{X}$ 代表高度×宽度的像素矩阵。在这两种情况下，预激活值被传递给激活函数以获得隐藏单元的激活值，$\boldsymbol{A}=\phi(\boldsymbol{Z})$，其中 ϕ 是激活函数。此外，记得子采样是卷积神经网络的另一个构建模块，就像在前一节中所描述的那样，以池的形式出现。

15.2.1　处理多个输入或者颜色通道

卷积层的输入样本可能包含一个或多个二维数组，或者 $N_1\times N_2$(例如图像的高度像素和宽度像素)矩阵。这些 $N_1\times N_2$ 矩阵被称为通道(channel)。卷积层的常规实现需要一个 3 阶张量表示作为输入，例如，一个三维数组 $\boldsymbol{X}_{N_1\times N_2\times C_{in}}$，其中 C_{in}为输入通道的数目。例如，考虑以图像作为卷积神经网络的第一层输入。如果是彩色图像并且采用 RGB 色彩模式，那么 $C_{in}=3$(RGB 的红、绿、蓝颜色通道)。然而，如果是灰度图像，那么 $C_{in}=1$，因为只有一个通道有像素的灰度值。

读入图像文件

在处理图像时，可以用 8 位无符号整型(uint8)数据类型将图像读入 NumPy 数组，与 16、32 或 64 位整型相比，这样做可以减少内存用量。8 位无符号整型的取值范围为[0，255]，足以将像素信息存储在 RGB 图像中，这些图像也在相同范围内取值。

在第13章中，TensorFlow提供了一个模块，用于调用tf.io和tf.image子模块以加载、存储和计算图像。让我们回顾一下如何读取图像(该示例的RGB图像存储在本章所附的代码文件夹https://github.com/rasbt/python-machine-learning-book-3rd-edition/tree/master/code/ch15)：

```
>>> import tensorflow as tf
>>> img_raw = tf.io.read_file('example-image.png')
>>> img = tf.image.decode_image(img_raw)
>>> print('Image shape:', img.shape)
Image shape: (252, 221, 3)
```

当使用TensorFlow构建模型和数据加载器时，建议使用tf.image读取输入图像。

现在通过示例介绍如何用imageio包把图像数据读入Python会话。可以通过在命令行执行conda或pip来安装imageio：

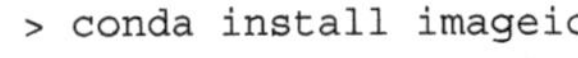

```
> conda install imageio
```

或

```
> pip install imageio
```

一旦安装了imageio后，就可以用imread函数读取之前用imageio包读取的相同图像：

```
>>> import imageio
>>> img = imageio.imread('example-image.png')
>>> print('Image shape:', img.shape)
Image shape: (252, 221, 3)
>>> print('Number of channels:', img.shape[2])
Number of channels: 3
>>> print('Image data type:', img.dtype)
Image data type: uint8
>>> print(img[100:102, 100:102, :])
[[[179 134 110]
  [182 136 112]]
 [[180 135 11]
  [182 137 113]]]
```

到目前为止，我们已经熟悉了输入数据的结构，下面的问题是如何把多个输入通道整合到在前节讨论过的卷积运算。答案很简单：对每个通道独立进行卷积计算，然后用矩阵求和累加结果。与每个通道(c)相关联的卷积都有自己的核矩阵$W[:,:,c]$。用下述方式计算预激活的结果：

$$\begin{array}{l}\text{样本 } \boldsymbol{X}_{n_1\times n_2\times C_{in}'}\\ \text{核矩阵 } \boldsymbol{W}_{m_1\times m_2\times C_{in}'}\\ \text{偏置值为 } b\end{array} \Rightarrow \begin{cases}\boldsymbol{Z}^{\text{Conv}} = \sum_{c=1}^{C_{in}} \boldsymbol{W}[:,:,c] * \boldsymbol{X}[:,:,c] \\ \text{预激活：} \quad \boldsymbol{Z} = \boldsymbol{Z}^{\text{Conv}} + b_C \\ \text{特征图：} \boldsymbol{A} = \phi(\boldsymbol{Z})\end{cases}$$

最终的结果$\boldsymbol{A}$被称为特征图(feature map)。卷积神经网络的卷积层通常可以有多个特征图。如果用多个特征图，核张量就变成宽度×高度×C_{in}×C_{out}的四个维张量。在这里，宽度×高度为核的大小，C_{in}为输入通道的数量，C_{out}为输出特征图的数量。因此，可以在前面的公式中包括输出特征图的数量，如下所示：

$$\left.\begin{array}{l}\text{样本 } \boldsymbol{X}_{n_1\times n_2\times C_{in'}}\\ \text{核矩阵 } \boldsymbol{W}_{m_1\times m_2\times C_{in'}\times C_{out'}}\\ \text{偏置向量为 } \boldsymbol{b}_{C_{out}}\end{array}\right. \Rightarrow \begin{cases}\boldsymbol{Z}^{\mathrm{Conv}}[:,:,k]=\sum_{c=1}^{C_{in}}\boldsymbol{W}[:,:,c,k]*\boldsymbol{X}[:,:,c]\\ \boldsymbol{Z}[:,:,k]=\boldsymbol{Z}^{\mathrm{Conv}}[:,:,k]+b[k]\\ \boldsymbol{A}[:,:,k]=\phi(\boldsymbol{Z}[:,:,k])\end{cases}$$

在结束对神经网络卷积计算的讨论之前，先让我们观察图 15-9 中连接着池层的卷积层示例。该示例有三个输入通道。核张量是四维的。每个核矩阵用 $m_1 \times m_2$ 表示，共有 3 个核矩阵，分别对应每个输入通道。另外还有 5 个这样的核，分别负责 5 个输出特征图。最后，有一个池层对应子采样特征图，如图 15-9 所示。

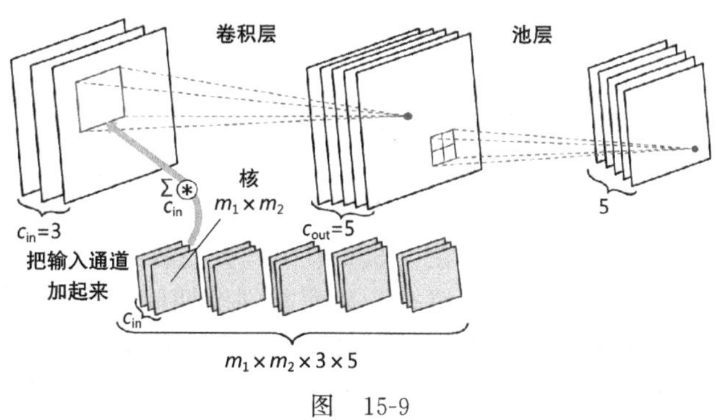

图　15-9

前面的示例中有多少个可训练参数

下面通过示例解释卷积在**参数共享**和**稀疏连接**方面的优势。图 15-9 的网络中的卷积层是一个四维张量。所以有 $m_1 \times m_2 \times 3 \times 5$ 个与核相关的参数。另外，还有一个与卷积层的每个输出特征图相对应的偏置向量。因此偏置向量的大小为 5。池层并没有可训练参数存在，所以可以表达为：

$$m_1 \times m_2 \times 3 \times 5 + 5$$

如果输入张量的大小为 $n_1 \times n_2 \times 3$，假设以相同填充模式计算卷积，那么数据特征图的大小为 $n_1 \times n_2 \times 5$。

请注意如果用全连接层而不是卷积层，那么这个数字就会小很多。在全连接层情况下，要达到同样规模的输出单元，权重矩阵参数数量将会是：

$$(n_1 \times n_2 \times 3) \times (n_1 \times n_2 \times 5) = (n_1 \times n_2)^2 \times 3 \times 5$$

另外，偏置向量的大小为 $n_1 \times n_2 \times 5$（每个输出单元有一个偏置元素）。假设 $m_1 < n_1$ 且 $m_2 < n_2$，可以看到在可训练参数数量方面存在着巨大的差异。

总而言之，我们通常把具有多种颜色通道的输入图像作为矩阵堆来进行卷积计算，也就是说，对每个矩阵分别进行卷积计算然后累加结果，如图 15-9 所示。但是，如果你正在使用三维数据集，那么卷积也可以扩展到三维，例如 Daniel Maturana 和 Sebastian Scherer 在 2015 年发表的论文 *VoxNet: A 3D Convolutional Neural Network for Real-Time Object Recognition*，可以从 https://www.ri.cmu.edu/pub_files/2015/9/voxnet_maturana_scherer_iros15.pdf 免费获得。

下一节我们将讨论如何正则化神经网络。

15.2.2 通过 dropout 正则化神经网络

无论是处理传统的(全连接)神经网络还是卷积神经网络，选择网络规模一直是一个具有挑战性的问题。例如需要对权重矩阵的规模和层数调优以获得最佳性能。

回忆第 14 章，没有任何隐藏层的简单网络只能捕获线性决策边界，却不足以处理异或(XOR)或类似的问题。网络容量(capacity)指可以学习到的近似函数的复杂性水平。小型网络或参数相对较少的网络的容量较低，因此可能会出现欠拟合，结果导致模型的性能不佳，因为它们无法掌握复杂数据集的基础结构。但是，非常大的网络可能会导致过拟合，网络将会记住这些训练数据，并在训练数据集上表现得非常好，然而在留存的测试数据集上表现得非常差。在处理现实世界的机器学习问题时，我们无法预先知道网络应有的规模。

解决该问题的一种办法是构建容量相对较大的网络(实际上就是选择比需求略大的网络)以确保模型在训练数据集上表现良好。然后，为了避免过拟合，我们用一个或多个正则化方案，以确保在新数据(例如预留测试数据集)上获得好的泛化表现。

第 3 章介绍了 L1 和 L2 正规化。在 3.3.5 节中，我们看到 L1 和 L2 正则化可以通过加大损失的惩罚力度来防止或减少过拟合，从而在训练期间减少权重参数。尽管 L1 和 L2 正则化也可用于神经网络，而且在两者中 L2 更常见，但是，我们还有其他可以正则化神经网络的方法，例如 dropout，本节将讨论这些方法。但是在继续讨论 dropout 之前，我们先在卷积或全连接(密集)网络上应用 L2 正则化，只需在调用 Keras API 时，为特定层设置参数 `kernel_regularizer` 即可加大损失函数的 L2 惩罚力度，如下所示(它将相应地自动修改损失函数)：

```
>>> from tensorflow import keras

>>> conv_layer = keras.layers.Conv2D(
...     filters=16,
...     kernel_size=(3,3),
...     kernel_regularizer=keras.regularizers.l2(0.001))

>>> fc_layer = keras.layers.Dense(
...     units=16,
...     kernel_regularizer=keras.regularizers.l2(0.001))
```

近年来，出现了另外一种被称为 dropout 的正则化技术，对正则化(深度)神经网络效果奇佳(*Dropout: a simple way to prevent neural networks from overfi tting*, by *N. Srivastava, G. Hinton, A. Krizhevsky, I. Sutskever, and R. Salakhutdinov, Journal of Machine Learning Research* 15.1, pages 1929-1958, 2014, http://www.jmlr.org/papers/volume15/srivastava14a/srivastava14a.pdf)。dropout 技术通常应用于较高层的隐藏单元。在神经网络模型的训练阶段，每次迭代都会有一小部分的隐藏单元以概率 p_{drop}(或保留概率 $p_{keep}=1-p_{drop}$)被随机淘汰，dropout 概率是由用户决定的，常用的选择是 $p=0.5$，正如前面提到的尼提斯・斯里瓦斯塔瓦(Nitish Srivastava)等人在 2014 年撰写的论文中所讨论的那样。当淘汰某些输入神经元时，与剩余神经元相关联的权重会重新调整以补偿淘汰的神经元。

这种随机 dropout 的效果是逼迫网络学习一种冗余数据表示。因此，网络不会依赖任何一组隐藏单元的激活，因为在训练过程中它们有可能被随时淘汰，结果被迫从数据中学习更多通用且健壮的模式。

该随机技术可以有效地避免过拟合。图 15-10 展示了在训练阶段以概率为 $p=0.5$ 应用 dropout 的示例，一半的神经元随机进入不活跃状态(训练的每次正向传播都随机选择淘汰单元)。然后，在预测过程中，所有的神经元都会为计算下一层的预激活做出贡献。

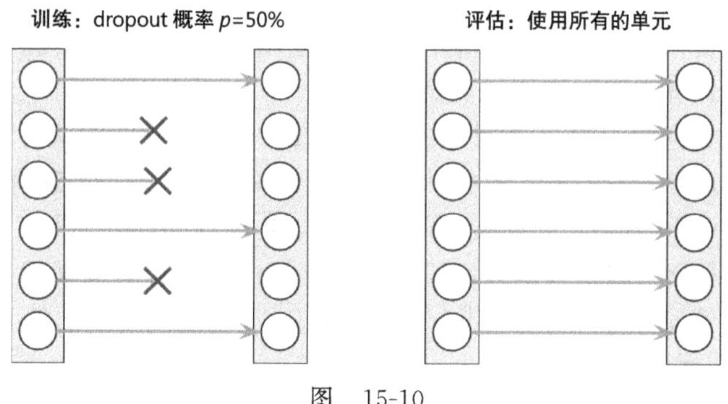

图　15-10

如图 15-10 所示，关键在于单元可能仅在训练过程中被随机淘汰，而在评估阶段，所有的隐藏单元又必须被激活(例如 $P_{\text{drop}}=0$ 或者 $P_{\text{keep}}=1$)。要确保在训练和预测阶段所有的激活函数都保持相同的比例，就必须适当地调整活跃神经元的激活比例(例如，把 dropout 概率设置为 $p=0.5$ 意味着激活一半)。

然而，因为在预测的实际过程中持续调整激活比例不方便，所以 TensorFlow 及其他工具只在训练阶段调整激活比例(例如，如果把 dropout 概率设置为 $p=0.5$，那么激活量翻一倍)。

虽然这种关系并不是特别明显，但是可以把 dropout 解释为对一组模型的共识(平均)。如在第 7 章中所讨论的那样，在集中学习中，独立训练多个模型。在预测过程中，采用所有训练过的模型的共识。我们已经知道，模型集成的表现要比单一模型更好。然而，在深度学习中，训练多个模型以及收集和平均多个模型输出的计算成本很高。在这里，dropout 提供了一个解决方法，这种有效的方法可以同时训练多个模型，并在测试或预测时计算其平均预测值。

如前所述，模型集成与 dropout 之间的关系并不非常明显。但是，考虑到在 dropout 中，每个小批量均有不同的模型(因为在每个正向传播期间随机将权重设置为零)。然后，通过小批量迭代，我们基本上可以在 $M=2^h$ 模型上采样，其中 h 为隐藏单元的数量。

然而，将 dropout 与常规组合区别开来的要点是，权重在“不同模型”之间分享，可以把它看作是正则化的一种形式。在“推理”(例如预测测试数据集中的标签)期间，可以对所有训练过的不同模型进行平均。不过这么做的计算成本很高。

因此，对模型进行平均，即计算由模型 i 返回的类成员概率的几何均值，具体的计算描述如下：

$$p_{\text{Ensemble}}=\left[\prod_{j=1}^{M}p^{(i)}\right]^{\frac{1}{M}}$$

dropout 背后的诀窍是模型集成(此处为 M 模型)的几何均值，可以通过把最后或最终训练模型的预测缩放 $1/(1-p)$ 来近似，这比用前一个方程显式计算几何均值的计算成本低得多。(事实上，线性模型的近似值正好等于真正的几何均值。)

15.2.3 分类过程中的损失函数

在第 13 章中，我们看到了诸如 ReLU、sigmoid 和 tanh 各种不同的激活函数。其中一些激活函数(如 ReLU)主要用于神经网络的中间(隐藏)层，以增加模型的非线性。但是其他一些激活函数，像用于二元分类的 sigmoid 和用于多元分类的 softmax，加在最后的输出层，把类成员概率作为模型的输出。如果输出层没有包括 sigmoid 或 softmax 激活函数，那么模型将计算 logits 而不是类成员概率。

这里关注的分类问题，取决于问题的类型(二元还是多元)，以及输出的类型(logits 还是概率)，我们应该选择适当的损失函数来训练模型。**二元交叉熵**(binary cross-entropy)是适合二元分类的损失函数(有单个输出单元)，**分类交叉熵**(categorical cross-entropy)是适合多元分类的损失函数。Keras API 提供两个分类交叉熵作为损失函数的选项，取决于真值标签是独热编码格式(例如[0，0，1，0])，还是在 Keras 中也被称为“稀疏”表达的整数标签(例如 $y=2$)。

图 15-11 描述了 Keras 中可用于处理所有三种情况的损失函数：二元分类、有独热编码真值标签的多元分类和有整数(稀疏)标签的多元分类。在这三种损失函数中，每种都可以选择以 logits 或类成员概率的形式来接收预测值。

损失函数	使用场景	示例 用概率 from_logits=False	 用 logits from_logits=True
BinaryCrossentropy	二元分类	y_true: 1 y_pred: 0.69	y_true: 1 y_pred: 0.8
CategoricalCrossentropy	多元分类	y_true: 0 0 1 y_pred: 0.30 0.15 0.55	y_true: 0 0 1 y_pred: 1.5 0.8 2.1
Sparse CategoricalCrossentropy	多元分类	y_true: 2 y_pred: 0.30 0.15 0.55	y_true: 2 y_pred: 1.5 0.8 2.1

图　15-11

请注意，由于数值稳定性，通常我们倾向于通过提供 logits 而不是类成员概率来计算交叉熵的损失。如果提供 logits 作为损失函数的输入，并设置 `from_logits=True`，那么相应的 TensorFlow 函数会以更有效的实现来计算损失和损失关于权重的导数。这么做之所以可行，是因为某些数学项相互抵消，所以输入 logits 时没有必要显式地计算。

以下代码将展示如何以两种不同的方式来调用这三种损失函数，我们把 logits 或类成员概率作为损失函数的输入：

```
>>> import tensorflow_datasets as tfds

>>> ####### Binary Crossentropy
>>> bce_probas = tf.keras.losses.BinaryCrossentropy(from_logits=False)
>>> bce_logits = tf.keras.losses.BinaryCrossentropy(from_logits=True)
```

```
>>> logits = tf.constant([0.8])
>>> probas = tf.keras.activations.sigmoid(logits)

>>> tf.print(
...     'BCE (w Probas): {:.4f}'.format(
...     bce_probas(y_true=[1], y_pred=probas)),
...     '(w Logits): {:.4f}'.format(
...     bce_logits(y_true=[1], y_pred=logits)))
BCE (w Probas): 0.3711 (w Logits): 0.3711

>>> ####### Categorical Crossentropy
>>> cce_probas = tf.keras.losses.CategoricalCrossentropy(
...     from_logits=False)
>>> cce_logits = tf.keras.losses.CategoricalCrossentropy(
...     from_logits=True)

>>> logits = tf.constant([[1.5, 0.8, 2.1]])
>>> probas = tf.keras.activations.softmax(logits)

>>> tf.print(
...     'CCE (w Probas): {:.4f}'.format(
...     cce_probas(y_true=[0, 0, 1], y_pred=probas)),
...     '(w Logits): {:.4f}'.format(
...     cce_logits(y_true=[0, 0, 1], y_pred=logits)))
CCE (w Probas): 0.5996 (w Logits): 0.5996

>>> ####### Sparse Categorical Crossentropy
>>> sp_cce_probas = tf.keras.losses.SparseCategoricalCrossentropy(
...     from_logits=False)
>>> sp_cce_logits = tf.keras.losses.SparseCategoricalCrossentropy(
...     from_logits=True)

>>> tf.print(
...     'Sparse CCE (w Probas): {:.4f}'.format(
...     sp_cce_probas(y_true=[2], y_pred=probas)),
...     '(w Logits): {:.4f}'.format(
...     sp_cce_logits(y_true=[2], y_pred=logits)))
Sparse CCE (w Probas): 0.5996 (w Logits): 0.5996
```

请注意，有时我们可能会遇到把分类交叉熵损失函数用于二元分类的情况。在进行二元分类时，模型通常为每个样本返回单个输出值。我们将此单个输出视为正类(例如对于 1 类)概率，$P[\text{class}=1]$。在二元分类问题中，这蕴涵着 $P[\text{class}=0]=1-P[\text{class}=1]$。因此不需要第二个输出来取得负类概率。但是，有时人们选择为每个训练样本返回两个输出，并把它们定义为每个类的概率：$P[\text{class}=0]$与 $P[\text{class}=1]$。然而，在这种情况下，我们建议用 softmax 函数(而非逻辑 sigmoid)来归一化输出(以便其总和为 1)，并用分类交叉熵作为合适的损失函数。

15.3 用 TensorFlow 实现深度卷积神经网络

在第 14 章中，我们曾用 TensorFlow 估计器，通过不同级别的 TensorFlow API 来解决手写数字的识别问题。用双隐藏层 `DNNClassifier` 估计器取得了大约 89%的准确率。

现在，让我们实现一个卷积神经网络，看看否能超过 MLP(`DNNClassifier`)的手写数字分类的预测性能。请注意，在第14章中，我们看到的全连接层能够很好地解决此问题。然而，在某些应用中，例如从手写数字读取银行账号，即便是微小的错误也可能带来巨大的损失。因此，尽可能减少此类错误至关重要。

15.3.1 多层卷积神经网络的体系结构

图15-12展示了我们将要实现的网络的体系结构。其输入是28×28像素的灰度图像。考虑到颜色通道的数量(灰度图像的为1)和批量输入的图像，输入张量的维度将为批次规模×28×28×1。

输入数据遍历两个卷积层，其核大小均为5×5。第一个卷积层有32个输出特征图，第二个有64个输出特征图。每个卷积层的后面都跟着一个形式为$P_{2\times2}$最大池层的子采样层。全连接层把输出传递给第二个全连接层，该层充当softmax的最终输出层。将要实现的网络体系结构如图15-12所示。

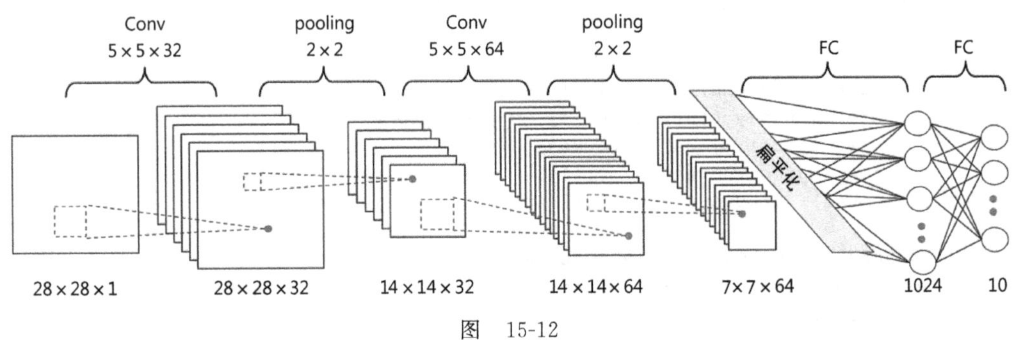

图　15-12

对各层张量的维度说明如下：

- Input：[批次规模×28×28×1]
- Conv_1：[批次规模×28×28×32]
- Pooling_1：[批次规模×14×14×32]
- Conv_2：[批次规模×14×14×64]
- Pooling_2：[批次规模×7×7×64]
- FC_1：[批次规模×1024]
- FC_2和softmax层：[批次规模×10]

设置卷积核的步幅 `strides=1`，以便保持生成的特征图和输入的维度相同。设置池层步幅 `strides=2`，对图像进行子采样并缩小输出特征图的大小。在此基础上，调用TensorFlow Keras的API实现此网络。

15.3.2 数据加载和预处理

在第13章中，我们学习了两种用 `tensorflow_datasets` 模块加载可用数据集的方法。一种是基于三个步骤的过程，更简单一点儿的方法是调用 `load` 函数，把三个步骤封装起来。这里将采用第一种方法。实现加载MNIST数据集三个步骤的示例代码如下：

```
>>> import tensorflow_datasets as tfds
>>> ## Loading the data
>>> mnist_bldr = tfds.builder('mnist')
```

```
>>> mnist_bldr.download_and_prepare()
>>> datasets = mnist_bldr.as_dataset(shuffle_files=False)
>>> mnist_train_orig = datasets['train']
>>> mnist_test_orig = datasets['test']
```

MNIST 数据集附带预定的训练数据集和测试数据集的拆分方案，但是我们还希望能从训练数据集中进一步拆分出验证数据集。请注意，在第三步调用 `.as_dataset()` 方法时，我们定义了可选参数 `shuffle_files=False`，以停止初始阶段的洗牌。这很有必要，因为我们希望将训练数据集拆分为较小的训练数据集和验证数据集。如果不停止初始阶段的洗牌，那么每次获取小批量数据时我们都要重新洗牌。

本章的在线部分显示了该行为的示例，可以从中看到，验证数据集的标签数目会随训练和验证数据集的拆分和重新洗牌而发生变化。因为训练和验证数据集确实混合在一起，所以可能会带来模型性能评估错误。可以用下面的示例代码拆分训练和验证数据集：

```
>>> BUFFER_SIZE = 10000
>>> BATCH_SIZE = 64
>>> NUM_EPOCHS = 20

>>> mnist_train = mnist_train_orig.map(
...     lambda item: (tf.cast(item['image'], tf.float32)/255.0,
...                   tf.cast(item['label'], tf.int32)))

>>> mnist_test = mnist_test_orig.map(
...     lambda item: (tf.cast(item['image'], tf.float32)/255.0,
...                   tf.cast(item['label'], tf.int32)))

>>> tf.random.set_seed(1)
>>> mnist_train = mnist_train.shuffle(buffer_size=BUFFER_SIZE,
...                   reshuffle_each_iteration=False)

>>> mnist_valid = mnist_train.take(10000).batch(BATCH_SIZE)
>>> mnist_train = mnist_train.skip(10000).batch(BATCH_SIZE)
```

在准备好数据集之后，现在我们已经做好了准备来实现刚才描述的卷积神经网络。

15.3.3 用 TensorFlow 的 Keras API 实现卷积神经网络模型

为了在 TensorFlow 中实现卷积神经网络，我们用 Keras 的 `Sequential` 类堆叠诸如卷积层、池层、dropout 层以及全连接(密集)层等不同层。Keras API 为每层提供了类，其中 `tf.keras.layers.Conv2D` 用于二维卷积层，`tf.keras.layers.MaxPool2D` 和 `tf.keras.layers.AvgPool2D` 用于子采样(最大池和平均池)层，`tf.keras.layers.Dropout` 用于正则化。我们将更详细地介绍这些类。

15.3.3.1 在 Keras 中配置卷积神经网络层

用 `Conv2D` 类构造层需要指定输出过滤器的数量(相当于输出特征图的数量)和核大小。此外，也可以用可选参数来配置卷积层。最常用的参数是步幅(在 x、y 维度中的默认值为 1)和填充，它们可能相同或有效。其他的配置参数可以参考官方文档：https://www.tensorflow.org/versions/r2.0/api_docs/python/tf/keras/layers/Conv2D。

值得一提的是，在读取图像时，通道的默认维度是张量列表的最后一个维度。这被称为“NHWC”格式，其中 N 代表批处理中的图像个数，H 和 W 分别代表高度和宽度，C 表示通道。

请注意 Conv2D 类假定默认的输入格式为 NHWC。(诸如 PyTorch 等其他工具用 NCHW 格式。)但是，如果某些数据把通道放在第一个维度(批处理维度后的第一个维度，或考虑批处理维度的第二个维度)，则需要交换数据中的轴以便将通道移动到最后一个维度。用 NCHW 格式输入的另一种方法是设置参数 data_format="channels_first"。构建层后，我们可以通过四维张量来调用，第一个维度保留给一批样本；根据 data_format 参数，第二个或第四个维度对应于通道；其他的两个维度是空间维度。

正如我们想要构建的卷积神经网络模型的体系结构所示，每个卷积层的后面都跟着子采样池层(为了缩小特征图的规模)。MaxPool2D 和 AvgPool2D 类分别构建最大池层和平均池层。形式参数 pool_size 确定将用于最大或平均计算的窗口(或邻域)的大小。此外，正如前面讨论的那样，我们可以把 strides 参数用于池层配置。

最后，Dropout 类将构造用于正则化的 dropout 层，形式参数 rate 用于确定在训练期间输入单元被淘汰的概率。调用该层时，可以通过名为 training 的参数控制其行为，以指定调用是发生在训练期间还是推断期间。

15.3.3.2　用 Keras 构建卷积神经网络

了解了这些类之后，我们可以构建图 15-12 显示的卷积神经网络模型。在以下的代码中，我们将用 Sequential 类并且添加卷积层和池层：

```
>>> model = tf.keras.Sequential()
>>> model.add(tf.keras.layers.Conv2D(
...     filters=32, kernel_size=(5, 5),
...     strides=(1, 1), padding='same',
...     data_format='channels_last',
...     name='conv_1', activation='relu'))
>>> model.add(tf.keras.layers.MaxPool2D(
...     pool_size=(2, 2), name='pool_1'))

>>> model.add(tf.keras.layers.Conv2D(
...     filters=64, kernel_size=(5, 5),
...     strides=(1, 1), padding='same',
...     name='conv_2', activation='relu'))
>>> model.add(tf.keras.layers.MaxPool2D(
...     pool_size=(2, 2), name='pool_2'))
```

到目前为止，我们已经在模型中添加了两个卷积层。其中每个卷积层核的大小为 5×5并采用'same'填充模式。如前所述，padding='same'可保留特征图的空间维度(高和长)，使得输入图像和输出图像保持相同的高度和宽度(而且通道数可能仅在所用过滤器的数量方面有所不同)。核为 2×2 且步幅为 2 的最大池层将使空间维度减半。(请注意，如果 MaxPool2D 未指定 strides 参数，那么该参数的默认值为池的大小。)

尽管在这个阶段我们可以手动计算特征图的规模，但是 Keras API 为我们提供了一种便捷的计算方法：

```
>>> model.compute_output_shape(input_shape=(16, 28, 28, 1))
TensorShape([16, 7, 7, 64])
```

在本例中，我们把输入形状作为指定的元组提供，调用 compute_output_shape 方法计算输出，获得形状(16，7，7，64)，特征图代表大小为 7×7 且有 64 个通道的空间。第一个维度对应于批处理的维度，我们采用任意值 16。也可以改为 None，也就是说，input_shape=(None,28,28,1)。

下一个要添加的层是密集(或全连接)层，用于在卷积层和池层之上实现分类器。此层的输入必须有 2 级，即形状＝[批次规模×输入单元]。因此，我们需要把前一层的输出扁平化，以满足密集层的要求：

```
>>> model.add(tf.keras.layers.Flatten())
>>> model.compute_output_shape(input_shape=(16, 28, 28, 1))
TensorShape([16, 3136])
```

正如函数 compute_output_shape 所示，密集层的输入维度设置正确。接下来，我们将再增加两个密集层，中间含有一个 dropout 层：

```
>>> model.add(tf.keras.layers.Dense(
...     units=1024, name='fc_1',
...     activation='relu'))

>>> model.add(tf.keras.layers.Dropout(
...     rate=0.5))

>>> model.add(tf.keras.layers.Dense(
...     units=10, name='fc_2',
...     activation='softmax'))
```

最后一个全连接层为'fc_2'，拥有 MNIST 数据集中 10 个分类标签的 10 个输出单元。此外，我们用 softmax 激活函数来获取每个输入样本的类成员概率，假设它们之间互斥，因此每个样本各种不同类成员概率之和为 1。(这意味着训练样本只能属于一个类。)根据在 15.2.3 节中的讨论，我们应该采用哪种损失函数呢？请记住，对于有整数(稀疏)标签(相对于独热编码标签)的多元分类，我们用 SparseCategoricalCrossentropy。以下代码将调用 build()方法进行后期变量创建和模型编译：

```
>>> tf.random.set_seed(1)
>>> model.build(input_shape=(None, 28, 28, 1))
>>> model.compile(
...     optimizer=tf.keras.optimizers.Adam(),
...     loss=tf.keras.losses.SparseCategoricalCrossentropy(),
...     metrics=['accuracy'])
```

Adam 优化器

请注意，上述实现用 tf.keras.optimizers.Adam()类来训练卷积神经网络模型。Adam 优化器是一个鲁棒的基于梯度的优化方法，适合非凸优化和机器学习问题。另外还有受 Adam 影响的 RMSProp 和 AdaGrad 两个常用的优化算法。

Adam 方法主要好在根据梯度变化的平均值推导更新步幅。参考 Diederik P. Kingma 与 Jimmy Lei Ba 于 2014 年发表的 *Adam: A Method for Stochastic Optimization*。要了解更多关于 Adam 优化器的信息，可以从 https://arxiv.org/abs/1412.6980 免费获得该文章。

如你所知，我们可以通过调用 fit()方法来训练模型。请注意，用诸如 evaluate()和 predict()之类指定的训练和评估方法将自动设置 dropout 层的模式，并相应重新调整隐藏单元的尺度，这样我们就不必担心这些了。接下来将训练这个卷积神经网络模型，并用之前创建的验证数据集来监视学习进度：

```
>>> history = model.fit(mnist_train, epochs=NUM_EPOCHS,
...                     validation_data=mnist_valid,
```

```
...                         shuffle=True)

Epoch 1/20
782/782 [==============================] - 35s 45ms/step - loss:
0.1450 - accuracy: 0.8882 - val_loss: 0.0000e+00 - val_accuracy:
0.0000e+00
Epoch 2/20
782/782 [==============================] - 34s 43ms/step - loss:
0.0472 - accuracy: 0.9833 - val_loss: 0.0507 - val_accuracy: 0.9839
..
Epoch 20/20
782/782 [==============================] - 34s 44ms/step - loss:
0.0047 - accuracy: 0.9985 - val_loss: 0.0488 - val_accuracy: 0.9920
```

一旦完成 20 个训练迭代，我们就可以可视化学习曲线，如图 15-13 所示。

```
>>> import matplotlib.pyplot as plt

>>> hist = history.history
>>> x_arr = np.arange(len(hist['loss'])) + 1

>>> fig = plt.figure(figsize=(12, 4))
>>> ax = fig.add_subplot(1, 2, 1)
>>> ax.plot(x_arr, hist['loss'], '-o', label='Train loss')
>>> ax.plot(x_arr, hist['val_loss'], '--<', label='Validation loss')
>>> ax.legend(fontsize=15)
>>> ax = fig.add_subplot(1, 2, 2)
>>> ax.plot(x_arr, hist['accuracy'], '-o', label='Train acc.')
>>> ax.plot(x_arr, hist['val_accuracy'], '--<',
...         label='Validation acc.')
>>> ax.legend(fontsize=15)
>>> plt.show()
```

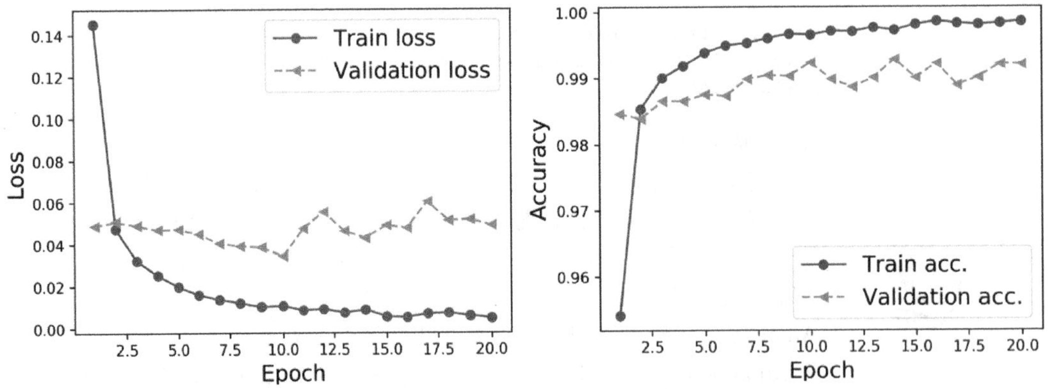

图 15-13

正如前两章所述，我们可以调用`.evaluate()`方法在测试数据集上评估已训练的模型：

```
>>> test_results = model.evaluate(mnist_test.batch(20))
>>> print('Test Acc.: {:.2f}\%'.format(test_results[1]*100))
Test Acc.: 99.39%
```

卷积神经网络模型的准确率高达 99.39%。请记住，在第 14 章中，估计器 `DNNClassifier` 取得了大约 90%的准确率。

最后，我们可以用类成员概率的形式获取预测结果，并将其转换为预测的分类标签，调用 tf.argmax 函数可以找到概率最大的元素。我们将对有 12 个样本的批次执行此操作，完成输入可视化并预测分类标签：

```
>>> batch_test = next(iter(mnist_test.batch(12)))

>>> preds = model(batch_test[0])
>>> tf.print(preds.shape)
TensorShape([12, 10])

>>> preds = tf.argmax(preds, axis=1)
>>> print(preds)
tf.Tensor([6 2 3 7 2 2 3 4 7 6 6 9], shape=(12,), dtype=int64)


>>> fig = plt.figure(figsize=(12, 4))
>>> for i in range(12):
...     ax = fig.add_subplot(2, 6, i+1)
...     ax.set_xticks([]); ax.set_yticks([])
...     img = batch_test[0][i, :, :, 0]
...     ax.imshow(img, cmap='gray_r')
...     ax.text(0.9, 0.1, '{}'.format(preds[i]),
...             size=15, color='blue',
...             horizontalalignment='center',
...             verticalalignment='center',
...             transform=ax.transAxes)

>>> plt.show()
```

图 15-14 显示了手写输入及其预测标签。在这组绘制的示例中，所有的预测标签都正确。

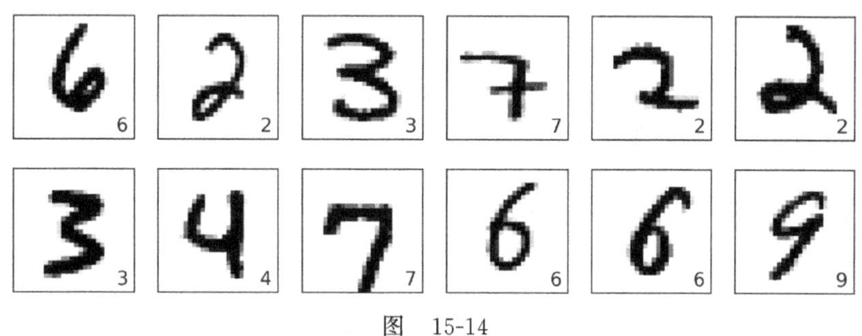

图　15-14

正如在第 12 章中所做的那样，我们会把显示错误分类数字的任务留给读者练习。

15.4　用卷积神经网络根据人脸图像进行性别分类

本节将用 CelebA 数据集实现卷积神经网络，完成对人脸图像的性别分类。正如在第 13 章中所看到的那样，该数据集包含 202 599 位名人的面部图像。此外，每个图像提供 40 个二进制的面部属性，包括性别(男性或女性)和年龄(年轻或年老)。

根据迄今所学的知识，本节的目标是构建和训练卷积神经网络模型，以便从这些面部图像中预测性别。为了简单起见，我们将只用一小部分训练数据(16 000 个训练样本)

来加快训练过程。但是，为了提高泛化性能并减少小数据集的过拟合，我们将采用一种被称为**数据扩增**(data augmentation)的技术。

15.4.1　加载CelebA数据集

首先，让我们用与上一节加载MNIST数据集类似的方法加载数据。CelebA数据集有三个分区：训练数据集、验证数据集和测试数据集。接着，我们将实现一个简单的函数来计算每个分区的样本数：

```
>>> import tensorflow as tf
>>> import tensorflow_datasets as tfds
>>> celeba_bldr = tfds.builder('celeb_a')
>>> celeba_bldr.download_and_prepare()
>>> celeba = celeba_bldr.as_dataset(shuffle_files=False)

>>> celeba_train = celeba['train']
>>> celeba_valid = celeba['validation']
>>> celeba_test = celeba['test']
>>>
>>> def count_items(ds):
...     n = 0
...     for _ in ds:
...         n += 1
...     return n

>>> print('Train set:  {}'.format(count_items(celeba_train)))
Train set:  162770

>>> print('Validation: {}'.format(count_items(celeba_valid)))
Validation: 19867

>>> print('Test set:   {}'.format(count_items(celeba_test)))
Test set:   19962
```

因此，我们将采用包含16 000个训练样本和1000个验证样本的数据子集，而不是竭尽可用的训练和验证数据，如下所示：

```
>>> celeba_train = celeba_train.take(16000)
>>> celeba_valid = celeba_valid.take(1000)
>>> print('Train set:  {}'.format(count_items(celeba_train)))
Train set:  16000

>>> print('Validation: {}'.format(count_items(celeba_valid)))
Validation: 1000
```

请务必注意，如果`celeba_bldr.as_dataset()`中的参数`shuffle_files`没有设置为`False`，那么仍然会在训练数据集中看到16 000个样本，在验证数据子集中看到1000个样本。但是，每次迭代都要重新为训练数据洗牌，并采用一组16 000个样本的新数据。这达不到有意用小型数据集来训练模型的目的。接下来，我们将讨论数据扩增，这是一种提升深度神经网络性能的技术。

15.4.2　图像转换和数据扩增

数据扩增是解决训练数据量有限情况的一系列技术。例如，某些数据扩增技术可以让我们修改甚至人工合成更多数据，从而减少模型过拟合，提高机器学习或深度学习模型的性能。虽然数据扩增的用途不限于图像数据，但是有一组转换却仅适用于图像数据，诸如对图像某些部分做裁剪、翻转，以及调整对比度、亮度和饱和度。让我们看看通过 tf.image 模块可以提供的一些转换。在以下的示例代码中，我们首先从 celeba_train 数据集中获取五个样本，然后做五种不同类型的转换：1）将图像裁剪到边界框；2）水平翻转图像；3）调整对比度；4）调整亮度；5）中心裁剪图像，并将生成的图像调整为(218，178)的原始尺寸。我们将用以下代码完成这些转换结果的可视化，并把各种转换显示在不同列中进行比较：

```
>>> import matplotlib.pyplot as plt
>>> # take 5 examples
>>> examples = []
>>> for example in celeba_train.take(5):
...     examples.append(example['image'])

>>> fig = plt.figure(figsize=(16, 8.5))

>>> ## Column 1: cropping to a bounding-box
>>> ax = fig.add_subplot(2, 5, 1)
>>> ax.set_title('Crop to a \nbounding-box', size=15)
>>> ax.imshow(examples[0])
>>> ax = fig.add_subplot(2, 5, 6)
>>> img_cropped = tf.image.crop_to_bounding_box(
...     examples[0], 50, 20, 128, 128)
>>> ax.imshow(img_cropped)

>>> ## Column 2: flipping (horizontally)
>>> ax = fig.add_subplot(2, 5, 2)
>>> ax.set_title('Flip (horizontal)', size=15)
>>> ax.imshow(examples[1])
>>> ax = fig.add_subplot(2, 5, 7)
>>> img_flipped = tf.image.flip_left_right(examples[1])
>>> ax.imshow(img_flipped)

>>> ## Column 3: adjust contrast
>>> ax = fig.add_subplot(2, 5, 3)
>>> ax.set_title('Adjust constrast', size=15)
>>> ax.imshow(examples[2])
>>> ax = fig.add_subplot(2, 5, 8)
>>> img_adj_contrast = tf.image.adjust_contrast(
...     examples[2], contrast_factor=2)
>>> ax.imshow(img_adj_contrast)

>>> ## Column 4: adjust brightness
>>> ax = fig.add_subplot(2, 5, 4)
>>> ax.set_title('Adjust brightness', size=15)
>>> ax.imshow(examples[3])
>>> ax = fig.add_subplot(2, 5, 9)
>>> img_adj_brightness = tf.image.adjust_brightness(
...     examples[3], delta=0.3)
>>> ax.imshow(img_adj_brightness)

>>> ## Column 5: cropping from image center
>>> ax = fig.add_subplot(2, 5, 5)
>>> ax.set_title('Centeral crop\nand resize', size=15)
>>> ax.imshow(examples[4])
```

```
>>> ax = fig.add_subplot(2, 5, 10)
>>> img_center_crop = tf.image.central_crop(
...     examples[4], 0.7)
>>> img_resized = tf.image.resize(
...     img_center_crop, size=(218, 178))
>>> ax.imshow(img_resized.numpy().astype('uint8'))

>>> plt.show()
```

图 15-15 显示了结果。

图 15-15

在图 15-15 中，原始图像显示在第一行，转换后的相应版本在第二行。请注意，第一个转换(左一)的边框由四个数字界定，即左上角的坐标($x=20$，$y=50$)及边框的宽度和高度(宽度=128，高度=128)。另外，TensorFlow(以及其他类似 imageio 的软件包)所加载图像的原点在图像的左上角(坐标(0，0))。

前面代码中的转换具有确定性。但是，所有这些转换也可以有随机性，这推荐用于模型训练期间的数据扩增。例如，可以从图像裁剪随机边界框(左上角的坐标是随机选择的)，图像沿着水平轴或垂直轴随机翻转的概率为 0.5，图像的对比度 contrast_factor 可以从一系列分布均匀的值中随机选择，所以也可以随机进行调整。此外，我们还可以创建这些转换的流水线。例如，我们可以先随机裁剪图像，然后再随机翻转图像，最后把尺度调整到所需要的大小。具体的示例代码如下(考虑到随机因素，可以设置具有可重现性的随机种子)：

```
>>> tf.random.set_seed(1)

>>> fig = plt.figure(figsize=(14, 12))

>>> for i,example in enumerate(celeba_train.take(3)):
...     image = example['image']
...
...     ax = fig.add_subplot(3, 4, i*4+1)
...     ax.imshow(image)
...     if i == 0:
...         ax.set_title('Orig', size=15)
...
```

```
...     ax = fig.add_subplot(3, 4, i*4+2)
...     img_crop = tf.image.random_crop(image, size=(178, 178, 3))
...     ax.imshow(img_crop)
...     if i == 0:
...         ax.set_title('Step 1: Random crop', size=15)
...
...     ax = fig.add_subplot(3, 4, i*4+3)
...     img_flip = tf.image.random_flip_left_right(img_crop)
...     ax.imshow(tf.cast(img_flip, tf.uint8))
...     if i == 0:
...         ax.set_title('Step 2: Random flip', size=15)
...
...     ax = fig.add_subplot(3, 4, i*4+4)
...     img_resize = tf.image.resize(img_flip, size=(128, 128))
...     ax.imshow(tf.cast(img_resize, tf.uint8))
...     if i == 0:
...         ax.set_title('Step 3: Resize', size=15)

>>> plt.show()
```

图 15-16 显示了三个样本图像的随机转换。

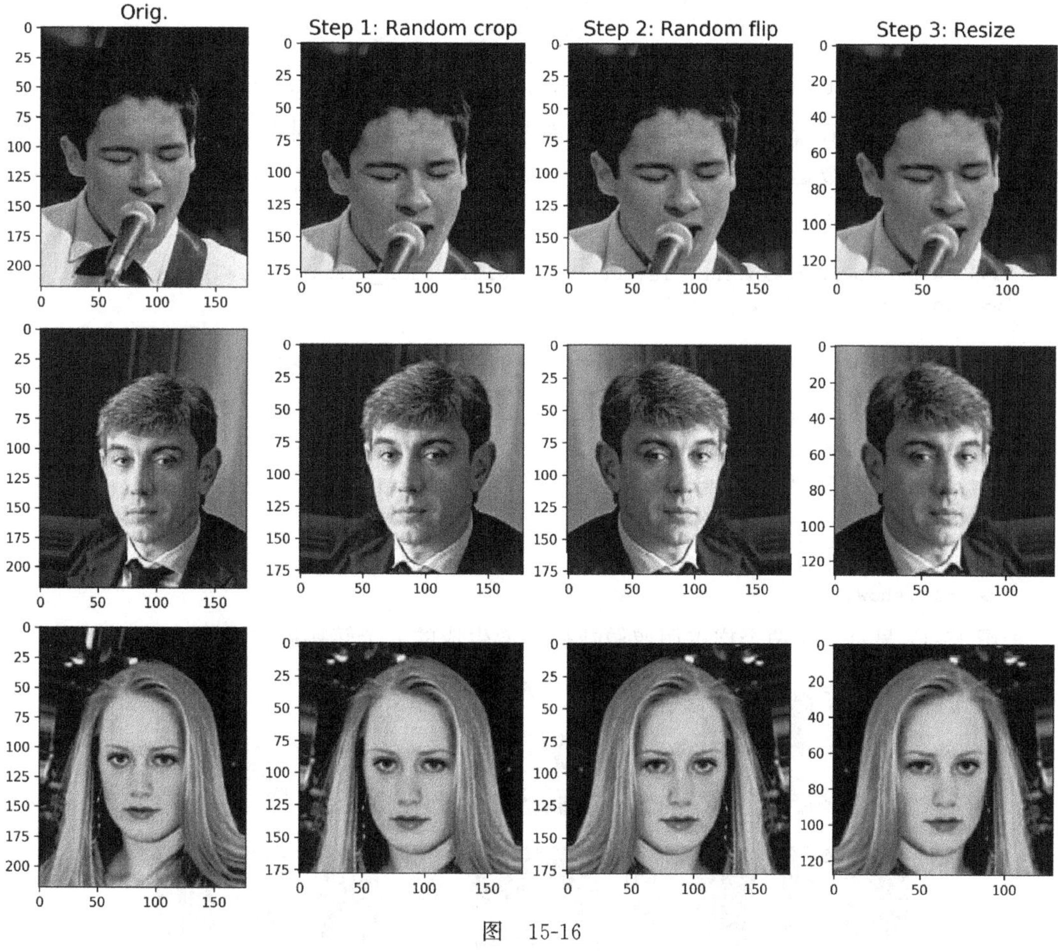

图　15-16

请注意，每次迭代这三个样本时，由于是随机转换，因此得到的图像略有不同。

为方便起见，我们可以封装一个函数，以便在训练模型时用该流水线进行数据扩增。以下代码将定义函数 preprocess()，它接收包含键词'image'和'attributes'的字典，返回包含转换后图像及从属性字典中提取的标签的元组。

但是，数据扩增将仅限于训练，而不能用于验证或测试。具体的示例代码如下：

```
>>> def preprocess(example, size=(64, 64), mode='train'):
...     image = example['image']
...     label = example['attributes']['Male']
...     if mode == 'train':
...         image_cropped = tf.image.random_crop(
...             image, size=(178, 178, 3))
...         image_resized = tf.image.resize(
...             image_cropped, size=size)
...         image_flip = tf.image.random_flip_left_right(
...             image_resized)
...         return image_flip/255.0, tf.cast(label, tf.int32)
...     else: # use center- instead of
...           # random-crops for non-training data
...         image_cropped = tf.image.crop_to_bounding_box(
...             image, offset_height=20, offset_width=0,
...             target_height=178, target_width=178)
...         image_resized = tf.image.resize(
...             image_cropped, size=size)
...         return image_resized/255.0, tf.cast(label, tf.int32)
```

现在，我们来看看数据扩增的作用，首先在训练数据集上创建一个子集，然后在该子集上把上面的函数迭代五次：

```
>>> tf.random.set_seed(1)

>>> ds = celeba_train.shuffle(1000, reshuffle_each_iteration=False)
>>> ds = ds.take(2).repeat(5)

>>> ds = ds.map(lambda x:preprocess(x, size=(178, 178), mode='train'))

>>> fig = plt.figure(figsize=(15, 6))
>>> for j,example in enumerate(ds):
...     ax = fig.add_subplot(2, 5, j//2+(j%2)*5+1)
...     ax.set_xticks([])
...     ax.set_yticks([])
...     ax.imshow(example[0])
>>> plt.show()
```

图 15-17 显示了对两个样本图像做数据扩增生成的五个转换后的图像。

图 15-17

接着，我们把该预处理功能用于训练子集和验证子集。要采用图像的大小为(64,64)。此外，在用于训练数据时，定义 mode = 'train'，在用于验证数据时，定义 mode = 'eval'，这样来自数据扩增流水线的随机样本将仅用于训练数据：

```
>>> import numpy as np

>>> BATCH_SIZE = 32
>>> BUFFER_SIZE = 1000
>>> IMAGE_SIZE = (64, 64)
>>> steps_per_epoch = np.ceil(16000/BATCH_SIZE)

>>> ds_train = celeba_train.map(
...     lambda x: preprocess(x, size=IMAGE_SIZE, mode='train'))
>>> ds_train = ds_train.shuffle(buffer_size=BUFFER_SIZE).repeat()
>>> ds_train = ds_train.batch(BATCH_SIZE)

>>> ds_valid = celeba_valid.map(
...     lambda x: preprocess(x, size=IMAGE_SIZE, mode='eval'))
>>> ds_valid = ds_valid.batch(BATCH_SIZE)
```

15.4.3 训练基于卷积神经网络的性别分类器

有了上面的这些准备工作，我们现在用 TensorFlow 的 Keras API 构建并训练模型就易如反掌。这个设计中的卷积神经网络模型将接收大小为 64×64×3 的输入图像(有三个颜色通道，参数为'channels_last')。

输入数据经过四个卷积层，用核大小为 3×3 的过滤器，生成 32、64、128 和 256 个特征图。前三个卷积层的后面都跟着最大化池层 $P_{2\times2}$。为了正则化，模型还包括了两个 dropout 层：

```
>>> model = tf.keras.Sequential([
...     tf.keras.layers.Conv2D(
...         32, (3, 3), padding='same', activation='relu'),
...     tf.keras.layers.MaxPooling2D((2, 2)),
...     tf.keras.layers.Dropout(rate=0.5),
...
...     tf.keras.layers.Conv2D(
...         64, (3, 3), padding='same', activation='relu'),
...     tf.keras.layers.MaxPooling2D((2, 2)),
...     tf.keras.layers.Dropout(rate=0.5),
...
...     tf.keras.layers.Conv2D(
...         128, (3, 3), padding='same', activation='relu'),
...     tf.keras.layers.MaxPooling2D((2, 2)),
...
...     tf.keras.layers.Conv2D(
...         256, (3, 3), padding='same', activation='relu')
>>>     ])
```

让我们看看在应用这些层后，输出特征图的形状：

```
>>> model.compute_output_shape(input_shape=(None, 64, 64, 3))
TensorShape([None, 8, 8, 256])
```

有 256 个大小为 8×8 的特征图(或通道)。我们可以添加一个全连接层以便通过单个单元进入输出层。如果重塑或扁平化特征图，那么这个全连接层的输入单元数将为 8×8×256＝16 384。另外一种方法是，考虑被称为全局平均池的新层，分别计算每个特征图的平均值，从而将隐藏单元减少到256个。然后可以添加全连接层。尽管并没有明确讨论全局平均池层，但是在概念上它与其他池层非常相似。事实上，当池层的规模等于输入特征图的规模时，可以将全局平均池层视为平均池层的特例。

图15-18更好地做了诠释，它显示形状为[批次规模×64×64×8]的输入特征图的样本。通道的编号分别为$k=0$，1，…，7。全局平均池计算每个通道的平均值，输出形状为[批次规模×8]的图形。注意：Keras API的`GlobalAveragePooling2D`将自动压缩输出。如果不压缩输出，那么形状将为[批次规模×1×1×8]，因为全局平均池将使空间规模从64×64减少到1×1。

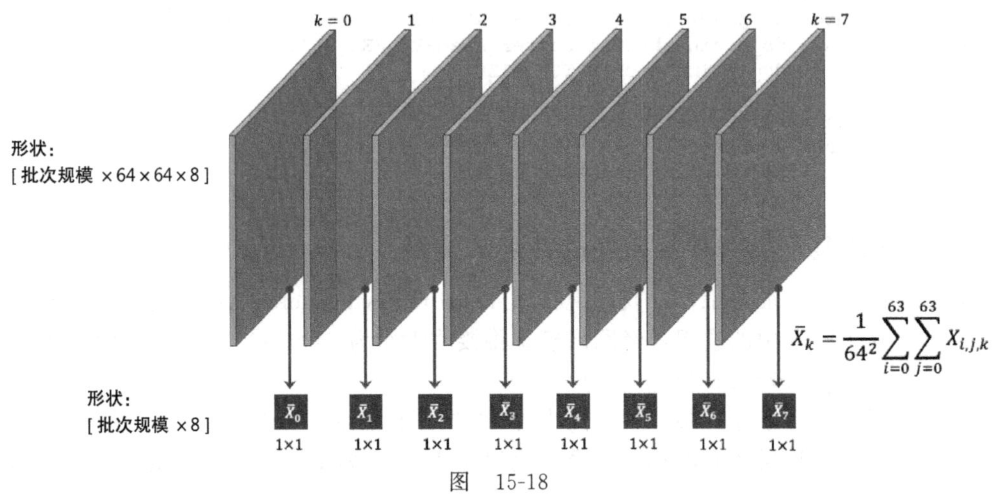

图　15-18

在上面的案例中，此层之前特征图的形状为[批次规模×8×8×256]，所以预计将得到256个输出单元，即输出形状将为[批次规模×256]。让我们增加此层并重新计算输出形状以验证真伪：

```
>>> model.add(tf.keras.layers.GlobalAveragePooling2D())
>>> model.compute_output_shape(input_shape=(None, 64, 64, 3))
TensorShape([None, 256])
```

最后，我们可以增加一个全连接(密集)层以获得单个输出单元。在这种情况下，我们可以指定激活函数为`'sigmoid'`或只设置`activation=None`，以便模型输出logits(而不是类成员概率)。如前面所述，考虑到数值稳定性，这是TensorFlow和Keras首选的模型训练方法：

```
>>> model.add(tf.keras.layers.Dense(1, activation=None))
>>> tf.random.set_seed(1)
>>> model.build(input_shape=(None, 64, 64, 3))
>>> model.summary()
Model: "sequential"
_________________________________________________________________
Layer (type)                 Output Shape              Param #
=================================================================
conv2d (Conv2D)              multiple                  896
_________________________________________________________________
max_pooling2d (MaxPooling2D) multiple                  0
_________________________________________________________________
dropout (Dropout)            multiple                  0
```

```
_________________________________________________________________
conv2d_1 (Conv2D)            multiple                  18496
_________________________________________________________________
max_pooling2d_1 (MaxPooling2 multiple                  0
_________________________________________________________________
dropout_1 (Dropout)          multiple                  0
_________________________________________________________________
conv2d_2 (Conv2D)            multiple                  73856
_________________________________________________________________
max_pooling2d_2 (MaxPooling2 multiple                  0
_________________________________________________________________
conv2d_3 (Conv2D)            multiple                  295168
_________________________________________________________________
global_average_pooling2d (Gl multiple                  0
_________________________________________________________________
dense (Dense)                multiple                  257
=================================================================
Total params: 388,673
Trainable params: 388,673
Non-trainable params: 0
_________________________________________________________________
```

下一步是编译模型，这时我们必须决定使用哪个损失函数。二元分类输出单个单元，这意味着应该用 `BinaryCrossentropy`。此外，由于最后一层不用 sigmoid 激活函数（`activation=None`），因此模型的输出是 logits，而不是概率。因此，我们将在 `BinaryCrossentropy` 中指定 `from_logits=True`，这样损失函数就在内部应用 sigmoid 函数，由于代码在底层实现，因此调用函数比手动执行更为有效。用来编译和训练模型的示例代码如下：

```
>>> model.compile(optimizer=tf.keras.optimizers.Adam(),
...     loss=tf.keras.losses.BinaryCrossentropy(from_logits=True),
...               metrics=['accuracy'])

>>> history = model.fit(ds_train, validation_data=ds_valid,
...                     epochs=20,
...                     steps_per_epoch=steps_per_epoch)
```

我们现在可视化学习曲线，并在每次迭代之后比较训练与验证的损失和准确率：

```
>>> hist = history.history
>>> x_arr = np.arange(len(hist['loss'])) + 1
>>> fig = plt.figure(figsize=(12, 4))
>>> ax = fig.add_subplot(1, 2, 1)
>>> ax.plot(x_arr, hist['loss'], '-o', label='Train loss')
>>> ax.plot(x_arr, hist['val_loss'], '--<', label='Validation loss')
>>> ax.legend(fontsize=15)
>>> ax.set_xlabel('Epoch', size=15)
>>> ax.set_ylabel('Loss', size=15)
>>> ax = fig.add_subplot(1, 2, 2)
>>> ax.plot(x_arr, hist['accuracy'], '-o', label='Train acc.')
>>> ax.plot(x_arr, hist['val_accuracy'], '--<',
...         label='Validation acc.')
>>> ax.legend(fontsize=15)
>>> ax.set_xlabel('Epoch', size=15)
>>> ax.set_ylabel('Accuracy', size=15)
>>> plt.show()
```

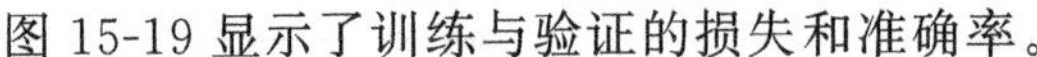

图 15-19 显示了训练与验证的损失和准确率。

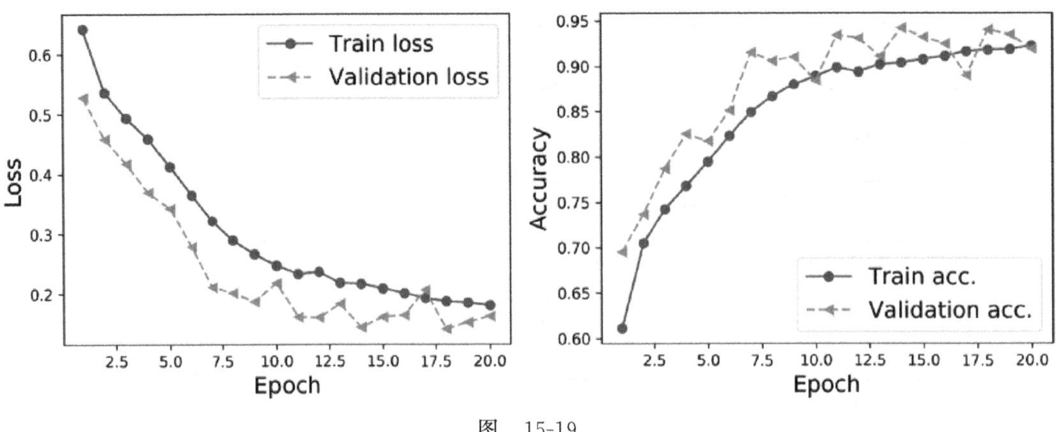

图　15-19

从学习曲线可以看出，训练和验证损失尚未在高原区域汇合。基于这个结果，我们可以继续更多训练迭代。可以调用 fit()方法继续进行 10 次迭代的训练，如下所示：

```
>>> history = model.fit(ds_train, validation_data=ds_valid,
...                     epochs=30, initial_epoch=20,
...                     steps_per_epoch=steps_per_epoch)
```

一旦我们对学习曲线感到满意，就可以在预留的测试数据集上评估模型：

```
>>> ds_test = celeba_test.map(
...   lambda x:preprocess(x, size=IMAGE_SIZE, mode='eval')).batch(32)
>>> test_results = model.evaluate(ds_test)
>>> print('Test Acc: {:.2f}%'.format(test_results[1]*100))
Test Acc: 94.75%
```

最后，我们已经知道如何调用 model.predict()来获得测试样本的一些预测结果。但是，请记住，模型输出的是 logits，而不是概率。如果对单个输出单元的二元分类的类成员概率问题感兴趣，可以用 tf.sigmoid 函数来计算类 1 的概率。(用 tf.math.softmax 处理多元分类问题。)以下的示例代码将从预处理测试数据集(ds_test)获取包含 10 个样本的小型子集并运行 model.predict()来得到 logits。然后计算每个样本从属于类 1(根据 CelebA 提供的标签对应为男性)的概率，并将示例及其真值标签和预测概率可视化。请注意，在采用 10 个样本之前，先调用 unbatch()函数来处理 ds_test 数据集；否则，take()方法将返回 10 批大小为 32 而不是 10 的单独样本：

```
>>> ds = ds_test.unbatch().take(10)

>>> pred_logits = model.predict(ds.batch(10))
>>> probas = tf.sigmoid(pred_logits)
>>> probas = probas.numpy().flatten()*100

>>> fig = plt.figure(figsize=(15, 7))
>>> for j,example in enumerate(ds):
...     ax = fig.add_subplot(2, 5, j+1)
...     ax.set_xticks([]); ax.set_yticks([])
...     ax.imshow(example[0])
...     if example[1].numpy() == 1:
...         label='M'
```

```
...     else:
...         label = 'F'
...     ax.text(
...         0.5, -0.15, 'GT: {:s}\nPr(Male)={:.0f}%'
...         ''.format(label, probas[j]),
...         size=16,
...         horizontalalignment='center',
...         verticalalignment='center',
...         transform=ax.transAxes)
>>> plt.tight_layout()
>>> plt.show()
```

在图 15-20 中，可以看到 10 个样本图像及其真值标签，以及属于类 1(男性)的概率。

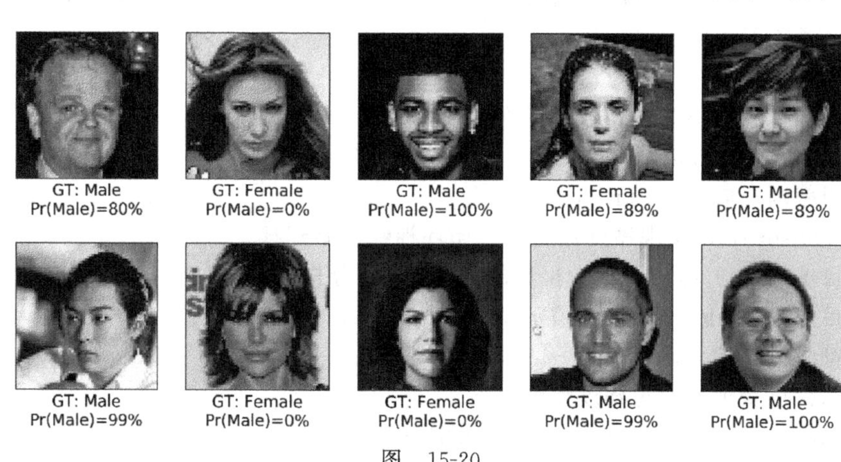

图 15-20

类 1(即 CelebA 数据中的男性)的概率显示在每张图的下方。如你所见，训练后的模型在这组 10 个测试样本上只犯了一个错误。

作为可选练习，我们鼓励读者尝试使用整个训练数据集，而不是我们创建的小子集。此外，也可以改变卷积神经网络的体系结构。例如，调整不同卷积层的 dropout 率和过滤器的个数。此外，还可以用密集层替换全局平均池层。如果在本章中用整个训练数据集训练卷积神经网络体系结构，那么模型应该能达到大约 97～99%的准确率。

15.5 本章小结

在本章，我们了解了卷积神经网络及其主要构成。从卷积计算开始，我们研究了一维和二维的实现方法。然后介绍了在几种常见的卷积神经网络体系结构中发现的另一种类型的层：子采样层或所谓的池层。我们主要关注最常见的最大池和平均池两种形式。

接下来，我们把所有这些概念整合在一起，用 TensorFlow Keras API 实现了深度卷积神经网络。把实施的第一个网络应用于我们熟悉的 MNIST 手写数字识别问题。

然后，在由人脸图像组成的更复杂的数据集上，我们实现了第二个卷积神经网络，并训练了卷积神经网络的性别分类模型。在此过程中，我们还了解了数据扩增以及不同的转换，并把 TensorFlow Dataset 类应用于面部图像处理。

下一章将介绍**循环神经网络**(RNN)。循环神经网络可用于学习序列数据的结构，有一些引人入胜的应用，包括语言翻译和图像字幕处理。

用循环神经网络为序列数据建模

上一章重点介绍了**卷积神经网络**(CNN)。讨论了卷积神经网络体系结构的构建模块以及如何用 TensorFlow 实现深度卷积神经网络。最后，学习了如何用卷积神经网络进行图像分类。本章将探讨**循环神经网络**(RNN)并了解其在序列数据建模中的应用。

本章将涵盖下述主题：

- 介绍序列数据。
- 用循环神经网络为序列数据建模。
- 长短时记忆(Long Short-term Memory，LSTM)。
- 时间截断反向传播(TBPTT)。
- 用 TensorFlow 实现序列数据多层循环神经网络建模。
- 项目 1：IMDb 电影评论数据集的 RNN 情感分析。
- 项目 2：用 Jules Verne 的 *The Mysterious Island* 文本数据，以 LSTM 单元 RNN 字符级语言建模。
- 使用梯度裁剪可避免梯度爆炸。
- 介绍转换器(Transformer)模型并了解自注意力机制(self-attention mechanism)。

16.1 序列数据介绍

让我们从观察有序数据的属性开始对循环神经网络的讨论，有序数据更常见的叫法是序列数据或**序列**(sequence)。本章将研究序列数据不同于其他类型数据的特性。然后学习序列数据的表达，并基于输入和输出探索针对序列数据的各类模型。这将有助于本章后续探讨循环神经网络和序列数据之间的关系。

16.1.1 序列数据建模——顺序很重要

与其他类型的数据相比，序列数据的独特之处在于序列中的元素按特定顺序显示，并且彼此不独立。监督学习的典型机器学习算法假定输入是**独立同分布**(independent and identically distributed，IID)数据，这意味着训练样本*相互独立*而且有着相同的分布。因此，基于相互独立的假设，训练样本的给定顺序与模型无关。例如，假设样本空间包括 n 个训练样本 $\boldsymbol{x}^{(1)}$，$\boldsymbol{x}^{(2)}$，…，$\boldsymbol{x}^{(n)}$，则用于训练机器学习算法的数据顺序无关紧要。之前处理过的鸢尾花数据集就是一个好例子。在鸢尾花数据集中，每朵花都是独立测量的，一朵花的测量结果不会影响另一朵花。

但是，该假设对处理序列数据却无效，根据定义，顺序至关重要。预测特定股票的市场价格就是一个具体示例。例如，假设有一个包括 n 个样本的训练数据，每个样本表示某只股票在某天的市场价格。如果任务是预测未来三天该股票的市场价格，那么用以前按日期排序的价格来推导未来趋势会更有意义，而不能以随机顺序使用这些训练样本。

序列数据与时间序列数据

时间序列数据是一种特殊类型的序列数据，其中每个样本都与时间维度相关联。要按照连续时间点采集时间序列数据，依靠时间维度来确定数据点之间的顺序。例如，股票价格、语音或讲话记录都是时间序列。

另一方面，并非所有的序列数据都有时间维度，例如文本或 DNA 序列数据，虽然样本有顺序，但是它们并不是按照时间顺序排列。正如将要看到的那样，本章将介绍一些自然语言处理(NLP)和文本建模的示例，虽然这些示例不是时间序列数据，但是请注意循环神经网络也可用于时间序列数据。

16.1.2 序列数据的表达

已经在数据点之间建立的顺序对序列数据非常重要，因此接下来我们需要找到一种方法，在机器学习模型中利用这些排序信息。本章将把序列数据表示为$\langle \boldsymbol{x}^{(1)}, \boldsymbol{x}^{(2)}, \cdots, \boldsymbol{x}^{(T)} \rangle$。上标指示样本实例的顺序，序列的长度为 T。对于序列数据的合理示例，可以考虑时间序列数据，其中每个样本实例 $\boldsymbol{x}^{(t)}$ 都属于特定时间 t。图 16-1 显示的是时间序列数据的示例，其中输入特征($\boldsymbol{x}$)和目标标签($\boldsymbol{y}$)都是按照时间轴的顺序排列。因此，$\boldsymbol{x}$ 和 $\boldsymbol{y}$ 都是序列数据。

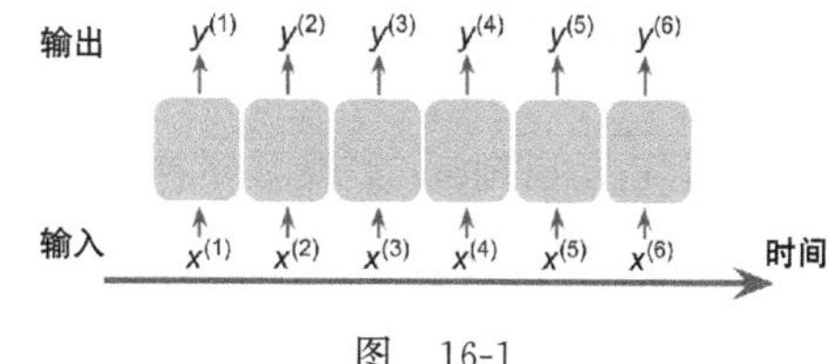

图 16-1

正如前面提到的，到目前为止，我们介绍过的诸如多层感知器(MLP)和用于图像数据处理的卷积神经网络这样的标准神经网络模型，假设训练样本彼此独立，因此不包含顺序信息(ordering information)。可以说，这些模型不存在对以前见过的训练样本的记忆。例如，通过前馈和反向传播步骤传递样本，并且权重更新与训练样本的处理顺序无关。

相比之下，循环神经网络专是为序列数据建模而设计，能够记住过去的信息并相应地处理新事件，这在处理序列数据时具有明显的优势。

16.1.3 不同类别的序列建模

序列建模有许多引人入胜的应用，例如语言翻译(将文本从英语翻译成德语)、图像字幕和文本生成。但是，为了选择适当的体系结构和方法，我们必须了解并能够区分这些不同的序列建模任务。图 16-2 基于 Andrei Karpathy 在优秀论文 *The Unreasonable Effectiveness of Recurrent Neural Networks* 中的解释(http://karpathy.github.io/2015/05/21/rnn-effectiveness/)，总结了最常见的序列建模任务，这些任务取决于输入和输出数据的关系类别。

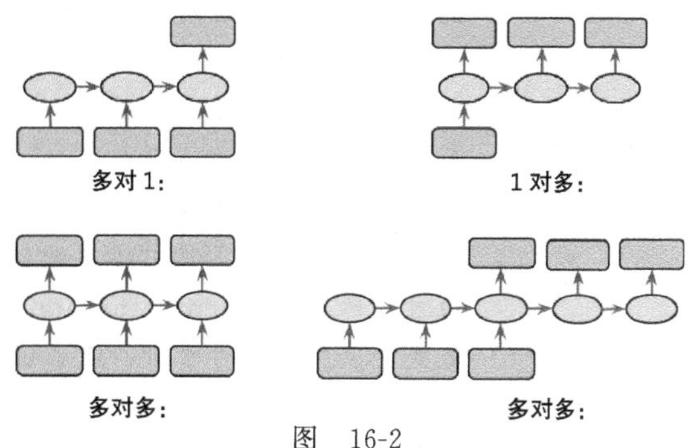

图 16-2

让我们根据图 16-2 所示更详细地

讨论输入和输出数据之间各种类型的关系。如果输入和输出数据都不是序列数据，那么就可以把它们当成标准数据来处理，可以直接使用多层感知器（或本书以前介绍的其他分类模型）来根据这些数据建模。但是，如果输入或者输出数据是序列，那么建模任务就可能属于以下几个类别之一：

- **多对一**：输入数据有顺序，但是输出数据是没有顺序的固定向量。例如，在情感分析中，输入是基于文本的（例如电影评论），输出为分类标签（例如表示审阅者是否喜欢影片的标签）。
- **一对多**：输入数据采用标准格式而非序列，但是输出序列数据。该类别的一个示例是图像字幕，即输入是图像，而输出是概述图像内容的英语短语。
- **多对多**：输入数组和输出数组都有序。根据输入和输出是否同步，可以对该类别再做进一步的划分。视频分类是同步的多对多建模任务示例，对视频中的每帧做标记。语言翻译是*延迟的*（delayed）多对多建模任务示例。例如，在将整个英语句子翻译成德语之前，机器必须读取和处理整个句子。

在总结了三类序列数据建模之后，现在可以进一步讨论循环神经网络的结构。

16.2　循环神经网络序列建模

在开始用 TensorFlow 实现循环神经网络之前，本节将讨论循环神经网络的主要概念。首先看看循环神经网络的典型结构，其中包括用于序列建模的递归组件。然后了解如何在典型的循环神经网络中计算神经元激活函数。这为我们做好了铺垫，可以进一步研究在训练循环神经网络时所面临的共同挑战，然后讨论应对这些挑战的解决方案，例如 LSTM 和门控循环单元（Gated Recurrent Unit，GRU）。

16.2.1　了解循环神经网络的循环机制

让我们从循环神经网络的体系结构开始。图 16-3 展了标准前馈神经网络与循环神经网络相比较的结果。

这两种网络都只有一个隐藏层。图中并没有显示单元，但是我们假设输入层（$\boldsymbol{x}$）、隐藏层（$\boldsymbol{h}$）和输出层（$\boldsymbol{o}$）都是包含许多单元的向量。

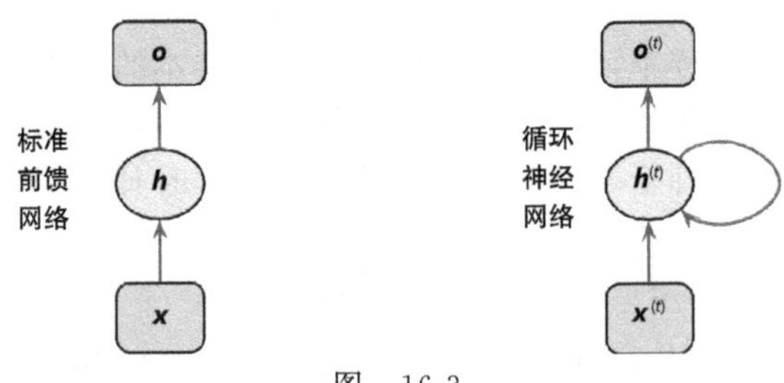

图　16-3

确定来自循环神经网络的输出类型

这种通用的循环神经网络体系结构对应于输入为序列数据的两种序列建模。循环层通常返回序列数据作为输出，即$\langle \boldsymbol{o}^{(0)}, \boldsymbol{o}^{(1)}, \cdots, \boldsymbol{o}^{(T)} \rangle$，或者仅返回最后一个输出（在 $t=T$ 时的 $\boldsymbol{o}^{(T)}$）。因此可以是多对多，或者多对一，例如，如果只用最后一个元素 $\boldsymbol{o}^{(T)}$ 作为最终输出。

正如要本书后续章节中将要看到的那样，在 TensorFlow Keras API 中，可以通过将参数 `return sequences` 设置为 `True` 或 `False` 来指定循环层的返回方式：以序列作为输出，或者仅用最终输出。

在标准前馈网络中，信息从输入层流向隐藏层，然后再从隐藏层流向输出层。另一方面，在循环神经网络中，隐藏层从当前时间步的输入层和前一个时间步的隐藏层中接收输入。

隐藏层中相邻时间步长中的信息流允许网络存储过去的事件。这种信息流通常显示为一个回路，在图形表示法中也被称为**循环边**，这就是循环神经网络体系结构名称的来历。

与多层感知器类似，循环神经网络可以包括多个隐藏层。请注意，有一个隐藏层的循环神经网络称为*单层*循环神经网络，这是一种常见的约定，不应该与没有隐藏层的单层神经网络(如 Adaline 或逻辑回归)混淆。图 16-4 展示了单隐藏层循环神经网络(顶部)和双隐藏层循环神经网络(底部)。

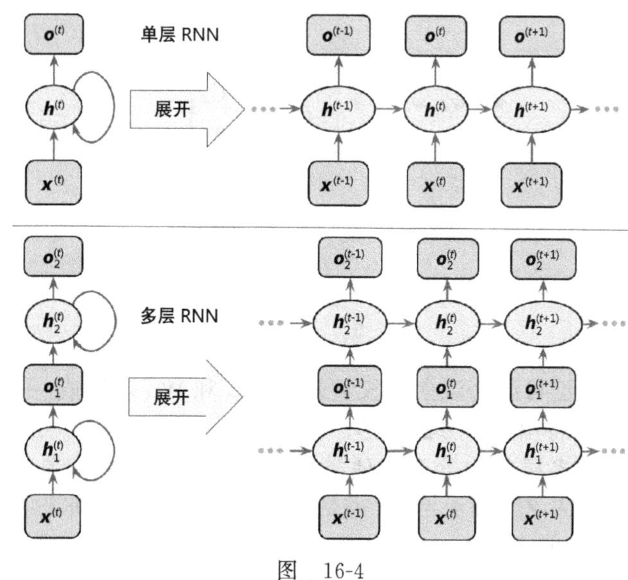

图 16-4

为了分析循环神经网络的体系结构和信息流，可以把有循环边的紧凑表示形式展开，如图 16-4 所示。

正如我们所知，标准神经网络中的每个隐藏单元都只接收一个输入，即与输入层关联的网络预激活。相反，循环神经网络中的每个隐藏单元接收两组不同的输入集，即来自输入层的预激活和来自前一个时间步 $t-1$ 的相同隐藏层的激活。

在第一个时间步($t=0$ 时)，隐藏单元初始化为零或小随机值。在 $t>0$ 的随后时间步中，隐藏单元在当前时间点接收输入数据 $\boldsymbol{x}^{(t)}$，隐藏单元在 $t-1$ 时间点之前的值为 $\boldsymbol{h}^{(t-1)}$。与此类似，可以将多层循环神经网络的信息流概述如下：

- layer=1：隐藏层表示为 $\boldsymbol{h}_1^{(t)}$，其输入来自数据 $\boldsymbol{x}^{(t)}$ 和同层的隐藏值 $\boldsymbol{h}_1^{(t-1)}$，但属于前一个时间步的。
- layer=2：第二个隐藏层 $\boldsymbol{h}_2^{(t)}$，其输入来自当前时间步下层的输出 $\boldsymbol{o}_1^{(t)}$ 及其同层的隐藏值 $\boldsymbol{h}_2^{(t-1)}$，但属于前一个时间步。

因为在这种情况中，每个循环层都必须接收序列数据作为输入，所以除最后一层以外的所有循环层都必须返回序列数据作为输出(即 `return_sequences=True`)。最后一个循环层的行为取决于问题的类型。

16.2.2 在循环神经网络中计算激活值

既然了解了循环神经网络的结构和一般信息流，让我们更具体地计算隐藏层和输出层的实际激活值。为了简单起见，我们只考虑单隐藏层，然而，概念同样也适用于多层循环神经网络。

在刚看到的循环神经网络表达中，每个有向边(两个方框之间的连接)与权重矩阵相关联。那些权重不依赖于时间 t，因此可以在时间轴上共享。单层循环神经网络的不同权重矩阵如下：

- $\boldsymbol{W}_{xh}$：输入层 $\boldsymbol{x}^{(t)}$ 和隐藏层 $\boldsymbol{h}$ 之间的权重矩阵
- $\boldsymbol{W}_{hh}$：与循环边相关联的权重矩阵。
- $\boldsymbol{W}_{hy}$：隐藏层与输出层之间的权重矩阵。

我们可以在图16-5中看到这些权重矩阵。

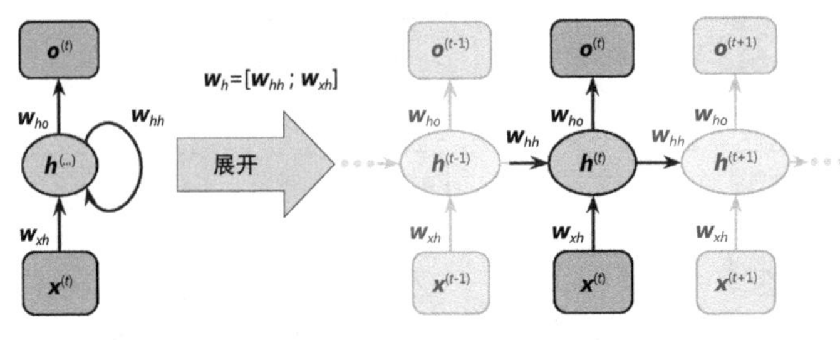

图　16-5

在某些实现中，我们可能会观察到权重矩阵 $\boldsymbol{W}_{xh}$ 和 $\boldsymbol{W}_{hh}$ 连接成一个组合矩阵，$\boldsymbol{W}_h=[\boldsymbol{W}_{xh};\boldsymbol{W}_{hh}]$。本节后面将用这种方式表达。

计算激活值与标准多层感知器和其他类型的前馈神经网络非常相似。对于隐藏层，通过线性组合计算净输入 $\boldsymbol{Z}_h$(预激活)，也就是说，计算权重矩阵与相应向量乘法之和，然后再加上偏置单元，即

$$\boldsymbol{z}_h^{(t)}=\boldsymbol{W}_{xh}\boldsymbol{x}^{(t)}+\boldsymbol{W}_{hh}\boldsymbol{h}^{(t-1)}+\boldsymbol{b}_h$$

然后，计算隐藏单元在时间步 t 的激活值如下：

$$\boldsymbol{h}^{(t)}=\phi_h(\boldsymbol{z}_h^{(t)})=\phi_h(\boldsymbol{W}_{xh}\boldsymbol{x}^{(t)}+\boldsymbol{W}_{hh}\boldsymbol{h}^{(t-l)}+\boldsymbol{b}_h)$$

在这里，$\boldsymbol{b}_h$ 为隐藏单元的偏置向量，而 $\phi_h(\cdot)$为隐藏层的激活函数。

如果想要用连接后的权重矩阵 $\boldsymbol{W}_h=[\boldsymbol{W}_{xh};\boldsymbol{W}_{hh}]$，那么计算隐藏单元的公式就变成：

$$\boldsymbol{h}^{(t)}=\phi_h\left([\boldsymbol{W}_{xh};\boldsymbol{W}_{hh}]\begin{bmatrix}\boldsymbol{x}^{(t)}\\\boldsymbol{h}^{(t-l)}\end{bmatrix}+\boldsymbol{b}_h\right)$$

一旦计算出隐藏单元当前时间步的激活值，则可以计算输出单元的激活值如下：

$$\boldsymbol{o}^{(t)}=\phi_o(\boldsymbol{W}_{ho}\boldsymbol{h}^{(t)}+\boldsymbol{b}_o)$$

为了进一步阐明这一点，图16-6显示了用两种公式计算激活值的过程。

用BPTT训练循环神经网络

20世纪90年代引入了循环神经网络的学习算法(*Backpropagation Through Time: What It Does and How to Do It*, *Paul Werbos*, *Proceedings of IEEE*, 78(10): 1550-1560, 1990)。

梯度推导可能有点儿复杂，但是基本思想是总损失 L 为从 $t=1$ 到 $t=T$ 期间所有损失函数之和：

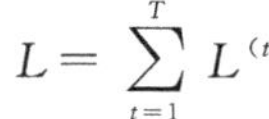

$$L=\sum_{t=1}^{T} L^{(t)}$$

因为时间 t 处的损失取决于所有以前时间步 1：t 的隐藏单元，梯度计算如下：

$$\frac{\partial L^{(t)}}{\partial \boldsymbol{W}_{hh}}=\frac{\partial L^{(t)}}{\partial \boldsymbol{o}^{(t)}}\times\frac{\partial o^{(t)}}{\partial \boldsymbol{h}^{(t)}}\times\left(\sum_{k=1}^{t}\frac{\partial \boldsymbol{h}^{(t)}}{\partial \boldsymbol{h}^{(k)}}\times\frac{\partial \boldsymbol{h}^{(k)}}{\partial \boldsymbol{W}_{hh}}\right)$$

这里，$\frac{\partial \boldsymbol{h}^{(t)}}{\partial \boldsymbol{h}^{(k)}}$为相邻时间步之积：

$$\frac{\partial \boldsymbol{h}^{(t)}}{\partial \boldsymbol{h}^{(k)}}=\prod_{i=k+1}^{t}\frac{\partial \boldsymbol{h}^{(i)}}{\partial \boldsymbol{h}^{(i-1)}}$$

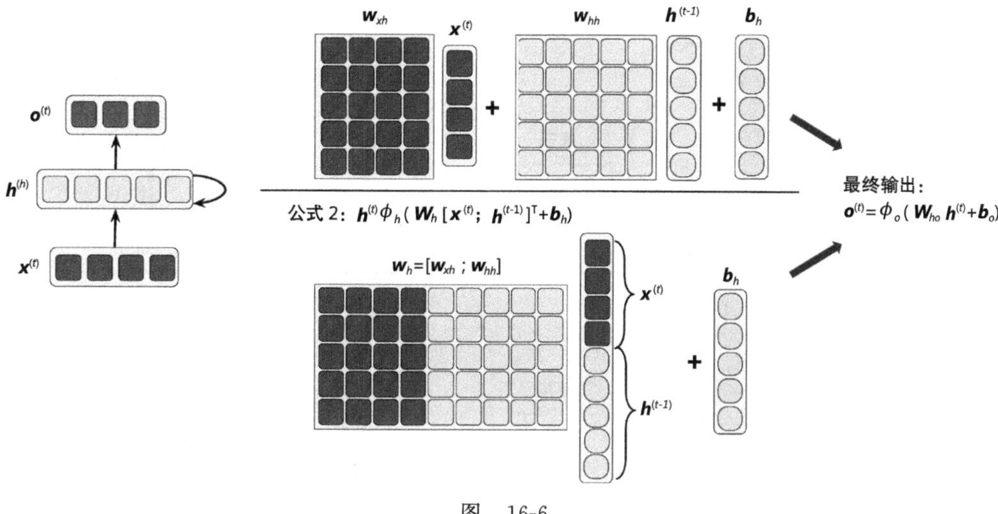

图 16-6

16.2.3 隐藏循环与输出循环

到目前为止，我们已经看到循环网络的隐藏层具有循环属性。但是请注意，还有一种模型的循环连接来自输出层。在这种情况下，可通过以下两种方式之一添加前一个时间步输出层的净激活值($\boldsymbol{o}^{t-1}$)(如图 16-7 所示)：

- 当前时间步的隐藏层 $\boldsymbol{h}^{t}$(图 16-7 中的输出层到隐藏层的循环)
- 当前时间步的输出层 $\boldsymbol{o}^{t}$(图 16-7 中的输出层到输出层的循环)

如图 16-7 所示，这些体系结构之间的差异可以从循环连接中清晰地显示出来。根据我们的表示法，与隐藏层到隐藏层循环连接相关的权重表示为 $\boldsymbol{W}_{hh}$，与输出层到隐藏层循环连接相关的权重表示为 $\boldsymbol{W}_{ho}$，与输出层到输出层循环连接相关的权重表示为 $\boldsymbol{W}_{oo}$。在某些文献中，与循环连接相关的权重也表示为 $\boldsymbol{W}_{\text{rec}}$。

为了了解这在实践中是如何工作的，让我们手动计算这些循环类型之一的正向传播。用 TensorFlow Keras API，可以通过 `SimpleRNN` 来定义循环层，这与输出层到输出层的循环类似。以下的示例代码将基于 `SimpleRNN` 创建一个循环层，并在长度为 3 的输入序列上执行正向传播以计算输出。我们还将手动计算正向传播，并将与 `SimpleRNN` 的结果比较。让我们首先创建该层并为手动计算分配权重：

```
>>> import tensorflow as tf
>>> tf.random.set_seed(1)

>>> rnn_layer = tf.keras.layers.SimpleRNN(
...     units=2, use_bias=True,
...     return_sequences=True)
>>> rnn_layer.build(input_shape=(None, None, 5))

>>> w_xh, w_oo, b_h = rnn_layer.weights

>>> print('W_xh shape:', w_xh.shape)
>>> print('W_oo shape:', w_oo.shape)
>>> print('b_h  shape:', b_h.shape)
W_xh shape: (5, 2)
W_oo shape: (2, 2)
b_h  shape: (2,)
```

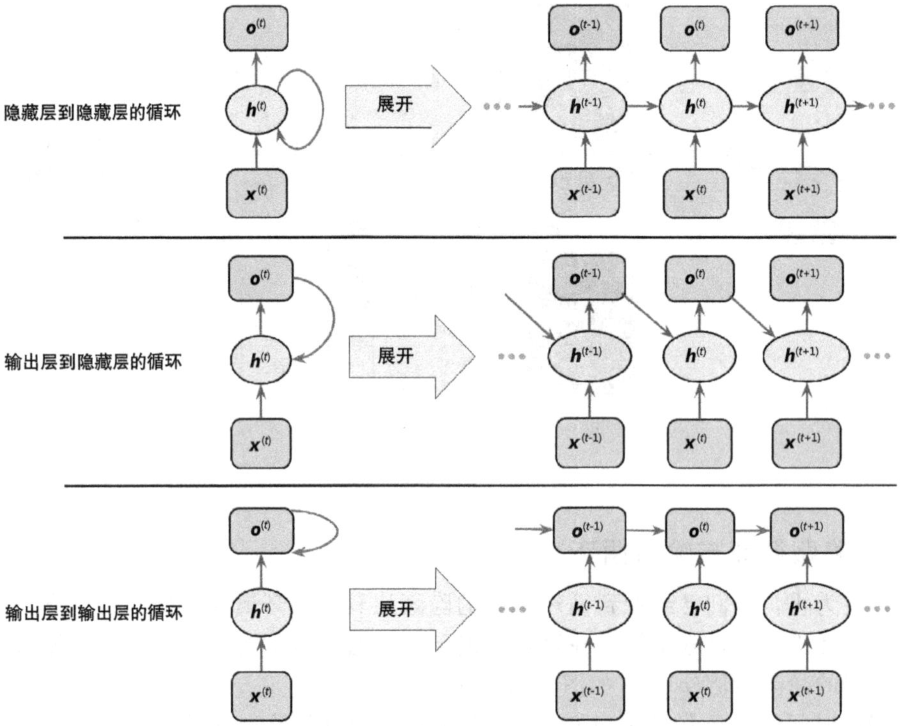

图　16-7

该层的输入形状为(None, None, 5)，其中第一个维度是批处理的维度(对变量批处理规模用 None 表示)，第二个维度对应于序列(对变量序列长度用 None 表示)，最后一个维度对应于特征。请注意，我们设置了 return_sequences=True，对于长度为 3 的输入序列，将产生输出序列$\langle \boldsymbol{o}^{(0)}, \boldsymbol{o}^{(1)}, \boldsymbol{o}^{(2)} \rangle$。否则，将返回最终输出 $\boldsymbol{o}^{(2)}$。

我们将在 rnn_layer 上调用正向传播，手动计算并比较每个时间步的输出：

```
>>> x_seq = tf.convert_to_tensor(
...     [[1.0]*5, [2.0]*5, [3.0]*5],
...     dtype=tf.float32)

>>> ## output of SimepleRNN:
```

```
>>> output = rnn_layer(tf.reshape(x_seq, shape=(1, 3, 5)))

>>> ## manually computing the output:
>>> out_man = []
>>> for t in range(len(x_seq)):
...     xt = tf.reshape(x_seq[t], (1, 5))
...     print('Time step {} =>'.format(t))
...     print('   Input           :', xt.numpy())
...
...     ht = tf.matmul(xt, w_xh) + b_h
...     print('   Hidden          :', ht.numpy())
...
...     if t>0:
...         prev_o = out_man[t-1]
...     else:
...         prev_o = tf.zeros(shape=(ht.shape))
...     ot = ht + tf.matmul(prev_o, w_oo)
...     ot = tf.math.tanh(ot)
...     out_man.append(ot)
...     print('   Output (manual) :', ot.numpy())
...     print('   SimpleRNN output:'.format(t),
...           output[0][t].numpy())
...     print()
Time step 0 =>
   Input           : [[1. 1. 1. 1. 1.]]
   Hidden          : [[0.41464037 0.96012145]]
   Output (manual) : [[0.39240566 0.74433106]]
   SimpleRNN output: [0.39240566 0.74433106]

Time step 1 =>
   Input           : [[2. 2. 2. 2. 2.]]
   Hidden          : [[0.82928073 1.9202429 ]]
   Output (manual) : [[0.80116504 0.9912947 ]]
   SimpleRNN output: [0.80116504 0.9912947 ]

Time step 2 =>
   Input           : [[3. 3. 3. 3. 3.]]
   Hidden          : [[1.243921  2.8803642]]
   Output (manual) : [[0.95468265 0.9993069 ]]
   SimpleRNN output: [0.95468265 0.9993069 ]
```

在手动正向计算中，我们选双曲正切(tanh)为激活函数，因为它也用于 SimpleRNN(默认激活)。从打印结果可以看出，手动正向计算的输出层与每个时间步的 SimpleRNN 层的输出完全匹配。希望这个实践任务能让你了解循环网络的奥秘。

16.2.4 学习长程交互面临的挑战

前面曾简要提及的 BPTT 带来了一些新挑战。由于乘积因子$\frac{\partial \boldsymbol{h}^{(t)}}{\partial \boldsymbol{h}^{(k)}}$，在计算损失函数的梯度时，出现了所谓的梯度**消失**(vanishing)和**爆炸**(exploding)问题。图 16-8 对这些问题做了解释，为了简化起见，该示例显示了仅有一个隐藏单元的循环神经网络。

$\frac{\partial \boldsymbol{h}^{(t)}}{\partial \boldsymbol{h}^{(k)}}$基本上要做 $t-k$ 次乘法运算，因此 $t-k$ 乘以权重 w 得到因子 w^{t-k}。所以，如果 $|w|1$，该因子在 $t-k$ 很大的情况下就会变得非常小。另一方面，如果循环边的权重

$|w|>1$，那么在 $t-k$ 很大的情况下，w^{t-k}就会变得非常大。注意 $t-k$ 很大的意思是长程(long-range)依赖。通过确保$|w|=1$ 来避免梯度消失或爆炸，是个简单且直接的解决方案。如果对此感兴趣并想更深入研究，我鼓励你阅读 R. Pascanu、T. Mikolov 和 Y. Bengio 在 2012 年撰写的论文 *On the diffi culty of training recurrent neural networks* (https://arxiv.org/pdf/1211.5063.pdf)。

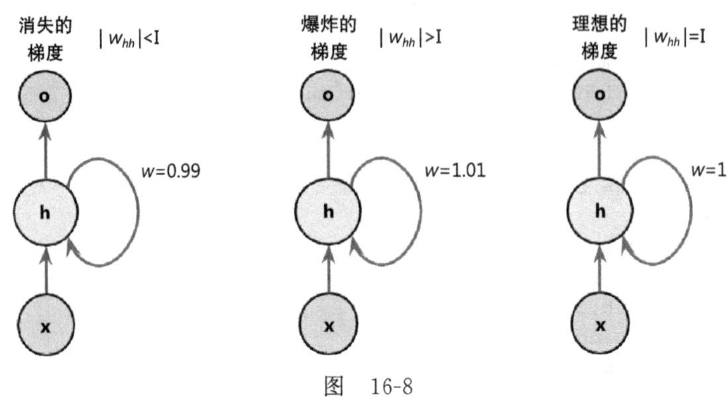

图　16-8

在实践中，这个问题至少有三种解决方案：

- 梯度裁剪。
- 时间截断的反向传播(TBPTT)。
- 长短期记忆(LSTM)。

我们可以采用梯度裁剪为梯度指定截止值或阈值，并将截止值赋给超过该值的梯度值。相反，TBPTT 只限制信号在每个正向传播后可以反向传播的时间步。例如，即使序列有 100 个元素或步数，我们也仅可以反向传播最近的 20 个时间步。

虽然梯度裁剪和 TBPTT 都可以解决梯度爆炸问题，但截断会限制梯度的有效回流和更新权重的适当步数。另一方面，由 Sepp Hochreiter 和 Jürgen Schidhuber 于 1997 年设计的 LSTM，利用记忆单元为长程依赖建模，在解决梯度消失与爆炸问题方面更为成功。现在让我们来更详细地讨论 LSTM。

16.2.5　长短期记忆单元

如前所述，最先被引入解决梯度消失问题的方法是 LSTM(*Long Short-Term Memory*，*S. Hochreiter* and *J. Schmidhuber*，*Neural Computation*，9(8)：1735-1780，1997)。LSTM 的组件是一个**记忆单元**，基本上代表或取代了标准循环神经网络的隐藏层。

每个记忆单元都有理想权重 $w=1$ 的循环边，如前所述，目的是解决梯度消失与爆炸问题。与循环边相关联的值被统称为**信元状态**(cell state)。图 16-9 展示了现代 LSTM 单元的内部结构。

请注意，前一个时间步的信元状态为 $\boldsymbol{C}^{(t-1)}$，对其进行修改以获得现在时间步的信元状态 $\boldsymbol{C}^{(t)}$，这并不需要直接与任何权重因子相乘。记忆单元中的信息流是由下面将要描述的计算单元所控制的。图 16-9 中的$\odot$代表**元素积**(element-wise product)或元素乘，$\oplus$代表**元素累加**(element-wise summation)或元素加。此外，$\boldsymbol{x}^{(t)}$表示 t 时间点的输入数据，$\boldsymbol{h}^{(t-1)}$表示$t-1$时间点的隐藏单元。四个框代表激活函数，要么是 sigmoid 函数(σ)，要么是双曲正切函数(tanh)和一组权重；这些框通过对输入数据($\boldsymbol{h}^{(t-1)}$和 $\boldsymbol{x}^{(t)}$)执行矩阵向量乘法来应用线性组合。那些有 sigmoid 激活函数的计算单元，其输出单元将通过 ⊙(也被称为门)传递。

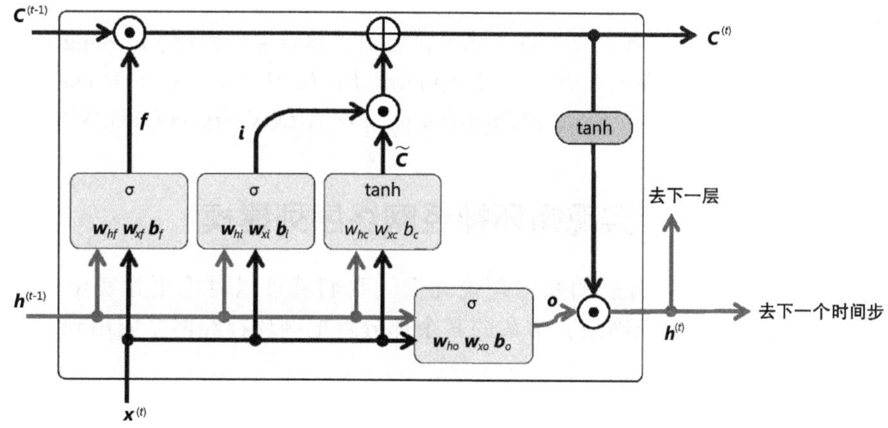

图　16-9

LSTM(cell)有三种不同类型的门，分别为遗忘门、输入门和输出门：

- **遗忘门**(f_t)允许记忆信元在有限增长的情况下重置信元状态。事实上，遗忘门决定允许哪些信息通过，抑制哪些信息通过。f_t 的计算公式如下：

$$f_t=\sigma(W_{xf}x^{(t)}+W_{hf}h^{(t-1)}+b_f)$$

注意，遗忘门并非初始 LSTM 信元的组成部分，而是在原始模型出现几年后才被添加进来优化原始模型的(*Learning to Forget: Continual Prediction with LSTM*, *F. Gers*, *J. Schmidhuber*, and *F. Cummins*, *Neural Computation* 12, 2451-2471, 2000)。

- **输入门**(i_t)和**候选值**($\widetilde{C}_t$)负责更新信元状态。其计算公式如下：

$$i_t=\sigma(W_{xi}x^{(t)}+W_{hi}h^{(t-1)}+b_i)$$
$$\widetilde{C}_t=\tanh(W_{xc}x^{(t)}+W_{hc}h^{(t-1)}+b_c)$$

t 时刻的信元状态计算如下：

$$C^{(t)}=(C^{(t-1)}\odot f_t)\oplus(i_t\odot\widetilde{C}_t)$$

- **输出门**(o_t)决定如何更新隐藏单元的值：

$$o_t=\sigma(W_{xo}x^{(t)}+W_{ho}h^{(t-1)}+b_o)$$

因此，计算当前时间步的隐藏单元如下：

$$h^{(t)}=o_t\odot\tanh(C^{(t)})$$

LSTM 信元的结构及其底层计算乍看起来可能很复杂且难以实现。然而，好消息是 TensorFlow 已经在优化过的封装函数中实现了 LSTM 的所有功能，这使我们能够更容易和更有效地定义 LSTM 信元。本章的后面将会把循环神经网络和 LSTM 应用到现实世界的数据集上。

其他的高级循环神经网络模型

LSTM 提供了一个长程依赖序列建模的基本方法。然而，重要的是要注意文献中描述了许多 LSTM 的变体⊖。此外，值得注意的是 2014 提出的

⊖ *An Empirical Exploration of Recurrent Network Architectures*, *Rafal Jozefowicz*, *Wojciech Zaremba*, and *Ilya Sutskever*, *Proceedings of ICML*, 2342-2350, 2015

一种更先进的方法，被称为门控循环单元(GRU)。门控循环单元的体系结构比 LSTM 更为简单，因而在完成诸如复调音乐建模之类的任务时，计算效率更高，甚至可以与 LSTM 媲美。如果你有兴趣了解更多关于这些现代循环神经网络的体系结构的内容，请参阅由 Junyoung Chung 等人在 2014 年发表的论文 *Empirical Evaluation of Gated Recurrent Neural Networks on Sequence Modeling*(http://ARXIV.org/pdf/14123555 v1.pdf)。

16.3　用 TensorFlow 实现循环神经网络序列建模

在介绍了循环神经网络背后的基本理论之后，我们就可以讨论更为实用的部分，即用 TensorFlow 实现循环神经网络。本章的其余部分将把循环神经网络应用到两个常见的问题上面：

1）情感分析。

2）语言建模。

我们将在下面的内容中把这两个项目放在一起实现，这两个项目既引人入胜又涉及广泛。因此我们不会一下子提供所有的代码，而是将其分解成几个步骤来实现，并详细地讨论具体的示例代码。如果你喜欢宏观概览并在讨论之前立即研究所有的代码，那么我们建议你先研究一下代码的实现，你可以从 https://github.com/rasbt/python-machine-learning-book-3rd-edition/tree/master/ch16 获得这些代码。

16.3.1　项目 1：对 IMDb 电影评论进行情感分析

你可能还记得，在第 8 章中，我们讨论过情感分析涉及分析句子或文本文档所要表达的想法。本节和下面的小节将用多对一的体系结构来实现多层循环神经网络以完成情感分析。

下一节将实现多对多的循环神经网络以便用于语言建模。虽然在特意选择的例子中简单地介绍了循环神经网络的主要概念，但语言建模应用广泛而且有趣，如构建聊天机器人让计算机拥有直接与人交谈和互动的能力。

16.3.1.1　准备数据

在第 8 章的预处理步骤中，我们曾经创建过名为 `movie_data.csv` 的干净数据集，现在要再次使用它。为此，首先导入必要的模块，然后将数据读入 pandas 的 `DataFrame`，如下所示：

```
>>> import tensorflow as tf
>>> import tensorflow_datasets as tfds
>>> import numpy as np
>>> import pandas as pd

>>> df = pd.read_csv('movie_data.csv', encoding='utf-8')
```

数据框 `df` 包括 `'review'` 和 `'sentiment'` 两列，其中 `'review'` 列包含电影评论的文本，而 `'sentiment'` 列则包含目标标签 `0` 或 `1`。这些电影评论文本由一系列单词组成，循环神经网络模型把每个序列分为正类(`1`)或负类(`0`)评论。

在把数据提供给循环神经网络模型之前，我们要先做几个预处理步骤：

1）创建一个 TensorFlow 数据集对象并将其拆分为训练、测试和验证分区。

2）在训练数据集中找出独特的单词。

3）把每个独特的单词映射到一个唯一的整数，并将电影评论文本转换为一串编好码的整数(每个独特单词的索引)。

4）把数据集分成小批次输入给模型。

让我们先来完成第一步，根据数据框创建 TensorFlow 数据集：

```
>>> ## Step 1: create a dataset
>>> target = df.pop('sentiment')
>>> ds_raw = tf.data.Dataset.from_tensor_slices(
...     (df.values, target.values))

>>> ## inspection:
>>> for ex in ds_raw.take(3):
...     tf.print(ex[0].numpy()[0][ :50], ex[1])

b'In 1974, the teenager Martha Moxley (Maggie Grace)' 1
b'OK... so... I really like Kris Kristofferson and h' 0
b'***SPOILER*** Do not read this, if you think about' 0
```

现在，我们已经把数据集拆分为训练、测试和验证三个子集。整个数据集包含 50 000 个样本。我们将留下前 25 000 个样本做评估(预留测试数据集)，20 000 个样本做训练，5000 个样本做验证。具体的示例代码如下：

```
>>> tf.random.set_seed(1)
>>> ds_raw = ds_raw.shuffle(
...     50000, reshuffle_each_iteration=False)

>>> ds_raw_test = ds_raw.take(25000)
>>> ds_raw_train_valid = ds_raw.skip(25000)
>>> ds_raw_train = ds_raw_train_valid.take(20000)
>>> ds_raw_valid = ds_raw_train_valid.skip(20000)
```

为了准备输入神经网络的数据，我们需要将其编码为数值，如步骤 2 和 3 所述。为此，需要首先在训练数据集中找到每个独特的单词(令牌)。虽然可以用 Python 数据集查找唯一令牌，但调用 `collections` 的 `Counter` 类会更为有效，这是 Python 标准库的一部分。

在以下示例代码中，我们将实例化一个新 `Counter` 对象(`token_counts`)，该对象将收集独特单词的频率。请注意，在整个特定应用程序中(与词袋模型相反)，我们只对一组独特单词感兴趣，并且不需要创建作为副产品的单词计数。`tensorflow_datasets` 包提供 `Tokenizer` 类可以将文本拆分为单词或令牌。

收集唯一令牌的示例代码如下：

```
>>> ## Step 2: find unique tokens (words)
>>> from collections import Counter

>>> tokenizer = tfds.features.text.Tokenizer()
>>> token_counts = Counter()

>>> for example in ds_raw_train:
...     tokens = tokenizer.tokenize(example[0].numpy()[0])
...     token_counts.update(tokens)

>>> print('Vocab-size:', len(token_counts))
Vocab-size: 87007
```

如果想要了解更多有关 Counter 的详细信息，请参阅下述文档：https://docs.python.org/3/library/collections.html#collections.Counter。

接下来，我们将把每个独特单词映射到一个唯一的整数。这个任务可以用 Python 字典手动完成，键词为唯一令牌（单词），与每个键词相关联的数值是一个唯一的整数。但是 tensorflow_datasets 包提供了一个 TokenTextEncoder 类，我们可以用它来创建整个映射和编码数据集。首先，我们将通过传递唯一令牌（token_counts 包含令牌及其计数，因为此处不需要计数，所以计数将被忽略），从 TokenTextEncoder 类创建 encoder 对象。然后，调用 encoder.encode() 方法将输入文本转换为整数值列表：

```
>>> ## Step 3: encoding unique tokens to integers
>>> encoder = tfds.features.text.TokenTextEncoder(token_counts)
>>> example_str = 'This is an example!'
>>> print(encoder.encode(example_str))
[232, 9, 270, 1123]
```

请注意，验证或测试数据中可能存在一些无法在训练数据中找到的令牌，因此没有包括在映射中。如果有 q 个令牌（即传递给 TokenTextEncoder 的 token_counts 的大小，在本例中为 87007），所有以前未看到且未包含在 token_counts 中的令牌都将被分配整数 $q+1$（在本例中为 87 008）。换句话说，保留索引 $q+1$ 用于未知单词。另一个保留值是整数 0，这是用来调整序列长度的占位符。稍后，当在 TensorFlow 中构建循环神经网络的模型时，我们将更详细地考虑 0 和 $q+1$ 两个占位符。

就像对数据集所做的任何其他转换一样，我们可以调用数据集对象的 map() 方法，对数据集中的每个文本进行相应的转换。但是有一个小问题：这里的文本数据都被封闭在张量对象中，我们可以在 eager 执行模式下调用 numpy() 方法来访问这些对象。但是在调用 map() 方法进行转换时，我们将禁止使用 eager 执行。为了解决这个问题，我们可以定义两个函数。第一个函数将输入张量视为启动 eager 执行模式：

```
>>> ## Step 3-A: define the function for transformation
>>> def encode(text_tensor, label):
...     text = text_tensor.numpy()[0]
...     encoded_text = encoder.encode(text)
...     return encoded_text, label
```

在第二个函数中，我们将调用 tf.py_function，并将其封装为 TensorFlow 的运算符，然后可以通过调用 map() 方法来使用。可以用以下的代码把文本编码到整数列表：

```
>>> ## Step 3-B: wrap the encode function to a TF Op.
>>> def encode_map_fn(text, label):
...     return tf.py_function(encode, inp=[text, label],
...                           Tout=(tf.int64, tf.int64))

>>> ds_train = ds_raw_train.map(encode_map_fn)
>>> ds_valid = ds_raw_valid.map(encode_map_fn)
>>> ds_test = ds_raw_test.map(encode_map_fn)

>>> # look at the shape of some examples:
>>> tf.random.set_seed(1)
>>> for example in ds_train.shuffle(1000).take(5):
...     print('Sequence length:', example[0].shape)
Sequence length: (24,)
Sequence length: (179,)
```

```
Sequence length: (262,)
Sequence length: (535,)
Sequence length: (130,)
```

到目前为止，我们已经将单词序列转换成整数序列。但是，还有一个问题需要解决，即序列的长度不同(上面的示例代码处理 5 个随机选择样本后得到的结果)。一般来说，尽管循环神经网络可以处理不同长度的序列，但是我们仍然需要确保在小批量处理的过程中所有序列都保持相同的长度，以便将它们有效地存储在张量中。

为了将包含不同形状元素的数据集分裂为小批量，TensorFlow 提供了一种不同的方法——padded_batch()(而不是 batch())，该方法为要组合到批处理的连续元素自动填充占位符值(0)，以确保批处理中的所有序列形状相同。用一个实际示例来说明这一点，让我们从训练数据集 ds_train 中提取大小为 8 的子集，并调用 padded_batch() 方法，定义参数 batch_size=4 来处理该子集。在将这些元素合并为小批量之前，我们将打印出各个元素的大小和所生成小批量的维度：

```
>>> ## Take a small subset
>>> ds_subset = ds_train.take(8)
>>> for example in ds_subset:
...     print('Individual size:', example[0].shape)
Individual size: (119,)
Individual size: (688,)
Individual size: (308,)
Individual size: (204,)
Individual size: (326,)
Individual size: (240,)
Individual size: (127,)
Individual size: (453,)

>>> ## Dividing the dataset into batches
>>> ds_batched = ds_subset.padded_batch(
...              4, padded_shapes=([-1], []))

>>> for batch in ds_batched:
...     print('Batch dimension:', batch[0].shape)
Batch dimension: (4, 688)
Batch dimension: (4, 453)
```

从打印的张量形状中可以观察到，第一批的列数(.shape[1])为 688，这个结果是把前四个样本合并到一个批处理，并用这些样本中规模最大的。这意味着我们将会根据需要来填充该批处理的其他三个样本以匹配此规模。同样，第二批也保留单个四个样本中规模最大的(453)，并据此填充其他的样本，以确保其长度小于最大长度。

现在我们把所有的三个数据集拆分裂成批规模为 32 的小批次：

```
>>> train_data = ds_train.padded_batch(
...     32, padded_shapes=([-1],[]))

>>> valid_data = ds_valid.padded_batch(
...     32, padded_shapes=([-1],[]))

>>> test_data = ds_test.padded_batch(
...     32, padded_shapes=([-1],[]))
```

既然现在数据已经符合循环神经网络模型对格式的要求，我们将在以下的小节中实现。但是在下一小节，我们将首先讨论特征**嵌入**，这是一个可选但是强烈推荐的预处理步骤，用于降低单词向量的维度。

16.3.1.2　用于语句编码的嵌入层

在上一步的数据准备过程中，我们生成了相同长度的序列。这些序列的元素是与独特单词的索引相对应的整数。这些单词索引可以通过几种不同的方式转换为输入特征。一种简单的方法是用独热编码将索引转换为0和1的向量。然后，每个单词将映射为一个向量，其大小为整个数据集中独特单词的个数。鉴于独特单词的数目(词汇量)可以达到10^4～10^5的规模，这也将是输入特征的数量，因此，在此类特征上训练的模型可能会遭受**维数诅咒**(curse of dimensionality)。此外，这些特征非常稀疏，因为除了某个特征外，所有其他的特征都是零。

一个更优雅的方法是，将每个单词映射到具有实数元素(不一定是整数)且大小固定的向量上。与独热编码向量不同，我们可以用有限大小的向量来表示无限数量的实数(理论上，我们可以从给定区间提取无限个实数，例如[−1，1])。

这就是所谓的嵌入式逻辑，这是一种特征学习的技术，我们可以利用该技术自动学习代表数据集独特单词的那些显著特征。假设给定独特单词的数目为n_{words}，可以选择嵌入向量的大小，确保远小于独特单词的数量(embedding_dim$\ll n_{words}$)，从而把全部词汇作为输入特征来表示。

与独热编码相比较，嵌入式的优点如下：

- 降低特征空间的维数以减轻维数诅咒的影响。
- 提取显著特征，因为神经网络中的嵌入层可以优化或学习。

图16-10展示了如何将词汇索引映射到可训练的嵌入式矩阵。

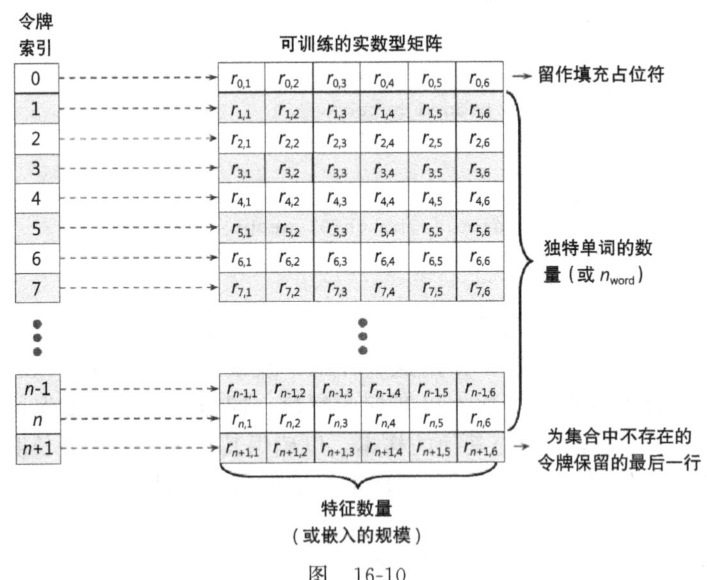

图　16-10

给定一组大小为$n+2$的令牌集合(n为令牌集合的大小，加上索引0留作填充占位符，$n+1$代表令牌集中不存在的单词)，我们创建大小为$(n+2)\times$embedding_dim的嵌入矩阵，矩阵的每行代表与令牌关联的数字特征。因此，当将整数索引i作为嵌入的输入时，它将查找矩阵在索引i处的相应行并返回用数值表示的特征。把嵌入矩阵作为神经网络模型的输入层。实际上，只需调用`tf.keras.layes.Embedding`即可创建嵌入层。下面的示例将创建模型并添加嵌入层：

```
>>> from tensorflow.keras.layers import Embedding

>>> model = tf.keras.Sequential()

>>> model.add(Embedding(input_dim=100,
...                     output_dim=6,
...                     input_length=20,
...                     name='embed-layer'))

>>> model.summary()
Model: "sequential"
_________________________________________________________________
Layer (type)                Output Shape              Param #
=================================================================
embed-layer (Embedding)     (None, 20, 6)             600
=================================================================
Total params: 6,00
Trainable params: 6,00
Non-trainable params: 0
_________________________________________________________________
```

该模型(嵌入层)的输入必须为 2 级，而且维数为 batchsize×input_length，其中 input_length 是序列的长度(这里把参数 input_length 设置为 20)。例如，小批次中的输入序列可以是<14,43,52,61,8,19,67,83,10,7,42,87,56,18,94,17,67,90,6,39>，该序列中的每个元素都是独立单词的索引。输出的维度为 batchsize×input_length×embeding_dim，其中 embeding_dim 为嵌入特征的规模(这里定义参数 output_dim 为 6)。提供给嵌入层的另一个形式参数为 input_dim，它对应于模型将作为输入接收的唯一整数值(例如 $n+2$，此处设置为 100)。因此，在这种情况下，嵌入矩阵的大小为 100×6。

处理长度可变的序列

请注意，参数 input_length 不是必需的，对于输入序列长度可变的情况，可以设置为 None。你可以在 https://www.tensorflow.org/versions/r2.0/api_docs/python/tf/keras/layers/Embedding 的正式文档中找到。

16.3.1.3 构建循环神经网络模型

现在已经做好了构建循环神经网络模型的准备。用 Keras 的 Sequential 类，我们可以把嵌入层、循环神经网络的循环层以及全连接层组合起来。我们可以用下述方法中的一种来实现循环层：

- SimpleRNN：常规的循环神经网络层，即全连接的循环层。
- LSTM：长短期记忆循环神经网络，可用于捕获长期的依赖关系。
- GRU：具有门控制循环单元的循环层，例如在 *Learning Phrase Representations Using RNN Encoder-Decoder for Statistical Machine Translation*(https://arxiv.org/abs/1406.1078v3)中建议作为 LSTM 的替代方法。

要了解如何利用其中的某个循环层来构建多层循环神经网络模型，我们通过下面的示例代码来创建一个循环神经网络模型，首先从拥有参数 input_dim = 1000 和 output_dim=32的嵌入层开始。随后添加两个 SimpleRNN 类的循环层。最后将再添加一个非循环全连接层作为输出层，这样做的结果将返回单个输出作为预测值：

```
>>> from tensorflow.keras import Sequential
>>> from tensorflow.keras.layers import Embedding
>>> from tensorflow.keras.layers import SimpleRNN
>>> from tensorflow.keras.layers import Dense

>>> model = Sequential()
>>> model.add(Embedding(input_dim=1000, output_dim=32))
>>> model.add(SimpleRNN(32, return_sequences=True))
>>> model.add(SimpleRNN(32))
>>> model.add(Dense(1))
>>> model.summary()
Model: "sequential"
_________________________________________________________________
Layer (type)                 Output Shape              Param #
=================================================================
embedding (Embedding)        (None, None, 32)          32000
_________________________________________________________________
simple_rnn (SimpleRNN)       (None, None, 32)          2080
_________________________________________________________________
simple_rnn_1 (SimpleRNN)     (None, 32)                2080
_________________________________________________________________
dense (Dense)                (None, 1)                 33
=================================================================
Total params: 36,193
Trainable params: 36,193
Non-trainable params: 0
_________________________________________________________________
```

正如所看到的那样，用循环层构建循环神经网络模型的过程非常简单。我们将在下一小节再回到情感分析任务，并构建一个循环神经网络模型来解决该问题。

16.3.1.4 构建情感分析循环神经网络模型

因为序列很长，所以将用 LSTM 层来解决长期的影响。此外，把 LSTM 层封装在 Bidirectional 封装器，可以使循环层从开始到结束以及结束到开始的两个方向通过输入序列：

```
>>> embedding_dim = 20
>>> vocab_size = len(token_counts) + 2

>>> tf.random.set_seed(1)

>>> ## build the model
>>> bi_lstm_model = tf.keras.Sequential([
...     tf.keras.layers.Embedding(
...         input_dim=vocab_size,
...         output_dim=embedding_dim,
...         name='embed-layer'),
...
...     tf.keras.layers.Bidirectional(
...         tf.keras.layers.LSTM(64, name='lstm-layer'),
...         name='bidir-lstm'),
...
```

```
...     tf.keras.layers.Dense(64, activation='relu'),
...
...     tf.keras.layers.Dense(1, activation='sigmoid')
>>> ])

>>> bi_lstm_model.summary()

>>> ## compile and train:
>>> bi_lstm_model.compile(
...     optimizer=tf.keras.optimizers.Adam(1e-3),
...     loss=tf.keras.losses.BinaryCrossentropy(from_logits=False),
...     metrics=['accuracy'])

>>> history = bi_lstm_model.fit(
...     train_data,
...     validation_data=valid_data,
...     epochs=10)

>>> ## evaluate on the test data
>>> test_results = bi_lstm_model.evaluate(test_data)
>>> print('Test Acc.: {:.2f}%'.format(test_results[1]*100))
Epoch 1/10
625/625 [==============================] - 96s 154ms/step - loss:
0.4410 - accuracy: 0.7782 - val_loss: 0.0000e+00 - val_accuracy:
0.0000e+00
Epoch 2/10
625/625 [==============================] - 95s 152ms/step - loss:
0.1799 - accuracy: 0.9326 - val_loss: 0.4833 - val_accuracy: 0.8414
. . .

Test Acc.: 85.15%
```

经过 10 次迭代的训练之后，该模型在测试数据上的评估结果显示模型的准确率为 85%。请注意，与在 IMDb 数据集上使用的最先进方法相比，该结果并非最佳。目的只是展示循环神经网络的工作原理。

更多有关双向循环神经网络的讨论

Bidirectional 封装器对每个输入序列进行两次传递：一次正向传播和一次反向传播或向后传递(请注意，在反向传播的场景中，不要与正向传播和向后传递混淆)。默认情况下，我们把这些正向传播和反向传播的结果连接起来。但是，如果要改变此行为，可以将参数 merge_mode 设置为 'sum'(用来累加两次传递的结果)、'mul'(用来对两次传递的结果相乘)、'ave'(用来对两次传递的结果求平均值)、'concat'(默认值)或 'None'，后者将返回列表中的两个张量。有关 Bidirectional 封装器的详细信息，请随时查看在 https://www.tensorflow.org/versions/r2.0/api_docs/python/tf/keras/layers/Bidirectional 的官方文档。

我们还可以尝试其他类型的循环层，如 SimpleRNN。但是，事实证明用常规循环层构建的模型将无法达到良好的预测性能(即使在训练数据上也是如此)。例如，如果尝试用单向 SimpleRNN 层替换前面示例代码中的双向 LSTM 层，并在全长序列上训练模型，就可能会观察到训练期间的损失甚至不会减少。原因是此数据集的序列太长，因此具有 SimpleRNN 层的模型无法了解长期依赖关系，并且可能会遇到梯度消失或爆炸的问题。

为了能在该数据集上用 SimpleRNN 获得合理的预测性能，我们可以截取序列。此外，我们可以利用“领域知识”，假设电影评论的最后一段可能包含大部分情感信息。因此，只关注每个评论的最后一部分。我们将为此定义辅助函数 preprocess_datasets()来把预处理步骤 2～4 组合起来。该函数的可选参数为 max_seq_length，用它来确定每个评论应该用的令牌数。例如，如果设置参数 max_seq_length=100，且评论有 100 多个令牌，那么只能用最后的 100 个令牌。如果设置 max_seq_length=None，那么将和以前一样采用全长序列。尝试设置参数 max_seq_length 的不同值，可以更深入地了解不同循环神经网络模型处理长序列的能力。

```
>>> from collections import Counter

>>> def preprocess_datasets(
...     ds_raw_train,
...     ds_raw_valid,
...     ds_raw_test,
...     max_seq_length=None,
...     batch_size=32):
...
...     ## (step 1 is already done)
...     ## Step 2: find unique tokens
...     tokenizer = tfds.features.text.Tokenizer()
...     token_counts = Counter()
...
...     for example in ds_raw_train:
...         tokens = tokenizer.tokenize(example[0].numpy()[0])
...         if max_seq_length is not None:
...             tokens = tokens[-max_seq_length:]
...         token_counts.update(tokens)
...
...     print('Vocab-size:', len(token_counts))
...
...     ## Step 3: encoding the texts
...     encoder = tfds.features.text.TokenTextEncoder(
...                   token_counts)
...     def encode(text_tensor, label):
...         text = text_tensor.numpy()[0]
...         encoded_text = encoder.encode(text)
...         if max_seq_length is not None:
...             encoded_text = encoded_text[-max_seq_length:]
...         return encoded_text, label
...
...     def encode_map_fn(text, label):
...         return tf.py_function(encode, inp=[text, label],
...                               Tout=(tf.int64, tf.int64))
...
...     ds_train = ds_raw_train.map(encode_map_fn)
...     ds_valid = ds_raw_valid.map(encode_map_fn)
...     ds_test = ds_raw_test.map(encode_map_fn)
...
...     ## Step 4: batching the datasets
...     train_data = ds_train.padded_batch(
...         batch_size, padded_shapes=([-1],[]))
...
...     valid_data = ds_valid.padded_batch(
```

```
...         batch_size, padded_shapes=([-1],[]))
...
...     test_data = ds_test.padded_batch(
...         batch_size, padded_shapes=([-1],[]))
...
...     return (train_data, valid_data,
...             test_data, len(token_counts))
```

接下来，我们将定义另外一个辅助函数 build_rnn_model()，用于更方便地构建具有不同体系结构的模型：

```
>>> from tensorflow.keras.layers import Embedding
>>> from tensorflow.keras.layers import Bidirectional
>>> from tensorflow.keras.layers import SimpleRNN
>>> from tensorflow.keras.layers import LSTM
>>> from tensorflow.keras.layers import GRU

>>> def build_rnn_model(embedding_dim, vocab_size,
...                     recurrent_type='SimpleRNN',
...                     n_recurrent_units=64,
...                     n_recurrent_layers=1,
...                     bidirectional=True):
...
...     tf.random.set_seed(1)
...
...     # build the model
...     model = tf.keras.Sequential()
...
...     model.add(
...         Embedding(
...             input_dim=vocab_size,
...             output_dim=embedding_dim,
...             name='embed-layer')
...     )
...
...     for i in range(n_recurrent_layers):
...         return_sequences = (i < n_recurrent_layers-1)
...
...         if recurrent_type == 'SimpleRNN':
...             recurrent_layer = SimpleRNN(
...                 units=n_recurrent_units,
...                 return_sequences=return_sequences,
...                 name='simprnn-layer-{}'.format(i))
...         elif recurrent_type == 'LSTM':
...             recurrent_layer = LSTM(
...                 units=n_recurrent_units,
...                 return_sequences=return_sequences,
...                 name='lstm-layer-{}'.format(i))
...         elif recurrent_type == 'GRU':
...             recurrent_layer = GRU(
...                 units=n_recurrent_units,
...                 return_sequences=return_sequences,
...                 name='gru-layer-{}'.format(i))
...
...         if bidirectional:
...             recurrent_layer = Bidirectional(
```

```
...                 recurrent_layer, name='bidir-' +
...                 recurrent_layer.name)
...
...         model.add(recurrent_layer)
...
...     model.add(tf.keras.layers.Dense(64, activation='relu'))
...     model.add(tf.keras.layers.Dense(1, activation='sigmoid'))
...
...     return model
```

利用这两个相当一般但是很方便的辅助函数，我们现在可以很容易地比较不同循环神经网络模型与不同长度的输入序列。例如，在以下的示例代码中，我们将尝试单循环层 SimpleRNN 模型，同时将序列截断为 100 个令牌的最大长度：

```
>>> batch_size = 32
>>> embedding_dim = 20
>>> max_seq_length = 100

>>> train_data, valid_data, test_data, n = preprocess_datasets(
...     ds_raw_train, ds_raw_valid, ds_raw_test,
...     max_seq_length=max_seq_length,
...     batch_size=batch_size
... )

>>> vocab_size = n + 2

>>> rnn_model = build_rnn_model(
...     embedding_dim, vocab_size,
...     recurrent_type='SimpleRNN',
...     n_recurrent_units=64,
...     n_recurrent_layers=1,
...     bidirectional=True)

>>> rnn_model.summary()
Model: "sequential"
_________________________________________________________________
Layer (type)                 Output Shape              Param #
=================================================================
embed-layer (Embedding)      (None, None, 20)          1161300
_________________________________________________________________
bidir-simprnn-layer-0 (Bidir (None, 128)               10880
_________________________________________________________________
Dense     (Dense)            (None, 64)                8256
_________________________________________________________________
dense_1   (Dense)            (None, 1)                 65
=================================================================
Total params: 1,180,501
Trainable params: 1,180,501
Non-trainable params: 0
_________________________________________________________________

>>> rnn_model.compile(
...     optimizer=tf.keras.optimizers.Adam(1e-3),
...     loss=tf.keras.losses.BinaryCrossentropy(
...         from_logits=False), metrics=['accuracy'])

>>> history = rnn_model.fit(
```

```
...      train_data,
...      validation_data=valid_data,
...      epochs=10)
Epoch 1/10
625/625 [==============================] - 73s 118ms/step - loss:
0.6996 - accuracy: 0.5074 - val_loss: 0.6880 - val_accuracy: 0.5476
Epoch 2/10


>>> results = rnn_model.evaluate(test_data)
>>> print('Test Acc.: {:.2f}%'.format(results[1]*100))
Test Acc.: 80.70%
```

例如，将序列截断为 100 个令牌并用双向 `SimpleRNN` 会取得 80％的分类准确率。尽管预测准确率与以前的双向 LSTM 模型相比略低(测试数据集上的准确率为 85.15％)，但是利用 `SimpleRNN` 在这些截断序列上所取得的性能，要比在整个电影评论上实现的性能要好得多。作为可选的练习，你可以用前面已经定义的两个辅助函数来验证这一点。尝试用参数 `max_seq_length=None`，并将辅助函数 `build_rnn_model()` 中的 `bidirectional` 参数设置为 `False`。(为方便起见，此代码可以在本书的在线材料中获取。)

16.3.2 项目 2：用 TensorFlow 实现字符级语言建模

语言建模是一个引人入胜的应用，它使机器能够完成与人类语言相关的任务，如生成英语的句子。该领域的有趣研究之一是 *Geoffrey E. Hinton*，*Proceedings of the 28th International Conference on Machine Learning* (*ICML*-11)，2011，https://pdfs.semanticscholar.org/93c2/0e38c85b69fc2d2eb314b3c1217913f7db11.pdf)。

在这类建模过程中，输入为文本文档，目标是研发模型以生成与输入文档类似的新文本。输入可以是某本书或某种计算机编程语言程序。

在字符级语言建模中，输入被分解为一系列字符，逐个输入网络。然后由网络处理每个新字符，同时结合对字符的记忆来预测下一个字符。图 16-11 显示了字符级语言建模的示例(EOS 代表序列结束)。可以分三步实现：准备数据、建立循环神经网络模型、预测下个字符以及采样生成新文本。

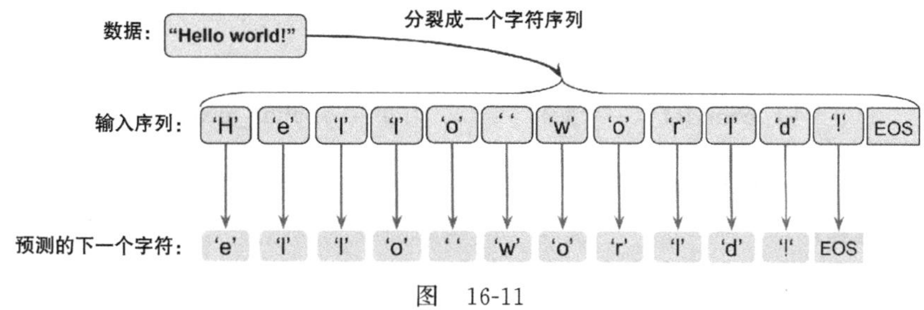

图 16-11

16.3.2.1 准备数据

本节将为字符级语言建模准备数据。古腾堡项目网站的地址为 https://www.gutenberg.org/，它提供数以千计的免费电子书，可以访问该网站获得输入数据。例如，下载 Jules Verne 于 1874 年出版的 *Mysterious Island*，该书的纯文本格式可以从 http://www.gutenberg.org/files/1268/1268-0.txt 获得。

请注意该链接将直接把你引导到下载页面。如果你的计算机用的是 macOS 或 Linux

操作系统，可以在终端上执行以下命令下载文件：

```
curl -O http://www.gutenberg.org/files/1268/1268-0.txt
```

假如该资源不可用，也可以从本书所附的代码目录下获得该文件的副本(https://github.com/rasbt/python-machine-learning-book-3rd-edition/code/ch16)。

在下载数据集之后，我们可以将其作为纯文本读取到Python会话。执行以下的示例代码，可以直接从下载文件中读取文本，然后删除开头和结尾部分(包含古腾堡项目的某些描述)。创建Python变量char_set，它代表该文本所包含的独特(unique)字符集。

```
>>> import numpy as np

>>> ## Reading and processing text
>>> with open('1268-0.txt', 'r') as fp:
...     text=fp.read()

>>> start_indx = text.find('THE MYSTERIOUS ISLAND')
>>> end_indx = text.find('End of the Project Gutenberg')
>>> text = text[start_indx:end_indx]
>>> char_set = set(text)
>>> print('Total Length:', len(text))
Total Length: 1112350

>>> print('Unique Characters:', len(char_set))
Unique Characters: 80
```

下载并预处理文本后，我们得到由总共1 112 350个字符和80个独特字符所组成的序列。但是，大多数的神经网络库和循环神经网络的实现都无法处理字符串格式的输入数据，因此必须把文本数据转换为数字格式。为此，我们将创建一个简单的Python字典，调用char2int将每个字符映射为整数。同时，我们还需要通过一个逆映射把模型产生的结果转换回文本。尽管我们可以用将整数键与字符值关联的字典进行逆映射，但是用NumPy数组并将索引映射到那些独特字符更有效。图16-12显示了将字符转换为整数，以及把"Hello"和"world"等单词逆向转换的示例。

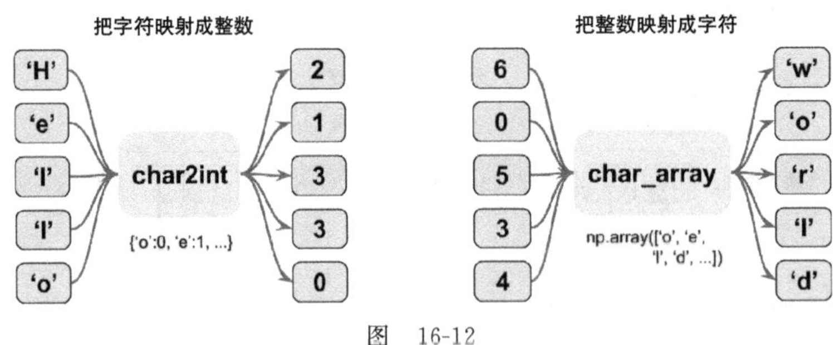

图　16-12

构建字典将字符映射到整数，再通过NumPy数组索引逆向转换的示例代码如下：

```
>>> chars_sorted = sorted(char_set)
>>> char2int = {ch:i for i,ch in enumerate(chars_sorted)}
>>> char_array = np.array(chars_sorted)

>>> text_encoded = np.array(
...     [char2int[ch] for ch in text],
...     dtype=np.int32)
```

```
>>> print('Text encoded shape:', text_encoded.shape)
Text encoded shape: (1112350,)

>>> print(text[:15], '== Encoding ==>', text_encoded[:15])
>>> print(text_encoded[15:21], '== Reverse ==>',
...       ''.join(char_array[text_encoded[15:21]]))
THE MYSTERIOUS == Encoding ==> [44 32 29  1 37 48 43 44 29 42 33 39 45
43  1]
[33 43 36 25 38 28] == Reverse ==> ISLAND
```

NumPy 数组 text_encoded 包含文本中所有字符的编码值。现在，我们将基于该数组创建 TensorFlow 数据集：

```
>>> import tensorflow as tf

>>> ds_text_encoded = tf.data.Dataset.from_tensor_slices(
...                   text_encoded)
>>> for ex in ds_text_encoded.take(5):
...     print('{} -> {}'.format(ex.numpy(), char_array[ex.numpy()]))
44 -> T
32 -> H
29 -> E
1 ->
37 -> M
```

为了按在文本中显示的顺序获取字符，我们创建了一个可迭代的 Dataset 对象。现在，让我们退后一步，从宏观角度看看将要完成的任务。我们可以把文本生成作为分类任务来处理。

假设有一组不完整的文本字符序列，如图 16-13 所示。

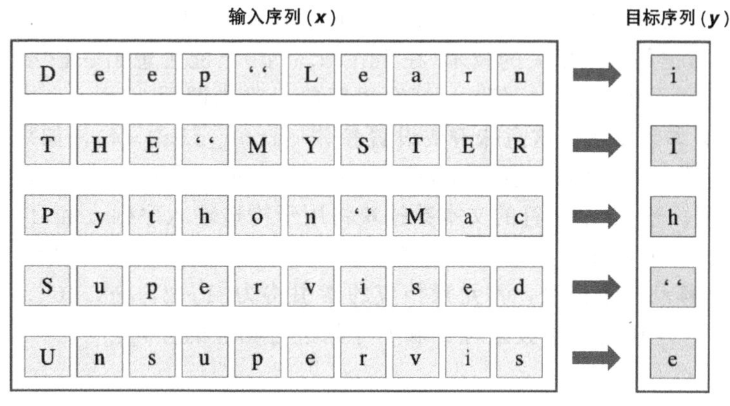

图　16-13

将图 16-13 左侧框中显示的序列视为输入。输入序列为不完整的文本，为了生成完整的新文本，我们要设计一个模型，以预测给定输入序列的下一个字符。例如，当看到“Deep Learn”几个字符时，模型应能预测“i”为下一个字符。鉴于共有 80 个独特字符，这个问题就变成了一个多元分类任务。

从长度为 1 的序列(即单字母)开始，用多元分类方法迭代生成新文本，如图 16-14 所示。

为了用 TensorFlow 实现文本生成任务，我们要先将序列的长度裁剪为 40。这意味着输入张量 $\boldsymbol{x}$ 由 40 个令牌所组成。实际上，序列的长度会影响生成文本的质量。较长的序列可以产生更有意义的句子。但是，对于较短的序列，模型可以忽略上下文，聚焦正确地捕获单词。如前所述，尽管较长的序列通常会生成更有意义的句子，但是对于长序列，循环神经网络模型在捕获长期的依赖关系时将会遇到问题。因此，在实践中，为序列长度找到一个合适的平衡点和良好的价值是一个超参数优化问题，我们必须根据经验来评估。本例选择序列的长度为 40，因为通常它提供了较好的权衡。

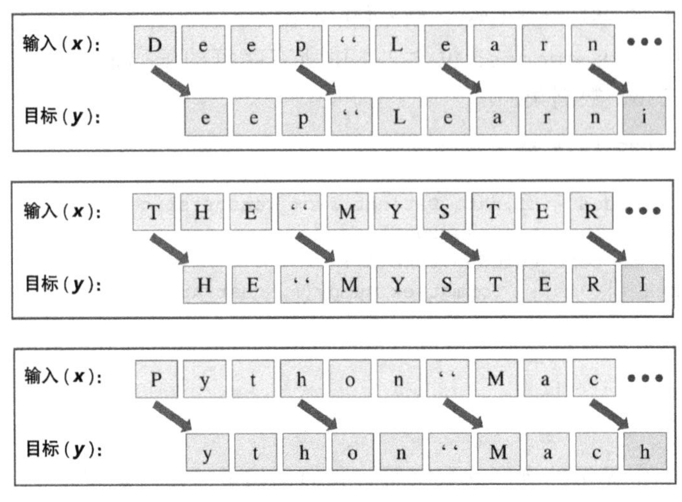

图 16-14

如图 16-14 所示，输入值 **x** 和目标值 **y** 是字符偏移一位形成的。因此，我们将文本拆分为大小为 41 的数据块：前 40 个字符形成输入序列 **x**，而后 40 个形成目标序列 **y**。

前面已经按原始顺序将整个编码文本存储在 `Dataset` 对象 `ds_text_encoded`。根据本章介绍的与数据集转换相关的技术(在 14.3.1.1 节)，能否想出一种方法，像图 16-14 显示的那样获取输入值 **x** 和目标值 **y**？答案很简单：首先调用 `batch()` 方法创建每块包含 41 个字符的文本数据块。这意味着要设置参数 `batch_size=41`。如果最后一个文本数据块的长度短于 41 个字符，就要删除。因此，新文本数据块 `ds_chunks` 将始终包含长度为 41 的序列。这 41 个字符的文本数据块将用于构造输入序列 **x** 和目标序列 **y**，两者都有 40 个元素。例如，序列 **x** 将由索引为[0，1，…，39]的元素所组成。此外，由于序列 **y** 将相对于 **x** 移动一个位置，其元素相应的索引将为[1，2，…，40]。接着，我们将调用 `map()` 方法，应用转换函数来对 **x** 和 **y** 序列进行相应的分离：

```
>>> seq_length = 40
>>> chunk_size = seq_length + 1

>>> ds_chunks = ds_text_encoded.batch(chunk_size,
...                                   drop_remainder=True)

>>> ## define the function for splitting x & y
>>> def split_input_target(chunk):
...     input_seq = chunk[:-1]
...     target_seq = chunk[1:]
...     return input_seq, target_seq

>>> ds_sequences = ds_chunks.map(split_input_target)
```

让我们看一下来自此转换数据集的一些示例样本序列：

```
>>> for example in ds_sequences.take(2):
...     print(' Input (x): ',
...           repr(''.join(char_array[example[0].numpy()])))
...     print('Target (y): ',
...           repr(''.join(char_array[example[1].numpy()])))
...     print()

 Input (x):  'THE MYSTERIOUS ISLAND ***\n\n\n\n\nProduced b'
Target (y):  'HE MYSTERIOUS ISLAND ***\n\n\n\n\nProduced by'

 Input (x):  ' Anthony Matonak, and Trevor Carlson\n\n\n\n'
Target (y):  'Anthony Matonak, and Trevor Carlson\n\n\n\n\n'
```

数据准备阶段的最后一步是将数据集分裂为小批次。该过程的第一个预处理步骤是创建句块。每块代表一个句子，对应一个训练样本。现在为训练样本洗牌，然后再把输入数据分裂成小批次；但是，现在的每个批次将包含多个训练样本：

```
>>> BATCH_SIZE = 64
>>> BUFFER_SIZE = 10000
>>> ds = ds_sequences.shuffle(BUFFER_SIZE).batch(BATCH_SIZE)
```

16.3.2.2 构建字符级循环神经网络模型

现在数据集已经完备，建模将相对简单。为了代码的复用性，我们将构造 build model 函数，用 Keras Sequential 类来定义 RNN 模型。然后定义训练参数并调用该函数以获得 RNN 模型。

```
>>> def build_model(vocab_size, embedding_dim,rnn_units):
...     model = tf.keras.Sequential([
...         tf.keras.layers.Embedding(vocab_size, embedding_dim),
...         tf.keras.layers.LSTM(
...             rnn_units,
...             return_sequences=True),
...         tf.keras.layers.Dense(vocab_size)
...     ])
...     return model

>>> ## Setting the training parameters
>>> charset_size = len(char_array)
>>> embedding_dim = 256
>>> rnn_units = 512

>>> tf.random.set_seed(1)
>>> model = build_model(
...     vocab_size=charset_size,
...     embedding_dim=embedding_dim,
...     rnn_units=rnn_units)

>>> model.summary()
Model: "sequential"
_________________________________________________________________
Layer (type)                 Output Shape              Param #
=================================================================
embedding (Embedding)        (None, None, 256)         20480
_________________________________________________________________
lstm (LSTM)                  (None, None, 512)         1574912
```

```
dense (Dense)                (None, None, 80)          41040
=================================================================
Total params: 1,636,432
Trainable params: 1,636,432
Non-trainable params: 0
```

请注意，此模型中的LSTM层的输出形状为(None,None,512)，这意味着LSTM的输出为3级张量。第一个维度代表批次的数目，第二个维度为输出序列的长度，最后一个维度为隐藏层的单元数。LSTM层之所以输出3级张量，是因为在定义LSTM层时，参数设为return_sequences=True。全连接层(Dense)接收来自LSTM单元的输出，并计算输出序列每个元素的logits。因此模型的最终输出也将是3级张量。

此外，我们为最终的全连接层指定了参数activation=None。原因是需要将logits作为模型的输出，以便我们可以从模型预测中采样以生成新文本。稍后我们将讨论有关采样的部分。现在，先让我们训练模型：

```
>>> model.compile(
...     optimizer='adam',
...     loss=tf.keras.losses.SparseCategoricalCrossentropy(
...         from_logits=True
...     ))

>>> model.fit(ds, epochs=20)

Epoch 1/20
424/424 [==============================] - 80s 189ms/step - loss:
2.3437
Epoch 2/20
424/424 [==============================] - 79s 187ms/step - loss:
1.7654
...
Epoch 20/20
424/424 [==============================] - 79s 187ms/step - loss:
1.0478
```

现在，我们可以从给定的短字符串开始，对生成新文本的模型进行评估。下一节将定义一个函数来评估训练成的模型。

16.3.2.3 评估生成新文本段落的模型

上一节训练的循环神经网络模型为每个独特字符返回大小为80的logits。我们可以通过softmax函数把这些logits轻松地转换为概率，即下一个字符遇到某个特定字符的机会。要预测序列的下一个字符，我们只需选择logits值最大的元素，相当于选择概率最高的字符。但是，我们希望从输出中随机抽样，而不是始终选择概率最大的字符；否则，模型将始终生成相同的文本。TensorFlow提供了函数tf.random.categorical()，我们可以调用它从类别分布中随机抽样。为了了解其工作原理，让我们从三个类别[0，1，2]中生成一些输入logits为[1，1，1]的随机样本。

```
>>> tf.random.set_seed(1)

>>> logits = [[1.0, 1.0, 1.0]]
>>> print('Probabilities:', tf.math.softmax(logits).numpy()[0])
Probabilities: [0.33333334 0.33333334 0.33333334]

>>> samples = tf.random.categorical(
```

```
...     logits=logits, num_samples=10)
>>> tf.print(samples.numpy())
array([[0, 0, 1, 2, 0, 0, 0, 0, 1, 0]])
```

如你所见，对于给定的 logits，类别概率相同(即机会均等)。因此，如果样本规模较大(num_samples→∞)，预计各类出现的次数约为样本大小的 1/3。如果把 logits 改为[1，1，3]，那么我们期望看到更多类别 2 事件发生(当从该分布抽取大量样本时)：

```
>>> tf.random.set_seed(1)

>>> logits = [[1.0, 1.0, 3.0]]
>>> print('Probabilities: ', tf.math.softmax(logits).numpy()[0])
Probabilities: [0.10650698 0.10650698 0.78698605]

>>> samples = tf.random.categorical(
...     logits=logits, num_samples=10)
>>> tf.print(samples.numpy())
array([[2, 0, 2, 2, 2, 0, 1, 2, 2, 0]])
```

我们可以根据模型计算的 logits 调用 `tf.random.categorical` 生成样本。定义一个函数 `sample()`，它接收一个短的起始字符串 `starting_str`。然后生成一个新字符串 `generated_str`，它最初被设置为输入字符串。然后，从 `generated_str` 的末尾获取一串大小为 `max_input_length` 的字符串，并编码为整数序列 `encoded_input`。把 `encoded_input` 传递给循环神经网络模型以计算 logits。请注意，因为我们为循环神经网络模型的最后一个循环层指定了参数 `return_sequences=True`，所以循环神经网络模型的输出是一个与输入序列长度相同的 logits 序列。因此，在循环神经网络模型观察输入序列后，输出的每个元素代表下一个字符的 logits(大小为 80 的向量，即字符总数)。

我们只把输出的 `logits` 的最后一个元素($\boldsymbol{o}^{(T)}$)传递给 `tf.random.categorical()` 函数以生成新样本。该样本将被转换为字符，然后追加到生成字符串 `generated_text` 的末尾，并将其长度加 1。重复此过程，从 `generated_str` 末尾获取最后 `max_input_length` 个字符，并用它来生成一个新字符串，直到所生成字符串的长度达到所需的值。用生成的序列作为新元素输入的过程被称为*自回归*(auto-regression)。

返回序列作为输出

你可能想知道当只用最后一个字符来采样新字符并忽略输出的其余部分时，为什么要使用 `return_sequences=True`。虽然这个问题非常有意义，但请不要忘记，我们用整个输出序列进行训练。损失是根据输出中的每个预测计算的，而不仅仅是最后一个。

`sample()` 函数的示例代码如下：

```
>>> def sample(model, starting_str,
...            len_generated_text=500,
...            max_input_length=40,
...            scale_factor=1.0):
...     encoded_input = [char2int[s] for s in starting_str]
...     encoded_input = tf.reshape(encoded_input, (1, -1))
...
...     generated_str = starting_str
...
```

```
...     model.reset_states()
...     for i in range(len_generated_text):
...         logits = model(encoded_input)
...         logits = tf.squeeze(logits, 0)
...
...         scaled_logits = logits * scale_factor
...         new_char_indx = tf.random.categorical(
...             scaled_logits, num_samples=1)
...
...         new_char_indx = tf.squeeze(new_char_indx)[-1].numpy()
...
...         generated_str += str(char_array[new_char_indx])
...
...         new_char_indx = tf.expand_dims([new_char_indx], 0)
...         encoded_input = tf.concat(
...             [encoded_input, new_char_indx],
...             axis=1)
...         encoded_input = encoded_input[:, -max_input_length:]
...
...     return generated_str
```

现在，让我们生成一些新文本：

```
>>> tf.random.set_seed(1)
>>> print(sample(model, starting_str='The island'))
```

```
The island is probable that the view of the vegetable discharge on
unexplainst felt, a thore, did not
refrain it existing to the greatest
possing bain and production, for a hundred streamled
established some branches of the
holizontal direction. It was there is all ready, from one things from
contention of the Pacific
acid, and
according to an occurry so
summ on the rooms. When numbered the prud Spilett received an
exceppering from their head, and by went inhabited.

"What are the most abundance a report
```

如上所示，模型生成的单词大多数正确，在某些情况下，句子部分有意义。你可以进一步调整训练参数，例如用于训练的输入序列的长度、模型体系结构和采样参数(如 max_input_length)。

此外，为了控制生成样本的可预测性(即按照从训练文本中学习到的模式生成文本，而不是添加更多的随机性)，循环神经网络模型计算的 logits 可以在传递给 tf.random.categorical()之前进行缩放。缩放因子 α 可以解释为物理学温度的倒数。较高温度将导致更多的随机性，较低温度会带来更多的可预测行为。通过定义 $\alpha<1$ 缩放 logits，softmax 函数计算出的概率变得更加均匀，示例代码如下：

```
>>> logits = np.array([[1.0, 1.0, 3.0]])

>>> print('Probabilities before scaling:        ',
...       tf.math.softmax(logits).numpy()[0])

>>> print('Probabilities after scaling with 0.5:',
...       tf.math.softmax(0.5*logits).numpy()[0])
```

```
>>> print('Probabilities after scaling with 0.1:',
...       tf.math.softmax(0.1*logits).numpy()[0])

Probabilities before scaling:         [0.10650698 0.10650698
0.78698604]
Probabilities after scaling with 0.5: [0.21194156 0.21194156
0.57611688]
Probabilities after scaling with 0.1: [0.31042377 0.31042377
0.37915245]
```

如你所见，通过定义 $\alpha=0.1$ 缩放 logits 会带来近乎均匀的概率[0.31, 0.31, 0.38]。现在，我们可以通过定义 $\alpha=2.0$ 和 $\alpha=0.5$ 对生成的不同文本进行比较，如下所示：

- $\alpha=2.0$→可预测性更好：

```
>>> tf.random.set_seed(1)
>>> print(sample(model, starting_str='The island',
...              scale_factor=2.0))
The island spoke of heavy torn into the island from the sea.

The noise of the inhabitants of the island was to be feared that
the colonists had come a project with a straight be put to the
bank of the island was the surface of the lake and sulphuric acid,
and several supply of her animals. The first stranger carried a
sort of accessible to break these screen barrels to their distance
from the palisade.

"The first huntil," said the reporter, "and his companions the
reporter extended to build a few days a
```

- $\alpha=0.5$→随机性更强：

```
>>> tf.random.set_seed(1)
>>> print(sample(model, starting_str='The island',
...              scale_factor=0.5))
The island
glissed in
ascercicedly useful? loigeh, Cyrus,
Spileots," henseporvemented
House to a left
the centlic moment. Tonsense craw.

Pencrular ed/ of times," tading had coflently often above anzand?"

"Wat;" then:y."


Ardivify he acpearly, howcovered--he hassime; however, fenquests
hen adgents!'.? Let us Neg eqiAl?.

GencNal, my surved thirtyin" ou; is Harding; treuths. Osew
apartarned. "N,
the poltuge of about-but durired with purteg.

Chappes wason!

Fears," returned Spilett; "if
you tear 8t trung
```

结果表明，在定义 $\alpha=0.5$(提高温度)的情况下缩放 logits 生成的文本随机性更强。在生成文本的新颖性与正确性之间存在着权衡。

在本节中，我们学习字符级的文本生成，这是一个序列到序列(seq2seq)的建模任务。虽然此示例本身可能并不太有用，但很容易想到这类模型的几种有用的应用，例如，类似的循环神经网络模型可以训练为聊天机器人来帮助用户进行简单的查询。

16.4 用转换器模型理解语言

本章用循环神经网络解决了两个序列建模问题。但是，最近出现了一种新体系结构，已在多个自然语言处理 NLP 任务中被证明表现得比循环神经网络的 seq2seq 模型要好。

这种被称为**转换器**的体系结构能够针对输入和输出序列之间的全局依赖关系建模，该模型由 Ashish Vaswani 等人于 2017 年提出，发表在 NeurIPS 论文 *Attention Is All You Need*(在线可以参考 http://papers.nips.cc/paper/7181-attention-is-all-you-need)。转换器体系结构基于所谓的**注意力机制**(attention)，更具体地说，是**自注意力机制**。让我们考虑本章前面介绍过的情感分析任务。在这种情况下，采用自注意力机制意味着我们的模型将能够学会专注于与情感更相关的输入序列部分。

16.4.1 了解自注意力机制

本节将解释自注意力机制，以及如何利用它帮助转换器模型专注于自然语言处理序列的重要部分。16.4.1.1 节将介绍一种非常基本的自注意力形式，以说明学习文本表达背后的整体思想。然后，我们将添加不同的权重参数，以便得出转换器模型中常用的自注意力机制。

16.4.1.1 自注意力的基本版本

为了介绍自注意力背后的基本思想，我们假设有一个长度为 T 的输入序列 $\boldsymbol{x}^{(0)}$，$\boldsymbol{x}^{(1)}$，…，$\boldsymbol{x}^{(T)}$ 和输出序列 $\boldsymbol{o}^{(0)}$，$\boldsymbol{o}^{(1)}$，…，$\boldsymbol{o}^{(T)}$。这些序列的每个元素 $\boldsymbol{x}^{(t)}$ 和 $\boldsymbol{o}^{(t)}$ 是大小为 d 的向量($\boldsymbol{x}^{(t)}\in R^d$)。对于 seq2seq 任务，自注意力的目标是为输出序列中的每个元素对输入元素的依赖关系建模。为了实现这一目标，自注意力机制由三个阶段组成。第一，根据当前元素与序列中所有其他元素之间的相似性得出重要性权重。第二，归一化权重，这通常涉及用我们已经熟悉的 softmax 函数。第三，将这些权重与相应的序列元素结合计算出自注意力值。

更正式地，自注意力的输出是所有输入序列的加权之和。例如，对于第 i 个输入元素，相应输出值的计算方式如下：

$$\boldsymbol{o}^{(i)}=\sum_{j=0}^{T}\boldsymbol{W}_{ij}\boldsymbol{x}^{(j)}$$

其中，权重 W_{ij} 是根据当前的输入元素 $\boldsymbol{x}^{(i)}$ 和输入序列中所有其他元素之间的相似性计算出来的。更具体地说，这种相似性计算为当前输入元素 $\boldsymbol{x}^{(i)}$ 和输入序列中的另一个元素 $\boldsymbol{x}^{(j)}$ 之间的点积：

$$w_{ij}=\boldsymbol{x}^{(i)T}\boldsymbol{x}^{(j)}$$

在为第 i 个输入和序列($\boldsymbol{x}^{(i)}$ 到 $\boldsymbol{x}^{(T)}$)的所有输入计算这些基于相似性的权重后，使用熟悉的 softmax 函数完成原始权重(ω_{i0} 到 ω_{iT})的归一化，如下所示：

$$w_{ij}=\frac{\exp(\omega_{ij})}{\sum_{j=0}^{T}\exp(\omega_{ij})}=\text{softmax}([\omega_{ij}]_{j=0\cdots T})$$

请注意，由于应用 softmax 函数，在完成归一化之后，权重总和将为 1，即

$$\sum_{j=0}^{T}W_{ij}=1$$

让我们来总结一下在自注意力操作背后的三个主要步骤：

1）对于给定的输入元素 $\boldsymbol{x}^{(i)}$ 和[0，T]范围内的每个第 j 个元素计算点积 $\boldsymbol{x}^{(i)\mathrm{T}}\boldsymbol{x}^{(j)}$。

2）用 softmax 函数归一化点积获得权重 W_{ij}。

3）计算输出 $\boldsymbol{o}^{(j)}$ 作为整个输入序列的加权总和：$\boldsymbol{o}^{(i)}=\sum_{j=0}^{T}W_{ij}\boldsymbol{x}^{(i)}$

图 16-15 进一步阐释了这些步骤。

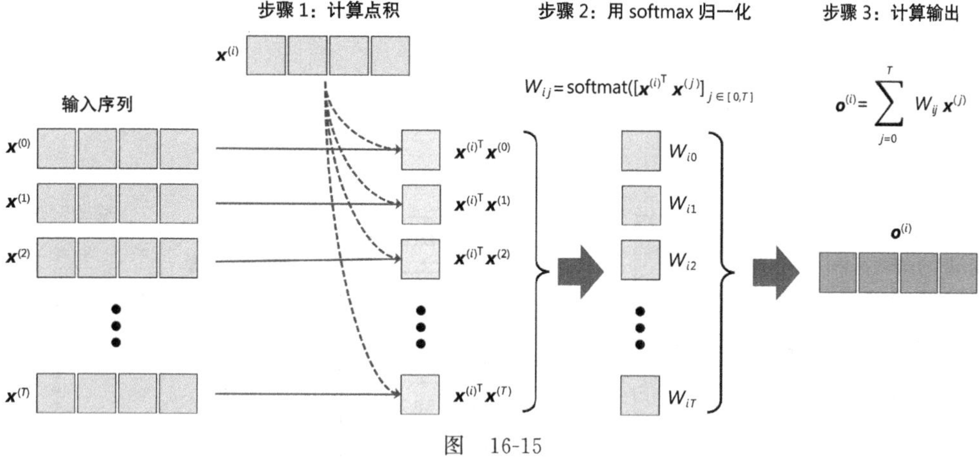

图　16-15

16.4.1.2　用查询、键和值权重参数化自注意力机制

现在，已经了解了自注意力背后的基本概念，本小节将总结转换器模型中所用的更高级的自注意力机制。请注意，在计算输出时，前面的小节不涉及任何可学习的参数。因此，如果想要学习一种语言模型，并希望通过调整自注意力值来优化目标(例如最小化分类误差)，就需要调整每个输入元素 $\boldsymbol{x}^{(i)}$ 的单词嵌入(即输入向量)。换句话说，用前面引入的基本自注意力机制，转换器模型对于给定序列的模型优化，在如何更新或改变自注意力值方面相当有限。为了使自注意力机制更加灵活，适应模型的优化，我们将在模型训练期间引入三个额外的权重矩阵作为模型的参数。这三个权重矩阵表示为 $\boldsymbol{U}_q$，$\boldsymbol{U}_k$ 和 $\boldsymbol{U}_v$，分别用于将输入映射到查询、键和值的序列元素：

- 查询序列：$\boldsymbol{q}(i)=\boldsymbol{U}_q\boldsymbol{x}^{(i)}$，其中 $i\in[0,\ T]$。
- 健序列：$\boldsymbol{k}^{(i)}=\boldsymbol{U}_k\boldsymbol{x}^{(i)}$，其中 $i\in[0,\ T]$。
- 值序列：$\boldsymbol{v}^{(i)}=\boldsymbol{U}_v\boldsymbol{x}^{(i)}$，其中 $i\in[0,\ T]$。

这里 $\boldsymbol{q}^{(i)}$ 和 $\boldsymbol{k}^{(i)}$ 均为大小为 d_k 的向量。因此投影矩阵 $\boldsymbol{U}_q$ 和 $\boldsymbol{U}_k$ 的形状为 $d_k\times d$，$\boldsymbol{U}_v$ 的形状为 $d_v\times d$。为简单起见，我们可以将这些向量设计成相同的形状，例如定义 $m=d_k=d_v$。现在，我们可以计算查询和键之间的点积，而不是计算给定输入序列元素 $\boldsymbol{x}^{(i)}$ 和第 $\boldsymbol{j}$ 个序列元素 $\boldsymbol{x}^{(j)}$ 之间的成对点积作为非归一化权重。

$$\omega_{ij}=\boldsymbol{q}^{(i)^T}\boldsymbol{k}^{(j)}$$

可以进一步用 m，或者更确切地说 $1/\sqrt{m}$，在调用 softmax 函数归一化之前缩放 ω_{ij}，如下所示：

$$W_{ij}=\text{softmax}\left(\frac{\omega_{ij}}{\sqrt{m}}\right)$$

请注意，把 ω_{ij} 按照 $1/\sqrt{m}$ 比例缩放将确保权重向量的欧几里得长度大致在同一范围内。

16.4.2 多头注意力和转换器块

另外一个可以大大提高自注意力机制区分能力的窍门是**多头注意力**(multi-head attention，MHA)，它结合了多种自注意力操作。在这种情况下，每个自注意力机制被称为头(head)，它们可以并行计算。采用 r 个并行头，每个头都会产生大小为 m 的向量 $\boldsymbol{h}$。将这些向量串联起来获得一个形状为 $r\times m$ 的向量 $\boldsymbol{z}$。最后，用输出矩阵 $\boldsymbol{W}^o$ 对串联向量投影从而获得最终的输出，如下所示：

$$\boldsymbol{o}^{(i)}=W_{ij}^{o}\boldsymbol{z}$$

转换器块的体系结构如图 16-16 所示。

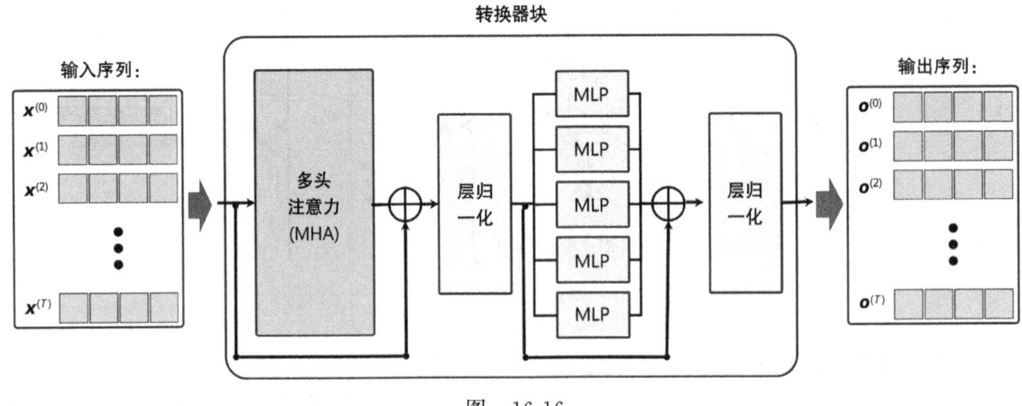

图　16-16

请注意，在图 16-16 所示的转换器体系结构中，我们添加了两个尚未讨论过的额外组件。其中一个被称为*残差连接*(residual connection)，它把一层或多层的输出添加到其输入，即 $\boldsymbol{x}+\text{layer}(\boldsymbol{x})$。由具有此类残差连接的一层(或多层)组成的块被称为*残差块*(residual block)。图 16-16 所示的转换器块中就有两个残差块。

另一个新组件是**层归一化**(layer normalization)。有一系列归一化层，包括批处理归一化，我们将在第 17 章中介绍。暂且可以把层归一化视为归一化或缩放神经网络每层输入与激活的奇特或更高级的方法。

回到图 16-16 的转换器模型图，现在让我们讨论该模型的工作原理。首先，把输入序列传递给 MHA 层，MHA 层基于前面讨论过的自注意力机制。此外，通过残差连接把输入序列添加到 MHA 层的输出，这可确保早期层在训练期间能够接收到足够的梯度信号，这是用于提高训练速度和确保收敛的常用技巧。如果对此有兴趣，你可以阅读更多关于剩差连接背后的概念，参考由 Kaiming He、Xiangyu Zhang、Shaoqing Ren 和 Jian Sun 撰写的研究文章“Deep Residual Learning for Image Recognition”，可以从 http://openaccess.thecvf.com/content_cvpr_2016/html/He_Deep_Residual_Learning_

CVPR_2016_paper.html 免费获得。

将输入序列添加到 MHA 层的输出之后，通过层归一化完成对输出的归一化。然后，这些归一化信号经过一系列 MLP(即全连接)层，这些层也有一个残差连接。最后，残差块的输出再次被归一化，并作为输出序列返回，结果可用于序列分类或序列生成。

为节省篇幅，此处省略了实现和训练转换器模型的说明。然而，感兴趣的读者可以在 https://www.tensorflow.org/tutorials/text/transformer 的 TensorFlow 官方文档中找到出色的实现和演练。

16.5　本章小结

在本章中，我们首先了解了序列的属性，这些属性使序列与其他类型的数据(如结构化数据或图像)区别开来。然后，我们介绍了循环神经网络的序列建模基础。了解了循环神经网络模型的基本工作原理，并讨论了它在序列数据中捕获长期依赖关系方面的局限性。接下来，我们介绍了 LSTM 信元，它由一个门控机制组成，以减少梯度爆炸和消失问题所带来的影响，这在循环神经网络的基本模型中很常见。

在讨论了循环神经网络背后的主要概念之后，我们用 Keras API 实现了多个具有不同循环层的循环神经网络模型。特别是实现了用于情感分析的循环神经网络模型，以及用于生成文本的循环神经网络模型。最后，我们介绍了转换器模型，该模型利用自注意力机制来关注序列的相关部分。

下一章，我们将了解生成模型，特别是**生成对抗网络**(GAN)，这些网络在计算机视觉社区的各种视觉任务中成效显著。

第 17 章
Python Machine Learning，Third Edition

用生成对抗网络合成新数据

在上一章中，我们重点介绍了用于序列建模的**循环神经网络**。本章将探讨**生成对抗网络**(GAN)，并了解其在合成新样本数据中的应用。GAN 被认为是深度学习中最重要的突破，允许计算机生成新数据(如新图像)。

本章将主要涵盖下述几个方面：

- 介绍用于合成新数据的生成模型。
- 自动编码器、变分自编码器(variational autoencoder，VAE)，以及它们与 GAN 的关系。
- 了解 GAN 的构建块。
- 实现简单的 GAN 模型来生成手写数字。
- 了解转置卷积和**批归一化**(BatchNorm 或 BN)。
- 改进 GAN：采用 wasserstein 距离的 GAN 与深度卷积 GAN。

17.1 生成对抗网络介绍

让我们先了解 GAN 模型的基础。GAN 的总体目标是合成与其训练数据集具有相同分布的新数据。因此，原始 GAN 被视为机器学习任务的无监督学习类别，因为不需要标记数据。然而，值得注意的是，对原始 GAN 进行的扩展可以同时存在于半监督学习和受监督学习的任务中。

Ian Goodfellow 和他的同事于 2014 年首次提出了 GAN 的概念，作为用深度神经网络合成新图像的方法(Goodfellow，I.，Pouget-Abadie，J.，Mirza，M.，Xu，B.，Warde-Farley，D.，Ozair，S.，Courville，A. and Bengio，Y.，*Generative Adversarial Nets*，*in Advances in Neural Information Processing Systems*，pp. 2672-2680，2014)虽然该论文最初提出的 GAN 体系结构是基于全连接层的，类似于多层感知器的体系结构，并且经过训练来生成低分辨率类 MNIST 的手写数字，但是它更像是用来证明这种新方法的可行性。

然而，自从推出这个方法以来，原作者以及许多其他研究人员提出了在工程和科学等不同领域的许多改进意见以及其他的各种应用，例如，在计算机视觉中，GAN 用于图像到图像的转换(学习如何将输入图像映射到输出图像)、生成超高分辨率的图像(根据低分辨率版本的图像制作高分辨率的图像)、图像重画(学习如何重建图像的缺失部分)以及许多其他的应用。例如，最近 GAN 研究的进步使模型能够生成高分辨率的新面部图像。从 https://www.thispersondoesnotexist.com/网站上可以找到这类高分辨率图像的示例，它展示了由 GAN 生成的合成面部图像。

17.1.1 自编码器

在讨论 GAN 的工作原理之前，我们将首先介绍自编码器，它可以压缩和解压缩训练数据。虽然标准的自编码器无法生成新数据，但了解其功能将有助于在下一节中为GAN导航。

自编码器由两个连接在一起的网络组成：**编码器**网络和**解码器**网络。编码器网络接收与样本 $\boldsymbol{x}(\boldsymbol{x}\in R^d)$ 相关的 d 维输入特征向量，并将其编码为 p 维向量 $\boldsymbol{z}$（即 $\boldsymbol{z}\in R^p$）。换句话说，编码器的作用是学习如何对函数 $\boldsymbol{z}=f(\boldsymbol{x})$ 建模。编码向量 $\boldsymbol{z}$ 也被称为潜在向量或潜在特征表示。通常，潜在向量的维度小于输入样本的维度，换句话说，$p<d$。因此，我们可以说编码器的作用与数据压缩函数相同。解码器从低维的潜在向量 $\boldsymbol{z}$ 解压 $\hat{\boldsymbol{x}}$，我们可以把解码器当作函数 $\hat{\boldsymbol{x}}=g(\boldsymbol{z})$。图 17-1展示了一个简单的自编码器体系结构，其中编码器和解码器的每个组件仅包含一个全连接层。

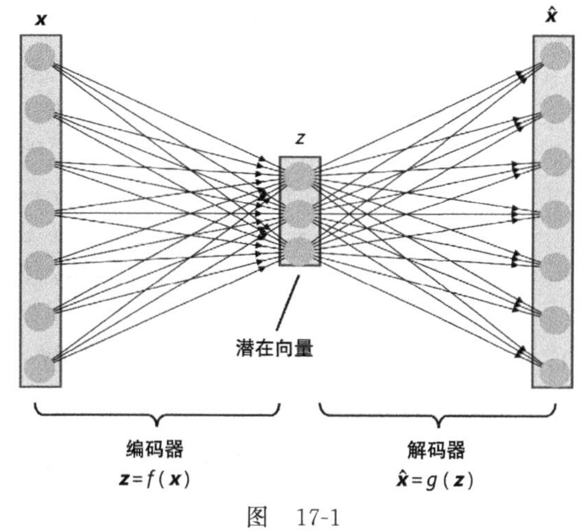

图　17-1

自编码器与降维之间的关系

在第 5 章中，我们了解了降维技术，如主成分分析(PCA)和线性判别分析(LDA)。自编码器也可以用来作为降维技术。事实上，当两个子网(编码器和解码器)中都不存在非线性时，自编码器方法与 PCA 几乎相同。

在这种情况下，如果假设单层编码器(没有隐藏层和非线性激活函数)的权重由矩阵 $\boldsymbol{U}$ 表示，那么编码器模型 $\boldsymbol{z}=\boldsymbol{U}^{\mathrm{T}}x$。同样，单层线性解码器模型 $\hat{\boldsymbol{x}}=\boldsymbol{U}\boldsymbol{z}$。把这两个组件放在一起，我们将得到 $\hat{\boldsymbol{x}}=\boldsymbol{U}\boldsymbol{U}^{\mathrm{T}}\boldsymbol{x}$。这与 PCA 算法别无二致，除了 PCA 有额外的正交约束：$\boldsymbol{U}\boldsymbol{U}^{\mathrm{T}}=\boldsymbol{I}_{n\times n}$。

虽然图 17-1 描绘了在编码器和解码器内没有隐藏层的自编码器，但是，我们当然可以添加多个非线性的隐藏层(如多层神经网络)来构建一个深度自编码器，学习更有效的数据压缩和函数重建方法。此外，也请注意，本节中提到的自编码器使用全连接层。但是，当我们处理图像时，我们可以用卷积层取代全连接层，正如在第 15 章中学到的那样。

基于潜在空间大小的其他类型自编码器

如前所述，自编码器潜在空间的维度通常小于输入维度($p<d$)，这使得自编码器适用于降维。因此，潜在向量通常也被称为“瓶颈”，自编码器的这种特定配置也称为欠完备(undercomplete)。然而，有一种被称为过完备(overcomplete)的另类自编码器，其潜在向量 $\boldsymbol{z}$ 的维度实际上大于输入样本的维度($p>d$)。

在训练过完备自编码器时，有一个简单的解决方案，编码器和解码器可以简单地学习把输入特征复制(记忆)到输出层。该解决方案显然用途不大。但是如果对训练过程稍做修改，过完备自编码器就可以用于降噪(noise reduction)。

在这种情况下，在训练过程中，随机噪声 $\boldsymbol{\varepsilon}$ 被添加到输入样本，网络从噪声信号 $\boldsymbol{x}+\boldsymbol{\varepsilon}$ 中学习如何重建干净的样本 $\boldsymbol{x}$。在评估时，我们提供带有自然噪声的新样本(即噪声已经存在，因此不需要添加额外的人工噪声 $\boldsymbol{\varepsilon}$)，以便从这些样本中消除现有的噪声。这种特定的自编码器体系结构和训练方法被称为**去噪自编码器**(denoising autoencoder)。

如果感兴趣，你可以在研究论文中了解更多有关的信息：参考由 Vincent 等人发表的 *Stacked denoising autoencoders: Learning useful representations in a deep network with a local denoising criterion*，可以从 http://www.jmlr.org/papers/v11/vincent10a.html 免费获取。

17.1.2　用于合成新数据的生成模型

自编码器是确定性模型，这意味着在自编码器完成训练后，给定输入 $\boldsymbol{x}$，它将能够根据低维空间的压缩版本重建输入。因此，除了通过转换压缩表达来重建输入之外，不能生成新数据。

另一方面，生成模型可以根据随机向量 $\boldsymbol{z}$(对应于潜在表达)生成新样本 $\tilde{\boldsymbol{x}}$。图 17-2 展示了生成模型的原理图。随机向量 $\boldsymbol{z}$ 来自表征完全已知的简单分布，因此我们可以轻松地从此类分布中抽样。例如，$\boldsymbol{z}$ 的每个元素都可能来自范围[−1，1]的均匀分布(记为 $z_i \sim \text{Uniform}(-1,1)$)，或者来自标准正态分布(记为 $z_i \sim \text{Normal}(\mu=0, \sigma^2=1)$)。

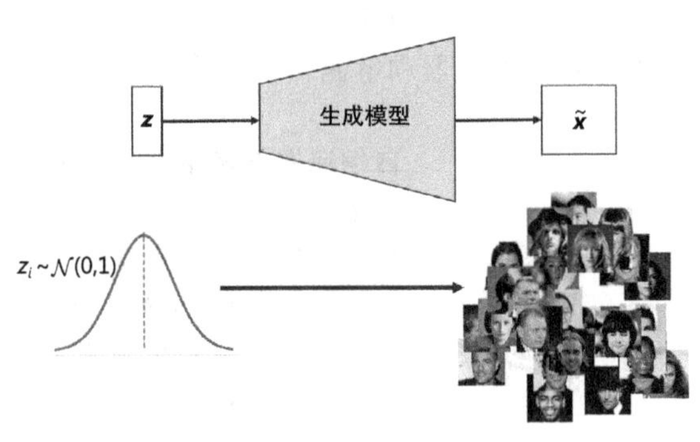

图　17-2

由于我们已经将注意力从自编码器转移到生成模型，你可能已经注意到自编码器的解码器组件与生成模型有一些相似之处。特别是，它们都接收潜在向量 $\boldsymbol{z}$ 作为输入并返回与 $\boldsymbol{x}$ 相同空间的输出。(对于自编码器，$\hat{\boldsymbol{x}}$ 为输入 $\boldsymbol{x}$ 的重建，对于生成模型，$\hat{\boldsymbol{x}}$ 为合成的样本。)

然而，两者之间的主要区别是，我们不知道 $\boldsymbol{z}$ 在自编码器中的分布，而在生成模型中，$\boldsymbol{z}$ 的分布是完全可表征的。不过，可以将自编码器泛化为生成模型。一种方法是 VAE。

在接收输入样本 $\boldsymbol{x}$ 的 VAE 中，修改编码器网络的方式为：计算潜在向量分布的均值 $\boldsymbol{\mu}$ 和方差 $\boldsymbol{\sigma}^2$。在 VAE 训练期间，网络被迫与标准正态分布(即零均值和单位方差)的这两个矩匹配。在完成 VAE 模型的训练后，丢弃编码器，我们可以通过反馈从高斯分布中学习到的随机向量 $\boldsymbol{z}$，使用解码器网络生成新样本 $\tilde{\boldsymbol{x}}$。

除了 VAE 之外，还有诸如自回归模型和归一化流模型等其他类型的生成模型。然而，本章只关注 GAN 模型，它是深度学习中最新和最受欢迎的生成模型。

什么是生成模型？

请注意，在传统上，我们把生成模型定义为对数据输入分布 $p(\boldsymbol{x})$ 或输入数据与相关目标的联合分布 $p(\boldsymbol{x}, y)$ 的建模算法。根据定义，这些模型能从某个特征 $\boldsymbol{x}_i$ 中抽样，以另一个特征 $\boldsymbol{x}_j$ 为条件，也被称为**条件推理**

(conditional inference)。但是，在深度学习中，生成模型这个术语通常用于指生成逼真数据的模型。这意味着我们可以从输入分布 $p(\boldsymbol{x})$ 中抽样，但未必能够满足条件推理。

17.1.3　用 GAN 生成新样本

为了能够理解 GAN 到底是做什么的，我们假设有一个网络，接收从已知分布采样的随机向量 $\boldsymbol{z}$，然后生成输出图像 $\boldsymbol{x}$。我们把该网络称为**生成器**(G)，所生成的输出用公式表达为$\widetilde{\boldsymbol{x}}=G(\boldsymbol{z})$。假设我们的目标是生成某些图像，例如面部图像、建筑物图像、动物图像，甚至像 MNIST 这样的手写数字。

与往常一样，我们将用随机权重初始化此网络。因此，在调整权重之前，第一个输出图像看起来像白噪声。现在想象有一个可以评估图像质量的函数(让我们称之为评估器函数)。

如果真有这样的函数，我们就可以把该函数的反馈提供给生成器网络，告诉它如何调整权重以提高生成图像的质量。这样就可以根据评估器函数的反馈来训练生成器，学习改进输出以生成逼真的图像。

虽然前述评估器函数能将图像生成任务变得非常简单，但是问题在于是否存在这样的评估图像质量的通用函数，如果存在，我们应该如何定义函数。在观察网络输出时，人类显然很容易评估输出图像的质量，尽管我们不能(尚未)把结果从大脑传回网络。现在，如果大脑能够评估合成图像的质量，我们能否设计出一个神经网络模型来做同样的事情呢？事实上，这正是 GAN 的大致思路。如图 17-3 所示，GAN 模型由一个被称为**判别器**(D)的附加神经网络所组成，它是从真实图像 $\boldsymbol{x}$ 学习检测合成图像$\widetilde{\boldsymbol{x}}$的分类器。

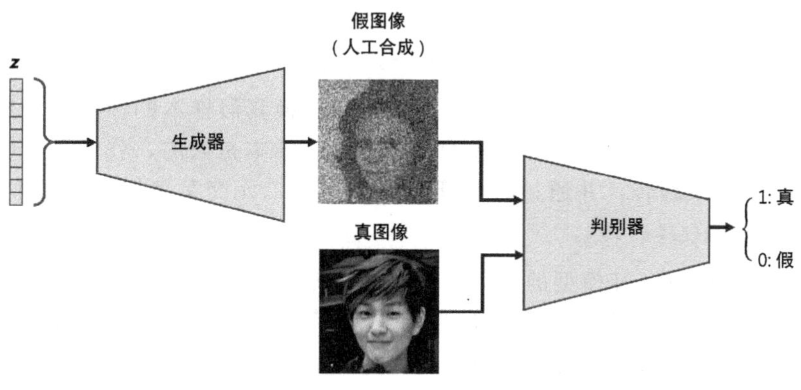

图　17-3

在 GAN 模型中，生成器和判别器两个网络一起训练。首先，在初始化模型权重后，生成器会创建看起来不太逼真的图像。同样，判别器在区分真实图像和生成器合成图像方面也做得很差。但随着时间的推移(即通过训练)，两个网络通过彼此交互变得越来越好。事实上，两个网络在玩一个对抗游戏，其中生成器学习改善输出，以便能够愚弄判别器。与此同时，判别器在检测合成图像方面也变得更加出色。

17.1.4 理解 GAN 模型中生成器和判别器网络的损失函数

Goodfellow 等人在 *Generative Adversarial Nets*(https://papers.nips.cc/paper/5423_generative-adversarial-nets.pdf)中对 GAN 的目标功能描述如下：

$$V(\theta^{(D)}, \theta^{(G)})=E_{\boldsymbol{x}\sim p_{\text{data}}(\boldsymbol{x})}[\log D(\boldsymbol{x})]+E_{\boldsymbol{z}\sim p_{\boldsymbol{z}}(\boldsymbol{z})}[\log(1-D(G(\boldsymbol{z})))]$$

其中 $V(\theta^{(D)}, \theta^{(G)})$被称作值函数，可以理解为回报，即我们希望最大化有关判别器(D)的值，同时最小化有关生成器(G)的值，即($\min\limits_{G}\max\limits_{D}V(\theta^{(D)}, \theta^{(G)})$)。$D(\boldsymbol{x})$表示输入样本 $\boldsymbol{x}$ 为真或假(即生成)的概率。表达式 $E_{\boldsymbol{x}\sim p_{\text{data}}(\boldsymbol{x})}[\log D(\boldsymbol{x})]$是指括号中有关数据分布(真实样本分布)数量的期望值；$E_{\boldsymbol{z}\sim p_{\boldsymbol{z}}(\boldsymbol{z})}[\log(1-D(G(\boldsymbol{z})))]$是指与输入分布向量 $\boldsymbol{z}$ 有关数量的期望值。

训练拥有此类值函数的 GAN 模型需要两个优化步骤：(1) 最大化判别器的回报；(2) 最小化生成器的回报。训练 GAN 模型的一种实用方法是在这两个优化步骤之间交替执行：(1) 固定(冻结)一个网络的参数并优化另一个网络的权重；(2) 固定第二个网络并优化第一个网络。应在每次训练迭代中重复此过程。假设生成器网络是固定的，我们希望优化判别器。值函数 $V(\theta^{(D)}, \theta^{(G)})$中的两项对优化判别器都有帮助，第一项对应于真样本相关的损失，第二项为假样本的损失。因此，当 G 固定时，目标是最大化 $V(\theta^{(D)}, \theta^{(G)})$，这意味着让判别器能更好地区分真实图像与生成图像。

在用真假样本的损失项优化判别器之后，我们固定判别器并优化生成器。在这种情况下，只有 $V(\theta^{(D)}, \theta^{(G)})$中的第二项才会对生成器的梯度做出贡献。因此，当 D 固定时，目标是最小化 $V(\theta^{(D)}, \theta^{(G)})$，这可以写成：$\min\limits_{G}E_{\boldsymbol{z}\sim p_{\boldsymbol{z}}(\boldsymbol{z})}[\log(1-D(G(\boldsymbol{z})))]$。正如 Goodfellow 等人在 GAN 论文中提到的那样，函数 $\log(1-D(G(\boldsymbol{z})))$在训练早期受到梯度消失的影响。原因是在学习过程的早期，输出 $G(\boldsymbol{z})$看起来不那么真实，因此 $G(\boldsymbol{z})$以高置信度接近于零。这种现象被称为饱和(saturation)。为了解决这个问题，我们可以把最小化目标的计算公式 $\min\limits_{G}E_{\boldsymbol{z}\sim p_{\boldsymbol{z}}(\boldsymbol{z})}[\log(1-D(G(\boldsymbol{z})))]$修改为$\max\limits_{G}E_{\boldsymbol{z}\sim p_{\boldsymbol{z}}(\boldsymbol{z})}[\log(D(G(\boldsymbol{z})))]$。

这种替换意味着，为了训练生成器，我们可以互换真假样本的标签，并定期计算最小化函数。换句话说，即使生成器合成的标签为 0 的样本是假的，我们也可以通过为这些样本分配标签 1 来翻转，并通过这些新标签最小化二元交叉熵损失，而不是最大化：$\max\limits_{G}E_{\boldsymbol{z}\sim p_{\boldsymbol{z}}(\boldsymbol{z})}[\log(D(G(\boldsymbol{z})))]$。

已经掌握了训练 GAN 模型的一般优化过程，现在让我们来探讨在训练 GAN 时可以使用的各种数据标签。鉴于判别器是二元分类器(类标签分别为 0 和 1，分别用于假和真图像)，所以可以用二元交叉熵损失函数。因此，可以确定判别器损失的真值标签如下：

$$\text{判别器的真值标签}=\begin{cases}1: & \text{真图像 } \boldsymbol{x}\\ 0: & G \text{ 的输出 } G(\boldsymbol{z})\end{cases}$$

训练生成器的标签是怎么回事？因为希望生成器合成逼真的图像，所以当生成器的输出被评估为不真实类时，我们加大惩罚。这意味着在计算生成器的损失函数时，我们将假定生成器输出的真值标签为 1。

综上所述，图 17-4 显示了简单 GAN 模型中的各个步骤。

在下一节中，我们将从零开始实现 GAN 来生成新的手写数字。

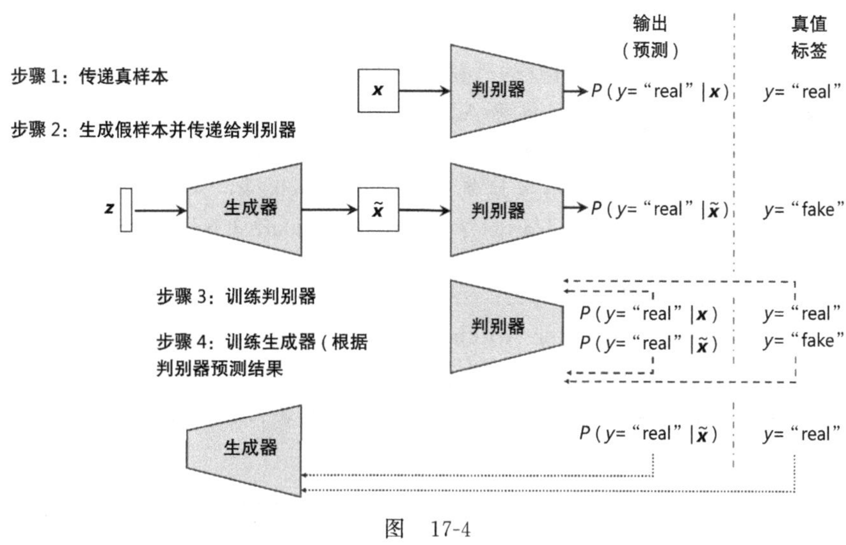

图　17-4

17.2　从零开始实现 GAN

本节将介绍如何实现和训练 GAN 模型以生成诸如 MNIST 数字这样的新图像。在普通中央处理器(CPU)上训练可能需要很长时间，以下小节将介绍如何配置谷歌 Colab 环境，以便能够在图形处理器(GPU)上进行计算。

17.2.1　用谷歌 Colab 训练 GAN 模型

本章中的一些示例代码可能需要大量的计算资源，这些资源超出了商用笔记本电脑或没有 GPU 的普通工作站的能力。如果你有支持 NVIDIA GPU 的计算机，并且安装了 CUDA 和 cuDNN 库，那么我们可以用它来提高计算速度。

但是，由于许多人无法获得高性能的计算资源，因此我们将采用谷歌系统实验室的环境(通常被称为谷歌 Colab)，这是一种在大多数国家和地区都可以免费使用的云计算服务。

谷歌 Colab 提供在云端运行的 Jupyter Notebook 实例，notebook 可以把代码保存在谷歌云盘或 GitHub 上。虽然该平台提供诸如 CPU、GPU 甚至张量处理器(TPU)之类的各种不同的计算资源，但是我们必须强调，谷歌当前限制其执行时间为 12 小时。任何运行超过 12 小时的 notebook 都将会被中断。

本章的示例代码最多需要两到三小时的计算时间，因此没有问题。但是，如果要把谷歌 Colab 用于其他需要 12 小时以上的项目，请确保检查并保存中间的检查点。

Jupyter Notebook

Jupyter Notebook 是一个以交互方式运行代码的图形用户界面(GUI)，可以与文本和图形文档交错使用。由于它的多功能性和易用性，它已成为数据科学中最受欢迎的工具之一。

有关 Jupyter Notebook GUI 的更多信息，请参考 https://jupyter-notebook.readthedocs.io/en/stable/的官方文档。本书中的所有代码也以 Jupyter Notebook 的形式提供，可以在第 1 章的示例代码目录下找到相关的简要

介绍，具体网址为：https://github.com/rasbt/python-machine-learning-book-3rd-edition/tree/master/ch01#pythonjupyter-notebook。

最后，我们强烈推荐 Adam Rule 等人的文章 *Ten simple rules for writing and sharing computational analyses in Jupyter Notebooks*，该文论述了如何在科研项目中有效地使用 Jupyter Notebook，可以在 https://journals.plos.org/ploscompbiol/article?id=10.1371/journal.pcbi.1007007 免费查阅。

访问谷歌 Colab 非常简单。https://colab.research.google.com 会自动把你带到提示窗口，那里可以看到现有的 Jupyter Notebook。在提示窗口单击 GOOGLE DRIVE 选项卡，会看到如图 17-5 所示的情况。这样你就可以在谷歌云盘上保存 notebook 了。要创建新 notebook，请单击提示窗口底部的 NEW PYTHON 3 NOTEBOOK 链接，如图 17-5 所示。

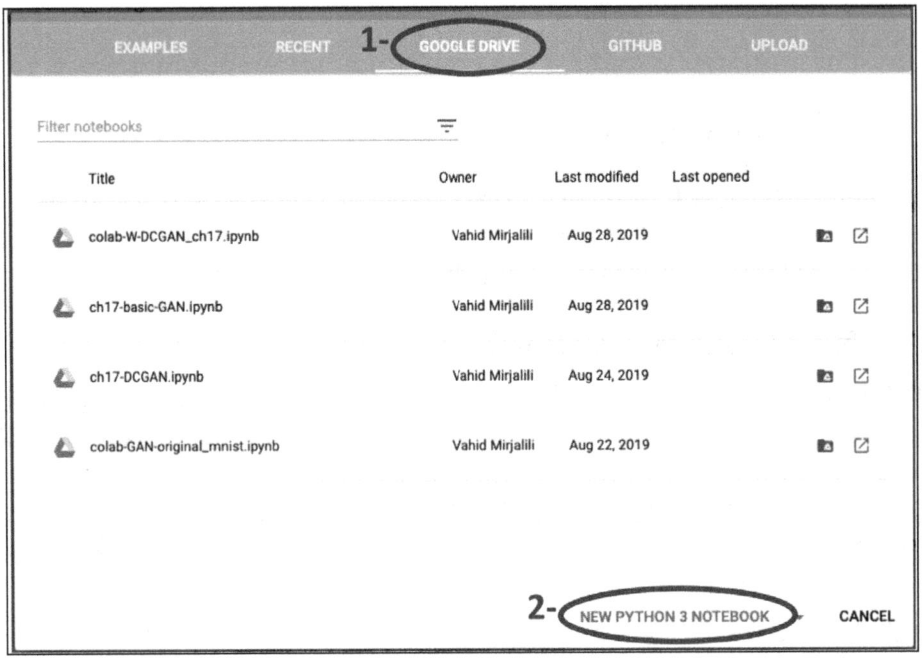

图　17-5

这将创建和打开一个新的 notebook。所有用该 notebook 编写的示例代码将自动保存，以后可以在谷歌云盘的 Colab Notebook 目录下访问你的 notebook。

下一步，我们希望利用 GPU 运行该 notebook 中的示例代码。为此，请在该 notebook 菜单栏中的 Runtime 选项中，单击 Change runtime type 并选择 GPU，如图 17-6 所示。

在最后一步中，我们只需要安装本章所需的 Python 包。Colab Notebook 环境已附带某些软件包，例如 NumPy、SciPy 和稳定版本的 TensorFlow。然而，在撰写本书时，谷歌 Colab 的 TensorFlow 最新稳定版本是 1.15.0，但是我们希望用版本 2.0。因此，首先需要在该 Notebook 的新单元中执行以下命令安装支持 GPU 的 TensorFlow 2.0：

```
! pip install -q tensorflow-gpu==2.0.0
```

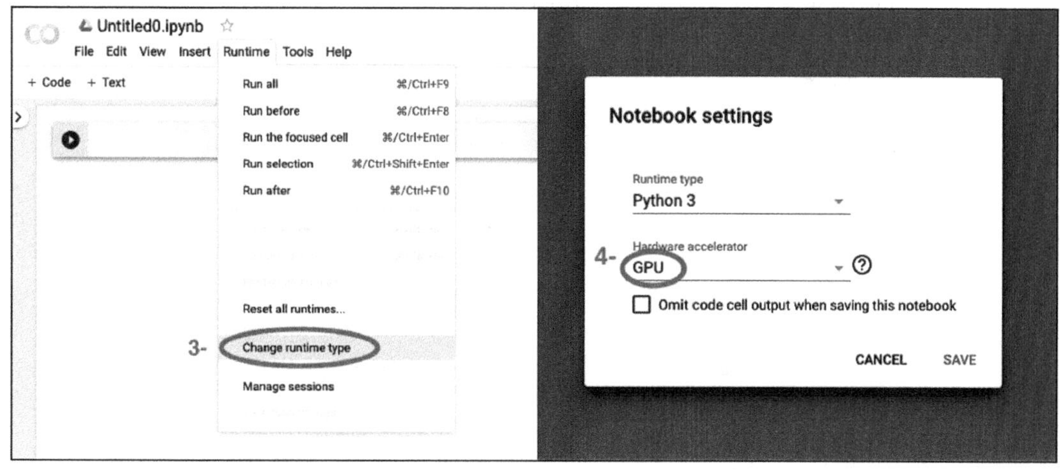

图　17-6

（在 Jupyter Notebook 中，以感叹号开头的单元将被解释为 Linux 的 shell 命令。）

现在，我们可以用以下的示例代码测试安装并验证 GPU 是否可用：

```
>>> import tensorflow as tf
>>> print(tf.__version__)
'2.0.0'
>>> print("GPU Available:", tf.test.is_gpu_available())
GPU Available: True
>>> if tf.test.is_gpu_available():
...     device_name = tf.test.gpu_device_name()
... else:
...     device_name = '/CPU:0'
>>> print(device_name)
'/device:GPU:0'
```

此外，如果你想将模型保存到个人谷歌云盘，或者传输或上传其他文件，则需要安装谷歌云盘。为此，请在 Notebook 的新单元中执行以下的操作：

```
>>> from google.colab import drive
>>> drive.mount('/content/drive/')
```

这将提供一个链接以授权 Colab Notebook 访问谷歌云盘。按照身份验证说明执行后，系统将提供一个身份验证码，将该验证码复制并粘贴到刚刚执行过命令的单元下方的指定输入框中。这样就可以把谷歌云盘加载到`/content/drive/My Drive`。

17.2.2　实现生成器和判别器网络

我们将开始实施第一个 GAN 模型，其中包括一个生成器和一个判别器，该模型是拥有一个或多个隐藏层的两个全连接网络（参见图 17-7）。这是 GAN 的原始版本，我们称其为香草 GAN。

我们将对该模型的每个隐藏层应用渗漏的 ReLU 激活函数。应用 ReLU 会导致稀疏梯度，当我们想要为全系列的输入值提供梯度时，这可能不适合。在判别器网络中，每个隐藏层后面跟一个 dropout 层。此外，生成器中的输出层使用双曲正切（tanh）激活函数。（建议对生成器网络使用 tanh 激活，因为它有助于学习。）

判别器的输出层没有激活函数（即线性激活）来获取 logits。有一种解决方案是可以用

sigmoid 激活函数来获取概率作为输出，如图 17-7 所示。

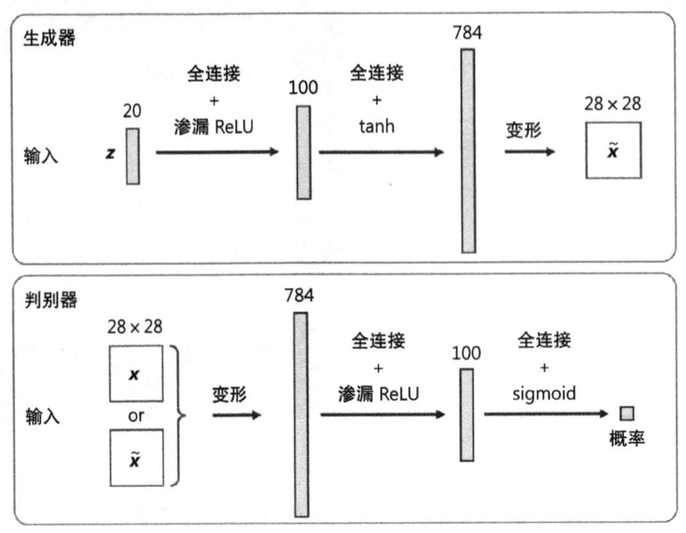

图 17-7

渗漏 ReLU 激活函数

在第 13 章中，我们介绍了可以在神经网络模型中使用的不同非线性激活函数。还记得我们把 ReLU 激活函数定义为 $\phi(z)=\max(0, z)$，它抑制负（预激活）输入，也就是说，把负输入设置为零。因此，使用 ReLU 激活函数可能会导致反向传播出现稀疏梯度。稀疏梯度并不总是有害的，甚至可能有利于模型分类。但是，在某些应用（如 GAN）中，获得全系列输入值的梯度可能是有益的，我们可以通过对 ReLU 函数进行些许修改来实现，以便在输入值为负的情况下输出小值。这种修正版本的 ReLU 函数也被称为**渗漏** ReLU。简而言之，渗漏 ReLU 激活函数允许输入为负值的非零梯度，因此，它使网络的整体表现力更强。

泄漏函数 ReLU 激活函数定义如图 17-8所示。这里，α 确定负（预激活）输入的斜率。

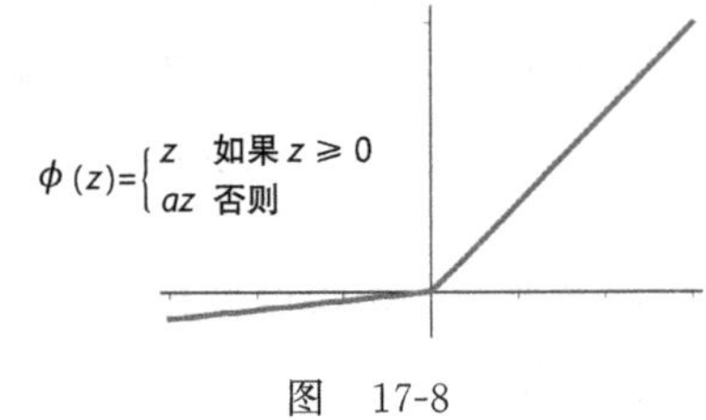

图 17-8

我们将为两个网络分别定义两个辅助函数，从 Keras 的 `Sequential` 类实例化模型，并按所述添加层。示例代码如下：

```
>>> import tensorflow as tf
>>> import tensorflow_datasets as tfds
>>> import numpy as np
>>> import matplotlib.pyplot as plt

>>> ## define a function for the generator:
>>> def make_generator_network(
...         num_hidden_layers=1,
...         num_hidden_units=100,
```

```
...         num_output_units=784):
...
...     model = tf.keras.Sequential()
...     for i in range(num_hidden_layers):
...         model.add(
...             tf.keras.layers.Dense(
...                 units=num_hidden_units, use_bias=False))
...         model.add(tf.keras.layers.LeakyReLU())
...
...     model.add(
...         tf.keras.layers.Dense(
...             units=num_output_units, activation='tanh'))
...     return model

>>> ## define a function for the discriminator:
>>> def make_discriminator_network(
...         num_hidden_layers=1,
...         num_hidden_units=100,
...         num_output_units=1):
...
...     model = tf.keras.Sequential()
...     for i in range(num_hidden_layers):
...         model.add(
...             tf.keras.layers.Dense(units=num_hidden_units))
...         model.add(tf.keras.layers.LeakyReLU())
...         model.add(tf.keras.layers.Dropout(rate=0.5))
...
...     model.add(
...         tf.keras.layers.Dense(
...             units=num_output_units, activation=None))
...     return model
```

接着，我们设置模型的训练参数。正如在前几章中学到的那样，MNIST 数据集中的图像大小为 28×28 像素。(这只有一个颜色通道，因为 MNIST 仅包含灰度图像。)我们将进一步定义输入向量 $\boldsymbol{z}$ 的大小为 20，用随机统一分布来初始化模型的权重。由于要实现的是一个仅用于说明目的非常简单的 GAN 模型，而且使用全连接层，因此我们只会在每个网络中使用拥有 100 个单元的单隐藏层。在以下的示例代码中，我们将定义并初始化两个网络，并且打印其摘要信息：

```
>>> image_size = (28, 28)
>>> z_size = 20
>>> mode_z = 'uniform' # 'uniform' vs. 'normal'
>>> gen_hidden_layers = 1
>>> gen_hidden_size = 100
>>> disc_hidden_layers = 1
>>> disc_hidden_size = 100

>>> tf.random.set_seed(1)

>>> gen_model = make_generator_network(
...     num_hidden_layers=gen_hidden_layers,
...     num_hidden_units=gen_hidden_size,
...     num_output_units=np.prod(image_size))

>>> gen_model.build(input_shape=(None, z_size))
>>> gen_model.summary()
```

```
Model: "sequential"
_________________________________________________________________
Layer (type)                 Output Shape              Param #
=================================================================
dense (Dense)                multiple                  2000
_________________________________________________________________
leaky_re_lu (LeakyReLU)      multiple                  0
_________________________________________________________________
dense_1 (Dense)              multiple                  79184
=================================================================
Total params: 81,184
Trainable params: 81,184
Non-trainable params: 0
_________________________________________________________________

>>> disc_model = make_discriminator_network(
...     num_hidden_layers=disc_hidden_layers,
...     num_hidden_units=disc_hidden_size)
>>> disc_model.build(input_shape=(None, np.prod(image_size)))
>>> disc_model.summary()
Model: "sequential_1"
_________________________________________________________________
Layer (type)                 Output Shape              Param #
=================================================================
dense_2 (Dense)              multiple                  78500
_________________________________________________________________
leaky_re_lu_1 (LeakyReLU)    multiple                  0
_________________________________________________________________
dropout (Dropout)            multiple                  0
_________________________________________________________________
dense_3 (Dense)              multiple                  101
=================================================================
Total params: 78,601
Trainable params: 78,601
Non-trainable params: 0
_________________________________________________________________
```

17.2.3 定义训练数据集

下一步，我们将加载MNIST数据集并进行必要的预处理。由于生成器的输出层采用tanh激活函数，因此合成图像的像素值将在(−1，1)范围内。但是，MNIST图像的输入像素在[0，255]范围内(具有TensorFlow的数据类型`tf.uint8`)。因此，在预处理步骤中，我们将调用`tf.image.convert_image_dtype`函数将输入图像张量的`dtype`从`tf.uint8`转换为`tf.float32`。因此，除了转换`dtype`之外，调用此函数还会把输入像素的强度范围转变为[0，1]。然后，我们可以将它们的规模放大2个因子，并将它们偏移−1，以便将像素强度重新调整到[−1，1]的范围。此外，我们还将基于所需的随机分布(在本示例代码中为`uniform`或`normal`，这是最常见的选择)创建随机向量$\boldsymbol{z}$，并以元组的形式返回预处理图像和随机向量：

```
>>> mnist_bldr = tfds.builder('mnist')
>>> mnist_bldr.download_and_prepare()
>>> mnist = mnist_bldr.as_dataset(shuffle_files=False)

>>> def preprocess(ex, mode='uniform'):
```

```
...     image = ex['image']
...     image = tf.image.convert_image_dtype(image, tf.float32)
...     image = tf.reshape(image, [-1])
...     image = image*2 - 1.0
...     if mode == 'uniform':
...         input_z = tf.random.uniform(
...             shape=(z_size,), minval=-1.0, maxval=1.0)
...     elif mode == 'normal':
...         input_z = tf.random.normal(shape=(z_size,))
...     return input_z, image

>>> mnist_trainset = mnist['train']
>>> mnist_trainset = mnist_trainset.map(preprocess)
```

请注意，我们在这里返回了输入向量 z 和图像，以便于在模型拟合期间获取训练数据。但是，这并不意味着向量 z 与图像有任何相关性——输入图像来自数据集，而向量 z 是随机生成的。在每个训练迭代中，随机生成的向量 z 代表生成器为合成新图像而接收的输入，图像(真实图像与合成图像)是判别器的输入。

让我们检查创建的数据集对象。在以下的示例代码中，我们将采用一批样本并打印该采样的输入向量和图像的数组形状。此外，为了了解 GAN 模型的整体数据流，在以下的示例代码中，我们将处理生成器和判别器的正向传播。

首先，我们把该批的输入向量 z 提供给生成器，并获取其输出 `g_output`。我们将把这批假样本馈送给判别器模型，以获得该批假样本 `d_logits_fake` 的 logits。此外，我们从数据集对象获取的处理图像将被馈送到判别器模型，从而获得真实样本 `d_logits_real` 的 logits。示例代码如下：

```
>>> mnist_trainset = mnist_trainset.batch(32, drop_remainder=True)
>>> input_z, input_real = next(iter(mnist_trainset))
>>> print('input-z -- shape:   ', input_z.shape)
>>> print('input-real -- shape:', input_real.shape)
input-z -- shape:    (32, 20)
input-real -- shape: (32, 784)

>>> g_output = gen_model(input_z)
>>> print('Output of G -- shape:', g_output.shape)
Output of G -- shape: (32, 784)

>>> d_logits_real = disc_model(input_real)
>>> d_logits_fake = disc_model(g_output)
>>> print('Disc. (real) -- shape:', d_logits_real.shape)
>>> print('Disc. (fake) -- shape:', d_logits_fake.shape)
Disc. (real) -- shape: (32, 1)
Disc. (fake) -- shape: (32, 1)
```

`d_logits_fake` 和 `d_logits_real` 这两个 logits 将用于计算模型训练的损失函数。

17.2.4 训练 GAN 模型

下一步，我们将创建一个二元交叉熵实例 `BinaryCrossentropy` 作为损失函数，用来计算与前面刚处理过的批次关联的生成器和判别器的损失。为此，我们还需要每个输出的真值标签。对于生成器，我们将创建一个 1 的向量，其形状与包含生成图像的预测 logits `d_logits_fake` 的向量相同。判别器损失有两项：检测涉及 `d_logits_` fake 的假样本的损失，以及检测基于 d_logits_real 真实样本的损失。

假样本检测项的真值标签将是一个 0 的向量，我们可以调用 tf.zeros()或者 tf.zeros_like()函数生成。同样，我们可以通过 tf.ones()或者 tf.ones_like()函数生成真实图像的真值，这将创建 1 的向量：

```
>>> loss_fn = tf.keras.losses.BinaryCrossentropy(from_logits=True)

>>> ## Loss for the Generator
>>> g_labels_real = tf.ones_like(d_logits_fake)
>>> g_loss = loss_fn(y_true=g_labels_real, y_pred=d_logits_fake)
>>> print('Generator Loss: {:.4f}'.format(g_loss))
Generator Loss: 0.7505

>>> ## Loss for the Discriminator
>>> d_labels_real = tf.ones_like(d_logits_real)
>>> d_labels_fake = tf.zeros_like(d_logits_fake)

>>> d_loss_real = loss_fn(y_true=d_labels_real,
...                       y_pred=d_logits_real)
>>> d_loss_fake = loss_fn(y_true=d_labels_fake,
...                       y_pred=d_logits_fake)
>>> print('Discriminator Losses: Real {:.4f} Fake {:.4f}'
...       .format(d_loss_real.numpy(), d_loss_fake.numpy()))
Discriminator Losses: Real 1.3683 Fake 0.6434
```

前面的示例代码分步展示了不同损失项的计算过程，以便了解训练 GAN 模型背后的总体概念。以下的代码将配置 GAN 模型参数并实现训练循环，我们将把这些计算包括在 for 循环中。

此外，我们将调用 tf.GradientTape()来计算相对于模型权重的损失梯度，并用两个单独的 Adam 优化器来优化生成器和判别器参数。从下面的代码中可以看到，为了用 TensorFlow 对生成器和判别器进行交替训练，我们为每个网络显式地提供参数，并将每个网络的梯度分别应用于相应的优化器：

```
>>> import time
>>> num_epochs = 100
>>> batch_size = 64
>>> image_size = (28, 28)
>>> z_size = 20
>>> mode_z = 'uniform'
>>> gen_hidden_layers = 1
>>> gen_hidden_size = 100
>>> disc_hidden_layers = 1
>>> disc_hidden_size = 100

>>> tf.random.set_seed(1)
>>> np.random.seed(1)

>>> if mode_z == 'uniform':
...     fixed_z = tf.random.uniform(
...         shape=(batch_size, z_size),
...         minval=-1, maxval=1)
>>> elif mode_z == 'normal':
...     fixed_z = tf.random.normal(
...         shape=(batch_size, z_size))
```

```
>>> def create_samples(g_model, input_z):
...     g_output = g_model(input_z, training=False)
...     images = tf.reshape(g_output, (batch_size, *image_size))
...     return (images+1)/2.0

>>> ## Set-up the dataset
>>> mnist_trainset = mnist['train']
>>> mnist_trainset = mnist_trainset.map(
...     lambda ex: preprocess(ex, mode=mode_z))
>>> mnist_trainset = mnist_trainset.shuffle(10000)
>>> mnist_trainset = mnist_trainset.batch(
...     batch_size, drop_remainder=True)

>>> ## Set-up the model
>>> with tf.device(device_name):
...     gen_model = make_generator_network(
...         num_hidden_layers=gen_hidden_layers,
...         num_hidden_units=gen_hidden_size,
...         num_output_units=np.prod(image_size))
...     gen_model.build(input_shape=(None, z_size))
...
...     disc_model = make_discriminator_network(
...         num_hidden_layers=disc_hidden_layers,
...         num_hidden_units=disc_hidden_size)
...     disc_model.build(input_shape=(None, np.prod(image_size)))

>>> ## Loss function and optimizers:
>>> loss_fn = tf.keras.losses.BinaryCrossentropy(from_logits=True)
>>> g_optimizer = tf.keras.optimizers.Adam()
>>> d_optimizer = tf.keras.optimizers.Adam()

>>> all_losses = []
>>> all_d_vals = []
>>> epoch_samples = []

>>> start_time = time.time()
>>> for epoch in range(1, num_epochs+1):
...
...     epoch_losses, epoch_d_vals = [], []
...
...     for i,(input_z,input_real) in enumerate(mnist_trainset):
...
...         ## Compute generator's loss
...         with tf.GradientTape() as g_tape:
...             g_output = gen_model(input_z)
...             d_logits_fake = disc_model(g_output,
...                                        training=True)
...             labels_real = tf.ones_like(d_logits_fake)
...             g_loss = loss_fn(y_true=labels_real,
...                              y_pred=d_logits_fake)
...
...         ## Compute the gradients of g_loss
...         g_grads = g_tape.gradient(g_loss,
...                       gen_model.trainable_variables)
...
...         ## Optimization: Apply the gradients
```

```
...         g_optimizer.apply_gradients(
...             grads_and_vars=zip(g_grads,
...             gen_model.trainable_variables))
...
...         ## Compute discriminator's loss
...         with tf.GradientTape() as d_tape:
...             d_logits_real = disc_model(input_real,
...                                        training=True)
...
...             d_labels_real = tf.ones_like(d_logits_real)
...
...             d_loss_real = loss_fn(
...                 y_true=d_labels_real, y_pred=d_logits_real)
...
...             d_logits_fake = disc_model(g_output,
...                                        training=True)
...             d_labels_fake = tf.zeros_like(d_logits_fake)
...
...             d_loss_fake = loss_fn(
...                 y_true=d_labels_fake, y_pred=d_logits_fake)
...
...             d_loss = d_loss_real + d_loss_fake
...
...         ## Compute the gradients of d_loss
...         d_grads = d_tape.gradient(d_loss,
...                       disc_model.trainable_variables)
...
...         ## Optimization: Apply the gradients
...         d_optimizer.apply_gradients(
...             grads_and_vars=zip(d_grads,
...             disc_model.trainable_variables))
...
...         epoch_losses.append(
...             (g_loss.numpy(), d_loss.numpy(),
...              d_loss_real.numpy(), d_loss_fake.numpy()))
...
...         d_probs_real = tf.reduce_mean(
...                            tf.sigmoid(d_logits_real))
...         d_probs_fake = tf.reduce_mean(
...                            tf.sigmoid(d_logits_fake))
...         epoch_d_vals.append((d_probs_real.numpy(),
...                              d_probs_fake.numpy()))
...
...     all_losses.append(epoch_losses)
...     all_d_vals.append(epoch_d_vals)
...     print(
...         'Epoch {:03d} | ET {:.2f} min | Avg Losses >>'
...         ' G/D {:.4f}/{:.4f} [D-Real: {:.4f} D-Fake: {:.4f}]'
...         .format(
...             epoch, (time.time() - start_time)/60,
...             *list(np.mean(all_losses[-1], axis=0))))
...     epoch_samples.append(
...         create_samples(gen_model, fixed_z).numpy())
```

```
Epoch 001 | ET 0.88 min | Avg Losses >> G/D 2.9594/0.2843 [D-Real:
0.0306 D-Fake: 0.2537]

Epoch 002 | ET 1.77 min | Avg Losses >> G/D 5.2096/0.3193 [D-Real:
0.1002 D-Fake: 0.2191]
```

```
Epoch ...
Epoch 100 | ET 88.25 min | Avg Losses >> G/D 0.8909/1.3262 [D-Real:
0.6655 D-Fake: 0.6607]
```

如果我们用谷歌 Colab 的 GPU，应该不到一小时即可完成前面代码块中实现的训练过程。如果你有最新的而且功能更强的 CPU 和 GPU，训练过程在个人计算机上甚至可以更快。训练完模型之后，可以通过绘制判别器和生成器的损失来分析两个子网的行为，并评估它们是否收敛，这么做通常很有帮助。

绘制每次迭代中判别器计算出的真假样本的批次的平均概率也很有帮助。这些概率预计在 0.5 左右，这意味着判别器在区分图像真假的过程中信心不足：

```
>>> import itertools

>>> fig = plt.figure(figsize=(16, 6))

>>> ## Plotting the losses
>>> ax = fig.add_subplot(1, 2, 1)
>>> g_losses = [item[0] for item in itertools.chain(*all_losses)]
>>> d_losses = [item[1]/2.0 for item in itertools.chain(
...               *all_losses)]
>>> plt.plot(g_losses, label='Generator loss', alpha=0.95)
>>> plt.plot(d_losses, label='Discriminator loss', alpha=0.95)
>>> plt.legend(fontsize=20)
>>> ax.set_xlabel('Iteration', size=15)
>>> ax.set_ylabel('Loss', size=15)

>>> epochs = np.arange(1, 101)
>>> epoch2iter = lambda e: e*len(all_losses[-1])
>>> epoch_ticks = [1, 20, 40, 60, 80, 100]
>>> newpos = [epoch2iter(e) for e in epoch_ticks]
>>> ax2 = ax.twiny()
>>> ax2.set_xticks(newpos)
>>> ax2.set_xticklabels(epoch_ticks)
>>> ax2.xaxis.set_ticks_position('bottom')
>>> ax2.xaxis.set_label_position('bottom')
>>> ax2.spines['bottom'].set_position(('outward', 60))
>>> ax2.set_xlabel('Epoch', size=15)
>>> ax2.set_xlim(ax.get_xlim())
>>> ax.tick_params(axis='both', which='major', labelsize=15)
>>> ax2.tick_params(axis='both', which='major', labelsize=15)

>>> ## Plotting the outputs of the discriminator
>>> ax = fig.add_subplot(1, 2, 2)
>>> d_vals_real = [item[0] for item in itertools.chain(
...                  *all_d_vals)]
>>> d_vals_fake = [item[1] for item in itertools.chain(
...                  *all_d_vals)]
>>> plt.plot(d_vals_real, alpha=0.75,
...          label=r'Real: $D(\mathbf{x})$')
>>> plt.plot(d_vals_fake, alpha=0.75,
...          label=r'Fake: $D(G(\mathbf{z}))$')
>>> plt.legend(fontsize=20)
>>> ax.set_xlabel('Iteration', size=15)
>>> ax.set_ylabel('Discriminator output', size=15)

>>> ax2 = ax.twiny()
```

```
>>> ax2.set_xticks(newpos)
>>> ax2.set_xticklabels(epoch_ticks)
>>> ax2.xaxis.set_ticks_position('bottom')
>>> ax2.xaxis.set_label_position('bottom')
>>> ax2.spines['bottom'].set_position(('outward', 60))
>>> ax2.set_xlabel('Epoch', size=15)
>>> ax2.set_xlim(ax.get_xlim())
>>> ax.tick_params(axis='both', which='major', labelsize=15)
>>> ax2.tick_params(axis='both', which='major', labelsize=15)
>>> plt.show()
```

执行前面代码的结果如图 17-9 所示。

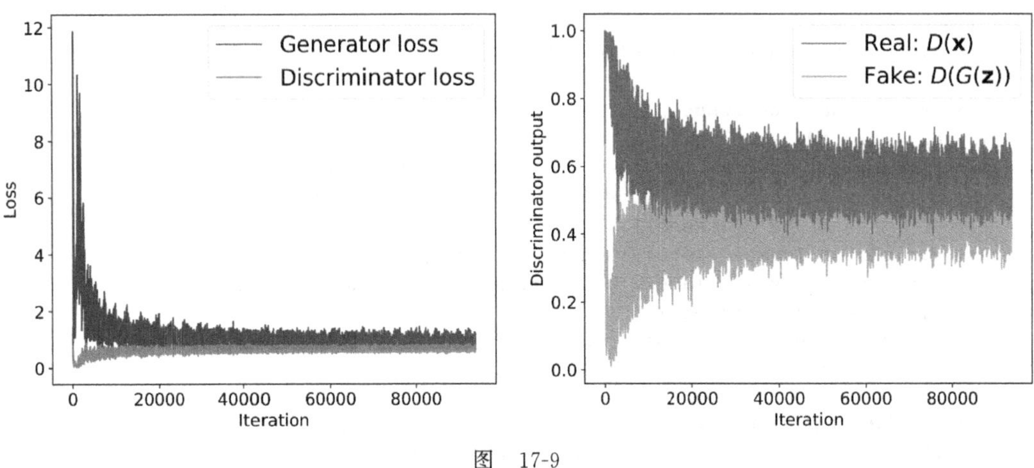

图　17-9

请注意，判别器模型的输出是 logits，但是为了实现上面的可视化效果，我们在计算每个批次的平均值之前，已经把 sigmoid 函数计算出的概率存起来了。

正如从图 17-9 的判别器输出所看到的那样，在训练的早期阶段，判别器能够很快学会非常准确地区分真假样本，即假样本的概率接近于 0，而真样本的概率接近于 1。原因是真假样本迥异，因此，分辨真假相当容易。随着训练的进一步进行，生成器学会更好地合成真实图像，这将导致真假样本的概率接近于 0.5。

此外，我们还可以看到生成器的输出(即合成的图像)在训练期间的变化。在每次迭代之后，我们都会调用 `create_samples()` 函数生成一些样本，并将它们存储在 Python 列表中。以下代码将可视化生成器根据某些迭代生成的一些图像：

```
>>> selected_epochs = [1, 2, 4, 10, 50, 100]
>>> fig = plt.figure(figsize=(10, 14))
>>> for i,e in enumerate(selected_epochs):
...     for j in range(5):
...         ax = fig.add_subplot(6, 5, i*5+j+1)
...         ax.set_xticks([])
...         ax.set_yticks([])
...         if j == 0:
...             ax.text(
...                 -0.06, 0.5, 'Epoch {}'.format(e),
...                 rotation=90, size=18, color='red',
...                 horizontalalignment='right',
...                 verticalalignment='center',
```

```
...                     transform=ax.transAxes)
...
...          image = epoch_samples[e-1][j]
...          ax.imshow(image, cmap='gray_r')
...
>>> plt.show()
```

产生的结果图像如图 17-10 所示。

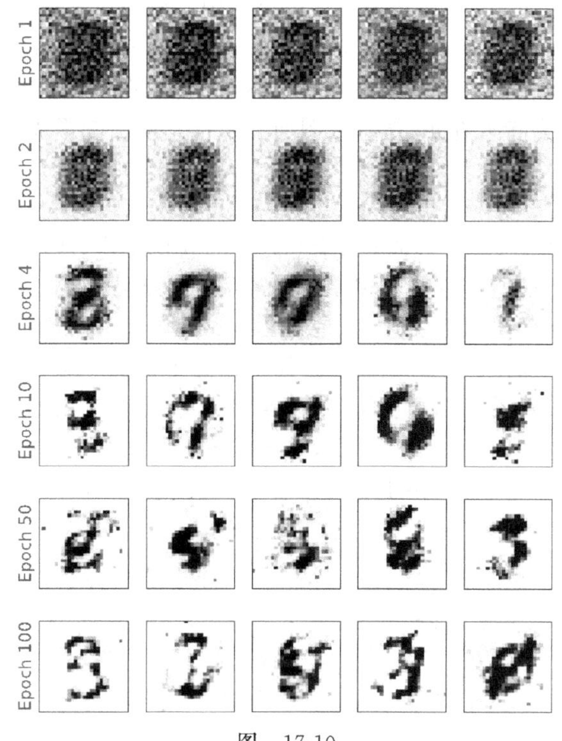

图　17-10

从图 17-10 可以看出，随着训练的进行，生成器网络产生越来越逼真的图像。但是，即使经过了 100 次迭代，所生成的图像看起来仍与 MNIST 数据集中的手写数字大相径庭。

本节设计了一个非常简单的 GAN 模型，该模型只有一个用于生成器和判别器的全连接隐藏层。在 MNIST 数据集上训练 GAN 模型后，我们可以用新的手写数字取得不甚满意但是至少靠谱的结果。正如我们在第 15 章中学到的那样，在图像分类方面，卷积神经网络体系结构比全连接层有些优势。同样的道理，在 GAN 模型上增加卷积层来处理图像数据可能会改善结果。下一节将实现一个**深度卷积 GAN**(DCGAN)，它把卷积层用于生成器和判别器网络。

17.3　用卷积和 Wasserstein GAN 提高合成图像的质量

本节将实现一个 DCGAN，以改善上一个 GAN 示例的性能。此外，还将用另外几种关键技术实现 Wasserstein GAN(WGAN)。

本节将介绍的技术包括：

- 转置卷积。
- BatchNorm。
- WGAN。
- 梯度惩罚。

DCGAN由A. Radford、L. Metz和S. Chintala于2016年提出，该论文*Unsupervised representation learning with deep convolutional generative adversarial networks*可在https://arxiv.org/pdf/1511.06434.pdf免费获得。在该论文中，研究人员建议在生成器和判别器网络中使用卷积层。从随机向量z开始，DCGAN首先用全连接层把z映射到适当大小的新向量，以便将其重塑为空间卷积表达($h \times w \times c$)，其规模小于输出图像的大小。然后用一系列卷积层(被称为**转置卷积**)把特征图向上采样到输出图像需要的大小。

17.3.1　转置卷积

在第15章中，我们了解了一维和二维空间中的卷积操作。特别是研究了填充和步长的选择如何改变输出特征图。虽然卷积操作通常用于特征空间的下采样(例如，通过将步长设置为2或在卷积层后增加池层)，但是**转置卷积**操作却常用于特征空间的上采样。

为了理解转置卷积操作，让我们做一个简单的思考实验。假设有一个大小为$n \times n$的输入特征图。我们把设置了填充和步长参数的二维卷积操作应用到该$n \times n$输入，结果生成大小为$m \times m$的输出特征图。现在的问题是，在保持输入和输出之间的连接模式的前提下，我们如何应用另一个卷积操作来处理这个大小为$m \times m$的输出特征图，从而获得具有初始维度$n \times n$的特征图？请注意，仅恢复$n \times n$输入矩阵的形状，而不是实际矩阵的值。这就是转置卷积的作用，如图17-11所示。

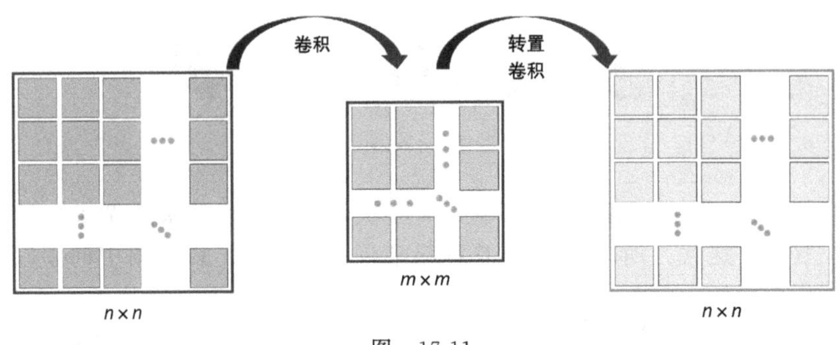

图　17-11

转置卷积与去卷积

转置卷积也被称为**微步卷积**(fractionally strided convolution)。在深度学习文献中，转置卷积的另一个常用术语是**去卷积**(deconvolution)。但是，请注意，去卷积最初被定义为卷积操作f的逆，权重参数为$\boldsymbol{w}$的f作用于特征图$\boldsymbol{x}$生成特征图$\boldsymbol{x}'$，即$f_w(\boldsymbol{x})=\boldsymbol{x}'$。去卷积函数$f^{-1}$可以定义为$f_w^{-1}(f(\boldsymbol{x}))=\boldsymbol{x}$。但是，请注意转置卷积仅聚焦在恢复特征空间的维度，而不是实际值。

用转置卷积对特征图进行向上采样，是通过在输入特征图的元素之间插入多个0完成的。图17-12展示了将转置卷积应用于步长为2×2，核大小为2×2，大小为4×4的输入样本的情况。中间大小为 9×9 的矩阵显示了把 0 插入输入特征图后的结果。然后，使用步长为 1 的 2×2 核执行常规卷积，结果输出大小为 8×8。我们可以通过对输出执行一个步长为 2 的常规卷积来验证向后的方向，结果是大小为 4×4 的输出特征图，该图与原始输入的大小相同。

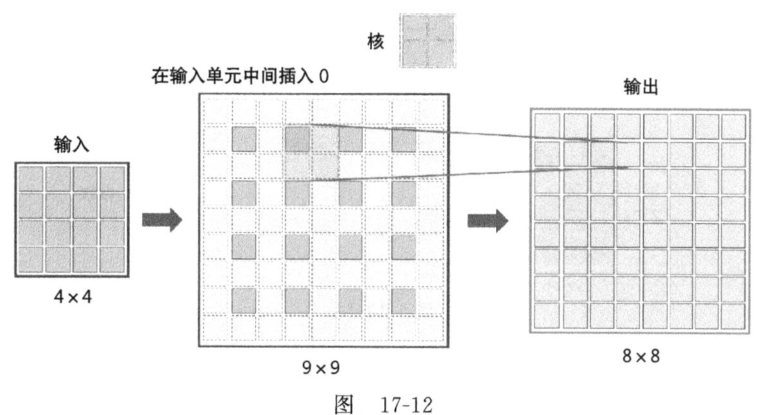

图　17-12

图 17-12 展示了转置卷积的工作原理。在不同情况下，输入大小、核大小、步长和填充的变化都可以改变输出。如果想了解有关所有这些不同情况的更多信息，请参阅 Vincent Dumoulin 和 Francesco Visin 的教程 *A Guide to Convolution Arithmetic for Deep Learning*，该教程可免费从 https://arxiv.org/pdf/1603.07285.pdf 获得。

17.3.2　批归一化

批归一化(BatchNorm)于 2015 年由 Sergey Ioffe 和 Christian Szegedy 在 *Batch Normalization: Accelerating Deep Network Training by ReducingInternal Covariate Shift* 一文中提出，可以在 arXiv(https://arxiv.org/pdf/1502.03167.pdf)上找到。BatchNorm 背后的主要思想之一是层输入的归一化，防止在训练期间改变分布，从而实现更快、更好的收敛。

BatchNorm 根据计算出的统计信息对小批次特征进行转换。假设我们有从四维张量 $\boldsymbol{Z}$ 中的卷积层获取的净预激活特征图，$\boldsymbol{Z}$ 的形状为$[m\times h\times w\times c]$，其中 m 为批次中的样本数(即批次规模)，$h\times w$ 是特征图的空间维度，c 是通道数。BatchNorm 可以概括为如下所示的三个步骤：

1) 计算每个批次净输入的均值和标准差：$\boldsymbol{\mu}_B=\frac{1}{m\times h\times w}\sum_{i,j,k}\boldsymbol{Z}^{[i,j,k,.]}$，$\boldsymbol{\sigma}_B^2=\frac{1}{m\times h\times w}\sum_{i,j,k}(\boldsymbol{Z}^{[i,j,k,.]}-\boldsymbol{\mu}_B)^2$，这里 $\boldsymbol{\mu}_B$ 和 $\boldsymbol{\sigma}_B^2$ 的大小均为 c。

2) 标准化批次中所有样本的净输入：$\boldsymbol{Z}_{\text{std}}^{[i]}=\frac{\boldsymbol{Z}^{[i]}-\boldsymbol{\mu}_B}{\boldsymbol{\sigma}_B+\varepsilon}$，其中 ε 是具有数值稳定性的小数字(即避免除以零)。

3) 用两个大小为 c(通道数)的可学习参数向量 $\boldsymbol{\gamma}$ 和 $\boldsymbol{\beta}$ 来调整和移动归一化的净输入，具体的公式是：$\boldsymbol{A}_{\text{pre}}^{[i]}=\boldsymbol{\gamma}\boldsymbol{Z}_{\text{std}}^{[i]}+\boldsymbol{\beta}$。

图 17-13 说明了该过程。

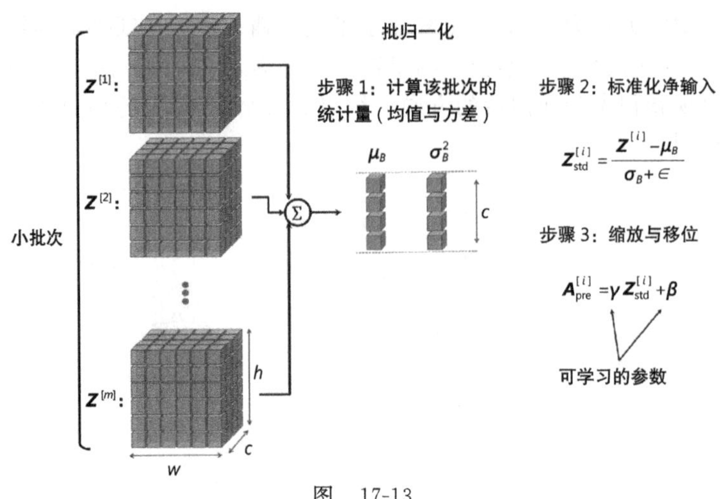

图　17-13

BatchNorm 的第一步是计算小批次样本的均值 $\boldsymbol{\mu}_B$ 和标准差 $\boldsymbol{\sigma}_B$。$\boldsymbol{\mu}_B$ 和 $\boldsymbol{\sigma}_B$ 两者均是大小为 c 的向量(c 为通道数)。这些统计数据将用在第二步通过 z-得分归一化(标准化)来缩放每个小批次样本，从而生成标准化的净输入 $\boldsymbol{Z}_{std}^{[i]}$。因此，这些净输入以均值为中心而且具有单位方差，总的来说，这是对梯度下降优化有用的属性。另一方面，始终坚持净输入的归一化，确保这些可能会产生分化的净输入在不同的小批次上保持相同的属性，结果严重影响神经网络的表达能力。这可以通过考虑一个特征 $x \sim N(0, 1)$来理解，在 sigmoid 激活值达到 $\sigma(x)$后，在线性区域的结果将会值接近于 0。因此，在第三步中，可学习的参数 $\boldsymbol{\beta}$ 和 $\boldsymbol{\gamma}$ 均是大小为 c 的向量(通道数量)，允许 BatchNorm 控制归一化特征的移位和扩散。

在训练期间，与调优参数 $\boldsymbol{\beta}$ 和 $\boldsymbol{\gamma}$ 一起计算游动的平均值 $\boldsymbol{\mu}_B$ 和游动的方差 $\boldsymbol{\sigma}_B^2$，从而使评估的测试样本归一化。

为什么 BatchNorm 有助于优化

BatchNorm 最初是为了减少所谓的内部协方差偏移(internal covariance shift)而开发的，该偏移定义为由于在训练期间更新网络参数而在层激活值分布上发生的变化。

举个简单的例子来解释这一点，考虑在第一次迭代中通过网络的一个固定批次。我们记录该批次每层的激活值。在遍历整个训练数据集并更新模型参数后，开始第二次迭代，即以前面固定的批次通过网络。然后比较第一和第二次迭代中的层激活值。由于网络参数已经变化，因此我们看到激活值也发生了变化。这种现象被称为内部协方差偏移，据分析它有减缓神经网络训练的作用。

然而，S. Santurkar、D. Tsipras、A. Ilyas 和 A. Madry 在 2018 年进一步调查了 BatchNorm 如此有效的原因。他们在研究中发现 BatchNorm 对内部协方差偏移的影响很小。根据实验结果而得出的假设是，BatchNorm 的有效性源自损失函数的表面更平滑，从而使非凸优化更加稳健。

如果有兴趣了解有关这些结果的更多内容，请阅读原始论文 *How Does Batch Normalization Help Optimization*?，该论文可以从下述网站免费获得：http://papers.nips.cc/paper/7515-how-does-batch-normalization-help-optimization.pdf。

TensorFlow Keras API 提供了 `tf.keras.layers.BatchNormalization()`类，可以在定义模型时作为一个层使用，它将执行前面描述的 BatchNorm 的所有步骤。请注意，更新可学习参数 $\boldsymbol{\gamma}$ 和 $\boldsymbol{\beta}$ 的行为取决于参数 training 设置为 `False` 还是 `True`，我们可以用它来确保这些参数仅用在训练期间的学习。

17.3.3　实现生成器和判别器

至此，我们介绍了 DCGAN 模型的主要组件，我们现在将实现该模型。生成器和判别器网络的体系结构如图 17-14 和图 17-15 所示。

生成器以大小为 20 的向量 $\boldsymbol{z}$ 作为输入，通过全连接（密集）层将规模扩大到 6272，然后再将其重塑成形状为 7×7×128（空间规模 7×7 和 128 个通道）的 3 级张量。然后，调用 `tf.keras.layers.Conv2DTransposed()`对特征图进行一系列的转置卷积，直到结果特征图的空间维度达到 28×28 为止。卷积层每转置一次，通道数就减一半，唯一例外的是最后一次转置，因为它仅用一个输出过滤器生成灰度图像。每个转置卷积层后面都跟着 BatchNorm 和渗漏的 ReLU 激活函数，但最后一个用 tanh（不含 BatchNorm）激活函数。图 17-14 展示了生成器的体系结构（每层之后的特征图）。

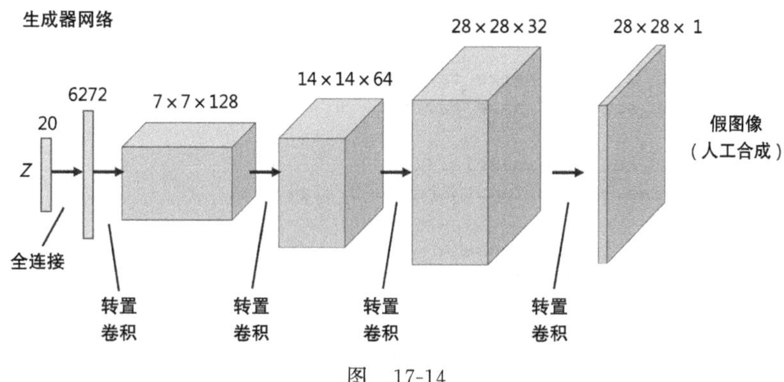

图　17-14

判别器接收大小为 28×28×1 的通过四个卷积层处理的图像。其中前三个卷积层将空间维数减少 4 个，同时增加特征图的通道数。每个卷积层的后面都跟着 BatchNorm、渗漏的 ReLU 激活函数和 `rate=0.3`（下降概率）的 dropout 层。最后一个卷积层用大小为 7×7 的核和单过滤器将输出空间维数降低到 1×1×1，如图 17-15 所示。

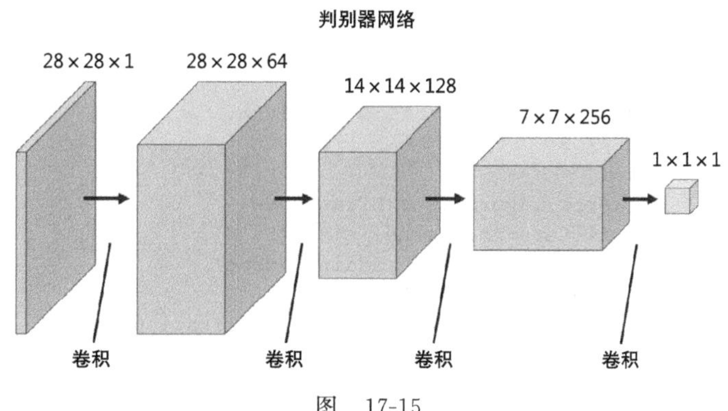

图　17-15

卷积 GAN 体系结构设计的注意事项

注意到生成器和判别器之间在特征图数量上有着不同的趋势。生成器从大量特征图开始，在趋向最后一层的过程中逐步减少。判别器从少量通道开始，在趋向最后一层的过程中逐渐增大。特征图的数量和特征图空间的大小呈相反趋势，这是设计卷积神经网络的要点。当特征图的空间加大时，特征图的数量就会减少，反之亦然。

此外，请注意，通常我们不建议在 BatchNorm 层后面的层中使用偏置单元。在这种情况下，使用偏置单元是多余的，因为 BatchNorm 已经有了移位参数 $\boldsymbol{\beta}$。通过在 `tf.keras.layers.Dense` 或 `tf.keras.layers.Conv2D` 中设置 `use_bias=False`，可以省略为给定层设置的偏置单元。

生成器和判别器网络的两个辅助函数的代码如下：

```
>>> def make_dcgan_generator(
...         z_size=20,
...         output_size=(28, 28, 1),
...         n_filters=128,
...         n_blocks=2):
...     size_factor = 2**n_blocks
...     hidden_size = (
...         output_size[0]//size_factor,
...         output_size[1]//size_factor)
...
...     model = tf.keras.Sequential([
...         tf.keras.layers.Input(shape=(z_size,)),
...
...         tf.keras.layers.Dense(
...             units=n_filters*np.prod(hidden_size),
...             use_bias=False),
...         tf.keras.layers.BatchNormalization(),
...         tf.keras.layers.LeakyReLU(),
...         tf.keras.layers.Reshape(
...             (hidden_size[0], hidden_size[1], n_filters)),
...
...         tf.keras.layers.Conv2DTranspose(
...             filters=n_filters, kernel_size=(5, 5),
...             strides=(1, 1), padding='same', use_bias=False),
...         tf.keras.layers.BatchNormalization(),
...         tf.keras.layers.LeakyReLU()
...     ])
...
...     nf = n_filters
...     for i in range(n_blocks):
...         nf = nf // 2
...         model.add(
...             tf.keras.layers.Conv2DTranspose(
...                 filters=nf, kernel_size=(5, 5),
...                 strides=(2, 2), padding='same',
...                 use_bias=False))
...         model.add(tf.keras.layers.BatchNormalization())
...         model.add(tf.keras.layers.LeakyReLU())
...
...     model.add(
...         tf.keras.layers.Conv2DTranspose(
```

```
...             filters=output_size[2], kernel_size=(5, 5),
...             strides=(1, 1), padding='same', use_bias=False,
...             activation='tanh'))
...
...     return model

>>> def make_dcgan_discriminator(
...         input_size=(28, 28, 1),
...         n_filters=64,
...         n_blocks=2):
...     model = tf.keras.Sequential([
...         tf.keras.layers.Input(shape=input_size),
...         tf.keras.layers.Conv2D(
...             filters=n_filters, kernel_size=5,
...             strides=(1, 1), padding='same'),
...         tf.keras.layers.BatchNormalization(),
...         tf.keras.layers.LeakyReLU()
...     ])
...
...     nf = n_filters
...     for i in range(n_blocks):
...         nf = nf*2
...         model.add(
...             tf.keras.layers.Conv2D(
...                 filters=nf, kernel_size=(5, 5),
...                 strides=(2, 2),padding='same'))
...         model.add(tf.keras.layers.BatchNormalization())
...         model.add(tf.keras.layers.LeakyReLU())
...         model.add(tf.keras.layers.Dropout(0.3))
...
...     model.add(
...         tf.keras.layers.Conv2D(
...                 filters=1, kernel_size=(7, 7),
...                 padding='valid'))
...
...     model.add(tf.keras.layers.Reshape((1,)))
...
...     return model
```

借助这两个辅助函数，我们可以使用在上一节中实现简单全连接的 GAN 时初始化的 MNIST 数据集对象，构建并训练 DCGAN 模型。此外，还可以用与以前相同的损失函数和训练程序。

本章的其余部分将对 DCGAN 模型进行更多修改。请注意，用于转换数据集的 `preprocess()` 函数必须改为输出图像张量，而不是将图像扁平化为向量。以下代码显示了为构建数据集以及创建新生成器和判别器网络所做的必要修改：

```
>>> mnist_bldr = tfds.builder('mnist')
>>> mnist_bldr.download_and_prepare()
>>> mnist = mnist_bldr.as_dataset(shuffle_files=False)

>>> def preprocess(ex, mode='uniform'):
...     image = ex['image']
...     image = tf.image.convert_image_dtype(image, tf.float32)
...
...     image = image*2 - 1.0
...     if mode == 'uniform':
```

```
...         input_z = tf.random.uniform(
...             shape=(z_size,), minval=-1.0, maxval=1.0)
...     elif mode == 'normal':
...         input_z = tf.random.normal(shape=(z_size,))
...     return input_z, image
```

可以用辅助函数 `make_dcgan_generator()` 创建生成器网络，并按以下方式打印其体系结构：

```
>>> gen_model = make_dcgan_generator()
>>> gen_model.summary()

Model: "sequential_2"
_________________________________________________________________
Layer (type)                 Output Shape              Param #
=================================================================
dense_1 (Dense)              (None, 6272)              125440
_________________________________________________________________
batch_normalization_7 (Batch (None, 6272)              25088
_________________________________________________________________
leaky_re_lu_7 (LeakyReLU)    (None, 6272)              0
_________________________________________________________________
reshape_2 (Reshape)          (None, 7, 7, 128)         0
_________________________________________________________________
conv2d_transpose_4 (Conv2DTr (None, 7, 7, 128)         409600
_________________________________________________________________
batch_normalization_8 (Batch (None, 7, 7, 128)         512
_________________________________________________________________
leaky_re_lu_8 (LeakyReLU)    (None, 7, 7, 128)         0
_________________________________________________________________
conv2d_transpose_5 (Conv2DTr (None, 14, 14, 64)        204800
_________________________________________________________________
batch_normalization_9 (Batch (None, 14, 14, 64)        256
_________________________________________________________________
leaky_re_lu_9 (LeakyReLU)    (None, 14, 14, 64)        0
_________________________________________________________________
conv2d_transpose_6 (Conv2DTr (None, 28, 28, 32)        51200
_________________________________________________________________
batch_normalization_10 (Batc (None, 28, 28, 32)        128
_________________________________________________________________
leaky_re_lu_10 (LeakyReLU)   (None, 28, 28, 32)        0
_________________________________________________________________
conv2d_transpose_7 (Conv2DTr (None, 28, 28, 1)         800
=================================================================
Total params: 817,824
Trainable params: 804,832
Non-trainable params: 12,992
_________________________________________________________________
```

同样，我们可以创建判别器网络并观察其体系结构：

```
>>> disc_model = make_dcgan_discriminator()
>>> disc_model.summary()
Model: "sequential_3"
_________________________________________________________________
Layer (type)                 Output Shape              Param #
=================================================================
conv2d_4 (Conv2D)            (None, 28, 28, 64)        1664
```

```
_________________________________________________________________
batch_normalization_11 (Batc (None, 28, 28, 64)        256
_________________________________________________________________
leaky_re_lu_11 (LeakyReLU)   (None, 28, 28, 64)        0
_________________________________________________________________
conv2d_5 (Conv2D)            (None, 14, 14, 128)       204928
_________________________________________________________________
batch_normalization_12 (Batc (None, 14, 14, 128)       512
_________________________________________________________________
leaky_re_lu_12 (LeakyReLU)   (None, 14, 14, 128)       0
_________________________________________________________________
dropout_2 (Dropout)          (None, 14, 14, 128)       0
_________________________________________________________________
conv2d_6 (Conv2D)            (None, 7, 7, 256)         819456
_________________________________________________________________
batch_normalization_13 (Batc (None, 7, 7, 256)         1024
_________________________________________________________________
leaky_re_lu_13 (LeakyReLU)   (None, 7, 7, 256)         0
_________________________________________________________________
dropout_3 (Dropout)          (None, 7, 7, 256)         0
_________________________________________________________________
conv2d_7 (Conv2D)            (None, 1, 1, 1)           12545
_________________________________________________________________
reshape_3 (Reshape)          (None, 1)                 0
=================================================================
Total params: 1,040,385
Trainable params: 1,039,489
Non-trainable params: 896
_________________________________________________________________
```

请注意，BatchNorm 层的参数数量的确是通道数(4×channels)的 4 倍。牢记 BatchNorm 的参数 $\boldsymbol{\mu}_B$ 和 $\boldsymbol{\sigma}_B$ 表示根据给定批次推断的每个特征值(不可训练参数)的均值和标准差，$\boldsymbol{\gamma}$ 和 $\boldsymbol{\beta}$ 是可训练的 BN 参数。

请注意，当用交叉熵作为损失函数时，该特定体系结构的性能不会很好。

下一小节将介绍 WGAN，它用基于真假图像分布之间的所谓的 Wasserstein-1(EM)距离修改损失函数，以提高训练性能。

17.3.4 两个分布之间相异度的度量

首先，让我们了解一下衡量两个分布之间差异情况的不同度量。然后，再弄清楚哪些度量值已经嵌入原始 GAN 模型。最后，在 GAN 中切换此度量，从而引导我们实现 WGAN。

如本章开篇所述，生成模型的目标是学习如何合成与训练数据集的分布相同的新样本。用 $P(x)$和 $Q(x)$来表示随机变量 x 的分布，如图 17-16 所示。

首先学习图 17-16 所示的一些方法，这些方法用来测量 P 和 Q 两个分布之间的相异度(dissimilarity)。

在全变差(total variation，TV)度量中使用的上确界函数 $\sup(S)$，是指大于 S 的所有元素的最小界。换句话说，$\sup(S)$是 S 的最小上限，反之亦然，在 EM 距离中使用的下确界函数 $\inf(S)$，是指小于 S 的所有元素的最大值(最大下界)。下面通过简要说明它们试图完成的目标来了解这些度量：

- 第一个是 TV 距离，度量每个点处两个分布之间的最大差异。

- EM 距离可以解释为将一个分布转换为另一个分布所需的最小工作量。在 EM 距离中，下确界函数 inf(S) 取自 $\Pi(P, Q)$，这是所有边际为 P 或 Q 的联合分布的集合。$\gamma(u, v)$ 为一个迁移方案，指明如何把地从 u 点重新分配到 v 点，它必须要满足一些约束，即迁移后仍然为合理的分布。计算 EM 距离本身就是一个优化问题，即寻找最优迁移方案 $\gamma(u, v)$。
- Kullback-Leibler(KL) 和 Jensen-Shannon(JS) 散度(divergence) 度量来自信息论领域。请注意，与 JS 散度相反，KL 散度是非对称的，即 $\mathrm{KL}(P\|Q) \neq \mathrm{KL}(Q\|P)$。

度量	公式
全变差（TV）	$\mathrm{TV}(P,Q)=\sup_x \lvert P(x)-Q(x)\rvert$
Kullback-Leibler（KL）散度	$\mathrm{KL}(P\|\|Q)=\int P(x)\log\frac{P(x)}{Q(x)}\mathrm{d}x$
Jensen-Shannon（JS）散度	$\mathrm{JS}(P,Q)=\frac{1}{2}\left(\mathrm{KL}\left(P\|\|\frac{P+Q}{2}\right)+\mathrm{KL}\left(Q\|\|\frac{P+Q}{2}\right)\right)$
EM距离	$\mathrm{EM}(P,Q)=\inf_{\gamma\in\Pi(P,Q)} E_{(u,v)\in\gamma}(\|u-v\|)$

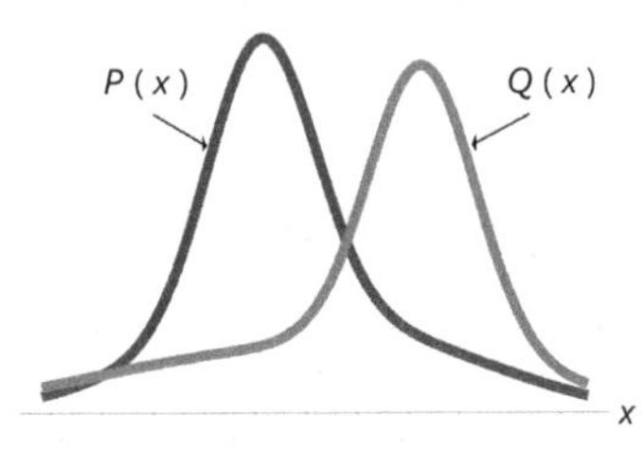

图　17-16

上面所提供的相异度公式针对的是连续分布，但是可以扩展到离散的情况。计算两个简单离散分布的不同相异度度量值的具体示例见图 17-17。

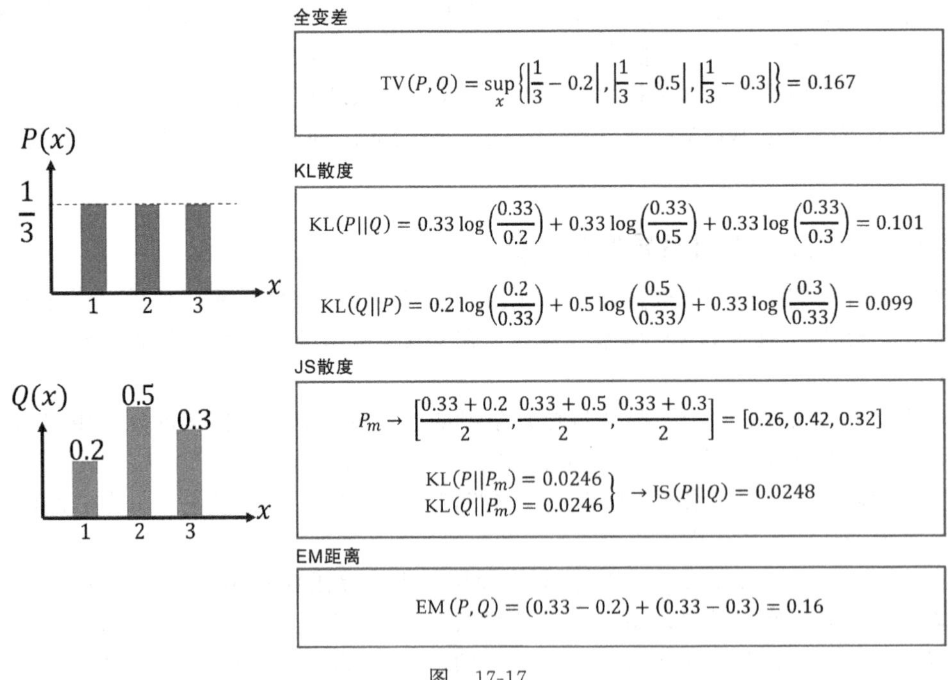

全变差
$\mathrm{TV}(P,Q)=\sup_x\left\{\left|\frac{1}{3}-0.2\right|,\left|\frac{1}{3}-0.5\right|,\left|\frac{1}{3}-0.3\right|\right\}=0.167$
KL散度
$\mathrm{KL}(P\|\|Q)=0.33\log\left(\frac{0.33}{0.2}\right)+0.33\log\left(\frac{0.33}{0.5}\right)+0.33\log\left(\frac{0.33}{0.3}\right)=0.101$
$\mathrm{KL}(Q\|\|P)=0.2\log\left(\frac{0.2}{0.33}\right)+0.5\log\left(\frac{0.5}{0.33}\right)+0.33\log\left(\frac{0.3}{0.33}\right)=0.099$
JS散度
$P_m\rightarrow\left[\frac{0.33+0.2}{2},\frac{0.33+0.5}{2},\frac{0.33+0.3}{2}\right]=[0.26, 0.42, 0.32]$
$\mathrm{KL}(P\|\|P_m)=0.0246$
$\mathrm{KL}(Q\|\|P_m)=0.0246$
$\rightarrow \mathrm{JS}(P\|\|Q)=0.0248$
EM距离
$\mathrm{EM}(P,Q)=(0.33-0.2)+(0.33-0.3)=0.16$
P(x)
1/3
1 2 3
x
Q(x)
0.2
0.5
0.3
1 2 3
x

图　17-17

请注意，可以从这个简单的例子中看到，对于 EM 距离，当 $x=2$ 时，$Q(x)$ 的超额

值为 $0.5-\frac{1}{3}=0.166$，而其他两个 x 的 Q 值均低于 1/3。因此，最小工作量是当我们在 $x=2$ 到 $x=1$ 和 $x=3$ 时迁移的额外值，如图 17-17 所示。对于这个简单的例子，我们很容易理解，在所有可能的迁移中，这些迁移所需要的工作量最少。但是，对于更复杂的情况来说，这可能行不通。

KL 散度与交叉熵之间的关系

KL 散度 $\mathrm{KL}(P\|Q)$ 用来度量分布 P 相对于参照分布 Q 的相对熵。KL 散度的公式可以扩展为：

$$\mathrm{KL}(P\|Q)=-\int P(x)\log(Q(x))\mathrm{d}x-\left(-\int P(x)\log(P(x))\right)$$

此外，对于离散分布，KL 散度可以表示为：

$$\mathrm{KL}(P\|Q)=-\sum_i P(x_i)\frac{P(x_i)}{Q(x_i)}$$

同样可以扩展为：

$$\mathrm{KL}(P\|Q)=-\sum_i P(x_i)\log(Q(x_i))-\left(-\sum_i P(x_i)\log(P(x_i))\right)$$

基于该扩展公式(离散或连续)，KL 散度被视为 P 和 Q(方程中的第一项)之间的交叉熵减去 P(第二项)的自熵，即 $\mathrm{KL}(P\|Q)=H(P, Q)-H(P)$

现在，回到我们关于 GAN 的讨论，让我们来看看这些不同的距离度量与 GAN 损失函数的相关程度。数学上可以表明，原始 GAN 的损失函数确实最大限度地减少了真假样本分布之间的 JS 散度。但是，正如 Martin Arjovsky 等人在 *Wasserstein Generative Adversarial Networks* 中所讨论的那样，JS 的散度影响 GAN 模型的训练(http://proceedings.mlr.press/v70/arjovsky17a/arjovsky17a.pdf)，因此，为了改进训练，研究人员提议采用 EM 距离作为真假样本分布相异度的度量标准。

EM 距离有什么优点

为了回答这个问题，我们可以考虑 Martin Arjovsky 等人在 *Wasserstein GAN* 中举的例子。简而言之，假设我们有 P 和 Q 两个分布，它们是两条平行线。一条线固定在 $x=0$，另一条线可以跨 x 轴移动，但最初位于 $x=\theta$，其中 $\theta>0$。

可以看出 KL、TV 和 JS 的相异度度量分别为 $\mathrm{KL}(P\|Q)=+\infty$，$\mathrm{TV}(P, Q)=1$ 和 $\mathrm{JS}(P, Q)=\frac{1}{2}\log 2$。这些相异度度量都不是参数 θ 的函数，因此，它们不能根据 θ 来区分 P 和 Q 两个分布彼此相似的地方。另一方面，EM 距离为 $\mathrm{EM}(P, Q)=|\theta|$，其梯度与 θ 有关，可以向 P 推动 Q。

现在，让我们聚焦如何使用 EM 距离来训练 GAN 模型。假设 P_r 为真样本的分布，P_g 为假(生成)样本的分布。用 P_r 和 P_g 分别取代 EM 距离方程中的 P 和 Q。如前所述，计算 EM 距离本身就是一个优化问题，因此，这成为一个棘手的计算难题，特别是当我们想要在 GAN 训练的每次迭代中都重复此计算的情况下。但幸运的是，EM 距离的计算公式可以用一种被称为 Kantorovich-Rubinstein 对偶性(duality)的定理来简化如下：

$$W(P_r, P_g)=\sup_{\|f\|_L\leqslant 1} E_{u\in P_r}[f(u)]-E_{v\in P_g}[f(v)]$$

在这里，上确界函数取自所有的以$\|f\|_L\leqslant 1$表示的1－Lipschitz连续函数。

Lipschitz 连续性

基于1-Lipschitz连续性，函数f必须满足以下的特性：

$$|f(x_1)-f(x_2)|\leqslant|x_1-x_2|$$

更进一步，一个实函数f：$R\rightarrow R$，满足以下的特性：

$$|f(x_1)-f(x_2)|\leqslant K|x_1-x_2|$$

这被称为K-Lipschitz连续性。

17.3.5 在GAN实践中使用EM距离

现在的问题是，如何找到这样的1-Lipschitz连续函数来计算GAN的真(P_r)假(P_g)输出分布之间的Wasserstein距离？虽然WGAN方法背后的理论概念乍看起来可能很复杂，但是这个问题的答案要比看起来的简单。回想一下，我们认为深度神经网络是通用的函数近似器。这意味着我们可以简单地训练神经网络模型来模拟Wasserstein距离函数。如上节所述，简单的GAN用分类器形式的判别器。对于WGAN，可将判别器变为批评器(critic)的行为，该批评器返回标量分数而不是概率值。我们可以将此分数解释为输入图像的逼真性(就像艺术评论家给画廊中的艺术作品打分一样)。

为了用Wasserstein距离训练GAN，我们把判别器D和生成器G的损失定义如下。批评器(即判别器网络)为一批真实图像样本和一批合成样本返回其输出，分别用符号$\boldsymbol{D}(\boldsymbol{x})$和$D(G(\boldsymbol{z}))$表示。然后，我们可以定义以下的损失项：

- 判别器损失的真成分：$L_{\text{real}}^{D}=\frac{1}{N}\sum_i D(\boldsymbol{x}_i)$
- 判别器损失的假成分：$L_{\text{fake}}^{D}=\frac{1}{N}\sum_i D(G(\boldsymbol{z}_i))$
- 生成器的损失：$L^{G}=\frac{1}{N}\sum_i D(G(\boldsymbol{z}_i))$

这就是所有与WGAN相关的内容，除了要确保在训练期间保留批评器函数的1-Lipschitz属性。为此，WGAN的研究论文建议将权重夹在诸如[－0.01，0.01]之类的小区域。

17.3.6 梯度惩罚

在Arjovsky等人的论文中，建议对判别器或批评器的1-Lipschitz属性进行权重裁剪。然而，在另外一篇题为*Improved Training of Wasserstein GANs*的论文中(可以在https://arxiv.org/pdf/1704.00028.pdf上免费获取)Ishaan Gulrajani等人指出裁剪权重会导致梯度爆炸和梯度消失。此外，权重裁剪还会导致容量不足，这意味着批评器网络仅限于学习一些简单的功能，而不是更加复杂的功能。因此，Ishaan Gulrajani等人建议用**梯度惩罚**(gradient penalty，GP)作为替代性的解决方案，而不是裁剪权重。结果形成**带有梯度惩罚的WGAN**(WGAN-GP)。

在每次迭代中添加GP的过程可以通过以下步骤序列进行总结：

1) 对于给定批次中的每对真假样本($\boldsymbol{x}^{[i]}$，$\tilde{\boldsymbol{x}}^{[i]}$)，选择一个从均匀分布中采样的随机

数 $\alpha^{[i]}$，即 $\alpha^{[i]} \in U(0,\ 1)$

2）计算真假样本之间的插值即 $\check{\boldsymbol{x}}^{[i]} = \alpha \boldsymbol{x}^{[i]} + (1-\alpha)\widetilde{\boldsymbol{x}}^{[i]}$，从而产生一批插值样本。

3）计算所有插值样本的判别器(批评器)输出 $D(\check{\boldsymbol{x}}^{[i]})$。

4）计算批评器相对于每个插值样本输出的梯度，即 $\nabla_{\check{x}^{[i]}} D(\check{\boldsymbol{x}}^{[i]})$。

5）计算 GP 为 $L_{\text{gp}}^{D} = \frac{1}{N} \sum_{i} (\| \nabla_{\check{x}^{[i]}} D(\widetilde{x}^{[i]}) \|_2 - 1)^2$。

判别器的总损失为：

$$L_{\text{total}}^{D} = L_{\text{real}}^{D} + L_{\text{fake}}^{D} + \lambda L_{\text{gp}}^{D}$$

这里 λ 是一个可调的超参数。

17.3.7 实现 WGAN-GP 来训练 DCGAN 模型

已定义了辅助函数(make_dcgan_generator()和 make_dcgan_discriminator())来为 DCGAN 创建生成器和判别器网络。构建 DCGAN 模型的代码如下：

```
>>> num_epochs = 100
>>> batch_size = 128
>>> image_size = (28, 28)
>>> z_size = 20
>>> mode_x = 'uniform'
>>> lambda_gp = 10.0

>>> tf.random.set_seed(1)
>>> np.random.seed(1)


>>> ## Set-up the dataset
>>> mnist_trainset = mnist['train']
>>> mnist_trainset = mnist_trainset.map(preprocess)

>>> mnist_trainset = mnist_trainset.shuffle(10000)
>>> mnist_trainset = mnist_trainset.batch(
...     batch_size, drop_remainder=True)

>>> ## Set-up the model
>>> with tf.device(device_name):
...     gen_model = make_dcgan_generator()
...     gen_model.build(input_shape=(None, z_size))
...
...     disc_model = make_dcgan_discriminator()
...     disc_model.build(input_shape=(None, np.prod(image_size)))
```

现在可以训练模型了。请注意，对于 WGAN(无 GP)，通常推荐使用 RMSprop 优化器，而对于 WGAN-GP，使用 Adam 优化器。具体的示例代码如下：

```
>>> import time

>>> ## Optimizers:
>>> g_optimizer = tf.keras.optimizers.Adam(0.0002)
>>> d_optimizer = tf.keras.optimizers.Adam(0.0002)

>>> if mode_z == 'uniform':
...     fixed_z = tf.random.uniform(
...         shape=(batch_size, z_size), minval=-1, maxval=1)
... elif mode_z == 'normal':
...     fixed_z = tf.random.normal(shape=(batch_size, z_size))
...
```

```
>>> def create_samples(g_model, input_z):
...     g_output = g_model(input_z, training=False)
...     images = tf.reshape(g_output, (batch_size, *image_size))
...     return (images+1)/2.0

>>> all_losses = []
>>> epoch_samples = []
>>> start_time = time.time()

>>> for epoch in range(1, num_epochs+1):
...
...     epoch_losses = []
...
...     for i,(input_z,input_real) in enumerate(mnist_trainset):
...
...         with tf.GradientTape() as d_tape, tf.GradientTape() \
...                 as g_tape:
...
...             g_output = gen_model(input_z, training=True)
...
...             d_critics_real = disc_model(input_real,
...                 training=True)
...             d_critics_fake = disc_model(g_output,
...                 training=True)
...
...             ## Compute generator's loss:
...             g_loss = -tf.math.reduce_mean(d_critics_fake)
...
...             ## compute discriminator's losses:
...             d_loss_real = -tf.math.reduce_mean(d_critics_real)
...             d_loss_fake =  tf.math.reduce_mean(d_critics_fake)
...             d_loss = d_loss_real + d_loss_fake
...
...             ## Gradient-penalty:
...             with tf.GradientTape() as gp_tape:
...                 alpha = tf.random.uniform(
...                     shape=[d_critics_real.shape[0], 1, 1, 1],
...                     minval=0.0, maxval=1.0)
...                 interpolated = (alpha*input_real +
...                                 (1-alpha)*g_output)
...                 gp_tape.watch(interpolated)
...                 d_critics_intp = disc_model(interpolated)
...
...             grads_intp = gp_tape.gradient(
...                 d_critics_intp, [interpolated,])[0]
...             grads_intp_l2 = tf.sqrt(
...                 tf.reduce_sum(tf.square(grads_intp),
...                               axis=[1, 2, 3]))
...             grad_penalty = tf.reduce_mean(tf.square(
...                                grads_intp_l2 - 1.0))
...
...             d_loss = d_loss + lambda_gp*grad_penalty
...
...         ## Optimization: Compute the gradients apply them
...         d_grads = d_tape.gradient(d_loss,
...                         disc_model.trainable_variables)
```

```
...             d_optimizer.apply_gradients(
...                 grads_and_vars=zip(d_grads,
...                 disc_model.trainable_variables))
...
...             g_grads = g_tape.gradient(g_loss,
...                           gen_model.trainable_variables)
...             g_optimizer.apply_gradients(
...                 grads_and_vars=zip(g_grads,
...                 gen_model.trainable_variables))
...
...             epoch_losses.append(
...                 (g_loss.numpy(), d_loss.numpy(),
...                  d_loss_real.numpy(), d_loss_fake.numpy()))
...
...         all_losses.append(epoch_losses)
...         print(
...             'Epoch {:03d} | ET {:.2f} min | Avg Losses >>'
...             ' G/D {:6.2f}/{:6.2f} [D-Real: {:6.2f}'
...             ' D-Fake: {:6.2f}]'
...             .format(
...                 epoch, (time.time() - start_time)/60,
...                 *list(np.mean(all_losses[-1], axis=0))))
...         epoch_samples.append(
...             create_samples(gen_model, fixed_z).numpy())
```

最后，让我们把一些迭代中保存的样本进行可视化，了解模型是如何学习的，以及合成样本的质量在学习过程中是如何变化的：

```
>>> selected_epochs = [1, 2, 4, 10, 50, 100]
>>> fig = plt.figure(figsize=(10, 14))
>>> for i,e in enumerate(selected_epochs):
...     for j in range(5):
...         ax = fig.add_subplot(6, 5, i*5+j+1)
...         ax.set_xticks([])
...         ax.set_yticks([])
...         if j == 0:
...             ax.text(-0.06, 0.5, 'Epoch {}'.format(e),
...                     rotation=90, size=18, color='red',
...                     horizontalalignment='right',
...                     verticalalignment='center',
...                     transform=ax.transAxes)
...
...         image = epoch_samples[e-1][j]
...         ax.imshow(image, cmap='gray_r')
>>> plt.show()
```

图 17-18 展示了计算的结果。

我们用相同的代码来获得可视化的结果，就像存香草 GAN 部分那样。比较新的示例表明，DCGAN(Wasserstein 和 GP)可以生成质量较高的图像。

17.3.8 模式坍塌

由于 GAN 模型的对抗性，训练起来很困难。训练 GAN 失败的一个常见原因是，生成器卡在一个狭小的子空间并学会生成类似的样本。这种现象被称为**模式坍塌**(mode collapse)，图 17-19 展示了一个这样的示例。

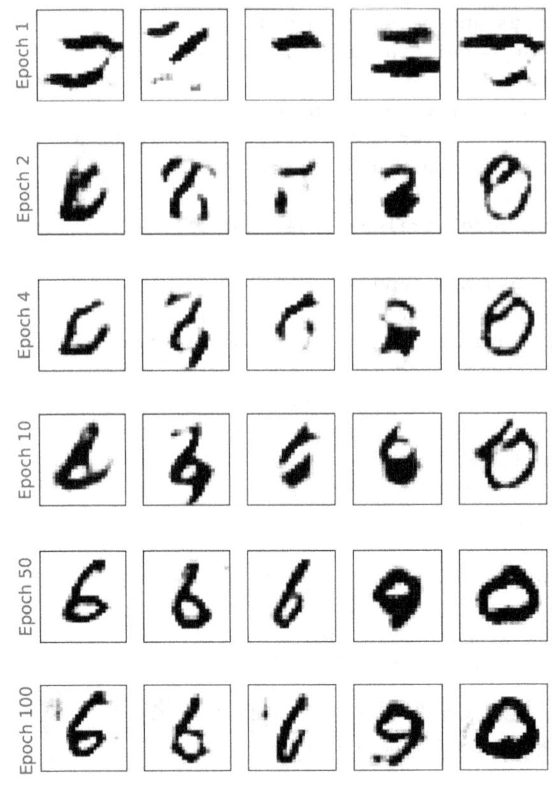

图 17-18

图 17-19 中的合成示例并非精心挑选。这表明生成器未能了解整个数据分布，而是采取了侧重于子空间的惰性方法。

除了我们以前看到的梯度消失和爆炸问题之外，还有一些其他问题可能使训练 GAN 模型变得困难(事实上，这是一门艺术)。下面是 GAN 艺术家们建议的一些技巧。

一种方法称为*小批次判别*(mini-batch discrimination)，其依据是把仅由真样本或仅由假样本组成的批次单独提供给判别器。在小批次判别中，我们让判别器比较这些批次中的样本，以确定批次的真假。如果模型受到模式坍塌的影响，只含真样本批次的多样性很可能高于假批次的多样性。

另一种通常用于提高 GAN 训练稳定性的技术是*特征匹配*。在特征匹配的过程中，我们通过增加一个额外项稍微修改生成器的目标函数，从而根据判别器的中间表达(特征图)把原始图像和合成图像之间的差异降至最低。我们鼓励你阅读更多 Ting-Chun Wang 等人撰写的有关此技术的原始论文，其题目为 *High Resolution Image Synthesis and Semantic Manipulation with Conditional GANs*，可在 https://arxiv.org/pdf/1711.11585.pdf 免费获得。

在训练期间，GAN 模型也可能被卡在多种模式中，并只在它们之间跳来跳去。为了避免此行为，我们可以存储一些旧样本并将其馈送给判别器，以防止生成器重新访问以前的模式。我们把该技术称为*体验重播*(experience replay)。此外，还可以训练具有不同随机种子的多个 GAN，使得所有这些 GAN 的组合涵盖比任何单 GAN 都更大的数据分布。

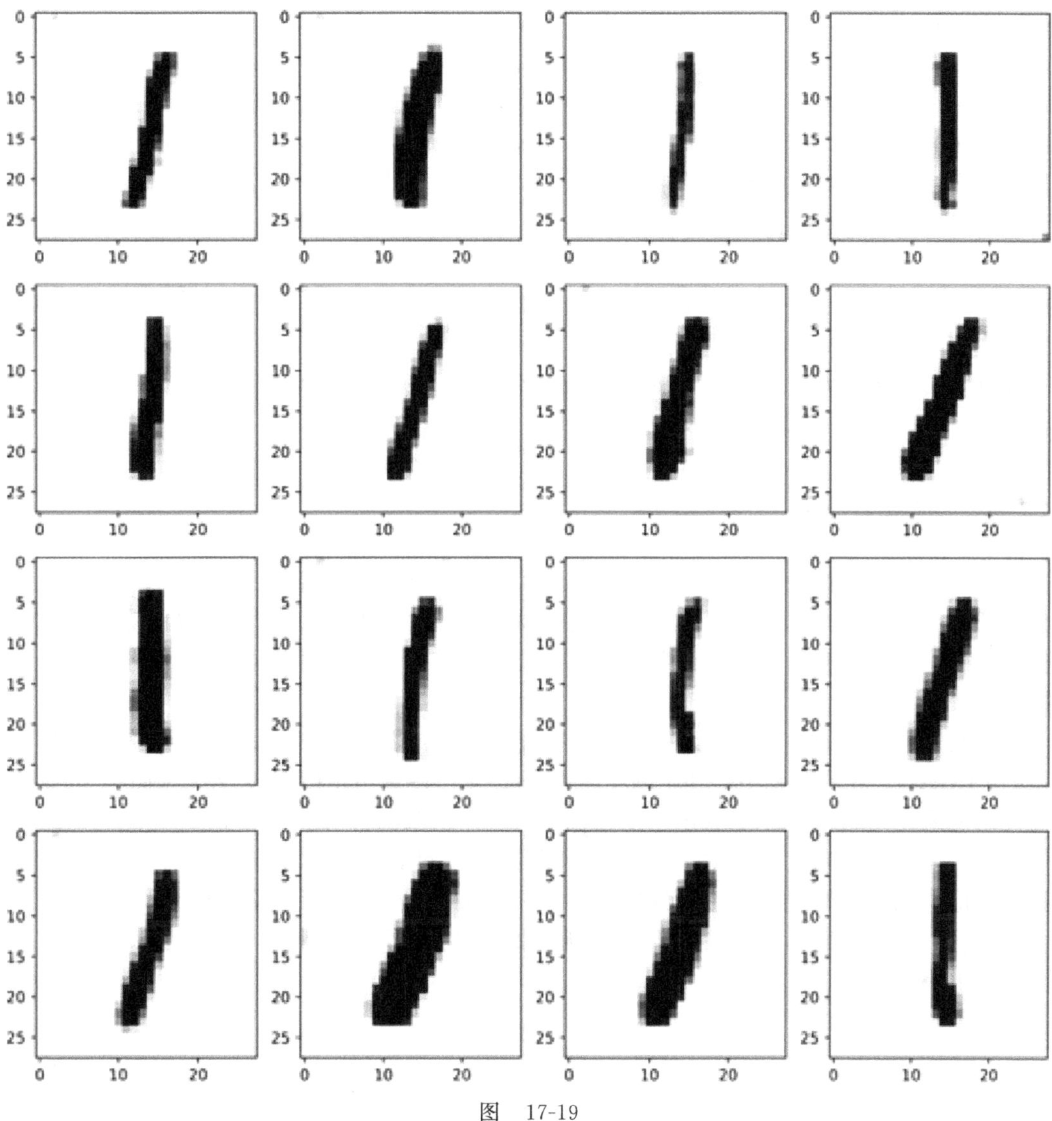

图　17-19

17.4　其他的 GAN 应用

本章主要侧重于用 GAN 生成样本，了解提高合成样本输出质量的一些技巧和技术。GAN 应用正在迅速扩展，包括计算机视觉、机器学习，甚至其他的科学和工程领域。在网站 https://github.com/hindupuravinash/the-gan-zoo 上，可以找到一个不错的各种 GAN 模型及其应用领域的列表。

值得一提的是，我们以无监督的方式介绍了 GAN，也就是说，本章涵盖的模型中未使用分类标签信息。但是，GAN 方法也可以概括为半监督任务和监督任务。例如，由 Mehdi Mirza 和 Simon Osindero 在论文 *Conditional Generative Adversarial Nets*(https://arxiv.org/pdf/1411.1784.pdf)中提出的条件 GAN(cGAN)，利用分类标签信息，学习以提供的标签为条件合成新图像，即 $\tilde{\boldsymbol{x}}=G(\boldsymbol{z}|y)$，该方法曾用于 MNIST。这使我们能够有选择地在 0～9 范围内生成不同的手写数字。此外，条件 GAN 允许我们进

行图像之间的转换，即学习如何将给定图像从某个特定领域转换到另外的领域。在此方面有一个有趣的研究工作，是由 Philip Isola 等人在论文 *Image-to-Image Translation with Conditional Adversarial Networks* 中提出的 Pix2Pix 算法(https://arxiv.org/pdf/1611.07004.pdf)。值得一提的是，在 Pix2Pix 算法中，判别器对整个图像提供多批次的真假预测，而不是对整个图像的单一预测。

CycleGAN 是构建在 cGAN 之上的另外一个有趣的 GAN 模型，也可用于图像之间的转换。但是，请注意，在 CycleGAN 中，两个域的训练样本不匹配，这意味着输入和输出之间不存在一一对应的关系。例如，我们可以用 CycleGAN 将夏季拍摄的照片的季节变为冬季。在 Jun-Yan Zhu 等人的论文 *Unpaired Image-to-Image Translation Using Cycle-Consistent Adversarial Networks* 中，有一个令人印象深刻的把马转换成斑马的例子(https://arxiv.org/pdf/1703.10593.pdf)。

17.5 本章小结

在本章，我们首先了解了深度学习中的生成模型及其总体目标：合成新数据。然后，介绍了 GAN 模型如何利用生成器和判别器网络，在对抗性训练环境中彼此竞争，相互促进。接着，我们实现了一个简单的 GAN 模型，该模型仅对生成器和判别器使用全连接层。

我们还介绍了如何改进 GAN 模型。首先，看到把深度卷积网络用于生成器和判别器的 DCGAN。在此过程中，还了解了两个新概念：转置卷积(用于对特征图的空间维度进行向上采样)和 BatchNorm(用于提高训练过程中的收敛性)。

然后，我们研究了 WGAN，它用 EM 距离来度量真假样本分布之间的距离。最后，我们讨论了用带有梯度惩罚的 WGAN 保持 1-Lipschitz 属性，而非裁剪权重。

在下一章，我们将介绍强化学习，与本书中到目前为止所介绍的内容相比，这是一个完全不同的机器学习类别。

第 18 章

Python Machine Learning，Third Edition

用于复杂环境决策的强化学习

在前几章中，我们专注于监督机器学习和无监督机器学习。我们还学会了如何利用人工神经网络和深度学习来解决在这些类型的机器学习中遇到的问题。正如你所记得的那样，监督学习侧重于预测给定输入特征向量的分类标签或者连续值。而无监督学习则侧重于从数据中提取模式，使其可用于数据压缩(第 5 章)、聚类(第 11 章)，或者近似训练数据集的分布情况从而生成新数据(第 17 章)。

在本章中，我们将注意力转向**强化学习**(Reinforcement Learning，RL)，这是机器学习不同于以前的一个类别，因为它侧重于*学习一系列的行动*，目标是优化整体回报，例如赢得象棋比赛。总之，本章将主要涵盖下述几个方面：

- 学习 RL 的基础知识，熟悉智能体和环境交互，了解回报过程的工作原理，以帮助在复杂环境中做出决策。
- 介绍不同类的 RL 问题、基于模型和无模型学习任务、蒙特卡罗和时序差分学习算法。
- 以表格格式实现 Q 学习算法
- 学习解决 RL 问题的函数近似，并通过实现深度 Q 学习算法将 RL 与深度 Q 学习相结合。

RL 是一个复杂而广阔的研究领域，本章将聚焦基础知识。由于本章仅为概述，为了保持对重要方法和算法的关注，我们将主要侧重在阐明主要概念的基本示例上。但是，在本章的结尾，我们将介绍一个更具挑战性的示例，并将深度学习体系结构用于特定的 RL 方法，亦即深度 Q 学习。

18.1 概述——从经验中学习

本节将首先介绍作为机器学习分支的 RL 概念，了解其与其他机器学习任务的主要差异。接着介绍 RL 系统的基本组件。然后，将会看到基于马尔可夫决策过程的 RL 数学公式。

18.1.1 了解强化学习

在此之前，本书主要关注监督学习和无监督学习。回想一下，监督学习依赖监督器或人类专家所提供的有标签的训练样本，目标是训练出可以在未曾见过的无标签测试样本上泛化良好的模型。这意味着监督学习模型应该学会为给定的输入样本分配与监督器或人类专家的分配相同的标签或值。另一方面，无监督学习中的目标是学习或捕获数据集中隐藏的结构，例如聚类和降维方法；或者学习如何生成具有类似隐藏分布的新合成训练样本。RL 与监督学习和无监督学习有很大的不同，因此 RL 通常被视为“机器学习的第三个类别”。

将 RL 与机器学习的其他子任务(诸如监督学习和无监督学习)区分开来的关键是 RL

以交互学习概念为中心。这意味着在 RL 中，模型在与环境交互中学习以最大化奖励函数。

虽然，最大化奖励函数与监督学习中的最小化代价函数的概念相关，但是，在 RL 中，我们并不知道要学习的一系列行动的正确标签是什么，或者在事前未定义好标签，相反，需要通过与环境交互来学习，以便取得某种期待的结果，例如在比赛中获胜。RL 模型(也被称为**智能体**)与环境交互，通过这样做生成的一系列交互被统称为回合(episode)。通过这些交互，智能体将收集由环境决定给予的一系列奖励。这些奖励可以是正的也可以是负的，有时甚至直到回合结束才会向智能体披露。

举个例子，想象我们要教一台计算机玩象棋并与人类选手比赛。直到比赛结束我们才能知道计算机下棋所走的每步的标签(奖励)，因为在比赛过程中，我们并不知道某步是否会决定比赛的胜负。只有在比赛结束时才能确定反馈。如果计算机赢了比赛，那么这种反馈可能是正的奖励，因为智能体取得了期待的结果；反之亦然，如果计算机输了比赛，那么可能会得到负的奖励。

此外，考虑下棋的例子，输入是当前的配置状态，例如棋盘上每个棋子排列的位置。给定大量可能的输入(系统状态)，我们不可能将每种配置状态都标记为正或负。因此，为了定义学习过程，我们在每场比赛结束时提供奖励或惩罚信息，那时候我们才会知道是否取得预期的结果，即是否赢得比赛。

这是 RL 的本质。在 RL 中，我们不能或不教导智能体、计算机或机器人如何做事，只定义期待智能体实现的目标。然后，在特定试验结果的基础上，根据智能体的成败确定奖励。这使 RL 对在复杂环境中做出决策非常有吸引力，尤其是对那些需要经过一系列步骤才能解决问题的任务，而且这些步骤未知、难以解释或难以定义。

除了在比赛和机器人中应用以外，我们也可以在自然界中找到 RL 的例子。例如，训练狗的过程就涉及了 RL，当狗做了某个期待的动作后，我们就会给狗发奖励(零食)。或者考虑一条经过训练用于警告伙伴癫痫即将发作的医用犬。在这种情况下，因为我们并不知道狗能检测癫痫即将发作的确切机制，所以也无法定义一系列步骤来学习如何检测癫痫发作，即使我们对这种机制有确切的理解。然而，如果狗能成功地检测癫痫发作，那么我们可以奖励它零食以强化这种行为！

虽然，RL 提供了为实现特定目标而学习任意系列行动的强大框架，但是，请记住 RL 仍然是一个相对新兴而且活跃的研究领域，有许多尚未解决的挑战。使训练 RL 模型特别具有挑战性的一个原因是，连续的模型输入取决于之前所采取的行动。这可能带来种种问题，造成学习行为的不稳定。此外，RL 的这种序列依赖性会产生所谓的滞后效应(delayed effect)，这意味着在时间步 t 上所采取的行动可能会在未来任意时间步得到奖励。

18.1.2　定义强化学习系统的智能体-环境接口

在 RL 的所有例子中，我们都可以找到两个不同的实体：智能体和环境。从形式上讲，智能体被定义为一个实体，它学习如何采取行动做出决策来与其周围环境交互。而作为采取行动带来的结果，智能体受到环境的观察并接收奖励的信号。**环境**是智能体之外的任何东西。环境与智能体通信并确定智能体行为的奖励信号及其观察。

奖励信号是智能体从与环境的交互中收到的反馈，通常以标量值的形式提供，可以是正值也可以是负值。奖励的目的是告诉智能体它的表现如何。智能体获得奖励的频率取决于给定的任务或问题。以象棋比赛为例，奖励是在全部比赛结束后，根据下棋过程中走出的所有步来确定赢或输。另一方面，我们可以定义一个迷宫，使得在每一时间步之后确定奖励。在这样的迷宫中，智能体会尝试最大化整个过程累积的奖励，其中整个过程指的是一个回合的持续时间。

图 18-1 说明了智能体与环境之间的交互和通信。

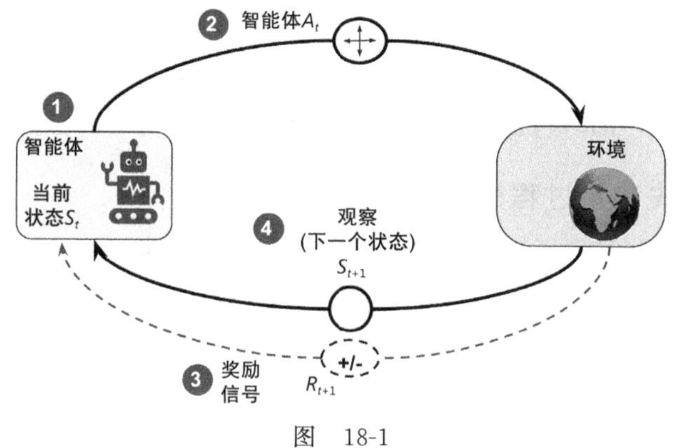

图 18-1

图 18-1 所示的智能体状态是其所有变量(1)的集合。以无人机为例，这些变量可能包括当前无人机的位置(经度、纬度和高度)、电池的剩余寿命、每个叶片的转速等。智能体在每个时间步通过一组能采取的行动 A_t(2)与环境交互。根据智能体所采取的表示为 A_t 的行动，在状态 S_t 智能体收到奖励信号 R_{t+1}(3)，然后状态变为 S_{t+1}(4)。

在学习过程中，智能体必须尝试采取不同的行动(**探索**(exploration))，以便可以逐渐了解应该更偏好和更频繁地采取哪些行动(**利用**(exploitation))才能最大化所累积的总奖励。为了加深对这个概念的理解，我们举一个非常简单的例子，一个专注于软件工程的计算机科学应届毕业生，正在考虑是要加入公司开始工作(利用)，还是要在学校继续攻读硕士或博士学位，以便了解有关数据科学和机器学习方面的更多知识(探索)。总而言之，利用让我们可以选择采取能带来更大短期奖励的行动，而探索则可能带来更大长期总回报。探索与利用之间的权衡已经得到广泛的研究，然而，对于这一决策困境，目前还没有万全的答案。

18.2 RL 的理论基础

在开始研究具体示例并训练 RL 模型之前，让我们先了解 RL 的一些理论基础。以下各节将讨论**马尔可夫决策过程**的数学基础、偶发性与持续性任务、一些关键的 RL 术语，以及使用**贝尔曼方程**的动态编程。让我们先从马尔可夫决策过程开始。

18.2.1 马尔可夫决策过程

一般来说，RL 所处理的问题类型通常被抽象为**马尔可夫决策过程**(MDP)。动态编程是解决 MDP 问题的标准方法，但是，与动态编程相比，RL 具有一些关键优势。

动态编程

动态编程是由理查德·贝尔曼(Richard Bellman)在 20 世纪 50 年代开发的一组计算机算法和编程方法。从某种意义上说，动态编程针对的是递归问题求解——通过将问题分解成更小的子问题来解决相对复杂的问题。

递归和动态编程之间的主要区别是，动态编程存储子问题的结果(字典或其他形式的查询表)，以便在再次遇到子问题时可以直接访问(而不是重新计算)。

动态编程解决了计算机科学中一些著名问题，包括序列对齐和计算 AB 两点之间的最短路径。

但是，当状态的规模(即所有可能的配置)相对较大时，动态编程并不是一种可行的方法。在这种情况下，RL 被认为是解决 MDP 更有效和更实用的替代方法。

18.2.2 马尔可夫决策过程的数学公式

对于需要学习交互和顺序决策过程的问题类型，时间步 t 的决策会对后续情况产生影响，在数学上可以抽象为马尔可夫决策过程(MDP)。

在 RL 的智能体与环境进行交互的情况下，如果将智能体的起始状态表示为 S_0，则智能体与环境之间的交互将产生以下的序列：

$$\{S_0, A_0, R_1\}, \quad \{S_1, A_1, R_2\}, \quad \{S_2, A_2, R_3\}, \cdots$$

请注意，大括号仅用作视觉辅助。S_t 和 A_t 分别代表在时间步 t 的状态和采取的行动。R_{t+1}表示在执行行动 A_t 后从环境获得的奖励。请注意，S_t、R_{t+1} 和 A_t 是基于时间的随机变量，它们分别从预定义的有限集中取值，表示为 $s\in\hat{S}$，$r\in\hat{R}$ 和 $a\in\hat{A}$。在 MDP 中，这些基于时间的随机变量 S_t 和 R_{t+1} 的概率分布取决于它们在前一个时间步 $t-1$ 的值。$S_{t+1}=s'$ 和 $R_{t+1}=r$ 的概率分布可以写为基于之前状态(S_t)并采取行动(A_t)的条件概率：

$$p(s', r|s, a) \overset{\text{def}}{=} P(S_{t+1}=s', R_{t+1}=r|S_t=s, A_t=a)$$

此概率分布完全定义了**环境的动态性**，因为可以基于此分布计算出环境的所有转移概率。因此，环境的动态性是为不同 RL 方法分类的核心标准。与无模型方法相反，这类需要环境模型或尝试学习环境模型的 RL 方法被称为基于模型的方法。

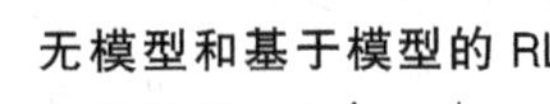

无模型和基于模型的 RL

如果概率 $p(s', r|s, a)$已知，那么学习任务可以通过动态编程解决。但是，如果环境的动态性未知，就会像许多现实世界的问题那样，需要通过与环境交互获取大量样本来补偿未知的环境动态性。

处理此问题的两种主要方法是无模型蒙特卡罗(MC)和时序差分(TD)方法。图 18-2 显示了这两类方法及其分支：

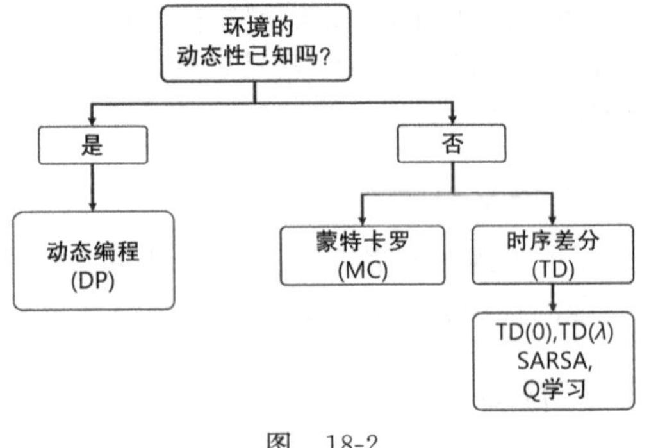

图 18-2

本章将从理论到实际算法介绍这些不同的方法及其分支。

对于给定的状态，如果总是采取特定行动或从不采取该特定行动，那么可以确定环境的动态性，即 $p(s', r|s, a) \in \{0, 1\}$；否则，在更一般的情况下，环境将有随机行为。

为了理解这种随机行为，让我们考虑未来出现 $S_{t+1}=s'$ 状态的概率，前提条件是当前状态 $S_t=s$ 且采取行动 $A_t=a$。这表示为 $p(s'|s, a) \stackrel{\text{def}}{=} P(S_{t+1}=s'|S_t=s, A_t=a)$。

通过累加所有可能的奖励，边际概率可以计算为：

$$p(s'|s, a) \stackrel{\text{def}}{=} \sum_{r\in\hat{R}} p(s', r|s, a)$$

此概率被称为**状态转移概率**(state-transition probability)。基于状态转移概率，如果环境的动态性是确定的，那么意味着当智能体在状态 $S_t=s$ 时采取行动 $A_t=a$，转移到下一个状态 $S_{t+1}=s'$ 将是 100%确定的，即 $p(s'|s, a)=1$。

18.2.2.1 马尔可夫过程的可视化

马尔可夫过程可以表示为有向循环图，图中的节点表示环境的不同状态。图的边(即节点之间的连接)表示状态之间的转移概率。

例如，一个学生要在三种不同情况之间做出决定：(A)在家学习备考，(B)在家玩电子游戏，(C)在图书馆学习。此外，还有一个终极状态(T)睡觉。每小时都要做出决定，在做出决定后的那个小时里，学生将处于特定时间的已选择状态。如果选择在家学习备考(状态 A)，那么学生将活动切换到玩电子游戏的可能性为 50%。另一方面，如果选择在家玩电子游戏(状态 B)，那么学生在接下来的一小时继续玩电子游戏的可能性就会相对较高(80%)。

我们把学生行为的动态性显示为图 18-3 所示的马尔可夫过程，其中包括循环图和转移表。图中边上的值表示学生行为的转移概率，其值也显示在右侧的表中。请注意，在考虑表中的行时，来自每个状态或节点的转移概率的总和始终为 1。

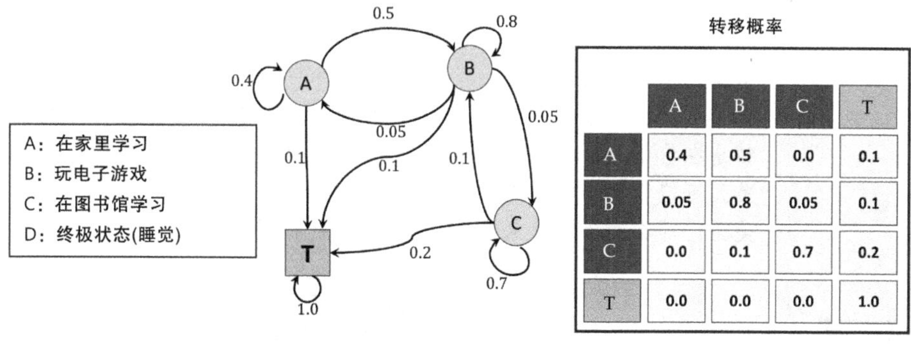

	A	B	C	T
A	0.4	0.5	0.0	0.1
B	0.05	0.8	0.05	0.1
C	0.0	0.1	0.7	0.2
T	0.0	0.0	0.0	1.0

图 18-3

18.2.2.2 偶发性任务与持续性任务

在智能体与环境交互时，观测或状态序列形成一个轨迹。有两种类型的轨迹。如果智能体的轨迹可以划分为子部分，使得每个子部分从时间 $t=0$ 开始，到时间 $t=T$ 以终极状态 S_T 结束，那么该任务被称为偶发性任务(episodic task)。另一方面，如果轨迹没有终极状态无限连续，那么该任务被称为持续性任务(continuing task)。

与象棋比赛的学习智能体相关的任务是一项偶发性任务，而保持房屋整洁的清洁机器人通常执行的是一项持续性任务。本章只考虑偶发性任务。

在偶发性任务中，**回合**是智能体从起始状态 S_0 到终极状态 S_T 的序列或轨迹：

$$S_0, A_0, R_1, S_1, A_1, R_2, \cdots, S_t, A_t, R_{t+1}, \cdots, S_{T-1}, A_{T-1}, R_T, S_T$$

图 18-3 的马尔可夫过程描述了学生备考任务，我们可能会遇到以下三个示例性回合：

回合 1：BBCCCCBAT→通过(最终奖励=+1)

回合 2：ABBBBBBBBBT→失败(最终奖励=-1)

回合 3：BCCCCCT→通过(最终奖励=+1)

18.2.3 RL术语：回报、策略和价值函数

接下来，让我们定义有关 RL 的其他术语以供本章的后续部分使用。

18.2.3.1 回报

所谓的 t 时刻回报是指在回合的整个过程中所获得奖励的累积。$R_{t+1}=r$ 是在时间 t 采取行动 A_t 后立即获得的即时奖励；后续奖励为 R_{t+2}、R_{t+3}等。

时间 t 的奖励可以根据即时奖励和后续奖励计算如下：

$$G_t \stackrel{\text{def}}{=} R_{t+1}+\gamma R_{t+2}+\gamma^2 R_{t+3}+\cdots=\sum_{k=0} \gamma^k R_{t+k+1}$$

此处，γ 是取值范围在[0，1]的折扣因子。参数 γ 表示未来奖励在当前时间 t 的价值。请注意，通过设置参数 $\gamma=0$ 暗示我们不关心未来的奖励。在这种情况下，奖励将等于即时奖励，而忽略 $t+1$ 之后的后续奖励，智能体将因此目光短浅。另一方面，如果设置参数 $\gamma=1$，那么回报将是所有后续奖励的未加权总和。

此外，注意回报的方程可以用递归更简单地表示如下：

$$G_t=R_{t+1}+\gamma G_{t+1}=r+\gamma G_{t+1}$$

这意味着时间 t 的奖励等于即时奖励 r 加上时间 $t+1$ 打过折扣的未来回报。该属性非常重要，它便于计算回报。

折扣因子的直观理解

要了解折扣因子，考虑图 18-4 显示的今天赚 100 美元与一年后赚取同样钞票在价值方面的差别。在某些经济条件下，如通货膨胀，现在赚 100 美元可能比将来挣同样的钞票价值要大。因此，如果这张钞票现在值 100 美元，那么一年后就只值 90 美元，其折扣因子 $\gamma=0.9$。

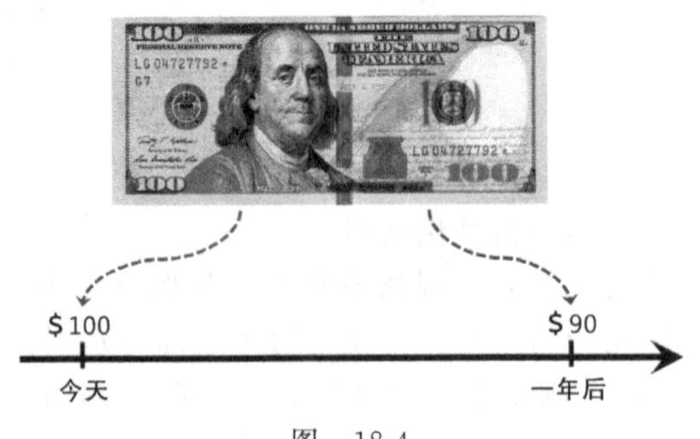

图 18-4

让我们计算前面的学生学习备考示例中的回合在不同时间步的回报。假设 $\gamma=0.9$，

考试结果(通过考试+1，失败−1)是唯一奖励。中间时间步的奖励为 0。

回合 1：BBCCCCBAT→通过(最终奖励=+1)：

- $t=0$ ： $G_0=R_1+\gamma R_2+\gamma^2 R_3+\cdots+\gamma^6 R_7$

  → $G_0=0+0\times\gamma+\cdots+1\times\gamma^6=0.9^6\approx 0.531$
- $t=1$ ： $G_1=1\times\gamma^5=0.590$
- $t=2$ ： $G_2=1\times\gamma^4=0.656$
- …
- $t=6$ ： $G_6=1\times\gamma=0.9$
- $t=7$ ： $G_7=1=1$

回合 2：ABBBBBBBBBT→失败(最终奖励=−1)：

- $t=0$ ： $G_0=-1\times\gamma^8=-0.430$
- $t=1$ ： $G_0=-1\times\gamma^7=-0.478$
- …
- $t=8$ ： $G_0=-1\times\gamma=-0.9$
- $t=9$ ： $G_{10}=-1$

我们把第三回合的回报计算留给读者作为练习。

18.2.3.2　策略

策略(policy)通常表示为函数 $\pi(a|s)$，它确定要采取的下一个行动，可以是确定性的，也可以是随机的(即采取下一个行动的概率)。随机策略具有智能体在给定状态下可能采取的行动的概率分布：

$$\pi(a|s)\stackrel{\text{def}}{=}P[A_t=a|S_t=s]$$

在学习过程中，策略可能会随着智能体经验的积累而改变。例如，智能体可以从随机策略开始，这里所有可能采取的行动的概率均相同；同时，智能体期望学会优化策略，以获取最优策略。最优策略 $\pi_*(a|s)$是可以产生最高回报的策略。

18.2.3.3　价值函数

价值函数(value funetion)也被称为状态值函数，用来衡量每种状态的优劣，换句话说，处于特定状态的优劣。请注意，判断好坏的标准是基于回报的。

基于回报 G_t，我们现在将状态 s 的价值函数定义为遵循策略 π 获得的预期回报(所有可能回合的平均回报)：

$$v_\pi(s)\stackrel{\text{def}}{=}E_\pi[G_t|S_t=s]=E_\pi\left[\sum_{k=0}\gamma^{k+1}R_{t+k+1}|S_t=s\right]$$

在实际实现中，我们通常用查询表估计价值函数，因此不必多次反复计算。(这与动态编程相关。)例如，实际上，当我们用这种表格方法估计价值函数时，我们把所有的状态值都存储在由 $V(s)$表示的表中。在 Python 的实现中，这可能是指向不同状态的列表或 NumPy 数组，也可能是 Python 字典，其中字典键词将状态映射到相应的值。

此外，我们还可以为每个状态行动对定义一个值，该值被称为行动值函数，用 $q_\pi(s, a)$表示。当智能体处于状态 $S_t=s$ 且采取行动 $A_t=a$ 时，行动值函数指向预期的回报 G_t。将状态值函数的定义扩展到状态行动对，我们得到以下的公式：

$$q_\pi(s, a)\stackrel{\text{def}}{=}E_\pi[G_t|S_t=s, A_t=a]=E_\pi\left[\sum_{k=0}\gamma^{k+1}R_{t+k+1}|S_t=s, A_t=a\right]$$

类似于将最优策略称为 $\pi_*(a|s)$，我们也用 $v_*(s)$和 $q_*(s, a)$来表示最优状态值和

行动值函数。

估计价值函数是 RL 方法的重要组成部分。本章后面将介绍计算和估计状态值函数与行动值函数的不同方法。

奖励、回报和价值函数之间的区别

奖励是智能体在当前环境状态下采取行动的结果。换句话说，奖励是智能体采取行动从一个状态转移到另一个状态时接收的信号。但是，请记住并不是每个行动都能产生正的或负的奖励，在象棋比赛的例子中，只有赢得比赛才会获得正的奖励，而所有中间行动的奖励均为零。

我们为状态分配特定的值以衡量其好坏。这就是价值函数的作用。通常高或好的值是指那些预期**回报**高的状态，并且在特定策略下很可能会获得高奖励。

让我们再次以国际象棋比赛计算机为例。只有计算机赢得了比赛，才能在比赛结束时得到正的奖励。如果计算机输了比赛就没有正的奖励。现在，想象计算机在国际象棋比赛中走了某步，吃掉了对手的女王，而这不会给计算机带来任何的负面影响。由于计算机只有赢得比赛才能获得奖励，因此吃掉对手女王所走的一步并不能获得即时奖励。但是吃掉女王后棋盘的新状态可能有**高价值**，如果在此后比赛获胜，就可能会产生奖励。从直观上说，吃掉对手女王所带来的高价值，与吃掉女王往往会赢得比赛的事实有关，进而与高预期回报或价值有关。然而，请注意吃掉对手的女王并不是总能赢得比赛。因此，智能体可能会获得正的奖励，但是无法保证。

简而言之，**回报**是所有回合的加权**奖励**总和，相当于国际象棋比赛示例中打过折扣的最终奖励(因为只有一个奖励)。**价值函数**是对所有可能回合的期望值，基本上计算采取某个行动平均会带来多大价值。

在直接进入某些 RL 算法之前，让我们简要介绍一下贝尔曼方程的推导，我们可以用它来实现策略评估。

18.2.4 用贝尔曼方程动态编程

贝尔曼方程是许多 RL 算法的核心组成部分之一。贝尔曼方程简化了价值函数的计算，因此它用一个递归，类似于计算回报所使用的递归，而不是对多个时间步求和。

基于总回报 $G_t=r+\gamma G_{t+1}$ 的递归方程，可以把价值函数改写为：

$$\begin{aligned}v_\pi(s)&\stackrel{\text{def}}{=}E_\pi[G_t \mid S_t=s]\\&=E_\pi[r+\gamma G_{t+1} \mid S_t=s]\\&=r+\gamma E_\pi[G_{t+1} \mid S_t=s]\end{aligned}$$

请注意，即时奖励 γ 从期望中取出，因为它在时间 t 时是一个常数和已知量。

同样，对于行动值函数，我们可以写：

$$\begin{aligned}q_\pi(s, a)&\stackrel{\text{def}}{=}E_\pi[G_t \mid S_t=s, A_t=a]\\&=E_\pi[r+\gamma G_{t+1} \mid S_t=s, A_t=a]\\&=r+\gamma E_\pi[G_{t+1} \mid S_t=s, A_t=a]\end{aligned}$$

我们可以通过累加下一个状态 s' 及其相应奖励 r 的所有概率，用环境动态计算出期望值：

$$v_\pi(s)=\sum_{a\in\hat{A}}\pi(a|s)\sum_{s'\in\hat{S},\ r'\in\hat{R}}p(s',r|s,a)[r+\gamma E_\pi[G_{t+1}|S_{t+1}=s']]$$

现在，我们可以看到期望的回报 $E_\pi[G_{t+1}|S_{t+1}=s']$，它本质上是状态值函数 $v_\pi(s')$。因此可以将 $v_\pi(s)$ 写成 $v_\pi(s')$ 的函数：

$$v_\pi(s)=\sum_{a\in\hat{A}}\pi(a|s)\sum_{s'\in\hat{S},\ r'\in\hat{R}}p(s',r'|s,a)[r'+\gamma v_\pi(s')]$$

这被称为**贝尔曼方程**，它把状态 s 的价值函数与下一个状态 s' 的价值函数关联起来。因为它消除了沿时间轴的迭代循环，所以极大地简化了价值函数的计算。

18.3 强化学习算法

本节将介绍一系列学习算法。我们将从动态编程开始，假设转移动态或环境动态，即 $p(s',r|s,a)$，是已知的。但是，对于大多数的 RL 问题，情况并非如此。为了避开未知的环境动态，我们开发了 RL 技术，通过与环境的交互来学习。这些技术包括 MC、TD 学习，以及日益流行的 Q 学习和深度 Q 学习方法。图 18-5 描述了 RL 算法从动态编程到 Q 学习的推进过程。

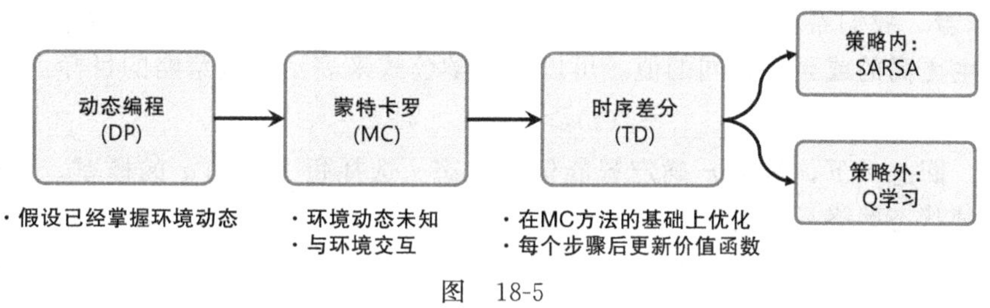

图 18-5

本章的以下各节将逐个介绍 RL 算法。我们将从动态编程开始，然后介绍 MC，最后介绍 TD 及其分支，包括**策略内** SARSA(State-Action-Reward-State-Action)和策略外 Q 学习。在构建一些实用模型的同时，我们还将介绍深度 Q 学习。

18.3.1 动态编程

本节将基于以下的假设聚焦解决 RL 问题：

- 我们对环境的动态有充分的了解，即已知所有的转移率 $p(s',r'|s,a)$。
- 智能体的状态具有马尔可夫属性，这意味着下一个行动和奖励仅取决于当前的状态以及此时选择采取的行动。

本章前面引入了用来解决 RL 问题的马尔可夫决策过程(MDP)的数学公式。如果需要复习，请参阅 18.2.2 节，该节引入了遵循策略的价值函数 $v_\pi(s)$ 的正式定义，以及从环境动态派生出的贝尔曼方程。

应该强调，动态编程不是解决 RL 问题的实用方法。动态编程的问题在于它假设充分了解环境动态，对大多数现实世界的应用来说，这通常不合理或不切合实际。然而，从教育的角度来看，动态编程有助于以简单的方式引入 RL，并激励我们使用更先进和更复杂的 RL 算法。

以下小节所描述的任务有两个主要目标：

1）获取真正的状态值函数 $v_\pi(s)$，该任务被称为预测任务，通过策略评估完成。

2）通过广义策略迭代寻找最优价值函数 $v_*(s)$。

18.3.1.1　策略评估——用动态编程预测价值函数

基于贝尔曼方程，在环境动态已知的条件下，可以用动态编程计算任意策略 π 的价值函数。为了计算该价值函数，我们可以调整迭代解决方案，从 $v^{\langle o \rangle}(s)$开始，把每个状态初始化为零值。然后，在每次迭代 $i+1$，基于贝尔曼方程更新每个状态的值，而贝尔曼方程本身又是基于上一次迭代 i 的状态值，如下所示：

$$v^{\langle i+1 \rangle}(s)=\sum_a \pi(a|s) \sum_{s' \in \hat{S},\ r \in \hat{R}} p(s', r|s, a)[r+\gamma v^{\langle i \rangle}(s')]$$

可以看到，随着迭代趋向无穷大，$v^{\langle i \rangle}(s)$会收敛到真正的状态值函数 $v_\pi(s)$

此外，请注意，我们不需要与环境交互。原因是我们已经准确地了解了环境动态。因此，我们可以利用此信息并轻松估计价值函数。

计算价值函数后，一个显而易见的问题是，如果策略仍然是随机策略，该价值函数对我们有多大用处。答案是，我们实际上可以用这个来计算 $v_\pi(s)$以改进策略，接下来将会看到。

18.3.1.2　用估计的价值函数改进策略

按照现有的策略 π，我们计算了价值函数 $v_\pi(s)$，现在希望用 $v_\pi(s)$来改进现有策略 π。这意味着，我们希望找到一个新策略 π'，对于每个状态 s，用策略 π'将会比用当前的策略 π 产生更高的或至少相同的值。可以用数学公式来表示改进策略的目标：

$$v_{\pi'}(s) \geqslant v_\pi(s) \quad \forall s \in \hat{S}$$

首先，回想一下，策略 π 确定智能体在状态 s 选择每个行动 a 的概率。现在，为了找到对每种状态始终具有更好或相同的值的策略 π'，我们首先用价值函数 $v_\pi(s)$基于计算的状态值来计算每个状态 s 和行动 a 的行动值函数 $q_\pi(s, a)$。我们遍历所有的状态，对于每个状态 s，假如选择采取行动 a，比较下一个状态 s'的值。

通过 $q_\pi(s, a)$评估所有的状态-行动对，获得最高状态值之后，我们可以把相应的行动与当前策略所选择的行动进行比较。如果当前策略建议采取的行动 $\arg\max_a \pi(a|s)$ 与行动值函数 $\arg\max_a q_\pi(s, a)$建议采取的行动不同，那么可以通过重新分配行动选择的概率来更新策略，以匹配获得最高值的行动 $q_\pi(s, a)$。这被称为策略改进算法。

18.3.1.3　策略迭代

从上一小节描述的策略改进算法可以看出，策略改进算法将严格产生更好的策略，除非当前的策略已经是最优策略(这意味着 $v_\pi(s)=v_{\pi'}(s)=v_*(s)$，对每个 $s \in \hat{s}$)。因此，如果反复进行策略评估和策略改进，我们一定会找到最优策略。

请注意，该技术被称为**广义策略迭代**(Generalized Policy Iteration，GPI)，这在许多RL方法中很常见。我们将在本章的后面把GPI应用于MC和TD学习方法。

18.3.1.4　价值迭代

我们看到，通过反复进行策略评估(计算 $v_\pi(s)$和 $q_\pi(s, a)$)和策略改进(寻找 π'使 $v_{\pi'}(s) \geqslant v_\pi(s)$，$\forall s \in \hat{S}$)，我们可以找到最优策略。但是，如果我们将策略评估和策略改进两项任务合并为一步，效率将会更高。以下公式根据可以最大化下一个状态值及其即时奖励($r+\gamma v^{\langle i\rangle}(s')$)的加权和行动，更新迭代 $i+1$ 的价值函数(表示为 $v^{\langle i+1\rangle}$)：

$$v^{\langle i+1\rangle}(s)=\max_{a}\sum_{s',r} p(s', r|s, a)[r+\gamma v^{\langle i\rangle}(s')]$$

在这种情况下，通过从所有可能采取的行动中选择最佳行动来最大化 $v^{\langle i+1\rangle}(s)$的更新值，在策略评估中，更新值是对所有行动的加权和。

状态值和行动值函数的表格估计的表示

在大多数 RL 文献和教材中，小写数学函数 v_π 和 q_π 分别用来指真正的状态值函数和真正的行动值函数。

同时，在实际实现中，这些价值函数被定义为查询表。用 $V(S_t=s)\approx v_\pi(s)$和 $Q_\pi(S_t=s, A_t=a)\approx q_\pi(s, a)$表示这些价值函数的表格估计。本章也用该表示方式。

18.3.2 蒙特卡罗强化学习

正如在上一节动态编程所看到的，它依赖一个简单化的假设，即环境动态是完全已知的。远离动态编程方法，现在我们假设对环境动态毫不了解。

也就是说，我们不知道环境状态的转移概率，相反，我们希望智能体通过与环境交互来学习。用 MC 方法，学习过程是基于所谓的*模拟经验*。

对于基于 MC 的 RL，我们定义遵循概率策略 π 的智能体类，基于该策略，智能体在每步都会采取行动。这将为我们带来一个模拟回合。

早些时候，我们定义了状态值函数，使得状态的值指示来自该状态的期望回报。在动态编程中，这种计算依赖有关环境动态的知识，即 $p(s', r|s, a)$。

但是，从现在开始，我们将开发不需要环境动态的算法。基于 MC 的方法通过生成智能体与环境交互的模拟回合来解决问题。从这些模拟回合中，我们将能够计算该模拟回合中访问的每个状态的平均回报。

18.3.2.1 用 MC 的状态值函数估计

生成回合之后，对每个状态 s，所有通过该状态 s 的回合都考虑用于计算状态值 s。假设查询表用于获取与价值函数 $V(S_t=s)$对应的值。用于估计价值函数的 MC 更新是基于该回合从首次访问状态 s 开始获得的总回报。该算法被称为*首次访问蒙特卡罗*(first-visit Monte Carlo)值预测。

18.3.2.2 用 MC 计算行动值函数

在环境动态已知时，我们可以轻松地从状态值函数推断行动值函数，通过向前看一步来查找提供最大值的行动，如 18.3.1 节所示。但如果环境动态未知，那么这么做将不可行。

要解决这个问题，我们可以扩展用于估计首次访问 MC 状态值预测的算法。例如，我们可以使用行动值函数计算每个状态-行动对的估计回报。为了获得这个估计的回报，我们考虑访问每个状态-行动对(s, a)，其中涉及访问状态 s 和采取行动 a。

但是，出现了一个问题，因为某些行动可能永远不会被选中，从而导致探索不足。有几种方法可以解决此问题。最简单的方法称为*探索性开始*(exploratory start)，它假定每个状态-行动对在回合开始时都有非零概率。

处理这种缺乏探索问题的另一种方法为 *ε 贪婪策略*，将在 18.3.2.4 节讨论。

18.3.2.3 使用 MC 控制查找最优策略

MC 控制是指用于改进策略的优化过程。与 18.3.1 节中的策略迭代方法类似，我们可以在策略评估和策略改进之间反复交替，直到达到最优策略。因此，从随机策略 π_0 开始，策略评估与策略改进之间的交替过程可以演示如下：

$$\pi_0 \xrightarrow{\text{评估}} q_{\pi_0} \xrightarrow{\text{改进}} \pi_1 \xrightarrow{\text{评估}} q_{\pi_1} \xrightarrow{\text{改进}} \pi_2 \cdots \xrightarrow{\text{评估}} q_* \xrightarrow{\text{改进}} \pi_*$$

18.3.2.4 策略改进——从行动值函数计算贪婪策略

给定一个行动值函数 $q(s, a)$，可以生成如下所示的贪婪(确定性)策略：

$$\pi(s) \stackrel{\text{def}}{=} \underset{a}{\arg\max}\, q(s, a)$$

为了避免探索不足的问题，并考虑到前面讨论过的未访问的状态-行动对，我们可以给非最优行动一个较小的被选中机会(ε)。这被称为 ε 贪婪策略，根据该策略，状态 s 的所有非最优行动都有较小的概率 $\frac{\varepsilon}{|A(s)|}$ 被选中执行(非 0)，因此最优行动的概率为 $1-\frac{(|A(s)-1|)\times\varepsilon}{|A(s)|}$(而不是 1)。

18.3.3 时序差分学习

到目前为止，我们看到了两个基本的 RL 技术——动态编程和 MC 学习。回想一下，动态编程依赖于对环境动态的全面且准确的了解。另一方面，MC 方法通过模拟经验学习。本节将介绍第三种被称为 TD 学习的 RL 方法，该方法可视为对基于 MC 的 RL 方法的改进或扩展。

与 MC 技术类似，TD 学习也是基于经验来学习，因此不需要任何环境动态和转移概率的知识。TD 和 MC 技术的主要区别是，在 MC 中，我们必须要等到回合结束时才能计算总回报。

但是，在 TD 学习中，我们可以利用一些学习到的属性在回合结束之前更新估计值。我们把这称为 bootstrapping(RL 场景下，请注意，不要把术语 bootstrapping 与第 7 章中使用的 bootstrap 估计混淆)。

与动态编程方法和 MC 学习类似，我们将考虑两个任务：价值函数估计(也称为价值预测)和策略改进(也被称为控制任务)。

18.3.3.1 TD 预测

我们首先通过 MC 重新讨论价值预测。在每个回合的结尾，我们能够估计在每个时间步 t 的回报 G_t。因此可以更新对该访问状态的估计，如下所示：

$$V(S_t)=V(S_t)+\alpha(G_t-V(S_t))$$

在这里，G_t 为更新估计值的目标回报，$(G_t-V(S_t))$是为值 $V(S_t)$的当前估计添加的修正项。α 是表示学习速率的超参数，在学习过程中保持恒定。

请注意在 MC 中，修正项使用实际回报 G_t，但是 G_t 直到回合结束时我们才能知道。为了进一步澄清，我们把实际回报 G_t 改写为 $G_{t:T}$，其中下标 $t:T$ 表示这是在时间步 t 获得的回报，包括了所有从时间步 t 到最后时间步 T 期间发生的所有事件。

在 TD 学习中，我们采用新的目标回报 $G_{t:t+1}$ 替代实际回报 $G_{t:T}$，这大大简化了价值函数 $V(S_t)$的更新。基于 TD 学习的更新公式如下：

$$V(S_t)=V(S_t)+\alpha[G_{t:t+1}-V(S_t)]$$

这里，目标回报 $G_{t:t+1} \stackrel{\text{def}}{=} R_{t+1}+\gamma V(S_{t+1})=r+\gamma V(S_{t+1})$用观察到的奖励 $R_{t+1}=r$ 和下一

步的估计值计算。请注意 MC 和 TD 之间的差异。在 MC 中，直到回合结束时才能得到回报 $G_{t:T}$，因此要采取尽可能多的行动才能达到目的。相反，在 TD 中，我们只需要向前走一步，就能获得目标回报。因此也被称为 TD(0)。

此外，TD(0)算法可以概括为所谓的 n 步 TD 算法，该算法包含更多未来的步骤，更确切地说，是未来 n 步的加权和。如果定义 $n=1$，那么 n 步 TD 过程与 TD(0)相同，上一段已经对此做了说明。但是，如果 $n\to\infty$，那么 n 步 TD 算法将与 MC 算法相同。n 步 TD 的更新规则如下：

$$V(S_t)=V(S_t)+\alpha[G_{t:t+n}-V(S_t)]$$

而 $G_{t:t+n}$ 定义为：

$$G_{t:t+n}\overset{\text{def}}{=}\begin{cases}R_{t+1}+\gamma R_{t+2}+\cdots\gamma^{n-1}R_{t+n}+\gamma^n V(S_{t+n}) & \text{如果 } t+n<T \\ G_{t:T} & \text{否则}\end{cases}$$

MC 与 TD：哪种方法收敛得更快

虽然对这个问题的准确答案仍然未知，但是实践经验表明：TD 的收敛速度比 MC 快。如果你对此有兴趣，可以从 Richard S. Sutton 和 Andrew G. Barto 的 *Reinforcement Learning: An Introduction* 中找到有关 MC 和 TD 收敛的更多详细信息。

既然讨论了用 TD 算法完成预测任务，现在可以继续讨论控制任务。我们将介绍两种用于 TD 控制的算法：策略内(on-policy)控制与策略处(off-policy)控制。在这两种情况下，我们利用曾在动态编程和 MC 算法中使用过的 GPI。在 TD 的策略控制中，我们将根据智能体遵循的相同策略所指定的行动来更新价值函数，而在策略外算法中，我们将会根据在当前策略以外所指定的行动来更新价值函数。

18.3.3.2　策略内 TD 控制

为简单起见，我们只考虑单步 TD 算法或 TD(0)。但是，策略内 TD 控制(SARSA)算法可以很容易概括为 n 步 TD。我们将首先扩展用于定义状态值函数的预测公式来描述行动值函数。为此，我们用一个二维数组的查询表 $Q(S_t, A_t)$表示每个状态-行动对的行动值函数，表达如下：

$$Q(S_t, A_t)=Q(S_t+A_t)+\alpha[R_{t+1}+\gamma Q(S_{t+1}, A_{t+1})-Q(S_t, A_t)]$$

该算法通常被称为 SARSA，指更新公式中用到的五元组$(S_t, A_t, R_{t+1}, S_{t+1}, A_{t+1})$。

正如前面，对动态编程和 MC 算法所描述的那样，我们可以在 GPI 框架下，从随机策略开始，反复估计当前策略的行动值函数，然后基于当前的行动值函数用 ε 贪婪策略来优化策略。

18.3.3.3　策略外 TD 控制(Q 学习)

在用上面的策略内 TD 控制算法时，我们看到如何基于模拟回合中使用的策略估计行动值函数。更新行动值函数后，单独有一步通过采取具有较高值的行动来改进策略。

另一种更好的方法是将这两个步骤结合起来。换句话说，想象智能体遵循策略 π，生成一个拥有当前转移五元组$(S_t, A_t, R_{t+1}, S_{t+1}, A_{t+1})$的回合。即使智能体实际上并未遵循当前的策略选择要采取的行动，我们仍然可以找到要采取的最佳行动，而不是智能体用采取 A_{t+1}行动的值去更新行动值函数。这就是为什么它被认为是策略外算法。

为此，我们可以修改更新规则，通过在下一个状态尝试采取不同的行动来考虑最大 Q 值。用于更新 Q 值的修正方程如下：

$$Q(S_t, A_t)=Q(S_t, A_t)+\alpha[R_{t+1}+\gamma \max_a Q(S_{t+1}, a)-Q(S_t, A_t)]$$

我们鼓励读者把这里的更新规则与SARSA算法的更新规则进行比较。正如你所看到的，我们找到在下一个状态 S_{t+1} 所应采取的最佳行动，并在更正项中用它来更新对 $Q(S_t, A_t)$ 的估计。

为了深入理解，我们将在下一节介绍如何实现Q学习算法来解决网格世界问题。

18.4 实现第一个RL算法

本节将实现Q学习算法来解决网格世界问题。为此，我们将采用OpenAI Gym工具包。

18.4.1 介绍OpenAI Gym工具包

OpenAIGym是用来促进RL模型开发的专业工具包。OpenAI Gym配有多个预定义的环境。有些像CartPole和MountainCar这样的基本例子，顾名思义，它们的任务分别是平衡一根旗杆和将小车移动到山上。还有许多先进的机器人环境，用于训练机器人抓取、推动和伸手去拿长凳上的物品，或者训练机器人的手对准方块、球或笔。此外，OpenAI Gym为开发新环境提供了一个方便、统一的框架。更多的信息可以在其官方网站https://gym.openai.com/上找到。

为了能执行后面的OpenAI Gym示例代码，我们需要安装 `gym` 软件库，这个过程可以用 `pip` 轻松完成：

```
> pip install gym
```

如果在安装过程中需要额外的帮助，请参阅在https://gym.openai.com/docs/#installation的官方安装指南。

18.4.1.1 使用OpenAI Gym的现有环境

我们将用 `CartPole-v1` 创建一个练习环境，该环境已存在于OpenAI Gym中。在该示例环境中，有一根旗杆固定在可水平移动的小车上，如图18-6所示。

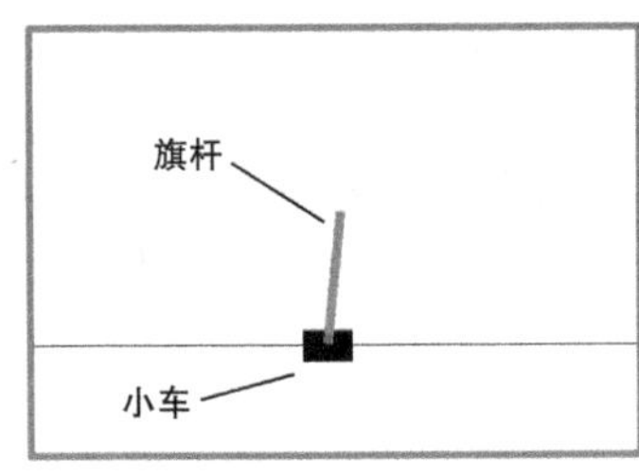

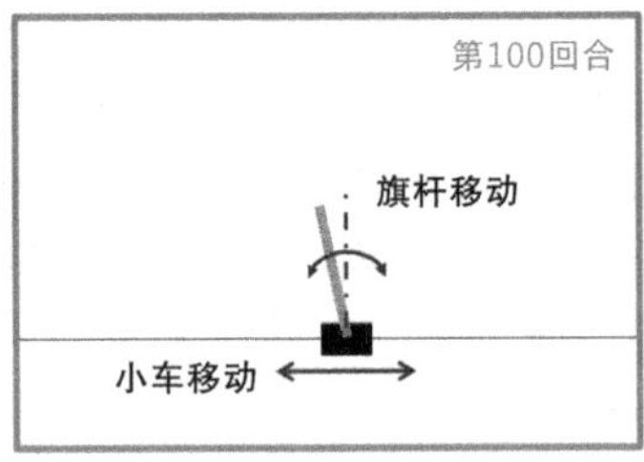

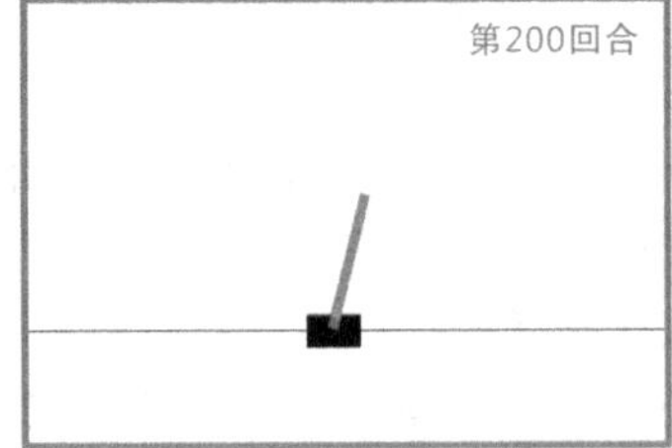

图 18-6

旗杆的运动受物理学定律的制约，RL智能体的目标是学习如何移动小车以稳定旗杆，并防止其倾斜。

现在，让我们分析一下在强化学习场景下CartPole环境的一些属性，例如，其状态(或观察)空间、行动空间以及如何采取行动：

```
>>> import gym
>>> env = gym.make('CartPole-v1')
```

```
>>> env.observation_space
Box(4,)
>>> env.action_space
Discrete(2)
```

在上面的代码中，我们为 CartPole 问题创建了一个环境。该环境的观察空间为 Box(4,)，它代表一个四维空间，对应四个实值数字：小车的位置、车速、旗杆角度和旗杆尖的速度。行动空间为离散空间 Discrete(2)，包括向左或向右推动小车两种选择。

我们之前通过调用 gym 创建了环境对象 env。make('CartPole-v1')有一个 reset()方法，可以在每个回合开始之前重新初始化环境。调用 reset()方法的基本目的是设置旗杆的起始状态(S_0)：

```
>>> env.reset()
array([-0.03908273, -0.00837535,  0.03277162, -0.0207195 ])
```

调用 env.reset()方法返回数组，其中的值分别表示：小车的初始位置为－0.039，速度为－0.008，旗杆的角度为 0.033 弧度，旗杆尖的角速度为－0.021。在调用 reset()方法后，这些参数获得随机值，其取值范围为[－0.05, 0.05]，取值呈均匀分布。

重置环境后，我们可以把所选择的行动传递给 step()方法，实现与环境的交互：

```
>>> env.step(action=0)
(array([-0.03925023, -0.20395158,  0.03235723,  0.28212046]), 1.0,
False, {})
>>> env.step(action=1)
(array([-0.04332927, -0.00930575,  0.03799964, -0.00018409]), 1.0,
False, {})
```

通过执行前两个命令 env.step(action=0)和 env.step(action=1)，我们分别将小车推向左侧(action=0)和右侧(action=1)。根据所选的行动，小车及旗杆可以按照物理学定律移动。每次调用 env.step()，都会返回一个包含四个元素的元组：

- 新状态(或观测值)的数组。
- 奖励(float 型标量值)。
- 终止标志(True 或 False)。
- 包含辅助信息的 Python 字典。

env 对象还有一个 render()方法，可以在每步(或一系列步骤)之后执行，以便观察随着时间的推移，环境、旗杆和小车的移动情况。

当从任意一侧旗杆相对于假想垂直轴的偏移角度大于 12 度时，或者当车的位置偏离中心超过 2.4 个单位时，回合终止。在本示例中，奖励定义为最大化小车和旗杆在有效区域内的稳定时间，换句话说，最大化回合的时间长度可以最大化总奖励(即回报)。

18.4.1.2 网格世界示例

在引入 CartPole 环境作为使用 OpenAI Gym 工具包的热身练习后，现在我们将切换到不同的环境。我们将讨论网格世界示例，这是一个包含 m 行 n 列的简单环境。以 $m=4$ 和 $n=6$ 为例，我们可以用图 18-7 来概括该环境。

该环境有 30 种不同的可能状态。其中有四个终极状态：状态 16 为一罐黄金，状态 10、15 和 22 为 3 个陷阱。落在这四个终极状态中的任何一个将结束回合，但是在黄金状态与陷阱状态之间存在着差异。落在黄金状态会产生正的奖励＋1，而移动到 3 个陷阱状态之一则会带来负的奖励－1。所有其他状态的奖励为 0。智能体始终从状态 0 开始。因此，重置环境将使智能体返回到状态 0。行动空间由上、下、左、右四个方向组成。当智能体位于网格的外部边界时，选择离开网格的行动不会改变状态。

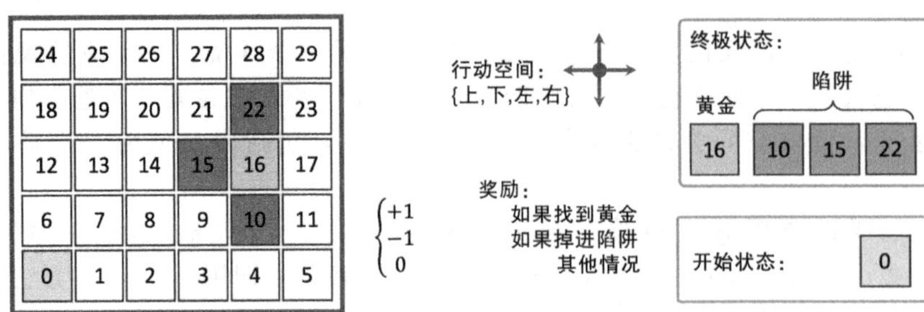

图　18-7

接下来，我们将了解如何在 Python 中用 OpenAI Gym 实现该环境。

18.4.1.3　用 OpenAI Gym 实现网格世界环境

对于尝试用 OpenAI Gym 实现网格世界环境，我们强烈建议使用脚本编辑器或 IDE 而不是以交互的方式执行代码。

首先，创建一个名为 `gridworld_env.py` 的新 Python 脚本，然后导入为构建环境可视化而定义的必要软件包和两个辅助函数。

OpenAIGym 库采用 Pyglet 库为可视化渲染环境，并为方便使用提供了封装类和函数。我们将在以下的示例代码中用这些封装类来可视化网格世界环境。有关这些封装类的更多详细信息，请访问

https://github.com/openai/gym/blob/master/gym/envs/classic_control/rendering.py.

以下的示例代码使用了这些封装类：

```
## Script: gridworld_env.py

import numpy as np
from gym.envs.toy_text import discrete
from collections import defaultdict
import time
import pickle
import os

from gym.envs.classic_control import rendering

CELL_SIZE = 100
MARGIN = 10

def get_coords(row, col, loc='center'):
    xc = (col+1.5) * CELL_SIZE
    yc = (row+1.5) * CELL_SIZE
    if loc == 'center':
        return xc, yc
    elif loc == 'interior_corners':
        half_size = CELL_SIZE//2 - MARGIN
        xl, xr = xc - half_size, xc + half_size
        yt, yb = xc - half_size, xc + half_size
        return [(xl, yt), (xr, yt), (xr, yb), (xl, yb)]
    elif loc == 'interior_triangle':
```

```
        x1, y1 = xc, yc + CELL_SIZE//3
        x2, y2 = xc + CELL_SIZE//3, yc - CELL_SIZE//3
        x3, y3 = xc - CELL_SIZE//3, yc - CELL_SIZE//3
        return [(x1, y1), (x2, y2), (x3, y3)]

def draw_object(coords_list):
    if len(coords_list) == 1: # -> circle
        obj = rendering.make_circle(int(0.45*CELL_SIZE))
        obj_transform = rendering.Transform()
        obj.add_attr(obj_transform)
        obj_transform.set_translation(*coords_list[0])
        obj.set_color(0.2, 0.2, 0.2) # -> black
    elif len(coords_list) == 3: # -> triangle
        obj = rendering.FilledPolygon(coords_list)
        obj.set_color(0.9, 0.6, 0.2) # -> yellow
    elif len(coords_list) > 3: # -> polygon
        obj = rendering.FilledPolygon(coords_list)
        obj.set_color(0.4, 0.4, 0.8) # -> blue
    return obj
```

第一个辅助函数 get_coords()返回用来标注网格世界环境的几何形状的坐标，例如三角形代表黄金，圆代表陷阱。把坐标列表传递给 draw_object()，然后根据坐标输入列表的长度绘制圆、三角形或多边形。

现在，我们可以定义网格世界环境了。在同一文件中(gridworld_env_py)，定义一个名为 GridWorldEnv 的类，它继承自 OpenAI Gym 的 DiscreteEnv 类。该类最重要的函数是构造器方法__init__()，其中会定义行动空间，指定行动角色，并且确定终极状态(黄金和陷阱)，如下所示：

```
class GridWorldEnv(discrete.DiscreteEnv):
    def __init__(self, num_rows=4, num_cols=6, delay=0.05):
        self.num_rows = num_rows
        self.num_cols = num_cols

        self.delay = delay
        move_up = lambda row, col: (max(row-1, 0), col)
        move_down = lambda row, col: (min(row+1, num_rows-1), col)
        move_left = lambda row, col: (row, max(col-1, 0))
        move_right = lambda row, col: (
            row, min(col+1, num_cols-1))

        self.action_defs={0: move_up, 1: move_right,
                          2: move_down, 3: move_left}

        ## Number of states/actions
        nS = num_cols*num_rows
        nA = len(self.action_defs)
        self.grid2state_dict={(s//num_cols, s%num_cols):s
                              for s in range(nS)}
        self.state2grid_dict={s:(s//num_cols, s%num_cols)
                              for s in range(nS)}

        ## Gold state
        gold_cell = (num_rows//2, num_cols-2)

        ## Trap states
```

```
        trap_cells = [((gold_cell[0]+1), gold_cell[1]),
                      (gold_cell[0], gold_cell[1]-1),
                      ((gold_cell[0]-1), gold_cell[1])]

        gold_state = self.grid2state_dict[gold_cell]
        trap_states = [self.grid2state_dict[(r, c)]
                       for (r, c) in trap_cells]
        self.terminal_states = [gold_state] + trap_states
        print(self.terminal_states)

        ## Build the transition probability
        P = defaultdict(dict)
        for s in range(nS):
            row, col = self.state2grid_dict[s]
            P[s] = defaultdict(list)
            for a in range(nA):
                action = self.action_defs[a]
                next_s = self.grid2state_dict[action(row, col)]

                ## Terminal state
                if self.is_terminal(next_s):
                    r = (1.0 if next_s == self.terminal_states[0]
                         else -1.0)
                else:
                    r = 0.0
                if self.is_terminal(s):
                    done = True
                    next_s = s
                else:
                    done = False
                P[s][a] = [(1.0, next_s, r, done)]

        ## Initial state distribution
        isd = np.zeros(nS)
        isd[0] = 1.0

        super(GridWorldEnv, self).__init__(nS, nA, P, isd)

        self.viewer = None
        self._build_display(gold_cell, trap_cells)

    def is_terminal(self, state):
        return state in self.terminal_states

    def _build_display(self, gold_cell, trap_cells):

        screen_width = (self.num_cols+2) * CELL_SIZE
        screen_height = (self.num_rows+2) * CELL_SIZE
        self.viewer = rendering.Viewer(screen_width,
                                       screen_height)

        all_objects = []

        ## List of border points' coordinates
        bp_list = [
            (CELL_SIZE-MARGIN, CELL_SIZE-MARGIN),
```

```
            (screen_width-CELL_SIZE+MARGIN, CELL_SIZE-MARGIN),
            (screen_width-CELL_SIZE+MARGIN,
             screen_height-CELL_SIZE+MARGIN),
            (CELL_SIZE-MARGIN, screen_height-CELL_SIZE+MARGIN)
        ]
        border = rendering.PolyLine(bp_list, True)
        border.set_linewidth(5)
        all_objects.append(border)

        ## Vertical lines
        for col in range(self.num_cols+1):
            x1, y1 = (col+1)*CELL_SIZE, CELL_SIZE
            x2, y2 = (col+1)*CELL_SIZE,\
                     (self.num_rows+1)*CELL_SIZE
            line = rendering.PolyLine([(x1, y1), (x2, y2)], False)
            all_objects.append(line)

        ## Horizontal lines
        for row in range(self.num_rows+1):
            x1, y1 = CELL_SIZE, (row+1)*CELL_SIZE
            x2, y2 = (self.num_cols+1)*CELL_SIZE,\
                     (row+1)*CELL_SIZE
            line=rendering.PolyLine([(x1, y1), (x2, y2)], False)
            all_objects.append(line)

        ## Traps: --> circles
        for cell in trap_cells:
            trap_coords = get_coords(*cell, loc='center')
            all_objects.append(draw_object([trap_coords]))

        ## Gold:  --> triangle
        gold_coords = get_coords(*gold_cell,
                                 loc='interior_triangle')
        all_objects.append(draw_object(gold_coords))

        ## Agent --> square or robot
        if (os.path.exists('robot-coordinates.pkl') and
                CELL_SIZE==100):
            agent_coords = pickle.load(
                open('robot-coordinates.pkl', 'rb'))
            starting_coords = get_coords(0, 0, loc='center')
            agent_coords += np.array(starting_coords)
        else:
            agent_coords = get_coords(
                0, 0, loc='interior_corners')
        agent = draw_object(agent_coords)
        self.agent_trans = rendering.Transform()
        agent.add_attr(self.agent_trans)
        all_objects.append(agent)

        for obj in all_objects:
            self.viewer.add_geom(obj)

    def render(self, mode='human', done=False):
        if done:
            sleep_time = 1
        else:
```

```
            sleep_time = self.delay
        x_coord = self.s % self.num_cols
        y_coord = self.s // self.num_cols
        x_coord = (x_coord+0) * CELL_SIZE
        y_coord = (y_coord+0) * CELL_SIZE
        self.agent_trans.set_translation(x_coord, y_coord)
        rend = self.viewer.render(
             return_rgb_array=(mode=='rgb_array'))
        time.sleep(sleep_time)
        return rend

    def close(self):
        if self.viewer:
            self.viewer.close()
            self.viewer = None
```

上面的代码实现了网格世界环境，我们可以从中创建该环境的实例。然后，可以用类似 CartPole 示例中的方式与其交互。已实现的 GridWorldEnv 类将继承 reset()(重置状态)和 step()(采取行动)等方法。实现的具体细节如下：

- 用 lambda 函数定义了四个不同的行动：move_up()、move_down()、move_left()和 move_right()。
- NumPy 数组 isd 保存开始状态的概率，以便在调用 reset()方法(来自父类)时，根据此分布选择随机状态。由于我们总是从状态 0(网格世界的左下角)开始，因此我们将状态 0 的概率设置为 1.0，将所有其他 29 个状态的概率设置为 0.0。
- 在 Python 字典 P 中定义的转移概率，在要采取的行动已经选定的时候，确定从一种状态转移到另一种状态的概率。这让我们能够有一个概率环境，在这种环境中，采取行动可以随着环境的严峻性而产生不同的结果。为简单起见，我们只用单个结果，即改变所选择行动方向的状态。最后，env.step()函数将用这些转移概率来确定下一个状态。
- 此外，函数_build_display()将设置环境的初始可视化，render()函数将显示智能体的移动。

请注意，在学习过程中，我们不知道转移概率，目标是通过与环境交互来学习。因此，我们无法访问类定义之外的 P。

现在，可以通过创建新环境来测试该实现，并通过在每个状态采取随机行动来可视化随机回合。在同一 Python 脚本(gridworld_env.py)的末尾包括以下代码，然后执行该脚本：

```
if __name__ == '__main__':
    env = GridWorldEnv(5, 6)
    for i in range(1):
        s = env.reset()
        env.render(mode='human', done=False)

        while True:
            action = np.random.choice(env.nA)
            res = env.step(action)
            print('Action  ', env.s, action, ' -> ', res)
            env.render(mode='human', done=res[2])
```

```
            if res[2]:
                break

    env.close()
```

执行脚本后，应该会看到如图 18-8 所示的网格世界环境。

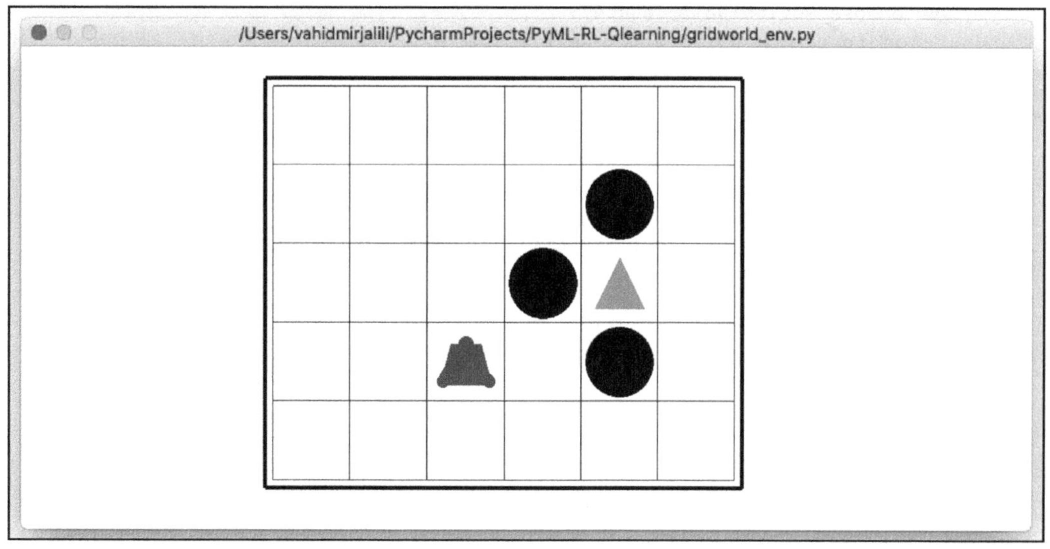

图　18-8

18.4.2　用 Q 学习解决网格世界问题

前面我们关注了 RL 算法的理论和开发过程，并用 OpenAI Gym 工具包设置了环境，我们现在将实现目前最流行的 RL 算法——Q 学习。为此，我们将用在脚本 gridworld_env.py 中已经实现的网格世界示例。

实现 Q 学习算法

现在，我们创建一个名为 agent.py 的新脚本，并在该脚本中定义与环境交互的智能体，示例代码如下：

```
## Script: agent.py

from collections import defaultdict
import numpy as np


class Agent(object):
    def __init__(
            self, env,
            learning_rate=0.01,
            discount_factor=0.9,
            epsilon_greedy=0.9,
            epsilon_min=0.1,
            epsilon_decay=0.95):
        self.env = env
        self.lr = learning_rate
        self.gamma = discount_factor
        self.epsilon = epsilon_greedy
```

```
        self.epsilon_min = epsilon_min
        self.epsilon_decay = epsilon_decay

        ## Define the q_table
        self.q_table = defaultdict(lambda: np.zeros(self.env.nA))

    def choose_action(self, state):
        if np.random.uniform() < self.epsilon:
            action = np.random.choice(self.env.nA)
        else:
            q_vals = self.q_table[state]
            perm_actions = np.random.permutation(self.env.nA)
            q_vals = [q_vals[a] for a in perm_actions]
            perm_q_argmax = np.argmax(q_vals)
            action = perm_actions[perm_q_argmax]
        return action

    def _learn(self, transition):
        s, a, r, next_s, done = transition
        q_val = self.q_table[s][a]
        if done:
            q_target = r
        else:
            q_target = r + self.gamma*np.max(self.q_table[next_s])

        ## Update the q_table
        self.q_table[s][a] += self.lr * (q_target - q_val)

        ## Adjust the epislon
        self._adjust_epsilon()

    def _adjust_epsilon(self):
        if self.epsilon > self.epsilon_min:
            self.epsilon *= self.epsilon_decay
```

__init__()构造函数设置各种超参数，如学习速率、折扣因子(γ)，以及 ε 贪婪策略的参数。最初，我们从较高的 ε 值开始，但是_adjust_epsilon()方法将其逐步减小，直至最小值 ε_{min}。choose_action()方法根据以下的 ε 贪婪策略选择要采取的行动。选择一个随机统一编号，以确定应根据行动值函数还是随机地选择要采取的行动。_learn()方法实现Q学习算法的更新规则。它在每个转移接收一个元组，其中包括当前状态(s)、要采取的行动(a)、观察到的奖励(r)、下一个状态(s')，以及用于确定是否已达到回合结束的标志。如果该标志为回合结束标志，那么目标值等于观察到的奖励(r)；否则，目标值将为 $r+\gamma \max_a Q(s', a)$。

最后，我们将在下一步创建qlearning.py新脚本来整合所有内容，并用Q学习算法训练智能体。

以下的示例代码将定义run_qlearning()函数以实现Q学习算法，并通过调用智能体方法_choose_action()来模拟回合并执行该环境。然后，将转移元组传递给智能体的_learn()方法以更新行动-值函数。此外，为了监控学习过程，我们把每个回合的最终奖励(可能是+1也可能是-1)和回合的长度(自始至终的智能体行动次数)存储起来。

然后，调用函数plot_learning_history()绘制奖励列表和行动次数：

```
## Script: qlearning.py

from gridworld_env import GridWorldEnv
from agent import Agent
from collections import namedtuple
import matplotlib.pyplot as plt
import numpy as np

np.random.seed(1)

Transition = namedtuple(
    'Transition', ('state', 'action', 'reward',
                   'next_state', 'done'))

def run_qlearning(agent, env, num_episodes=50):
    history = []
    for episode in range(num_episodes):
        state = env.reset()
        env.render(mode='human')
        final_reward, n_moves = 0.0, 0
        while True:
            action = agent.choose_action(state)
            next_s, reward, done, _ = env.step(action)
            agent._learn(Transition(state, action, reward,
                                    next_s, done))
            env.render(mode='human', done=done)
            state = next_s
            n_moves += 1
            if done:
                break
            final_reward = reward
        history.append((n_moves, final_reward))
        print('Episode %d: Reward %.1f #Moves %d'
              % (episode, final_reward, n_moves))

    return history

def plot_learning_history(history):
    fig = plt.figure(1, figsize=(14, 10))
    ax = fig.add_subplot(2, 1, 1)
    episodes = np.arange(len(history))
    moves = np.array([h[0] for h in history])
    plt.plot(episodes, moves, lw=4,
             marker='o', markersize=10)
    ax.tick_params(axis='both', which='major', labelsize=15)
    plt.xlabel('Episodes', size=20)
    plt.ylabel('# moves', size=20)

    ax = fig.add_subplot(2, 1, 2)
    rewards = np.array([h[1] for h in history])
    plt.step(episodes, rewards, lw=4)
    ax.tick_params(axis='both', which='major', labelsize=15)
    plt.xlabel('Episodes', size=20)
    plt.ylabel('Final rewards', size=20)
    plt.savefig('q-learning-history.png', dpi=300)
    plt.show()


if __name__ == '__main__':
    env = GridWorldEnv(num_rows=5, num_cols=6)
```

```
agent = Agent(env)
history = run_qlearning(agent, env)
env.close()

plot_learning_history(history)
```

执行此脚本将运行 50 个回合的 Q 学习程序。我们将可视化智能体的行为，可以从图 18-9中看出，在学习过程刚开始时，智能体大多处于陷阱状态。但随着时间的推移，它从失败中吸取教训，并最终找到黄金状态(例如，第一次在第 7 个回合)。图 18-9 显示了智能体的行动次数和奖励情况。

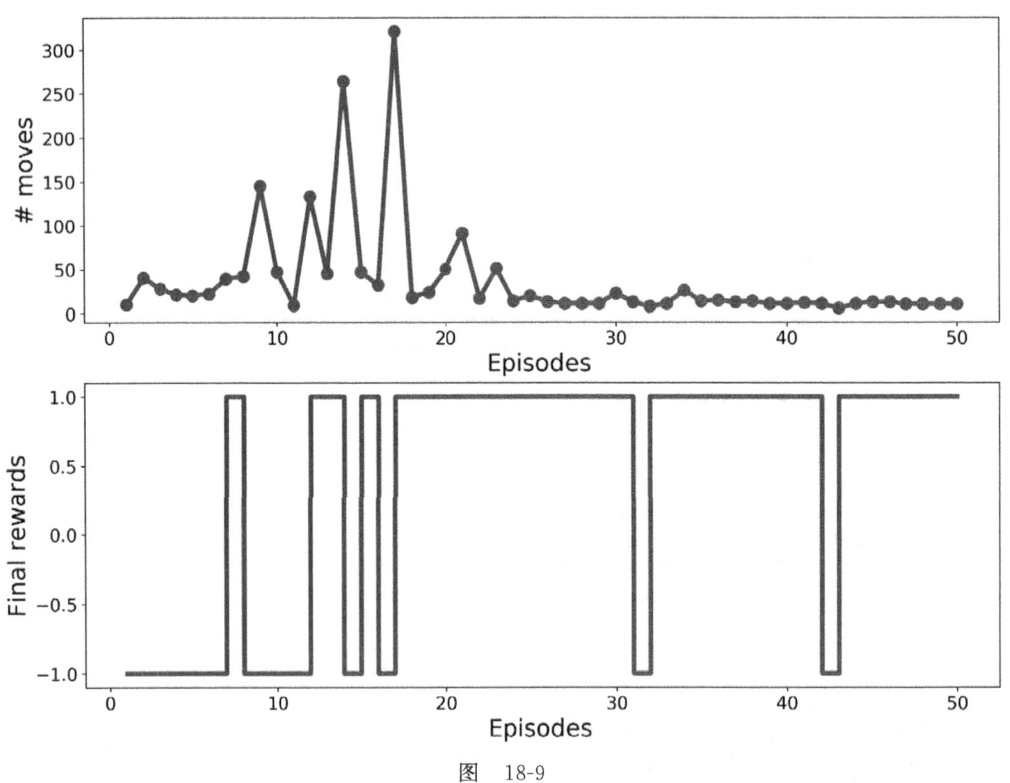

图　18-9

在图 18-9 中绘制的学习历史表明，在 30 个回合之后，智能体学习到了一条到达黄金状态的捷径。因此，第 30 个回合之后的回合长度大致相同，由于 ε 贪婪策略，出现了轻微的偏差。

18.4.3　深度 Q 学习概览

在前面的代码中，我们看到了网格世界示例的常用 Q 学习算法的实现。该示例由大小为 30 的离散状态空间所组成，足以将 Q 值存储在 Python 字典中。

然而，我们应该注意，有时状态的数量可能会变得非常大，甚至有可能无限大。我们还有可能面对连续而不是离散的状态空间。此外，有些状态在训练期间可能根本就碰不到，这在以后将智能体泛化以处理未见过的状态时可能会有问题。

为了解决这些问题，我们用*函数近似法*来表示行动-值函数，而不是用像 $V(S_t)$ 或 $Q(S_t, A_t)$ 等的表格形式来表示价值函数。在这里，我们定义了参数化函数 $v_w(x_s)$，它可以学习近似真正的价值函数，即 $v_w(x_s) \approx v_\pi(s)$，其中 x_s 为一组输入特征(或“特征化”状态)。

当近似器函数 $q_W(x_s, a)$是一个深度神经网络(DNN)时，生成的模型被称为**深度 Q 网络**(DQN)。对于训练 DQN 模型，将根据 Q 学习算法更新权重。DQN 模型的示例显示在图 18-10 中，其中状态表示为传递给第一层的特征。

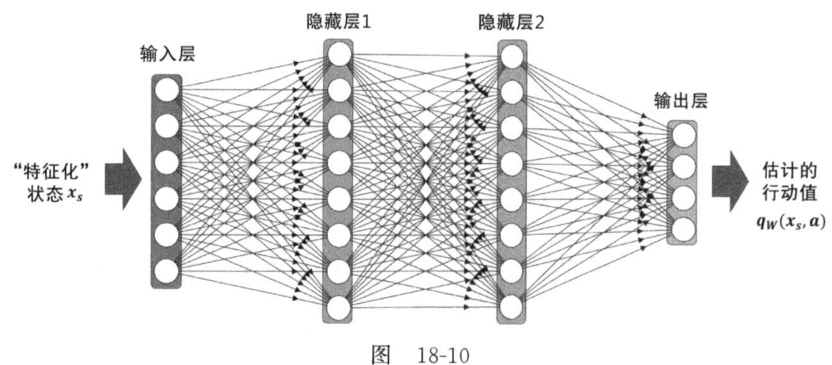

图　18-10

现在，让我们看看如何使用深度 Q 学习算法训练 DQN。总体而言，主要方法与表格式 Q 学习方法非常相似。主要区别在于现在有多层神经网络来计算行动值。

18.4.3.1　根据 Q 学习算法训练 DQN 模型

在本节中，我们将介绍用 Q 学习算法训练 DQN 模型的过程。深度 Q 学习方法要求我们对之前实现的标准 Q 学习方法做一些修改。

其中一个修改是在智能体的 `choose_action()`方法中，在上一节的 Q 学习代码中，它只需访问字典中存储的行动值。现在要把该函数改为完成用于计算行动值的神经网络模型的正向传播。

下面将介绍深度 Q 学习算法所需要的其他修改。

记忆回放

用之前的表格方法进行 Q 学习，我们可以更新特定的状态-行动对的值，而不会影响其他值。但是，现在我们用神经网络模型近似 $q(s, a)$，更新状态-行动对的权重有可能会影响其他状态的输出。当用随机梯度下降方法为某个监督学习任务(例如分类任务)训练神经网络时，我们用多回合遍历训练数据，直到数据收敛为止。

在 Q 学习中，这是行不通的，因为在训练期间回合将发生变化，因此，在训练早期阶段访问过的一些状态在此后再次被访问的可能性极小。

此外，另一个问题是，在训练神经网络时，我们假定训练示例为 IID(**独立同分布**)。但是从智能体回合中采集的样本却并非 IID，因为它们显然形成了一个转移序列。

为了解决这些问题，当智能体与环境交互并生成一个转移五元组 $q_W(x_s, a)$时，我们把大量(但有限的)这类转移数据存储在内存缓冲区，通常称之为*记忆回放*(replay memory)。每次产生新交互(即智能体在环境中选择并执行的行动)后，把新生成的转移五元组追加到内存。

为了避免内存过大，我们将从内存中删除最旧的转移数据(如果它是 Python 列表，我们可以调用 `pop(0)`方法删除列表的第一个元素)。然后从内存缓冲区中随机选择一小批样本，用于计算损失和更新网络参数。图 18-11 说明了该过程。

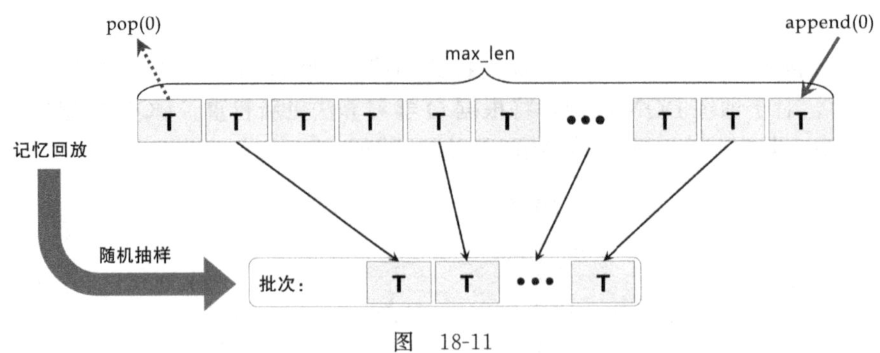

图 18-11

实现记忆回放

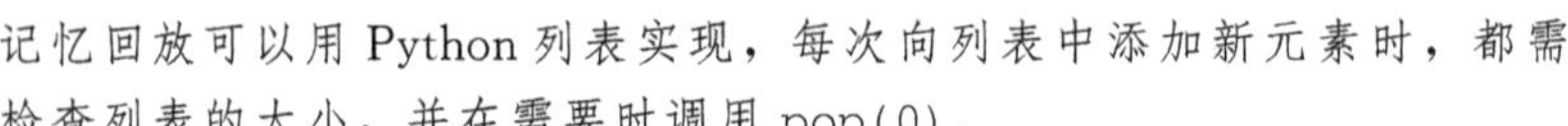

记忆回放可以用 Python 列表实现，每次向列表中添加新元素时，都需要检查列表的大小，并在需要时调用 pop(0)。

或者通过 Python collections 库中的 deque 数据结构指定可选参数 max_len。指定 max_len 参数后，就会有一个 deque 的边界。因此，当对象已满时，添加新元素会自动从对象中删除旧元素。

请注意，这比用 Python 列表更有效，因为用 pop(0) 删除列表的第一个元素会带来 $O(n)$ 的复杂度，而 deque 运行时的复杂度为 $O(0)$。可以在官方文档(https://docs.python.org/3.7/library/collections.html#collections.deque)中了解有关 deque 实现的更多信息。

确定计算损失的目标值

表格式 Q 学习方法另一个需要的改变是如何调整更新规则以训练 DQN 模型参数。回想存储在一批包含(x_s，a，r，$x_{s'}$，done)样本中的转移五元组 T。

如图 18-12 所示，我们进行 DQN 模型的两个正向传播。第一个正向传播使用当前状态 x_s 的特征。第二个正向传播使用下一个状态 $x_{s'}$ 的特征。结果将从第一个和第二个正向传播中分别获得估计的行动值 $q_W(x_s, :)$ 和 $q_W(x_{s'}, :)$。（这里 $q_W(x_{s'}, :)$ 代表所有行动 $\hat{A}$ 中的 Q 值向量。）我们从转移五元组中知道智能体选择行动 a。

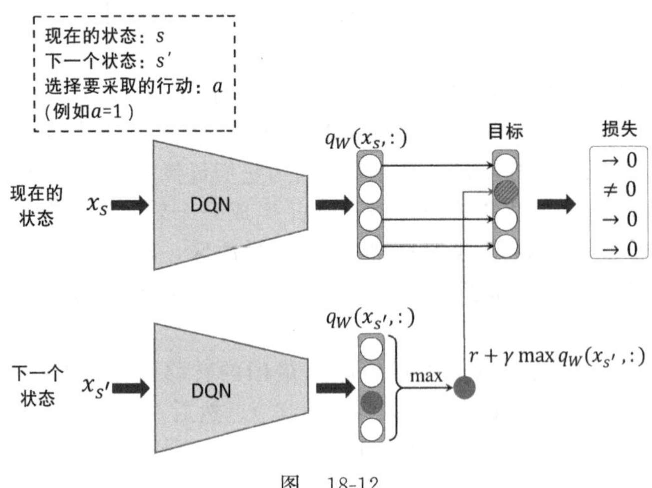

图 18-12

因此，根据 Q 学习算法，我们需要用标量目标值 $r+\gamma \max_{a' \in \hat{A}} q_W(x_{s'}, a')$ 更新与状态-行动对 (x_s, a) 对应的行动值。我们将创建目标行动值向量，而不是形成标量目标值，以保留其他行动的行动值，即 $a' \neq a$，如图 18-12 所示。

我们将此问题视为由以下三个变量构成的回归问题：

- 当前的预测值 $q_W(x_s, :)$。
- 描述的目标值向量。
- 标准均方差(MSE)代价函数。

因此，除 a 以外的每个行动损失均为零。最后把计算的损失反向传播以更新网络参数。

18.4.3.2 实现深度 Q 学习算法

最后，我们将集成所有这些技术来实现深度 Q 学习算法。这次，我们使用之前介绍的 OpenAI Gym 中的 CartPole 环境。大家还记得 CartPole 环境有 4 个连续状态空间吧！以下的代码定义了 `DQNAgent` 类，用于生成模型并指定各种超参数。

与基于表格式 Q 学习的前一个智能体相比，该类多了两个方法。`remember()` 方法将把新的转移五元组加到内存缓冲区，`replay()` 方法将创建一个小批次的转移样本，并将其传递给 `_learn()` 方法以更新网络权重参数：

```
import gym
import numpy as np
import tensorflow as tf
import random
import matplotlib.pyplot as plt
from collections import namedtuple
from collections import deque

np.random.seed(1)
tf.random.set_seed(1)

Transition = namedtuple(
            'Transition', ('state', 'action', 'reward',
                           'next_state', 'done'))

class DQNAgent:
    def __init__(
            self, env, discount_factor=0.95,
            epsilon_greedy=1.0, epsilon_min=0.01,
            epsilon_decay=0.995, learning_rate=1e-3,
            max_memory_size=2000):
        self.enf = env
        self.state_size = env.observation_space.shape[0]
        self.action_size = env.action_space.n

        self.memory = deque(maxlen=max_memory_size)

        self.gamma = discount_factor
        self.epsilon = epsilon_greedy
        self.epsilon_min = epsilon_min
        self.epsilon_decay = epsilon_decay
        self.lr = learning_rate
        self._build_nn_model()
```

```
    def _build_nn_model(self, n_layers=3):
        self.model = tf.keras.Sequential()

        ## Hidden layers
        for n in range(n_layers-1):
            self.model.add(tf.keras.layers.Dense(
                units=32, activation='relu'))
            self.model.add(tf.keras.layers.Dense(
                units=32, activation='relu'))

        ## Last layer
        self.model.add(tf.keras.layers.Dense(
            units=self.action_size))

        ## Build & compile model
        self.model.build(input_shape=(None, self.state_size))
        self.model.compile(
            loss='mse',
            optimizer=tf.keras.optimizers.Adam(lr=self.lr))

    def remember(self, transition):
        self.memory.append(transition)

    def choose_action(self, state):
        if np.random.rand() <= self.epsilon:
            return random.randrange(self.action_size)
        q_values = self.model.predict(state)[0]
        return np.argmax(q_values)  # returns action

    def _learn(self, batch_samples):
        batch_states, batch_targets = [], []
        for transition in batch_samples:
            s, a, r, next_s, done = transition
            if done:
                target = r
            else:
                target = (r +
                    self.gamma * np.amax(
                        self.model.predict(next_s)[0]
                    )
                )
            target_all = self.model.predict(s)[0]
            target_all[a] = target
            batch_states.append(s.flatten())
            batch_targets.append(target_all)
            self._adjust_epsilon()
        return self.model.fit(x=np.array(batch_states),
                              y=np.array(batch_targets),
                              epochs=1,
                              verbose=0)

    def _adjust_epsilon(self):
        if self.epsilon > self.epsilon_min:
            self.epsilon *= self.epsilon_decay

    def replay(self, batch_size):
```

```
        samples = random.sample(self.memory, batch_size)
        history = self._learn(samples)
        return history.history['loss'][0]
```

最后，用下面的代码经过 200 回合训练模型，用 `plot_learning_history()` 函数直观地展示模型的学习历史：

```
def plot_learning_history(history):
    fig = plt.figure(1, figsize=(14, 5))
    ax = fig.add_subplot(1, 1, 1)
    episodes = np.arange(len(history[0]))+1
    plt.plot(episodes, history[0], lw=4,
             marker='o', markersize=10)
    ax.tick_params(axis='both', which='major', labelsize=15)
    plt.xlabel('Episodes', size=20)
    plt.ylabel('# Total Rewards', size=20)
    plt.show()

## General settings
EPISODES = 200
batch_size = 32
init_replay_memory_size = 500

if __name__ == '__main__':
    env = gym.make('CartPole-v1')
    agent = DQNAgent(env)
    state = env.reset()
    state = np.reshape(state, [1, agent.state_size])

    ## Filling up the replay-memory
    for i in range(init_replay_memory_size):
        action = agent.choose_action(state)
        next_state, reward, done, _ = env.step(action)
        next_state = np.reshape(next_state, [1, agent.state_size])
        agent.remember(Transition(state, action, reward,
                                  next_state, done))
        if done:
            state = env.reset()
            state = np.reshape(state, [1, agent.state_size])
        else:
            state = next_state

    total_rewards, losses = [], []
    for e in range(EPISODES):
        state = env.reset()
        if e % 10 == 0:
            env.render()
        state = np.reshape(state, [1, agent.state_size])
        for i in range(500):
            action = agent.choose_action(state)
            next_state, reward, done, _ = env.step(action)
            next_state = np.reshape(next_state,
                                    [1, agent.state_size])
            agent.remember(Transition(state, action, reward,
                                      next_state, done))
            state = next_state
            if e % 10 == 0:
```

```
                env.render()
            if done:
                total_rewards.append(i)
                print('Episode: %d/%d, Total reward: %d'
                      % (e, EPISODES, i))
                break
            loss = agent.replay(batch_size)
            losses.append(loss)
    plot_learning_history(total_rewards)
```

在对智能体经过 200 回合训练之后，我们看到智能体确实学会了随着时间的推移增加总体奖励，如图 18-13 所示。

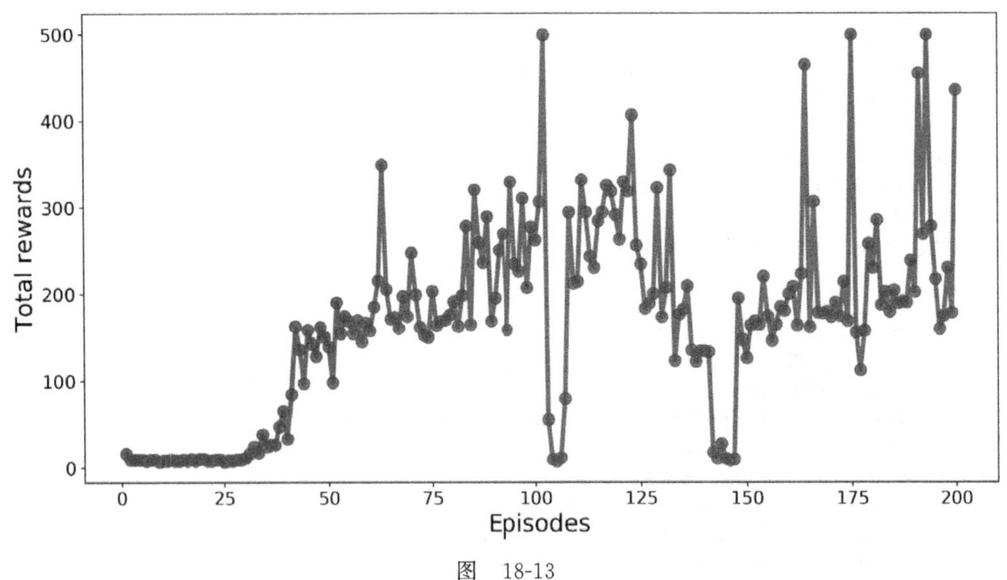

图　18-13

请注意，在回合中获得的总奖励等于智能体能够平衡旗杆的时间。图中绘制的学习历史显示，在经过大约 30 个回合后，智能体学会了如何平衡旗杆并保持超过 200 个时间步。

18.5　本章小结

本章从基础开始学习 RL 的基本概念以及 RL 如何支持复杂环境中的决策。

我们了解了智能体-环境交互和马尔可夫决策过程(MDP)，并考虑了解决 RL 问题的三种主要方法：动态编程、MC 学习和 TD 学习。讨论了动态编程算法，并假设我们对环境的动态性了如指掌，尽管该假设对大多数实际问题来说通常是不正确的。

然后，我们学习了如何通过智能体与环境交互并生成模拟经验来让 MC 和 TD 算法学习。讨论基础理论之后，我们实现了作为 TD 算法策略外子类的 Q 学习算法，以解决网格世界问题。最后介绍了函数近似的概念，特别是可用于解决大型或连续状态空间问题的深度 Q 学习。

希望你能享受本书的最后一章，以及整个激动人心的机器学习和深度学习之旅。本书涵盖了该领域必须掌握的基本主题，现在你应该已经准备充分，可以将这些技术付诸行动来解决实际问题了！